森　時　彦　著

東洋史研究叢刊之五十八

中国近代綿業史の研究

京都大学学術出版会

緒　言

中国近代における綿業の展開過程は、大きく二つの段階に分けて考えることができる。第一の段階は、インドで生産された機械製の太糸が中国の農村市場に流入し、土糸（手紡糸）の代替品として土布（手織綿布）の原料綿糸に使用されるようになる過程である。第二の段階は、日本あるいは中国で生産された機械製の細糸が、改良土布（手織の細布）もしくは機械製綿布の原料綿糸という新しい市場を開拓していく過程である。二つの段階は、截然と時期区分できるものではないが、敢えて線を引くとすれば十九世紀末から二十世紀初頭のあたりに第二段階の起点を、そして第一次世界大戦以降にその本格的発展段階を想定するのが妥当かと思われる。

第一の段階では、それまで整綿、紡糸、整経、織布の全工程をほぼ一貫して処理していた農村家内手工業の在来綿紡織業に、半製品の機械製綿糸が無制限に供給されうるようになったのにともない、生産、流通、消費の各面で変化が起こった。機械製綿糸の普及につれ、在来綿業が変容していくプロセスである。これに対して第二の段階では、従来はほとんど見られなかった問屋制家内手工業、さらにはマニュファクチュア、機械制綿工業など、前近代には無かったという意味での「近代的な」生産形態が登場した。近代綿業が形成され、機械製綿糸が新たな市場を獲得するプロセスである。第一の段階を「在来セクターの変容期」、第二の段階を「近代セクターの形成期」とよぶことも可能であろう。

第一段階の引き金となった機械製綿糸の流入は、イギリスの産業革命以降進行していた世界市場形成の過程で、アメリカ南北戦争をさかいとして植民地インドに近代的な紡績業が急速に勃興したことが発端となった。また第二段階では、一八八〇年代にイギリスモデルの近代紡績業を立ち上げた日本が、日清戦争を契機に綿工業製品の対中国向け商品輸出を本格化させ、さらに第一次世界大戦以降「在華紡」という大規模な対中国向け資本輸出をおしすめたことが、近代セクターの形成に深くかかわる要因となった。こうして中国近代綿業史は、イギリスに起こった産業革命の波が押し寄せてきた結果、アジア的規模で引き起こされた連鎖反応の一環として、展開していくことになったのである。

そこで本書では、インド産機械製綿糸の流入による「在来セクターの変容」から、日本紡績業の商品輸出、資本輸出にともなう「近代セクターの形成」に至るこのような中国綿業の歴史的展開を、主に機械製綿糸と原料綿花の流通過程に着目しつつ、かつ出来る限り定量分析のデータに依拠しながら、実態解明することに努めた。しかもそこには、イギリス産業革命がもたらした、いわばアジアサイズの玉突き的な衝撃と、それに対する中国在来産業の反応という、文明史的な興味をそそるモチーフが潜んでいたことも告知しておきたい。本書は、上述のような課題をほぼ時系列にそいながら計量分析の手法で追究していくため、おおよそ以下のような章立て構成のもとに考察を進めている。

第一章では、十九世紀半ばまで伝統的な家内制手工業の綿紡織業を営んでいた中国農村に、インドで生産された機械製綿糸が大量に流入して、機械製綿糸の巨大な消費市場が形成され、中国在来綿業が変容していく過程を三つの時期に区分して解明する。第一の時期はインド綿糸の流入から十九世紀末までの機械製綿糸急増期である。旧大陸綿を原料とする十〜二十番手の太糸に特化していたインドの機械製綿糸は、中国在来の織布原料であった土糸に代替する工業製品として、一八七〇年代から中国の農村市場に浸透しはじめた。一八八〇年代半ばから九〇年代にかけての時期になると、インドから輸入される機械製の太糸は、折から進行していた「銀安銭高」傾向のもと、その銭建て価格＝消費者価格を大幅かつ急激に低下させ、中国の農村市場を席捲した。インド綿糸は銀決済で上海などの貿易港に輸入されたが、最終消費者である織布農民には、銭建てで供給されていたからである。その結果十九世紀末までには、毎年約六〇〇万担と推計される中国農村の綿糸消費量のうち、ほぼ三分の二に当る四〇〇万担は、インド綿糸を中心とする機械製綿糸が占めることになり、当時の世界で最大規模とみなされる機械製綿糸の消費市場が形成された。

しかしこのような状況は、コスト計算の優先される販売用の土布の分野において顕著であったのに対し、個人の嗜好が優先される自家用土布においては土糸の使用が存続して、機械製綿糸への転換は遅々として進まなかった。さらに海外から輸入される機械製綿糸の価格競争力を生み出していた「銀安銭高」は、一九〇四年以降一転して「銀高銭安」に変わってしまった。その結果、上海を中心に勃興した民族紡（民族資本の紡績工場）の生産する国産機械製綿糸が、価格競争力をそがれた輸入機械製綿糸にかわって全国の農村市場に流通を拡大しはじめたが、十九世紀末にピークに達した機械製綿糸の消費量自体は、二十世紀最初の二十年間ずっと四〇〇万担前後で停滞した。中国農村における土糸の代替品としての機械製太糸は、消費の限界に突き当たっていたのである。一九〇〇〜一九二〇年の間を第二の時期とし、機械製綿糸普及の停滞期と位置づけるゆえんである。

第三の時期は、一九二〇年から三〇年代の農村恐慌期までの第二次急増期である。第一次世界大戦を契機にして「黄金時期」を迎えた中国紡績業は、一九二〇年代初期に生産力を急増させた結果、機械製綿糸の自給化をほぼ達成したものの、農村の在来織布業における機械製太糸の需要は、依然として四〇〇万担前後で停滞したままであった。しかしその一方で、沿海地域の都市部とその後背地では、十九世紀末から二十世紀初頭にかけて萌芽した近代的な織布業が、第一次世界大戦期における欧米諸国からの機械製綿布の輸入途絶にともなう代替品生産をてこに、新たな発展の機会をえていた。都市部における紡績工場の兼営織布、専業織布工場、農村部における改良土布の生産などは、いずれも輸入代替型とみなすことができるもので、近代セクターの範疇にはいる織布業である。一九二〇年代に本格的に発展した近代セクターの織布業は、毎年ほぼ三〇〇万担の機械製綿糸を消費するに至った。在来セクターの農村織布業が消費する四〇〇万担の太糸と合わせて、中国の機械製綿糸消費量は、一九三〇年前後には七〇〇万担にも達した。中国における機械製綿糸の普及過程は、ここに一つのサイクルを終えることになった。

第二章では、インド綿糸をはじめとする機械製綿糸の急速な普及にともなって、中国在来綿業の市場構造が変容していくプロセスを、中国経済の中枢であった揚子江流域の二つの地点、中流域の沙市と下流域の武進について定点観測する。

第一節においては、まず湖北省西部の沙市をとりあげる。在来綿貨の集散地であった沙市は、三峡ルートを通じて湖北西部一帯の土布（荊州布）や綿花を揚子江上流域の四川へ供給する基地として、「華西のマンチェスター」とも称された。だが一八九〇年代にインドの機械製綿糸が流入してくると、四川の農民は自ら新土布（機械製綿糸を原糸とする土布）を生産するようになり、沙市は上流域への在来綿貨の供給地としての地位を失った。やがて二十世紀を迎え、日本紡績業の発展にともなって中国綿花の対日輸出が急増すると、湖北西部の綿花も揚子江を下って日本に輸出されるようになるが、揚子江上流域向けの集散地であった沙市の立地条件は、下流域への湖北綿花の供給には対応できず、その地位は漢口に奪われた。沙市がふたたび綿花移出港として登場するのは、沙市対岸の上流域にアメリカ種綿花が栽培され、紡績用の良質綿花を上海の紡績工場に供給するようになった一九二〇年代半ばのことである。

第二節においては、揚子江デルタの武進を考察の対象としてとりあげる。従来武進では隣県の江陰から綿花を移入する流通機構が構築されていたが、十九世紀末から二十世紀初頭にかけて上海製および日本製の機械製綿糸が流入して原料綿糸の多様化がすすみ、さらに生産用具の近代化によって織布能率が向上すると、農村織布業は問屋制家内手工業の生産形態に移行しはじめる。さらに第一次世界大戦期に欧米諸国からの機械製綿布の供給が途絶えると、武進の農村織布業は有卦に入って活況を呈するが、その一方で問屋制織布業に「窃換」とよばれる不正行為が横行したことも一因となって、問屋制家内手工業から工場制手工業への移行が促進され、武進においても近代セクターの織布業が形成されはじめる。

第三章では、上述のような経過で中国農村に形成された機械製綿糸の消費市場を基盤として、第一次世界大戦後期から東アジア的規模で進行した綿工業の雁行発展を、主に商品流通に注目しながら原料綿花と製品綿糸の両面から検討する。第一次世界大戦の長期化で欧米諸国からの機械製綿布の輸入が途絶えた東アジアでは、輸入代替型の綿工業が急速に成長した。そのため、東アジアにおける機械製綿糸の需要は旺盛となり、大戦後期の世界的なインフレ傾向ともあいまって、中国の綿糸相場も日本の大阪三品相場に追随して一九二〇年までつづく記録的な高騰をみた。他方、中国綿花の方は日本を中核とする東アジアの市場では、同じく旧大陸綿に属するインド綿花の代替品として位置づけられていたところから、一九一九年の大豊作でインド綿花の相場が、世界の綿花相場を決するといわれたアメリカ綿花の高騰をよそに下落しはじめると、それにつれて中国綿花の相場も下落し、安値で安定した。こうして中国市場に出来した「紗貴花賤」（綿糸高の原綿安）の状況が、中国綿花を原料として農村織布向けの太糸生産に特化して成長してきた中国紡績業に、空前絶後の超過利潤をもたらした。さらに、折から起こった五四運動の反日ボイコット運動の一環である「国貨提唱」のよびかけも加わって、この時期、紡績業への投資は過熱気味となり、未曾有の紡績ブームが到来した。大戦後期から一九二〇年にかけての「黄金時期」に、中国紡績業の生産力はほぼ四倍に急拡大した。

その一方で、この間に太糸分野での競争力を喪失した日本紡績業は、大戦期の超過利潤を背景に太糸工場の大規模な対中国進出を開始した。いわゆる「在華紡」の進出である。商品輸出から資本輸出へという日本紡績業の対中国戦略の転換は、「黄金時期」に雨後の筍のように出現した民族紡の簇生と相乗して、やがて中国市場の様相を一変させることになる。

第四章では、「黄金時期」の空前の好況から、「一九二三年恐慌」と称される不況へと暗転していくメカニズムの分析を通じて、中国農村の機械製綿糸市場の構造的特質を解明する。「一九二三年恐慌」の原因は、「花貴紗賤」（原綿高の綿糸安）の一言に尽くされるが、この現象は、「黄金時期」における民族紡の急増と「在華紡」の雪崩をうった進出とが、製品綿糸の過剰と原料綿花の不足を加速させたことに起因する。しかし「一九二三年恐慌」において過剰生産に陥ったのは、農村織布用の原料綿糸であった二十番手以下の太糸に限られていた。近代セクターの織布業が使用する二十番手超過の細糸は、一九二〇年代前半にはまだ日本からの輸入綿糸に独占されている状態であったが、需要は旺盛であった。「一九二三年恐慌」は、農村織布向けの太糸に特化して発展してきた中国紡績業の構造そのものに起因する構造不況だったのである。この構造不況を契機として、上海「在華紡」を先頭に、太糸から細糸への生産シフトが進行した。

第五章では、上述の「一九二三年恐慌」における太糸の生産過剰という事態に対処するために、上海「在華紡」が細糸への生産シフトを進めた結果、一九二〇年代後半の中国綿工業界にどのような変化がもたらされたのかという問題を、中国内陸の湖南に設立された一紡績工場の経営をとりまいていた市場環境の計量分析という手法を用いて検討していく。一九二〇年代後半、中国内陸部に立地する民族紡（内陸紡）は概して、第一次世界大戦後の「黄金時期」に匹敵する高利潤を謳歌していた。長沙に設立された湖南第一紗廠も例外ではなかった。その原因は、「一九二三年恐慌」以降、中国の綿花、綿糸市場に生じた構造的変化にあった。「黄金時期」以降の中国の綿糸市場では、上海を中心とする同心円的な全国市場が形成され、機械製綿糸は一物一価の法則が貫徹する商品となった。これに対して綿花市場の方では、「在華紡」の細糸生産用の原綿を供給する市場は上海と直結して、上海綿花相場の影響下に置かれるようになった反面、内陸紡の太糸生産用の原綿を供給する地方市場は上海綿花相場から相対的に孤立した状態を保っていた。このような綿糸市場の統一性と綿花市場の分散性とが相互に作用して、一九二〇年代後半の内陸部に「紗貴花賤」の理想的な市場環境をもたらし、内陸紡の「黄金時期」を結果したのである。それはちょうど、かつて第一次世界大戦後の「黄金時期」の好況が、日本と中国の間にみられた綿糸価格の統一性と綿花価格の不統一性という東アジア的な規模の市場環境から生み出されたのと、パラレルな関係にあった。一九二〇年代後半の中国では、上海「在華紡」を頂点とする沿海都市部の紡績工場と内陸の農村部に立地した内陸紡との間の雁行発展が、その工業化をリードしていたのである。

最後の別章では、以上の諸章で重ねてきた分析の結果を土台にして、アヘン戦争の敗北にともなう中国の開国から、中国近代綿業のひとつの到達点を示す日中戦争前夜までのほぼ一〇〇年におよぶタイムスパンで、中国在来綿業の近代化の過程を俯瞰する。

以上のように編成されている本書の各章は、下記の題目で学術雑誌、研究報告論文集あるいは単行本に掲載した諸論文から成っている。

第一章　「中国近代における機械製綿糸の普及過程」―『東方学報』京都第六十一冊（一九八九年三月）四八九～五三八頁。

第二章第一節　「華西のマンチェスター―沙市と四川市場」―『東洋史研究』第五十巻第一号（一九九一年六月）九一～一二五頁。

第二章第二節　「武進工業化と城郷関係」―森時彦編『中国近代の都市と農村』（京都大学人文科学研究所　二〇〇一年三月）二五三～二七六頁。

第三章　『五四時期の民族紡績業』―狭間直樹編『五四運動の研究』第二函（同朋舎　一九八三年十二月）第四分冊一～一九二頁。

第四章　「『一九二三年恐慌』と中国紡績業の再編」―『東方学報』京都第六十二冊（一九九〇年三月）五〇九～五四

一頁。

第五章「中国紡績業再編期における市場構造―湖南第一紗廠を事例として」―狭間直樹編『中国国民革命の研究』（京都大学人文科学研究所　一九九二年）七〇七～七七五頁。

別　章「第三章　産業」―狭間直樹・岩井茂樹・森時彦・川井悟著『データでみる中国近代史』（有斐閣　一九九六年十月）八五～一三六頁。

最初に発表した論稿の刊行からは、すでに十八年近くの歳月を隔てているが、本書に収録するにあたっては、章立てにするための体裁上の変更と字句およびデータの訂正、増補をおこなった以外、論旨に直接かかわるような修正はほとんど施していない。それだけに、各章には原載論文の独立性がまだかなり強く残っており、本書全体の内容を十分に理解していただくことを妨げるおそれのあることが予想される。そのような場合には、最初に別章から劉覧いただくのも一法かと思う。原載一覧で了解いただけるように、別章は、それまでに発表した諸論文のエッセンスをもとに、学部学生向けの啓蒙書に執筆した中国近代綿業通史のような性格の文章であるので、まずこの部分を読んで本書の全体像をかいつまんで理解した後、いわば論証部分にあたる各章に戻っていただくのが、あるいは便利かもしれない。

さて最後に謝辞を述べて筆をおきたい。本書が完成するまでに受けた学恩を仔細に書き記そうとすれば、おそらく数十頁にわたって個人的な研究歴を開陳しながら、数多の謝辞を書き連ねることが必要になるであろう。この点については、本文と注の引用文献などを注意深くお読みいただければ、その一端は明らかになるものと信じて、一律に割愛することにし、ここでは本書出版に直接お力添えいただいた方々への謝辞のみに止めたい。

まず本書に収録した諸論文の作成過程で、常に厳しい批判と適切なアドバイスを惜しまれなかった狭間直樹教授、本書を東洋史研究叢刊の一冊として出版することを慫慂してくださった礪波護教授のお二人には、日ごろのご恩もふくめて衷心より謝意を表する。また諸々の雑事にかまけて、本書の編集、校正作業は意外に長引く結果となってしまった。辛抱強く付合ってくださった京都大学学術出版会の小野利家氏には、お詫びともどもお礼申し上げる。なお本書刊行にあたって、日本学術振興会の平成十二年度科学研究費補助金（研究成果公開促進費）を受けたことにも謝辞を呈したい。

二〇〇一年一月

京都大学人文科学研究所の北白川所屋にて

森　時彦

昨年三月に逝去された恩師、島田虔次先生に謹んで本書を捧げる。

目次

目次

中国近代綿業史の研究

第一章　中国近代における機械製綿糸の普及過程

はじめに

一八九九年、中国の機械製綿糸輸入高は、空前絶後の二七四万五千担を記録した。当時で四億人前後とみられる中国の膨大な人口は、一人当りではいかに微少な消費も、総体としては莫大な消費量にかえてしまった。世界的にもまれなこの輸入量は、その量感にふさわしい影響を、中国の在来綿業にあたえた。

中国経済の近代化過程は、統計資料の極端な不足から、その計量化をきわめて困難なものにしてきた。綿業の分野でも、この情況にさしてかわりはないが、ひとり機械製綿糸だけは、いちぶ推計をまじえれば、その総供給高と構成をトレースすることも不可能ではない。本章は、中国近代における機械製綿糸の普及過程を、できうるかぎり計量化につとめながらあとずけ、その視点から中国綿業の近代化過程の一端をかいま見ようとするものである。

第一節　機械製綿糸普及の三段階

一九四〇年といえば、なお日中戦争のさなかではあるが、アヘン戦争以後、とりわけ一八八〇年代半ばにおけるインドの機械製綿糸（当時の中国では「洋紗」とよんだ）の大規模な流入からはじまった中国在来綿業の再編過程が、すでに一つのサイクルをおえていた時期と考えてもよいだろう。

この前後に、揚子江の上流と下流で、前者は中国人の手で、後者は日本人の手で、詳細な農村実態調査が行われていた。図表一－一は重慶の近郊と思われる巴県興隆郷における、農家の戸主の着衣に関する調査である。Aの方は、労働着つまり野良着について、Bの方は、晴れ着について、それぞれ素材の割合を示している。さらにそれぞれの表では、山間部と平地部に分けたうえで、大農、中農、小農の階層別についても項目を設けている。細部にわたる分析はともかくとして、ここでは、野良着と晴れ着の相違にだけ注目しておきたい。野良着では、大農層に一〇パーセントをこす「洋布」（機械製綿布）の使用例がみられるものの、やはり「土布」（手織綿布）の割合が圧倒的で、綿布（土布＋洋布）だけの割合でいうと、九〇パーセントをこえることになる。「絲」（絹）と「皮」は問題外として、「草」は蓑笠や草鞋の素材であろう。それが晴れ着になると、大農層ほど洋布の割合がたかく、八〇パーセント前後に達する。中農や小農では、洋布の割合が五〇パーセントちかくまで低下するが、その分わずかながら絹の割合がふえているのは、おもしろい現象である。

この調査で遺憾な点は、土布の素材が区別されていないことである。この当時でもなお、土布の原糸として一部

図表1－1　四川省巴県興隆郷における農家戸主の着衣の素材（%）

A. 労　働　着

区	別	戸　数	土　布	洋　布	絲	皮	草	合　計
山村区	大　農	20	69.54	9.65	—	—	20.81	100.00
	中　農	21	86.44	4.02	0.92	—	8.62	100.00
	小　農	22	86.29	9.14	—	—	4.57	100.00
	平　均	63	80.63	7.75	0.18	—	10.44	100.00
平地区	大　農	21	80.29	13.94	—	—	5.77	100.00
	中　農	18	87.06	1.08	—	—	11.86	100.00
	小　農	19	89.78	2.69	—	—	7.53	100.00
	平　均	58	85.46	6.39	—	—	7.74	100.00
両区平均	大　農	41	75.06	11.96	—	—	12.98	100.00
	中　農	39	86.86	2.57	—	0.28	10.29	100.00
	小　農	41	87.97	6.01	—	—	6.00	100.00
	平　均	121	83.83	7.02	—	0.08	9.07	100.00

B. 晴　れ　着

区	別	戸　数	土　布	洋　布	絲	皮	草	合　計
山村区	大　農	20	6.89	83.33	2.78	5.56	1.44	100.00
	中　農	21	37.83	54.05	5.41	—	2.71	100.00
	小　農	22	32.84	57.14	5.01	—	5.01	100.00
	平　均	63	21.85	68.84	3.99	2.65	2.65	100.00
平地区	大　農	21	25.93	74.07	—	—	—	100.00
	中　農	18	40.59	50.63	3.80	5.66	—	100.00
	小　農	19	50.00	48.28	—	1.72	—	100.00
	平　均	58	37.61	58.72	1.38	2.29	—	100.00
両区平均	大　農	41	17.53	79.92	1.29	2.58	1.74	100.00
	中　農	39	34.63	51.72	4.31	2.58	2.00	100.00
	小　農	41	43.00	52.00	2.00	1.00	2.12	100.00
	平　均	121	33.35	61.70	2.43	2.16	2.16	100.00

資料）賈健「四川巴県興隆郷農場大小与農家生活程度調査」—『四川経済季刊』第2巻第3期（民国34年7月1日）274～275頁。

備考）合計で100.00%にならない部分がいくつかあるほか，矛盾する箇所もみうけられるが，補正のしようがないので原表のままにしておく。

には「土紗」（手紡糸）がねづよくのこっており、「洋紗」（機械製綿糸）をとりいれた土布とは、若干性質を異にしていたので、できれば区別する必要がある（本書では前者を旧土布、後者を新土布として区別する）。ともあれ、土布は野良着の八〇パーセント以上、晴れ着の三〇パーセントほどの生地として消費され、洋布は野良着の一〇パーセント以下、晴れ着の六〇パーセント以上の生地になっていたというこの数値は、土布が野良着の生地に適し、洋布が金銭的な余裕があれば晴れ着の生地にのぞましい綿布であったことをものがたっている。ここには提示しなかった別の調査表によれば、全体で戸主一人当り、野良着は上着四・五着、ズボン二・六本と多く、晴れ着は、上着一・四着、ズボン〇・五本と少ないという数字があるから、野良着と晴れ着をあわせれば、大雑把なところ土布四に対して洋布一ぐらいの割合で消費されていた計算になる。

四川省巴県興隆郷の調査で明らかになっていなかった土布の原料綿糸の区別については、揚子江を二千五百キロメートルほどくだった江蘇省南通県金沙地区頭総廟での農村調査（交戦地区での軍隊の護衛つきの調査であった点はわきまえておく必要がある）が、一つの手がかりをのこしている。南通県といえば、一九二〇年代まで営口を窓口とする東北地方への土布供給をほとんど一手にひきうけていた地方である。大生紗廠の提供する機械製綿糸を原糸として手織された南通土布は、新土布の代表的な例といえる。一九三一年の「満州」事変以後、日本の侵略で東北の市場をうしなった南通土布は急速に衰退するが、一九四〇年頃にもなお、縮小しながらも土布の商品生産がつづけられていたようである。

図表一-二は、その南通のとある村における農村綿業の状況をつたえている。全戸数九四戸、人口三九八人のこの村で、織布に従事する家四五戸、紡糸に従事する家四二戸（内、三二戸は紡織兼業）と、それぞれ全戸数の半数

図表1－2　1939年江蘇省南通県金沙鎮地区頭総廟における農家紡織状況

項目＼階層			地主	小農	貧農	極貧農	農業外	合計
全戸数			6	7	31	44	6	94
紡織戸数	織戸数		0	3	4	7	0	14
	手紡戸数		0	1	3	6	1	11
	紡織兼業		0	2	16	13	0	31
	合計(A)		0	6	23	26	1	56
織機所持数別戸数	1台		0	5	21	22	0	48
	2台		0	1	0	0	0	1
	合計台数(B)		0	7	21	22	0	50
紡車所持数別戸数	1台		0	6	20	22	1	49
	2台		0	1	3	4	0	8
	3台		0	0	1	0	0	1
	合計台数(C)		0	8	29	30	1	68
原料 繰綿	自給(D)	斤		38.0	378.0	228.0	0	644.0
		%		18.8	22.9	16.4	0.0	19.5
	購入	斤		7.0	46.0	128.0	60.0	241.0
		%		3.5	2.8	9.2	100.0	7.3
	小計(E)	斤		45.0	424.0	356.0	60.0	885.0
		%		22.3	25.7	25.6	100.0	26.8
原料 購入綿糸		斤		157.2	1,228.5	1,032.3	0	2,418.0
		%		77.7	74.3	74.4	0.0	73.2
原料 合計(F)		斤		202.2	1,652.5	1,388.3	60.0	3,303.0
紡織戸1戸当り原料消費F÷A				33.7	71.8	53.4	60.0	57.9
織機1台当り原料消費F÷B				28.9	78.7	63.1	0	66.1
紡車1台当り原料消費E÷C				5.6	14.6	11.9	60.0	13.0
全年綿花収量(G)		斤	365	328	1,159	565	0	2,417
綿花自家消費率D÷G		%	0.0	11.6	32.6	40.4	0.0	26.6

資料）井内弘文『満鉄南通農村実態調査参加報告』東亜研究所資料丙第227号D（昭和16年9月刊）48頁より作成。

備考）一部，原資料の（満鉄）上海事務所調査室編　村上捨己等『江蘇省南通県農村実態調査報告書』満鉄調査研究資料第38編（昭和16年3月刊）で補正した。

ちかくになる。紡糸にだけ従事している家が極貧農層に多いこと、地主層では紡織に従事する家が一戸もないことなどは、農村綿業が貧農、極貧農にとっては不可欠の農業外収入の機会であり、紡糸は利益は少なくとも資金の回転がはやいゆえに、より貧しい階層に適していたといったいくつかの想像を可能にする。

とはいえ、この表でもっとも注目したいのは、原料の項目である。いうまでもなく、繰綿は紡糸の原料である。この繰綿から手紡された土糸と、次の項目の購入綿糸とが、こんどは織布の原料ということになる。繰綿の項目では、貧農層にいくほど購入分がふえ、紡糸を専門にしている農業外の一戸では、すべて購入している。原資料の『江蘇省南通県農村実態調査報告書』によると、紡糸に従事する家のうち、一二戸（紡織兼業一一戸、紡糸専業一戸）は、もっぱら販売用に生産し、自給繰綿一〇八斤、購入繰綿の全量二四一斤、計三四九斤からつむいだ同量の土糸を、すべて金沙鎮の「紗荘」（綿糸商）へ持参して、総額三二一・五元で売却したという。したがって、頭総廟で生産された土糸のうち、地元での織布の原糸に直接まわったのは、紡織兼業の三〇戸が、自給繰綿の残り五三六斤からつむいだ同量の土糸に限られることになる。

購入綿糸二、四一八斤はすべて、織戸が金沙鎮で土布を売却した折に、その売上代金の大部分を割いて、紗荘から購入してきたものである。購入綿糸の内訳については記述がないので、推計によるほかない。原資料は、購入綿糸の代金総額、四、七三四元が計上されているほか、この年十月の金沙鎮での物価として、「本紗」（土糸）一市斤、一・二元、「洋紗」一包、十六元が記録されている。一市斤＝〇・八五斤、一包＝七・八七五斤で一斤当りに換算すると、土糸は一・四一元、機械製綿糸は二・〇三元になる。両者の一斤当り価格、購入総量、総額をもとに購入綿糸中の両者の数量を推計すると、機械製綿糸＝二、一三七斤、土糸＝二八一斤という解が得られる。この購入土糸の推計量は、頭総廟の紡糸戸が金沙鎮の紗荘に売却した土糸の総量三四九斤より、やや少ない数値である。頭総廟における土糸の需給関係は、金沙鎮の紗荘を中核とする市場圏の一部にくみいれられながら、やや出超の傾向にあったという勘定になる。

この推計をもとにすれば、頭総廟の織布は、機械製綿糸二、一三七斤、土糸八一七斤、計二、九五四斤を原糸とし、機械製綿糸七二・三パーセント、土糸二七・七パーセントの割合で使用していたことになる。これだけの原糸から、「白小布」三、〇五五匹、「白大布」二〇四匹、「藍布」一二四匹、計三、三八三匹が織りあげられたが、自家消費されたのは、わずか一四匹にすぎず、三、三六九匹が総額七、二〇二元で売却され、商品化率は実に九九・六パーセントに達したという。生産の大部分を占める白小布は、一匹当り幅〇・八尺、長さ二四尺、重さ一斤ほどの土布で、経糸、緯糸とも十二番手前後の太糸を使用した。当時はすでに、経に機械製綿糸、緯に土糸、あるいは経緯とも機械製綿糸をもちいる新土布が広く普及していたが、経緯とも土糸の旧土布も消滅したわけではなかった。いまは新土布を機械製綿糸のみの土糸に単純化して、原糸の割合を反映するだけの区分にとどめるならば、頭総廟の織布生産には、なお三割ちかくの旧土布が残存していたことになる。(1)

一九四〇年前後の時点において、揚子江上流、四川の一農村での事例は、農民の綿布消費の割合が土布四、洋布一で、しかも洋布はおもに晴れ着であったことをつたえ、揚子江下流、江蘇の一農村の事例は、土布生産の原糸の割合が一つの推計では機械製綿糸七、土糸三であったことをものがたっている。これら二つの事例は限られた地域でのミクロの情況にすぎないが、中国在来綿業の近代における展開というマクロの問題を考察するうえでも、まったく無意味な一極小部分とは思えない。

これを手がかりに、工業製品が流入する以前の伝統的な農村綿業との比較をこころみれば、機械製綿布の消費が五分の一を占めるに至ったという四川の事例もさることながら、土布の原糸として機械製綿糸が七割以上を占めるに至ったという江蘇の事例の方が、より大きな意味あいをもつのではないだろうか。なぜならば、四川の農民にとって、洋布の流入はおもには晴れ着という非日常的な領域における変化をもたらしたにすぎないのに対し、江蘇の農民にとって、機械製綿糸の普及は、紡糸工程を解消しつつ、在来綿業の生産システム全体に影響をおよぼすことで、日常の生活そのものにかかわる変化をもたらしたであろうと推測されるからである。

一九四〇年前後の二つのミクロの事例を、中国在来綿業再編過程の一つの到達点として念頭におきつつ、機械製綿糸の普及過程に考察をすすめていきたい。まず、その普及過程の大雑把なイメージをつかむため、中国における機械製綿糸の総供給高をグラフにあらわしてみる。図表一-三Aは、インド綿糸の流入が本格化した一八七〇年代末から、中国国内での民族紡の成長と「在華紡」の進出が一段落するまで、換言すれば、中国国内での機械製綿糸の生産が一つのピークに達した一九二〇年代末まで、半世紀にわたって、各十年代の最後の年について、中国市場に供給された機械製綿糸の総量をあらわしている。横線の部分は、外国からの輸入分である。一九一〇年代末から二〇年代にかけては、中国からの機械製綿糸の輸出がはじまるので、その分は差しひいてある。したがって、正確には輸入超過分というべきであろう。事実、一九二九年には、輸入分はマイナスに転じている。縦線の部分は、国産分である。一八九〇年における上海機器織布局（三万五千錘）の一部操業開始以後、国産分が計上されることになる。国産分は一九一〇年代までは、その年の操業錘数に一・九担をかけてわりだした推計値で、二〇年代のみ統計数字を基礎にしている。わざわざ九の年を選んだのは、一八九九年をはじめ焦点となる年が多いからであるが、

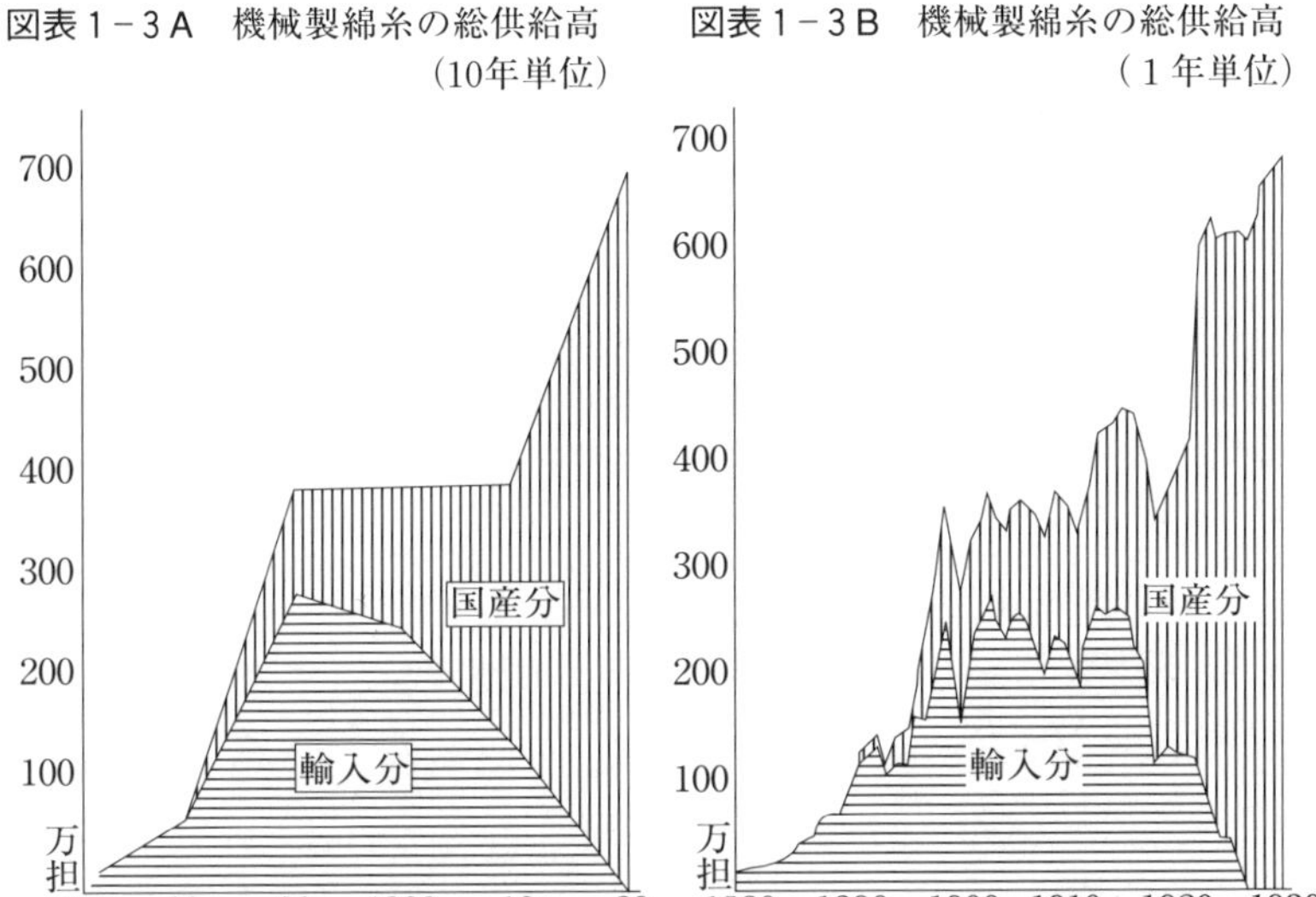

図表1－3A　機械製綿糸の総供給高（10年単位）　図表1－3B　機械製綿糸の総供給高（1年単位）

資料）輸入分は Hsiao Liang-lin, *China's Foreign Trade Statistics 1864—1949*, Harvard University Press, 1974, pp. 38～39. 国産分は1919年までは丁昶賢「中国近代機器棉紡工業設備，資本，産量，産值的統計和估量」―『中国近代経済史研究資料』(6)（1987年4月）の錘数に1.9担をかけて算出。1920年以降は趙岡・陳鍾毅『中国棉業史』（聯経出版事業公司　民国66年7月刊）295～296頁の推計による。ただし，1922年は不自然な数値であるので，1919年までの方法で補正した。

念のため、一年単位の数値をグラフ化した図表一―三Bもそえておく。

図表一―三Aをよりどころにして、いま仮に中国における機械製綿糸の普及過程に一つの時期区分を設定するとすれば、一八八九年から一八九九年までを第一次急増期、一八九九年から一九一九年までを停滞期、そして一九一九年以降一九二九年までを第二次急増期と区分するのが妥当であろう。第一次急増期は、ほどなく中国綿糸、さらに日本綿糸の参入もみるものの、おもにはインド綿糸がきりひらいた普及過程である。一八八〇年代においては、着実とはいえ、いまだ緩慢な上昇傾向をしめしていたにすぎない総供給高が、一八九〇年に百万担の大台にのってからは、揚子江流域での激増をてこに急上昇に転じ、一八九九年には輸

入分二七四万五千担（内、インド綿糸一九〇万六千担、日本綿糸七八万担）、国産分九六万九千担と、いずれも史上最高を記録し、当然のことながら総計も三七一万四千担と空前のピークをきざんだ。(2)

それが二十世紀にはいると、総供給高は第一次世界大戦期の微増を除いて二十年ちかくにわたって、四百万担のあたりにはりついたまま、ほとんど動きをとめてしまう。一八九九年から一九一九年までを停滞期としたゆえんである。一八九〇年代において、あれほど急上昇をみせた総供給高が、なぜ二十世紀にはいると、かくも一転して、しかもかくも長期にわたって停滞することになったのか。これを第一の設問としよう。

二十年間にわたって停滞した総供給高は、一九二〇年代にはいると、いわゆる民族工業の黄金時期に急増した中国紡績業の生産力を背景に、ふたたび急上昇に転じ、二九年には七百万担にちかずき、一〇年代に比べ三百万担以上、増加したのである。この第二次急増期には、日本資本の「在華紡」の進出にともなう民族紡との摩擦といった矛盾をかかえながらも、資本の国籍をとわなければ、中国国内で生産される機械製綿糸は、一九二七年に一〇一パーセントの自給率をマークするに至った。二十世紀にはいったのち、ながく四百万担のあたりで頭うちにあった総供給高が、二〇年代にはいるや、なぜ一挙にふたたび三百万担もの激増を達成しえたのか。中国市場のいったいいかなる構造的変化が、この爆発的な総供給高の増加を可能にし、またそれを吸収する需要の急増をもたらしたのであろうか。これが第二の設問である。以下の各節をこれら二つの問題の考察にあてる。

第二節　一八九〇年代の意味

第一次急増期の主役は、インドから流入した機械製綿糸である。すでに小山正明氏の詳細な成果が明らかにしているように、十〜二十番手の太糸に限られていたインド綿糸は、在来の農村綿業における土糸（手紡糸）に代替する商品として、中国の農村市場に浸透することに成功した。インド綿糸は、中国の織布にたずさわる農民が長年にわたってなれしたしんできた土糸の長所をあわせもちながら、しかも機械製に特有の撚りのつよさから、糸ぎれしにくい点で経糸として理想的なこと、そしてなによりも、綿花とさしてかわりないほどに廉価で紡糸の手間（在来綿業における生産のボトルネック）をはぶけることなどをおもな武器に、まずインド綿花の代替品として華南に、次いで強靭な経糸を要求した華北へ、そして最後に在来綿業の中心部であった華中へと、概していえば非綿産区から綿産区への順序で浸透していったのである。(3)

全国的な規模で小山氏が明らかにしたかかる普及の過程は、省レベルの規模でも追認できる。図表一－四は、輸入綿糸の流入しはじめた一八七五年から九五年まで、漢口から再移出された湖南の地方別綿糸輸入高である。湖南唯一の綿産区である洞庭湖周辺の常徳、澧州、岳州が容易に輸入綿糸の流入をゆるさなかったのに反し、非綿産区である南部山間地の永州、宝慶、衡州などに輸入綿糸の急速な普及が確認できる。最大の綿産地であった常徳では、一九〇〇年前後でも、年間二〇〇万両にもおよぶ綿糸取引額のうち、機械製綿糸が占める割合は四割前後にすぎなかったといわれている。(4) 綿産区では、機械製綿糸の普及が非綿産区に比べ、一サイクルおくれるのはたしかなよう

図表1－4　漢口から湖南省各地への輸入綿糸再移出高　（単位＝担）

年＼地方	長沙	道州	**岳州**	靖州	**澧州**	**常徳**	辰州	永州	宝慶	郴州	衡州	計
1875	9							87	30		18	144
1876	9							650.2			264	923.2
1877	3		**3**			**3**		261			798	1,068
1878	6			12				492	18		846	1,374
1879					**3**			813	6		762	1,584
1880	9			6				1,734	3		240	1,992
1881	27			16.5		**24**	3	2,391	54		181	2,696.5
1882	6			3		**6**		2,511.1	15	6	36	2,583.1
1883	39					**12**	3	2,722	120	9	507	3,412
1884	105		**6**	9		**114**		1,597	159		1,403	3,393
1885	45		**6**	18		**111**	9	1,686	312		1,284	3,471
1886	137			21		**84**		1,149	179		1,128	2,698
1887	33	21			**3**	**83.5**		1,190	81	12	1,478	2,901.5
1888	25.5	30	**3**	3		**183**	3	1,397	210		1,107	2,961.5
1889	30	54	**66**	22	**3**	**180**	18	2,109	369		1,356	4,207
1890	474	222	**183**	246	**9**	**390**	99	11,332	1,278	462	3,168	17,863
1891	1,672	1,059	**138**	573	**21**	**738**	308	12,239	2,508	807	2,789	22,852
1892	2,716.5	1,098	**21**	519	**708**	**339**	501	12,924	3,721.5	507	1,998	25,053
1893	771	336		84	**660**	**120**	777	5,380.5	1,569	30	960	10,687.5
1894	525	369		87	**954**	**69**	63	5,052	1,578	6	1,740	10,443
1895	1,689	216	**384**	141	**1,851**	**267**	207	17,002	2,217	54	2,850	26,878

資料）*Returns of Trade 1875–81*, Part Ⅱ, Hankow. *Returns of Trade and Trade Reports 1882–95*, Part Ⅱ, Hankow.
備考）太字は綿産区をあらわす。

である。

ともあれ、第一次急増期を、機械製綿糸が在来綿業の土糸にとってかわる過程とみなすことに、さして難点はないであろう。ここでの問題は、その代替化過程が、一八九〇年代には非常に急速な進展をみせながら、二十世紀にはいると一転して頓挫してしまったのはなぜかということであった。

この問題に対しては、これまでわずかに厳中平氏が、おもに輸入綿糸の銀建て価格という視角から外延的な解明をこころみたことがあるにすぎない。それによれば、一八七三年から二十二年間にわたる世界的な不況期に、資本主義諸国の工業製品は大幅な価格の下落をみた。もっとも中国は外国貿易では銀本位をとっており、この時期にちょうど長期的な銀安傾向がかさなったため、金本位の欧米資本主義諸国からの輸入品は、金建て価格での下落も銀安で相殺され（一海関両は一八七三年の六シリング五ペンスから一八九七年の二シリング一一ペンス四分の三まで、半分以下にまで長期的な下落をつづけた）、銀建て価格はさほど下らなかった。ただインドだけは、一八九九年まで中国と同じ銀本位制をとっていたので、銀安による相殺効果はなく、インド綿糸は大幅な価格の低下を実現した。本来的なコストの低さにかてて加えて、このような為替動向の恩恵をうけながら、インド綿糸は、中国向輸出の急増を果たしたというのである。(5)

たしかに、輸入綿糸の担当り価格（銀建て）と機械製綿糸の輸入高を示した図表一-五をみると、厳中平氏の分析が妥当性をもつ部分もある。輸入綿糸の担当り価格は、一八七五年の三〇両余りから、二度の小さなゆりもどしはあるものの、二十年ちかくにわたって低下しつづけ、一八九二年には一七両弱とほとんど半分にまで下った。この間、輸入高は七五年の九万担余りから一三〇万担余りへと一四倍にふくれあがっている。その逆に、一九一六年からは第一次世界大戦のあおりをうけて、輸入綿糸の担当り価格は一五年の二五両弱から二〇年の五九両余りへと二倍以上に高騰した。この間、輸入高は一五年の二六八万六千担から二〇年の一三二万五千担へと半減したのである。これら二つの時期については、輸入綿糸価格と輸入高が完全な反比例の関係にあることが、きわめて鮮明にみてとれる。

図表1－5　輸入綿糸の単価と輸入高
（単位：輸入高＝万担，単価＝担当り海関両）

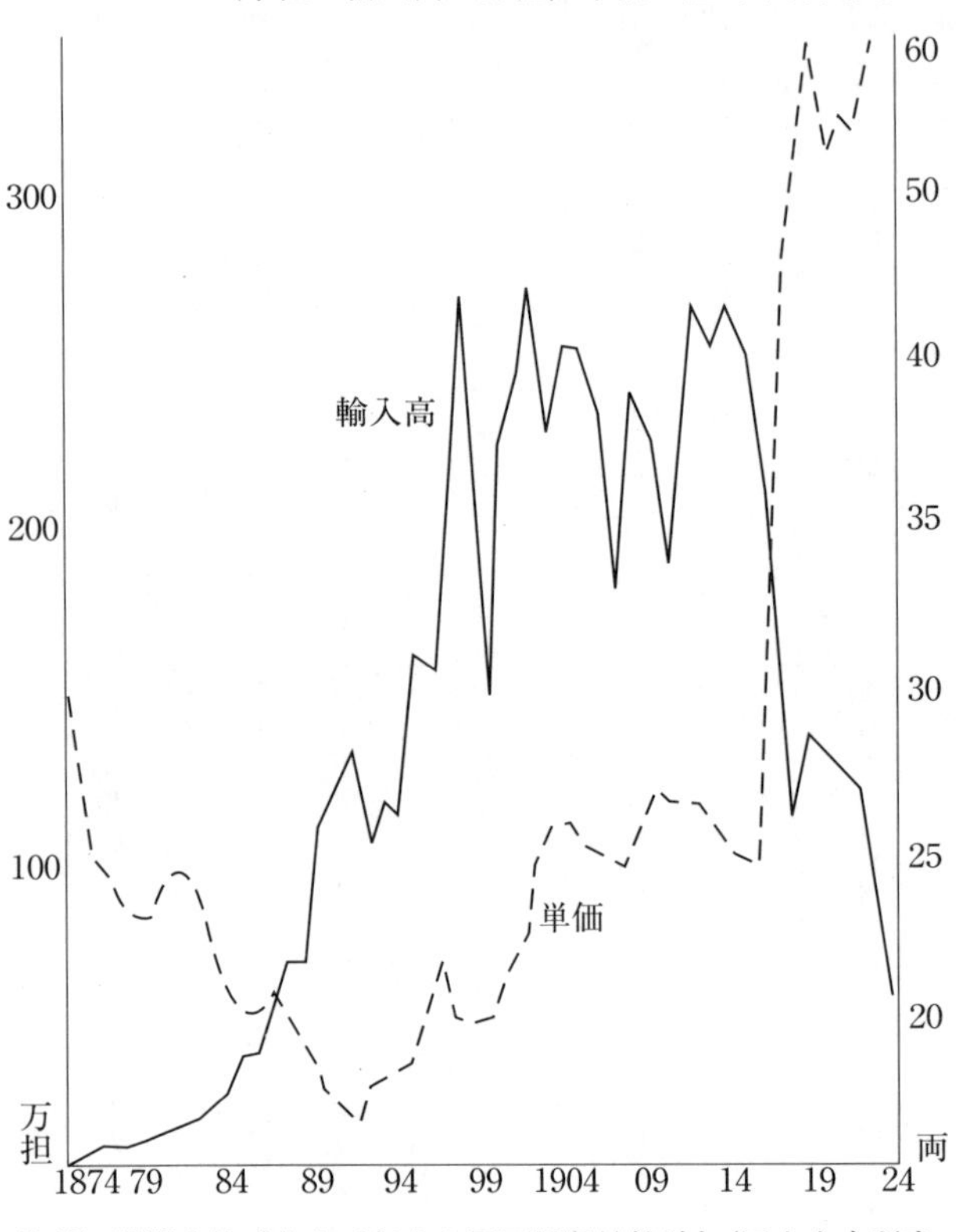

資料）楊端六等『六十五年来中国国際貿易統計』（国立中央研究院社会科学研究所専刊第４号　民国20年刊）46頁。

　ところが、当面の課題である一八九〇年代における急増と、二十世紀にはいっての停滞という現象を説明するとなると、厳中平氏の観点は説得力をもたない。図表一-五にも明らかなように、一八九二年に底をうった輸入綿糸の銀建て価格は反騰に転じ、一九〇〇年前後にやや反落をみせるものの、一九〇四、〇五年まで続騰し、二六両弱という一八七五年以来三十年ぶりの高値を記録する。この十五年ちかくにわたる高騰期は、ちょうど輸入高の真の激増期にかさなる。銀建て価格の推移をよりどころとするかぎり、一八九〇年代の急増は、きわめて不可解な現象にうつる。

なぜほかならぬ一八九〇年代に、輸入綿糸の急増という現象が出来したか、しかもそれが揚子江中、上流域に顕著なのはなぜかといった問題を解明するためには、先学の成果を前提としながら、さらにいまひとつ新たな視点を用意する必要があるように思われる。ここでは、その手がかりとして、輸入綿糸が上海から輸入され最終消費者である奥地の農民の手にわたるまでの、流通経路の問題をとりあげてみよう。なるべく具体的なイメージが得られるよう、最終消費地を湖北省の沙市に設定した一例を示す。沙市は輸入綿糸が流入するまでは四川への土布、綿花を一手に供給する在来綿業の一大集散地であった。

図表一-六のように、洋行（外国商社）の手で上海に輸入された外国綿糸は、「掮客」とよばれる仲買人の仲介をへて、「客幫」に売却される。「客幫」とは地方の「疋頭舗」（綿製品卸売商）が上海に駐在させる出張員で、本店が地元の景気動向に応じてだす指示にしたがって、輸入綿製品の買付けをする人物である。上海市場では、この客幫の動向が輸入綿製品の相場を大きく左右するといわれた。かれらの買注文は、たいてい奥地の実需を反映していたからである。

客幫の買付活動は、「行棧」とよばれる商人宿を舞台におこなわれる。行棧はたんなる宿泊施設ではなく、たとえば四川からきた客幫は、かならず四川人の経営する行棧にあつまってくるというように、つよい同郷意識でむすばれており、買付けのための掮客の紹介から、商品船積みのための「報関行」の斡旋まで、上海での取引に金融面をもふくめ、あらゆる便宜をはかってくれる。こうして買付けられた輸入綿糸は船で漢口におくられる。漢口の疋

図表1－6　輸入綿糸の流通経路

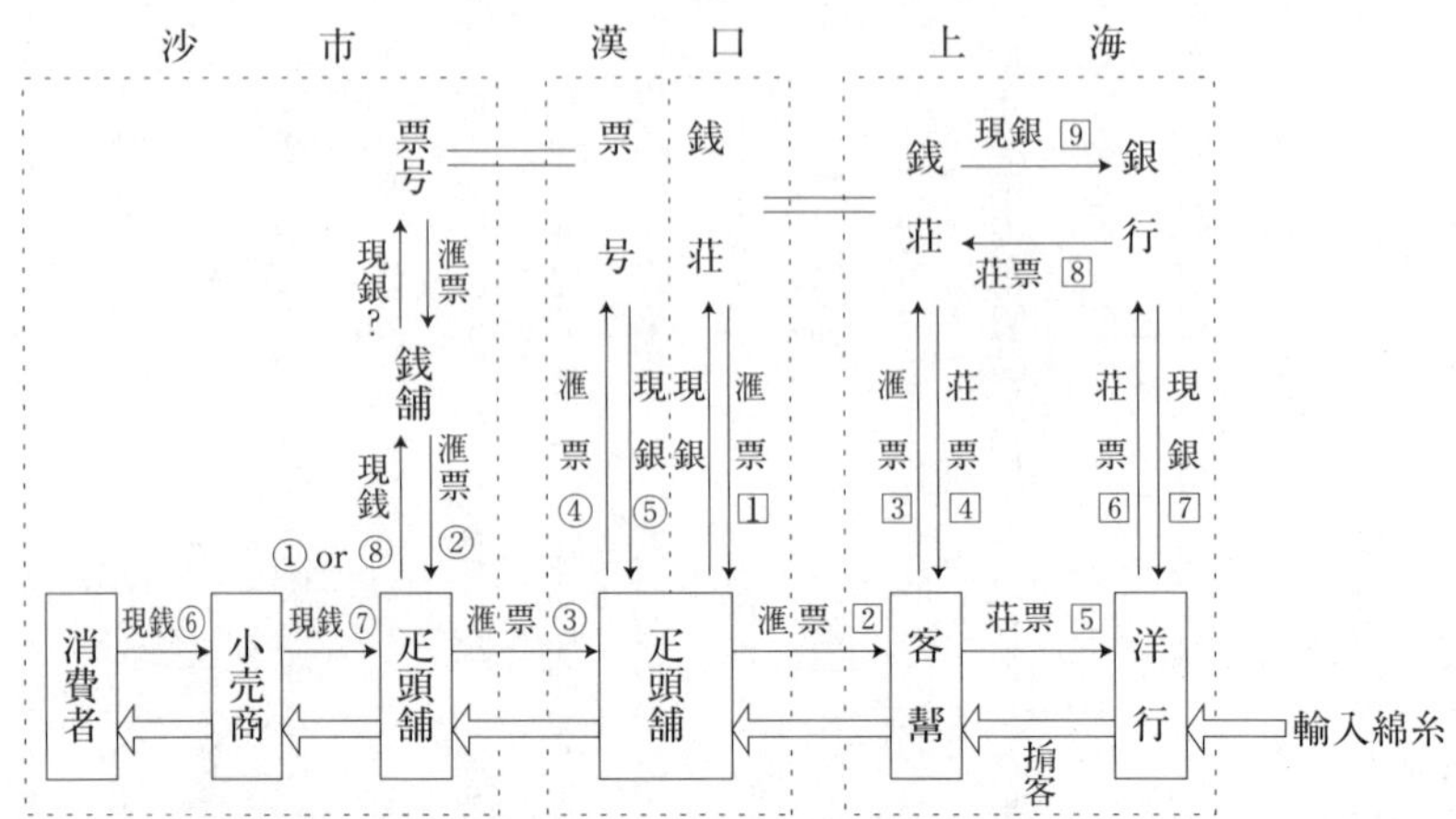

資料）『支那経済全書』第11輯（東亜同文会　明治26年6月4版）505～514, 851～873, 922～924, 976～978頁。「沙市ニ於ケル織物商況」―『通商彙纂』明治39年第34号　7～9頁。鄭亦芳『上海銭荘（1843～1937）―中国伝統金融業的蛻変』中央研究院三民主義研究所叢刊(7)（民国70年10月刊）64～66頁。

備考）□内の数字は，上海から漢口へ仕入れる際の買付資金の流れを示す。34は不要かもしれない。○内の数字は漢口から沙市へ仕入れる際の買付資金の流れを示す。現銀あるいは現銭は便宜上の表記にすぎない。いわゆる銀票，銭票の場合もあれば，当座預金への繰入れあるいは引落しのような場合もあったであろう。

頭舗は、漢口周辺はいうまでもなく、上海と直接の取引きができない地方都市の疋頭舗にこれを卸売りする。ここでいえば、沙市の疋頭舗が、漢口へ直接、人を派遣するなり、書面をもってなりして、漢口の疋頭舗に買注文をだすことになる。再び船積みされて沙市におくられた輸入綿糸は、さらに疋頭舗から小売商に卸され、最終消費者である農民の手にわたっていくのである。

一九〇七年三月の在沙市日本領事館の報告によれば、沙市の北方十四華里にある草市という鎮は、戸数わずか五、六百戸ばかりの小市街にすぎないが、綿糸業者が二十軒もあり、農家機織の原料として、年間六千余担の機械製綿糸（日本の船美人がもっとも人気を博していた）を売買したという。しかも「綿糸業者ハ何レモ沙市ヨリ転売スルモノニテ月末払ノ現金取引ナリ」(6)とつけ加えている。沙市の疋頭舗から輸入綿糸を仕入れて、草市近辺の農民に供給している小売商の様子をつたえるものであろう。

沙市の疋頭舗が、上海の洋行と直接取引しないで、漢口の疋頭舗に輸入綿糸の買注文をだすのは、沙市と上海の間には直接の商品取引がほとんどないため、為替をくみにくいのに対して、沙市と漢口の間には商品の往来が頻繁にあって、為替がくみやすいという事情がある。もちろん、大量の買付けをするのでなければ、わざわざ独自に人を上海へ派遣するのは、採算があわないという計算もあずかっているであろう。こうして、輸入綿糸は、密接な為替関係のできあがっている経済圏の間を、リレー式に奥地へ奥地へとおくられていたのである。

沙市までの段階の取引きでは、図表一－六に示したように銭荘や票号のふりだす荘票、滙票などの約束手形や為替手形が決済にもちいられていたわけであるが、それらの手形はすべて銀両表示であった。ところが、沙市の市場圏における取引きの決済だけは、いささか様相を異にしていた。

この当時における沙市の綿製品取引の状況をつたえる日本領事館の報告（一九〇六年四月）には、十三軒の疋頭舗と五軒の「広貨舗」（輸入雑貨卸売商）が、輸入綿布、綿糸を取扱っており、ほとんどがその商品を漢口から仕入れている旨が記されている。重要なのは、漢口の疋頭舗から商品を仕入れるに際しての決済方法である。漢口の疋頭舗への支払いは、四十五日、三カ月、一カ年という三種の延払い（もっとも後二者の場合、契約のときに三分の一ないし半分の頭金が必要）がふつうであったが、いま関係を簡素化するために、即金払いとして話をすすめる。もちろん即金といっても、沙市から漢口へ現銀を直接、持参していくような、手間と危険をともなう方法はとらない。沙市と漢口の間の為替は、おもに山西票号が取扱っていた。ところが、山西票号は一般商店との直接取引には応じてくれないので、漢口へ送金の必要ができた沙市の疋頭舗は、日頃取引きのある銭舗に依頼し、その銭舗からさらに山西票号に銀建ての為替取組みの依頼がなされる。「滙票」とよばれるこの山西票号ふりだしの為替手形をもって、沙市の疋頭舗は、漢口の疋頭舗への綿糸代金にあてるわけである。

では、銀建てでふりだされた「滙票」の代金はいかに決済されたのか。銭舗から山西票号への決済については、どの時点で、どのような貨幣でなされたのかを詳らかにしないが、疋頭舗から銭舗への決済に関しては、領事館報告者は、一種驚嘆の念をこめて詳述している。「此為替資金コソ実ニ何等一ノ抵当物アルコトナク唯ダ一言ノ口約ニ依リテ甘諾セラレ毫モ遅疑スル所ナキニ至リテハ驚クノ外ナシ」。つまり日頃から取引関係のある銭舗であれば、いわば一種の信用貸付のかたちで、銀両表示の「滙票」を融通してくれるのである。沙市における疋頭舗から銭舗への為替代金支払いに、あえて番号を付するなら、銭舗が信用貸付に応じない場合は①となり、応じた場合は⑧ということになる。

しかし、なににもまして注目すべきは、「滙票」代金の返済にもちいられた貨幣の種類である。報告者は「唯ダ茲ニ返納金額ニ対シテハ所謂当地ノ通貨タル銅銭ヲ以テセシム」(7)と、短かくはあるが重要な記述を残している。銀両表示でふりだされた「滙票」の代金が、銀両ではなく、銅銭で決済されていたというこの事実は、当面の疑問をときほぐすうえで、またとない一つのヒントを提供している。

従来の研究では、外国製品の中国への輸入動向を分析するにあたっては、おもに外国為替のレート、わけても金銀レートに多大の注意をはらう傾向があった。いわば、外国と中国の接点にのみ関心をかたむけてきたわけである。たしかに対象が欧米資本主義国の工業製品で、中国国内でも決済が銀だけで完了する市場圏で消費される商品であれば、金銀比価は輸入動向を大きく規定したであろう。しかし、ここで対象にしているインド綿糸は、一八九九年までは銀本位制であったインドの工業製品であるばかりでなく、その最終消費者は、おしなべて銅銭の経済圏にある農村に住む農民だったのである。むろん、機械製綿糸とて、中国国内の景気を反映している輸入動向全体と無関係であるはずがないが、すでに沙市の例でくわしく見たように、地方市場の疋頭舗が「滙票」代金返済の段階から、銅銭によって決済しているケースもあったという事例を考慮にいれるならば、金銀比価もゆるがせにはできないものの、より細心の注意が銀銭比価にむけられてしかるべきであろう。

そこで、問題の焦点である一八九〇年代を中心に、清末民初における銀銭比価の動向をさぐってみよう。図表一–七は、*Decennial Reports* 所載の海関両と制銭のレートをはじめとして、筆者の眼にしえた揚子江流域の各地における銀銭比価の一覧表である。二十世紀にはいると、制銭の代用に広東省ではじまった銅元の鋳造が各省に広がった結果、銀元と銅元の比価がむしろ一般的になる。厳密には本来的な意味の銀銭比価と区別する必要があるが、ここでは便宜上、一括してあつかう。

地方によって、ややまちまちの感はあるとはいえ、一八七〇年代半ばからはじまった銭高傾向は、一八八〇年代初期と一八九〇年代初期に、二度のかるい反落をみせるものの、一九〇三年ないし〇四年のピークまで、ほぼ三十年間にわたって継続する。たとえば、上海における一海関両との比価は、一八七二年の一、八七五文から一九〇四年の一、二二五文まで、六五〇文、率にして約三五パーセント高騰したのである。そのおもな原因は、世界的規模での銅地金の高騰と制銭の鋳造停止にあったといわれている。(8)

この全般的な傾向とはべつに、各地方のレートを仔細に比べてみると、一見、無秩序の印象をあたえる。たとえ

種別＼年	銀						両			銀	元	
	海関両						上海両	庫平両		南通	漢口	上海
	上海	鎮江	蕪湖	漢口	沙市	重慶		江蘇	江西			
1905					1,420			1,419	1,627	914	1,070	1,070
06					1,620			1,505	1,723	1,080	1,100	1,100
07					1,620			1,536	1,739	1,081	1,160	1,160
08					1,790			1,609		1,213	1,230	1,230
09					1,950					1,317	1,270	1,270
10					1,935					1,338	1,310	1,310
11					1,900					1,295	1,340	1,340
12					1,890					1,313	1,230	1,230
13					2,060					1,291	1,300	1,300
14					2,010					1,317	1,390	1,390
15					2,080			銀元		1,397	1,360	1,360
16					2,250					1,381	1,380	1,270
17					2,350			長沙	重慶	1,283	1,400	1,290
18					2,400					1,289	1,470	1,329
19					2,440	宜昌		1,545		1,313	1,500	1,360
20					2,500			1,631		1,354	1,640	1,415
21					2,760			1,724		1,468	1,740	1,546
22						2,960		2,005	2,300	1,654	1,940	1,747
23						3,140		2,178	3,000		2,150	1,816
24						3,750		2,509	3,300		2,450	2,064
25						4,430		3,206	4,800		3,090	2,400
26						5,650		3,387	6,700		3,450	
27						6,300		3,423	8,800		4,000	
28						6,350		3,765	8,800		3,990	2,850
29						7,125		4,770	11,400		4,410	2,780
30						8,025		5,492	15,000		5,250	2,650
31						9,275		6,152	15,000		5,490	2,850
32								6,700			6,100	
33											6,120	
34											6,400	
35											6,000	
36											6,000	

備考）1　銀両は銅銭との比価，銀元は銅元との比価。単位は文に一律化した。庫平両は上半年と下半年の中間値。銀元の漢口と上海は年末値。

2　1920年代の重慶における銅元の下落は異常であるが，これは「当五百」の悪質な銅元が鋳造されたためで，揚子江中流の宜昌などもその流入で銭安が加速したという。

3　本表には揚子江流域だけをとりあげたが，ほかの地区の例を1892年と99年の分だけ紹介すると（ともに1海関両当り文），天津1,632→1,200，芝罘1,617→1,235，寧波1,520→1,437，厦門1,537→1,484，汕頭1,534→1,344，広州1,560→1,420。概していえば，華北は揚子江流域と同じ程度の銭高が進行したのに，華南は汕頭を除き，若干の銭高にとどまっている。1890年代における輸入綿糸の増加の地域的傾向（揚子江流域激増，華北漸増，華南停滞）と対照すると，興味深い現象である。

図表１－７　揚子江流域各地の銀銭比価対照（単位＝文）

種別 年	銀						両			銀元		
	海関両						上海両	庫平両		南通	漢口	上海
	上海	鎮江	蕪湖	漢口	沙市	重慶		江蘇	江南			
1870	1,875						1,683					
71	1,875						1,683					
72	1,875						1,683					
73	1,808						1,616					
74	1,805						1,620	1,775				
75	1,778						1,598	1,795				
76	1,722						1,545	1,761				
77	1,655						1,485	1,719				
78	1,598						1,434	1,625.5				
79	1,620						1,454	1,617				
80	1,653						1,483	1,660	1,770			
81	1,690						1,517	1,687	1,680			
82	1,685		1,722	1,689			1,513	1,660.5	1,642			
83	1,685		1,733	1,721			1,513	1,707.5	1,678			
84	1,651		1,702	1,724			1,482	1,689.5	1,716			
85	1,650		1,733	1,724			1,481	1,701.5	1,718			
86	1,648		1,722	1,650			1,479	1,654.5	1,626			
87	1,557		1,619	1,644			1,397	1,576.5	1,605			
88	1,580		1,650	1,626			1,418	1,583.5	1,606			
89	1,585		1,634	1,610			1,423	1,556.5	1,555			
90	1,488		1,587	1,562			1,336	1,540	1,533			
91	1,496		1,593	1,560			1,343	1,524.5	1,541			
92	1,552	1,648	1,522	1,573	1,630	1,704	1,393	1,544	1,580			
93	1,552	1,565	1,577	1,527	1,600	1,690	1,393	1,598	1,543	1,033		
94	1,508	1,540	1,567	1,605	1,645	1,613	1,354	1,540	1,555	1,050		
95	1,465	1,500	1,520	1,500	1,274	1,510	1,315	1,500	1,500	1,030		
96	1,378	1,419	1,364	1,331	1,292	1,342	1,236	1,483	1,355	911		
97	1,378	1,378	1,395	1,299	1,288	1,263	1,236	1,331.5	1,354	903		
98	1,305	1,370	1,351	1,362	1,370	1,342	1,171	1,343	1,355	900		
99	1,325	1,389	1,385	1,387	1,274	1,326	1,189	1,363	1,425	900		
1900	1,328	1,376	1,351	1,370	1,333	1,316	1,192	1,362	1,429	901		
01	1,305	1,405	1,437	1,326	1,312	1,277	1,212	1,367	1,419	914		
02	1,345				1,200		1,207	1,354.5	1,389	900	800	800
03	1,278				1,170		1,147	1,317.5	1,333	830	840	840
04	1,225				1,200		1,100	1,334.5	1,370	810	900	900

資料）海関両の上海と上海両および銀元の上海は張家鑲『中華幣制史』民国大学叢書之一（民国大学出版部　民国15年刊。いまは鼎文書局民国62年復刻版による）第５編33～36頁。庫平両はともに羅玉東『中国釐金史』中央研究院社会科学研究所叢刊第六種（商務印書館　民国25年刊。いまは大東図書公司1977年復刻版による）508，541頁。海関両の上海以外と銀元の重慶は *Decennial Reports　1882－91,1892－1901, 1902－11, 1912－21*。銀元の南通は林挙百『近代南通土布史』159～160頁。銀元の漢口は『湖北省年鑑』第一回（湖北省政府秘書処統計室　民国26年刊）416～417頁。銀元の長沙は胡通『湖南之金融』湖南経済調査所叢刊（民国23年刊）付録68～84頁。

図表１－８　沙市と南通の銀銭比価指数（1904年＝100）

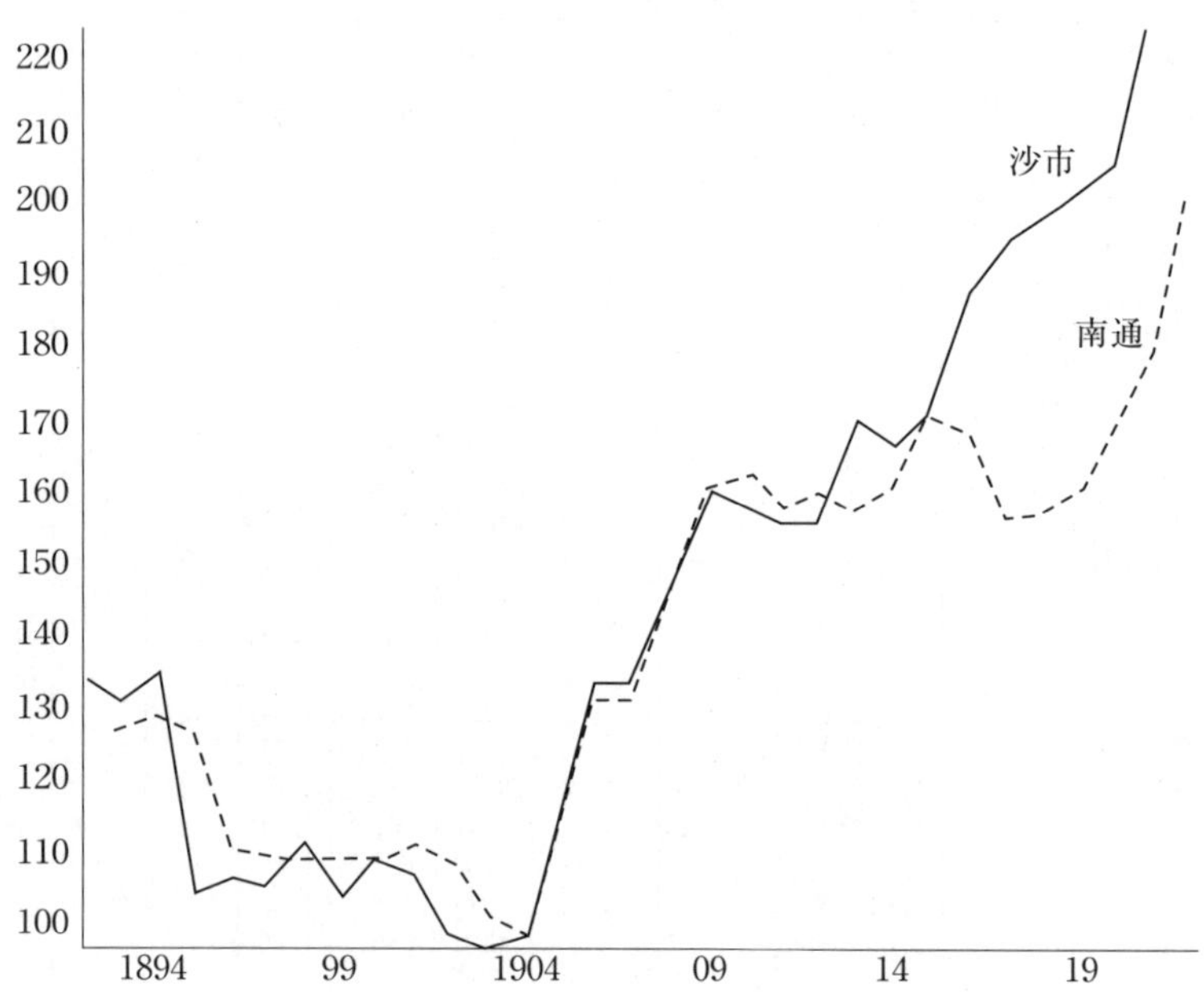

資料）沙市は*Decennial Reports 1892－1901, 1902－21*　Sha-si. 南通は林挙百『近代南通土布史』張謇与南通研究叢刊之一（1984年１月序）159～160頁。

ば、漢口では一海関両との比価が、一八九八年の一、三六二文から九九年の一、三八七文へと二五文下落しているのに反し、太い交易のパイプでむすばれていたはずの沙市では逆に、九八年の一、三七〇文が九九年の一、二七四文へ九六文も高騰しているといった具合である。沙市では、一八九八年に起こった沙市教案のもたらした恐慌状態からようやく回復しつつあった時期に、綿花、生糸の買付時期がかさなったため、買付資金の制銭が不足し、九九年には漢口での下落をよそに、ひとり高騰した次第のようである。そこで、買付時期の旧暦七月に急遽、三〇万串以上の制銭が漢口より買入れられた[9]。その結果、翌一九〇〇年には漢口一、三三三文、沙市一、三一六文と、ほぼ平衡状態にもどったのである。

この一事をもって全体を判断するのは危険であるが、揚子江流域では、漢口と沙市の間にみられたように、いずれかの地方で銭が異常に高騰すると、となりの経済圏から、一定の平衡状態（両地間のレート差が移送コスト以下になる点）に達するまで、銭が流れこんできたのではないだろうか。このような各経済圏の間の平衡作用が連鎖することによって、揚子江流域各地の銀銭比価は、長い眼でみると、結局は、ほぼ同一の歩調で騰落をくりかえしていたように思われる。いまは、厳密な実証の手続きをふむ余裕はないので、図表一-八でその一端を示すにとどめる。揚子江下流の南通と揚子江中流の沙市は、同じ揚子江流域とはいっても、千五百キロ以上もへだたっているうえに、おそらく南通は上海、沙市は漢口との間にのみ、銀銭の往来があるだけで、南通と沙市の間に直接の銀銭往来があったとは思えない。この隔絶した二つの地方における銀銭比価の指数を比較したのが図表一-八である。一概に銀銭比価とはいっても、沙市の場合は一海関両と制銭の比価、南通の場合は一銀元と銅元の比価とそれぞれ異なるにもかかわらず、一九〇四年を一〇〇とする指数にしてみると、その騰落の傾向は、おどろくばかりに接近している。南通と比べ、沙市の指数は、一八九五年のマイナス二二ポイント、一九〇二年のマイナス一一ポイント、一九一三年のプラス一三ポイントなど、大きく乖離する年が三度あるが、いずれも一八九六年マイナス四ポイント、一九〇三年マイナス五ポイント、一九一四年プラス五ポイントと、翌年にはほぼ平衡状態の許容範囲内にすばやくもどっている。もっとも一九一五年以降になると、一六年プラス一八ポイント、一七年プラス三八ポイント、一八年プラス四一ポイント、と乖離はひろがるばかりで、平衡作用は機能しなくなる（図表一-七の銀元の部分でもその傾向はうかがえる）。

ともあれ、一九一五年以前においては、揚子江流域各地の銀銭比価は、短期的にまちまちの感をともないながら

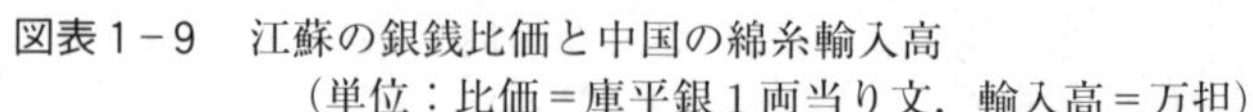
図表1－9　江蘇の銀銭比価と中国の綿糸輸入高
（単位：比価＝庫平銀１両当り文，輸入高＝万担）

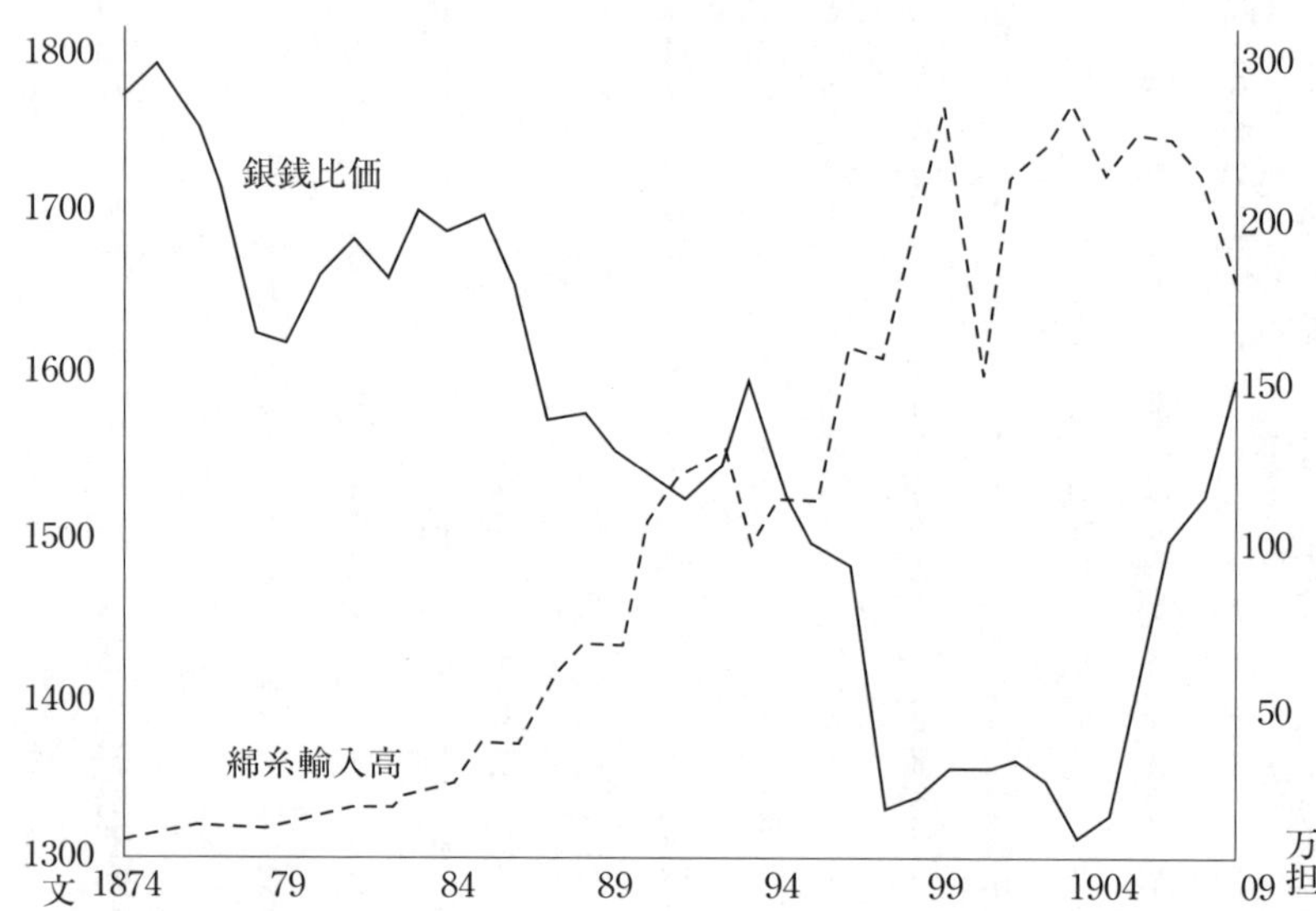

資料）比価は羅玉東『中国釐金史』508頁。輸入高は楊端六等『六十五年来中国国際貿易統計』46頁。

も、長期的にみれば、ほぼ同じような騰落傾向をたどっていたことは、推測できるだろう。このような前提のもとに、いま揚子江流域の銀銭比価を代表するものとして、江蘇省における銀銭比価をとりあげ、機械製綿糸の輸入高との相関関係をさぐってみたい。図表一–九は、江蘇における一庫平銀両が何文に当るかを実線で、綿糸輸入高を点線で示している。銀銭比価の方は、一八八〇年から八五年にかけてかなり大きな反落と、一八九二年から九三年にかけて一時的な反落と、二度の中休みはあるものの、一八七五年から九七年まで、二十年間にわたって銭価の高騰傾向がつづいた。とくに一八九三年から九七年にかけては、わずか四年の間に一、五九八文から一、三三一・五文へと二六六・五文、率で一七パーセントも急騰している。一八九七年から一九〇三年ないし〇四年までは、すり鉢状の高原をかたちづくったのち、一転して急落にかわり、一九〇三年の一、三一七・五文から一九〇八年の一、六〇九文まで、これまたわずか五年の間に、二九一・五文、率で二二パーセントも急落してしまった。そのおもな原因は、異常に高騰した銭価をおさえるために、湖北省などでさかんに鋳造されるようになった銅元が、一九〇四年以降濫発による供給過多になったところにあるといわれる(10)。一八八五年から一九〇八年までの二四年にわたるこの激しい銀銭比価の変動を、綿糸輸入高の動向とかさねあわせてみれば、どうであろうか。一八九三年の相当の落ちこみを除いては、綿糸輸入高は、一八八五年の三八万八千担から一八九九年の二七四万五千担まで七倍以上に急増している。一九〇〇年には、一四八万八千担と前年のほぼ半分にまで激減するが、これは義和団の影響によるもので、しかるべく補訂して観察すべきであろう。この一九〇〇年を除外すれば、綿糸輸入高も、一八九九年から一九〇五年、〇六年まで高原状態をたもったのち、反落に転じた。

以上のような銀銭比価と綿糸輸入高の相関関係からは、一八九〇年代に急激に加速した銭高傾向が、銭の購買力を大幅にたかめ、ひいては輸入綿糸の銭建て価格、すなわち消費者価格を大幅にひきさげたことから、中国農村における輸入綿糸に対する需要が急速にほりおこされ、綿糸輸入高をわずか十数年で七倍以上にも急増させる現象をもたらした経緯、また逆に、一九〇四年以降の急激な銭安傾向が、正反対の因果関係をたどって、外国製品に対する保護関税のような役割をはたした結果、綿糸輸入高の急激な増加を頓挫させ、さらにはかなりの減少さえもたらした経緯をみてとることができる。

このような全般的な趨勢にかてて加えて、先にみたような沙市の疋頭舗の輸入綿糸仕入れ方法も視野の中にいれるならば、たんに最終消費者である農民ばかりでなく、地方市場における輸入綿糸の流通にたずさわっていた業者もまた、銀両表示の「滙票」代金返済の段階で銭高による利益と銭安による損失をふたつながら、こうむる立場にあった[11]わけで、銭高傾向の時には漢口への買注文を積極的にだすことで、また銭安傾向の時には買注文に消極的になることで、綿糸輸入高増減の重要なファクターになっていたことがわかる。先の沙市の領事館報告が、疋頭舗の「滙票」とりくみについて、「当地ノ金融市場ニ多大ノ関係ヲ有スルト共ニ延テ疋頭舗ガ事業ノ消長ニ亦大ナル関係ヲ及ボスモノナレバ最モ思慮ヲ要シ且ツ慎重ノ態度ニ出デサル可カラズトナス[12]」と述べているのは、このあたりの事情を念頭においてのことであろう。

銀銭比価の変動が、末端消費者の消費動向にあらわれるまでには、若干のタイムラグをともなうことも十分に考えられるが、それが流通業者の輸入綿糸の仕入れ意欲をも左右していたとなると、ほとんど時をおかずして反応があらわれたとしても、なんの不思議もない。銀銭比価の変動と、綿糸輸入高の増減が、あれほど明確な相関関係をみせた背景には、地方市場における流通業者の、銭高、銭安に対するすばやい対応を想定せざるをえない。

日清戦争以降、中国市場への本格的な進出を開始した日本は、当然、時を同じくして進行していたこの激しい銀銭比価の動向に関心を示した。一八九七年五月の在重慶日本領事館の報告は、「両三年前ヨリ銅銭ハ騰貴ノ一方ニ傾キテ」と急激な銭高傾向を指摘したのち、「原因ハ要スルニ供給不足ニ帰因ス可シ[13]」として、銅地金の世界的な高騰により、制銭を鋳つぶして銅地金にする方が制銭の額面より高価に取引できる現状を事こまかにつたえている。その前年、一八九六年六月における在沙市日本領事館の報告も、「銅銭欠乏ヲ告ゲ銭価日ニ昂ル[14]」と、制銭の減少からくる銭高現象を指摘している。しかしながら、一八九〇年代後半、銭高傾向が急速に進行している段階においては、銭高の現象とその原因を指摘する報告はままみうけられるものの、銭高傾向と輸入動向とをむすびつけて論じている報告は管見ではほとんどない。

そのような観点から銀銭比価の問題が論じられるようになるのは、一九〇四年以降の急速な銭安の段階になってからである。一九〇九年二月の在漢口日本領事館の報告には、「清国内地及下層社会は一般に流通貨幣として最も多く銅銭を使用する」ところから、「弗銀（或は両銀）に対する銅銭の下落は日用品の騰貴を来し購買力の減少」をもたらす関係が明らかにされたのち、とりわけ外国からの輸入品は、銀安との相乗作用により「其の販路に困むの状況に沈淪せり[15]」との的確な指摘がなされている。また、一九〇七年七月の在長沙日本領事館の報告は、湖南の外国綿糸輸入額が「数年前ノ輸入額ニ比較スレバ約三割内外ノ減少ヲ来セリ」と述べ、その第一の原因を、輸入綿糸の消費者が「土布織造ノ原料ニ使用」する「田舎人」で、一括何串何文という銅銭で購入するため、「銭価暴落」が消費の減退をもたらした点に求めている[16]。さらに先にも引用した一九〇六年四月の在沙市日本領事館報告は、「現ニ昨年ノ如キ銅銭ノ殆ント無制限ニ鋳発セラレタル結果銭価ノ暴落底止スル所ヲ知ラサリシヨリ之ヲ予期セザリシ商賈等ハ忽チ一大打撃ヲ蒙リ何レモ少ナカラサル損失ヲ招キタルガ如キハ事実ノ最モ顕著ナルモノナリキ[17]」と述べている。一九〇四年までは銭高の恩恵をこうむっていた沙市の疋頭舗が、翌年からは一転、銭安の損失に呻吟している様が伝えられている。日本側の観察も、中国向け輸出が順調にのびている段階では、あえてその原因をせん索しようとはしなかったのに反し、輸出減退が明白になった段階ではじめて、その原因を銀銭比価の変動と関連させる視点を獲得したわけである。

さて、輸入綿糸の銭建て価格の一例を上海について求めてみると、図表一－一〇のようになる。一八七五年に一斤当り五三四・三文であった輸入綿糸の銭建て価格は、一八九二年までは、銀建て価格の低下と銭高が相乗効果を

図表1－10　輸入綿糸・輸出綿花の銭建て価格と新土布・旧土布の価格推計

項目＼年	銀銭比価 海関両	輸入綿糸価格と新土布価格					輸出綿花価格と旧土布価格			
	文	担当り海関両	斤当り文	指　数	新土布（1尺当り） 16文	新土布（1尺当り） 18文	担当り海関両	斤当り文	指　数	旧土布（1尺当り）
1874	1,805	28.62	516.6	196	31.4	35.3	9.00	162.5	94	23.5
75	1,778	30.05	534.3	203	32.5	36.5	10.20	181.4	105	26.3
76	1,722	25.14	432.9	164	26.2	29.5	9.16	157.7	92	23.0
77	1,655	24.46	404.8	154	24.6	27.7	9.93	164.3	95	23.8
78	1,598	23.26	371.7	141	22.6	25.4	10.16	162.4	94	23.5
79	1,620	23.14	374.9	142	22.7	25.6	9.97	161.5	94	23.5
80	1,653	24.08	398.0	151	24.2	27.2	9.96	164.6	96	24.0
81	1,690	24.51	414.2	157	25.1	28.3	9.96	168.3	98	24.5
82	1,685	24.36	410.5	156	25.0	28.1	9.70	163.4	95	23.8
83	1,685	22.99	387.4	147	23.5	26.5	10.92	184.0	107	26.8
84	1,651	21.36	352.7	134	21.4	24.1	11.47	189.4	110	27.5
85	1,650	20.30	335.0	127	20.3	22.9	11.60	191.4	111	27.8
86	1,648	20.41	336.4	128	20.5	23.0	11.00	181.3	105	26.3
87	1,557	21.16	329.5	125	20.0	22.5	9.79	152.4	88	22.0
88	1,580	19.65	310.5	118	18.9	21.2	11.00	173.8	101	25.3
89	1,585	19.10	302.7	115	18.4	20.7	10.00	158.5	92	23.0
90	1,488	17.85	265.6	101	16.2	18.2	10.00	148.8	86	21.5
91	1,496	17.26	258.2	98	15.7	17.6	10.80	161.6	94	23.5
92	1,552	16.92	262.6	100	16.0	18.0	10.00	155.2	90	22.5
93	1,552	18.12	281.2	107	17.1	19.3	10.70	166.1	96	24.0
94	1,508	18.37	277.0	105	16.8	18.9	9.85	148.5	86	21.5
95	1,465	18.64	273.1	104	16.6	18.7	12.50	183.1	106	26.5
96	1,378	19.64	270.6	103	16.5	18.5	12.00	165.4	96	24.0
97	1,378	21.82	300.7	114	18.2	20.5	14.99	206.6	120	30.0
98	1,305	19.94	260.2	99	15.8	17.8	11.51	150.2	87	21.8
99	**1,325**	**19.89**	**263.5**	**100**	**16.0**	**18.0**	**13.00**	**172.25**	**100**	**25.0**
1900	1,328	20.14	267.5	102	16.3	18.4	13.85	183.9	107	26.8
01	1,305	21.42	279.5	106	17.0	19.1	16.18	211.1	123	30.8
02	1,345	22.17	298.2	113	18.1	20.3	16.99	228.5	133	33.3
03	1,278	24.43	312.2	118	18.9	21.2	17.50	223.7	130	32.5
04	1,225	25.82	316.3	120	19.2	21.6	20.20	247.5	144	36.0

資料）銀銭比価は張家驤『中華幣制史』第５編33頁。輸入綿糸担当り価格と輸出綿花担当り価格は楊端六等『六十五年来中国国際貿易統計』36,46頁より算出。

備考）海関統計の価格記載は，1904年にそれまでの市場価格から，輸入品はC. I. F. 価格，輸出品はB. O. F. 価格に変更された。したがって，1904年の価格を03年以前と整合的に比較しようとすれば，輸入品市場価格＝C. I. F.＋14.5%，輸出品市場価格＝B. O. F.－10.5%で，市場価格に修正する必要がある。修正の結果は，輸入綿糸，担当り29.56海関両，斤当り362.1文，指数137で，新土布尺当り21.9～24.7文，輸出綿花，担当り18.01海関両，斤当り220.6文，指数128で，旧土布尺当り32.0文となり，新，旧土布の価格差は，7.3～10.1文にちぢまる。

発揮して、一八七九～八一年の反騰を例外に、低下の一途をたどり、九一年には二五八・二文という最安値を記録している。九三年からは銀建て価格の急激な反騰がはじまり、担当り一八九二年の一六・九二両から一九〇四年の二五・八二両まで八・九両、五三パーセント上昇した。しかし、この間はちょうど急激な銭高傾向の時期にかさなったため、銭建て価格では、銀建て価格の急騰も銭高による相殺でかなり緩和され、一八九七年の三〇〇・七文を例外に、ほぼ二六〇～二七〇文あたりにおさえられていた。さすがに、一九〇三、〇四年になると、銭高のピークにもかかわらず、銀建て価格のあまりの高騰に銭建て価格も三〇〇文の壁を突破してしまう。その後については、いまのところ一貫した数字は提示しえないが、長期的な銭安傾向への一変で、輸入綿糸の銭建て価格はさらに上昇の一途をたどったことが予想される。

土糸の価格との関係でいえば、沙市で採集された実勢価格は、一八九九年三月に、土糸一担当り三八串三五〇文に対し、日本の機械製綿糸十六番手は一梱（三二〇斤）当り七五両であった。[18] この月の沙市での銀銭比価、一両＝一、二八七文で一斤当りに換算すると、土糸の三八三・五文に対し、日本綿糸は三〇一・六文で二割以上も割安という数値である。一八九九年の上海での銭建て価格二六三・五文と比べると、三八・一文、率で一四・五パーセントほど割高であるが、上海から沙市までの流通経費と、沙市の例が十六番手で当時の輸入綿糸のなかでは比較的高価なものであった点をあわせ考えると、さほどかけはなれた数値とはいえない。いま仮に、沙市での輸入綿糸の銭建て価格は、上海での銭建て価格の一四・五パーセント増で、土糸の銭建て価格は不変であったと仮定すれば、沙市での輸入綿糸銭建て価格が、三八三・五文を下まわるのは、一八八七年の三七七・三文（三二九・五×一・一四五）で、一八八五、八六年はほぼ同額であったということになる。こうして一八八〇年代半ば頃に、土糸よりも安価になったと推計される機械製綿糸の銭建て価格は、その後の急速な銭高傾向の進行につれて低下の一途をたどり、一八九〇年代には、土糸よりも二割以上も安価になったのである。

しかし、沙市でいうと、一九〇四年からは一転、急激な銭安傾向にかかわり、一海関両当り一九〇三年の一、一七〇文から一九〇九年の一、九五〇文まで、わずか六年で六七パーセントも銭が下落する。この大幅な銭安で、機械製綿糸と土糸の価格差は、急速に解消ないし再逆転した。たとえば、沙市と四川の貿易の中継港にあたる宜昌では、早くも一九〇六年九月の段階で、土糸の銭安による銀建て価格下落の結果、「土紡糸ハ毎斤紡績糸ヨリ十仙方安価」となったことが報告されている。その後については一九三〇年代の河北省定県で、土糸の方が一斤当り四～一七仙割安との報告が得られるまで、管見では両者の実勢価格を示す例を知らないが、中国農村市場での輸入綿糸は、一九三〇年代までつづく長期的かつ急激な銭安傾向のうえに、第一次世界大戦期における世界的な規模での綿糸相場の投機的暴騰も加わって、一八九〇年代から一九〇三、〇四年にかけてのような、価格面での圧倒的な優位性は、ついに回復できなかったものと推測される。(19)

それでは、土糸で織られた土布（旧土布）と輸入綿糸で織られた土布（新土布）の銭建て価格はどういう関係にあったのだろうか。旧土布と新土布の銭建て価格が判明しているのは、いまのところ一例だけである。沙市の例とくしくも同じ年、一八九九年の重慶海関報告によれば、沙市からきた荊州土布（旧土布）が一尺当り二五文であるのに対し、インドから輸入した機械製綿糸で織った土布（新土布）は、一尺当り一六文から一八文であったという。(20)新土布の方が三割前後やすかったわけである。図表一—一〇はこの数字を基準数にとり、旧土布の銭建て価格は中国からの輸出綿花の銭建て価格指数と連動し、新土布の銭建て価格は輸入綿糸の銭建て価格指数と連動するという

図表1-11　新土布と旧土布の価格比較（単位＝1尺当り文）

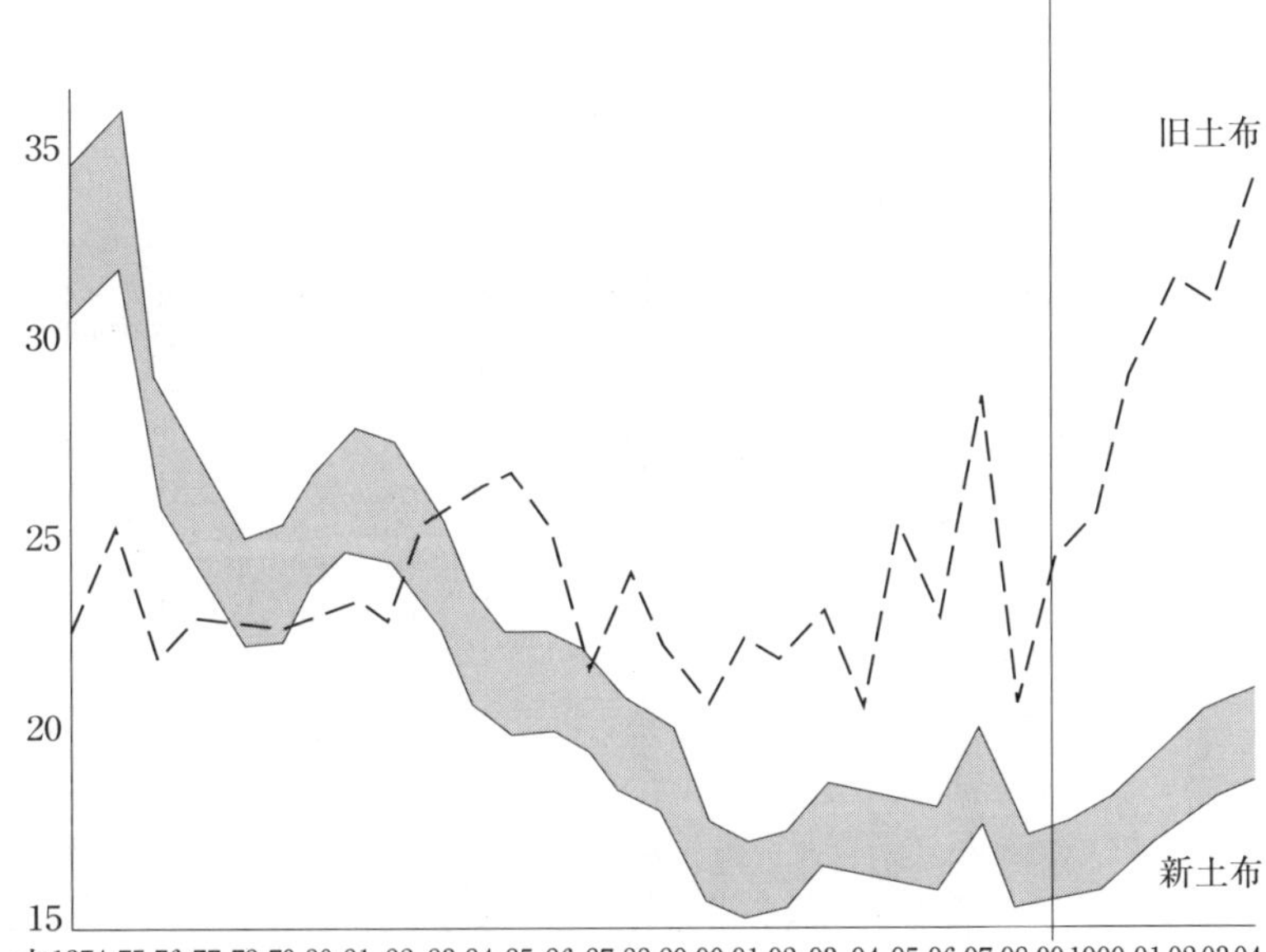

資料）図表1-10。

仮定のもとに、一八七四年から一九〇四年までの、新、旧土布の価格推計をこころみたものである。基準数以外はすべて全国平均あるいは上海での数値で、厳密な比較は期しがたいが、おおまかな趨勢を示す一つのモデルとして呈示したい。図表一-一一はこの推計値をグラフ化したもので、実線で示した新土布の価格は、上の線が十八文を基準数とする上限、下の線が十六文を基準数とする下限を表している。点線で示した旧土布の価格は、一八七〇年代には新土布よりも下位にあったが、七〇年代後半における新土布の急速な価格低下で、両者は急速に接近する。一時的な逆転は無視するとすれば、一八八〇年代半ばに、旧土布の価格が新土布を上まわるに至る。その後は、新土布の価格が一八九一年まで低下しつづけ、一八九〇年代には最低値のあたりで安定してしまったのに対し、旧土布の方は中国からの輸出綿花価格の乱高下につれ、かなり激しい一進一退をくりかえしながら、全体的には価格上昇にみまわれた結果、両者の価格差はひらく一方で、一八九七年に九・五〜一一・八文、一九〇二年に一三・〇〜一五・二文など、一〇文をこす年もでてきた。基準数にした一八九九年の七〜九文の差は、一八九〇年代における平均的な価格差とみてよいだろう。銭建て価格の点でいえば、旧土布は一八八〇年代後半から九〇年代にかけて、新土布にまったくたちうちできない状態においこまれていたのである。

以上、十九世紀から二十世紀への世紀のかわり目を中心に、機械製綿糸の中国への流入をめぐるいくつかの現象を観察してきた。これらの観察結果をもとに、第一の設問に対する一つの試案をまとめておきたい。

十〜二十番手の太糸に限られていたインドからの機械製綿糸は、土糸の代替品としてまず中国の非綿産区に流入し、新土布生産の勃興をうながした。インド綿糸で織られた新土布は、保温性、耐久性の点で、土糸で織られた旧土布と比べても、ほとんど遜色はなかった。なによりも丈夫であたたかい労働着を求める中国農民の消費類型からいっても、新土布は、旧土布の代替品としてほぼ満足のいくものであった。[21] しかも、非綿産区の農村に橋頭堡をきずきつつあった折から、インド綿糸は中国市場での消費者価格を大幅に低下させた。

一八七三年にはじまった世界的な不況で、工業製品の価格は長期にわたる下落をみたが、とくにインド綿糸は、中国と同じ銀本位という為替上の利点もあって、上海での銀建て価格を一八七五〜九一年の間にほぼ半分に低下させた。さらに、一八八〇年代半ばから九〇年代にかけては、中国農村での消費者価格を形成する銀銭比価が急激な銭高にかたむき、インド綿糸の消費者価格、すなわち銭建て価格は相乗的に低下した。一八九二年以降、銀建て価格はかなり急速な反騰にかわったものの、銭高傾向はひきつづき一九〇三、〇四年まで、急ピッチですすんだため、銭建て価格は低値のあたりで安定しつづけた。

このようなインド綿糸の銭建て価格の急速な低下と十数年におよぶ低値安定の結果、一つの試算では、世紀のかわり目の頃に新土布は旧土布に比べ、最高で四五パーセントも安価に提供できるようになった。新土布が中国農村の消費類型に適合し、品質の点でも旧土布にほとんど劣らないとすれば、この大きな価格のひらきは決定的な意味をもった。ことに商品用土布の生産においては、それが小商品生産の段階にあったにしても、原料コストと織布能率という二つの面で、インド綿糸の優位性は明白であった。かつて四川への土布供給を一手にひきうけていた沙市周辺の農村綿業が、一八九〇年代に激増した四川の新土布生産にその市場の多くをうばわれた結果、それまで拒んでいた機械製綿糸を、対抗上使用せざるをえない立場においこまれたのが、よい例である。(22)全国的にみても、非綿産区から綿産区へという普及過程は、まず非綿産区への旧土布の商品流通をたちきったインド綿糸が、こんどはコスト競争という市場原理のはたらく商品生産の分野を中心に、綿産区における旧土布の生産地にも進入して新土布生産への転換をうながしたというプロセスの想定を可能にする。

かくして、一八八〇年代半ば以降、土糸に対して価格の点で圧倒的な優位にたったインド綿糸は、おもに商品生産の分野、わけても強靭さの要求される経糸の分野で、急速に土糸を駆逐して農村市場に浸透していったものと思われる。まして、一八九〇年代には急速な銭高傾向が、地方市場の輸入綿糸流通業者に、取引決済上のきわめて有利な局面をつくりだし、その積極的な取引意欲をかきたてるような例もあったのである。このような消費、流通両面にわたる中国市場の構造が、一八九〇年代における輸入綿糸の爆発的増加をもたらしたことは、まず承認されてよいであろう。

ところで、徐新吾氏らの推計によれば、開国前夜の一八四〇年に中国在来の農村綿業は、六一〇万担ほどの土糸を生産し、そのうち二九〇万担ちかくを自家用土布の原糸、三二〇万担余りを商品用土布の原糸にあてたという。(23)この推計を、機械製綿糸の普及過程と対照するならば、一八九九年の三七一万四千担にのぼる機械製綿糸の総供給高は、商品生産用土糸との代替化という面では、たとえその後の土布生産の増加と商品化率の上昇を勘案するとしても、すでに一つの臨界量に達していたといえるかもしれない。もちろん現実の展開は、自家用と商品用を截然と区別できるほど単純ではないが、機械製綿糸の土糸との代替化が、コスト計算のなりたつ商品生産の分野では、比較的容易であったのに対し、コストではなく現金支出を最小限にとどめようとする意識のはたらく自家用織布の分野では、そうたやすくなかったという傾向は否定しがたい。

ともあれ、中国農村市場の一つの大きな壁が輸入綿糸の前にたちはだかりかけていた折も折、あたかもタイミングをあわせたかのように、輸入綿糸の価格競争力をささえてきた銭高傾向がピークをすぎ、一九〇四、〇五年からは急激な銭安に一転したため、輸入綿糸と土糸の価格差は、解消ないし再逆転した。この銭安のおいうちをうけて、輸入綿糸の急増は完全に頓挫した。価格差が決定的な意味をもたなくなった農村市場では、機械製綿糸は経糸、土糸は緯糸と、それぞれ得意の分野を中心に共存することになった。二十世紀最初の二十年間、機械製綿糸の総供給高が、四百万担のあたりで停滞した原因は、中国農村市場の機械製綿糸に対する需要の臨界量という要素と、銭安傾向を基調とする輸入綿糸の消費者価格の急騰という要素とが、時を同じくして作用した点に求めることができる。

第三節　一九二〇年代の需給関係

第二次急増期は、機械製綿糸が世紀のかわりめにぶつかった臨界量の四百万担を突破して、三百万担にもおよぶ総供給高の増加を実現した。それを可能にした中国市場の構造的変化は、二十世紀最初の二十年間にすでに萌芽していた。機械製綿糸の総供給高では不変であった停滞期も、ひとたびその内部にたちいって観察すると、いくつかの大きな変化をとげていたことがわかる。第一の変化は、図表一−三（前出一一頁）を一見すれば明白なように、輸入分が減少したかわりに、国産分が増加したことである。一九〇四年に百万担を突破した国産の機械製綿糸は、その後も着実に生産をのばし、一九一九年には二四五万五千担に達して、自給率も六五パーセントをこえたものと推測できる。国産分と輸入分の比率は二十年で完全に逆になったわけである。第二の変化は、輸入分におけるインド綿糸と日本綿糸のシェア逆転である。二十世紀にはいっても、最初の十年間はインド綿糸が優勢を占めていたが、一九一〇年代にはいると、日本綿糸の急伸とインド綿糸の凋落の結果、一九一四年には日本綿糸一三三万二千担、インド綿糸一一三万七千担と完全に逆転した。(24)

国産分の増加については論ずるべきことは多いが、ここでは前節で論じた銀銭比価のいま一つの展開局面という範囲のみで、この問題を考察する。中国における近代紡績業の発展段階については、従来二つの見解があった。厳中平氏はおもに対外関係の視点から、中国近代綿紡織業史の時期区分をするので、日清戦争に一つの画期をおいた。いっぽう方顕廷氏をはじめ、国内紡績業の生産力を基準にした人々は、紡錘数の増加速度を手がかりに、一八九〇

図表1-12　1905年前後の綿糸・綿花価格　　　（単位＝担当り海関両）

項目 年	ルピーとの比価		南通銀銭比価		輸出綿花		上海綿糸				輸入綿糸	
	1海関両	指数	1元当り文	指数	海関両	指数	海関両	指数	採算価	利益	海関両	指数
1898	2.17	110	900	108	11.51	66	16.52	64	18.10	−1.58	19.94	82
99	2.25	114	900	108	13.00	74	17.00	65	19.83	−2.83	19.89	81
1900	2.23	118	901	109	13.85	79	20.30	78	20.83	−0.53	20.14	82
01	2.22	113	914	110	16.18	92	25.96	100	23.54	+2.42	21.42	88
02	1.95	99	900	108	16.99	97	22.50	87	24.49	−1.99	22.17	91
03	**1.97**	**100**	**830**	**100**	**17.50**	**100**	**25.97**	**100**	**25.08**	**+0.89**	**24.43**	**100**
04	2.14	109	810	98	20.20	115	29.25	113	28.23	+1.02	25.82	106
05	2.25	114	914	110	15.24	87	29.00	112	22.45	+6.55	25.95	106
06	2.46	125	1,080	130	15.11	86	26.51	102	22.30	+4.21	25.30	104
07	2.42	123	1,081	130	17.16	98	25.00	96	24.69	+0.31	24.96	102
08	2.02	103	1,213	146	16.86	96	25.27	97	24.34	+0.93	24.85	102
09	1.95	99	1,317	159	22.81	130	27.68	107	31.28	−3.60	25.42	104
10	2.01	102	1,338	161	22.56	129	29.46	113	30.99	−1.53	26.93	110
11	2.00	102	1,295	156	24.39	139	35.41	136	33.12	+2.29	26.74	109
12	2.27	115	1,313	158	21.13	121	33.49	129	29.32	+4.17	26.73	109
13	2.25	114	1,291	156	21.98	126	29.31	113	30.31	−1.00	26.46	108

資料）ルピーとの比価，輸出綿花，輸入綿糸は楊端六・侯厚培等『六十五年来中国国際貿易統計』36，46，151頁。南通銀銭比価は林挙百『近代南通土布史』159〜160頁。上海綿糸は *Returns of Trade and Trade Reports* 各年。

備考）採算価は，（輸出綿花価格×3.5＋14両）÷3でだした。価格記載の修正はしていない。

年から一九〇五年を草創期、一九〇五年〜一四年を漸進期として、日清戦争の一八九五年ではなく、一九〇五年に一つの画期をおいた[25]。たしかに一九〇五年は、生産設備ばかりでなく、ほかのいくつかの指標をとっても、画期となる年である。

North China Herald の記事をもとに、中井英基氏が作成した上海所在の外資紡四社の配当率をみると、一九〇四年まではほとんど無配であった各社が、一九〇五年には怡和一割六分、老公茂八分、瑞記五分の配当をだし、翌〇六年には残る一つの鴻源も八分の配当を達成し、ほかも怡和二割、瑞記一割、老公茂八分の配当を実現している[26]。また同時代の観察者も、中国の紡績会社は設立以来、苦しい経営をつづけ、とくに一九〇四年までの数年は各社とも欠損をかさねてきたにもかか

わらず、「本年〔一九〇五年〕に入りてよりは各紡績会社とも綿糸一俵〔梱〕につき少なくとも七、八両は利益を上げつつあるなり」と、経営環境の一変をつたえている。この年一梱当り十五両内外の利益をあげるケースまで出来したその要因を、観察者は「原棉安直なるに拘はらず糸価常に高位にあるを以て」[27]と、いわゆる「紗貴花賤」の現象に求めている。

一九〇四年以降の急速な銭安傾向は、既述のように輸入綿糸の銭建て価格を急上昇させ、輸入綿糸の圧倒的な価格競争力をそぐ作用を発揮しつつあったが、その反面、図表一－一二に表れているように、中国から輸出される綿花の銀建て価格は、一八九八年から一九〇四年まで銭高の進行とともに上昇しつづけ、ついに二〇両をこえる高値をつけたのが、この銭安傾向への一変も作用して、一九〇五年には一転してほぼ五両、率で二五パーセントもの大暴落をみたのである。一方、上海綿糸の銀建て価格は、銀安傾向のあおりもあって一八九九年から一九〇五年まで高騰しつづけた輸入綿糸の動向に追随して、一九〇四年までほぼ一方調子の高騰をつづけていたものの、銭高による綿花の銀建て価格の高騰で帳消しにされ、採算割れ、あるいは採算ぎりぎりが常態であった。ところが一九〇五年は、綿糸がわずか〇・二五両の下落にとどまったのに反し、綿花が五両も暴落したおかげで、一担当り六・五五両（一梱当り一九・六五両）という空前の利益をあげた計算になる。

上海綿糸は、その誕生以来、江南デルタ地帯をおもな市場としてきた。この域内では、内国関税がいらないのに対し、ほかの開港場へ移送するとなると、内国関税の負担で輸入綿糸に価格の点で対抗できないことも、その一因であった[28]。ところが、一九〇五年以降の銭安は輸入綿糸の競争力をそいだ反面、中国綿花の銀建て価格暴落という作用で、中国紡績業に原料コストの大幅な引下げをもたらしたばかりでなく、労働者への賃金を銭で支払っていた

図表1－13　重慶での上海綿糸とインド綿糸の価格

（1梱当り重慶両）

報告年月	番手	上海綿糸	インド綿糸
1897.12	10番手	84～85	81～82
1899. 5	10番手	82～84	81～83
	20番手	90～91	88～91
1901. 8	10番手	91	88～90
1904. 6	14番手	～111.5	107
1912.末	10番手	130～132	127～133.5
	20番手	143～144	138～143

資料）『通商彙纂』第89，136，200号。『大日本紡績連合会月報』第143，245号（明治37年7月25日，大正2年1月25日）。

図表1－14　上海綿糸の移出高と沙市の銀銭比価

（単位：綿糸＝担，比価＝1海関両当り文）

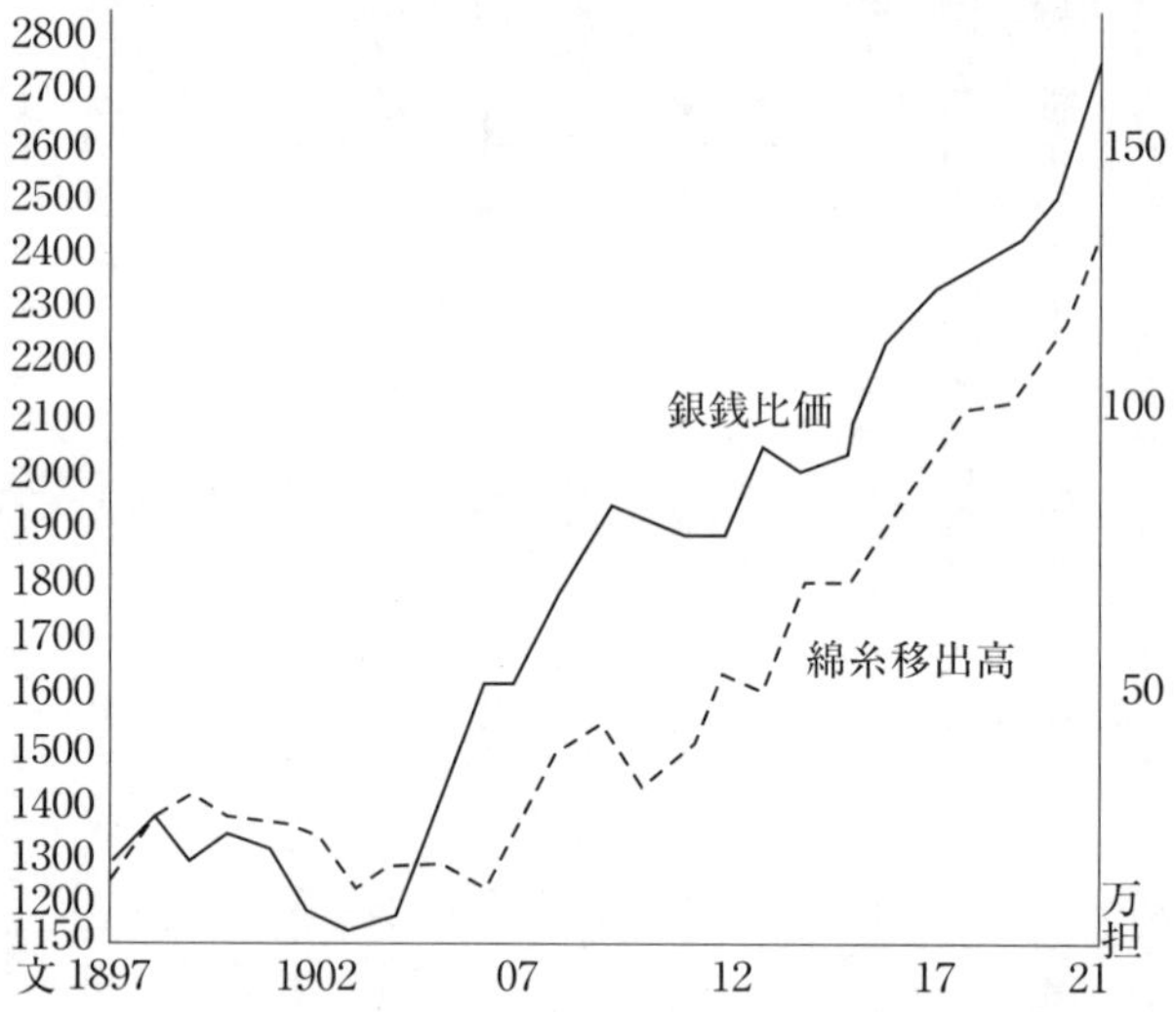

資料）上海綿糸移出高は，*Returns of Trade and Trade Reports 1897–1919*, Part II, Shanghai. *Foreign Trade of China 1920, 21,* Part I. 沙市銀銭比価は，*Decennial Reports 1892–1901, 1902–11, 1912–21.*

紡績会社（地方の紡績工場には銭で支払っていた例がある）には、さらに銀建ての生産コスト引下げをもたらすことになった。その結果、上海綿糸は江南以外の地方でも、ある程度、輸入綿糸に対抗できる力をつけたようである。図表一－一三は、重慶における上海綿糸とインド綿糸の標準価格を比較したものである。サンプルが極端に少なく、しかも番手もまちまちであるものの、一九〇四年までは、概して上海綿糸の方が一、二両から五両も割高であったのに、一九一二年には原料コストの割合がたかい十番手では、インド綿糸の極端な上、下の値開きの間におさまる程度に、また二十番手でもインド綿糸の最高値に接近したという一端の傾向はうかがうことができる。

一九〇五年以降、銭安の進行とともに、上海綿糸が江南以外の地方でも、輸入綿糸との競争力をもつようになった趨勢は、二年ほどのタイムラグをおくとはいえ、図表一―一四にも鮮明に表れている。揚子江中流域での銀銭比価の代表例として、沙市での比価を実線で表し、上海からほかの地方、おおくは揚子江中、上流域へおくりだされた国産機械製綿糸（上海綿糸）の移出高を点線で示している。上海綿糸の移出高は、一九〇六年までは最高でも二六万七千担にすぎず、銭高のピークである一九〇三年には一〇万担にまで低下していたのが、一九〇六年を底に〇七年からは急上昇に転じ、第一次世界大戦の好景気も加わった一九二〇年には一一〇万担にまで達した。

二十年にもおよぶ機械製綿糸総供給高における停滞期の間に、上海紡績業を先頭とする中国紡績業は、揚子江流域を主とする全国市場において、急激な銭安傾向をてこにして輸入綿糸に対抗しうる実力をたくわえて、販路の拡大を実現しつつあったのである。

停滞期における第二の変化は、輸入分における日本綿糸の進出であった。日清戦争以降、インド綿糸の後塵を拝して中国市場に本格的に参入しはじめた日本綿糸も、最初のうちは、インド綿糸のきりひらいた土糸の代替品という用途に、需要先を求めた。インド綿糸が、おもに十番手と二十番手で市場を開拓していたのに対し、日本綿糸はその中間の十六番手に、ほとんど一点集中していた。また勢力範囲でも、華南、揚子江上流域をおさえるインド綿糸に対し、日本綿糸は揚子江中流域から華北、東北を市場とした。(29)

しかし、植民地工業の足枷をはめられていたインド紡績業が、ながく低番手綿糸の生産に甘んじていた間に、原

図表１−15　香港輸入のインド綿糸番手別構成

年＼番手	14番手以下		16　番　手		20　番　手		22番手以上		総　　計
	梱	%	梱	%	梱	%	梱	%	
1885	58,318	39.4	*22,570	15.3	66,938	45.3	18	0.0	147,844
1886	56,636	39.7	*24,288	17.0	61,761	43.3	50	0.0	142,735
1887	76,113	41.8	*29,960	16.4	76,044	41.7	35	0.0	182,152
1888	78,574	43.1	*30,206	16.6	73,279	40.2	131	0.1	182,190
1889	102,999	52.0	*38,207	19.3	56,545	28.6	210	0.1	197,961
1890	110,247	58.9	25,305	13.5	51,440	27.5	338	0.2	187,330
1891	105,228	53.7	24,302	12.4	65,953	33.7	492	0.3	195,975
1892	128,658	55.7	33,320	14.4	68,341	29.6	572	0.2	230,891
1893	101,665	56.1	28,084	15.5	51,379	28.3	202	0.1	181,330
1894	97,235	48.2	29,256	14.5	75,193	37.3	50	0.0	201,734

資料）『通商彙纂』明治28年第13号　28〜29頁。

備考）＊印は18番手もふくむ。

図表１−16　上海におけるインド綿糸の番手別取引高　（単位＝梱，カッコ内は%）

時期＼番手	10番手以下	12　番　手	16　番　手	20　番　手	合　　計
1892年11・12月	6,583(27.7)	162(0.7)	5,797(24.4)	11,217(47.2)	23,759
1897年５・６月	2,440(23.1)	163(1.5)	2,149(20.3)	5,818(55.0)	10,570
1917年１〜６月	17,348(52.4)	15,245(46.1)	496(1.5)	—	33,089

資料）1882年は『大日本綿糸紡績同業連合会報告』第4，5号（明治25年12月20日，26年１月31日），1897年は『通商彙纂』第68〜71号。

1917年は「上海に於ける本年上半期の綿糸状況」―『大日本紡績連合会月報』第302号（大正６年10月25日）。

図表１−17　上海に輸入された日本綿糸の番手別割合（%）

時期＼番手	14番手以下	16　番　手	20　番　手	30番手以上
1904〜06年三年平均	1.8	88.5	8.3	1.4
1911〜13上半年二年六月平均	0.7	63.7	26.0	9.6
1918年	0.0	46.3	30.5	23.2

出典）1918年は第31次，第32次『綿絲紡績事情参考書』（大正７年上半期，同下半期）。

その他は東亜同文会調査編纂部『支那之工業』（大正６年２月刊）162頁。

綿を海外にあおがざるをえなかった日本紡績業は、原綿コストの割合が相対的にひくく生産コストの割合が相対的にたかい高番手綿糸の生産割合を徐々にたかめていった。図表一－一五はインド綿糸が本格的に中国市場へ進出しはじめた時期の香港輸入分の番手別構成である。日本への再輸出、香港での消費分もふくんでいるので、一概に中国市場の消費を反映しているとはいえないものの、一つの参考にはなる。二十番手超過がほとんど皆無である点、二十番手がわずか五年で四五・三パーセントから、二七・五パーセントへ急降下している点などが目をひく。純粋に中国だけと限定すれば、図表一－一六が、上海において取引きされたインド綿糸の番手別梱数を示している。比較する月にばらつきがあるものの、二十番手、二分の一、十番手、十六番手、各四分の一という割合で、中国市場に浸透しはじめたインド綿糸が、急伸期の一八九七年にやや高番手化の傾向をみせながら、最終的には十番手と十二番手に後退していった筋道がみてとれる。現象だけから判断するならば、インド綿糸は、年をへるにつれて、土糸の代替品という性格をますますつよめていったことになる。

一方、上海に輸入された日本綿糸は、図表一－一七のように、最初のうちこそ、十六番手という土糸の代替品に集中していたものの、短期間のうちに、二十番手から、さらに二十番手超過の分野へシフトし、一九一八年には三十番手以上がすでに四分の一ちかくを占めるに至っていた。さらに中国全体への輸出傾向でいっても、三十番手以上が一九一九年に三分の一をこえ、二四年にはほとんど六割を占める状況であった(30)。

周知のように、一九〇五年をさかいに、直隷など新興織布地帯では、日本から導入した鉄輪織機という新しい生産用具で、四十番手以上の細糸を用いた、幅広の精巧な綿布の生産が開始された。折から起こった対米ボイコット運動の過程で、この綿布には「愛国布」という名称が冠せられるが、要は、外国から輸入されていた機械製綿布に拮抗しうる品質をそなえていたことで、外国製品ボイコットの象徴的国産品といった呼称を得たわけである。(31) 旧土布の代替品として機械製太糸で織られた土布を新土布とよんだのに対し、機械製綿布の代替品をめざし、機械製細糸を原糸として鉄輪機で織られた幅広の精巧な土布を「改良土布」とよんで区別することにしよう。この改良土布が日本綿糸の中国市場への本格的な参入と前後して生産されはじめたのは、決して偶然のなせるわざではない。

つまり、日本綿糸は最初は、インド綿糸と同じく土糸の代替品すなわち新土布の原糸として、中国市場に参入したのであるが、一九〇五年以降は機械製綿布の代替品である改良土布の原糸という、新たな需要の分野を獲得しはじめたのである。いささか単純にすぎる区別ではあるが、仮に二十番手以下の機械製綿糸を新土布の原糸（ここでは機械製綿糸が新土布の経糸に使用されることが多かった事情を考慮して、二十番手までを土糸の代替品とみなしておく）、二十番手超過のそれを改良土布の原糸と分類するならば、日本綿糸は一九二四年をさかいに、旧土布の代替品生産よりも機械製綿布の代替品生産の分野に、より多くの需要先をもつようになったといえる。この意味で、日本綿糸とインド綿糸は、同じ輸入綿糸とはいえ、ある時点から中国市場における機能には明らかな乖離が生じはじめていたのである。

中国紡績業の全国市場進出と、日本綿糸の急伸と高番手化という、以上二つの大きな変化は、孤立した二つの現象としてあったのではなく、たがいに相互作用をおよぼしあいながら、中国における機械製綿糸の需要構造をかえていった。その需要構造の変化は、おもに改良土布生産の拡大と、紡績工場における兼営織布の発展という二つの点に求められる。まず、改良土布の原糸である中糸、細糸の供給状況からみることにしよう。

周知のように第一次世界大戦をはさんで、日本綿糸は急速に中国市場での輸出競争力を喪失していった。とくに、

図表1－18　上海「在華紡」綿糸番手別月産高

番手／時期	14番手以下		16　番　手		20　番　手		20番手超過		合　計
	梱	%	梱	%	梱	%	梱	%	
1920年1月	300	1.8	13,160	76.8	3,668	21.4			17,128
1924年　夏	1,350	3.9	17,900	52.1	13,050	38.0	2,025	5.9	34,325
1926年10月	1,650	4.0	18,000	43.1	18,700	44.8	3,400	8.1	41,750
1926年12月	1,950	4.5	17,300	40.2	19,320	44.8	4,510	10.5	43,080
1927年5月	1,050	2.8	13,000	35.0	16,200	43.7	6,850	18.5	37,100
1927年8月	1,100	3.0	11,050	29.6	18,348	49.2	6,788	18.2	37,286
1927年10月	500	1.8	4,000	14.1	15,000	52.8	8,900	31.3	28,400
1929年	1,262	3.6	7,276	20.6	15,576	44.1	11,201	31.7	35,315

資料）1920年1月は「大正九年上海各紡績会社紡出高予想比較」―『綿糸同業会月報』第1号（大正9年2月）。1924年夏は屋山正一「上海に於ける邦人紡績業」―神戸高等商業学校『大正十三年夏期海外旅行調査報告』240～241頁。1926年10月，1927年10月は「日廠方面之棉紗成本計算」―『紡織時報』第458号（民国16年11月14日）。1926年12月，1927年8月は「上海日廠均注全力改紡細紗」―『紡織時報』第441号（民国16年9月15日）。1927年5月は「特殊権利下之在華日商紡績勢力」―『紡織時報』第424号（民国16年7月18日）。1929年は東亜経済調査局編『支那紡績業の発達とその将来』（昭和7年4月刊）29頁。

原綿コストの割合がたかい低番手綿糸では、すでに第一次大戦前から、競争力をつけた中国綿糸にたちうちできない状態におちいっていた。「在華紡」というかたちの資本輸出の動機の一つは、「太糸工場を支那に興すべし」という富士瓦斯紡績社長、和田豊治の主張に集約されるように、この劣勢を挽回するため、日本の国内工場と現地工場との間で棲み分けをおこなうという構想にあった[32]。

かくして「在華紡」は土糸の代替品である太糸の生産をうけもち、日本国内の紡績工場は改良土布の原糸となるはずの中糸・細糸をうけもつといった棲み分け体制の確立をめざして、大規模な資本輸出がはじまった。しかしそれもつかのま、一九二〇年代にはいると、中国と日本の生産コストはさらに大きな開きを生じ、二十番手超過の中糸・細糸の分野でも日本綿糸は輸出競争力をうしない、その生産は「在華紡」によって肩がわりされることになった。図表一－一八からは、季節変動を考慮にいれる必要があるとはいえ、二〇年代を通じて「在華紡」が、二十番手超過の分野における輸入日本綿糸急減のあとをうめるように、高番手化をおしすすめていった一定方向の状況をうかがうことができる。一九二〇年には、「在華紡」の綿糸は、かつての輸入日本綿糸と同じく、十六番手綿糸にほとんど集中し、二十番手も少しはあったものの、二十番手超過は皆無であった。それが、輸入日本綿糸の凋落が決定的となった一九二四年をさかいに、高番手化が一挙に加速し、一九二九年には二十番手超過が三分の一を占めるに至った。この年の「在華紡」綿糸の番手別構成は、ちょうど十年まえの一九一九年における輸入日本綿糸の番手別構成（十四番手以下、〇・八パーセント、十六番手、二四・四パーセント、二十番手、三七・一パーセント、三十番手以上、三七・六パーセント）に近似している。輸入日本綿糸撤退のあとを、「在華紡」綿糸が完全にうめたといえる。輸入日本綿糸がきりひらいた改良土布の原糸という新たな需要先も、もちろん「在華紡」綿糸がひきつぐことになった。(33)

図表一―一九は、一九二三年において、青島から出荷された機械製綿糸（輸入日本綿糸、青島の「在華紡」綿糸）が、山東省（隣接の省も一部ふくむ）のどの地方で、どのような番手別構成で消費されたかを示している。一九二三年といえば、第一次世界大戦後、簇生した青島の「在華紡」がほぼ出そろった時期であり、輸入日本綿糸から「在華紡」綿糸への転換がはじまろうとしていた過渡期にあたる。二十番手超過の絶対量、あるいは比率がとびぬけてたかいのは、済南、濰県、昌邑、そして隣省、直隷の高陽である。いずれも、鉄輪機による改良土布の織布で有名な地方である。(34)とくに三〇年代に、高陽をぬきさって全国屈指の改良土布の産地となった濰県、昌邑は、青島の「在華紡」から提供される安価な機械製綿糸（膠済鉄道の沿線で青島に近いので、流通経費がほとんどかからない）を原動力に、その地位をきずいたといわれている。(35)

図表1-19　1923年山東における青島綿糸の番手別販売高

番手＼地方	14番手以下		16　番　手		20　番　手		20番手超過		合　計
	梱	%	梱	%	梱	%	梱	%	
済　南	**2,250**	**5.1**	**25,900**	**59.1**	**11,350**	**25.9**	**4,315**	**9.8**	**43,815**
濰　県	**450**	**1.6**	**9,500**	**34.4**	**15,600**	**56.5**	**2,052**	**7.4**	**27,602**
昌　邑	**450**	**3.9**	**750**	**6.4**	**6,550**	**56.2**	**3,902**	**33.5**	**11,652**
周　村	150	2.2	5,250	78.2	1,050	15.6	262	3.9	6,712
博　山	250	6.8	2,550	69.8	850	23.3	5	0.1	3,655
青　州	—		4,000	96.3	150	3.6	5	0.1	4,155
即　墨	10	0.1	9,050	83.2	1,800	16.6	12	1.1	10,872
手　護	50	1.1	3,300	71.6	1,250	27.1	7	0.2	4,607
高　密	—		12,275	83.3	2,450	16.6	5	0.0	14,730
掖　県	50	3.5	775	54.4	550	38.6	50	3.5	1,425
膠　州	25	1.0	2,600	99.0	—				2,625
※徐　州	4,000	55.7	3,000	41.8	—		175	2.4	7,175
※高　陽	—		**2,000**	**34.8**	**2,600**	**45.2**	**1,150**	**20.0**	**5,750**
合計	7,685	5.3	80,950	55.9	44,200	30.5	11,940	8.2	144,775

資料）佐々木藤一「青島紡績業に就きて」―神戸高等商業学校『大正十三年夏期海外旅行調査報告』269～270頁。
備考）※印は他省。太字は改良土布の生産地。手護については未詳。

他方、民族紡績業も、その誕生以来ながく、土糸の代替品たる太糸を手がけ、インド綿糸も日本綿糸ももたない十四番手という独自の領域も開拓していた。しかし「黄金時期」を経過して「在華紡」の雪崩的な進出がはじまると、「在華紡」とあまり市場圏のかさならない地方の民族紡はまだしも、「在華紡」と競合する沿海地方、とりわけ上海の民族紡は、「在華紡」との対抗上、たとえ後手にまわるうらみはのこしつつも、やはり高番手化を追求せざるをえなかった。

いま、一九二〇年代における民族紡の高番手化の趨勢を詳細にあとづける数字はもちあわせないものの、十年余りの間の変化を一瞥する資料として、図表一-二〇を作成した。後半の一九三二年の数値は、三二年十一月から三三年六月にかけて七カ月余りをついやしておこなわれた中国人の実地調査にもとづいている。それに反して前半は、

図表１-20　民族紡の綿糸番手別生産比率の変化（%）

	番手／区分	14番手以下	16　番　手	20　番　手	20番手超過	
1917〜1920	地方（1917年江蘇，浙江，湖北）	33	67	—	—	
	上海（1920年１月　13工場）	—	85	15	—	
1932	番手／区分	14番手以下	16　番　手	20　番　手	20番手超過	其　他
	地方（15工場）	36	34	25	3	2
	上海（10工場）	22	14	42	14	8
	合計（25工場）	29	24	34	9	4

資料）1932年は王子建・王鎮中『七省華商紗廠調査報告』国立中央研究院社会科学研究所叢刊第７種（商務印書館　民国24年11月刊）付録１頁。1917〜20年は本書161頁図表３-12，165頁図表３-14。

一九一七年の地方は台湾銀行調査課、一九二〇年の上海は上海日本綿糸同業会、とそれぞれ日本人が一部推計をまじえてわりだした比率である。とくに一九二〇年の上海は、一月だけの数値にもとづいているので、とうぜん季節的な偏りが想定される。このように精粗まちまちの数値であるものの、それらの比較からは、二〇年代における変化が一定の方向性をもっていたことがよみとれる。

一九二〇年以前においては、「在華紡」でも二十番手超過はほとんど皆無であった。民族紡でも事情は同じで、二十番手超過の分野は輸入日本綿糸のほぼ独占市場であった。民族紡は地方、上海をとわず、かつての輸入日本綿糸の独壇場であった十六番手に生産の主力をおいていた。地方では十四番手以下を三分の一ほど生産して、インド綿糸と対抗していたのに対し、上海では二十番手を一五パーセント生産して、先の図表一―一八の「在華紡」にちかい番手別構成であった。この時点ですでに、地方と上海の格差は明瞭であった。

一九三二年になると、地方では、十四番手以下の比率はさほどかわらないものの、十六番手が半減して、二十番手、四分の一、さらにわずか三パーセントながら二十番手超過も生産するようになった。一方上海では、生産の主力は完全に二十番手にうつって四割以上を占め、二十番手超過も一四パーセントと、二〇年の二十番手の比率が一段上昇したかたちになった。番手別構成が「其他」もふくめて分散してしまった分、上海と地方の格差はいささか不分明になった感もあるが、二十番手における一七パーセントの差、二十番手超過における一一パーセントの差は、両者の格差が二〇年代を通じて、よりいっそうひろまったことを示している。

民族紡全体では、二十番手が三分の一以上で主力となり、二十番手超過も一割ちかくを占めるに至った。この大きな変化が、一九二〇年代のどの時点からはじまったかは、いまのところ詳らかにできないものの、一九一〇年代から二〇年代前半にかけての輸入日本綿糸、二〇年代後半からの「在華紡」綿糸がたどった高番手化の道を、民族紡もまたおくればせながらあゆみはじめたことだけはたしかである。

こうして、おそらく一九二〇年代後半から「在華紡」に追随するかたちではじまったものと思われる民族紡綿糸の高番手化は、上海と地方の間でかなり大きな格差をともないながら、改良土布の原糸供給に新たな担い手を登場させることになった。その一応の帰結が、一九三〇年代前半における資本国籍別の番手別綿糸出荷高を示した図表一-二一である。(36) イギリス紡は絶対量が少ないので無視するとして、二十番手超過の出荷高では、やはり「在華紡」が数歩リードしていた。番手別比率でも「在華紡」は四〇パーセント前後におよび、しかも年を追うごとに着実に比率を上昇させている（四年で約五パーセント上昇）のに対し、民族紡は一〇パーセントの線をはさんで足ぶみしている。先の図表一-二〇の民族紡における上海と地方の格差をかさねてみると、「在華紡」、上海民族紡、地方民族紡という三者の間に、棲み分け状態ができあがっていたことがわかる。

このような棲み分け状態から生産された中国綿糸は、いかに消費されたのであろうか。一九三四年における需要

図表1－21　1932～35年各国籍紡績工場番手別綿糸出荷高　　　(単位＝公担)

国籍＼番手別		14番手未満		14番手・16番手		20番手		20番手超過		合計
		公担	%	公担	%	公担	%	公担	%	
華商	1932	809,644.675	28.2	979,170.528	34.1	846,256.054	29.4	240,484.742	8.4	2,875,555.999
	33	761,120.191	26.8	1,010,896.684	35.7	778,157.703	27.4	285,020.029	10.1	2,835,194.607
	34	810,308.031	28.9	1,032,406.559	36.8	726,157.840	25.9	233,975.780	8.3	2,802,848.210
	35	707,750.712	27.0	855,098.320	32.6	831,540.720	31.7	229,264.604	8.7	2,623,654.356
日商	1932	17,804.254	1.5	338,003.777	28.5	385,407.549	32.6	442,732.828	37.4	1,183,948.408
	33	29,715.292	2.3	324,810.104	25.5	411,731.038	32.4	506,070.301	39.8	1,272,326.735
	34	19,306.541	1.6	292,799.223	24.8	393,328.801	33.3	477,082.418	40.3	1,182,516.983
	35	19,260.253	1.5	257,444.617	19.9	472,832.322	36.5	545,247.719	42.1	1,294,784.911
英商	1932	5,423.169	5.4	4,226.826	4.2	89,292.307	88.4	2,033.831	2.0	100,976.133
	33	4,885.333	8.6	660.437	1.2	49,149.583	86.8	1,904.564	3.4	56,599.917
	34	5,058.781	10.0	283.035	0.6	41,645.531	82.1	3,739.124	7.4	50,726.471
	35	5,657.136	10.7	—		32,511.229	61.2	14,930.675	28.1	53,099.040
合計	1932	832,872.098	20.0	1,321,401.131	31.8	1,320,955.910	31.8	685,251.401	16.5	4,160,480.540
	33	795,720.816	19.1	1,336,367.225	32.0	1,239,038.324	29.8	792,994.894	19.0	4,164,121.259
	34	834,673.353	20.7	1,325,488.817	32.8	1,161,132.172	28.8	714,797.322	17.7	4,036,091.664
	35	732,668.101	18.4	1,112,542.937	28.0	1,336,884.271	33.7	789,442.998	19.9	3,971,538.307

資料）厳中平『中国棉紡織史稿』(科学出版社　1955年9月刊) 365～366頁より作成。
備考）出荷高には，兼営織布の原糸はふくまない。20番手超過には，ごく少量の未詳分もふくむ。

状況を山東、湖南、四川の三省についてみると、図表一―二二のようになる。山東は、青島の「在華紡」のほぼ独占市場であるのに対し、湖南、四川はともに、上海、漢口、長沙の各民族紡が番手別に勢力分野をわかちあっていた市場である。改良土布の生産においては、つねに一歩を先んじていた山東では、二十番手超過がすでに三分の一にせまっていた。かつてインド綿糸の独占市場であった四川では、十四番手以下と二十番手に両極分解しているが、なお土糸の代替品を求める需要傾向が濃厚である。湖南でも、二十番手超過の割合はややたかまっているものの、四川とほぼ同じ傾向の市場であった。

かかる地域差をともないながらも、中国全体では、図表一―二一のように、一九三三年に、二十番手超過の綿糸が、七九万三千公担＝一三一万一千担（一担＝〇・六〇四八公担で換算）

図表1-22　1934年綿糸番手別消費高

省＼番手	14番手以下		16番手		20番手		20番手超過		合計
	梱	%	梱	%	梱	%	梱	%	梱
山東	3,585	1.9	74,463.5	39.3	56,063.5	29.6	55,359	29.2	189,471
湖南	6,866.5	9.1	29,933.5	39.5	27,486.5	36.2	11,574.5	15.3	75,861
四川	26,850	26.4	12,035	11.8	52,245	51.3	10,650	10.5	101,780

資料）山東は『山東紡績業の概況』北支経済資料第12輯（満鉄天津事務所調査課　昭和11年3月刊）27頁。湖南は孟学思編『湖南之棉花及棉紗』下編　湖南省経済調査所叢刊（民国24年7月刊）21頁。四川は「四川之棉紗業」―『四川月報』第5巻第1号（民国23年7月）18～22頁。

も各国籍の紡績工場から出荷されるようになったのである。あとの計算との関係から一九三四、三五年の平均をだすと、七五万二千公担＝一二四万三千担になる。一九一九年には二十番手超過の綿糸は、中国国内では一切生産せず（実際には若干は生産した）、日本綿糸とイギリス綿糸のみが供給していたと仮定すれば、その供給高は、十八万八千担（ただし、イギリス綿糸は六六担にすぎない）だったことになる。一方、一九三四、三五年の平均供給高は、二万一千担の輸入綿糸がすべて二十番手超過であったと仮定すると、出荷高とあわせて一二六万四千担となり、一九一九年に比べて、一〇七万六千担ふえた計算になる。機械製綿布の代替品たる改良土布の生産拡大が、この新たな機械製綿糸の中糸、細糸の分野での需要増加をもたらしたのである。

いま一つの需要構造の変化を示す紡績工場の兼営織布については、もはや多くを述べる必要はあるまい。紡績の高番手化が、より付加価値のたかい製品を生産するという点で、紡績業発展の一つのバロメーターになるとすれば、紡績工場の兼営織布への進出は、綿糸という半製品よりも、いっそう付加価値のたかい綿布という全製品を生産するという意味で、さらにいちだん高い発展段階を示すバロメーターといえる。「在華紡」は、一九二〇年代半ばの高番手化開始とほぼ時を同じくして、兼営織布への進出の歩調もはやめはじめた。

図表一―二三は、「在華紡」の紡錘数（太い実線）と織機数（太い点線）、民族紡の紡錘数（細い実線）と織機数（細い点線）について、一九一九年を一〇〇とする指数を比べたものである。「在華紡」と民族紡の対比でいえば、「民族工業の黄金時期」の余熱がのこっていた一九二三年までは、民族紡の方が発展の速度がはやいが、その後は「在華紡」が大きく水をあけることになる。とりわけ、織機数ではその傾向が顕著である。「在華紡」も民族紡も、二〇年代半ばまでは、紡錘数の増加が織機数のそれを上まわっていたのが、二五年から二六年にかけて逆転した。兼営織布への進出を加速した状況がうかがえる。「在華紡」の場合、織機数はわずか十年で、十倍にふえたわけである。

図表１－23　「在華紡」と民族紡の紡錘数・織機数の指数　（1919年＝100）

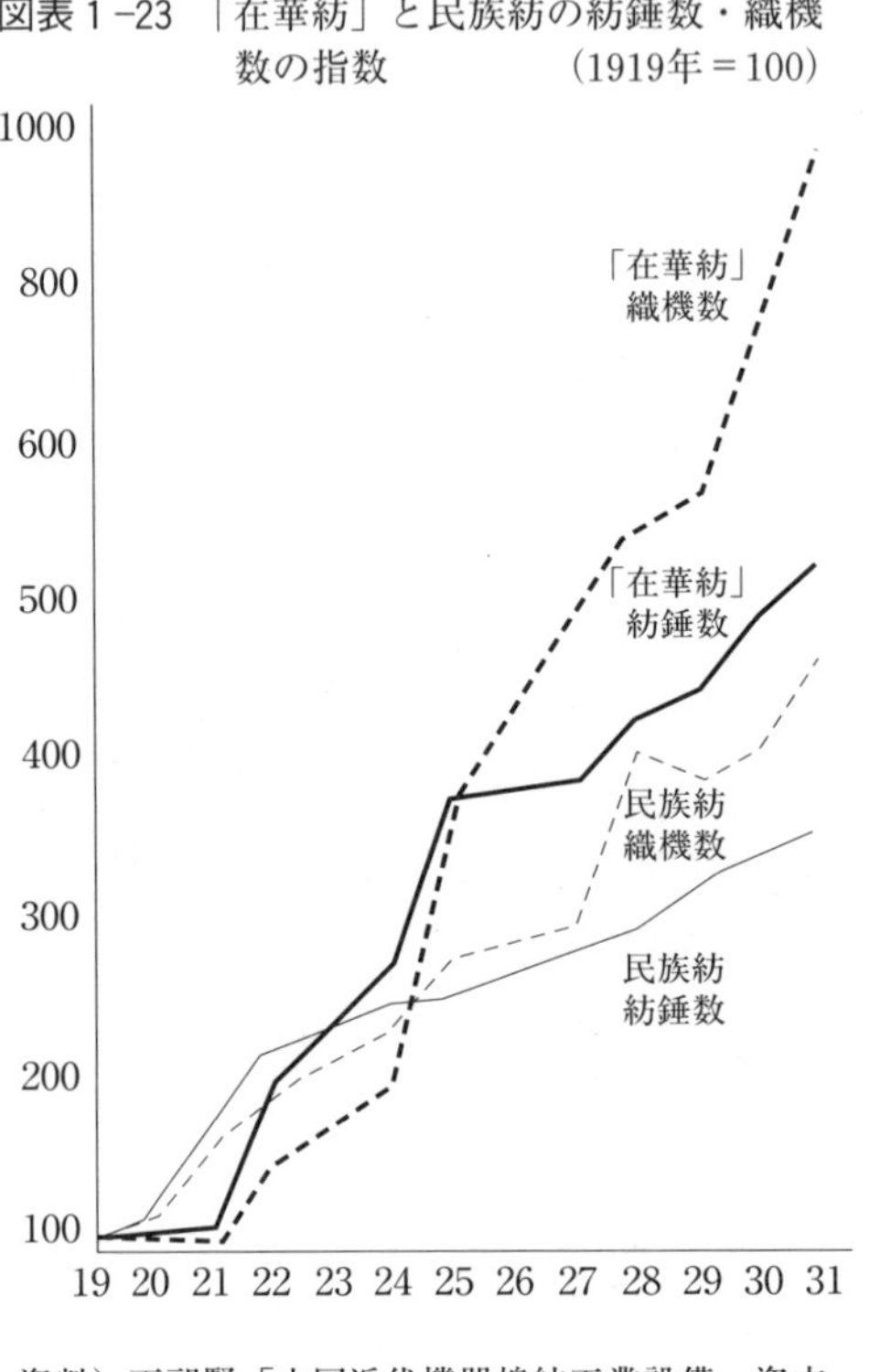

資料）丁昶賢「中国近代機器棉紡工業設備，資本，産量，産値的統計和估量」―『中国近代経済史研究資料』(6)（1987年４月）。

ある推計によれば、一九一九年の兼営織布の生産高は、三五三万四千疋にすぎなかったという(37)。一疋あたり十一・二ポンドの綿糸をもちいるとすれば、合計二九万七千担の綿糸を消費した計算になる。一方、厳中平氏の紹介する統税署の報告によれば、一九三四、三五年の平均では、一四三万一千公担

＝二三六万六千担の綿糸が兼営織布に消費されたという。[38] 両者の差、二〇六万九千担が、二〇年代において兼営織布がうみだした機械製綿糸の新たな需要増加ということになる。

以上のようにわりだされた改良土布（より正確には二十番手超過綿糸を原糸とする土布）用原糸の増加分、一〇七万六千担、兼営織布用原糸の増加分、二〇六万九千担をあわせると、三一四万五千担となり、第二次急増期における機械製綿糸総供給高の増加分、三〇八万三千担を十分に吸収しうる量に達する。[39] 第二次急増期の需要増加は、中国市場における改良土布と兼営織布の発展に起因するものとみなしても、大過はあるまい。

兼営織布は、いうまでもなく機械製綿布を提供するものであった。改良土布も、その誕生の経緯からしてすでに、機械製綿布の代替品という役割をになうべきものであった。一九一九年から一九三四、三五年までの両者の増加分は、ともに一疋当り十一・二ポンドの綿糸をつかうとすると、兼営織布は二、四六三万一千疋、改良土布は一、二八一万疋、合計で三、七四四万一千疋と計上される。ところで、機械製綿布の輸入高は、一九〇五年日露戦争時の三、五七六万疋、一九一三年の三、〇七五万四千疋など極端に多い年もあったが、一九一〇年代は平均で二千四百万疋ほどであった。[40] 一九一九年の二、四八七万九千疋という、ほぼ平均にちかい数値を、一九三四、三五年の換算平均、二六八万九千疋と比べると、機械製綿布の輸入高はこの間に、二、二一九万疋減少したことになる。一九二〇年代における改良土布と兼営織布の生産増加は、兼営織布だけでも輸入綿布をほぼ完全に駆逐して、なおあまりある供給増をはたしたのである。

第二次急増期における機械製綿糸の供給増加分は、兼営織布による機械製綿布と改良土布というかたちをとって、輸入機械製綿布の駆逐に寄与した。一八七〇年前後から、半世紀以上の長きにわたって、中国綿布市場のほぼ二割を占めつづけてきた輸入機械製綿布を、一九三〇年代に至って、中国の近代的綿工業が駆逐したことの意義は大きい。[41]しかし、その過程でつねに先端をきっていたのは、「在華紡」という、商品輸出から資本輸出に姿をかえた日本紡績業の落し子であった点は、くりかえし想起される必要がある。

むすび

最後に、本章でたどってきた機械製綿糸の普及過程を、中国近代における綿製品供給の動向をさぐった図表一―二四の綿業推計で再点検することをもって、むすびにかえたい。

開国前夜の一八四〇年についてはすでにふれた。土糸の生産高六一〇万担余りのうち、商品生産用の土糸が三二〇万担余りもあったと推計される点に再度、注意をうながしておきたい。一八八一～九〇年にはまず外国綿布の流入が目立ち、都市部を中心に晴れ着用として二〇パーセントちかくのシェアを占めた。輸入機械製綿糸による織布（新土布）はまだ一割にもみたない。両者あわせて、旧土布の市場を四分の一ほど侵食した。次の一九〇一～一〇年に移行する前の十年は、銭高を背景とする機械製綿糸の第一次急増期であった。国産分が一〇〇万担を突破し、輸入分をあわせた機械製綿糸の供給高は、三五〇万担ちかくに急上昇し、開国前夜の商品生産用土糸に完全にとってかわりうる量に達した。その分土糸の生産はおちこみ、開国前夜の四割程度になってしまった。こうして新土布はミニマムの仮定でも三〇〇万担、マクシマムの仮定では四五〇万担を占めるまでに至った。[42]しかし、機械製綿糸に対する需要は第一の臨界点にさしかかり、銭安のおいうちをうけて停滞的であった。

一九二一～三〇年は、第二次急増期にあたる。第一の臨界点をのりこえる新しい需要が兼営織布と改良土布によ

図表1-24　中国近代綿業推計　(単位＝万担，カッコ内は%)

時期＼種別	輸入綿布綿糸換算	機械製綿糸		土　糸	合　計	人口(百万人)	1人当り斤
		輸入分	国産分				
(1)1840年	22.9(3.6)	2.5(0.4)	—	611.9(96.0)	637.3	400	1.59
(2)1881～90年	121.1(19.5)	46.5(7.5)	—	453.4(73.0)	621.0	375	1.66
(3)1901～10年	167.7(22.1)	236.2(31.1)	113.4(14.9)	243.2(32.0)	760.5	425	1.79
(4)1921～30年	186.8(17.6)	59.2(5.6)	561.1(52.9)	252.7(23.8)	1,059.8	475	2.23
(5)1934・35年	18.6(1.8)	2.1(0.2)	781.4(73.8)	256.3(24.2)	1,058.4	500	2.12

資料）(1)は許滌新・呉承明『中国資本主義発展史』第1巻318～325頁等。(2)は Albert Feuerwerker, "Handicraft and Manufactured Cotton Textiles in China, 1871—1910" *Journal of Economic History* Vol. 30 No. 2, June 1970の1871-80年について行った推計方法を1881-90年に応用。綿産は同じく700万担とした。(3)は同じく Feuerwerker の推計による。ただし，(4)，(5)と整合性をもたせるため，機械製綿糸の落綿率を15%から10%に下げ，国産分の機械製綿糸を105.5万担から113.4万担に上げた。また，1905年の輸入綿布は日露戦争の特需をみこんだ思惑輸入で異常に多いので、除外して9年間の平均にした。(4)は筆者の推計。綿産額を1,079.4万担（『中国棉紡統計史料』116～117頁所載の綿産統計の中，1921～30年の10年平均を1.5倍した），国産分の機械製綿糸を580.3万担（基本的には趙岡・陳鍾毅『中国棉業史』295～296頁の推計による。ただし，22年だけは不自然な数字なので，錘数に1.9担をかけて算出）とした。(5)は厳中平の推計を修正した中井英基「中国農村の在来綿織物業」—安場保吉・斉藤修編『プロト工業化期の経済と社会　国際比較の試み』による。ただし土糸の計算の結果はことなる。(2)～(4)の輸入綿布量は *Decennial Reports,1922-1931* I, pp. 113, 182. (5)は厳中平『中国棉紡織史稿』368頁の方碼表示を同書297頁の換算方法で担になおした。

備考）
1　輸入綿布の綿糸への換算は1疋＝11.2ポンドで計算した。
2　機械製綿糸の落綿率は10%，土糸の落綿率は5%で計算した。
3　詰綿等の綿花消費量は，1人当りの綿布消費量1.5匹を推計の出発点とした(1)の0.52斤を除いて，ほかはすべて1人当り0.6斤とする。
4　(1)の土糸は商品生産用323.1万担，自家消費用288.8万担と推計される。
5　(4)(5)の国産分機械製綿糸からは，それぞれ19.2万担，34.4万担の輸出分をさしひいてある。
6　(5)の国産分機械製綿糸は機械織の原糸311.3万担，メリヤス織等の原糸78.1万担，土布の原糸392万担の内訳となる。
7　中国からの輸出綿布は推計から除外した。

以上の数値を綿布によみかえて，簡単に図式化すると，以下のようになる（数字の単位は万担）。

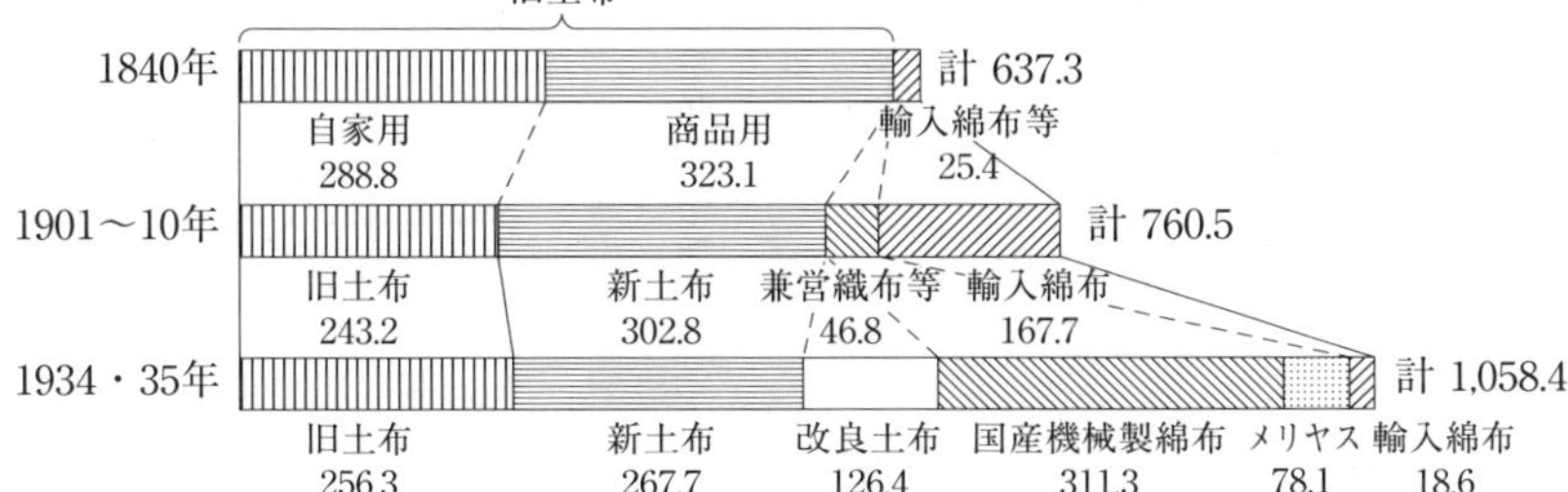

備考）図中では，新土布を経緯とも機械製綿糸として計上したが，もし新土布をすべて混織と仮定すると，1901～10年は，機械製綿糸302.8万担（残りは兼営織布11.8万担，メリヤス等35万担と計上），土糸151.4万担，計454.2万担が混織布に，土糸の残り91.8万担が旧土布に使用され，1934・35年は機械製綿糸267.7万担，土糸133.9万担，計401.6万担が混織布に，土糸の残り122.4万担が旧土布に使用されたことになる。したがって20世紀にはいってからは，旧土布が最少で100万担前後，最多で250万担前後，残存していたと推計される。

ってほりおこされつつあった。「黄金時期」を経過した中国紡績業は、「在華紡」の雪崩的な進出も加わって、生産高をほぼ五倍にひきあげた。日本綿糸をはじめとする輸入綿糸は競争力をうしなって、凋落の一途をたどっていた。土糸は自家消費用あるいは商品用でも緯糸の分野で頑強に存続し、「黄金時期」の機械製綿糸暴騰の折には、失地回復の兆しさえあった。

第二次急増期をすぎた一九三四、三五年には、輸入綿糸につづいて輸入綿布も駆逐され、ほとんど無視してよい存在になった。国産機械製綿糸の国内向供給高は七八〇万担をこえた（輸出は三四万四千担）。厳中平氏の推計では、三一一万三千担が機械製綿布の原糸に使用されたという。輸入綿布分とあわせて、三二九万九千担、比率で三一・二パーセントが機械製綿布として供給された。国産機械製綿糸のうち、土布の生産に供給されたのは、機械製綿布の原糸三一一万三千担とメリヤス業等の原糸七八万一千担とをさしひいた残りの三九二万担という計算になる(43)。これに輸入綿糸二万一千担、さらに根づよくのこる土糸の二五六万三千担をあわせて、六五〇万四千担が土布生産の原糸になったとすると、機械製綿糸が六割、土糸が四割を占めたことになる(44)。

この一九三四、三五年の綿業推計からは、機械製綿布の供給量が三割をこえたこと、土布の原糸として土糸がなお四割を占めていたこと、といった二つの全体像がうかんでくる。それから五年ほど後の個別的な例では、四川省巴県興隆郷で機械製綿布の消費量が二割程度であったこと、江蘇省南通県金沙地区頭総廟で土布生産の原糸に三割ちかくの土糸がもちいられていたことを、本章の冒頭で確認した。このミクロの数字は、前者が比較的開けた地区といってもやはり農村で、都市に比べれば消費類型が土布に適合していること、また後者が有名な織布地帯で土布の商品化率がたかく、その分機械製綿糸への依存がたかまること、さらに両者とも情況は異なるとはいえ、抗日戦争のさなかにあったことなどいくつかの事情を考慮にいれるならば、五年ほど前の全国的な情況と比較して整合的に理解できない数字ではない。

ミクロとマクロ、両面からの観察はほぼ一致して、中国農村の土布生産は、開国前夜の一八四〇年から一世紀の長きにわたって、若干の消長はともないながらも、その生産規模を維持しつづけたことを証明している。しかし、その生産規模の維持は、おもに商品生産用の分野における土糸から機械製綿糸への転換という大きな変動をともなった。しかもその転換の過程は、一世紀にわたって徐々にまんべんなく進行したのではなく、十九世紀末の十数年間に銀銭比価の激動と歩調をあわせながら一挙に完了してしまった。二十世紀にはいると、農村織布における機械製綿糸の需要は、改良土布の登場による高番手綿糸の比率上昇といった質的な変化はみられるものの、量的にはさほどのびず、機械製綿糸の新しい需要増加は、都市部とその近辺の近代的織布工場がになうことになったのである。第一次急増期の需要をささえたのが、ほとんど農村の在来セクターであったのに対し、第二次急増期のそれは、多くは都市の近代セクターがきりひらいたのである。

第一章　注

（1）本文の仮定とは反対に、土糸はすべて混織の緯糸に用いられたとすると、綿糸使用量比を緯一、経二として、土糸八一七斤、機械製綿糸一、六三四斤、計二、四五一斤が混織新土布に、機械製綿糸の残り五〇三斤が混織でない新土布に用いられたことになる。旧土布の割合は、本文の仮定で三割弱、本注の仮定でゼロと算定された。実際の割合はこの間の一点に措定できる。頭総廟の紡織状況については、矢沢康祐「民国中期の中国における農民層分解とその性格」―『社会経済史学』第二七巻第三号（昭和三十六年十二月二十五日）が、図表一―二の原資料を用いて論述している。そのほか（満鉄）上海事務所調査室編『江蘇省南通県農村実態調査報告書』（昭和十六年三月刊）三二、一一八～一二四頁、付第十一表も参考になる。また南通全体については、林挙百『近代南通土布史』張謇与南通研究叢刊之一（南京大学学報編輯部　一九八四年一月序）参照。

（2）輸入分の内訳は、*Returns of Trade and Trade Reports 1900*, Part 1. 国産分は丁昶賢「中国近代機器棉紡工業設備、資本、産量、産値的統計和估量」―『中国近代経済史研究資料』(6)（一九八七年四月）の当該年錘数に一・九担をかけて算出。

（3）小山正明「清末中国における外国綿製品の流入」―『近代中国研究』第四輯（東京大学出版会　一九六〇年七月刊）。同書　三二頁の「外国綿糸総輸入量とその各地区への配分」という表によって、一八八九年と九九年の地区比率（パーセント）を比べると、C地区（揚子江中、上流域）は、六・三から二九・九へ急増、B地区（おもに華北）は、一八・〇から二二・一へ漸増、F地区（華南）は、六五・一から二四・七へ急減した。一八九〇年代における輸入綿糸の激増は、揚子江中、上流域が先頭にたち、華北が追随して実現したことがわかる。

（4）小山正明　前掲論文　七九頁。

（5）厳中平『中国棉紡織史稿』（科学出版社　一九五五年九月刊）五七、七二頁。厳中平氏はまた、一八六七～九一年の長期にわたり、中国綿花の価格が、一担当り十両前後でほぼ一定していたことも、インド綿糸の相対価格をいっそう低くし、土糸に対する優位性をました点を指摘している（同書　六五頁）。海関両とポンドのレートは、楊端六・侯厚培等『六十五年来中国国際貿易統計』国立中央研究院社会科学研究所専刊第四号（民国二十年刊）一五一頁。インド綿糸と中国市場の問題については、小池賢治「インド綿業と市場問題―十九世紀後半期のボンベイを中心に」―『アジア経済』第十六巻第九号（昭和五十年九月十五日）が示唆的である。

（6）以上、「草市ニ於ケル綿糸商況」―『通商彙纂』明治四十年第二十六号　九頁。

（7）以上、「沙市ニ於ケル織物商況」―『通商彙纂』明治三十九年第三十四号　七～九頁。

（8）楊端六『清代貨幣金融史稿』（三联書店　一九六二年七月刊）二二四～二二六頁によると、中国での銅地金価格は、一担当り一八八七年の九・六一海関両から一九〇二年の三六・〇五海関両へ、十五年でほぼ四倍に暴騰し、これが銭高の大きな原因になったという。

(9)「沙市八月商況」―『通商彙纂』第百四十八号（明治三十二年）三三頁。

(10)『支那経済全書』第六輯（東亜同文会　明治四十二年五月四版）五一九～五二二頁、久重福三郎「銅元問題」―『支那研究』第十号（大正十五年五月）五五～六三頁など参照。

(11)銀両表示の「滙票」の代金を、銭で返済する際のレートは、どの時点でのレートによるのかが、当然問題になる。「滙票」とりくみの時点のレートによるのであれば、疋頭舗の銭高のメリット・銭安のデメリットはない。「滙票」代金返済時に適用するレートを直接、説明している資料はいまのところみあたらないが、一般商店が銭舗に預金する際、「銅銭ヲ預ケ入ルル場合ニハ時価ニ依テ銀両ニ換算」（「沙市金融事情」―『通商彙纂』明治四十年第二十号　二六頁）したという事例からみて、返済時点のレートが適用されたものと考えられる。以下の本文で紹介する銭安の時の事例も、その傍証となる。

(12)前掲「沙市ニ於ケル織物商況」八頁。

(13)「銭票、及湖北銀通用ノ現況幷銅銭騰貴之状況」―『通商彙纂』第六十九号（明治三十年）四三～四六頁。

(14)「清国沙市ニ於ケル流通貨ノ情況」―『通商彙纂』第四十六号（明治二十九年）二頁。

(15)以上、「清国に於ける銅銭下落と貿易」―『大日本紡績連合会月報』第百九十九号（明治四十二年三月二十五日）二二～二三頁。銀銭比価と貿易の関係については、鄭友揆「十九世紀後期銀価、銭価的変動与我国物価及対外貿易的関係」―『中国近代対外経済関係研究』（上海社会科学院出版社　一九九一年四月刊）が周到である。

(16)以上、「湖南省常徳ニ於ケル本邦綿糸商況」―『通商彙纂』明治四十年第五十二号　一六頁。

(17)前掲「沙市ニ於ケル織物商況」九頁。

(18)「沙市三月商況」―『通商彙纂』第百三十二号（明治三十二年）一二頁。

(19)以上、宜昌での例は「宜昌ニ於ケル機織業」―『通商彙纂』明治三十九年第五十九号　三二頁。河北省定県での例は河北省県政建設研究院『定県経済調査一部分報告』（民国二十三年十月刊）二四六頁。ただし、原数字は重量単位がまちまちなので、土糸一市斤＝〇・八五斤、機械製綿糸一塊＝七・八七五斤で、斤に換算した。第一次世界大戦期における土糸の競争力回復については、本書二八四～二八七頁参照のこと。

(20) 小山正明　前掲論文　一〇四頁。

(21) 東アジアにおける綿製品の消費類型（太糸―厚地綿布）をとくに強調する論考に、川勝平太「十九世紀末葉における英国綿業と東アジア市場」―『社会経済史学』第四十七巻第二号（一九八一年八月三十日）、同「アジア木綿市場の構造と展開」―『社会経済史学』第五十一巻第一号（一九八五年六月十日）などがある。中国にも有効な一つの視点である。

(22) 小山正明　前掲論文　七一～七六頁。

(23) 許滌新・呉承明主編『中国資本主義発展史』第一巻中国資本主義的萌芽（人民出版社　一九八五年九月刊）三二二～三二四頁。土糸生産量は、綿花消費量から落綿率五パーセントでわりだし、それを綿布の商品化率五二・八パーセントで商品用と自家用に分けた。

(24) 本書一四八頁。

(25) 厳中平　前掲書　一〇七頁。方顕廷『中国之棉紡織業』（国立編訳館　民国二十三年十一月刊）五頁、金国宝『中国棉業問題』（商務印書館　民国二十五年十二月再版）一四～一五頁など。

(26) 中井英基「清末中国綿紡績業について―民族紡不振の原因再考」―北海道大学文学部『人文科学論集』第十六号（一九七九年）六三頁。

(27) 橋本奇策『清国の棉業』（吉岡宝文館　明治三十八年十一月二版）六九頁。一九〇五年以前の「花貴紗賤」のメカニズムについては、中井英基「清末の綿紡績企業の経営と市場条件―中国民族紡における大生紗廠の位置」―『社会経済史学』第四十五巻第五号（一九八〇年二月二十九日）六〇～六一頁参照。

(28) 橋本奇策　前掲書　七〇頁。

(29) 日本綿糸の中国市場進出については、副島圓照「日本紡績業と中国市場」―『人文学報』第三十三号（一九七二年）を参照。

(30) 本書一八七頁参照のこと。

(31) 愛国布については、林原文子『宋則久と天津の国貨提唱運動』―『五四運動の研究』第二函所収　第三章および同「愛国布の誕生について」―『神戸大学史学年報』創刊号（一九八六年五月）が周到である。

(32) 日中間の対抗関係については、本書一六三〜一六五頁参照のこと。また「在華紡」の進出と中国綿製品市場の変化については、西川博史『日本帝国主義と綿業』（ミネルヴァ書房　一九八七年一月刊）第四章が詳しい。

(33) 本書一八七頁。

(34) 高陽については呉知著、発智善次郎等訳『郷村織布工業の一研究』東亜研究叢書第九巻（岩波書店　昭和十七年刊）をはじめとして、汗牛充棟の感があるので、一々は記さない。濰県については、「山東濰県之織布業」―『紡織時報』第一〇〇六号（民国二十二年七月二十四日）、「山東濰県之織布業」―『工商半月刊』第六巻第一号（民国二十三年一月一日）、銭承緒「視察山東濰県銷紗報告」―『紡織時報』第一〇七一号（民国二十三年二月二十六日）、濱正雄「山東省濰県地方の機業に就て」―『東亜』第八巻第六号（昭和十年六月一日）、郭秀峰「山東濰県土布業概況」一〜三―『紡織時報』第一二一六号（民国二十四年九月六日）、第一二一七号（九月九日）、第一二一九号（九月十六日）、「濰県織布業之過去及将来」一〜三―『紡織時報』第一三〇六〜一三〇八号（民国二十五年八月六日〜八月十三日）、堀内清雄・富永一雄「山東省濰県に於ける織布業の変遷」―『満鉄調査月報』第二十二巻第一号（昭和十七年一月一日）、後藤文治「濰県に於ける綿荘業」上・中・下―『満鉄調査月報』第二十三巻第六〜八号（昭和十八年六月一日〜八月一日）などがある。

(35) 青島「在華紡」綿糸の高番手化については、本書二九八〜三〇〇頁参照のこと。濰県での高番手綿糸使用に関しては、趙岡・陳鍾毅『中国棉業史』（聯経出版事業公司　民国六十六年七月刊）二二二頁参照。

(36) 二十番手超過でいうと、図表一-二〇の九パーセントに対し、図表一-二一の一九三二年は八・四パーセントと、若干ひくい。図表一-二〇は生産高比率で、図表一-二一は出荷高比率であったことを想起すれば、この差は兼営織布の原糸に出荷分よりも多い比率の二十番手超過が使用された結果と解釈できる。

(37) 趙岡・陳鍾毅　前掲書　三〇〇頁。

（38）　厳中平　前掲書　二九三頁。

（39）　専営織布工場の力織機の増加、メリヤス業の発展などといった要因も、当然視野にいれる必要があるが、いまは計上しない。

（40）　*Decennial Reports 1922—31*, I p. 182.

（41）　周知のとおり、一九三〇年代における輸入綿布の急激な減少は、関税自主権獲得にともなう関税の数次にわたる大幅な引上げが直接の原因であった（厳中平　前掲書　二一九頁）。しかし、見落としてならないのは、輸入綿布激減のあとをうめる国内兼営織布の態勢が、すでに一九二〇年代後半から形成されていた点である。

（42）　土糸の十九世紀における半減については、Albert Feuerwerker "Handicraft and Manufactured Cotton Textiles in China, 1871—1910" *Journal of Economic History* vol. 30 No. 2, June 1970 が先駆的であり、中井英基「中国農村の在来綿織物業―清末民国期を中心に」―安場保吉・斉藤修編『プロト工業化期の経済と社会　国際比較の試み』数量経済史論集三（日本経済新聞社　昭和五十八年四月刊）がこれを支持する立場から発展させ、さらに二十世紀における土糸の絶対量不変を推計している。

（43）　厳中平　前掲書　一一九頁の推計は、メリヤス業等の原糸を七二万四千公担＝一一九万七千担とみつもっているが、ここでは趙岡等　前掲書　二四八頁の推計を援用して、メリヤス業等の原糸を、機械製綿糸国内総供給高の一〇パーセントとみなして計算する。

（44）　一九二九年の河北省を例にとると、土糸の残存率は、商品用土糸をほとんど生産していなかったものと思われる御河区、山東隣接区では、それぞれ九八・三パーセント、一〇〇パーセントと非常にたかく、高陽をふくむ西河区、宝坻をふくむ西北河区という二つの代表的な商品用織布地帯では、それぞれ三八・八パーセント、六・六パーセントとかなりひくい。河北省全体の消費量では、機械製綿糸の六三万五千市担に対し、土糸は四二万三千市担で、六対四と、一九三四、三五年の全国平均にほぼ一致する（畢相輝「高陽及宝坻両個棉織区在河北省郷村棉織工業上之地位」―『天津大公報』民国二十三年十月十七日、のち『紡織時報』第一一三九、一一四〇号に転載）。

第二章　中国在来綿業の再編

はじめに

インドからの輸入綿糸をはじめ、機械製綿糸が中国の農村市場に大量に流入するようになった一八九〇年代以降、農家の家計補助的な副業として存在してきた中国在来綿業は、生産、流通、消費のあらゆる面で変化の過程をたどりはじめた。本章では中国経済の中枢に位置した揚子江流域について、その変化の様相を観察する。第一節では、揚子江中・上流域の物流拠点であった沙市をとりあげ、第二節では揚子江デルタ地域の非綿産区であった武進をモデルとして、中国在来綿業の再編過程をトレースしてみたい。

第一節　沙市と四川市場

筆者は前章で、中国近代における綿業の展開過程を三つの段階に時期区分して把握する試案を提示した。その指標として採用したのは、中国全体に供給された機械製綿糸の総量であった。すなわち中国における機械製綿糸の総供給高は、一八九〇年代の十年間にいっきょに三百万担も増加して、四百万担近くに到達したあと、二十世紀最初の二十年間は、ずっと四百万担前後で停滞しつづけたが、一九二〇年代にはいってふたたび急上昇に転じ、この十年間にやはり三百万担ほど増加して、一九二〇年代末にはついに七百万担にせまったものと推定された（後出六八頁の図表二―一A参照）。

このような指標の動きから筆者は、一八九〇年代の十年間を、中国農村の在来織布業における機械製綿糸消費市場の確立期、二十世紀最初の二十年間を、農村市場における機械製綿糸の需要飽和期、そして一九二〇年代の十年間を、上海、天津、青島などの沿海地方における近代的織布業の成長期と時期区分した(1)。

全国的な規模でこころみた以上のような中国近代綿業の時期区分は、こんごさらに各地域市場レベルにおける綿業の展開過程、あるいは綿業以外の産業の動向なども対照しながら、その妥当性を検証していく必要がある。そのような作業の一歩として、本節では、揚子江中、上流域を考察の対象にとりあげ、沙市から四川への在来綿貨の流れが、インド綿糸をはじめとする綿工業製品の流入に、いかに反応したかという流通面からの観察を通じて、この地域における綿業の展開過程をトレースしてみたい。そのため前半では、この地域の十九世紀末における在来綿貨流通の市場規模が計量的に検討され、後半では二十世紀におけるこの市場規模の変容を中心に、在来綿貨と綿工業製品の角逐状況が分析される。

ほかでもなく四川という地域市場を選択したのは、次の二つの理由による。

第一に、中国全体からみて、四川がきわめて平均値にちかい条件を備えているのではないかという予測ないしは期待である。周知のように、綿製品の消費量はその地方の気候に大きく左右される。おなじ中国でも、亜寒帯の北方と亜熱帯の南方とでは当然、消費パターンを、ひいては消費量を異にするが、四川は暑くもなく寒くもない中間的な気候で、綿製品の消費量についてもほぼ中間的な数値が予想される。しかも都合のよいことに、四川の人口は、一九六四、八二年いずれの人口センサスでもそうであったように、中国全体のほぼ十分の一を占めてきたものと想定できる。(2)

第二に、四川への綿貨供給量が、比較的把握しやすいことである。四川自体では、清末から民国初期にかけて綿花はさほど栽培されていなかった。したがって、四川で消費される綿貨の大半は、揚子江下流の地域から供給されていたことになる。さらに、これら綿貨の運輸は、湖南、陝西などとの省境をまたぐ陸路によるものもなかったわけではないが、やはり圧倒的大部分は三峡をさかのぼる民船（在来の木製帆船）が担っていたのである。綿花の自給があまりできない上に、外界からの供給ルートがほぼ一つに限られるという、この純粋にちかい条件は四川省以外にはほとんど見当らない。

一　綿工業製品の流入プロセス

機械製綿布（洋布、機布）、機械製綿糸（洋紗、機紗）など海外からの綿工業製品が、四川に大量に流入する以前においては、四川への綿貨供給は、湖北省西部の揚子江沿いに位置する沙市がほとんど一手に引き受けていた。一八九六年十一月、四川への途次にこの港を経過したイギリス、ブラックバーン商業会議所の視察団は、その様子を「華西のマンチェスター」（the Manchester of Western China）という印象的な言葉で書きとどめている。(3) いうまでもなく、この言葉から、林立する煙突からけむりがはきだされる工業都市をイメージさせようというわけではない。

イギリスのマンチェスターが工場の力織機からおりだされる機械製綿布を全世界にむけて輸出していたとすれば、ここ「華西のマンチェスター」は、湖北西部一帯の農家の手織機でおられた手織綿布＝土布（荆州布と称された）や、湖北全域、さらに下って江蘇、浙江などで生産された綿花を、四川をはじめとする揚子江上流域（華西）に供給していた。近代的な工業のマスプロダクションと前近代的な農村副業による零細な生産という大きな相違はあるものの、広大な地域に莫大な綿貨を供給しているという一点で、両者は相似性を認められたのであろう。

しかし、ブラックバーン商業会議所の視察団が沙市を経過した時はすでに、「華西のマンチェスター」をとりまく環境には、海外からの綿工業製品の流入にともなう変化があらわれつつあった。まずは海関資料の統計によって、四川への綿工業製品の流入が、どのようなプロセスをたどったかを、あらまし観察しておこう。

四川への綿工業製品の流入は、常識的には漢口の開港（一八五八年）以降はじまったであろうと推測されるが、初期の状況についてはいまのところ詳らかにできない。(4) 一八七七年に三峡から湖北平原への出口に位置する宜昌が開港すると、四川向け貨物のトランジット港（汽船から民船への積み替え港）として、急速に漢口にとってかわった。図表二-一は、綿布を中心とする綿製品と機械製綿糸の二品目について、漢口と宜昌の四川向け転運量を比較したものである。

綿布を中心とする綿製品は、データをとりはじめた一八七九年の時点ですでに七七万七千疋に達していた。その後、一八八〇、九〇年代を通じてかなりの増減をくりかえすものの、最高で八九万疋（一疋＝一一・二ポンドと仮定して、綿糸換算七万五千担）、最低で四九万疋（綿糸換算四万一千担）のあいだで上下していた。四川への機械

図表２－１　四川輸入綿製品・綿糸のトランジット港比較

区分／年	綿製品			綿糸		
	四川輸入量 疋	漢口転運分 %	宜昌転運分 %	四川輸入量 担	漢口転運分 %	宜昌転運分 %
1879	777,017	94.1	5.9			
80	798,011	67.3	32.7			
81	873,583	74.3	25.7			
82	537,759	59.0	41.0			
83	760,271	60.5	39.5			
84	489,355	55.0	45.0			
85	874,729	47.4	52.6			
86	671,619	48.2	51.8			
87	551,276	37.1	62.9	1,016	22.9	77.1
88	851,853	22.7	77.3	2,721	16.5	83.5
89	713,183	22.6	77.4	9,728	18.3	81.7
90	773,788	31.0	69.0	100,666	34.6	65.4
91	646,048	12.1	87.9	102,146	12.3	87.7
92	894,645	3.7	96.3	177,617	13.1	86.9
93	614,573	3.5	96.5	85,618	3.5	96.5
94	548,496	2.9	97.1	143,064	2.3	97.7
95	753,944	3.3	96.7	140,007	3.1	96.9
96	646,300	3.8	96.2	165,528	2.9	97.1
97	687,805	2.4	97.6	202,268	3.7	96.3
98	581,925	2.0	98.0	185,605	4.8	95.2

資料）*Returns of Trade and Trade Reports 1879－1898*，Part 2，Ichang.
備考）小数点以下は四捨五入した。綿製品は綿糸以外の製品を疋に換算。

製綿布の浸透は、一八七〇年代末にはすでに上昇局面をほぼ終え、その後は、景気動向、為替動向などのファクターに左右されて増減をみせながらも、基本的には高原状態の停滞局面にあったとみなすことができる。むしろこの表で注目されるのは、一八八〇年代に急激な速度で、宜昌がトランジット港として漢口にとってかわり、九〇年代には九〇パーセント台後半の取扱い比率を占めたことである。四川への物流は、綿工業製品の輸入においても、やはり三峡の遡江への対策がキーポイントだったのである。

一方、機械製綿糸の方はデータ

図表２－２A　中国への機械製綿糸総供給高

（単位＝百万担）

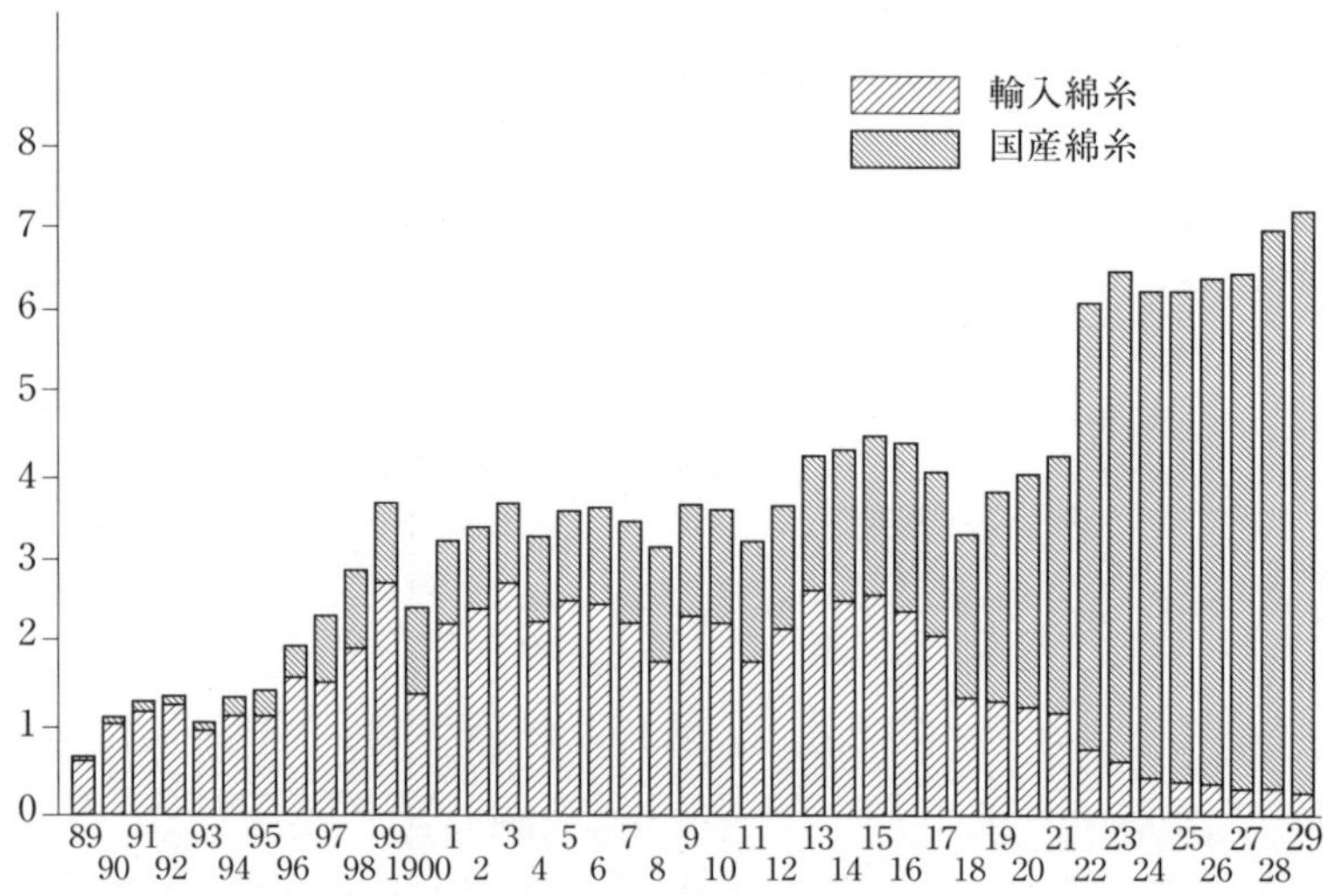

図表２－２B　四川への機械製綿糸総供給高

（単位＝十万担）

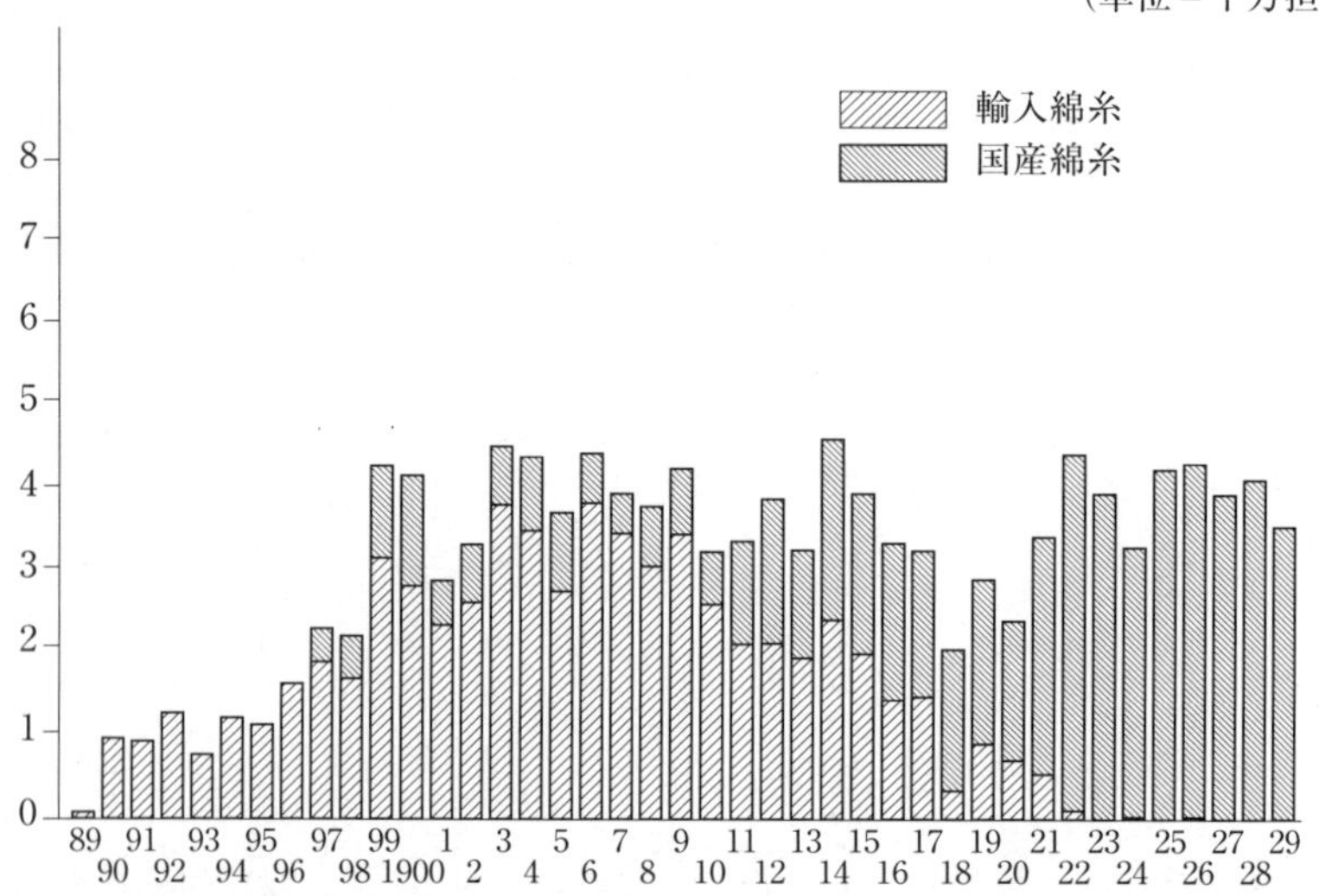

資料）Ａは図表１－３に同じ。Ｂは *Returns of Trade and Trade Reports, 1889–1919*, Part 2, Chungking, *Foreign Trade of China, 1920–29*, Part 2, Analysis of Foreign Trade: Imports; Cotton Yarn, Exports; Cotton Products.

でみるかぎり、一八八〇年代まではごくわずかであったのが、九〇年代にはいって突然、爆発的な増加を開始した。この表に表れているのは、インド綿糸を中心とする外国からの輸入綿糸だけである。九〇年代半ばからはじまった国産綿糸の移入分も加えた図表二-二Bを参照すると、その増加の速度はさらに加速して、一八九九年には四三万二千担（外国綿糸三二万五千担、国産綿糸一〇万七千担）を記録した。この年は全国規模でも、機械製綿糸の供給量は三七一万四千担（外国綿糸二七四万五千担、国産綿糸九六万九千担）に達し、一九二〇年代以前における中国農村市場の機械製綿糸消費の限界量を刻んだ。[5]

ところが二十世紀にはいると、全国規模の趨勢とおなじように、四川においても機械製綿糸の消費量の伸びは、一転して停滞局面にはいり、三十年の長きにわたって四〇万担前後で推移した。一九一八～二〇年の三年間のように、二〇万担台にまで急減した時もあるが、この時期は四川の軍閥戦争がとくに激化した時で、経済外的な要因が極端に作用した例とみなすべきであろう。

綿布を中心とする綿製品と、機械製綿糸の浸透プロセスには、少なくとも二十年以上の時間差が認められるが、綿布では七〇～八〇万疋、綿糸では四〇万担程度が、綿工業製品に対する四川市場の消費限界量であったようにみうけられる。

四川への綿工業製品流入による在来綿貨流通への影響ということでいえば、やはり機械製綿糸の流入がより重要な意味をもっていた。機械製綿布の方は、ピーク時でも綿糸に換算すれば七万五千担程度で、その総量自体が当時の四川における綿貨消費量全体（人口比から綿糸換算で六〇万担程度と推定）からみれば、一割をややこす程度の限られた量であった。しかもその消費者は、一八九〇年代半ばでさえ「目下其〔外国綿布〕販路ハ本府〔重慶〕及近傍数市府ニ限リ且恰モ驕奢品ノ如ク認メラレ僅ニ中等社会以上ノ使用ニ止リ」[6]との観察があるように、ほとんど都市部の中流階級以上に限られていた。うすく、しなやかな機械製綿布は、厚手で、ごわごわした荊州布のライバルというよりは、むしろ奢侈品すなわち絹織物の代替品であったとみなすべきであろう。したがって、それが在来綿貨に与えた影響にも、おのずから限度があった。

他方、機械製綿糸の方はその爆発的な増加の仕方もさることながら、最終的には四川における綿貨消費量の三分の二以上を占めるまでに至ったスケールがまず、その影響の大きさを決定的にしている。さらに二十番手以下の太糸が大半を占めた機械製綿糸は、ほとんど四川の農村市場に吸収され、従来は湖北綿花から紡がれていた手紡糸（土糸）の代替品として、土布生産の原料綿糸に採用された。[7]あるいは、かつては荊州布の供給をあおぐだけで、地元では織布が行われていなかった地方で、インド綿糸の流入を契機に農村副業の織布業が新たに勃興した例も少なくない。このように機械製綿糸を経糸あるいは経糸、緯糸両方にもちいた四川産の新土布は、その低廉な価格と、すぐれた耐久性、保温性を武器に、四川市場から荊州布を駆逐しはじめた。一九〇一年の沙市貿易状況をつたえる一文は、「近年四川省ニ輸入スル外国綿糸ノ額非常ニ増加シ其結果トシテ同省ニ於ケル沙市綿布綿花ノ需要減縮スルノ傾向アリ」[8]との概況を記している。

綿布とは異なり、機械製綿糸は、在来織布業の原料綿糸に組み入れられた結果、原綿から製品におよぶ広い範囲で、沙市と四川の間の従来の綿貨需給関係に深刻な影響をおよぼしたのである。

以上のような状況から判断するならば、四川への綿工業製品流入によって在来綿貨がこうむった影響は、機械製綿糸の流入が急増した一八九〇年代後半から本格化し、二十世紀初頭に一つの頂点に達したものと考えてよいであろう。ブラックバーン商業会議所の視察団が来訪した一八九六年という年は、まさに「華西のマンチェスター」が本家のマンチェスターから起こった工業化の波に洗われはじめ、大きな曲がり角にさしかかっていた時期であった。一八九〇年代後半をさかいに、「華西のマンチェスター」をとりまく市場では、綿工業製品と在来綿貨との角逐がすでにはじまり、熾烈さを増そうとしていたのである。

二　沙市の綿貨流通状況

一八九六年はまた、下関条約締結の結果、沙市が開港された年でもあった。この年三月二十九日、日本は沙市に領事館を開設し、新しく開かれたこの商圏の市場調査を開始した。その調査は当然、日本の綿製品のライバルとされる荊州布に大きな注意が払われたが、それ以外の分野にも無関心だったわけではない。とくに開港したばかりで、海関経由の流通が本格化していない時点（沙市海関は一八九六年十月一日開始）では、釐金局経由の流通こそが、その地域市場の実態を知る上で、必要不可欠の調査項目とみなされた。もとより海関統計のような資料が用意されているはずのない釐金局のことであるから、その調査は「当館常ニ局卡〔釐金局卡房〕ニ派遣シアル調査員ノ統計」というような自前の資料を整えることからはじまった。ほとんど毎日のように、釐金局に調査員を派遣して、そこを通過する物産の流通量を記録させたのである。試行錯誤の末と思われるが、領事館開設から三年後の一八九九年に、はじめて年間を通じた統計が提供された。

図表二―三Aは、綿貨についてその一八九九年の釐金局通過量をまとめたものである。在来綿貨だけではなく、釐金局通過の綿工業製品についても、数字をまとめてある。また、翌一九〇〇年については、上半年の分しかデー

図表２－３Ａ　1899年沙市釐金局通過の綿貨

出入 綿貨		移入				移出			
		担	%	両	%	担	%	両	%
土布	大布	40,850		1,682,069		78,383		3,227,515	
	色布	12,704		706,200		10,490		583,141	
	小布	371		15,482		462		19,261	
	庄布	3,840		163,059		12,989		551,534	
小計		57,766	32.5	2,566,810	53.1	102,323	51.8	4,381,451	72.1
機布	官布	936		32,760					
	洋布	5,299		231,840		272		11,900	
小計		6,235	3.5	264,600	5.5	272	0.1	11,900	0.2
機械糸	鄂糸	7,341		165,168		9,885		222,408	
	洋糸	9,821		227,106		4,067		94,054	
小計		17,162	9.6	392,274	8.1	13,952	7.1	316,462	5.2
土糸						1,306	0.7	37,307	0.6
綿花		96,740	54.4	1,612,325	33.3	79,815	40.4	1,330,250	21.9
総計		177,903	100.0	4,836,009	100.0	197,668	100.0	6,077,370	100.0

図表２－３Ｂ　1900年上半年沙市釐金局通過の綿貨

出入 綿貨		移入				移出			
		担	%	両	%	担	%	両	%
土布	大布	13,190		543,122		61,814		2,545,262	
	色布	2,304		128,068		4,626		257,158	
	小布								
	庄布	4,192		177,995		9,403		399,261	
小計		19,686	25.3	849,185	37.8	75,842	76.1	3,201,681	84.3
機布	官布								
	洋布	4,000		175,000		2,928		128,100	
小計		4,000	5.1	175,000	7.8	2,928	2.9	128,100	3.4
機械糸	鄂糸	50,314		1,132,056		20,064		451,440	
	洋糸	3,888		89,910		762		17,612	
小計		54,202	69.6	1,221,966	54.4	20,826	20.9	469,052	12.3
土糸									
綿花									
総計		77,888	100.0	2,246,151	100.0	99,596	100.0	3,798,833	100.0

資料）「沙市綿布」（〔明治〕33年８月２日付在沙市帝国領事館報告）―『通商彙纂』第176号。

備考）原典の数値（例えば、土布の単位は捲など）からの換算は以下の通り。

　大布；１捲＝70疋，１疋（重さ1.5斤）＝800文。

　色布；１捲＝70疋，１疋（重さ1.25斤）＝900文。

　小布；１捲＝70疋，１疋（重さ0.5斤）＝270文。

　庄布；１捲＝25疋，１疋（重さ１斤）＝550文。

　官布；１梱＝20疋，１疋（重さ12斤）＝4.2両。

　洋布；１梱＝40疋，１疋（重さ８斤）＝3.5両。

　鄂糸；１包（重さ320斤）＝72両。　綿花；１包（重さ150斤）＝25両。

　洋糸；１包（重さ320斤）＝74両。　銀銭比価；73.5両＝95串200文。

　土糸；１包（重さ100斤）＝37串文。

タはなく、しかも土糸と綿花の数字を欠くが、参考までに図表二—三Bとして提示しておく。なお、報告文の末尾に「之ヨリ増加スルモ低下スルナキヲ認メサルヘカラス」[9]とのただし書きがあるように、この数値が沙市釐金局の綿貨通過量についてのミニマムの数値であることは、あらかじめ心得ておきたい。

ところで一八九九年という年は、まず長期的な傾向からいえば、この年の重慶海関報告が「沙市から釐金局を通じてのジャンクによる瀘州、叙州府、嘉定府への土布販売は減少し続けている」[10]と記録しているように、四川への機械製綿糸の流入が極限に達して、荊州布への打撃が深刻化した節目の年である。また短期的には前年の一八九八年は、五月に沙市で排外暴動が起こった後すぐに、七〜十一月には余棟臣の蜂起が重慶を脅かすといった騒動の連続で、沙市と重慶の間の商業取引はまったく途絶し、沙市と荊州では重慶での票号倒産の影響をうけて、一〇軒もの票号が相次いで連鎖倒産した[11]。一八九九年は、前年のどん底状態からはやや持ち直したものの、なお傷は癒えていない段階であった。

このように長期的にも短期的にも、落ち込みの大きい年であったにもかかわらず、図表二—三Aに示されている綿貨流通量のスケールには、目をみはらせるものがある。

土布は大布、色布、小布、庄布の四種類に分かれている。色布がサイズがまちまちの色無地木綿であるのを除いて、ほかの三種はだいたい一定の大きさで区分されていた。大布は、幅一尺一寸五分、長さ四丈前後の規格に達したものを指す。九割以上が白木綿で、ほかに茶木綿が一割ちかく含まれていた。縞木綿もなかったわけではないが、「産出ハ頗ル僅少ナルヲ以テ更ニ他地方ヘノ輸出ヲ聞カス」との注があるように、流通に乗ることはなかったようである。庄布は、大布の規格に達しないもので、幅一尺、長さ二丈八尺程度のものが多かった。小布はさらに小さく、幅八寸五分、長さ一丈六尺が平均的であった。大布と庄布は、移入量に比して移出量がかなり多いが、これは「主トシテ当地四近郷庄ノ産ニ係ルモノヲ輸出セルヲ以テナリ」[12]と説明されている。

土布は四種の合計で、移入量は五万八千担ちかく、移出量は一〇万二千担余りにのぼる。[13]この数値が以前に比べ、どの程度の落ち込みになるのかについて、通年で比較できる資料はいまのところ見あたらないが、期間を三カ月に限れば、一八九八年一～三月と比較することが可能である。この三カ月は奇しくも、既述の沙市暴動が発生する直前で、長期的な傾向はともかくとして、短期的な要因による落ち込みはない時期である。いわば沙市の平常的な綿貨取引の最後の姿をとどめていた時期と考えてもよいだろう。一方、一八九九年の方は、移入量については一～三月分の資料があるものの、移出量については残念ながら一カ月ずれて二～四月の分しか見あたらない。

その結果は図表二-四のように、一八九九年は九八年に比べ、土布の移入量では六五パーセント、移出量では二四パーセントも減少していたのである。荆州布出荷の季節的なサイクルからいうと、移出量は、一月よりも四月のほうが多いのが普通であるから、もし一カ月のズレがなければ、移出量の減少幅はより大きくなるものと考えられる。

以上の状況から総合的に判断すると、一八九六年の沙市海関報告をはじめ、ブラックバーン商業会議所の報告書などがくりかえし、沙市から揚子江上流域への土布移出量を、最低にみつもっても一五万担＝二千万ポンドと報じていたのは、[14]決して過大な推計ではなかったといえそうである。

ところで、この一八九九年の沙市における土布流通量は、当時の水準ではどの程度のスケールになるのであろうか。日本との比較を通じて、いささかのイメージをつかんでおくことにしたい。図表二-五は、一八八九～九一年

図表2－4　1898年と99年の沙市釐金局通過綿貨比較

（単位：土布＝捲，その他＝包）

綿貨＼出入	移入 1898.1～3	移入 1899.1～3	移入 ＋－	移出 1898.1～3	移出 1899.2～4	移出 ＋－
土布	41,050	14,355	－26,695	56,610	43,250	－13,360
機械糸鄂糸	1,828	750	－1,078	5,760	400	－5,360
洋糸		463	＋463	3,012	570	－2,442
土糸				50	434	＋384
綿花	12,853	22,383	＋9,530	26,309	11,949	－14,360

資料）『通商彙纂』第98，127，131，132，136号。
備考）単位については図表2－3の備考を参照のこと。

図表2－5　大阪入荷白木綿の内訳　（単位＝千反）

年＼品目	手績糸製品	半唐品	天竺糸製品	半唐紡績	紡績糸製品	合計（A）	担（A×8）
1889年上	184	112	2,685			2,981	23,848
下	120	96	2,934			3,150	25,200
1890年上	140	460	3,913			4,513	36,104
下	94	407	3,598			4,099	32,792
1891年上	11	996	2,514		541	4,062	32,496
下	59			1,644	2,751	4,454	35,632

資料）高村直助『日本紡績業史序説』上（塙書房　昭和46年10月刊）186頁により作成。
備考）担への換算は，1反＝0.8斤で計算した。半唐品とは手紡糸とインド糸，半唐紡績とはインド糸と国産糸の混織。

の三年間に大阪に入荷した白木綿の内訳を示している。原表の作成者は、日本における白木綿の原料が一八九〇年恐慌をさかいに、「天竺糸」（インド糸）から「紡績糸」（国産糸）にいっときに転換したことを明らかにしようとしたのであるが、ここではその転換期における総量が重要である。この三年間に大阪に入荷した白木綿は、一反＝〇・八斤と措定して、八九年四万九千担、九〇年六万九千担、九一年六万八千担にのぼる。

一方、沙市の方は、大布、小布、庄布の九割が白木綿であったと措定すれば、移入量が四万一千担ちかく、移出量が八万三千担ちかくであったということになる。沙市の移入量が遠隔地からの釐金局経由分だけをカウントしていたのに対し、大阪の入荷量は河内、摂津など近郊からの分も含んでいたことを考慮すれば、沙市の方は近郊からの出荷分も含んでいる移出量の方を比較の対象とするほうが適当かもしれない。ともあれ、長期、短期両方の原因から在来綿貨の取引きが大きく落ち込んでいた一八九九年の数字でさえ、沙市の土布流通量は白木綿に限れば、一八九〇年前後の大阪に十分匹敵あるいは凌駕するスケールであったとみなしてよいであろう。

綿貨流通の金額でいっても、移入額、四八三万六千両と移出額、六〇七万七千両という数字はそれぞれ、一九〇〇年における漢口の国内産品移入総額と対外輸出総額に匹敵する。(15) 十九世紀末の沙市は、綿貨の流通だけで、漢口の輸出向け国内産品の流通額に相当する規模を有していたことになる。この時点では、海外向け輸出農産物の集散地としての漢口と、国内向け在来綿貨の集散地としての沙市は、まだその市場規模を競っている段階だったのである。

では、これだけの規模の沙市の綿貨はどのような流通経路をたどって、集散していたのであろうか。まず移出先からみていくと、図表二-六Aのようになる。問題の一八九九年については、いまのところ二～四月の三カ月分しか判明しない。この三カ月間の土布移出量、四万三千捲のうち、色布四〇〇捲だけが湖南向けであったのを除いて、ほかはすべて四川向け（万県向け一七、〇六〇捲、重慶向け二五、八七〇捲）であった。そのほかの時期についてみても、ほぼ同様で、九八年一～三月などは五万七千捲ちかくの移出がありながら、湖南向けは皆無であった。九八年十～十二月だけは、湖南向けの割合が異常に多く、約三割を占めた。しかし、この三カ月間は既述の理由で、四川との取引きが途絶してしまった結果、土布移出量自体が五、一〇〇捲と極端に少ない例外的な時期で、行き先をうしなった土布が一時的に湖南に流れていったものと思われる。一八九〇年代末のこの時期には、通常であれば沙市から移出される土布のほとんど全部が四川に送られていたことになる。

綿花についても、事態は同じであった。沙市からの移出綿貨は、九九パーセント以上が三峡を遡って四川に送られていたことになる。まさしく、沙市は「華西のマンチェスター」の名に恥じない中国西部への綿貨供給地だったのである。

図表2−6Ａ　沙市綿貨の移出先

年　月	品目(単位)	湖　南	四　川	合　計
1897.10〜12	大布（捲）		4,686	4,686
	小布（捲）		19,043	19,043
	色布（捲）		3,289	3,289
	綿花（包）	380	50,222	50,602
1898. 1〜3	土布（捲）		56,610	56,610
	綿花（包）	127	26,182	26,309
1898.10〜12	大布（捲）		2,295	2,295
	色布（捲）	1,497	1,308	2,805
1899. 2〜4	大布（捲）		22,300	22,300
	庄布（捲）		18,840	18,840
	色布（捲）	400	1,790	2,190
	綿花（包）		11,949	11,949

図表2−6Ｂ　1899年２〜4，6月沙市釐金局移入綿貨の出荷地

品目／地名	大布（捲）	庄布（捲）	綿花（包）
后港	750	12	
新口	180	1,214	
龍湾	318	1,079	80
沙洋	9,466		
潜江	1,716		
岳口	1,352	1,684	254
新堤	120	774	
咸寧	140		
沔陽		83	1,428
監利			2,149
車湾			670
朱河			2,370
黄州	750		14,180
計	14,792	4,846	21,131

資料）『通商彙纂』 第92，98，125，131，132，136，141号。

次に、移入ルートに目を転じる。これまた、一八九九年の二〜四、六月の四カ月分しか、利用できる資料はない。図表二-六Bでは、沙市綿貨の大宗を占めた大布、庄布、綿花の三品目について、その出荷地を整理してみた。地方の配列は、かならずしも厳密とはいえないが、なるべく沙市からの距離に対応するように並べた。もっとも近いところは、長湖の対岸に位置する后港で、もっとも遠いところは、漢口からさらに揚子江を下ったところの黄州である。そのほかは、監利、新堤のように、沙市より下流の揚子江岸に面するところもあったが、多くは、沙市から便河で長湖に出、三湖、白鷺湖などの湖沼を貫いて漢口に至る運河、あるいはこの運河に接続する漢水などの河川に沿ったところであった。運河で縦横に結ばれた湖北西部の綿貨が、四川に向けて船積みされるために、便河をへて沙市に到来していた様をうかがわせるにたる資料である。

概していえば、土布と綿花では出荷地の分布に、かなり明確な片寄りがみられる。土布では、大布は沙洋、庄布は岳口と、それぞれ漢水沿いの地方が、最大の出荷地になっている。そのほかの出荷地も、沙市からの比較的ちかいところの運河沿いが多い。それに対して綿花のほうは、比較的ちかい運河沿いや、漢水沿いもないわけではないが、まとまった量を出荷していたのは、監利、朱河など揚子江沿いの地方であった。そして最大の出荷地は、最遠の地黄州であった。

漢口からさらに下流の黄州の綿花が、いったん沙市に送られるのは、いささか奇異な感じをあたえるが、それは次のような事情による。漢口、沙市間の揚子江は、ひどい蛇行をくりかえしながら南の洞庭湖のほうへ大きく湾曲するうえに、風がつよく民船の航行には多大の危険がともなった。そこでこの間の民船運輸は、揚子江をさけて湖沼を貫く運河をルートしたのである。漢口から沙市まで二九〇マイルにもおよぶ揚子江ルートに比べ、距離で三分の一ほど短縮になり、六日という一定の日数で確実に、かつ安全に到達できるルートであった（揚子江を外河、このルートを内河ともよぶ）。黄州から四川へ遡江する綿花も、漢口でいったん運河にはいって西行し、便河を通って沙市についたのち、四川からきたジャンクに積み替えるのが普通であった。

以上のように、沙市から四川に送られる綿貨は、土布がおもに沙市周辺から湖北西部にかけての比較的限られた地域で生産されたものであったのに対し、綿花のほうは湖北西部はいうまでもなく、遠く湖北東部からも大量に出荷されていたのである。しかも、その比重は図表二-六Bからもうかがえるように、どちらかといえば湖北東部、すなわち黄州のほうに傾いていた。この事実は、重慶の綿花取引業者の組織していた同業組合、「八省白花行幇」のなかで、黄州幇が半数ちかくを占めていたことでも、裏付けられる。八省とは、江蘇、浙江、江西、安徽、湖南、湖北、広東、福建を指す(16)。土布とはことなり綿花の場合、四川への供給の全貌を知るには、揚子江流域全域の綿花流通を視野にいれる必要があるようである。いま少し広い範囲で、四川への綿花流通をたどってみよう。

綿花についても四川への流入量をつかむには、綿工業製品と同じく宜昌がもっとも便利であった。一八八五年の宜昌海関報告は、「昨年〔一八八五〕一年間で、二〇万俵〔一俵＝一八〇斤、三六万担に相当〕がおもに湖北から四川へ上る途中、宜昌を通過したものとみこまれる」と推測している。さらに一八九〇年の同報告は、在重慶イギリス領事館員数人の推測として、宜昌を通過して四川に移入される綿花量は、平年で一五万俵＝二七万担との見積りをのこしている(17)。

沙市を中心とする湖北西部の綿花生産高は、当時平年作で三〇万担程度とみられ、荊州布の原料に地元で消費される分をさしひくと、さほど移出余力はなかったものと推定される。一八九六年の沙市海関報告によれば、沙市から四川へ民船でおくられる湖北西部の綿花は、豊作の年でも七～八万担程度であったという[18]。すでにみた一八九九年の統計でも、四川への移出量は八万担ちかくであったが、それは湖北東部の黄州からの大量の移入分をふくめての数字であった。いずれにしても、一八八五年に宜昌を通過した三六万担という綿花量とつきあわせると、沙市からの移出分だけでカバーできないことは明白である。

むろん当時の運輸力では、綿花のようにかさばる商品は、多額の流通経費を必要とした。そのため、綿花の質からいえば、上海から出荷される江蘇、浙江の綿花のほうが湖北西部の綿花よりも優れていたにもかかわらず、上海綿花は、「より高価で、しかもより多くの経費がかかって」、利益も少ないところから、四川の商人たちは、「宜昌から漢口以東にひろがる湖北の綿作地方から、できるかぎり多くの綿花を手当[19]」しようとしたのである。一八九七年第一四半期における沙市の相場では、一俵あたり沙市綿の二五、六両に対し、通州綿は二七、八両と二両高めであった[20]。

しかし、揚子江の上流域と下流域の両地間で、綿花相場の開きがその流通経費を上回るような事態が生じた場合には、「上海で綿花が豊富で廉価なときには、四川に大量に供給される[21]」といわれたように、揚子江の下流域から上流域へ、大量の綿花が遡江する光景がみられたのである。たとえば、一八八七年には、浙江における綿花の豊作で、上海の綿花相場は例年よりも下落したのに反して、重慶では湖北、湖南における洪水が、綿花相場の高騰をまねいていた。そこで浙江綿花に旺盛な買いがはいり、「重慶で販売するため、上海に運ばれ、さらに汽船で漢口に送られ[22]」ることになった。また八九年には、濾州大火によるストック綿花の焼失、豪雨による四川綿作の九割壊滅、湖北綿花の不作というトリプルの要因がかさなって、前年に比べ六割増しの綿花が揚子江を遡ったという[23]。

逆に揚子江上流域で綿花が豊富に供給されている時には、江浙綿花への需要が減少する結果、上海の綿花相場は低迷することになった。一八八六年の上海綿花相場は非常に低い水準にあったが、それは、「荊州宜昌地方ノ棉花出産額甚夕多ク且四川省ニ於テ前年来ノ持越品アルニ原因スルモノノ如シ[24]」と分析された。沙市から四川への綿花需給関係が、上海の綿花相場をも左右していたのである。

図表二-七は、左欄に上海から国内の他港向けに移出された綿花量と、国内の他港から漢口へ移入された綿花量の比較、右欄には逆に上海への移入量と漢口からの移出量の比較を示している。十九世紀末までは揚子江を遡っていた綿花が、世紀のかわり目をさかいにして、逆に揚子江を下りはじめるという大規模な逆転現象については後述するとして、まず十九世紀末までの左欄に注目したい。一八八〇年代後半までは、上海から移出された綿花は、最高で九六パーセント、最低でも二七パーセント、平均で七〇パーセントちかくが揚子江を遡って、漢口に送られていた計算になる。漢口での移入量は、一八七〇年代前半にピークを記録している。その後は、増減をくりかえしながら、九〇年代の本格的な減少期をむかえる。とくに一八八〇年代後半における増減に注目すると、一八八六年に四万五千担と、統計をとりはじめて以来最低の値に減少したあと、八七年と八九年はそれぞれ、一四万担、一九万担と、最後のピークを記録している。最末期の姿ではあるが、揚子江を遡江する綿花流通量の増減が、先に述べたような上流域での需要動向と相関関係にあったことを明確にものがたっている。

漢口からの行き先については計量的には追えないのであるが、「本地区の移入綿花は、一八六四年以来おもに湖南、四川両省におくられ、土布を織るのに用いられている[25]」との漢口海関（江漢関）報告の記事からわかるように、漢口海関が統計をとりはじめた時からすでに、漢口はおもに湖南、四川への綿花の転運港として機能していたので

図表2－7　上海-漢口での綿花流通の変化　（単位＝担）

年＼出入	上海移出高 A	漢口移入高 B	漢口分比率 % (B÷A×100)	上海移入高 C	漢口移出高 D	漢口分比率 % (D÷C×100)
1868	154,809	133,773	86.4			
69	153,597	136,910	89.1	18,028		
70	315,125	257,960	81.9	7,630		
71	474,878	387,677	81.6	4,174		
72	372,441	301,261	80.9	9,643		
73	432,868	350,090	80.9	16,177		
74	350,736	182,705	52.1	26,760		
75	338,439	248,371	73.4	21,680		
76	259,581	157,133	60.5	21,556		
77	256,204	160,983	62.8	23,556	119	0.5
78	259,650	143,639	55.3	17,755	6,032	34.0
79	246,739	150,894	61.2	5,822	318	5.5
80	490,370	375,649	76.6	22,346	363	1.6
81	279,430	171,604	61.4	13,966	550	3.9
82	162,167	155,652	96.0	8,502		
83	276,578	141,720	51.2	4,976	355	7.1
84	165,742	72,953	44.0	11,155	650	5.8
85	245,812	106,911	43.5	4,828	564	11.7
86	165,558	45,138	27.3	4,859	737	15.2
87	284,651	143,203	50.3	7,429		
88	250,780	114,575	45.7	6,292	652	10.4
89	267,857	190,709	71.2	13,921	3,007	21.6
90	269,085	108,937	40.5	26,233	1,309	5.0
91	247,978	105,566	42.6	23,565	3,286	13.9
92	107,076	31,677	29.6	33,798	4,562	13.5
93	141,839	24,092	17.0	97,448	9,526	9.8
94	171,912	30,505	17.7	74,933	24,738	33.0
95	171,003	59,560	34.8	88,573	80,471	90.9
96	179,992	56,652	31.5	98,309	5,417	5.5
97	294,049	122,674	41.7	99,961	9,030	9.0
98	272,421	77,544	28.5	66,472	402	0.6
99	193,323	69,637	36.0	78,685	9,729	12.4
1900	56,610	9,895	17.5	174,428	23,554	13.5
01	63,469	1,714	2.7	99,054	24,397	24.6
02	68,768	18		226,812	133,361	58.8
03	71,270	845	1.2	451,681	332,102	73.5
04	85,924	294	0.3	627,362	364,158	58.0
05	109,526			264,059	172,794	65.4
06	57,832			276,427	118,256	42.8
07	35,980			304,718	142,962	46.9
08	57,268	4,813	8.4	324,343	83,314	25.7
09	73,301	8,709	11.9	259,475	43,196	16.6
10	26,263	3,414	13.0	507,945	213,704	42.1
11	26,592			492,135	112,898	22.9
12	42,534	31,022	72.9	647,751	298,732	46.1
13	54,416	2,572	4.7	561,031	208,902	37.2
14	66,433			378,367	123,311	32.6
15	56,401	7,646	13.6	782,490	428,784	54.8
16	50,568	16,652	32.9	1,117,530	727,483	65.1
17	32,118			1,089,453	759,577	69.7
18	27,959	15,573	55.7	1,313,948	918,962	69.9
19	49,993			1,375,755	1,106,125	80.4

資料）*Returns of Trade, 1868－81*, Shanghai, Hankow. および *Returns of Trade and Trade Reports, 1882－1919*, Part2, Shanghai, Hankow.

備考）小数点以下の数値は四捨五入した。

ある。

転運先への流通量が海関統計から消えてしまうのは、漢口で民船に積み替えられたためと思われる。綿花一俵＝一八〇斤当りの運賃と税金は、漢口から宜昌までで、民船の方が汽船より一両も軽減できた。綿花一俵が十数両の時代であるから、一両の差は決定的であった。事実、宜昌では、一八九〇年の段階でも「重慶向けの綿花は大部分が、漢口と沙市からジャンクで到着する。汽船で着くパーセンテージは、ほんのわずかにすぎない」[26]という状態であった。

こうして一八八〇年代末までは、湖北綿花の不作あるいは暴騰時の代替綿花として、上海綿花が四川まで大量に遡江していったのである。このような揚子江の綿花流通に転機がおとずれたのは、一八八八年のことである。大阪紡績の成功で軌道にのった日本の初期紡績業は、この年の国内綿花の暴騰をきっかけに中国綿花の輸入を本格化した。上海は、揚子江上流への綿花移出港から日本への輸出港に変身した。一八八七年にはわずか六万七千担にすぎなかった上海綿花の対外輸出高は、八八年二〇万一千担、八九年四九万五千担と急増し、ついに国内他港への移出高の二倍ちかくに達した。揚子江を遡っていた上海綿花は、その方向を一八〇度転回して、東にむかうことになった。

この時期がちょうど、四川へのインド綿糸流入の激増期にかさなることは、十分注目に値する現象である。卵と鶏の論争はひとまずおくとしても、インド綿糸の流入と上海綿花の後退がパラレルに進行したことは、四川の在来綿業における手紡糸から機械製綿糸への転換が、おどろくばかりに急速にすすんだ一つの大きな要因であったと考えられる。一八九九年の沙市釐金局における綿貨流通状況は、上海綿花の遡江という、四川への綿貨供給の一つの大きな在来ルートが、新興綿工業国、日本への輸出によってうしなわれたあとの姿だったのである。

三　二十世紀の展開

世紀がかわると、揚子江の綿花流通には、もう一つの大きな変化がすぐに起こった。十九世紀末までは、江蘇、浙江の綿花でまかなわれていた日本向けの輸出がさらに増加した結果、湖北の綿花にまで日本の需要の手が伸びてきたのである。もっとも十九世紀末から二十世紀初頭にかけては、輸出農産物の価格を左右する銀銭比価が銭高のピークにあった関係から、湖北綿花の日本向け輸出は、胎動はみられるものの、なお抑制されていた。たとえば、一九〇二年の漢口綿花市況は、「銅銭ノ騰貴」で銅銭一千文が銀八匁六分から八匁八分三厘にあがったため、「此ノ高キ金銭ヲ以テ同一分量ノ実綿[27]」を買い入れざるをえなくなったと伝えている。

その銀銭比価が漢口では、一九〇三年から一転して急激な銭安にかわった。しかもこの年は、アメリカ綿花の不作と通州綿花の不作がかさなってしまい、吉田洋行、中桐洋行、三井洋行など上海駐在の日本商社は、漢口へ買い出動にで、わずか四九日間で一九〇二年の一年分に相当する綿花を上海へ送りだした[28]。その結果、図表二-七のように、漢口から移出される綿花量は、〇三年三三万担、〇四年三六万担と急増し、かさばる綿花の輸送で揚子江の汽船運輸は一時混乱におちいったほどであった。これらの綿花は上海をへて、日本へ送られていった。揚子江の綿花流通は、一転して上流から下流へと流れをかえたのである。その激変ぶりは、日本人業者によって「支那における棉花界の一大革命[29]」と表現された。漢口は湖北綿花の一大輸出港に発展しつつあった。

このような時代の変化は、沙市市場にもおよばないわけにはいかなかった。機械製綿糸の流入が四〇万担をはるかにこえた四川では、明らかに沙市からの土布、綿花に対する需要は減退しはじめていた。ここに着眼した日本の

図表2－8　沙市の海関経由綿花移出高

（単位＝千担）

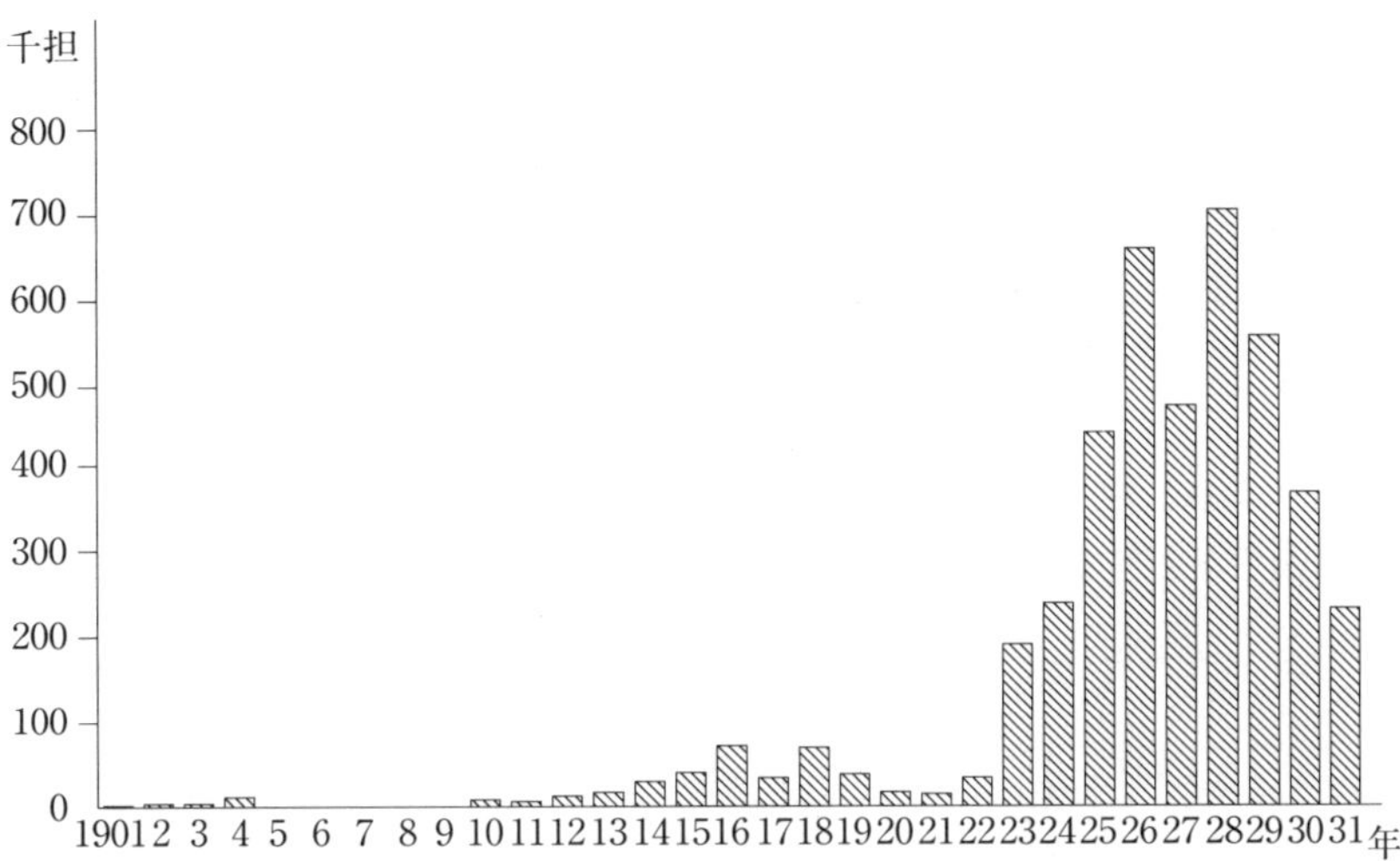

資料）*Returns of Trade and Trade Reports, 1901－19*, Part2, Shasi. *Foreign Trade of China, 1920－31*, Part2, Analysis of Foreign Trade : Exports : Raw Cotton.

商社は、「去レハ当地方ノ綿花ハ新ニ何レノ地ニカ販路ヲ求メサルヘカラサルノ事情アリ[30]」との見通しのもとに、開港して間もない沙市に、競って出張所を開設した。内外綿株式会社は、一九〇二年九月、社員二名を派遣して、日本綿糸の売り込みと沙市綿花の買付けをはじめた。翌〇三年八月には、出張所をもうけて有信洋行と命名し、事業の拡張に着手した。これにつづいて、〇四年九月には大阪棉花会社漢口支店日信洋行が社員を派遣し、〇五年一月には店舗をもうけて綿花取引にのりだした。さらに中桐洋行も沙市に支店をおいて、綿繰機械の販売と綿花の買付けをはじめ、吉田洋行も沙市支店開設の計画をもっていたという[31]。

とくに内外綿株式会社は、上海と沙市の間に為替関係のない状況に鑑みて、日本綿糸と沙市綿花のバーターで、この金融上の不便を克服しようとした[32]。

一九〇三年の沙市貿易年報は、外国綿糸の輸入増加で民船による四川への綿花移出が減少している現状からみて、「此際内外棉株式会社カ当地ニ出張所ヲ設ケ棉花ノ買収ヲ勉ムルハ実ニ機宜ニ適シタル行為ト云ハサル可ラス」[33]と、そのタイミングのよさを特筆していた。

ところが期待に反して、海関経由による沙市からの綿花移出は、漢口とは対照的に、はかばかしくは増加しなかった。図表二-八のように、二十世紀最初の二十年間は、一九〇四年に一万担をわずかにこえたあと、ずっと低迷し、第一次世界大戦期にややふえて、一六年には七万担を記録したが、この時期七〇～一一〇万担を移出していた漢口に比べると、問題にならない数字であった。

なぜ沙市では、海関経由による綿花移出が順調に発展しなかったのであろうか。その原因は、湖北綿花の日本への輸出が急増した時期に沙市周辺では綿花の不作がつづいたというような、偶然の要因もすこしは関わっているかもしれないが、なんといっても根本的な問題は沙市を要とする在来の流通構造そのものにあった。一九〇一年の沙市海関報告は、夏季の洪水で沙市より下流の揚子江流域の綿花が不作であったため、漢口市場で湖北西部の綿花に対して需要が喚起されたことを記している。ところがその際、沙市を経由して漢口に送られた綿花はほとんどなく、大部分は漢水あるいは内河から、直接漢口に送られたという[34]。図表二-六B（前出七七頁）の分布を想起すればわかるように、従来、沙市に集散していた綿花の出荷地は、黄州はいうにおよばず、揚子江沿いの監利、朱河をはじめ、沔陽、岳口など、いずれも沙市より東に位置する地方であった。揚子江を遡って西のかた四川に送られる在来の流通ルートでは、沙市はどうしても経由しなければならないポイントであったが、揚子江を下って東のかた上海さらには日本へと流れていく新しい流通ルートでは、漢口こそがその咽喉に位置したのである。沙市ではなく、漢口が「中国のニューオーリンズ」に転身したのは、このような地理的条件に規定されていたのである。

その結果、二十世紀にはいっても、沙市は従来と同じように、湖北西部から四川への在来綿貨供給の要としての機能しつづけた。二十世紀における「華西のマンチェスター」の動向は、綿工業製品の流入が一段落したあとの在来綿貨の流通の趨勢をみる恰好の材料である。

すでにみたように、十九世紀末まで急増しつづけた四川への機械製綿糸の流入は、二十世紀にはいると、一転して四〇万担前後で停滞局面にはいった。しかし、機械製綿糸の流入がおよぼす在来綿業への影響は、数年のタイムラグをともなって二十世紀初頭に本格化したようにみうけられる。

土布に関していえば、すでに小山正明氏の詳細な研究が多くのことを明らかにしている。荊州布の生産者たちは、一八九〇年代半ばまでは、機械製綿糸の使用を拒んでいた。それは、買い占め商人のギルド的規制と消費地での手紡糸使用の土布（旧土布）に対する愛着という、二つの要因が作用していた。しかし、インド綿糸の流入によって四川での機械製綿糸使用土布（新土布）の生産が活発化すると、荊州布も対抗上、機械製綿糸の使用に踏み切らざるをえなくなったというのである(35)。先の図表二-三（前出七二頁）の一八九九年における調査でも、大布、庄布などに機械製綿糸を使用することは、すでに普遍化していた。沙市釐金局の移出入量を比較すると、湖北産（鄂糸）と外国産（洋糸）の機械製綿糸は、移出量よりも移入量のほうが多い。とりわけ、一九〇〇年は、上半年しかデータがのこっていないが、移入量をさしひいた地元消費量は、三万三千担をこえ、一八九九年一年間の三千担余りの一一倍という急伸ぶりであった。沙市周辺での機械製綿糸の消費が、世紀の末年に格段に普及したことをうかがわせる。

実際、図表二-九でこころみた旧土布と新土布のコスト推計でも明らかなように、一九〇〇年頃は機械製綿糸の

（＊の付いた数字は既定値）

土糸原価	1斤当り洋糸価格	
1900＝100	文（B）	1900＝100
100.0	＊288.2	100.0
159.3	＊656.4	227.7

1疋当りコスト総計				1疋当り販売価格			
新土布		旧土布		新土布		旧土布	
文(C+E+F)	1900＝100	文(D+F)	1900＝100	文	1900＝100	文	1900＝100
529.7	100.0	658.1	100.0	＊560.0	100.0	＊640.0	100.0
1,021.2	192.8	1,044.9	158.8	＊960.0	171.4	1,050.0	164.1

備考）銀銭比価は，100海関両＝106.95沙両で換算した。紡糸，織布労賃は，1909年のデータを基数にとり，銀銭比価の指数に連動するものとして推計した。新土布の原糸は重さ22両で，三分の一が土糸，三分の二が洋糸，旧土布の方は25両の土糸を使用するものとする（『通商彙纂』第141号9頁による）。綿花の秤量単位は花秤で，1斤＝19両2銭であるが，原綿代金は落綿率を考慮して1斤＝18両で計算した。ちなみに，1900年の土糸販売価格は，1斤当り370文であった。

銭建て価格がもっとも低い水準であった時期で、新土布のコストもそのおかげで大幅に低減され、市場での販売価格に比べ、一疋当たり三〇文ほど低かった。一方、旧土布のコストは、綿花の高騰にともなう土糸の値上がりで、販売価格よりも二〇文ちかくも高くつき、大きなコスト割れにおいこまれていた計算になる。この時点では、流通市場における旧土布の劣勢はおおいがたいものがあった[36]。商品生産を前提とするかぎり、新土布への転換は、避けがたい時代の趨勢であった。しかし荊州布の場合、かつて最大の市場であった四川との関係でいえば、その転換は遅きに失した感がある。沙市周辺での機械製綿糸使用が本格化した十九世紀末年は、すでに四川での新土布生産が成熟期をむかえていたからである。

その結果、荊州布の四川向けの移出は、二十世紀にはいってからも減少しつづけたようである。図表二-一〇に示したように、沙市常関の土布移出高は、

図表2－9　沙市での新土布と旧土布のコスト推計

年＼項目	1沙両当り文		1斤当り原綿代金		1斤当り紡糸労賃		1斤当り
	文	1900＝100	文	1900＝100	文	1900＝100	文（A）
1900	＊1,246.4	100.0	＊184.6	100.0	170.9	100.0	355.5
1909	＊1,823.3	146.3			＊250.0	146.3	
1915	＊1,944.8	156.0	＊299.6	162.3	266.7	156.0	566.3

年＼項目	1疋当り土糸コスト			1疋当り洋糸コスト		1疋当り織布労賃	
	土糸原価 毎斤文 (A)	新土布 A×22÷48 (C)	旧土布 A×25÷16 (D)	洋糸価格 毎斤文 (B)	新土布 B×44÷48 (E)	新，旧土布とも同じ額	
						文（F）	1900＝100
1900	355.5	163.0	555.5	＊288.2	264.2	102.5	100.0
1909						＊150.0	146.3
1915	566.3	259.6	884.9	＊656.4	601.7	160.0	156.0

資料）銀銭比価は、*Decennial Reports, 1892－1901,1902－11, 1912－21,* Shasi. 原綿代金と洋糸価格は，1900年が『通商彙纂』第176号31頁，1915年が『東亜同文書院調査報告』第11回第10巻第5編物産30葉 b，『大日本紡績連合会月報』第290号74頁。紡糸，織布労賃は，『通商彙纂』明治42年第29号8頁。庄布の販売価格は，1900年が『通商彙纂』第176号24頁，1915年が『大日本紡績連合会月報』第279号38頁。

図表2－10　土布・綿花の沙市常関移出量と宜昌常関通過量（単位＝担）

年＼区分	土布			綿花		
	沙市移出量	宜昌通過量	沙市分比率	沙市移出量	宜昌通過量	沙市分比率
1915		76,467	%		406,488	%
16	21,490	86,501	24.8	99,560	327,389	30.4
17	13,500	54,571	24.7	31,322	146,633	21.4
18	4,690	26,010	18.0	44,200	37,374	118.3？
19	10,870	46,665	23.3	75,100	86,330	87.0

資料）*Returns of Trade and Trade Reports,1915－19*, Part 2, Ichang, Shasi.

第一次世界大戦期も減少しつづけ、一九一八年には、ついに五千担をわりこみ、最盛期の三十分の一以下、一八九九年と比べても二十分の一以下に激減した。宜昌常関の土布流通量とみくらべても、沙市移出分が占める割合は四分の一にもおよばない。四川市場における荊州布の退潮ぶりは明白である。

もっとも、新土布の価格競争力そのものは、筆者の推計では、銭高が最後のピークをうった一九〇四年をさかいに、鈍りはじめたと考えられる。(37)二十世紀最初の二十年間、中国における機械製綿糸の消費量が完全に横ばい状態になったことが、マクロの面からの証拠の一つであるが、図表二―九の推計は、ミクロの面からその推測を支持している。一九一五年における機械製綿糸の銭建て価格は、銀建て価格の高騰と銭安の進行が相乗して、一九〇〇年の倍以上に暴騰した。ところが、綿花の銭建て価格は、銀銭比価の推移に見合う程度の上昇におわった。そのため、新土布のコストが二倍ちかくにはねあがったのに対し、旧土布のコストは一・六倍程度でおさまったものと推定される。販売価格との比較でも、新土布のコストが一疋当たり六〇文以上も高くついたのに反し、旧土布の方はわずか五文ほどではあるがコストが下まわった。新土布の旧土布に対するコスト面での圧倒的な優勢は、一八九〇年代から一九〇四年までの一時的な現象で、それ以降は銭安の進行で綿花と機械製綿糸の銭建て価格が平衡ないしは逆転状態をみせた結果、新土布と旧土布の角逐が長くつづくことになったものと判断される。

しかしながらこのことは、荆州布が四川市場を奪回できる可能性を、ただちに示唆するものではない。一八九〇年代にインド綿糸の流入で勃興あるいは活性化した四川の農村在来織布業は、すでに自らの市場圏を作り上げてしまっていたはずで、完成品である荆州布の復活は、その市場圏の侵害を意味した。一九〇五年以降の事態は、荆州布の復活よりはむしろ、四川の織布農民に原料選択の見直しをうながした可能性の方が大きい。機械製綿糸と綿花の価格関係次第で、機械製綿糸の購入をみあわせて、従来のように綿花から糸を紡いで原糸に使用するというような織布農民の選択が、ここ四川でも十分に想定されるのである。(38)

その一つの証拠は、四川への湖北綿花の供給が二十世紀になっても、一直線には減少せず、時には十九世紀後半をしのぐ年もあったという事実である。たとえば、一九〇六年の沙市と重慶の海関報告をつきあわせてみると、沙市常関から移出された九万八千担とそれ以外からの八万九千担、合計一八万七千担の湖北綿花が重慶までのぼっていた計算になる。(39)沙市からの移出高は、むしろ一八九九年を上回っている。また図表二―一〇では、宜昌を通過して揚子江を遡った湖北綿花は、一九一五年には四〇万担をこえ、一八八五年の記録をぬりかえている。(40)沙市からの移出分も、一九一六年には一〇万担近くに達し、最盛期の推計値にならんでいる。その後の落ち込みが、はたして一過性のものか、長期的なものか、いまのところ系統的なデータが用意できないので結論は保留せざるをえないが、少なくとも第一次世界大戦期までは、四川への湖北綿花の供給が、インド綿糸流入以前に匹敵ないしは凌駕する年もあったことは注目に値する。(41)

四川における新土布と旧土布のせめぎ合いをうらづけるいま一つの証拠は、全国の場合と同じく、四川における機械製綿糸の消費動向である。図表二―一一は、図表二―二Bをいささか加工したもので、実線は、九の年に四川に供給された機械製綿糸の総量、点線は、同年における中国全体への機械製綿糸総供給量の十分の一を示している。四川の市場規模に対する本節の認識を前提とすると、もし四川での機械製綿糸の消費が、中国全体の消費動向とまったく同じテンポで進行していたとすれば、実線と点線はかさなるはずである。ところが実際には、図表二―一一には大小まぜていくつかのズレがみられるのであるが、このズレにこそ、四川における機械製綿糸の消費動向の特色が表現されていると考えられはしないだろうか。

一八九〇年代半ばまでは、点線がわずかながら上位にあるのは、機械製綿糸の四川への流入がやや遅かったこと、しかし九〇年代における普及の速度は全国平均を相当に上まわっていたことを反映している。四川にとっては、イ

図表2-11　四川への機械製綿糸供給量　　（単位＝万担）

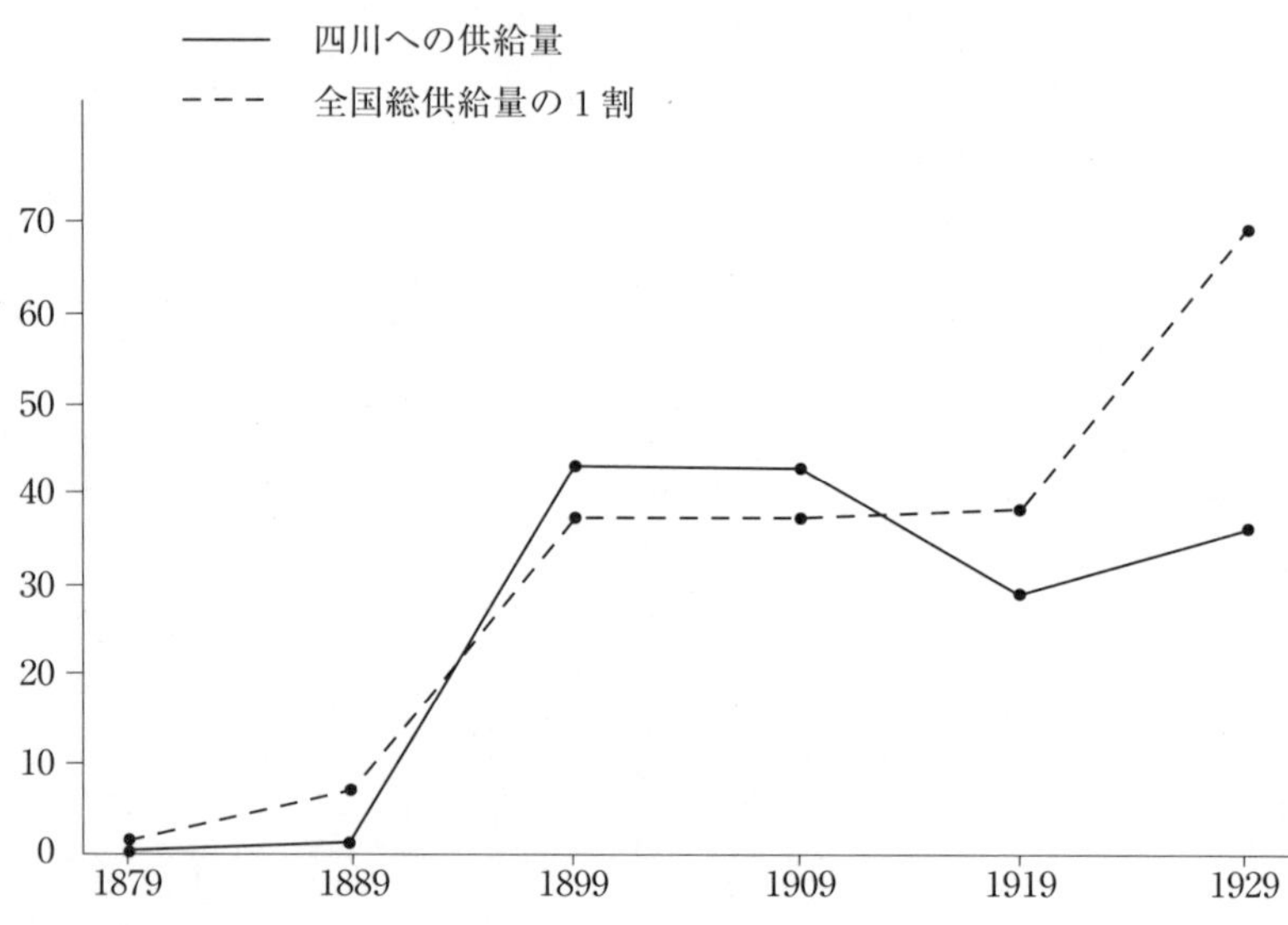

資料）図表2-2に同じ。

ンド綿糸も湖北綿花もいずれも、揚子江下流から供給される商品ということでは、区別はなかった。かつて相場次第では江浙綿花をも遡江させた四川の流通経済は、ひとたびインド綿糸の流入をみると、そのコスト面での有利さにきわめて敏感に反応し、急激な普及をうながしたものと思われる。その結果、二十世紀最初の二十年間における四川での普及率は、全国平均よりも若干高めになった。ところが、一九一〇年代後半には既述のように、護国戦争以降の軍閥戦争の激化という経済外的な原因から、機械製綿糸の消費にはかなり大きなかげりがでたものと考えられる。

一九一九年までの実線と点線の動きをこのように解釈できるとすれば、この年までの四川での消費動向は、一九一〇年代後半にやや経済外的な要因による変調がみられるものの、基本的には全国的な動向とほぼ同じようなテンポで推移していた、とみなしてよいだろう。機械製綿糸はここ四川でも、手紡糸のほぼ三分の二を駆逐した時点で、強力な抵抗線にその行く手をはばまれてしまっていた。その抵抗線をささえたのが、湖北産の綿花だったのである。

ところで、図表二－一にたちかえると、一九一九年から二九年にかけての部分だけは、それまでとはうってかわって、実線と点線との間に大きな乖離が生じている。全国的な動向では、二十世紀最初の二十年間、四百万担前後でずっと停滞していた機械製綿糸の消費量は、一九二〇年代にはいって一挙に三百万担ふえ、二〇年代末には七百万担にせまった。ところが四川では二〇年代にはいっても、消費量はいっこうに増加せず、二〇年代末でもあいかわらず四〇万担にも達しない低水準のままであった。全国的な動向に相応するためには、二九年は一九年の四〇万担から七〇万担への増加が必要であるが、実際は三〇万担以上も少ない状態にとどまっていたのである。

この乖離は、一九二〇年代の四川市場が全国的な趨勢とは異なる過程をたどった事実をものがたっている。すでに前章で指摘したように、全国的な規模でも、農村の在来織布業が消費する機械製綿糸は、二十世紀にはいって以来ずっと、四百万担のあたりで飽和状態にあった。一九二〇年代における三百万担の増加は、上海、天津、青島などの沿海都市と、その周辺地域に勃興した紡績工場の兼営織布と改良土布の生産が、もっぱら吸収したと判断される。二〇年代末の中国では、在来セクターが四百万担、近代セクターが三百万担の機械製綿糸を消化していたという勘定になる(42)。

ところが四川では、一九二〇年代も軍閥割拠がつづいて、沿海地方のような近代的な綿工業の成長はほとんどみられなかった。紡績工場についていえば、抗日戦争で上海などの紡績工場が疎開して来るまで、ついに設立をみなかったのは周知のとおりである。織布工場では、張学君らがまとめた一覧表によれば、一九一二～一九年の八年間

図表２−12　四川に供給された機械製綿糸の番手と生産地

番手 / 地方	10番手以下		16番手		20番手		20番手超過		合計	平均番手
	梱	%	梱	%	梱	%	梱	%	梱	
山　東							1,500	100.0	1,500	32.0
上　海	2,800	7.1	5,900	15.0	25,500	64.6	5,250	13.3	39,450	20.3
江　蘇	4,000	15.1	3,000	11.3	17,000	64.2	2,500	9.4	26,500	19.2
湖　南	20,050	58.4	3,135	9.1	9,745	28.4	1,400	4.1	34,330	14.3
合　計	26,850	26.4	12,035	11.8	52,245	51.3	10,650	10.5	101,780	18.1

資料）『四川月報』 第５巻第１期（民国23年７月）18〜22頁。

に設立されたのが、一六工場、資本総額、九九万三千元、労働者数、一、五二八人に対し、二〇〜二九年の十年間は、三一工場、資本総額、二八万三千元、労働者数、一、四三六人であったという[(43)]。工場数こそ、二〇年代の方が倍ちかくであるが、労働者数はほぼ同じ、資本総額にいたっては、一〇年代の方が三倍以上にもなる。かならずしも網羅的なデータとはいえないので、断定はできないが、四川では一九二〇年代における織布工場の増加は、一〇年代にもおよばない面があったようである。

また、改良土布の生産についても、一九二〇年代における四川の立ち遅れは否定できない。改良土布の生産には、ふつう二十番手超過の細い綿糸が使用されるのであるが、図表二−一二のように、一九三四年の調査では、四川に供給された機械製綿糸は、九〇パーセントちかくが二十番手以下であった。二十番手超過は、上海からの供給が主であったが、合計ではようやく一〇パーセントをわずかにこえる程度であった。この比率は、同年における山東省の二九・二パーセントはもちろん、湖南省の一五・三パーセントと比べても、相当低いものであった[(44)]。四川での改良土布生産が、山東はおろか、湖南にもおよばない段階にあったことを、如実に示している。

以上のように一九二〇年代の四川は、紡績工場の兼営織布と改良土布の生産と

図表２-13　1933年沙市集散綿花の出荷地

県＼項目	生産高 担	生産高 %	出荷高 担	出荷高 %
江陵	206,550	27.5	104,287	37.0
松滋	99,825	13.3	52,351	18.6
公安	117,600	15.6	43,826	15.6
石首	113,190	15.0	44,898	15.9
枝江	54,000	7.2	14,413	5.1
監利	139,860	18.6	12,072	4.3
宜都	14,832	2.0	4,599	1.6
宜昌	6,551	0.9	5,068	1.8
合計	752,408	100.0	281,514	100.0

資料）『経済評論』第２巻第７号（民国24年７月）８頁付表，第８号（８月）７頁。
備考）出荷高の小数点以下は四捨五入した。

いう近代セクターの形成が、沿海地方に比して、決定的に立ち遅れていたのである。四川では一九二〇年代においても、沿海地方の新しい動向をよそに、あいかわらず農村の在来織布業の分野における新土布と旧土布の角逐が、機械製綿糸の消費を抑制しつづけていた。近代セクターに属する綿製品は、上海をはじめとする沿海都市からの供給に仰ぐほかなかった。そして筆者の見解では、このような新しい地域間格差こそが、あの図表二―一一の点線と実線の乖離を結果したものと考えるのである。

他方、在来綿貨の供給地、沙市では、消費地の四川とは異なり、一九二〇年代にはいって綿花流通の新しい動きがでてきた。図表二―八（前出八五頁）にたちかえってみれば、二十世紀初頭の日本商社の試みにもかかわらず、一貫してはかばかしい進展をみなかった沙市の海関経由による綿花移出は、一九二三年に至ってにわかに急増しはじめた。二三年に一九万担の史上最高を達成したのも序の口で、その後二六年までうなぎのぼりに増加し、二八年にはついに七〇万担を突破して、民国期の最高を記録した。

一九二三年からはじまった沙市の綿花移出ブームは、在来の綿花流通とは異なる様相を呈していた。図表二―一三には、一九三三年に沙市に移入された綿花の出荷地を示している。図表二―六Bの一八九九年における出荷地と対照すれば、一目瞭然なように、監利一県をのぞいてかつての出荷地はすべて姿を消している。沙市に集散する綿

図表２-14　沙市周辺７県産出綿花の内訳

区分 / 年	沙市周辺７県			湖北省全体			沙市周辺７県の占める割合		
	生産高 担	在来種 %	米国種 %	生産高 担	在来種 %	米国種 %	生産高 %	在来種 %	米国種 %
1918	365,000			2,325,170			15.7		
1919	167,000			1,207,000			13.8		
1920	203,800			1,580,000			12.9		
1921	89,500			615,150			14.5		
1922	413,500	52.6	47.4	2,029,850	62.4	37.6	20.4	17.2	25.7
1923	683,900	52.1	47.9	1,271,760	61.9	38.1	53.8	45.3	67.6
1926	311,620	38.5	61.5	1,112,053	72.2	27.8	28.0	15.0	61.9
1927	320,520	39.4	60.6	1,350,793	64.3	35.7	23.7	14.5	40.3
1928	1,179,987	2.0	98.0	2,728,283	32.4	67.6	43.3	2.7	62.7
1929	499,950	1.4	98.6	1,547,700	32.0	68.0	32.3	1.5	46.8

資料）華商紗廠連合会編『民国九年至十八年中国棉産統計』。
備考）７県とは，江陵，公安，松滋，枝江，宜都，石首，監利である。1921年までは米国種は皆無となっているが，おそらく統計の取り方がまだ在来種と米国種を区別していなかったゆえであろう。1924，25年はデータを欠く。

花は、生産地自体がかつてとは一変してしまったのである。しかも江陵と監利を別とすれば、ほかの六県は、沙市からみると揚子江の対岸、それも上流域にむかって分布している。この地理的な位置関係は、沙市が揚子江下流域への綿花集散地にかわったことをよく表している。

さらにこれらの地域で生産される綿花は、図表二―一四のように、湖北省のなかでは際だって、アメリカ種（洋花）の比率が高かった。一九二〇年代後半には、沙市周辺七県の綿花生産高は、全体としては湖北省全体の三割程度にすぎなかったのに、アメリカ種に限ると五割をこす比率を占めていた。かつて四川に移出されていた在来種（土花）が手紡用に適していたのに対して、アメリカ種はおもに紡績用に栽培されるものであった。もちろんアメリカ種とはいっても、このように広範に普及していたからには、おそらくこの地域の土壌に適応したもの、換言すれば退化したものであったと思われる。したがって、紡績用としては品質の点で問題があるにしても、その生産は沿海地方の紡績工場への供給を前提としていた。

一九二三年の沙市海関報告は、この地域での綿花生産急増の原因を、「第一に、以前胡麻、大豆、コーリャンなどを植えていた地方が、今年は多く綿花に代えたこと。第二に、天候が温順で、収穫された綿花の質がきわめてよく、一担当り去年より一〇元も高い四〇〜五〇元で売れたこと」(45)の二点に求めた。単年に限ると因果関係に混乱がみられるが、一九二一〜二三年の事態の推移を集約的に説明した記述と読んでおきたい。よく知られているように、中国民族工業の「黄金時期」も後期になると、紡績用原綿の不足が深刻化し、中国綿花の相場は高騰した。とくに、「一九二三年恐慌」を契機に、「在華紡」が太糸から細糸に生産シフトをはじめると、中国綿花市場での細糸用良質綿花に対する需要はいっきょに高まった(46)。一九二一年以降の沿海都市におけるこのような紡績業の新しい展開が、かつては胡麻の産地であった沙市の揚子江対岸地域に、アメリカ種綿花の栽培をまたたくまに普及させ、沙市を、漢口、天津につぐ中国第三の綿花移出港に成長させたのである。沙市は、沿海地域への原綿供給市場として、揚子江下流域との結びつきをつよめ、「華東のニューオーリンズ」に変身した。

四　華西地域市場の変遷

在来綿貨の流通というきわめて限られた視野からの観察ではあるが、中国全体の動向と対比しながら、一八八〇年代から一九三〇年代にかけて半世紀余りにわたる華西地域市場の変遷をたどってきた。その起伏にとんだプロセスを要約して、本節をむすびたい。

インドからの機械製綿糸が流入してくる以前、沙市と四川は、自然の要害でありながら同時に輸送の動脈でもある三峡というチャンネルを通じて、一つの大きな地域市場をかたちづくっていた。四川の旺盛な綿花需要は往々にして、この市場圏をもこえて江蘇、浙江にまでその取引きの手を広げていた。[47] 一八九〇年代に急増したインド綿糸の四川への流入は、このような在来綿貨の流通状況を一変させた。沙市の最大の商品であった荊州布は、四川でのインド綿糸による新土布生産の勃興で、移出量が急減し、一九一〇年代後半には往時の姿はみるかげもなくなった。四川での需要にひきつけられて遡江していた江蘇、浙江そして湖北の綿花も、一八九〇年代から二十世紀初頭にかけて、次々に新興綿工業国日本へと流れをかえていった。

しかし、二十世紀初頭、銀銭比価の銭安への一転をさかいにして、輸入綿糸使用の新土布は、コスト面での優位をうしない、旧土布との長い角逐がはじまった。十九世紀末まで一直線にふえつづけ、四〇万担をこえた四川の機械製綿糸消費量は、二十世紀にはいると完全な停滞局面をむかえた。四川における綿貨消費の三分の一を保持しつづけたと推計される旧土布は、その原料綿花として、少なくとも一九一〇年代後半までは、年によっては往時に匹敵する量の湖北綿花を消費しつづけた。沙市は依然として四川市場と、つよい絆でむすばれていた。この時点までの四川での機械製綿糸消費動向は、若干の出入はあるにしても、ほぼ中国全体の十分の一のスケールで推移していたのである。

ところが一九二〇年代になると、沿海地方における近代セクターの形成が、機械製綿糸の消費傾向に著しい地域間格差をもたらした。四川ではあいからず、農村の在来織布業における太糸需要が大部分を占め、細糸を需要する改良土布の生産などはきわめて微弱であった。「一九二三年恐慌」以降の新しい胎動から、四川は完全にとりのこされたのである。一方、一九二〇年代の沙市では、沿海地方の近代セクターにおける細糸用原綿の需要という、新たな市場をめざして、従来とは異なるアメリカ種綿花の生産、流通構造がかたちづくられていた。かつての「華西のマンチェスター」は、いまや上海を中心とするもう一つ大きな市場圏の一部に組み込まれ、その原料供給市場として位置づけられることになった。一九二〇年代は、新たな地域間格差をともないながら、中国綿業の市場構造に地殻変動が惹起された時期だったのである。

このような半世紀にわたる「華西のマンチェスター」の動向は、綿工業製品流入以降における中国綿業の展開過程を過不足なく反映していたといえるだろう。

第二節　武進工業化のプロセス

中国の工業化がまず揚子江デルタ地域から本格化したことは常識に属する。なかでも中国最初の近代都市として形成された上海の工業化がキーポイントであることも異論のないところであろう。そのため中国の工業化をあつかった従来の研究は、拙論もふくめ、当時もっとも基幹的な移植工業であった綿工業の萌芽、発展段階について、その発祥、集積の地である上海に重心をおきながら、とくに海外との関係に注視した分析をすすめる傾向が支配的であった。いわば移植工業の先端部分をめぐる内外の動向に神経を集中してきたのである。

しかし考えてみるまでもなく当然、移植工業が根付き、成長していく過程では、その移植先の国で連綿と営まれてきた在来産業との関係が、移植工業、在来産業双方のその後のあり方を相互に規定していく要因として重要な意味をもつことは承認されてもよいだろう。導入された移植工業がほかでもなくその根元のところで、在来産業といかなる交渉のプロセスをたどったのかという問題の分析を通じて、中国における移植工業の特質およびそれが在来産業の再編にあたえた影響を歴史的に考察してみる必要がある。しかもそれは、従来のように都市に立地する移植工業の側からだけの一方向ではなく、おもに農村に立地する在来産業の側からの分析とも対照しながらすすめられる考察であることが望ましい。

そこで本節では揚子江デルタ地域の一つの県に対象を絞り、近代的な移植綿工業との接触が、より具体的には初期綿工業の主力製品である機械製綿糸の流入が、在来の農村織布業をいかに変容させ、さらにその変容が地域社会の工業化をいかに結果したか、といった一連のプロセスをおもに生産と流通の関係に注目しながら跡づけることにしたい。機械製綿糸を供給する側の都市部の綿工業については、一九世紀末から一九三〇年代に至る半世紀ちかくの変化を跡づけるスケールが、不完全ながらもすでに用意されている（第一章参照）ので、ここではそのスケールとつきあわせながら、機械製綿糸を消費する側の農村在来織布業について、その近代における変容のプロセスを時系列的に整理してみたいのである。それはより大きく言えば、中国近代における都市と農村の動態変化を有機的かつ複眼的にトレースする視点の探求にもつながる試みである。

本節でとりあげるのは、二十世紀初頭の武進県である。現在では県城とその近郊は常州市の市区に編入されているので、常州という地名の方が通りがよいかもしれないが、本節ではおもに清末から民国前半期の事象を扱う関係から、武進という地名で統一することにする（ただし引用文は除く）。また本節においては、都市をできるだけ広い概念でとらえ、上海に象徴される沿海部の近代的な大都市から、武進県の県城のように人口五万人程度の地方の小都市、さらに人口二千人程度の郷鎮まで、要するに主として農業以外の産業に依拠している一定規模の人口集中地点をすべて都市とし、それ以外を農村と措定する。

一　武進在来織布業の生産、流通システムと機械製綿糸の出現

武進県は清代には、西北部の武進県と東南部の陽湖県に二分され、いずれも江蘇省常州府に属していた。その両県の中央部をほぼ貫通する京杭運河は、県城にぶつかるところで幾手かに分かれ、羅城（五代）の城外濠である外環、新城（明代）の城外濠である内環、さらに城壁をくぐって城内を貫流する河道とに複雑に分流したのち、反対側の城外でふたたび合流する。城内の河道に面する西瀛里一帯は、物資集散の商業センターであった。この運河を東南にむかうと、四〇キロメートルで無錫、八〇キロメートルで蘇州、さらに杭州にまで達し、北西にむかえば、七〇キロメートルほどの鎮江で揚子江にクロスし、さらに北行すれば遠く北京にまで到達する。南北物流の大動脈が貫く武進県は、中国在来経済システムのまさに心臓部に位置したといえる。しかもこの京杭運河から分かれる無数の支流は、北の揚子江と南の太湖にはさまれた武進の全域に網目状にくまなく広がり、あたかも毛細血管のように農村地帯をカバーしている。通常二、三〇戸の小規模な集落からなる自然村は、このクリークに沿って展開し、武進の農家はどこも自宅裏のクリークが、最寄りの鎮から県城、果ては杭州、北京にまでつながっていたのである。

武進県では古くから綿花の栽培はほとんど行われず、農村在来織布業で使用される土糸の原料綿花は、近隣他県からの供給に仰いでいた。典型的な非綿産区型の農村織布地帯といえる。県城から一五キロメートルほど東南へ京杭運河をいくと、〔東〕横林鎮（政成郷、安尚郷両属）があるが、この鎮に近い諸家塘という村落には、明代以前からの設立と推定される綿花荘の遺址がのこっているという。武進の東南部（つまり清代の陽湖県）では、明代以前か

ら商人の手で隣県から綿花の移入、販売が行われたことの証左とされる。十九世紀初め、北隣の江陰県に揚子江の中洲である常陰沙が出現し[48]、やがてその砂地を利用して綿花栽培がはじまると、武進の花号（綿花問屋）のなかには常陰沙に「荘を設けて」綿花を収購し、それを武進の郷鎮に供給するものが現れた[49]。一八六〇年代には定東郷馬杭橋鎮の宏成布荘が、「綿花換布」（仕入れてきた綿花を農民の織った土布と一定の条件で交換する）の営業で成功をおさめ、「花紗布荘」（農民を顧客に綿花の販売から土布の買入れまでを行う商店）の機能をもつ商店が、武進県東南部の郷鎮に散在するようになる。もっとも、「花紗布荘」だけを営む商店は稀で、多くは雑貨商などとの兼営であった。先の横林鎮でいえば、徐啓豊、許義隆などの比較的大きな雑貨店が、綿花の販運と土布の収購を兼営し、二十世紀初頭までは、六、七軒の商店が「花紗布荘」を兼ねていたという。

郷鎮の布荘が付近の農民から買い集めた土布は小舟に満載されて県城にむかい、城内の西瀛里一帯に軒を連ねる「布行」（土布問屋）の裏口に設けられた船着き場に届けられる。一軒で年間に少なくとも三、四〇万匹、時には七、八〇万匹にものぼる土布を商う布行は、巨額の流動資本を必要とする業種であり、清末民初でも西瀛里一帯に一〇軒前後を数えるだけであった[50]。布行は仕入れた土布を近隣各地の布店（土布の小売商、多くの場合「京広貨」などを扱う雑貨店が兼営）に卸す場合もあれば、さらに漂白、染色、捺染、艶だしなどの加工を施すため、色布号（色布問屋）へ卸される場合もあった。土布の艶だし、染色などの加工は清初から蘇州が有名で、康熙年間には「踹匠」（艶だし工）だけで万余を数えたといわれ[51]、「蘇印」ブランドは全国に名を馳せていた。武進の布号も従来はわざわざ蘇州へ土布を回送して、加工を依頼していたが、のちに紹興出身の人物が北門外に「三陽泰青坊」なる染坊を開設して、「蘇印」に匹敵する染め物を作ることに成功して以降、武進でも自前で土布加工ができるようになった。

さらに安徽出身の胡朗甫と王錦城が、それぞれ胡仁泰、汪怡興という色布号を開設して以降、陸続として数十軒の色布号が店開きし、南門外の丫叉舗（前浦鎮）を中心にその下請けをする漂白、染色、捺染、艶だしなどの作坊が林立するに至った。[52]隣県の無錫、江陰、常熟などで生産された土布も、かつての蘇州にかわって武進で加工されるようになり、「常州色布」は蘇北から安徽にまで流通し、結婚の結納に胡仁泰、汪怡興ブランドの色布が指定されることもままあったという。こうして武進には、図表二―一五に示したように、原料綿花から生地土布さらに加工土布に至るまでの生産システムを循環するかたちで、花荘にはじまって花号、花紗布荘、さらに布行から色布号におよぶ非綿産区型の在来織布業を支える流通システムが形成されたのである。

この非綿産区型の在来織布業地帯に機械製綿糸が流入しはじめたのは、一八九〇年代初期のことであった。一八九二年十月五日（光緒十八年八月十五日）の『益聞録』一二〇七号（徐新吾主編『江南土布史』四七〇頁所収）によれば、一八九〇年に一部操業を開始した中国最初の紡績工場である上海機器織布局の製品が、価格も安いうえに品質も均一で色白なことがうけて、揚子江デルタの各地で目先のきく農民によって土布の原糸に用いられるようになった（以後、機械製綿糸を原糸とする土布を新土布、土糸を原糸とする土布を旧土布とよぶ）。当初は買取り商人（布号）の側も機械製綿糸が混入していることに気づかず、布の織上がりが均質であるところから、むしろ高値で買い取っていたが、やがて武進、宜興、溧陽などで機械製綿糸の混入を見抜いた布号が、新土布の買取りを禁止する申し合わせを行い、その締め出しをはかったという。

しかしこのようなギルド規制が一定の効果をあげえたのは、一八九〇年代前半にとどまるようである。日清戦争以降になると、より高品質で価格も安い日本産の機械製綿糸が揚子江デルタ地域に進出して、商品としての旧土布

図表２−15　武進在来織布業の生産・流通システム概念図

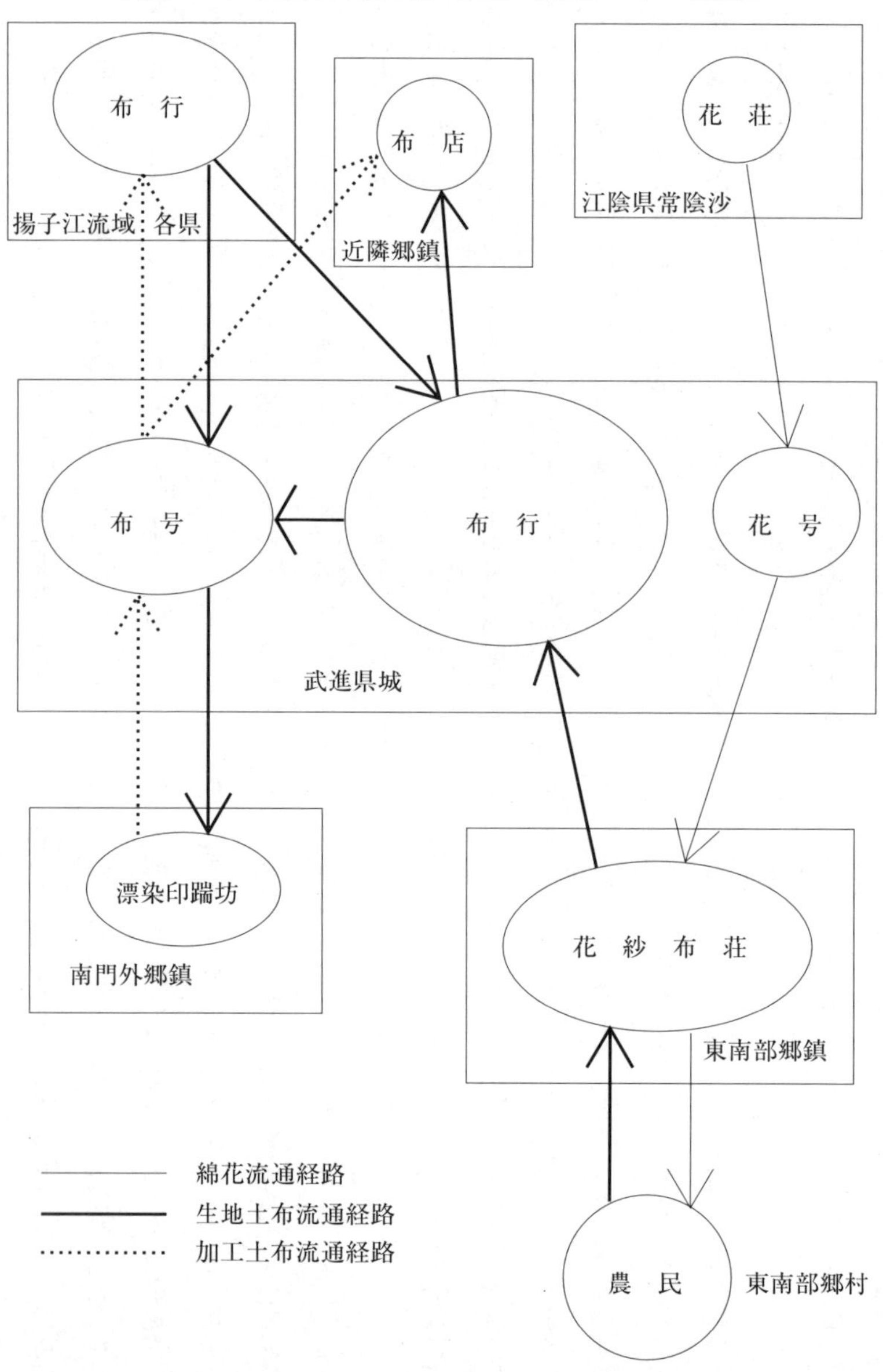

は新土布に対抗できなくなる。武進でも十九世紀末から二十世紀初にかけて、立馬（摂津）、藍魚（鐘淵）、双鹿（大阪合同）などのブランドの日本製綿糸が市場を席捲した（『江南土布史』五五四頁では、内外綿の水月、日華の藍鳳など「在華紡」のブランドも列記するが、この時点では両社ともまだ操業していない）。機械製綿糸の普及過程では、過渡的に「洋経土緯」（経糸に機械製綿糸、緯糸に土糸を使用、日本の半唐に相当）の段階が多く見受けられるが、非綿産区型の武進在来織布業ではその段階を経過することなく、一挙に「洋経洋緯」（経緯とも機械製綿糸を使用、日本の全唐に相当）の段階に移行したようである。

二　問屋制前貸し家内手工業と工場制手工業の並行

機械製綿糸の流入は一見したところ、非綿産区型の武進在来織布業にとっては、原料の調達ルートが江陰県常陰沙での原綿収購から、上海製あるいは上海経由の機械製綿糸仕入にかわり（実際、武進では花号が紗号に転身した例がある）、在来綿業のボトルネックといわれていた糸紡ぎが不要になって、農民は織布の作業に専念できるようになったという程度の変化をもたらしたにすぎないように見受けられる。しかし織布原料が均質な工業製品にかわったことは、生産用具の近代化と相俟って、在来織布業とは一桁違う大きな生産力の実現を可能にし、ひいては連鎖的に生産、流通システム全体にも急激な変革の波をひきおこすことになる。

図表二―一六は、『江南土布史』所収のデータに基づいて、原糸と生産用具の近代化が武進農村の家内織布業にもたらした製織能率と労賃の変化をシミュレートしたものである。ケース一は、日清戦争前でまだ江陰県常陰沙の綿花を原料に土糸を紡ぐ作業から行わなければならなかった時期である。織機も古くから使われてきた「投梭機」

（日本の地機、下機クラスに相当。両手で杼を操作するので、幅ほぼ一尺までの小幅織物しか製織できない）で、製織能率は低かった。この段階では原糸の土糸を紡ぐのに多大の労力を費す必要があり、老人、子供などのいわゆる縁辺労働力を動員して四〇労働日を紡糸にあてても、自家生産の土糸だけでは一五労働日の織布に必要な原糸しか供給できない。その結果、この農家は一カ月の間に、二元五角で購入した三〇斤の実綿から一〇斤＝一六〇両の土糸を紡ぎ、それから織りあげた一五匹の土布を四元五角で販売し、差引二元の利益を紡糸および織布の五五労働日の労賃として得たことになる。当時の米価では、銀二元で米四斗に相当する。生産した旧土布は幅一尺×長さ一四尺×一五匹＝二一〇平方尺になる。

　ケース二は、日本から輸入された機械製綿糸が揚子江デルタ地域の市場を席捲した時期である。紡糸の作業から解放された

図表２−16　武進農村紡織業１カ月当りの労賃

⑴1894年（下機，1匹＝幅１尺，長さ14尺，重さ12両）
銀元１元＝実綿12斤→操綿４斤 →土糸64両（１労働日４両） →土布６匹（１労働日１匹＝３角）＝銀元１元８角 銀元２元５角＝実綿30斤→操綿10斤 手紡糸160両→土布15匹＝銀元４元５角 紡糸40労働日，織布15労働日 米１石＝５元，55労働日＝米４斗

⑵1906年（バッタン，１匹＝幅１尺４寸，長さ16尺，重さ14両）
14番手綿糸１玉＋１捻前貸し→土布10匹回収 １玉当たり工賃１元＋余糸分２角＝１元２角 4.5玉→土布45匹（１労働日1.5匹）＝５元４角 織布30労働日 米１石＝６元，30労働日＝米９斗

⑶1920年（足踏機，１匹＝幅２尺，長さ50尺）
千切糸１巻前貸し（納期15日）→改良土布12匹 １巻当たり工賃５元 ２巻→改良土布24匹（１労働日１匹）＝10元 織布24労働日 米１石＝８元，24労働日＝米１石２斗５升

資料）徐新吾主編『江南土布史』(上海社会科学院出版社　1992年刊）553～558頁。

農民は、問屋制前貸し家内手工業という生産形態（後述）のもと、作業量に応じて切れ目なく供給される機械製綿糸を原糸として、縁辺労働力の助けを借りることなく一カ月をまるまる織布に振り向けることが可能となった。織機には、この頃日本から伝播したジョン・ケイの飛杼を取り付けた「手拉機」（日本ではバッタンとよぶ。杼についた紐をひくと滑車の仕掛で杼が送り出され、左右の往復運動を反復する装置。製織能率が倍加するだけでなく、幅一尺以上の広幅織物の製織が可能となる）というやや近代化された生産用具が用いられる。問屋（紗布荘）との取り決めでは、機械製綿糸一玉（規定では七・五斤＝一〇ポンドの重量で、十四番手の場合一四捻＝一四〇ハンク）におまけの一捻をプラスした原糸を前借りした農民は、これを規定の幅丈、重量の新土布一〇匹に織り上げて問屋に納入する。原糸一玉当たりの労賃は、一元プラスおまけの原糸一捻（銀二角相当、日本綿糸が一梱当り二〇斤前後の出目を武器に中国市場を席捲したメカニズムはここにある）で合計一・二元になる。一カ月フルに働いた場合、一人の織り手で四・五玉の原糸から四五匹の新土布を製織できる。つまり三〇労働日の労賃は一・二元×四・五玉＝五・四元で、当時の米価では米九斗に相当する。生産した新土布は、幅一・四尺×長さ一六尺×四五匹＝一〇〇八平方尺になる。ケース一と比較すると、製織能率はほぼ二・五倍、一カ月当りの製織量はほぼ五倍、一労働日当りの労賃は米〇・七三升から米三升へほぼ四倍に増加した。

さらにケース三は、後年の「中国紡績業の黄金時期」に改良土布の製織に従事した農家の例である。生産用具には、原理的にいえば力織機の一歩手前にまで進化した「鉄輪機」（あるいは「脚踏機」、日本では足踏織機とよんだ。足でペダルを踏む上下運動を鉄輪で回転運動に換え、その動力で開口、緯入、緯打など一連の製織操作を自動的に行う織機で、機械製綿布に匹敵する品質の改良土布が製織できる。足の運動を蒸気などの動力にかえれば力織機になる）が用いられる。原糸も「盤頭紗」（日本では千切糸とよぶ。紡績工場で、あらかじめ経巻具の千切に経糸を巻いた形で出荷するもの）を用いることで、製織の準備操作である整経と経巻を省くことができる。その結果この織布農民は、一カ月当たり二巻の千切糸を前借りし、二四匹の改良土布を製織して問屋に納品する。二四労働日の織布業に対して労賃は一〇元が支給され、当時の米価では米一石二斗五升に相当する。生産した改良土布は、幅二尺×長さ五〇尺×二四匹＝二四〇〇平方尺になる。ケース一と比べると、製織能率は七倍以上、一カ月当りの製織量はほぼ一二倍、一労働日当りの労賃は米〇・七三升から米五・二升へ七倍以上にアップした。

いうまでもなく以上のシミュレーションは、ともに変動の激しい三品（綿花、綿糸、綿布）と米価の一瞬の相場に基づく推計であるから、とりわけ一労働日当りの労賃は実状から乖離している可能性を否定できない。しかし製織能率と一カ月当りの製織量については、実状とさほど乖離はないものと思われる。もしこの判断が正しいとすれば、武進農村の家内手工業では機械製綿糸の流入以降、土糸→機械製綿糸→千切糸という原糸の近代化が、地機→バッタン→足踏織機という生産用具の近代化との相乗効果で、製織能率を二・五倍から七倍へ、製織量を五倍から、さらに一二倍にも急増させたことになる。この一桁違いの量的な変化は、在来織布業の生産、流通システムにおいて質的な変化へと転化する可能性をひめていた。

実際一九〇五年前後、日本から輸入された機械製綿糸が武進の市場に豊富に出回りはじめた時期以降、武進在来織布業の生産、流通システムには二つの変化が顕在化しはじめた。一つは武進県城における工場制手工業の出現であり、いま一つは農村織布業における問屋制前貸し家内手工業への移行である。

周知のように、一九〇五年前後は中国の綿紡織業にとって追い風の吹いた数少ない時期の一つである。一九〇四年以降の急激な「銀高銭安」傾向が上海産機械製綿糸の競争力を高め、日印両国綿糸と国内市場を三分する勢いを与えた事実のほかにも、おおよそ三つの要因が綿紡織業の発展を促す方向に働いたものと推測される。第一は光緒新政の一環として提唱された実業振興のスローガンである。実際どれほどの促進効果があったかは疑問がのこるが、少なくともマイナス要因に働いた形跡はない。第二は一九〇四年二月の日露戦争勃発にともなう軍需特需である。極寒の東北三省を舞台とする両国の戦争は、厚地綿布の需要を急増させた。そして第三に一九〇五年五月、華工迫害に抗議してはじまったアメリカ製品ボイコット運動である。ボイコットのおもなターゲットは花旗布（アメリカ製の粗布、sheeting）であったので、運動の深化にともなって花旗布の代替品を国産化する要望が高まった。

以上のような追い風を受けて、一九〇六年十一月二十三日（光緒三十二年十月初八日）武進県城にも最初の手工制織布工場である晋裕公司が開業した[53]。創業者は西瀛里で色布号を営んでいた山西出身の呉有儒（有儒の死後、弟呉寄（季）儒が継いだ）であり、同業の色布号である胡仁泰（色布号→布行、民国十五年の経理は胡懐遜）の胡朗甫と大豊仁の胡瑞麟（林）（民国十五年も経理）が共同出資者であった。工場の建物は、南門近くの東下塘にあった江西会館の房屋を賃借したものであった。創業十周年の時点ではさらに霊官廟を借りて第二工場とし、鉄木機（鉄輪機のこと）など三〇〇台余りの織機を設置して、男工二、三〇人、女工六〇〇余人、事務員一二、三人を数えたというが[54]、創業当初は「手拉機」を設置して色物の改良土布を製織していた[55]。在来システムでは、布行から生地土布を仕入れて丫叉舗（前浦鎮）の漂、染、印、踹坊などの作坊に加工させていた色布号が、自ら生地綿布の生産から染色までの一貫工程の経営にのりだしたわけである。そこには花旗布の代替品に対する需要の高まりをビジネスチャンスととらえた商業資本家の嗅覚が必要条件としてあるが、同時に機械製綿糸の普及によって、在来システムでは大量製織のボトルネックであった原糸の供給になんら制約をうけなくなったこと、また花旗布の代替となる広幅綿布を製織しうる「手拉機」が折よく日本から伝播したことなど、いくつかの前提条件も見逃せない。こうして在来システムの一角が、従来は布行との強い絆で結ばれていた色布号という商業資本の手で、新しい生産形態に改変されたのである。

同じ頃、農村在来織布業にも新しい時代の波が寄せはじめた。それは工場制手工業の出現に比べれば、零細でささやかな規模ではあるが、多数の織布農民にかかわる変化であるだけに、総和は軽視できないインパクトをひめていた。一九〇六年の田植え時季に、定東郷馬杭橋鎮の蒋光祖（字は盤発、一八七三～一九四二）が、「沿戸以紗換布」（戸別訪問による綿糸と綿布のバーター）という新しい方式に着手したのが、その伏流であった。在来システムの小商品生産では、収穫期をおえた農民が農産物の売却に郷鎮にでかけたついでに、入荷したばかりの原料綿花を花紗布荘から購入して帰り、農閑期に紡糸、製織した後、織り上がった土布をまず自家消費にあて、なお余剰土布がある時には、また郷鎮に用事で出かけたついでに、その土布を花紗布荘に売却しにいくという季節的な生活サイクルがあった。しかし機械製綿糸が季節にかかわりなく、いわば無制限に供給されるようになると、農民たちは農繁期にも農耕の合間をぬって、もっぱら販売用に土布製織の副業に従事することも可能になった。しかも織り上げた土布は、少量では郷鎮の紗布荘までわざわざ売却にいくのは面倒であり、かといって大量にストックしてから売却するには、その間機械製綿糸の代金という多額の流動資本を寝かせておくことになるという矛盾をかかえていた。先のシミュレーションでケース一の在来型では、実綿三〇斤の購入費である二元五角の流動資本を投入すれば、一カ月の生産を遂行できたのに対し、これを機械製綿糸にかえて三十日間織布に専念するとなれば、二〇斤の原糸が必要になり、そのための流動資本は約七元五角で、ほぼ三倍にふくれあがる。この矛盾に目をつけたのが、故郷、旌孝郷湟里鎮の布店で丁稚奉公（学徒）をした後、馬杭橋鎮にやってきて紗布荘を開店していた蔣光祖である。それまで紗布荘は座商であったが、蔣光祖は小舟に機械製綿糸を積み込んで、近隣のクリーク沿いの郷村をまわり[(56)]、織布農家を一軒一軒訪ねては、機械製綿糸を同じ重さの新土布とバーターする商法を考案した。農民は郷鎮に出かける手間を省けるとともに、糊付け分に相当する重さの機械製綿糸を織り賃として手に入れることができ、蔣光祖の方は新土布一匹当り銀三分の利益を得ることができた。この商法はうまく当たり、蔣光祖は四年で七〇〇元の利潤を上げたという[(57)]。

このような趨勢をさらに促進したのは、晋裕公司の導入した「手拉機」が一九一一年頃から農村の家内手工業にも普及しはじめたことである。ケース二の「手拉機」による機械製綿糸使用の新土布型では、一カ月に一五二元八角×四・五＝一二元六角が必要になる。ケース一の在来型に比べ五倍以上に増加した。ましてケース三の「鉄輪機」による改良土布型になれば、流動資本が倍加するのに加え、「鉄輪機」という生産用具に要する固定資本も、「手拉機」の三元前後に比べ少なくとも六〇元と二〇倍以上にもはねあがる。もともと家計の困窮を補うために織布という副業を強いられた農民にとって、このような流動資本、さらには固定資本の急激な上昇圧力は大きな負担となった。そこで中華民国の成立前後に、紗布荘のなかには流動資本に乏しい貧農に、機械製綿糸を前貸しして、新土布に製織させた後、一定の織り賃を支払って製品を回収するシステムを採用するものがでてきた。織り賃はケース二のように現金と余分の綿糸との組み合わせもあれば、ケース三のように現金だけで賃金として支払われる場合もあり、さらに余分の綿糸だけで支払われる場合もあった。いずれにしても、問屋制前貸し家内手工業の段階に

図表 2-17　武進県郷・市区画図

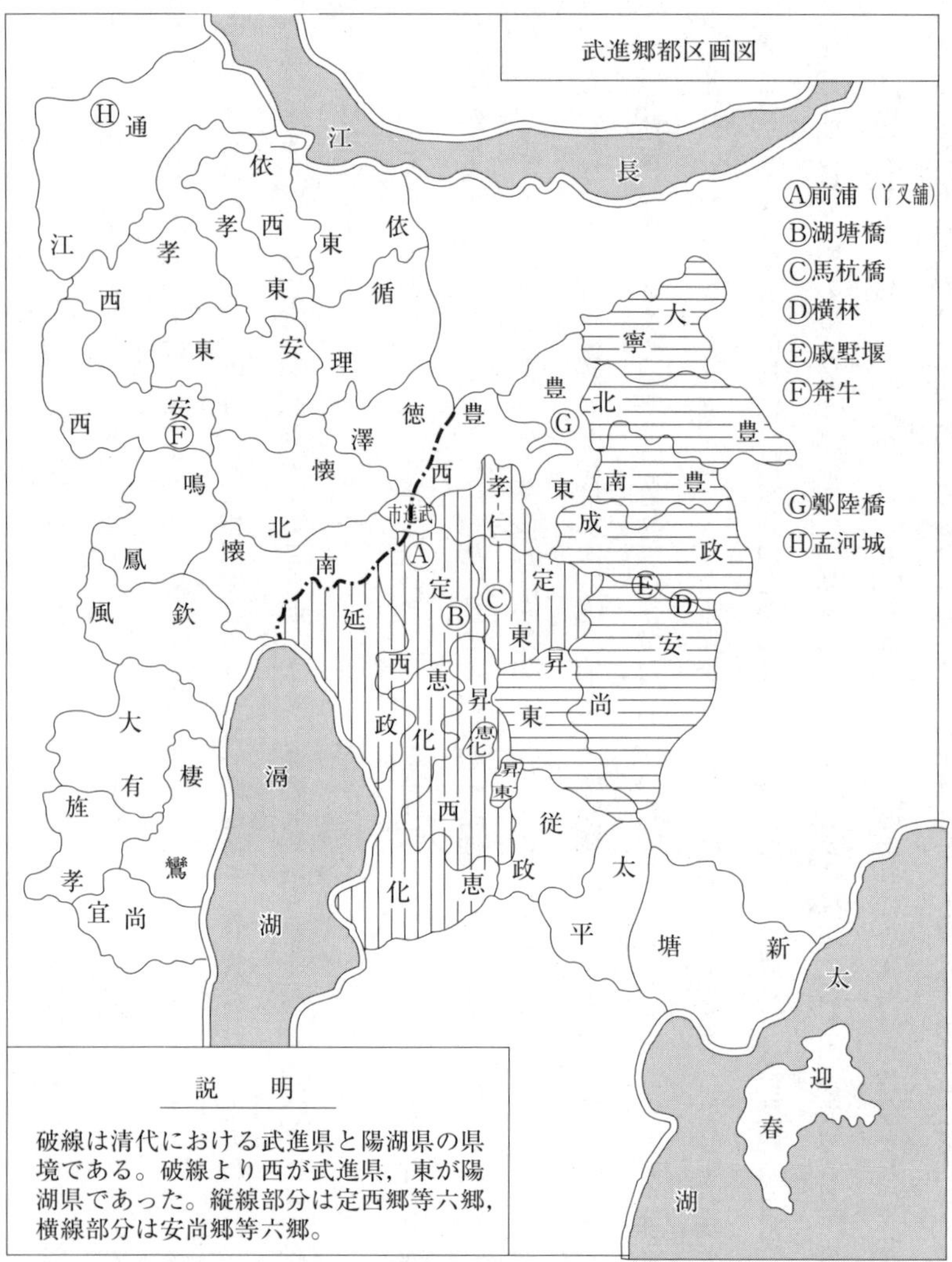
武進郷都区画図
Ⓐ前浦（丫叉舗）
Ⓑ湖塘橋
Ⓒ馬杭橋
Ⓓ横林
Ⓔ戚墅堰
Ⓕ奔牛
Ⓖ鄭陸橋
Ⓗ孟河城
説　明
破線は清代における武進県と陽湖県の県境である。破線より西が武進県，東が陽湖県であった。縦線部分は定西郷等六郷，横線部分は安尚郷等六郷。

資料）万国鼎等編『江蘇武進南通田賦調査報告』上編（民国23年8月刊。いまは民国60年伝記文学出版社復刻版による）17頁。

図表2-18　武進県の街村人口

項目／市・郷	街・村人口と規模							耕地面積		村　　数		
	街人口	街数	街当り	村人口	村数	村当り	合計	耕地(畝)	人当り	清初村数	光緒村数	増加率%
武進市	52,443	33	1,589	0	0		52,443	2,875	0.05			
通江市	3,584	4	896	50,714	178	285	54,298	88,933	1.64	107	178	66.4
懐南郷					[214]		34,010	67,421	1.98	125	214	71.2
懐北郷	2,903	1	2,903	28,663	394	73	31,566	58,980	1.87	92	394	328.3
安東郷	1,719	3	573	24,316	269	90	26,035	63,398	2.44	83	269	224.1
安西郷	3,601	3	1,200	13,648	215	63	17,249	43,323	2.51	61	215	252.5
依東郷	1,798	3	599	18,429	148	125	20,227	40,710	2.01	57	148	159.6
依西郷		[1]			[102]		17,132	26,285	1.53	43	102	137.2
孝東郷	783	1	783	19,646	199	99	20,429	44,369	2.17	59	199	237.3
孝西郷	2,798	2	1,399	24,102	63	383	26,900	62,799	2.33	52	63	21.2
鳴鳳郷	2,179	2	1,090	15,489	173	90	17,668	51,255	2.90	81	173	113.6
欽風郷		[1]			[180]		19,800	60,590	3.06	88	180	104.5
大有郷		[3]			[161]		20,983	59,412	2.83	85	161	89.4
旌孝郷		[1]			[83]		8,004	31,121	3.89	49	83	69.4
棲鸞郷					[77]		12,067	39,052	3.24	43	77	79.1
尚宜郷	877	1	877	8,717	40	218	9,594	29,962	3.12	37	40	8.1
徳沢郷	0	0		16,013	141	114	16,013	37,497	2.34	64	141	120.3
循理郷	1,690	4	423	23,719	272	87	25,409	57,817	2.28	70	272	288.6
大寧郷	4,568	5	914	21,529	81	266	26,097	44,999	1.72	124	81	−34.7
豊北郷	1,681	1	1,681	27,518	163	169	29,199	55,683	1.91	75	163	117.3
豊南郷	1,114	1	1,114	17,360	124	140	18,474	35,944	1.95	47	124	163.8
豊東郷		[4]			[93]		21,110	36,922	1.75	29	93	220.7
豊西郷	404	1	404	17,430	158	110	17,834	40,184	2.25	45	158	251.1
政成郷	2,908	3	969	26,116	201	130	29,024	52,250	1.80	65	201	209.2
孝仁郷	1,176	1	1,176	7,764	80	97	8,940	17,191	1.92	24	80	233.3
安尚郷	10,366	8	1,296	37,192	258	144	47,558	91,237	1.92	75	258	244.0
昇東郷	931	1	931	11,261	118	95	12,192	27,579	2.26	14	118	742.9
昇西郷	3,253	4	813	26,704	155	172	29,957	83,722	2.79	47	155	229.8
定東郷	692	4	173	23,797	263	90	24,489	52,708	2.15	37	263	610.8
定西郷	3,267	2	1,634	31,782	348	91	35,049	50,851	1.45	64	348	443.8
延政郷	3,982	8	498	28,281	417	68	32,263	70,223	2.18	69	417	504.3
恵化郷	2,482	3	827	19,329	66	293	21,811	63,543	2.91	49	66	34.7
従政郷		[3]			[148]		14,500	39,213	2.70	45	148	228.9
太平郷	3,594	3	1,198	13,358	165	81	16,952	50,008	2.95	43	165	283.7
新塘郷	2,987	3	996	17,504	190	92	20,491	61,250	2.99	48	190	295.8
迎春郷				4,657	35	133	4,657	22,702	4.87	35	35	0.0
合計	117,780	105	1,122	575,038	4,914	117	840,424	1,762,008	2.10	2,131	5,972	180.2

資料）人口および耕地は『武進年鑑（第二回）』民国16年度，村数は自然村数で『武進県誌』(1988年版）による。

はいったことにかわりはない。

中華民国成立当時、武進県東南部だけで、二万五千台の「投梭機」を数え、[58]一年間に消費する機械製綿糸は二万梱（六万担）に達した。[59]重さ一四両という新土布の規格で試算すると、糊付け分を二両として八〇〇万匹（糊付け分を無視しても六八五万匹余り）の生産で、織機一台当り三二〇匹を織りあげたことになる。一年のうち平均二〇〇日以上は、筬打ちの音が響いていた計算になる。武進農村の家内織布業も、いまや問屋制前貸し資本のコントロールのもとに、農耕に匹敵する時間を費やして、専ら販売用に新土布を製織する時代を迎えたのである。

この生産形態が優勢であった地域は、「布業公所」（紗布荘の同業組合）の成立していた地域分布から判断すると、定東、定西、恵化、延政、昇西、孝仁、安尚、政成、豊南、豊北、昇東、大寧の一二郷と考えられる。図表二―一七で見ると、これら一二郷は旧陽湖県の大半をカバーする中核地域である。しかも図表二―一八のように、この地域の清初から光緒年間にかけての自然村数の増加率は、大寧のマイナス三五パーセント、恵化の三五パーセントを除くと、昇東の七四三パーセント、定東の六一一パーセント、延政の五〇四パーセント、定西の四四四パーセントが武進全体の一位から四位までを独占しているのをはじめ、概して増加率の高い郷が集中している。武進では自然村数の増加は人口の増加とパラレルであったという仮定にたてば、[60]人口圧力が農村織布業の発展をうながしたという因果関係もある程度の蓋然性をみとめられる。実際、この地域は一人当りの耕地面積も、恵化の二・九一畝、昇西の二・七九畝を例外として、定西の一・四五畝、大寧の一・七二畝、政成の一・八畝など、耕地面積が過小な郷ほど、織布業がさかんな傾向にあった。

三　第一次世界大戦期の武進織布業

第一次世界大戦の勃発にともなうイギリス産機械製綿布の輸入激減で、中国国内の織布業がふたたび有卦に入ると、武進の都市部における織布工場の簇生と農村部における問屋制前貸し家内手工業の浸透はより加速した。織布工場についていえば、一九〇六年の晋裕以降、県城内外では恒升（一九一二年、早科坊）、天孫（一九一三年、三牌楼）、永盛（一九一三年、城内）、通恵（一九一四年、西門外）、大綸（一九一六年、東下塘）、集成（一九一六年、小南門外）、永余（不明、小南門外）と設立がつづき、織機は合計で一、一〇〇台前後であった。また県下の郷鎮でも一九一六年五月の段階で、定西郷湖塘橋鎮の利華、裕興、定西郷丫叉舗の恒豊、経綸、恵綸、范盤昌、豊東郷鄭陸橋鎮の通恵、懐南郷尉史橋鎮の天泰、豊北郷石堰鎮の協勤など、九工場の存在が確認される。[61]

工場制織布業と問屋制織布業は、当時の武進では截然と区別しきれない面もあったが、[62]それぞれに一長一短のある生産形態であった。工場制織布業は労務管理と品質管理が適正であれば、高品質の製品を効率よく製織できる長所はあるが、工場の建物、機械設備などの固定資本の負担が大きいうえに、労働者を雇用する関係から景気変動に即応できない短所をもつ。武進の織布工場では、嚆矢の晋裕をはじめとして、奉天での官僚生活から帰京した張伯賢が一九一六年夏に設立した集成公司も、小南門外御史橋のたもとにあった無錫公所を賃借りし、また胡維徳の設立した永余公司も、小南門外吊橋にあった既存の建築物を賃借りして工場の建物にあてた、などの例にみられるように、既存の大きな建物を借用して固定資本を軽減しようとする工夫もなされていたが、それでも機械設備などの固定資本のリスクは商業資本家の投資意欲を萎縮させる要素であった。一方問屋制織布業は、基本的には綿糸の前貸しという流動資本だけで経営できるので、景気の変動に応じて営業の規模を伸縮自在にかえることのできる機動性をもつ反面、自宅にこもって製織する機戸を相手に労務管理、品質管理を徹底することは事実上不可能で、品質の低下と不正の横行とにつねに曝される危険性をかかえていた。ことに武進の機戸のように、クリーク沿いの二、三〇戸単位の小さな自然村に分散している場合は、大規模な自然村に集住している華北平原の機戸に比べ、その傾向はより助長される可能性があった。

しかも武進では民国期にはいると、一九一一年に操業開始した「在華紡」の内外綿が生産する水月牌の綿糸が大量に出回るようになる。たった二カ月（しかも旧暦）だけのデータであるが、武進に入荷した水月牌は乙卯（一九一五年）二月九八九梱（一梱当り一二一元五角、以下同じ）、三月八九三梱（一三六元五角）、丙辰（一九一六年）二月六五五梱（一三八元五角）、三月四二七梱（一二九元五角）であった。[63]丙辰の年は三月十二日の江陰要塞攻防戦を頂点とする「澄戦」の影響で入荷量が極端に低下したといわれるので、乙卯の年を平年なみとして単純計算すれば、水月牌の入荷量は年間一万梱を超える規模に達したと考えられる。この時期の武進への機械製綿糸の入荷量は、年間二万梱をこえる程度であったので、水月牌は市場に登場して数年のうちに五〇パーセントのシェアを獲得したことになる。こうして武進の市場では、日本綿糸、「在華紡」綿糸、民族紡綿糸、インド綿糸が入り乱れてシェア争いを繰り広げるようになった。これら四種の綿糸は、上海市場におけるのと同様に、同じ番手であってもその品質、色合い、撚りの方向（手織には右撚りが便利）などに応じて、一梱当りの価格には厳然たる格付け価格が形成された。日本綿糸を筆頭に四者の間には、それぞれ時々の相場に比例しながら、数元ずつの価格差がつけられたのである。[64]

品質と価格を若干ずつ異にする四種の綿糸が競合的に市場参入したことで、武進の綿糸市場は自在なオプションが可能になった。ことに労務管理と品質管理が不十分な問屋制織布業では、この状況が不正横行の温床を提供し、さらに第一次世界大戦の勃発、二十一カ条要求反対の日本製品ボイコット運動など、綿布国産化の追い風をうけて好景気にわく織布業界の乱脈ぶりが、追い打ちをかけた。民国五年五月十三日『武進報』所載の「諭示整頓布業」という記事によれば、定西、定東、恵化、延政、昇西、孝仁等六郷布業公所の業董である徐葆鑑、顧承祖が、「近ごろ奸商の牟利を以て、弊端百出」の被害を武進県商会会長の于定一（字は瑾懐、宣統元年江蘇省諮議局議員、民国元年丹徒県知事、民国四～十二年武進県商会正、副会長）を通じて、武進県知事翁有成（任期は民国四年八月～六年三月）に訴え出、その防止策を列挙した公所議決規約十条を「出示暁諭」されんことを願い出て、許可されたという。新聞には簡単な前文と知事の暁諭が掲載されているだけなので、その詳細は不分明であるが、問題の核心は「甚だしきは或いは肩挑、航載して沿戸に窃換し、己を利し人を損なうこと、顧みざる所に在り、以て出品、日に低劣に就き、織工、毫も講究せざるを致す」という一文にあったように思われる。

さらに四年半後、民国九年十月の『武進月報』には、今度は安尚、政成、豊南、豊北、昇東、大寧等六郷布業公所の業董である張鈞、黄志明、査秉初が、民国五年五月と同一の咨文（ただし一カ所、「航載」が「船載」にかわっている）で、商会を通じて県知事朱元樹（民国九年八月～十年三月）に防止策の徹底を稟請した記事が詳細に報道されている。この記事は『江南土布史』に全文収録されており、長い前文のついた「議規内容」十二条（民国五年五月よりも二カ条多いが、最後の二カ条は付則のようなもので、後述の理由とあわせて、内容にほとんど変更はないと判断する）と「六郷紗布公所公訂充罰細則」八条が付録されているので、この案件の全貌を知ることができる。なお、同年十一月の『武進月報』によると、今回は知事が「議規の限制、太りに厳しく、罰則も亦苛重の嫌いあり」との理由で、議規と細則の内容を再検討するよう、商会に差し戻したところ、商会側は民国五年定西等六郷布業公所の前例があることを根拠に妥当性を主張し、原案どおり知事の承認を得ることができたという。

議規の前文にある「近日、忽ち営私図利の徒、旧規に違背し、破壊を蓄意する有り、間ま紗を将て車載舟装して沿路換布する有り、甚だしきは劣紗を濫放して好布を窃取するに至り……」という一文が、二つの布業公所が直面した問題の実態をよく伝えている。通常、布荘は郷鎮に店を構えて座商し、機戸がある布荘から前借りした機械製綿糸で製織した新土布あるいは改良土布は、同じ布荘に納入して織り賃を受け取るのが決まり（旧規）であった。しかし品質、価格を異にする多種の機械製綿糸が大量に供給され、しかも第一次世界大戦のあおりで新土布、改良土布の売れ行きが好調であった当時の市場状況では、この決まりを破るゲリラ的な布荘（営私図利の徒、後述のように他県あるいは他業種からの越境者も少なくなかった模様）が横行するのも無理からぬ趨勢であった。正規の布荘が前貸しした高品質、高価格の綿糸（多くは日本綿糸、「在華紡」綿糸）を使用して機戸が製織した高品質の綿布（好布）を、鳶が油揚げをかっさらうように横取り（窃取）する闇商人が出没するようになったのである。かれらは舟や荷車に低品質、低価格の綿糸（劣紗、多くは民族紡綿糸、インド綿糸）を積み込んで、クリークや道に沿って散在する機戸をこっそりと訪問しては、織り賃の割増しあるいは前貸し綿糸の増量貸与など（濫放）の優遇条件をえさに、機戸が正規の布荘に納入するはずの高品質の綿布を横取りしてまわった。機戸はゲリラ的な布荘から受け取った低品質、低価格の綿糸で別に低品質の綿布を製織し、何食わぬ顔で正規の布荘に納入した。このような「濫放劣紗、窃取好布」の被害は、図表二―一七に戻って見ると明らかなように、まず第一次世界大戦期の一九一六年に武進県城に近い定西郷等六郷で頻発しはじめ、戦後中国紡績業の飛躍的発展につれて、一九二〇年には県城から遠い安尚郷等六郷にまで蔓延していくドーナツ化現象の様相を呈した。

六郷布業公所の定めた議規は、十二カ条のうち五カ条をこの被害の防止策にあてている。第三条と第六条はともに「沿門兌換」（布荘が機戸を戸別訪問して取引きすること）を禁じる条項であるが、第六条では六郷内の布荘だけでなく、他県他郷の布荘にも六郷内での沿門兌換を禁じている。さらに第九条では、「外業鋪戸」（他業種の商店）が布荘の営業を侵奪するケースについても、厳罰で臨むことを定めている。一方機戸については、第四条で「此の荘の紗を領して彼の荘の布に換える者」がいた場合、その姓名を各布荘に公告して、「嗣後永遠に該機戸の領紗を准さず」という厳罰を定めたうえで、第五条では今後は機戸の綿糸前借りに際し、「妥実中保」（確実な保証人）あるいは「頂首洋元」（銀元の補償金）を必要とする、と事前のハードルを高くする予防措置も講じられた。

以上の五カ条のほか、第一条の新しく布荘を開設する際には布業公所に注冊の義務があり、一年間は移転を許さないとの規定も、ゲリラ的な布荘の発生を予防する効果を期待したものと解釈できる。第二条、織り賃相場は公所の定期会議で決定するという規定、第七条、城内への商品搬入に際しての報捐の規定、第八条、各布荘の公所預託の保証金および公所経常費の分担に関する規定などは、光緒年間の旧規を継承し、第十～十二条は、細則は別に定める、この議規は県、県商会、公所、各布荘に一部ずつ保存する、不十分な点は随時集議して補正するといった、一般的な規定にあてられている。要するにこの議規は、専ら「窃換」対策のために定められたといっても過言ではない。

一九二〇年の際には県知事ですら、その実施に支障が出るのではないかと危ぶむほどの厳罰主義で貫徹されたかかる議規の存在は、武進県東南部十二郷における「窃換」の被害がいかに広範で深刻であったかをものがたっている。しかし、いかに厳罰主義で臨んだところで、「窃換」という不正の横行が問屋制織布業の本来的にかかえる弱点である以上、ギルド規制の強化だけでその根絶をはかることはきわめて難しく、やがてこのような生産形態に見切りをつけて、工場制織布業に資本をシフトする問屋も現れてくる。このシフトを加速させたのは、第一次世界大戦後期に顕著となり、「中国紡績業の黄金時期」を将来する直接の契機となった「紗貴花賤」傾向の進行である。[65]ここ武進でも図表二―一九Aのように、一九一八年を境に「紗貴花賤」が急ピッチですすんだ。一方、当時の改良土布の標準品の一つである「條子布」(striped cloth)の相場の方は、図表二―一九Bのように、大戦前期こそイギリス綿布の輸入途絶にともなう国産綿布市場の活況を反映して、低迷する綿糸相場をよそに高騰し、価格指数も上位にあったが、一八年からは綿糸相場の暴騰とともに関係が逆転し、その後も「一九二三年恐慌」[66]への道程で逆に「花貴紗賤」がボトムに達した二三年まで逆転状態は継続、綿糸の好況は綿布の不況という相関関係が出来した。

そうでなくとも「窃換」の横行による損失に苦しめられていた布荘は、一九一八年初からはじまったこの採算関係の悪化というダブルパンチをうけて、多くが営業停止に追い込まれていった。民国七年三月二十五日の『武進報』は「紗布荘大半停閉」の見出しで、「今年の新正以来、紗価は日に益す昂貴し、布市は殊に呆滞を形す。故に郷間一般の紗布業を営む者、均しく大いに影響を受け、現に已に大半、営業を停止せり」と伝えている。この動きは、景気変動に即応して営業規模を伸縮させる問屋制前貸し資本の常套的な行動という循環的な一面とともに、問屋制織布業から逃避した資本がほかの分野にシフトしていった第一次世界大戦期の武進県に特有なもう一つの面をも反映していた。

図表２-19A　武進での手紡糸採算状況　（単位＝元）

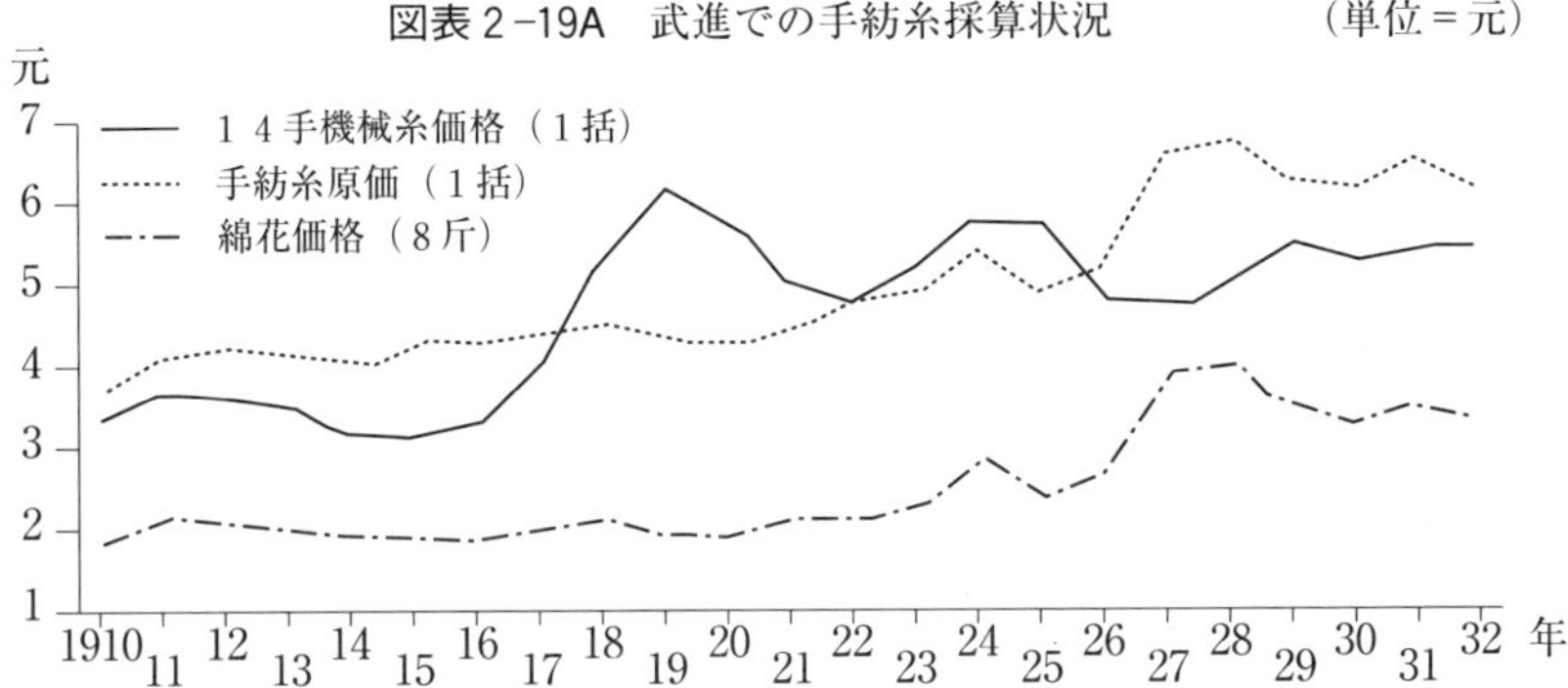

図表２-19B　武進での綿糸・條子布価格指数（1913年＝100）

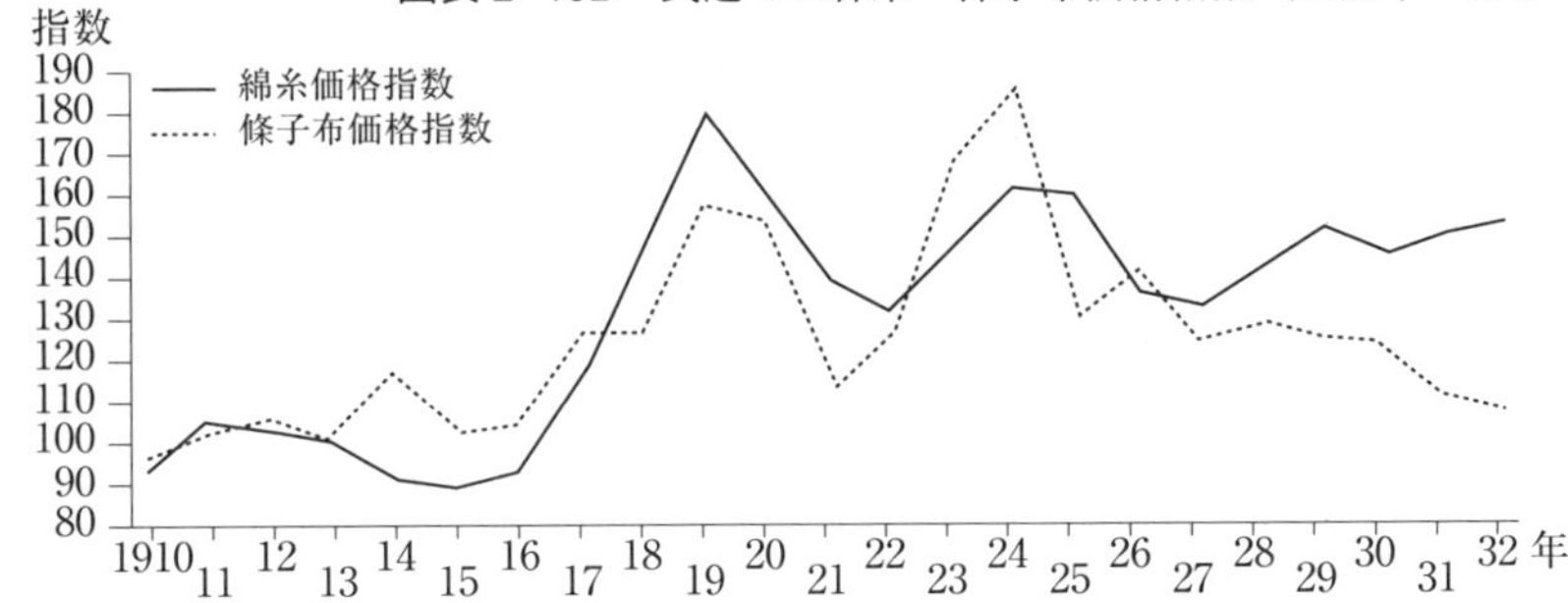

図表２-19C　武進での綿糸・竹布価格指数　（1913年＝100）

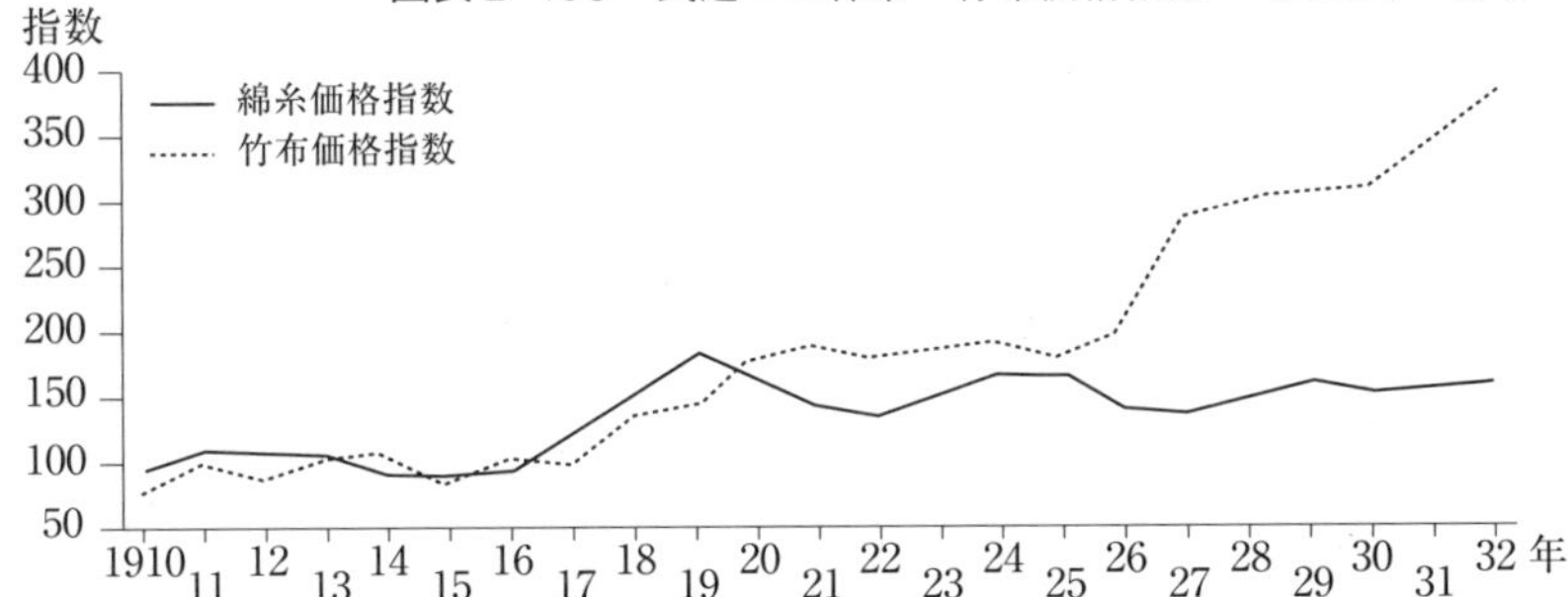

資料）張履鸞「江蘇武進物価之研究」―『金陵学報』第３巻第１期（民国22年５月）。
備考）このデータは助理員の顧昇達が，故郷である武進県東南部の洛陽鎮，戚墅堰鎮，前黄鎮，礼嘉橋鎮の典当，糧食店，京広洋貨店などから提供された帳簿を整理したものである。

大戦後期、問屋制から工場制への資本シフトは倍加した。たとえば、一九〇六年から一〇年まで四年間「沿戸以紗換布」で七〇〇〇元の利益をあげた定東郷馬杭橋鎮の布荘、蒋光祖は、それを元手に織布工場の経営に転身し、一九一一年に梅龍壩で共同出資者の趙錦清、蒋鑑霖と資本金一、五〇〇〇元の裕綸布廠を開業した。最初、バッタン機三〇台で出発したこの工場は、ふたたび四年の間に織機を二八〇台まで増設し、総計三万元の利益をあげた。さらに大戦期の好景気をチャンスとみた蒋光祖は、日本に渡って力織機の買付けを行い、一九一六年六月城内の東下塘で武進最初の力織機工場である大綸機器織布廠を操業開始にこぎつけた。(67)資本金は九万元で、裕綸原有のバッタン機一八〇台に加え、日本から輸入した力織機一〇〇台を設置して、(68)おもに当時の流行品であった斜紋布を生産した。共同経営者には裕綸の共同出資者であった蒋鑑庭のほか、現役の県学務委員である劉順林（注冊などの事務処理にあたったか？）、蒋と同じく布店の丁稚奉公を振り出しに京貨店の経営者にまですすんだ劉国鈞がいた。(69)この工場も時流にのって業績を伸ばし、一九一九年までに総計二〇万元の利益をあげた。(70)

蒋光祖、劉国鈞ら布店出身者のサクセスストーリーは、前貸しのリスクと採算の悪化に危機感を募らせていた布荘などの問屋に格好の選択肢を明示した。一九一七年から一九年にかけて、武進県城内外で開業した織布工場は一二以上を数え、織機の総計は二千台をこえ、さらに雇用労働者は四千人以上におよんで、一九一六年に比べほぼ二倍の規模に達した。しかも、力織機、足踏機など製織能率の高い織機が投入されるようになった結果、これらの工場で消費される機械製綿糸は、一日当り三〇梱をこえた。(71)一年の操業日数を仮に三〇〇日とすると、一年間の消費量は九千梱以上になる計算で、工場制織布業が当時武進で消費された機械製綿糸のほぼ半分を消化するまでに成長したことになる（一九一九年八月に発起した常州紗廠の「創弁常州紗廠利益説明書」でも、武進の機械製綿糸年間消費量を二万梱と推計している)。換言すれば、大戦後の武進織布業では在来セクターの後退と近代セクターの躍進で、両者がほとんど拮抗する形勢になったのである。

四　黄金時期における武進の紡績ブーム

武進の問屋制織布業を営業停止に追い込んだ「紗貴花賤」傾向は、一九一九年にはいってさらに進行してピークに達した。上海の紡績工場では、綿糸一梱当りの利潤が一八年は一五両、一九年は五〇両にも跳ね上がり、紡績会社の株式配当は一〇割をこえるケースが続出した。この空前の超過利潤は多くの資本を紡績業にむかわせる吸引力となった。ここ武進でも、問屋制織布業の営業停止を横目に見ながら、超高収益の紡績業に資本をシフトさせる動きが表面化した。当時の武進県城は人口五万人前後の一地方小都市にすぎなかったが、中国紡績業の黄金時期にはここに三大紡績工場が鼎立したのである。

最初に名乗りをあげたのは、常州紗廠である。上海の紡績ブームの熱気が伝わってくると、武進財界の中心メンバーはほどなく紡績工場の設立を企図して、一九一九年八月二十三日にははやくも発起人会議を開催し、資本金六〇万元で、南門外の大校場に四三畝の土地を購入して、紡錘数一万二千錘の常州紗廠を設立する方針を定めた。「創弁常州紗廠利益説明書」には、武進が機械製綿糸を地元で生産できない現状を慨嘆し、文化の区を称する常州が、紡績業のような偉大な事業で無錫、江陰に遅れをとっているのは、常州の盛名にふさわしくないと、武進ナショナリズムの角度から設立の意義を説いている。(72)

それから一年余り後の一九二〇年十月になって創立会を開き、発起人を主体とする役員を選出した。その顔ぶれは、経理に銭以振（字は琳叔、常州商業銀行創立者）、協理に于定一（字は瑾懐、既出の武進県商会会長、常州府属自治公所董事会名誉董事）、江湛（又名は上達、常州商業銀行創立者、震華電廠副廠長、均益興業公司経理、定西郷行政局長）、そして董事には盧正衡（字は錦堂、和慎銀公司創立者、常州府属自治公所董事会名誉董事、武進電話有限股分公司経理、武進県商会会長）、楊廷棟（字は翼之、呉県の人、早稲田大学留学生、路索民約論の訳者、震華電廠正廠長）、栄徳生（無錫の人、紡績王、栄宗敬の弟）であった。一目瞭然のように、金融資本家を中心とする武進財界の名士に、武進と経済的な繋がりがつよい蘇州、無錫の実業家を顧問格で加えた構成である。[73]最初は一九二〇年末までに操業にこぎつける予定であったが、外国に発注した機械が納期どおりに到着せず、そのうえ為替レートの急落で設備資金の不足を来す、などの事故がかさなった結果、翌二一年十月になって三分の一の四千錘でようやく操業を開始した。「仙女」というブランドの製品は農村在来織布業向けの十番手に特化していた。

次に登場したのは大綸紗廠である。あの「わらしべ長者」の蔣光祖が、大綸布廠の経営で得た二〇万元の利益を元手に新たな分野に挑戦したのである。経理に就任した蔣光祖は董事長の劉叔裴とともに、一九二〇年、徳安橋に資本金五〇万元の大綸紗廠を創立した。[74]紡錘数は一万錘で常州紗廠より二千錘少ないが、大綸布廠から継承した織機一一〇台と新たに購入したイギリス製織機一五〇台を設置して、小規模ながら兼営織布の体制をとった。大綸布廠や裕綸布廠の共同経営者であった劉国鈞や趙錦清は蔣光祖と袂を分かち、武進在来の得意分野である加工綿布に活路を求めて、それぞれ広益布廠（新坊橋）、錦綸布廠（趙家村）という織布工場を設立した。大綸紗廠の操業開始は常州紗廠とほぼ同じ一九二一年十一月であった。

第三は利民紗廠である。創立はやや遅れて一九二二年で、出資者は武進ともっとも経済的な繋がりのつよかった呉県の人、張云搏と楊廷棟（翼之）である。資本金は三〇万規元両で、工場は戚墅堰に建設され、地元では西廠と呼んだ（後の震華電廠を東廠と呼ぶのに対応）。紡錘数は五、二〇〇錘で前二者の半分程度の規模であった。操業開始も二年ほど後の一九二四年で、製品は四番手、五番手の極太糸であった。

こうしてカテゴリーを異にする三種の資本が次々に武進の紡績業に参入したのではあるが、待ち受けていた運命はほとんど違いがなかった。とくに前二者は、綿糸を生産しさえすれば莫大な利潤が得られる「中国紡績業の黄金時期」に発起した企業であったため、その採算見通しはきわめて楽観的であった。しかし黄金時期の最大の原動力であった「紗貴花賤」は長くはつづかなかった。超高利潤は膨大な資本を紡績業に呼び込んで、民族紡のバブルの様相をともなう乱立と「在華紡」の雪崩をうった進出をもたらした。その結果一九二二年には、中国紡績業は農村在来織布業の太糸需要のマキシマムである四〇〇万担を二割ほどオーバーする生産過剰におちいった。供給過剰による太糸相場の暴落と、需要過大による中国綿花相場の暴騰で、中国紡績業の採算状況は、一九二一年後半から急速に悪化して、二二年四月についに採算割れにおちいり、二三年二月には一梱当り三〇両という最大の損失を記録した。ここ武進でも、図表二―一九Aのように一九一九年にピークを刻んだ十四番手機械製綿糸の価格は、一九二二年まで下落をつづけた。このグラフのピークの時点で創立した常州紗廠と大綸紗廠の両廠が、実際に操業開始にこぎつけたのはボトムに至る一歩手前の時点であった。農村在来織布業向け太糸の生産過剰に起因する「一九二三年恐慌」への入り口で、ようやく操業した両廠がすぐさま経営困難におちいったのは当然といえる。

先発の常州紗廠は、紡績不況の最中一九二三年春、開業からわずか十六カ月で二二万元の欠損を出して倒産し、常州商業銀行と富華銀行、両銀行の管理下にはいった。その後一九二五年六月、栄宗敬の申新紗廠に五年の期限で出租し、中新六廠と改名して操業が再開された。一方、大綸紗廠は、開業当初一九二二年の苦況を上海の保大銀号、久大銀号からの支援を仰いでのりきったが、一九二四年には起死回生をはかった蒋光祖の綿花投機が裏目に出て、工場は操業停止においこまれた。一九二六年七月に銀行団が接収した後、嘉定の人、顧吉生が経理に就任して、大綸久記と改名し、「わらしべ長者」の蒋光祖は元の木阿弥に戻った。最後の利民紗廠は、一九二五年に債権者の上海通易信託公司が接収して、池宗墨が主持人となり、通成紗廠と改名した。

五　「一九二三年恐慌」以降の武進染織業

太糸の生産過剰と中国綿花の供給不足がもたらした「一九二三年恐慌」という構造不況をまえにして、上海では「在華紡」を中心に次々に対策が実行に移された。最初は原綿を割安なインド綿花に原料シフトすること、ついで近代セクターの織布業で需要の増加している四十番手前後の細糸に生産シフトすること、そして最後に兼営織布の導入で付加価値の高い機械製綿布を一貫生産することなどがその骨子であった。一九二三年恐慌期の揚子江デルタ地域では「黄金時期」のシェーレとはうってかわって、「郷中の俗語に金花、銀紗、銅線、鉄布の説あり」（花は原綿、紗は単糸、線は撚糸のこと。農村では付加価値の高い製品ほど価値がないという意味）といわれるように(75)、農産物価格に比べて工業製品価格が相対的に安い状態がつづいていた。このような揚子江デルタ地域の市場に、「在華紡」の兼営織布で大量生産される安価な粗布（sheeting）が流入しはじめると、競合する可能性のある白布を生産している農村在来織布業、あるいは一部の手工制織布工場は大きな打撃をうけた。

しかしその一方で、武進在来の得意分野であった染色、捺染、艶だしなどの加工を加えた綿布は、揚子江流域の比較的余裕のある消費者に愛好される傾向があった。図表二―一九Bの條子布は、当時の手工制織布工場で製織された白布の一種であるが、「黄金時期」から「恐慌時期」にかけてきわめて激しい相場変動をくりかえした後、一九二〇年代後半にはいると、上海「在華紡」の粗布と競合する関係から値崩れがすすみ、綿糸との相対価格の差も開くばかりであった。これに対して図表二―一九Cの竹布（glazed cotton cloth）は、糊付けをしたうえに艶だしをかけた加工綿布で、当時としてはファッショナブルな製品であった。「恐慌時期」以降、上海「在華紡」の粗布が揚子江デルタ地域の市場を席捲する時期になっても、竹布は値崩れを起こすどころか、逆に一九二七年以降は外為レートの金高銀安進行の影響で海外、とくに日本から輸入される高級綿布の元建て価格が高騰したのにともない、二倍ちかくに大きく値を上げた。生地綿布の低迷と加工綿布の高騰、この対照的で鮮明な綿布市場の相場動向は、武進織布業界の運命を二分することになった。

蔣光祖と袂を分かち、紡績ブームに敢えて背を向けた劉国鈞、趙錦清の選択は的中した。劉国鈞の広益布廠は、一九二二年白家橋に広益二廠を開設して業務を拡大し、二四年には日本織布業の視察旅行から帰った後、二廠の織機をすべて鉄機に改めて製品も加工綿布に特化した。この頃、廠名も広益染織廠に改められたのであろう。一九二七年には一廠、二廠を統合して二廠の敷地に新工場を建設したが、この織布工場には染色設備が併設され、織布から染色まで加工綿布の一貫工場が完成した。さらに資本を蓄積した劉国鈞は一九三〇年、蔣光祖の手放した大綸紗廠を上海の債権者から買い戻して、大成紡織股分有限公司を設立した。さらに一九三二年には広益を大成に併合して、紡績、織布、染色の一貫工場である大成紡織染公司を完成した。(76)一方、趙錦清の錦綸布廠も順調に業績を伸ばした模様で、時期は詳らかにしない（一九二六年には既存）が、東下塘に錦綸二廠を設立した。

馬杭橋鎮で最初に「綿花換布」を行ったあの老舗の宏成布荘も、主人の徐士銘（字は正庠）は意誠染織廠を設立し、上海の宋雪琴の協力を得て「盤頭紗」（千切糸）の導入による生産コストの削減に成功した。[77] さらに振出しに戻った蒋光祖は、初心にかえって梅龍壩で協源染織廠を設立し、「盤頭紗」に加え「筒子紗」（杼にあらかじめ緯糸の組み込まれたもの）の採用で、意誠染織廠よりもさらにコストダウンに成功し、再起した。これらいくつかの染織廠の伝統を生かした成功は、県城内外はもちろんのこと県下の郷鎮においても多くの資本を染織業にひきつけた。さらに一九二三年から戚墅堰の震華電廠が発電を開始したことで、力織機工場の建設に弾みがついた。武進染織業は一九三〇年代の農村恐慌期にも拡大をつづけ、抗日戦争勃発までには、三〇余工場、織機七千余台を数え、綿布生産は一日二万疋、綿糸消費は一日五〇〇梱と、一九一〇年代末の二〇倍にちかい規模に成長した。[78] このような武進における近代セクターの発展過程は、在来セクター向け太糸の四〇〇万担という従来の市場とは別に、「一九二三年恐慌」以降新たに加わった近代セクター向け細糸の三〇〇万担を吸収する市場が形成されていった全国規模の動向に完全に一致する。

他方、「中国紡績業の黄金時期」に営業停止においこまれた問屋制農村織布業は、その後一九二〇年前後には倒産した振余布廠（梅龍壩、蒋吉昌）の足踏機が退職金代わりに農村出の労働者に払い下げられ、農村織布業にも足踏機が拡散するといった跛行現象も出現したが、「一九二三年恐慌」以降は生地綿布だけを生産する織布工場が振るわなかったのと同様、概して不振であった。このため織布業に見切りをつけて、ほかの副業に転向する農民も少なくなかった。なかでも養蚕業が、ここ太湖周辺では普遍的な副業であった。もともと武進では、滆湖の西岸地区（清代の武進県南部）が養蚕の中心であった。図表二―二〇のように、旧来の繭行が比較的多く、一九一八年まで添

図表２-20　1927年武進の農村織布と養蚕状況

種別	項目 市郷	用途	織戸 %	蚕戸 %	繭生産高 担	旧繭行		新繭行	
						行数	竈数	行数	竈数
	武進市								
	通江市	●	10	90	1,872	5	78		
◆	懐南郷	○	10	92	10,656	19	296		
◆	懐北郷			95	11,973	12	181		
◆	安東郷			30	768	2	32		
◆	安西郷	●	1	50	1,286	3	48		
	依東郷			80	216				
◆	依西郷	●	100	20	120	1	20		
	孝東郷			3	159				
	孝西郷			20	186			2	24
◆	鳴鳳郷	○	90	80	13,696	6	102		
◆	欽風郷			20	2,592	4	72		
◆	大有郷	●	?	40	2,523	4	70		
◆	旌孝郷			5	1,584	3	48		
	棲鸞郷	●	?	4	1,085	1	20		
◆	尚宜郷			50	2,887	4	80		
◆	徳沢郷	●	100	5	1,284	1	16		
◆	循理郷	●	90	40	1,035				
◇	大寧郷	?	20	95	1,973	4	94		
◇	豊北郷	◎	60	100	2,511	4	100		
◇	豊南郷	○	100	80	1,128	3	68		
	豊東郷	◎	40	80	2,659	4	90		
	豊西郷			80	3,864				
◇	政成郷			99	8,195	8	210	6	58
◇	孝仁郷			100	1,597			2	24
◇	安尚郷	○	20	100	11,108	18	472	5	46
◇◆	昇東郷	●	50	40	1,050	3	50		
◇	昇西郷	?	90	50	2,526	5	84	1	16
◇◆	定東郷	?	80	30	3,186	1	16	2	28
◇	定西郷			90	3,825	3	18	3	32
◇	延政郷	?	85	90	5,074	8	140		
◇◆	恵化郷	◎	80	85	976	1	16	1	16
	従政郷	●	?	20	854	5	24	1	16
	太平郷			67	1,927	5	64		
	新塘郷			95	4,269	7	142		
	迎春郷			70	356	2	12		
	合計				111,000	146	2663	23	260

資料）『武進報』1916年５月13日，1918年４月６日，『武進月報』1920年10月，『武進年鑑』（第二回）。

備考）種別および用途の欄の記号は以下の意味を表す。
◆　1918年繭行添設　◎　県外販売用　●　自家消費用
◇　1916－20年布業公所　○　県内販売用　?　用途不明

設がつづいていたことを示す黒ダイヤが行頭についているのは、一五のうち一二までが清代武進県の各郷である。ところが最右欄にある一九二〇年代に新設された繭行の行数と竈数に目を移すと、今度は逆に孝西郷を唯一の例外として、布業公所の所在を示す白ダイヤのついた八郷に新設繭行が集中している。かつて問屋制前貸し資本による農村織布業のメッカであった武進東南部一二郷の農民が、一九二〇年代にはいって不振のつづく生地綿布の製織から、戦後不況から脱して好調な欧米経済に支えられて需要の拡大しつつあった生糸原料の生産に転換したことをうかがわせるデータである。しかしながら、この養蚕業もやがて世界恐慌の波に呑み込まれて、一九三〇年代前半の冬の時代を迎える。茅盾の『中国の一日』に描かれた太湖周辺の養蚕農民の苦境が[79]、織布業から養蚕業に転換したばかりの武進東南部一二郷の農民の場合にはより増幅されたであろうことは想像にかたくない。

第二章　注

（1）本書五四～五七頁。

（2）国務院人口普査辦公室・国家統計局人口統計司編『中国一九八二年人口普査資料』（中国統計出版社　一九八五年）一六頁。

（3）*Report of the Mission to China of the Blackburn Chamber of Commerce, 1896–7*, F. S. A. Bourne's Section, The North-East Lancashire Press Company, 1898, p. 27.

（4）張学君・張莉紅『四川近代工業史』（四川人民出版社　一九九〇年刊）は、民国『涪陵県続修涪州志』巻一八の記事を引いて、綿糸、綿布をはじめとする工業製品が四川に進入したのは、おおよそ一八六〇年代、同治年間にはじまると述べている（三九頁）。

（5）漢口海関報告を参照すると、四川への外国綿糸のトランジットとして、一八七八年、三担、七九年、一八担というように、すでに一八七〇年代末からごく微量ながら記録されている。八〇年代にはいるとやや増加するものの、せいぜい数百数十担にすぎない（*Returns of Trade and Trade Reports, 1878–86*, Part 2, Hankow）。

（6）有賀長文等「清国出張復命書」明治二十九年　六二頁。いまは、小山正明「清末中国における外国綿製品の流入」――『近代中国研究』第四輯（東京大学出版会　一九六〇年刊）二〇頁による。

（7）機械製綿糸の四川への流入が、四川各地において手紡糸の生産を衰退させて湖北綿花あるいは地元綿花を駆逐していった状況については、張学君・張莉紅　前掲書　四一～四五頁が詳しい。

（8）「沙市〔明治〕三十四年第三季貿易」――『通商彙纂』第二一号　二四頁。

（9）以上、「沙市綿布」（〔明治〕三十三年八月二日付在沙市帝国領事館報告）――『通商彙纂』第一七六号　三二頁。

（10）*Returns of Trade and Trade Reports, 1899*, Part 2, Chungking, p. 101. いまは、小山正明　前掲論文　六八頁による。

（11）「沙市商業ノ状況」（〔明治〕三十一年六月十四日付在沙市領事館報告）――『通商彙纂』第一〇四号　二頁。

（12）以上、前掲「沙市綿布」一八、三〇頁。

（13）このような数値でさえ、調査の担当者は「右四種ハ極メテ小額ニ算シタルヲ以テ其実数ハ遥ニ上ニアリト信スルナリ」（前掲「沙市綿布」三二頁）と、ミニマムの数字であることを改めて強調している。

（14）*Returns of Trade and Trade Reports, 1896*, Part 2, Shasi p. 113. *Report of the Mission to China of the Blackburn Chamber of Commerce, 1896–7*, F. S. A. Bourne's Section, p. 27.　なお、図表二-三Bの一九〇〇年上半年における沙市の土布移出量、七五、八四二担を単純に二倍すると、一九〇〇年は一五万担をこえ、最盛期の数字を回復したことになるが、本文に述べたような土布出荷の季節的サイクルから考えると、たぶんそのような計算は成り立たないであろう。

（15）一九〇〇年、漢口の国内産品（土貨）移入総額は、五二〇万海関両、対外輸出総額は、六一六万海関両であった（*Decennial Reports, 1892—1901*, Vol. 1, p. 295.『最近三十四年来中国通商口岸対外貿易統計』一中部　一〇九頁）。

（16）「清国重慶商店ノ諸規約并習慣」（〔明治〕三十年二月十七日付在重慶領事館報告）――『通商彙纂』第七二号　付録五頁。

（17）*Returns of Trade and Trade Reports, 1885*, Part 2, Ichang, p. 58. *ibid. 1890*, Part 2, Ichang, p. 66.　この綿花移入量を基礎に、荊州布の移入量をいずれの年も一五万担と措定すれば、四川への綿貨総供給高は、一八八五年で綿花三五万担に、外国綿布七万三千担（同じく一疋＝一一・二ポンドで換算）を加えて、合計五七万三千担、九〇年で綿花二七万担、外国綿布六万五千担に、外国綿糸一〇万一千担を加えて、合計五八万五千担という計算になる。四川の綿貨消費高に関する推計にちかい数字である。

（18）*Returns of Trade and Trade Reports, 1896*, Part 2, Shasi p. 113.

（19）*Returns of Trade and Trade Reports, 1885*, Part 2, Ichang, p. 58.

（20）「本年一月ヨリ三月ニ至ル沙市商況」（〔明治〕三十年四月二十五日付在沙市領事館報告）―『通商彙纂』第六六号一三頁。

（21）*Returns of Trade and Trade Reports, 1885*, Part 2, Ichang, p. 58.

（22）*Returns of Trade and Trade Reports, 1887*, Part 2, Ichang, p. 61.　もっともこの年は、漢口からの輸送に手間取っているあいだに、「重慶での相場は、一担あたり約二両下落してしまい」、取引業者は多大の損失をこうむったという。

（23）*Returns of Trade and Trade Reports, 1889*, Part 2, Hankow p. 84.

（24）「清国漢口港棉花商況」（〔明治〕二十年一月十七日付在漢口領事館報告）―『通商報告』第八号　五頁。

（25）「補遺　江漢関貿易報告（節録）」―『湖北近代経済貿易史料選輯』第五輯（武漢　一九八七年）二二八頁。

（26）*Returns of Trade and Trade Reports, 1890*, Part 2, Ichang, p. 66.

（27）以上、「漢口棉花市況」（〔明治〕三十五年十一月六日付在漢口領事館報告）―『通商彙纂』第二四二号　七頁。

（28）「漢口棉花商況並樹脂作況」（〔明治〕三十七年二月六日付在漢口領事館報告）―『通商彙纂』明治三十七年第一三号　六頁。

（29）「漢口輸出棉花の激増」――『大日本紡績連合会月報』第一四七号（明治三十七年十二月）二二頁。

（30）「沙市三十四年貿易年報」（〔明治〕三十五年五月二日付在沙市帝国領事館報告）―『通商彙纂』第二一七号　九〇頁。

(31)「沙市本邦商店開閉及営業状況」(明治)三十八年一月二十日付在沙市帝国領事館報告)―『通商彙纂』明治三十八年第一四号　一頁。
(32)「沙市三十六年貿易年報」(明治)三十七年十二月二十二日付在沙市帝国領事館報告)―『通商彙纂臨時増刊』明治三十八年第四二号　一五頁。
(33)「沙市三十五年貿易年報」(明治)三十七年五月十七日付在沙市帝国領事館報告)―『通商彙纂』明治三十七年第三四号　二八頁。
(34) *Returns of Trade and Trade Reports, 1901*, Part 2, Shasi, p. 124.
(35) 小山正明　前掲論文　七一～七六頁。
(36) とくに荊州布の場合、最大の市場である四川での販売価格は、三峡をのぼる運賃が加算されて、その劣勢は増幅された。一八九九年の重慶では、一尺当り荊州布、二五文に対し、四川産の新土布は一六～一八文であった(本書三二頁)。
(37) 銀銭比価と輸入綿糸の銭建て価格の関係については、本書二〇～二七頁参照のこと。
(38) 一九〇五年以降の沙市で、銭安傾向による機械製綿糸の価格高騰に対処して織布原料の比率調整が行われた例については、本書三一五～三一七頁参照のこと。
(39) *Returns of Trade and Trade Reports, 1901*, Part 2, Chungking, p. 151, Shasi, p. 176.
(40) 湖北綿花は、漢口から上海、日本に送られて、近代的な紡績工業の原綿に使用されるルートと、沙市から四川に送られて、在来綿業の原綿に使用されるルートに二分されることとなった。一九一五年の実績では、近代ルートが四六万九千担、在来ルートが四〇万六千担で拮抗する勢いであったが、一九年には、前者が一二二万六千担、後者が八万六千担で、激変をみせた。第一次世界大戦中に、揚子江流域の綿花流通に地滑り的な変化が起こったのである。
(41) 一九四一年、つまり抗日戦争中のデータではあるが、重慶における各種商業の資本総額ランキングで、綿花業は八二一万元をかぞえ、一一五〇万元の布疋業、一〇五五万元の銀行業についで第三位にランクされている(『経済建設季刊』創刊号　民国三十一年七月　三五六頁)。一九四〇年前後でも、綿花業が重慶の商業界で相当の勢力を保持していたことをうかがわせる。

(42) 本書五三頁。
(43) 張学君・張莉紅　前掲書　二二八～二三三頁。
(44) 本書四九～五一頁。
(45) 「沙市海関貿易報告及統計」―『湖北近代経済貿易史料選輯』第三輯（武漢　一九八五年）二八一頁。
(46) 「黄金時期」の後期の中国綿花相場高騰については、本書二五四～二六一頁、「一九二三年恐慌」以後の細糸化については、本書三二六～三三二頁参照のこと。
(47) アヘン戦争以前における四川での綿業の普及については、山本進「清代中期の経済政策―白蓮教反乱前後の四川」―『史学雑誌』第九十八編第七号（平成元年七月）五～七頁が詳しい。
(48) 頼毓壙「江蘇常陰盤籃両沙洲植棉概況」―『華商紗廠連合会季刊』第二巻第二期　二六三頁によると、常陰沙の出現から民国九年でほぼ一〇〇年になるという。
(49) 徐新吾『江南土布史』（上海社会科学出版社　一九九二年七月刊）五五二頁。
(50) 一九二六年で一一軒、『第一回武進年鑑』実業名録四八頁。
(51) 段本洛等『蘇州手工業史』（江蘇古籍出版社　一九八六年九月）六一頁。
(52) 一九二八年のデータでは、漂白、染色、捺染の作坊総数、一三三軒、艶だし作坊数、三〇〇余軒、労働者は二千人をこえた（「常州紡織工業史話」―『常州文史資料』第三輯）。
(53) 一八九九年の呉友徳の洪昌（『民国一三年江蘇省政治年鑑』四一五頁）、あるいは一九〇四年の呉有徳の洪昌（『民国二年江蘇省実業行政報告』第三編二〇頁）が最初という記事もある。
(54) 「本邑布廠調査記（二）」―『武進報』民国五年九月五日、『第一回武進年鑑』に江西会館正面と布廠内部の写真がある。民国十五年には晋裕𨱎記染織廠の名称で、経理は不変。
(55) 徐新吾　前掲書　五五七頁。
(56) 徐新吾　前掲書　五五四頁は故郷の湟里鎮近辺とするが、織布業の分布からみて、馬杭橋鎮の方が妥当と考える。

(57)「常州紡織工業史話」――『常州文史資料』第三輯　一九八三年。
(58)『江南土布史』五四八頁。
(59)「紗廠有限公司招股章程」――『武進報』民国四年六月十二日。
(60)中国農村における人口増加の圧力は、華北平原では一自然村当りの規模拡大が、揚子江デルタでは自然村数の増加が吸収したと考えられる。
(61)『武進報』民国五年五月二十五日。
(62)問屋のなかには、織機数台の小さな織布工場でサンプル生産し、そのデータに基づいて機戸（機織農家）との取り決めと品質管理を調整する例も少なくない。
(63)以上「澄戦影響之痛定談」――『武進報』民国五年五月二十五日。
(64)たとえば、一九一六年十二月の上海では、藍魚（日本綿糸）一一一・八上海両、水月（「在華紡」綿糸）一〇七・八上海両、紅団龍（民族紡綿糸）一〇四・四上海両であった。
(65)原綿安の綿糸高、その将来のメカニズムについては本書第三章第二節参照のこと。
(66)この問題については、本書第四章を参照のこと。
(67)「大綸将開鉄機」――『武進報』民国五年六月十六日。
(68)一九一六年二月に上海で陸揚げして貨車に積み込んだ織機が滬寧線の事故で破損し、日本へ送り返して修理するハプニングがあって、開業が四カ月ちかく遅延した（「大綸布廠之阻力」――『武進報』民国五年二月二十日）。
(69)富澤芳亜「劉国鈞と常州大成紡織染股分有限公司」――『中国近代化過程の指導者たち』（東方書店　一九九七年刊）という専論がある。
(70)「常州紡織工業史話」――『常州文史資料』第三輯。
(71)一九一九年六月江蘇武進興恵公所「提唱国貨之函」――『華商紗廠連合会季刊』第一巻第一期（民国八年九月二十日）二一四頁、『季刊』は「日用紗線三千余件」と記すが、『武進報』民国八年七月二十日の「三十余件」の方が適当であろう。

(72)「常州紡織工業史話」―『常州文史資料』第三輯　九頁。

(73)旬日だけのデータではあるが、一九一八年四月下旬に武進の銀行、銭荘が為替送金した金額は、上海向け六四、一九八元、鎮江向け一八、五〇〇元、丹陽向け八、二〇〇元、南京向け零に対して、蘇州向け三〇三、八〇〇元、無錫向け一一七、八三四元であった(「四月下旬滙出銀元之調査」―『武進報』民国七年六月十二日)。

(74)経歴は未詳であるが、一九一五年二十一カ条要求反対の日貨ボイコットに際して銭以振が于定一、江湛、盧正衡らと語らって、資本金四〇万元、紡錘数九、七〇〇錘の大経紡織公司を創立しようとした時、一七人の発起人に名前を連ねている(「紡織公司発起会詳誌」―『武進報』民国四年八月七日)。常州紗廠の前身といえるこの公司は、結局、翌年八月に株の払込金を返却して解散した(「大経紗廠退股誌聞」、「大経紗廠退股確聞」―『武進報』民国五年八月十六、十七日)。

(75)「癸亥年度滬上商業之概況」―『申報』民国十三年一月三十一日。

(76)富澤芳亜　前掲論文。富澤氏も劉国鈞の成功の原因は、布店から京貨店の修業時代に加工綿布の有利さを十分理解した点にあると強調している。

(77)同じ時期の馬杭橋鎮では、やはり布荘を営んでいた陳紀麟の設立した大文布廠があったが、生地綿布中心の特色にかける織布工場で、一九二五年には閉鎖したという。

(78)「常州紡織工業史話」―『常州文史資料』第三輯。

(79)茅盾編『中国的一日』(上海生活書店　民国二十五年九月刊)第五編一六～一八頁。

第三章　中国紡績業の「黄金時期」

はじめに

中華民国時期の中国紡績業[1]は、紡錘数でいえば、一九三〇年代に五〇〇万錘以上を擁するに至り、イタリアにつぎ世界第九位にランクされるまでに成長した。その実態は、一般に「在華紡」と称される日本資本の紡績工場が、錘数の約四割を占め、優勢な資本力、技術力（のちには武力）で、民族資本の紡績工場を圧倒していたわけであるが、それはともかく、かつては機械製綿糸の一方的な輸入国であった中国が、一九二七年には輸出綿糸量が輸入のそれを上まわり、綿糸の輸出国に転じたのである。

この大きな変化の原点となったのは、一九一〇年代後半から二〇年代前半にかけて、とくに一九一九、二〇年をピークに、中国紡績業界、なかんずく民族紡績業界をうるおした未曾有の好景気であった。民族工業の「黄金時期」と称されるこの時期に、中国紡績業は、その保有錘数を八六万錘余り（一九一三年）から三六四万錘余り（一九二四年）[2]へと四倍以上にのぼす空前絶後の発展ぶりをみせたのである。いわば、この間に解放前におけるその成長の大半をとげてしまったといってもよいだろう。それにつれて、中国市場を主要な販売市場としていた日本綿糸は次第に駆逐されはじめ、日本紡績業は、中国を商品輸出から「在華紡」という形をとった資本輸出の対象に改めざるをえなくなったのである。

このように、「黄金時期」をへて、中国紡績業は量的には飛躍的な発展をとげたといえる。しかしその一方で、中国紡績業、とりわけ民族紡績業がその誕生当初から指摘されつづけてきた企業体質の欠点——資本の不足、経営の怠慢、労務管理の乱状、紡績技術の欠如等々——についてみれば、個別的な事例は別として全体的には、大幅に改善された跡はあまり見当らず、むしろ悪化さえしている面もある。(3)

質的な改善をともなわなかったとすれば、発展というよりもむしろ拡大といった方が適当かもしれない。ことばの問題はともあれ、誕生以来ほとんど一貫して停滞的でなければ不況にあえいでいた民族紡績業が、五四運動時期に限ってだけは、なぜ例外的にも、「黄金時期」と称されるほどの発展（あるいは拡大）を謳歌しえたのであろうか。

本章は、とりあえずこの素朴な疑問をときほぐすことを、当面の課題として論をすすめていきたい。筆者のモチーフとしては、五四運動時期の中国において最大規模かつ最先端の民族工業であった紡績業をケーススタディの対象にとりあげ、経済的な側面から五四運動の歴史的意義を解明したいという意志はむろんあるが、論述のうえでこのモチーフを中心にすえて追求することはしない。そうしない理由は、ひとつには五四運動の経済的側面といえばただちに、第一次大戦期における民族工業の発展が民族ブルジョアジーの勃興を促して五四運動を準備したとか、あるいは逆に五四運動の日貨ボイコットが民族工業の発展をうながしたとか、媒介項を欠いた短絡的な因果関係にしか注意してこなかった従来の研究成果に、あきたらないものを感じるからである。そしていまひとつ、より主要には、先の疑問に徹頭徹尾こだわっていけば、あるいは従来とは異なった視野から、五四運動時期の中国経済がおかれていた立場の一面を明らかにできるのではないか、というひそかな期待をもっているからである。

本論にはいる前に、あらかじめお断りしておきたいのは、この時期の中国紡績業に関する統計資料がきわめて不備なために、本章の統計数字にもなお多くの問題点がのこっていることである。中国の統計数字がきわめて扱いにくいものであることは、常識に属することであるから、とくに弁明の必要はないかもしれない。ただ、紡績業の分野における傾向をいえば、さすがに当時の中国における基幹産業であっただけに、一九二〇年代も終りに近づくと、さまざまな調査、研究のメスが加えられるようになり、かなり的をしぼったテーマにも利用可能な統計資料が蓄積されるようになるのであるが、この五四運動時期においては、中央政府が無関心であったこと、紡績業者自身もまだ幼年期に属し十分に注意をはらわなかったことなどがかさなって、まとまったものとしてはほとんど唯一海関統計以外、利用可能な統計はない、といってもさほど過言ではない。本章では、このような事情を考慮して、なお疎漏は免がれないにしろ、できるだけ利用できる統計を集めるよう努めた。

第一節　第一次世界大戦期の中国紡績業概況

一九一九年から二一年にかけての中国紡績業のいわゆる「黄金時期」を考察するに先だち、われわれはまず、辛亥革命以後における中国紡績業の趨勢を概観しておく必要があるだろう。歴史は時として、目もくらむばかりの急激な変化を展開することがあるが、同時にわれわれはそれがある日突然にして起こりうるものではなく、長い前史の堆積がもたらした必然的な地殻変動であることも、また知っているからである。

この時期についての従来の通説は、ヨーロッパにおける第一次世界大戦の勃発が、欧米資本主義諸列強の中国に対する経済的圧力を弛緩させ、その間に中国の民族工業が、紡織業を中心とする軽工業の分野で、ある程度の発展をとげたとしている。(4)紡績業をとりまく市場環境を観察する時、われわれはこの通説にあえて異を称える必要をみとめえない。

たしかに第一次世界大戦は、織布業をもふくめた視野からみると、中国における綿糸需給関係に大きな変動をもたらし、中国紡績業の勃興に有利な市場環境をもたらしたといえる。しかし一方で、このような変動に即応しうるだけの主体的条件が、それ以前から中国国内に準備されつつあった面もまた見落せない。そこで、この二つの要素に注意をはらいつつ、「黄金時期」前夜の中国紡績業をとりまいていた状況を概括してみると、以下の三項に要約できる。

一　国内織布業の発展と輸入綿布の激減

辛亥革命のもたらした政治的解放感が、経済活動にも活気を注入したことは否定できない。直隷省などではすでに清末から北洋実業新政の影響で織布業が隆盛にむかっていたという事例もあるが、(5)総体的にはやはり辛亥革命が一つの画期になったようである。

『中国近代手工業史資料』第二巻の零細な資料の集成による一覧表をみると、手工制織布工場の設立は、一九〇九年以降かなり顕著な増加をみせているとはいえ、それでも一九〇九～一一年三年間の年平均が一七工場にとどまるのに対し、民国元年すなわち一九一二年には一挙に四三工場にふえている。[6] たんに設立工場数だけで、資本額、織機台数などの比較ができないところに憾みがのこるものの、革命の嵐をへて、実業を志す人々が、比較的少額の資本（資本額が明記されているなかでは最高でも五万二千五百元にすぎない）で創業可能な手工制織布業にのりだした情景を伝える数字ではある。

しかも、この一覧表がかなり疏漏の多いものであることは、一九一四年の『大日本紡績連合会月報』に散見する調査と比較してみれば、すぐに了解できる。

たとえば、武漢では光緒一八年（一八九二）の武昌織布官廠設立以来、二十年間というもの、ほとんど新設工場をみなかったが、「改革以来民間に於て織布工場を設け織機を購置し相当大仕掛けに織布業に従事するものあるを見るに至り目下其の工場約三十、機械台〔数〕約千に達[7]」したという。そして、すべて最近一、二年の設立にかかるとくに注記したうえで列挙されている主要な一五工場（織機総数七九五台）のなかに、先の一覧表に収録されている工場は一つとして見当らない。

また従来、綿布は上海から、土布は吉安から移入していた南昌でも、「〔一九一四年より〕一両年前織布機を輸入し縞綿布を織り愛国布と称して売出したるものあり売行好く好箇の利潤を博した[8]」ところから、追随する者後をたたず、四〇台以上の織機をそなえる工場が数軒、一〇台に満たない小規模な工場は三〇〇軒をこすと推測されるほどの盛況に至った。これも先の一覧表には記録されていない。さらに江蘇省では、民国元年から三年までの間に貧民救済を名目に総額三万八千弗の創立費をもって、六つの省立織布工場が設立されたが、[9] これまた一覧表にはないのである。

図表３－１　中国の生地綿布輸入量の推移（単位＝千疋　指数は1913年＝100）

年度＼国別	イギリス	指数	アメリカ	指数	日　本	指数	其他	指数	合　計	指数
1912	9,618	82	1,931	85	3,044	53	27	29	14,620	74
1913	**11,705**	**100**	**2,281**	**100**	**5,717**	**100**	**92**	**100**	**19,795**	**100**
1914	10,473	89	1,040	46	7,728	135	118	128	19,359	98
1915	7,591	65	638	28	5,717	100	202	220	14,148	71
1916	5,454	47	413	18	5,589	98	347	377	11,803	60
1917	4,397	38	72	3	8,046	141	650	707	13,164	67
1918	2,634	23	101	4	7,007	123	679	738	10,421	53
1919	4,592	39	622	27	8,899	156			14,114	71
1920	5,784	49	564	25	7,035	123	55	60	13,438	68
1921	1,687	14	627	28	5,938	104	97	105	8,348	42
1922	1,966	17	382	17	6,559	115	99	108	9,006	45
1923	1,506	13	19	1	5,434	95	132	143	7,090	36
1924	1,296	11	45	2	5,128	90	154	167	6,623	33

資料）井村薫雄『紡績の経営と製品』支那財政経済体系(3)（上海出版協会　大正15年11月刊）133〜134頁。
備考）表示数未満は四捨五入。したがって合計と各項の総和が一致しない場合もある。

このほか、浙江、天津、北京、広東などでも、先の一覧表に修正を加えるべき事例は多いと思われるが、当面、辛亥革命を機に各地で手工制織布工場が多数設立され、しかも袁世凱政権のもとでも、その実業振興政策がひきつづき織布業の一定の発展を促していたことがうかがえれば十分である。

このように発展の途をあゆみはじめていた中国織布業にとって、第一次世界大戦の影響で欧米からの綿布輸入が激減したことは、いっそうの発展を可能にする要因となった。大戦前、中国に輸入される生地綿布の約六割は、イギリスが占めていた（一九一三年実績）。そのイギリスが戦争の一方の旗頭になった結果、図表三―一のように、戦火の拡大とともに綿布輸入も途絶え、一九一七年には戦前一三年の三分の一、一八年には四分の一に減少してしまった。しかも、その空白をうめるべき日本も、一四年までの急激な伸び（一四年は一二年に比し、二倍半以上に増加）を維持することができず、一五年は二十一カ条要求反対の日貨ボイコットの影響もあって、逆に一三年の水準にもどってしまった。

結局、中国の生地綿布輸入高は、一九一六年には一三年の六割におちこみ、減少は八〇〇万疋にも達した。この減少分を国内織布業の生産増大がどの程度カバーしたかを示す資料はもちあわせないので、たとえば、織布の郷村としてあまりにも有名な高陽での事例をもって、その一端をうかがうすべとしたい。

従来農家の副業として織布が営まれていた高陽地方に、北洋実業新政の一環として日本製の足踏式織機（通称、鉄輪機）と機械製綿糸がもたらされたことは、新しい時代の到来を告げた。呉知の説にしたがえば、その時期はだいたい宣統元年（一九〇九）から民国三年（一九一四）にかけてのこととされる。

鉄輪機の導入は、生産力の飛躍的な増大と製品の改良をうながした。旧来の織機では太糸で幅一尺二寸前後の粗末な布（小布）しか織れなかったものが、鉄輪機は細糸を用いて幅二尺二寸以上の、輸入綿布（洋布）にもひけをとらない精巧な布を大量に織ることを可能にした。その一方で、多量の機械製綿糸を消費する鉄輪機採用の結果、従来のように農民が自分で綿糸を購入し、織りあげた布を商品として売却するという形態は、一部の富裕な織戸にしか許されず、多くの織戸は綿糸布商の支配下にはいり、賃織の形態で織布に従事することとなった(10)。

生産用具の革新、製品の改良と問屋制家内工業への移行が進行しつつあった高陽にとって、第一次世界大戦の影響はすみやかであった。一九一六年のある資料は、その変貌を「最近欧州戦争後一般綿布の需要激増によりて日本綿布は非常に高値を示せる為め高陽地方に於ては採算上大なる利益を得る事となり最近の発達更に顕著なるものありて高陽の町は全く改造せらるるに至れりと聞く(11)」と伝えている。

その発展ぶりは、厳中平氏のまとめた「河北高陽手織区歴年工資織戸及独立織戸所用織機数比較」という表(12)にも如実にあらわれている。高陽地方の織機台数は、大戦前一九一三年の二、五〇〇台余りから、大戦終了翌年の一九年には一万九千余台へと、実に七倍以上の増加をとげた。とくに注目すべきは、「独立織戸」の織機台数が一、五〇〇余から四、三〇〇余へと三倍弱の増加にとどまっているのに対し、「工資織戸」（賃織織戸）の方は、九八〇から一万四千七百余へと、一五倍もの増加を示している点である。その結果、「独立織戸」と「工資織戸」の織機保有台数は、一三年の六対四から一九年の二対八と、まったく逆転してしまったのである。

賃労働による織布の比率が高まるにつれて織布に専念して割のわるい紡糸をかえりみない風潮がうながされた。一九二一年の調査によれば、伝統的な糸車にかわって、四〇枚ほどの紡錘をそなえた手動式の機械で紡がれた手紡糸が、なお原料綿糸として高陽に残存してはいたが、その量は機械製綿糸の二〇分の一にもおよばなかったという。しかもこの手紡糸は、強度に欠けるため緯糸の用しかなさないのと、三人がかりで一日に十六番手換算でせいぜい六、七ポンドしか紡出できないので、結局は「これを織布に比べると、時を費すこと多くして利を得ること少なく、故に日に淘汰される」[13]運命にあった。

かくて、高陽は生産形態の変化と生産力の増大とにともなって、機械製綿糸の一大消費地へと変貌していった。その消費高は、最盛期には約一〇万梱（三〇万担）にも達したという。

第一次世界大戦による輸入綿布の減少が、程度の差こそあれ、他の地方の織布業にも活況を与え、機械製綿糸の消費量を拡大していったであろうことは、想像にかたくない[14]。

ところで、先に図表三-一で、輸入生地綿布の減少は八〇〇万疋におよんだことを確認したが、加工綿布をも合せた綿布全体では、どれほどの減少をみたのであろうか。方顕廷氏のかなり大雑把な換算（担表示は一担＝一〇疋、

図表3－2　中国の綿布総輸入量推計　　(指数は1913年＝100)

年度＼項目	輸入量（千疋）	指数	金額（千海関両）	指数	1疋当り(海関両)
1912	21,128	74	75,578	74	3.58
1913	**28,446**	**100**	**101,733**	**100**	**3.58**
1914	28,442	100	106,732	105	3.75
1915	22,313	78	79,162	78	3.55
1916	19,919	70	69,615	68	3.49
1917	24,437	86	90,401	89	3.70
1918	19,349	68	92,901	91	4.80
1919	25,948	91	131,100	129	5.05
1920	25,911	91	161,505	159	6.23
1921	19,435	68	134,781	132	6.93
1922	23,923	84	145,016	143	6.06
1923	20,037	70	125,213	123	6.25
1924	21,558	76	147,373	145	6.84
1925	23,532	83	149,502	147	6.35

資料）方顕廷『天津織布工業』工業叢刊第二種（南開大学経済学院　民国20年12月刊）6頁。

碼表示は三〇碼＝一疋）にしたがえば、図表三－二のように、一九一六年は一三年に比し、約八五〇万疋の減少となる。(15) 生地綿布の減少八〇〇万疋に対し、加工綿布の減少はわずか五〇万疋にとどまったことになる。この数字は、当時の中国国内における織布業の発展段階（低級な生地綿布中心）からみて、うなずけないものではない。

ではもし、輸入綿布の減少分をすべて機械製綿糸による国内織布で補なったと仮定すれば、それに要する機械製綿糸は、いったいどれほどの量になったであろうか。当時の輸入綿布は、一疋当り一〇ポンド以下のものもあれば、一五ポンド以上のものもあったが、大部分は一〇～一五ポンドであったとみられる。そこで糊付の重量なども考慮にいれ、一般に承認されている綿布一疋＝綿糸〇・〇八担という換算率を採用すると、輸入綿布の減少にともなう機械製綿糸の需要増加は、六八万担前後にも達したと推定できる。これは、一九一二年における中国機械製綿糸の推定生産量のほぼ半分、推定消費量の一八パーセントに相当する数量

図表3－3　中国の国別綿糸輸入高　（単位＝千担）

年度＼国別	日　本	%	インド	%	香　港	%	其　他	%	合　計
1913	1,273	47	657	24	689	26	82	3	2,700
1914	1,411	52	520	19	686	25	108	4	2,725
1915	1,326	50	585	22	695	26	63	2	2,669
1916	1,268	52	524	21	625	26	31	1	2,447
1917	1,015	48	553	26	512	24	25	1	2,104
1918	667	56	128	11	374	31	25	2	1,194
1919	481	34	435	31	472	33	29	2	1,417
1920	569	42	330	24	374	27	94	7	1,367

資料）*Returns of Trade and Trade Reports 1917*, Part III, Vol. I, p. 89および *Foreign Trade of China 1920*, Part II, Vol. I, p. 83. ただし，1913，14両年は山崎長吉「支那紡績業の現状とその将来」―『大日本紡績連合会月報』第389号（大正14年１月）４～５頁。

である。機械製綿糸に与えられたこの新たな需要は、どのように充たされていったのであろうか。

二　日、印綿糸の逆転と輸入綿糸の減少

機械製綿糸の需要に変化が起こりはじめいた頃、中国への綿糸供給関係にも顕著な変動が生じていた。清朝末年においては二〇〇万担ちかくの綿糸を中国向けに輸出し、ほとんど独占状態を享受していたインドも、日清戦争以後急速に成長した日本紡績業の急追をうけ、民国時代にはいった中国市場では苦しい立場においこまれていた。江蘇省実業庁第三科編纂の『江蘇省紡織業状況』はその様相を、「近十年来、日本綿糸の輸入額は非常に増加した。光緒三十三年〔一九〇七〕には、日本綿糸の輸入額は、まだインド綿糸の三分の一にも及ばなかったが、民国三年〔一九一四〕の日本綿糸輸入額はついにインド綿糸を三六万担も超過してしまった。日商の猛進をここに見ることができる」[16]と述べている。数値には誤りがあるが、日本綿糸の急速な進出が刮目に値する事柄であったことを裏づけている。

図表三－三によると、一九一三年には日本よりの輸入は一二七万

担強で、インドよりのそれを六〇万担以上うわまわっていて、日印の勢力は完全に逆転してしまったかにみえる。しかし、インド綿糸の場合、香港経由の輸入も相当量にのぼるので、この表だけでは中国市場における真の勢力比を知ることはできない。そこで香港経由の輸入も含んでいると思われる図表三-四によってみると、一三年まではわずかながらインド綿糸が日本綿糸をおさえていたのが、一四年に至り日本綿糸がインド綿糸を二〇万担上まわり、五四運動の年とその翌年を例外として、この関係がふたたび逆転することはなかったことがわかる。数量の面では一九一四年が分岐点となったわけである。

しかしながら、より重要な点は、数量よりもむしろ質、つまり綿糸の番手という問題にあった。中井英基氏によると、清朝末期の中国綿糸市場では、二つの戦いがくりひろげられていたという。「太糸」の十、十二番手では、老舗のインド綿糸が、新興の中国綿糸の挑戦をうけ、安閑としていられない状態にあった。また中国における手織布の品質向上は必然的に、より細い綿糸に対する需要を高め、十六番手を中心とする「中糸」の分野でも、日本綿糸、インド綿糸、中国綿糸（とくに上海綿糸）が三つ巴の戦いをすすめていた。

価格の面では、日本綿糸が最高、インド綿糸が最低で、中国綿糸はその中間に位した。もっともそれは、かならずしもコストの格差が反映したものとはいいきれず、「〃色薄黒く或は黄色を帯び〃、土布製織に不適当な反手（逆手左撚り）が多かった」インド綿糸が、品質の点で日中両国綿糸に一歩遅れをとっていた結果でもあった(17)。

民国時代にはいると、この品質格差はより明白となったようで、十六番手以上の分野では、インド綿糸は駆逐されてしまい、わずかに「太糸」の分野で勢力をたもっていたにすぎない。図表三-五は、一九一七年上半期、半年間に上海で販売された各国綿糸の番手別比率を示したものである。一目瞭然のように、インド綿糸は、十六番手で

図表3－4　中国への輸入綿糸の生産国別　（単位＝千担）

年度＼種別	日本綿糸	%	インド綿糸	%	其　他	%	合　計
1909	675	28	1,675	70	56	2	2,406
1910	938	41	1,304	57	40	2	2,282
1911	767	41	1,058	57	35	2	1,860
1912	※ 950	42	※1,296	57	40	2	2,286
1913	※1,301	48	※1,331	50	53	2	2,685
1914	1,332	52	1,137	45	73	3	2,542
1915	1,445	54	1,179	44	61	2	2,686
1916	1,351	55	1,068	43	48	2	2,467
1917	1,065	51	956	46	55	3	2,076
1918	746	66	361	32	25	2	1,132
1919	531	38	838	60	36	3	1,405
1920	611	46	662	50	52	4	1,325

資料）陳重民編纂『今世中国貿易通志』（商務印書館　民国16年６月再版）第３編１～２頁。ただし，※印のついている1912，13年の日本綿糸，インド綿糸は，西川喜一『棉工業と綿絲綿布』支那経済綜攬第３巻（日本堂書房　大正13年７月刊）251頁の数値を採用。

備考）陳重民の数値は，日本綿糸が12年921千担，13年1,273千担，インド綿糸が12年628千担，13年657千担で，これに従うと，1912年にすでに日，印両綿糸の逆転がおこったことになる。ところが，13年の数値は図表３－３とまったく同じであることから，香港経由分を含まない数値であることがわかる。したがって陳重民の数値で計算すると，13年の合計は1,983千担にすぎず，楊端六等編『六十五年来中国国際貿易統計』46頁の2,685千担よりも702千担も少ないことになる。一方，この13年の数値に西川の数値を用いると，ちょうど合計が2,685千担となる。また12年についても，陳重民の数値ではやはり合計が1,588千担にしかならず，楊端六の2,298千担からかけはなれた数値になってしまう。それで，12，13年については西川の数値を採用したわけである。

試みに，1912～17年６年間の香港における日印両綿糸の荷動高をみると，以下の如し。　（単位＝梱）

種別＼年度	1912	1913	1914	1915	1916	1917
日本綿糸	20,139	25,329	41,554	54,764	48,730	48,558
インド綿糸	169,450	191,785	176,183	180,774	147,248	126,507

資料）絹川太一『平和と支那綿業』（丸山舎　大正８年４月刊）57頁。

１梱＝３担とすると，とくにインド綿糸については，図表３－４から図表３－３を引いた数値に近い数値になる。

図表３－５　1917年上半年上海での綿糸番手別売上高　（単位＝梱）

種別＼番手	10番手	12番手	14番手	16番手	20番手	合　計
日本糸				20,850	8,450	29,300
				71%	29%	100%
インド糸	17,348	15,245		496		33,089
	52%	46%		2％		100%
上海糸		1,500	26,560	31,950	9,250	69,260
		2％	38%	46%	14%	100%

資料）「上海に於ける本年上半期の綿糸状況」—『大日本紡績連合会月報』第302号（大正６年10月）79～93頁。

はまったく問題にならないほどの微々たるものである。逆に十、十二番手では、ほぼ独占状態にあった。

これに対して、日本綿糸と上海綿糸は十六、二十番手で激しく競合しているが、上海綿糸は、他国にはない十四番手という独自の分野を開拓し、すでに十、十二番手という「太糸」の段階を脱しつつあった。

すなわち、民国初年の中国市場では、インド綿糸は数量のうえでこそ、まだ無視できないほどの勢力をたもっていたものの、高番手化が紡績業の発展段階を示すバロメーターであるとすれば、完全に時代遅れの存在に転落していたといえる。この状況は以後もかわることなく、一九二〇年頃でも、「輸入印糸の番手を区別せば十番手六〇パーセント十二番手三〇パーセント其他一〇パーセント見当と見るを得べし」[18]と、業者は推測していた。

一方、後発の日本綿糸は、当初から原綿コストの比率が高い「太糸」の分野でのインド綿糸との競合を避け、専ら十六番手で中国市場に進出した。日本綿糸が、手織に有利な順手（右撚り）であったこと、また混綿に色白の中国綿花を用いて「色白く光沢ある」、中国人好みの品質であったことは、中国市場で最高ランクの価格を獲得する原動力となった。

図表３－６　上海に輸入された日本綿糸の番手別割合（%）

年度＼番手	14番手以下	16番手	20番手	30番手以上
1904～06年三年平均	1.8	88.5	8.3	1.4
1911～13上半年二年六月平均	0.7	63.7	26.0	9.6
1918年	0.0	46.3	30.5	23.2

資料）1918年は第31次，第32次『綿絲紡績事情参考書』（大正７年上半期，同下半期）。そのほかは東亜同文会調査編纂部『支那之工業』（大正６年２月刊）162頁。

また高陽など消費地の評判では、日本綿糸は包装が堅牢で、劣悪な運搬状況にも製品の損失が少なく、さらにつねに量目過多に包装されていることも指摘されている。[19]

しかも日本綿糸は、中国国内での手織布の品質向上に応じて、その番手構成をたえず高番手化の方向に改めていった。図表三–六には、この傾向がはっきり示されている。一九〇五年前後では、上海に輸入された日本綿糸の九〇パーセント近くを十六番手で占めていたのが、一二年前後にはこれが六三・七パーセントに減り、二十番手以上が三五パーセントをこえた。さらに十八年になると、十六番手がついに五〇パーセントを割り、逆に二十番手が三〇・五パーセント、三十番手以上が二三・二パーセントで、合計五四パーセントちかくに達した。

輸入日本綿糸の高番手化と中国手織布の品質向上は相互に作用しあった。高番手糸の織布による品質の向上が、手織布に販路の拡大をもたらし、これがまた高番手糸に対する需要を高めていったのである。『高陽県志』の記載するところでは、民国元年以降、国内の紡績工場が勃興して日本綿糸を模倣した綿糸を紡出しはじめたので、日本は新たに四十二番手撚糸を高陽に送りこんできた。そこで、この「合股線」（撚糸）をまず染色して一〇斤前後の愛国布を織ったところ大変な好評を博し、販路は河南の洛陽、陝西の長安、察哈爾の張家口にまで広がり、「毎地、最盛の時、年に百万疋を銷るべく、利もまた最も溥し」[20]という盛況が出現したというのである。

したがって、一九一四年をさかいに日印綿糸の輸入数量が逆転したあの事態は、日印綿糸が同一分野で角逐しあった末の結果というよりは、むしろ中国織布業の発展にともなう高番手綿糸への需要移行がもたらした必然的な貿易上の変化だったのである。換言すれば、民国初期において、中国織布業は十六番手以上の綿糸による織布が主流の時代にはいり、それにともなって十六番手未満を主力とするインド綿糸は後退を余儀なくされたのだといってもよいだろう。

さて、当面の中国における綿糸需給関係からいえば、この相互補完的な関係にあった日印綿糸両者の消長もさることながら、両者を中心とする輸入綿糸全体の趨勢が、より重要な意味をもっている。すでに図表三－三でみたように、中国の輸入綿糸は、一九一四年の二七二万五千担をピークに一七年までは漸減をつづけ、一八年には一一九万四千担と、前年に比しても半分ちかくに、一四年に比すると四割ちかくに激減してしまった。この傾向は、綿布の輸入減少にともなって中国織布業が隆盛にむかい、機械製綿糸に対する需要増加が見込まれるという予想とは、相反する現象である。

この一見奇妙な現象を厳中平氏は、世界大戦の勃発でイギリス等の綿布がアジア市場から撤退した空白をうめるべく、日印両国が織布業により多くの力を注いだ結果、両国での織布業の発展が紡績業のそれを上まわり、「両国内での織機の綿糸消費量の上昇速度が機械製綿糸生産量を超過」(21)したため、両国の綿糸輸出余力が引下げられたからだと解釈している。たしかに、日本を例にとっても、その綿製品輸出構成は大戦期を通じて、綿糸中心の段階から綿布を主体とする段階に移行した。大戦前の一三年では、綿製品輸出総額のうち、五三・九パーセントを綿糸が占め、綿布三一・一パーセント、其他一五・〇パーセントであったのが、大戦後の一九年には、綿布六二・五パーセント、綿糸二二・七パーセント、其他一四・八パーセントと、綿糸と綿布の輸出貿易上の地位は完全に逆転してしまった。(22)

したがって、大局的にみれば厳中平氏の解釈は正鵠を射ているといえるが、一九一四年をさかいに中国輸入綿糸の王座についた日本綿糸については、いま少し詳しくその輸出不振の原因を考察しておく必要があるだろう。

日本綿糸の対中国輸出は、辛亥以後一九一四年までは毎年一五万〜二五万担の増加をとげ、順調であった。一五年もそのままの伸びをつづければ一五〇万担をこえる輸出が期待された。しかし、火事場泥棒的な「対華二十一カ条要求」が中国民衆の日貨ボイコット運動をまねき、その期待はついえた。この頃、日本国内では一四年八月以降の第七次操業短縮に象徴されるように、紡績業をとりまく環境はかならずしも楽観を許すものではなかっただけに、日本紡績業界の受けとめ方は深刻であった。ある業者は、この間の一喜一憂の様を、次のように描いている。日本の紡績業界では一四年夏の大戦勃発後、綿花為替取組の困難、手持原料の値下り、操短の増率などの問題が続出し、「一時甚しく悲観」されたが、青島攻略を機に中国向け輸出が急増し、十二月には六〇、一九七梱という「斯界未曽有の新記録」が達成されて「頗る前途の有望を想はしめた」のもつかのま、「新春日支交渉開始と共に商勢忽ち頓挫せんとする(23)」状態におちいったというのである。

たしかに、図表三–七のように、一九一五年一月から六月までの上半期における中国の日本綿糸輸入高は、前年同期に比し、全体で、五万梱以上にのぼる減少をみせ、ほぼ二〇パーセントに達する落込みを記録した。とくに上海と青島における落込みが激しく、これが全国的な落込みの幅を大きくした。そして、この上半年の不振が全年に

図表３－７　1915年上半期日本輸出綿糸仕向港別，対前年同期比較　（単位＝梱）

時期＼港名	上　海	天　津	青　島	大　連	漢　口	其　他	合　計
1915年　１月	21,680	6,443.5	3,193	1,824	4,647	1,305	39,092.5
1914年　１月	28,855	2,712	4,144	1,304.5	2,610.5	1,135.5	40,761.5
増　減	－7,175	＋3,731.5	－951	－519.5	＋2,036.5	＋169.5	－1,669
1915年　２月	17,630.5	7,491	3,143.5	2,011.5	3,763	2,339.5	36,379
1914年　２月	25,433	7,893.5	11,423.5	1,443.5	2,751.5	2,565	51,510
増　減	－7,802.5	－402.5	－8,280	＋568	＋1,011.5	－225.5	－15,131
1915年　３月	16,639.5	6,983.5	3,690.5	1,740	5,808	2,911.5	37,773
1914年　３月	23,549.5	7,062.5	10,262.5	2,365.5	2,785.5	3,953	49,978.5
増　減	－6,910	－79	－6,572	－625.5	＋3,022.5	－1,041.5	－12,205.5
1915年　４月	13,777.5	8,315.5	5,929.5	1,598.5	2,013	2,215.5	33,849.5
1914年　４月	14,797.5	7,714	9,515.5	2,895.5	2,049.5	3,088.5	40,060.5
増　減	－1,020	＋601.5	－3,586	－1,297	－36.5	－873	－6,211
1915年　５月	12,143	5,912.5	4,919	1,169	399	2,230.5	26,773
1914年　５月	14,700.5	5,633	10,153	1,466	1,077	5,938.5	38,968
増　減	－2,557.5	＋279.5	－5,234	－297	－678	－3,708	－12,195
1915年　６月	11,140	8,828.5	5,861.5	266	3,404	1,153.5	30,653.5
1914年　６月	13,140	5,485	9,352	1,136	1,295	3,564	33,972
増　減	－2,000	＋3,343.5	－3,490.5	－870	＋2,109	－2,410.5	－3,318.5
1915年１～６月	93,010.5	43,974.5	26,737	8,609	20,034	12,155.5	204,520.5
1914年１～６月	120,475.5	36,500	54,850.5	10,611	12,569	20,244.5	255,250.5
増　減	－27,465	＋7,474.5	－28,113.5	－2,002	＋7,465	－8,089	－50,730

資料）TI生「日貨排斥と本邦紡織界」―『大日本紡績連合会月報』第275号（大正４年７月）５～６頁の比較表より作成。
備考）原表の明らかな誤りは訂正した。

ひびいて、日本綿糸の中国向け輸出は、この年横ばいにとどまり、大幅に増加しつづけてきた数年来の傾向からいえば、減少にも等しい打撃をうけたのである。

図表三−七を仔細にみると、一九一五年の輸出不振は、かならずしも二十一カ条反対の日貨ボイコットにだけ原因があるとはいいきれないが[24]、少なくとも、日貨ボイコットが有力な要因であり、それが中国向輸出の増加に活路を求めていた日本紡績業に、貿易額にあらわれた以上の打撃を与えたことは事実である。

しかしながら、一九一五年の日貨ボイコットは、また一方で、日本綿糸に対するボイコットの限界を露呈した事件でもあった。

ボイコットの状況を伝える上海の有吉総領事からの報告に、「特ニ中糸及『シルケット』物ノ如キハ殆ント平常ト変ラサル売行アリ然レトモ代用

図表３－８　1912～16年中国輸入日本綿糸の推移　　　　（単位＝担）

年度＼番手	20番手以下	%	20番手超過	%	合　　計
1912	868,906.5	91.4	82,195.5	8.6	951,102
1913	1,052,701.5	87.3	153,228	12.7	1,205,929.5
1914	1,192,464	87.9	164,200.5	12.1	1,356,664.5
1915	1,178,035	84.6	213,727	15.4	1,391,762
1916	1,121,933	84.9	199,380	15.1	1,321,313

資料）1914年までは東亜同文書院調査編纂部『最近支那貿易』（大正５年３月刊）163～164頁。1915年以降は満鉄庶務部調査課『満州に於ける紡績業』満鉄調査資料第18編（大正12年10月刊）60～61頁。

備考）『最近支那貿易』は梱建てで表記しているので、１梱＝３担で換算した。

品ヲ有スル二〇手以下ノモノニ至リテハ日本品ノ打撃ハ非常ニシテ」、あるいは「支那ニ於テ代用品ヲ有セサル中糸撚糸等ノ如キハ英国品ノ供給不充分ナルヲ以テ引続キ相当ノ売行アリ」[25]などと述べているように、日本綿糸に対するボイコットは、二十番手をこえる綿糸には無力だったのである。

この結果は、図表三‐八にも明白に表れている。中国製の代替品がある二十番手以下の綿糸では、一九一五年は前年に比し、わずか一万四千担にすぎないとはいえ、減少しているのに対し、二十番手を超える綿糸については、逆に五万担、三〇パーセントちかくの増加をとげ、両者の比率も前年に比し三パーセント強の上下をみたのである。

この事情は、たとえば先の図表三‐七で、織布地帯をひかえた天津での日本綿糸輸入が、ボイコット期間も増加傾向にあった事実からもある程度了解できる。つまり、当時日本の天津向け輸出綿布の主力であった綾木綿が、一九一四年の一二六万七千反から一五年には七六万二千反に約四〇パーセントの減少を記録する[26]など、日本綿布の輸入が日貨ボイコットの影響で減少したのにかわって、高陽などの地元織布業が、その代替品として愛国布のように、四十二番手撚糸など高番手綿糸を原料とする綿布の生産に力を注いだ結果、日本綿糸の輸入がかえって増加したのではないかと推察される。

このように、日貨ボイコットが低番手綿糸には有効でありながら、高番手綿糸に対しては無力であるにとどまらず、むしろ徹底すればするほど、逆に代替の織布用にその輸入がふえるというディレンマは、中国紡績業のすすむべき道をさし示すとともに、以後の日本紡績業の中国とのかかわり方を暗示するものでもあった。

その後も、日本綿糸の中国向け輸出は不振をつづけたが、その原因は、日本国内での織布への重点移行が本格化したにもかかわらず、綿糸生産は紡績機械の輸入難、大戦後期の綿花輸入難、紡績独占による供給制限などがかさなって微増にとどまった結果、綿糸価格が異常に高騰したことにあった。(27) この現象は、一九一七年から一八年にかけての輸出激減となって、集中的に表面化した。

一九一七年は入超の大幅な減少による銀高に支えられて、海関両の対円レートは二・三七円と異常に高くなり、日本製品の中国向け輸出は全般的にきわめて好調であったが、そのなかで綿糸だけは「頗る奇異の現象」を呈していた。その主因は、七月末に四〇〇円以上という記録的な高値をつけた大阪三品相場の暴騰にあった。「六七月の候に至り綿糸市場異常の暴騰に依り内地糸価は却て支那市場よりも遥に上位にある の姿となり対支輸出は俄然一頓挫を来せるのみならず却て逆輸入をさへ見るに至れり」(28)。結局、一七年は前年比二五万担の減少で、ほぼ一二年の水準に逆戻りした。

しかし、これも序曲にすぎず、大阪三品相場は一九一七年十月の二三〇円を底値にふたたび急騰をはじめ、一八年にはいってもほぼ一本調子に高騰をつづけた。その結果、中国市場では年初から、「三品暴騰のため益々本国相場と出合を失し先物は手合出来ず」（一月四日）という状態が慢性化し、この年半ばに大阪三品相場がしばしの沈静をみるまで、「日本暴騰のため又々四五円の開きを生ぜしを以て商談行悩みとなり」(29)（三月八日）との報告が毎週のようにつづいた。

最悪の時には、日本綿糸のc.i.f.値（保険料、運賃込値）が中国市場の相場に比し、一梱当り一五～二〇円もの開きを生じたこともあり、日本綿糸はほとんど取引不能の状態におちいってしまった。このため、「日本糸は本国相場と出合はざる為め春高人気は凡て支那糸に走り」（一月四日）あるいは「割安の支那糸に押され値伸せず」[30]（一月十八日）というように、中国綿糸が価格の点で日本綿糸を圧倒するに至ったのである。この一年を通じて、日本綿糸の中国向け輸出量の減少は、三五万担にも達し、一九一七年の二五万担と合計で六〇万担の減少を記録した。一八年の輸出高は六六万七千担にすぎず、一六年のほぼ半分にしかあたらないのである。

一方、インド綿糸も、一九一七年から一八年の年明けまでこそ、暴騰する日本綿糸をわき目に好調であったものの、一八年二月からは「本国高により商館筋売出さざるを以って手合殆んど皆無」（二月一日）といった商況が目立ちはじめ、やはり日本と同じ原因から「本国相場奔騰」[31]（三月八日）のため輸出不能となった。一八年におけるインド綿糸の輸入減少は、日本のそれを上まわり、香港経由の分も含めれば、六〇万担にちかい激減をみた。日印両国よりの輸入綿糸は、一九一八年に前年比で、香港経由も含めると九一万四千担、四五パーセント強という大幅な減少を記録した。その主因が両国綿糸価格の異常な高騰にあったことは、中国輸入綿糸の担当り価格の推移を示した図表三-九をみても瞭然である。

中国輸入綿糸の担当り価格は、一九一二年から一六年までは、むしろ値下り傾向すらみせながら、二五～二六海関両の付近で安定していた。ところが、一七年には一八パーセント上昇して三〇海関両に近づき、一八年には一挙に六三パーセント上昇して四七・三海関両という記録的な高値に達した。しかも、この一六～一八年の三年間に、

図表3－9　輸入外国綿糸と上海綿糸の担当り価格

種別／項目／年度	輸入外国綿糸						海関経由輸・移出上海綿糸（再輸・移出を含む）			
	輸入量		輸入金額		担当り価格 海関両	1916＝100	移出量 千担	移出額 万海関両	担当り価格 海関両	1916＝100
	千担	1913＝100	万海関両	1913＝100						
1912	2,298	86	6,145	86	26.7					
1913	**2,685**	**100**	**7,106**	**100**	26.5					
1914	2,542	95	6,573	92	25.9					
1915	2,686	100	6,711	94	25.0	100	744	2,200	29.6	89
1916	2,467	92	6,197	87	**25.1**	**100**	**813**	**2,706**	**33.3**	**100**
1917	2,127	79	6,326	89	29.7	118	999	3,599	36.0	108
1918	1,132	42	5,355	75	47.3	188	1,081	5,515	51.0	153
1919	1,405	52	7,490	105	53.3	212	1,121	6,494	57.9	174
1920	1,325	49	7,869	111	59.4					
1921	1,273	47	6,701	94	52.6					
1922	1,219	45	6,696	94	54.9					
1923	775	29	4,163	59	53.7					
1924	576	21	3,415	48	59.3					
1925	527	20	3,920	55	74.4					

資料）外国綿糸は『六十五年来中国国際貿易統計』46頁。上海綿糸は『今世中国貿易通志』第3編25頁。

日本円は一海関両＝一・五四円から二・三七円に、インドルピーは一海関両＝二・四六ルピーから三・五五ルピーにそれぞれ五四パーセント、四四パーセントも下落していたのであるから、円建てあるいはルピー建てにすれば、三倍ちかい暴騰であったことになる。

これに対して海関経由で輸移出された中国綿糸の価格は、一九一六年こそ前年比一一パーセント以上の上昇をみせたが、一七年は八パーセント、一八年も四二パーセントで、二年続けて輸入綿糸をかなり下まわる上昇におわった。すなわち一八年の中国綿糸価格は、一六年と比較すれば、輸入綿糸が海関両建てで八八パーセントもの上昇をみせたのに対し、五三パーセントの上昇でおさまり、この二年間の五〇パーセント前後の銀高傾向にもかかわらず、かなりの割安感を与えることになった。その当然の帰結が、一八年における中国綿糸の好調と、輸入綿糸の九〇万担をこえる減少となったわけである。

かくて大戦期間中、中国での綿糸需給関係からいえば急増するはずであった外国綿糸の輸入は、上述したような理由から、逆に一九一八年には大戦前の一三年に比べ、一五〇万担もの減少におわってしまったのである。

三　中国の綿糸自給化

前二項で、外国綿布の輸入減少にともなう代替織布用の綿糸需要増が、単純計算では七〇万担ちかくになったこと、しかも日印両国からの輸入綿糸が予想に反して一五〇万担にものぼる減少をみたことが明らかになった。したがって、たとえ中国における綿糸需要が大戦期間中まったくふえなかったとしても、以上二つの事情から、中国紡績業には合計で二二〇万担もの新しい綿糸需要がめぐってきたことになる。

中国紡績業は、この新しい需要を完全にとりこめたわけではむろんないが、大戦期間中の著しい需要拡大に支えられて、その生産高を確実に増強していったと思われる。そこで問題になる中国紡績業の綿糸生産高については、当時においても推計による以外、知るすべがなかった。その常套的な方法は、紡錘機一錘当りの年間紡糸量を算定し、これをその年の操業錘数にかけて、年間生産高を推計するというものであった。

最近でも、趙岡氏が同じ方法で推計を試みている。当時の推計が、不思議にも一致して、一錘当りの一日紡糸量を十六番手標準で一ポンド、一年操業日数を三〇〇日として、一錘当り年間紡糸量を三〇〇ポンド、すなわち〇・七五梱と算定しているのに対し、趙岡氏は一八九六年の上海における調査資料を根拠に、一錘当り年間紡糸量を二五〇ポンド、すなわち〇・六二五梱へと下方修正している(32)。筆者は趙岡氏の数字はいささか下方修正がすぎるとい

図表 3-10　中国における綿糸自給率　（単位＝千担）

項目／年度	中国綿糸生産高 A	外国綿糸輸入高 B	中国綿糸輸出高 C	中国消費高 A+B－C	自給率（%）
1912	1,464	2,298		3,762	38.9
1913	1,623	2,685		4,308	37.7
1914	1,935	2,542	4	4,473	43.3
1915	1,935	2,686	20	4,601	42.1
1916	2,178	2,467	13	4,632	47.0
1917	2,385	2,127	28	4,484	53.2
1918	2,784	1,132	28	3,888	71.6
1919	2,754	1,405	67	4,092	67.3
1920	2,781	1,325	70	4,036	68.9
1921	3,033	1,273	26	4,280	70.9
1922	5,715	1,219	39	6,895	82.9
1923	5,694	775	89	6,380	89.2
1924	5,673	576	147	6,102	93.0
1925	5,727	527	65	6,189	92.5

資料）中国綿糸生産高は K. Chao，*The Development of Cotton Textile Production in China*，Harvard University Press, 1977, p. 308.
　外国綿糸輸入高，中国綿糸輸出高は『六十五年来中国国際貿易統計』46，41頁。
備考）Chao の単位は包であるので，1包＝３担で換算した。

う印象をうけているものの、これ以上に優れたものも見当らないので、当面は趙岡氏の統計を借用することにする。

図表三―一〇は趙岡氏の生産高推計から綿糸輸出入高を加減して、中国における機械製綿糸の消費高を割りだし、それに生産高が占める割合をもって、機械製綿糸の自給率を示したものである。消費高の推移をみると、とくに一九一八～二一年四年間の消費高がそれ以前の数年に比べ、一、二割の減少となっており、直感的にいえばいささか奇異の感を与える。おそらくこれは、生産高の推計方法自体が景気変動をまったく無視せざるをえないものであるところからくる、当然の誤差といえるだろう。当時の景気動向を加味すれば、一八～二一年四年間の生産高を上方修正するか、あるいはそれ以前数年間の生産高を下方修正するか、いずれかの修正を

加える必要があるのだろうが、現在眼にできる資料をもってしてはいかんともしがたい。
ともあれ、生産高の推計に若干の誤差があるとしても、大戦期を通じて中国紡績業がその綿糸自給率を飛躍的に高めたという大勢は動かない。大戦前の一三年にはわずか三分の一にすぎなかった自給率が、大戦後には七割前後にはねあがり、さらに「黄金時期」を経過して九割前後にまで達したことは、中国紡績業の急速な発展を如実に示している。

しかし、この全体的な綿糸自給率の上昇以上に重要な意味をもつのは、中国紡績業の綿糸生産が、大戦期を通じてその番手別構成を著しく進歩させたことである。

清朝末年においては、橋本奇策の記述するところによると、「清国紡績会社の製糸は十番手より十六番手までの四種類なりとす此内十六番手の如きは各紡績会社ともその製造額至って少なく製造糸の重なるものは十番手、十二番手及び十四番手の三種類なり[33]」という構成であった。すなわち、一九〇五年前後において、中国紡績業は、十六番手綿糸の製造能力があるにはあったが、生産高はほとんど問題にならないほどの量にすぎなかったわけである。

それが一九一三年の上海になると、日本人業者の推測によれば、図表三－一一のごとく、いまだ十四番手が主力で四九パーセントを占めているものの、十六番手が第二位に浮上し、しかも三分の一を占めるに至った。この段階ですでに、十番手、十二番手は、各四パーセント、六・五パーセントを占めるにすぎず、低番手糸はむしろインド綿糸の輸入にまかせる状況が定着したようで、中国綿糸の方は、二十番手から、さらに三十二番手にも若干の産量を

図表３－11　1913年における上海綿糸番手別生産割合
（業者による推測，外資紡を含む）

番手	10番手	12番手	14番手	16番手	20番手	32番手
%	4.0	6.5	49.0	33.0	7.0	0.5

資料）東亜同文書院調査編纂部『支那之工業』144頁。

有し、高番手化に進路をとる形勢をうかがわせていた。

とりわけ、第一次世界大戦にともなう輸入綿布の減少と国内織布業の勃興は、旧来の土布より高級な綿布の生産をうながし、それにつれより高番手の綿糸に対する需要を高めつつあった。しかも、そのさなかに起こった一九一五年の二十一カ条反対の日貨ボイコットは、国内で生産できる綿糸と、国内需要の綿糸との間に、番手構成の面でもかなりのギャップがあることを痛感させた。

もちろん、当時の中国紡績業にとって、このギャップを早急にうめることは、ほとんど不可能にちかかった。たとえば、高陽などで愛国布の経糸に大量に用いられはじめていた四十二番手撚糸などは、中国綿花の一インチにみたない繊維ではとうてい紡出できなかった。この紡出には、生産技術の問題ばかりでなく、より長い繊維の品種を中国に普及させる植綿問題、あるいはアメリカ綿などの輸入によるとしても、その輸入のための市場、運輸問題等、一業界の力では手に余る問題が山積していた。

にもかかわらず、所与の条件が許す範囲内においてであるとはいえ、中国紡績業は大戦期間を通じて、生産番手の構成を著しく高めることに成功した。かつて、中国綿花だけの混綿で紡出可能な上限は十六番手とされていたが、一九二〇年前後になると、二十番手も優良品質とはいえないまでも、ともかく紡出可能となった。ある技師の記述では、上等、中等の二十番手は、米綿二〇パーセント前後を混入する必要があるのに対し、下等二十番手は、陝西綿三五パーセント、通州綿五〇パーセント、火機綿（上海綿の一種で、機械操綿されたおもに輸出用の綿花）一五パーセントの混綿で紡出可能とされた(34)。

図表三―一二は、一九一七年、台湾銀行調査課が行った中国における綿糸番手別生産高の調査結果である。書名

図表3-12　1917年における中国綿糸番手別生産高　（外資紡も含む，単位＝梱）

地方＼番手	14番手以下	%	16番手	%	20番手	%	20番手超過	%	合計
上海	147,971	28.1	286,744	54.4	79,060	15.0	13,703	2.6	527,478
江蘇	58,376	34.7	109,857	65.3	—		—		168,233
浙江	12,510	32.8	25,581	67.2	—		—		38,091
湖北	28,180	31.3	61,918	68.7	—		—		90,098
合計	247,037	30.0	484,100	58.8	79,060	9.6	13,703	1.7	823,900

資料）台湾銀行調査課『南支南洋ノ綿絲布』（大正８年12月刊）10頁，一覧表より作成。

は『南支……』となっているが、この年華北では、直隷の広益（二万五千錘）が目立つ程度にすぎなかったから、ほぼ全国的統計とみてさしつかえないであろう。十四番手以下には、販売用だけでなく、自家織布用もふくまれている。ただし、自家織布用の数字は、織機一台当りの年間綿糸消費量を四五担と仮定した推計にとどまる。

先に図表三-一一で示した大戦前一九一三年の上海における生産番手の割合と、この図表三-一二の上海の欄を比較すれば、この四年間における変化の大きさは歴然たるものがある。一三年には、十四番手以下が合計で五九・五パーセントと三分の二ちかくを占めていたのに対し、一七年になると、わずか二八パーセントへと低下した。一方、十六番手に目を移すと、一三年には三三パーセントとちょうど三分の一であったものが、一七年には五四パーセントと半分以上を占めるに至り、完全に十六番手主流の時代にはいったことをものがたっている。さらに二十番手以上についても、一三年の七・五パーセントが一七年には一八パーセントにはねあがっているのである。

しかも、図表三-一二で注目すべきは、十六番手主流が、なにも上海に限ったことではなく、江蘇、浙江、湖北の地方紡績工場でも、すべて十六番手が三分の二前後を占めるに至ったことである。その結果、全国平均でも十四番手以下はちょうど三〇パーセントに低下し、一九一三年の上海での五九・五パーセントの半分に比率がさがった。これに対して、十六番手は五八・八パーセントにも達し完全に首位の座を占めるに至ったのである。

このように中国綿糸が大戦期間中に、十六番手主流の時代にはいったことは、初期における十六番手専門の構成から高番手化をとげつつあったとはいえ、一九一七年においてもなお十六番手が五〇パーセント以上を占めていた輸入日本綿糸にとって、大きな脅威となった。

図表三―一三は、大戦前の一九一三年と大戦後期の一七年、さらに日本綿糸の輸入が大幅に減少した一八年について、一部推計をまじえながら、中国綿糸と日本綿糸のシェアを番手別に試算したものである。一三年の中国綿糸は、図表三―一〇の生産高に、図表三―一一の上海での番手別生産比率をかけた推計であり、一八年の中国綿糸もその生産高に、一七年の番手構成を不変と仮定してかけた推計にすぎない。したがって、とくに一三年はあくまで一つの参考としてのみ見ていただきたい。

一九一三年では、十六番手で中国綿糸が相当進出してきたとはいえ、日本綿糸はまだわずかながら優位にたっていた。二十番手は日本綿糸がほぼ四分の三を占め、二十番手をこえる中糸、細糸では、中国綿糸はほとんど問題にならない量であった。

ところが、四年後の一九一七年になると、十六番手主力の中国綿糸が、この番手でシェアを八〇パーセント以上にのばし、日本綿糸を完全に圧倒してしまった。また、二十番手でも中国綿糸の伸長はめざましく、四五パーセント強のシェアを占め、四年前の十六番手における角逐状況が二十番手に移行した感がある。

さらに一九一八年には、日本綿糸の輸入が各番手にわたって一様に大幅な減少をみたため、中国綿糸の高番手化

図表3－13　中国製綿糸と輸入日本綿糸の番手別市場占有率対比の推計（単位＝梱）

年度	種別	14番手以下	16番手	中日比	20番手	中日比	20番手超過	中日比	合計
1913	※中国製綿糸	321,895	178,530	42.2	37,870	27.3	2,705	5.0	541,000
	輸入日本綿糸	5,475.5	244,338	57.8	101,087	72.7	51,076	95.0	401,976.5
1917	中国製綿糸	247,037	484,100	81.5	79,060	45.5	13,703	16.8	823,900
	輸入日本綿糸	11,036.5	184,047	18.5	94,858.5	54.5	68,238	83.2	358,180
1918	※中国製綿糸	278,400	545,664	83.2	89,088	54.7	14,848	23.5	928,000
	輸入日本綿糸	4,410.5	109,824	16.8	73,688.5	45.3	48,371	76.5	236,294

資料）1913年の中国製綿糸は図表3－10と図表3－11より推計。輸入日本綿糸は東亜同文書院調査編纂部『最近支那貿易』（大正5年3月刊）163頁。
1917年の中国製綿糸は図表3－12，輸入日本綿糸は図表3－18。
1918年の中国製綿糸は図表3－10と図表3－12より推計。輸入日本綿糸は同前『最近支那貿易』。
備考）※印は推計値を示す。とくに1913年中国製綿糸は，上海での比率を全国に拡大して計算した概数にすぎない。

がまったく進まなかったと仮定してもなお、中国綿糸のシェアは、十六番手で八三パーセント強に達し、二十番手でもついに逆転して五四・七パーセントを占め、さらに二十番手をこえる分野でもほぼ四分の一にまで伸びたものと推定される。

清末においては、十六番手すらほとんど生産できなかった中国紡績業が、その輸出開始当初から日本綿糸の主力であった十六番手で、日本綿糸を完全に凌駕してしまったばかりでなく、二十番手でも優位を確立し、さらに二十番手をこえる分野でも、無視できないシェアを占めるに至ったこの事実は、「黄金時期」前夕における中国紡績業の発展を再認識させるにたるものである。

一九一九年の中国関税引上げに日本の紡績業界がかつてない危機感を覚えた背景には、中国紡績業がかくまで成長し、関税率次第では二十番手以下の太糸で、中国市場から日本綿糸を完全に駆逐しうるほどの実力をたくわえてきたことに対する焦燥感がはたらいていたと考えられる。かつて、二十一カ条反対の日貨ボイコットに際しては、まだ日本の紡績関係者は、憤懣の果てにではあるが、「今日我紡績業者の取るべき唯一の策は支那紡績の枝葉末だ甚しく繁茂せざるに際し大挙して之を殲滅するに在り」[35]との暴言をはきうる心境であった。ところが、一七、一八年の輸出激減を目の当りにしたうえ、関税引上げを目前に控えた頃になると、「支那糸の圧迫を受くるは二十番手以下の太糸に限り」という但書きつきであるものの、「支那関税改正の今日特に支那品優勝の地位を得、是より日印綿糸の販路は漸次益々支那糸の侵奪する所となるべし」[36]という悲観論が濃厚になっていく。そして、その打開策として登場したのが、大戦中に中国を視察した富士瓦斯紡績社長和田豊治の「太糸工場を支那に興すべし」[37]という主張に集約されるように、日本よりの輸出綿糸は、細糸、中糸にしぼり、二十番手以下の太糸は、中国で現地生産すればよいという構想であった。中国紡績業の「黄金時期」に大挙はじまった日本巨大紡の対中国工場進出は、中国紡績業の急速な発展に対処するという一面もあったわけである。

もっとも、この時期の中国紡績業の、高番手化もふくめた発展が、かならずしも民族紡績業の発展とイコールで結べるものでなかったことはいうまでもない。和田豊治が、日本綿糸の強敵とみなしたのも、「在華紡」、とりわけ内外綿であった。厳中平氏のまとめた統計によれば、一九一三年に八三万八千余錘であった中国の紡錘数は、一八年には一一三万四千余錘と三五パーセント以上の増加をみせた。そのなか、民族資本の工場は、四九万九千余錘から六四万七千余錘へと、三〇パーセント弱の増加にとどまったのに対し、日本資本は一一万二千錘弱から二四万一千錘弱へ、イギリス資本は一三万八千余錘から二四万六千錘弱へと、それぞれ二倍以上あるいは二倍ちかい増加をとげた[38]。紡錘数の比率からいえば、この時期、民族資本の工場は若干の後退すらみせていたことになる。

また、高番手化現象にしても、のちの三〇年代におけるほどの格差はまだあらわれていなかったものの、図表三―一四の一九二〇年一月における統計が示すように、二十番手への進出状況は、民族紡と外資紡との間に、すでに

図表 3-14　1920年1月上海各紡績工場綿糸生産高

工場＼項目	運転錘数	1カ月綿糸生産高（単位＝梱）							1錘当り生産高（梱）	
		12番手	%	16番手	%	20番手	%	合計	1月(A)	1年(A×12)
日本資本工場（3社8工場）	293,248	300	1.8	13,160	76.8	3,668	21.4	17,128	0.0584	0.7008
イギリス資本工場（5社5工場）	254,536			10,295	69.7	4,485	30.3	14,780	0.0581	0.6972
中国資本工場（9社13工場）	272,608			12,196	85.2	2,120	14.8	14,316	0.0525	0.6300
合　計（17社26工場）	820,392	300	0.6	35,651	77.1	10,273	22.2	46,224	0.0563	0.6756

資料）「大正九年上海各紡績会社紡出高予想比較」—『綿糸同業会月報』第1号（大正9年2月）。

かなりの開きが生じていた。二十番手での輸入日本綿糸に対する優位は、おもに外資紡がその原動力になっていたことが了解できる。

しかしながら、この時期、外資紡に対する中国側の意識は、五四運動以後におけるほどは尖鋭なものではなかったようである。たとえば、一九一五年の二十一カ条反対のボイコットでも、日本よりの輸入綿糸については、民衆のきびしい監視の前に、商人たちもその取引きを停止したが、上海の「在華紡」綿糸は、まったくマークされなかった。内外綿株式会社取締役川邨利兵衛の五月二十六日付外務省通産局長宛報告によれば、輸入日本綿糸の買控えに比し、「弊社ノ製品ハ支那綿ヲ使用シ支那人ヲ職工トシテ紡出シタルモノナレバ売買スルモ差支ナシ不問ニ置ク可シトノ事ニテ爾来続々売行居リ」ということであった。また、上海紡織の製品についても、「現在ノ経済状態トシテハ支那糸トシテ相当ノ売行アリトス」[39]という報告がなされていた。

総じていえば、第一次世界大戦の勃発にともない、中国紡績業は、国内織布業の発展と輸入綿糸の減少からくる根強い需要の拡大に支えられて、その生産力を次第に増強し、綿糸自給率を大幅にひきあげるとともに、二十番手以下の太糸では外国綿糸、とりわけ日本綿糸を駆逐しうる実力をたくわえるに至った。この中国綿糸市場をめぐる大きな変化は、一方で日本巨大紡の対中国進出という新たな脅威をまねきもしたが、たしかに中国紡績業の「黄金時期」創出に不可欠の前提条件を提供するものであった。

第二節　「黄金時期」の到来

中国紡績業にとって、一九一九年はまさに黄金の年であった。一七、一八年の輸入綿糸圧力の軽減から、経営状態を著しく好転させつつあった中国紡績業界は、この年空前の高収益を実現し、二一年に至るまでのいわゆる「黄金時期」の幕開けを迎えた。

一九一九年の収益状況については、厳中平氏が浜田峯太郎の残したデータに基づいて割出した「第一次世界大戦前後中国紗廠的盈利状況」という表が、見事にその実勢を反映しているようである。(40)

この表によれば、一九一八年に比べ、一九年は綿糸価格が一梱当り四一・五両高騰して二〇〇両に達したのに対し、綿花価格は逆に一担当り二・七五両下落して二四・二五両にとどまった。この「紗貴花賤」（綿糸高の原綿安）の当然の帰結として、一九年における綿糸一梱当りの利潤は、実に五〇・五五両にもおよんだという。

たしかに、この推計値は「黄金時期」の到来を告げるのにふさわしい数字ではある。それだけに、この時期の中国紡績業、より広くは民族工業の勃興をテーマとした諸論文は、判で押したようにこの数字を引用している。筆者自身も、この推計値は、かなり大雑把な方法で割出されたにもかかわらず、鮮明に五四運動時期中国紡績業の浮沈状況を映しだしていると思う。

しかし重要なのは、なぜかくも膨大な利潤が、ほかならぬこの一九一九年という年にもたらされたのかを解明することである。従来の論者は多く、「紗貴花賤」という結果だけをもって「黄金時期」到来の説明にあててきたが、そもそも「紗貴花賤」の現象が、なにゆえにこの年に生じえたのか、というより根本的な問題については、十分に納得のいく解答が見あたらない。

この問題の分析は、「黄金時期」到来の原因究明に資するところがあるばかりでなく、「黄金時期」そのものの性格を闡明するうえでも、無意味な作業ではないであろう。以下、一九一九年における中国紡績業の好況を、いま少したちいって分析するとともに、その原因を綿糸価格と原綿価格の二点について、当時の国際市場と中国市場との錯綜した関係のなかに求めた後、五四運動と紡績ブームの関係にも考察をすすめていきたい。

一　一九一九年の中国紡績業

中国紡績業界は、一九一八年の輸入綿糸激減によってもたらされた売手市場の傾向のもとで、一九年は年初から未曽有の好況に活気づいていた。

この年四月、民族資本の三新紗廠に発生したストライキのニュースを報道した『時報』は、この十日以上におよんだ争議による会社側の損害は一〇余万両にのぼると推定し、その根拠を「近ごろ、綿糸一梱当りの利潤は六十両余りも期待でき、〔この工場では〕毎日、綿糸百三十梱を製造できるからだ」[41]と記している。一梱当り六〇両余りという利潤は、厳中平氏の数字よりも、まだ一〇両ほど高い。

もっとも、同じ『時報』が三月段階で報道した記事によると、この数字を鵜呑みにするのは、いささか危険なようである。折から起こった紡績株ブーム（この当時、一般に取引きされていたのは外国資本の紡績株だけだが）に警鐘をならす意味で、『時報』記事は、「世間ではこのところ、紗廠は一梱当り六十両の利潤をあげうる云々と喧伝されているが、関係者の言によると、それほどの高利潤は決してなく、最近四カ月に最高で三十両、最低で十両の利潤にすぎないという。蓋し大きな利益を得ているのは、生産者ではなく販売者なのだ」(42)と実状を伝えた。これまた紡績業者自身の言によっているので、いずれに信をおくべきか断定はさけるが、ともあれ中国紡績業が五四運動の勃発以前から、すでに世間の注目をうけるほどの好況にあったことだけはたしかである。

では、一九一九年全年を通じてみると、中国紡績業はいったいどれほどの利潤をあげたのであろうか。この年以前においては、外資系の紡績会社を除いては、決算報告が公表されるということは、きわめて稀であった。一九年についても、民族資本の紡績会社がそれぞれ決算報告を公表したわけではないが、おそらくは華商紗廠連合会の調査に基づくと思われる各社の収益一覧表が、はじめて公表された。

図表三―一五は、それに資本額、紡錘数、紡糸高などを、華商紗廠連合会編纂の「第一次中国紗廠一覧表」（一九年六月調査）(43)などで補なったものである。収益額については、三つの資料を参照できたが、出入が相当あるので、それぞれの金額がどの資料に基づくかを明記した。いずれが正しいかは判断のしようがなく、一応二つの資料が一致しているもの、および『華商紗廠連合会季刊』所載のものを前列に配し、以下の試算にはこれを利用する。また、収益一覧表からは、天津の華新、裕元、恒源、湖北の楚興、河北の華北など五工場、生産力で全国の二割程度を占める工場がぬけていることも、了解しておかなければならない。

この年、最高の利益をあげたのは、やはり規模が最大の大生紗廠で、総廠と分廠をあわせると、四八一万元（約

図表 3 −15　1919年民族資本紡績工場収益一覧（〇印は織布兼営）

地　方		工場(創立年・経営者)	収　　益（A）	資本(B)	A/B	紡錘数	紡糸高(梱)
上海		三　新 (1913馬鉬爾)	a) b)　c) 130万両　150万両	150万両	0.87	65,000	39,000
	〇	申　新 (1916栄宗敬)	a) b)　c) 105万両　103万両	125万両	0.84	79,984	
		鴻　裕 (1916鄭培之)	a) b)　c) 75万両　80万両	60万両	1.25	37,048	14,469
	〇	溥　益 (1918徐静仁)	a) b)　c) 70万両　75万両	100万両	0.70	26,520	15,000
	〇	恒　豊 (1917聶雲台)	a) b) c) 50万両	60万両	0.83	33,144	8,000
	〇	厚　生 (1918穆藕初)	a) c)　b) 45万両　50万両	120万両	0.38	27,936	6,300
		徳　大 (1915穆抒斎)	a) c)　b) 40万両　45万両	30万両	1.50	16,140	9,240
		同　昌 (1908朱志堯)	a) b)　c) 44万両　40万両	33.5万両	1.31	11,592	7,140
		振　華 (1905薛文泰)	a) b)　c) 35万両　36万両	30万両	1.17	13,548	8,000
	〇	宝　豊 (1917劉柏森)	a) b) c) 25万両	70万両	0.36	18,200	10,800
江蘇	通州〇	大生総廠 (1899張　謇)	a) 281万元（202万両）	250万両	0.81	75,180	40,000
	崇明	大生分廠 (1907張　謇)	a) 200万元（144万両）	120万両	1.20	35,000	21,000
	無錫	振　新 (1908戴鹿岑)	a) c) 130万元	100万元	1.30	30,000	20,000
		広　勤 (1917楊翰西)	a) c) 110万元	80万元	1.38	19,968	8,500
		業　勤 (1897楊宗濂)	a)　c) 80万元　50万元	50万元	1.60	13,832	8,100
	蘇州	宝　通 (1918劉伯森)	a) b) 55万両（76万元）	150万元	0.51	22,568	15,000
	太倉	済　泰 (1906蒋伯言)	a) 41万両	50万両	0.82	22,700	6,500
	常熟	順　記 (1905洪明度)	a) 50万元（36万両）	15万両	2.40	12,740	8,000
	江陰	利　用 (1908施子美)	a) 100万元（72万両）	72万両	1.00	15,000	
浙江	寧波	和　豊 (1906顧元琛)	a)　c) 140万元　155万元	90万元	1.56	23,200	24,000
	蕭山	通　恵 (1904楼映斎)	a) c) 40万元	45万元	0.89	12,000	7,000
	杭州〇	鼎　新 (1897高懿臣)	a) 65万元	40万元	1.63	19,612	12,000
河南	彰徳	広　益 (1909孫家鼐)	a) 99万元	150万元	0.66	29,000	18,900
		合計	715万両 1295万元	1285.5万両 705万元		659,912	306,949

資料）a)「己未年各廠贏余一覧」—『華商紗廠連合会季刊』第1巻第3期（民国9年4月）217頁。

　　b)「昨年の支那各業営業成績」(二) —『上海日本商業会議所週報』第415号（大正9年3月4日）。

　　c)「去年各業獲利之概況」—『時報』民国9年2月26日。

　　資本等のデータは『中国棉紡統計史料』16頁そのほかによっている。

備考）溥益 a) は単位が元となっているが，たぶん両の誤まりであろう。

三四六万両）にも達した。利益率では、比較的規模の小さい江蘇常熟の順記紗廠が、実に二四割の高率を記録した。最低は、利益額、利益率とも上海の宝豊であるが、それでも二五万両で、三割六分の利益率をのこしている。

全工場を辛亥革命以前の創立とそれ以後の創立と、二つのグループに分けてみると、一〇割以上の高い利益率をあげているのは、創立の古い工場に多いことがわかる。創立まもない工場では、上海の鴻裕、徳大、無錫の広勤が、めざましい業績で目立っている。

計二三工場の利益総額は、七一五万両プラス一、二九五万元で、一元＝〇・七二両で換算すると、一、六四七万四千両にのぼる。一方、その資本総額は、一、二八五万五千両プラス七〇五万元、つまり一、七九三万一千両に相当するから、平均利益率は九割二分に達した。

また、綿糸一梱当りの利潤は、上海の申新と江蘇江陰の利用、二工場の紡糸高が不明であるので、これを除くと、三〇万七千梱弱の紡糸高で、一、四七〇万四千両の利潤を得たのであるから、一梱当り四七・九両という数値が算出できる。(44) 厳中平氏の割出した数字にきわめてちかいといえる。

五四運動の起こった一九一九年という年に、民族資本の紡績工場がかくも膨大な利益を得たことは、たしかに民族工業の勃興を促進するうえで、重大な契機になりえたのであろう。しかし、忘れてならないのは、この年が民族紡にとってのみ最良の年であったわけではなく、外資系の紡績会社にとっても、千載一遇の年となったことである。

図表三–一六の外資紡各社の配当率からみると、例外的に高配当を維持してきた内外綿と怡和を除き、他の五社は一九一六年を底入れに、一七年から上向きに転じ、一九年には怡和の一三割配当を筆頭に、上海以外の各社は軒並み五割以上の配当を実現した。しかし、これも事の始まりにすぎず、翌二〇年には内外綿の二二割強、怡和の一

図表３-16　1913～20年上海外資系紡績会社配当率（%）

会社／年度	怡和（英）	公益（英）	楊樹浦（英）	老公茂（英）	東方（1915まで独 1916から英）	上海（日）	内外綿（日）	
							配当率	利益率
1913	30	15		12	12	20	35	61.1
1914	24	12		無配	無配	22	25	26.3
1915	32	15		無配	無配	15	24	53
1916	18	9	無配	無配	無配	12	35	73.6
1917	40	20	25	2.5	無配	12	60	178.1
1918	34	16	16	7	8.3	24	90	251.4
1919	130	50	70	50	50	36	110	385.9
1920	180	88	100	65	40	147	222	518.3

資料）1916年以前は主として安原美佐雄『支那の工業と原料』第１巻（上海日本人実業協会　大正８年３月刊）117～168頁によったが，『上海日本人実業協会報告』第７～12で補ったところもある。1917年以降は「最近支那紡績業の現状」―『大日本紡績連合会月報』第350号（大正10年10月）によった。ただし，内外綿のみは配当率，利益率とも『内外綿株式会社五十年史』（昭和12年９月発行）付録統計１頁による。

備考）怡和の一株額面は当初100両であったが1913年以前に50両に切下げられたので，配当率は後者を基準とする。また，東方は1913年額面50両，1918年以降額面30両で配当率を出した。内外綿の決算は半年毎であるが，ほかとのつり合いから一年にまとめた。

八割、上海の一五割弱と異常な高配当が出現した(45)。外資系各社にとっても、第一次世界大戦のもたらした市場環境の好転が、明らかに蘇生剤のはたらきを果したといえる。

民族紡、外資紡いずれにとっても、一九一九年が画期の年となったことは、疑いをいれない。この年をさかいに、民族資本と日本資本とが、先を争って新工場の設立、紡錘の増設に奔走し、厳中平氏の統計によれば、僅々五年ほどの間に中国紡績業が保有する紡錘数は、一二三万余錘から三三三万余錘へと、二・五倍以上の激増をみたのである。それは、「黄金時期」の名称にふさわしい発展ぶりであった。

「黄金時期」到来の原因については、当時からすでに議論の的であったが、ある論者は、早くも一九二〇年の段階で、そのあまりに急速な生産力の膨脹に危惧の念をいだきつつ、次のように論じた。

ただ、わたくしはその危機の所在を述べようとすれば、まずその暴かに勃興した原因から述べねばならない。承知されたいのは、わが国の紡績業が暴かに勃興したのは、この製品が、社会の人々の需要を博するにたる品質であったからではなく、実は劣貨抵制以来、学者の提倡、輿論の鼓吹から国民が愛国の熱情に激し、みな劣貨を排棄して国貨を用いるようになったからだということである。そのため、わが国の綿糸は、供給が需要に追いつかない状況となった。紡績業者は、不覚にもかえっていまこそ千載一遇の時とばかり、驟かにその価格をつりあげ、三倍の利益で販売したのである。(46)

この論者は、五四運動の日貨ボイコット、国貨提唱に便乗して、紡績業者が綿糸価格をつりあげ、暴利を貪った結果として、紡績業の「黄金時期」が到来したのだと主張している。これほど単刀直入な議論は当時でもそう多くは見あらないが、紡績業勃興の原因を日貨ボイコットに求める見方は、かなり普遍的であった。

たしかに、五四運動が中国紡績業、なかんずく民族紡績業の勃興に有利な局面を提供したことは否定できないが、一九一九年から二〇年にかけてのあの莫大な利益を、たんに日貨ボイコット運動の観点だけで論じるには、事実の上で少なからず無理がある。既述のごとく、一九年には五四運動以前の年初から、世間の注目をひくほどの高利潤が出現していたこと、またこの年高利潤にうるおったのがかならずしも民族紡だけに限らなかったこと、この二つの事実だけをもってしても、先の論者の主張には、訂正を加える必要がある。

現象的には、一九一九年に絶頂に達した「紗貴花賤」が、やはり莫大な利益の最大要因である。では、なぜこの現象が、そもそもこの年に起こりえたのかという問題を、綿糸価格と綿花価格の両面について、分析してみることにしよう。

二　綿糸価格からの考察

中国における綿糸価格は、当然のことながら、国際相場の動向を反映しながら変動するものであった。たとえば、軍閥戦争、災害など、中国固有の経済外的要因が、時として変調をもたらすことはあっても、最終的には国際相場から孤立した存在でありえなかった。井村薫雄の説明によると、「大体支那綿糸相場は、先づ米国綿花相場を見て採算し、更に大阪三品相場を入れて、日支両市場の採算関係を見る。それだけ支那の綿糸相場は、米国綿花相場と大阪三品相場とに、牽制される[47]」立場にあった。

一九一八年に成立した華商紗廠連合会が、その主要な活動の一つに、ニューヨーク綿花相場の外電を、いち早く加盟業者に通知することを定めたのも、米綿相場が少なからず中国綿糸相場に影響を与えたからであった。だが、より直接的に中国綿糸相場を左右したのは、大阪三品相場であった。

すでに清末においても、橋本奇策の記述によれば、大商人はみずから電信を用いて三品相場の情報を入手し、電信のない小さな店では、「何れも昼飯前後日本より相場の電報達する時刻に三井洋行日信洋行又は有信洋行等に至りて入電の来るを待ち受けこれを知悉するを毎日の例とせり[48]」という有様であった。

民国成立以後、日本よりの輸入綿糸が急増するにつれ、中国綿糸相場は、大阪三品相場とより密接に結びつき、パラレルな相場を現出するようになった。しかし、一九一六年後半から二〇年にかけて、大阪三品相場が、空前絶後の暴騰を波状的にくりかえしたことと、日中間の為替相場が、これまたこの時期稀にみる変動にみまわれたことから、中国綿糸相場は、騰落の基本的な傾向ではなお、大阪三品に追随するものの、その幅では独自の動きを示す場合がふえてきた。

一例をあげてみよう。既知のごとく、一九一七年六月から八月にかけて、大阪三品相場は未曾有の暴騰、暴落を経験した。この年、十六番手標準綿糸は、年初には一七〇円前後であったが、じりじりと値をあげ、六月にはいると急騰をはじめた。そして七月末には、ついに四〇〇円をこす記録値をつけ、やがて高騰時に優るとも劣らぬ勢いで反落を開始した。

これに対する中国綿糸相場の動きを上海市況から拾うと、「本邦相場新値より新値に飛び三品四百円台を抜きて尚連日の高調なるより其余波当地市場に及びて相場は減切り高値となり前週に比し約十五六両の奔騰をなせり」（七月二十日）と、大阪三品につられて上海綿糸相場も高騰をつづけ、年初の一一〇両前後から六月には一五〇両前後に、そしてこの七月下旬には輸入日本綿糸藍魚二〇七両、「在華紡」内外綿の水月一九五両、民族紡三新の紅団龍一八五両と、それぞれ最高値をマークしたが、それもつかのま、翌週には「本週は引続き売物薄にて週初三品未曾有の奔騰に連れ追日高値を唱へ一時取引中止の危険相場を現出せしも最近三品瓦落の入報と共に目先一段の反動安あるを見込商内更に閑散なり」(49)（七月二十七日）と、反落も大阪三品とほぼ時を同じくしてはじまった。もっとも、この時の大阪三品の投機的相場には、中国市場では実需の関係から、完全には追随できず、大阪三品に比べ、その上足、下足とも鈍いものがあった。

これは、一時点での例にすぎないが、同時にこの時期全般にわたる傾向でもあったことは、図表三－一七が比較的鮮明に映しだしている。点線は、大阪三品の十六番手標準の鐘について、当該月の中間値に、上海宛為替レート

図表 3-17　16番手綿糸紅団龍と鐘（両換算）の現物相場（1梱当り両）

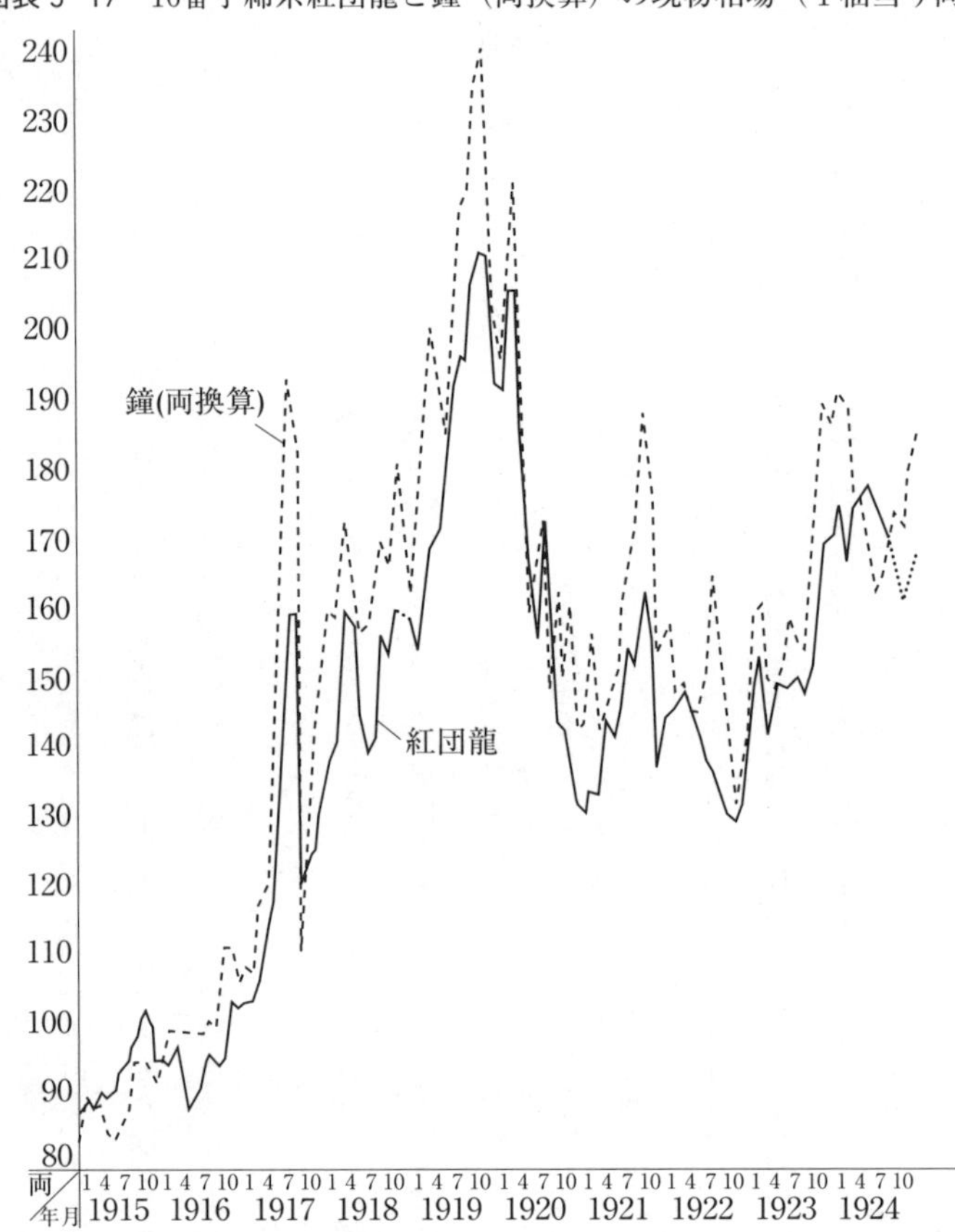

資料）紅団龍（上海民族紡三新紗廠製品）は，『時報』本埠商務市況の当該月末あるいはそれにもっとも近い日の現物相場。鐘（大阪三品16番手標準品）は，『日本経済統計総観』（大阪朝日新聞社　昭和5年刊の昭和41年復刻版）1176～1178頁「大阪綿糸現物相場表」の当該月最高値と最低値の中間値に，当該月の上海宛為替レート（第42～46次『綿絲紡績事情参考書』）をかけて両に換算。

をかけて両に換算した相場を示す。一方、実線は、民族紡三新の紅団龍について、当該月末における上海相場を示す。

一九二〇年以降になると、両者が騰落相反する値動きをみせる場面（たとえば、二〇年八～九月、十～十一月、二二年五～七月、二四年二

図表3−18　紅団龍と鐘（両換算）の価格格差（1梱当り両）

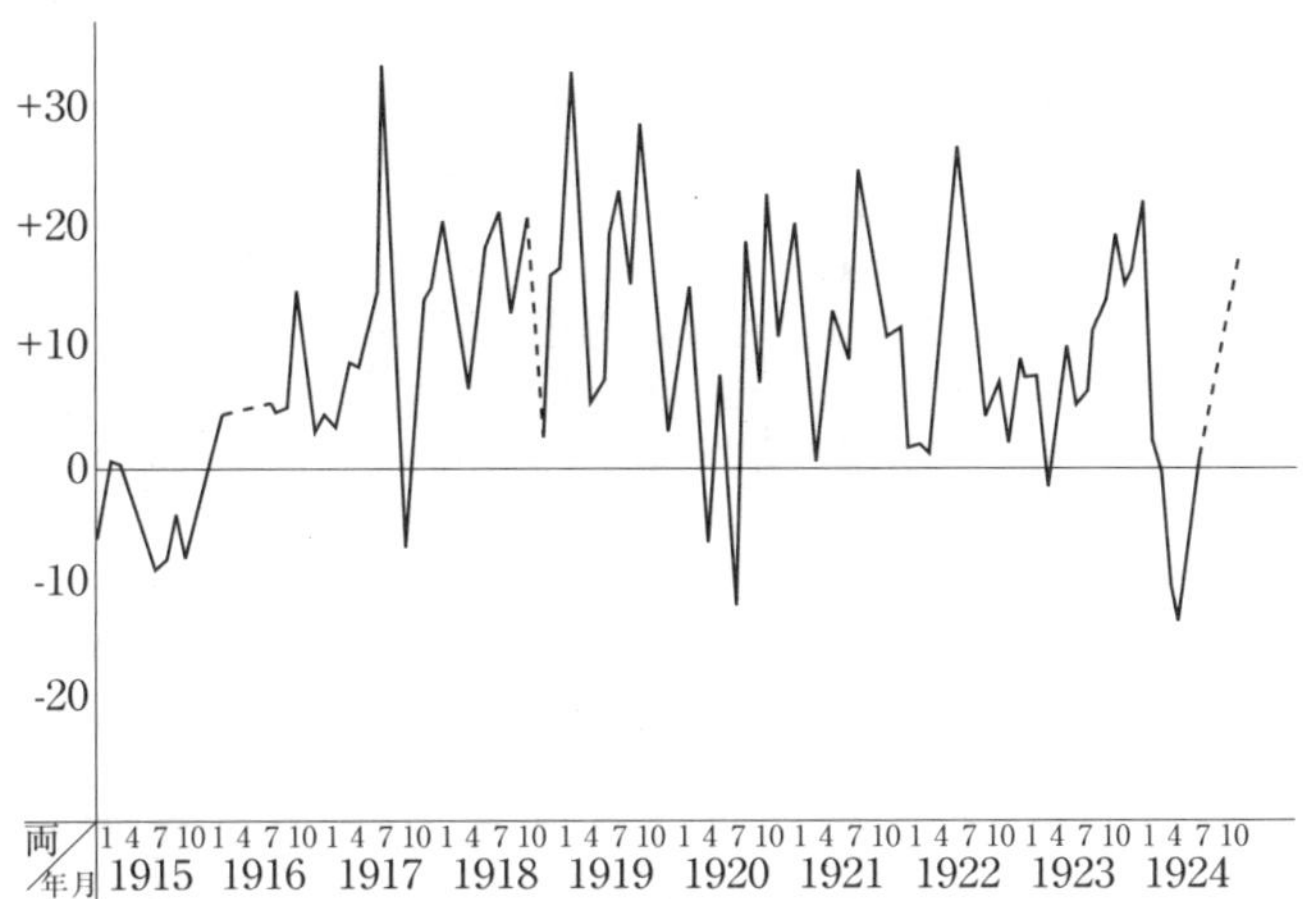

資料）同前。前図の鐘の両換算値から，紅団龍の上海値をひいたもの。したがって，プラスは鐘が割高，マイナスは紅団龍が割高ということになる。

〜五月）もありふれたものとなるが、[50]一九年以前では、一五年十二月〜一六年二月の期間に、両者の相場が逆転するという事態が起こった以外、若干の時間的ずれは認められるものの、騰落の波はほぼパラレルな線を描いている。

ところが、鐘の両換算値から、紅団龍の上海値をひいて作成した図表三−一八を併せみると、両者の騰落の幅には、相当大きな差異があったことがわかる。一九一五年の鐘割安から一六年の紅団龍割安へと局面が一転した事態もさることながら、一七年七月の大阪三品暴騰時には瞬間的にではあれ、紅団龍は鐘に比べ、四〇両近くも割安となり、逆に反落時には六両近く割高に転じたこの大きな振幅は、その後も次第に鐘の割高感を高めながら、大阪三品の大きな相場変動のたびに上下をくりかえしていく。その山と谷が、大阪三品の暴騰、あるいは暴落の月にほぼ一致していることは、中国綿糸相場がこの時期の大阪三品の狂乱相場に、基本的には追随しようとしながら、それもある限度があったことの証左である。

したがって、第一次世界大戦期から一九二〇年前半までの中国綿糸相場は、騰落のガイドラインは大阪三品に仰ぎながら、その幅はおもに国内の需給関係によって決定されるという性格をおびていたと考えてもさしつかえないであろう。

では、問題の一九一九年における中国綿糸相場の動きは、どうであったのだろうか。この年の顕著な現象は、第一に、長年、輸入日本綿糸、「在華紡」綿糸、民族紡綿糸という順位で維持されてきた格付価格が、五四運動の影響で完全に崩壊してしまったこと、第二に、三月から五月にかけて中国綿糸相場がめずらしく大阪三品に相反する値動きをみせた結果、日中両国相場の隔りは一時急速に縮まったが、五月以降における大阪三品の狂乱相場がたたって、十月頃にはその隔りは一七年暴騰時以来の大幅なものに至ったこと、この二点につきるであろう。

第一の点は、日貨ボイコットがもたらした直接的な効果といえるもので、一時的にであれ経済外的な要因が、経済法則を無効にした事例として、特筆すべきである。一般に中国市場では、本章一四七頁でふれた例と同じように、品質、量目、包装の三点から、輸入日本綿糸が最高の評価をうけ、「在華紡」綿糸がこれに次ぎ、民族紡綿糸が最低に位置づけられていた。

その結果、図表三―一九および図表三―二〇A・Bにみるように、大きな価格変動がないかぎり、三者にはだいたい多くて五両前後、少なくて二両前後の間隔で、厳然たる格付価格が形成されていた。五四運動以前において、この格付価格に変調が生じたのは、グラフに表れているところでは、一九一五年五～十一月と、一七年七月、一八年四月の三度だけである。一七、一八年については経済的な原因が考えられようが、一五年は明らかに二十一カ条反対のボイコットによるものである。しかし、一五年の場合、運動のもっとも激しかった五月には、藍魚が取引不能になったものの、六月十一日には早くも藍魚九五両、水月九三両、紅団龍九二両という格付価格が回復していた。

これに対して、五四運動の場合は、この秩序が根底からくつがえされてしまった感がある。綿糸市況を追ってみると、この年年初から、大阪三品の高騰につれ、上海市場でも、三銘柄は格付価格を保持しながら騰勢にあった。五月四日の事件も、五月九日の段階ではまだ綿糸市場に波風をたてるほどではなかった。

それが五月十六日になると、「在華紡」綿糸については、通常材料が支配的ななかで、「搗て加へて青島問題の余波を受け支那糸屋の出入激減せり」との影響もではじめた程度であったが、輸入日本綿糸の方は、「無頼漢の煽動其の効を奏し支那糸屋の日本糸不買同盟を実行する者続出し昨日来取引全く杜絶せり」[(51)]という状態にたちいたった。その後は、輸入日本綿糸の取引きは完全に停止し、市況報告は「商内なし」、「相場建たず記事なし」等の字句を空しくつらねるだけであった。九月二十三日に至ってはじめて、「在荷払底商談なし支那糸暴騰の為め日本糸16Ｓ20Ｓの引合再起の兆ありボイコット終熄の模様あり」[(52)]という希望的観測が、ひとときその単調さをやぶったものの、なお大阪三品の狂騰がたたって、「日本相場高値のため商談なし」という不況がつづいた。

五月中旬以降におけるこの上海市況は、図表三―一九に端的に表れている。輸入日本綿糸である藍魚は、五月以降ほとんど相場がたたず、たまにたっても唱値にすぎないので、点線でしかその動きを示せない。しかも、まれにつく唱値も、おおむね「在華紡」綿糸と民族紡綿糸の中間、あるいは最下位にしか位置せず、五四運動以前の面影はまったくとどめない。そして二〇年十月を最後に上海市況欄からその姿自体を没しさってしまったのである（別表Ｉ―２参照）。

一方、「在華紡」綿糸の水月も、図表三―二〇Ｂのように五月以降は民族紡綿糸の紅団龍と一進一退の値動きを余

図表 3-19　上海における16番手綿糸三種の現物相場（1梱当り両）

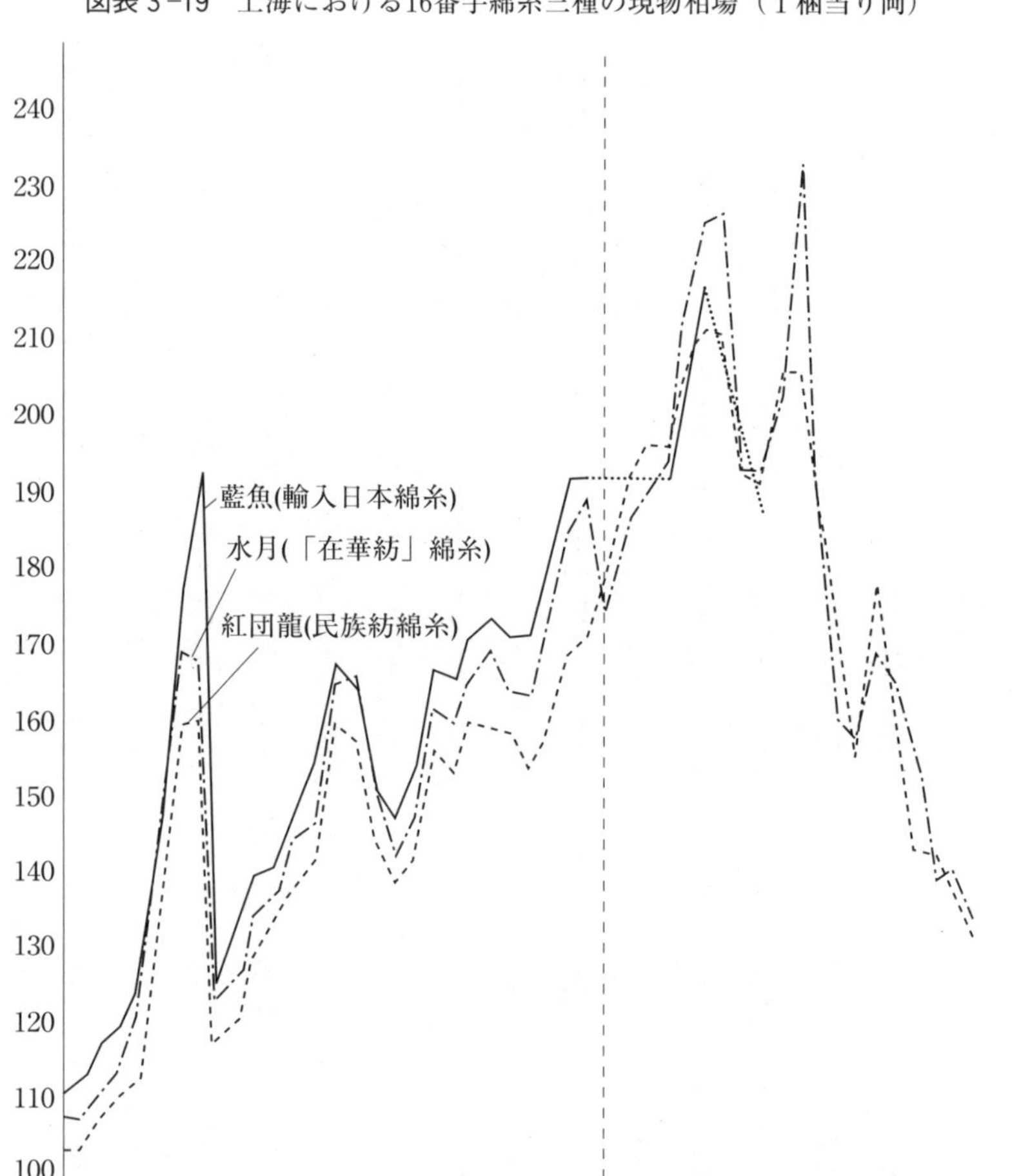

資料）藍魚（日本鐘淵紡績製品），水月（上海「在華紡」内外綿製品）および1919年5月以前の紅団龍（上海民族紡三新紗廠製品）は，『大日本紡績連合会月報』第293〜341号（大正6年1月〜大正10年1月）上海綿糸市況の当該月各週現物相場の平均値。1919年5月以降の紅団龍は，当該月末あるいはそれにもっとも近い日の『時報』本埠商務市況の現物相場。

図表3-20A 上海での藍魚と水月の価格格差（1梱当り両）

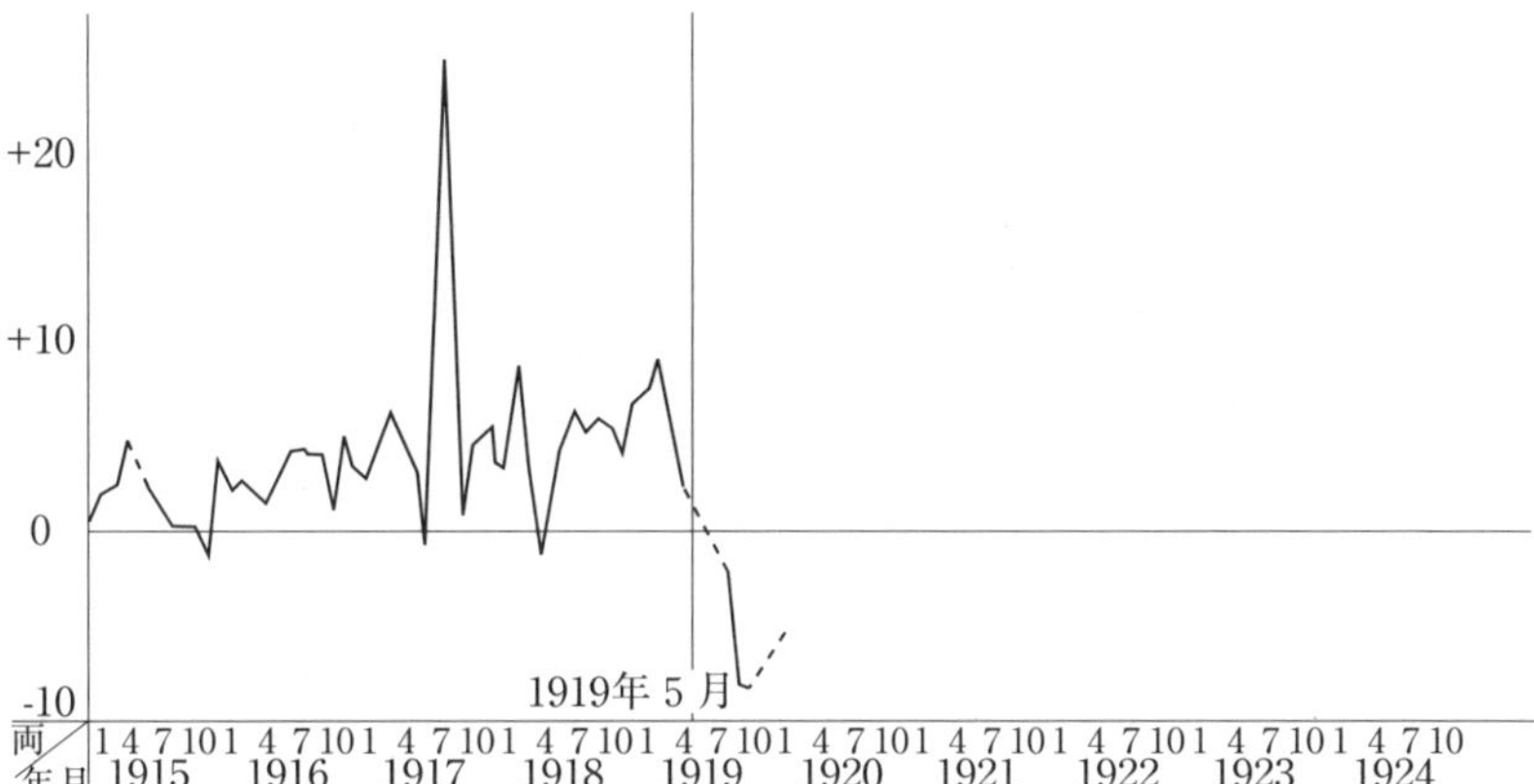

資料）『大日本紡績連合会月報』第269～389号（大正4年1月～大正14年1月）上海綿糸市況の当該月各週現物相場の平均値について藍魚から水月をひいたもの。したがって，プラスは藍魚が割高，マイナスは水月が割高ということになる。1920年1月以降は藍魚の相場がたたないため比較できない。

図表3-20B 上海での水月と紅団龍の価格格差（1梱当り両）

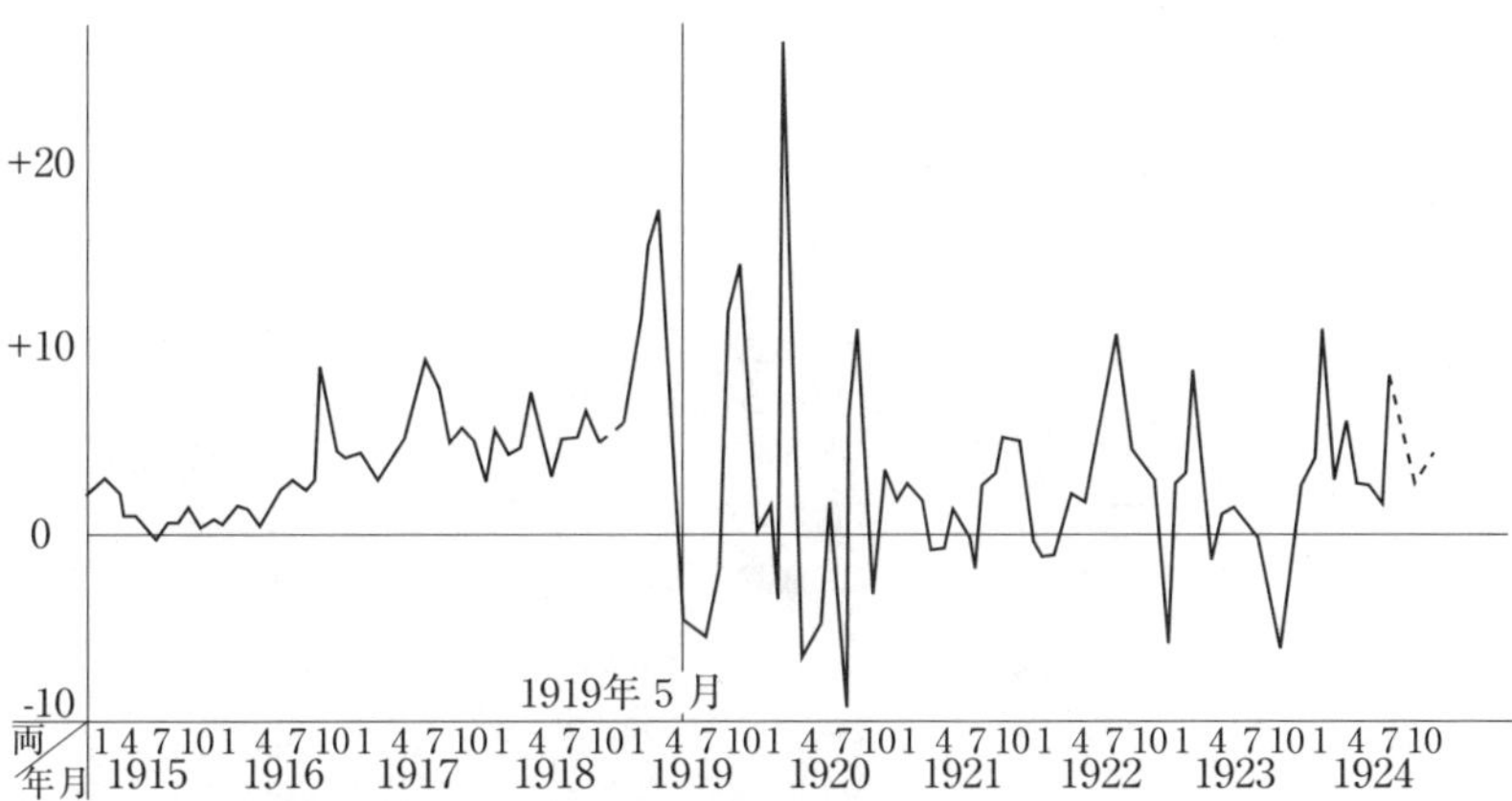

資料）同前。ただし，1919年5月以降の紅団龍だけは，当該月末あるいはそれにもっとも近い日の『時報』本埠商務市況の現物相場。プラスは水月が割高，マイナスは紅団龍が割高ということになる。

儀なくされ、以後もかつての厳然たる格付価格が復活することはなく、時々の情勢に左右されつつ上下常なき状態が、むしろ常態となってしまった。

この格付価格の崩壊は、五四運動を分岐点として、中国綿糸市場にもたらされた変化を、もっとも象徴的に表すものである。では、この格付価格の崩壊を可能にしたのは、なにだったのだろうか。五四運動の日貨ボイコットについて、二つの特徴をあげ、その解答としたい。

まず第一に、輸入日本綿糸についていえば、五四運動のボイコットで二十番手以下の太糸、とくに十六番手がほとんど壊滅的な打撃をうけ、ついに中国市場から駆逐されてしまったこと、そして以後は輸出の主力を二十番手をこえる中糸、細糸に転じざるをえなくなったことがあげられる。

この傾向は、一九一五年の二十一カ条ボイコットの際にすでにみられたのであるが、なお十四番手が生産の主力であった当時の中国紡績業には、十六、二十番手の日本綿糸を完全に駆逐するだけの力はなかった。そのため、ボイコットが下火になると、ただちに十六番手標準の格付価格が復活したわけである。

ところが、その後の変化は、本章一六一～一六六頁に詳述したごとく、きわめて顕著で、価格高騰で後退していった日本綿糸にかわって、外資紡綿糸をもふくんでの中国綿糸は、十六番手でほぼ独占状態を、二十番手でも推定で半分以上のシェアを占めるに至っていた。この大戦期における中国紡績業の発展によって、五四運動のボイコットは、一九一五年のそれとは比較にならないほどの展開をみせることになった。すなわち、一九年段階では、たとえ日本綿糸の輸入が杜絶したとしても、二十番手以下の太糸については国内市場に、それほど急激な需給関係の混乱が起こらないがゆえに、それだけ徹底的かつ長期的にボイコットを遂行することが可能になったのである。

図表３－21　1918,19年下半期中国各港向日本綿糸番手別積出高比較　（単位＝梱）

港名	年度	14番手以下	%	16番手	%	20番手	%	30番手以上	%	合計
上海	18下半年	1	0.0	4,537	16.0	15,009.5	53.0	8,770.5	31.0	28,318
	19下半年	28.5	0.2	20.5	0.2	3,369.5	25.0	10,046.5	74.6	13,465
	増減	+27.5		−4,516.5		−11,640		+1,276		−14,853
天津	18下半年	1,023	2.8	9,871.5	27.1	12,531	34.3	13,059.5	35.8	36,485
	19下半年	25.5	0.1	3,209.5	14.1	7,804	34.4	11,653	51.4	22,692
	増減	−997.5		−6,662		−4,727		−1,406.5		−13,793
漢口	18下半年	15	0.1	5,338	42.5	5,773	46.0	1,425.5	11.4	12,551.5
	19下半年	11	0.2	499	7.0	3,499	49.1	3,116.5	43.7	7,125.5
	増減	−4		−4,839		−2,274		+1,691		−5,426
青島	18下半年			8,519	51.0	7,637.5	45.7	543.5	3.3	16,700
	19下半年			1,129	58.9	190.5	9.9	597.5	31.2	1,917
	増減			−7,390		−7,447		+54		−14,783
大連	18下半年	128	1.3	6,903	71.1	2,246.5	23.1	433	4.5	9,710.5
	19下半年	5	0.1	3,009.5	60.5	1,760	35.4	202	4.1	4,976.5
	増減	−123		−3,893.5		−486.5		−231		−4,734
其他諸港	18下半年	177	2.4	4,082.5	55.7	2,315.5	31.6	759.5	10.4	7,334.5
	19下半年	87	1.4	2,656.5	41.6	2,842.5	44.9	750	11.8	6,336
	増減	−90		−1.426		+527		−9.5		−998.5
合計	18下半年	1,344	1.2	39,251	35.3	45,513	41.0	24,991.5	22.5	111,099.5
	19下半年	157	0.3	10,524	18.6	19,465.5	34.4	26,365.5	46.7	56,512
	増減	−1,187		−28,727		−26,047.5		+1,374		−54,587.5

資料）第32次，第34次『綿絲紡績事情参考書』（大正７年下半期，大正８年下半期）。

図表三－二一は、一九一八年と一九年の各下半期において、日本各港から中国各港向けに積出された日本綿糸の数量を番手別に比較したものである。当時の番手別輸出構成からいえば、十四番手以下は無視できるので暫く措くとして、十六番手では、上海が一八年の四、五〇〇梱余りから二〇梱半へと、ほぼ皆無となったのを筆頭に、漢口が十分の一以下、青島が七分の一以下、天津が三分の一以下と壊滅状態となり、全国平均でもほぼ四分の一に減少した。二十番手でも、青島が一八年の四〇分の一に激減し、上海がほぼ五分の一にへったのをはじめ、其他諸港の微増を除き、軒並みに大幅な減少にみまわれ、全国的にも前年比六〇パーセントの減少となった。

これに対して、三十番手以上では、天津の前年比一〇パーセント以上の減少と大連の半減がめだつ程度で、あとは逆に、漢口が倍増、上海が前年比一五パーセントの増加で、全国総計でも微増をみた。

各港の傾向を比較してみると、五四運動の発端となった山東問題の焦点、青島でほぼ完璧なボイコットが遂行されたのが、特筆に値する。十六番手では、上海、天津、漢口など民族紡のある都市でボイコットの効果が著しかったのに対し、二十番手になると、天津、漢口は、上海ほどの大幅な減少はみられない。おそらく、図表三―一二に表れた上海と地方での番手別生産構成が一九一九年にもまだ大きくは変化していなかったことの反映であろう。また、三十番手以上の分野では、天津を除き、民族紡の所在地であるとともに、織布業地帯をひかえた上海、漢口で増加しているのは、一五年の場合と同様、輸入日本綿布減少の代替織布用に需要がふえたためと考えられる。

輸入日本綿糸全体でも、十六、二十番手の落込みがそのまま響いて、一九一八年の一一万一千梱余りから、五万六千梱余りへ半減した。こうして、五四運動のボイコットは、十六、二十番手の日本綿糸に決定的な打撃を与え、ことに十六番手標準では、中国市場で相場すらたてられない状態においこんだのである。

だが、長期的な観点からみれば、五四運動のボイコットも、大戦中からすでに輸出競争力をうしなって低落傾向にあった十六、二十番手の日本綿糸が、中国市場から撤退する速度を若干はやめただけにすぎない面も、見落してはならない。図表三―一二では、一九一六～二五年の十年間について、中国各港向日本綿糸の積出高を番手別にまとめた。大連、其他諸港では、かならずしも一貫した傾向がみられるわけではないが、大口の輸入港である上海、天津、漢口、青島の四港では、天津の二十番手を唯一の例外として、十六、二十番手が一六～一八年の三年連続で、大幅な減少をつづけてきていた。全国的にみても、この傾向は顕著で、むしろ一九年の落込みは、前三年に比べれば失速さえしているところもある。

一九二〇年にはいっても、十六番手の絶対量でいささか回復のみられる港もあるとはいえ、その量は、数年来の低落傾向に歯止めをかけうるほどではなかった。二十番手は二〇年も続落したあと、二一、二二年には一六年の水準までいったんは回復するが、やはり長期的には十六番手と同じ運命にあった。五四運動の年は、この意味で十六、二十番手の下降線にせいぜいで一つの谷を刻んだにすぎなかったのである。

だからこそ、日本外交筋も、日本綿糸ボイコットに関しては、「日本綿糸ハ……欧州戦乱勃発以来内地相場暴騰ノ為価格不引合ニ依リ輸入漸減ニ傾キ其間支那紡績業ノ発展ニ連レ漸次其販路ヲ侵蝕セラレ昔日ノ面影ヲ有セサルノミナラス五六月ノ交ハ取引閑散期ナルヲ以テ……日本綿糸ノ蒙ル影響ハ差シテ大ナリト云フヲ得ス」との強気な分析を下し、かつ「細手四十二番ノ如ク当地需要品トシテ日本品以外ニ求ムヘカラサルモノハ内密ニ引合アリ又投機的先物ニ至リテハ相当契約ヲ見ツツアリ[53]」と、高番手綿糸の好調さにむしろ安堵さえしていたのである。五四運動のボイコットでも、二十番手をこえる中糸、細糸については、依然として課題を将来にのこしたわけである。

第二の特徴として、一九一五年のボイコットとは異なり、「在華紡」綿糸にもボイコットの対象が拡大された点を、あげなければならない。

五四運動のボイコットでも、当初は「在華紡」綿糸と輸入日本綿糸とを区別して扱いたい商人が多かったのは、事実である。五月十四日の『申報』によれば、綿花連合会、紗業公会、競智団の三団体は、この時点ですでに日本商人との取引停止を宣言していた。もっとも、ここでは輸入日本綿糸と「在華紡」綿糸の区別には言及していなかった[54]。それが、翌十五日になって「正義団」を名のる張庸夫等の摘発をうけ、三団体は日本商人との取引停止を宣言しておきながら、この一両日の間に取引所で水月牌（内外綿製品）一万四千梱余りを取引きする商人が横行して

図表３－22（続）　1916～25年中国各港向日本綿糸番手別積出高　　　（単位＝梱）

港名	年度	14番手以下	%	16番手	%	20番手	%	30番手以上	%	合　計
大連	1916	1,516	10.3	9,581.5	64.9	2,252	15.3	1,416.5	9.6	14,766
	1917	949.5	6.8	8,047	57.3	2,965.5	21.1	2,088.5	14.9	14,050.5
	1918	328	2.3	9,642.5	66.6	3,305	22.8	1,198	8.3	14,473.5
	1919	174.5	1.4	7,374.5	59.4	3,989.5	32.1	883	7.1	12,421.5
	1920	3,660.5	18.4	12,065.5	60.6	3,243.5	16.3	931	4.7	19,900.5
	1921	3,442	17.6	11,199.5	57.4	3,945	20.2	930.5	4.8	19,517
	1922	1,336	7.0	12,562	65.9	3,625.5	19.0	1,529.5	8.0	19,053
	1923	312.5	2.3	9,223.5	68.9	2,900	21.7	947	7.1	13,383
	1924	197	2.8	3,319	47.3	2,869	40.9	638	9.1	7,023
	1925	387	6.3	1,886.5	30.6	2,621.5	42.5	1,275.5	20.7	6,170.5
其他諸港	*1916	316.5	1.9	13,902	85.4	1,051	6.5	1,000	6.1	16,269.5
	1917	1,340	4.3	18,076.5	58.6	5,320.5	17.2	6,133	19.9	30,870
	1918	1,075	6.1	9,532.5	54.5	5,004.5	28.6	1,890.5	10.8	17,502.5
	1919	486.5	2.4	11,296	55.8	6,284.5	31.0	2,188	10.8	20,255
	1920	1,251.5	12.5	5,907.5	58.9	1,741	17.4	1,128	11.2	10,028
	1921	2,268.5	6.3	24,036.5	66.2	8,456.5	23.3	1,534.5	4.2	36,296
	1922	3,689	9.1	23,167	57.1	11,180	27.6	2,539	6.3	40,575
	1923	2,285.5	8.5	12,294	45.9	9,712	36.3	2,492	9.3	26,783.5
	1924	1,581	7.9	8,500	42.6	7,828.5	39.3	2,033.5	10.2	19,943
	1925	252	0.9	9,985.5	35.2	14,019.5	49.4	4,111	14.5	28,368
合計	*1916	7,039.5	1.6	253,692	59.4	102,688	24.0	63,694.5	14.9	427,114
	1917	11,036.5	3.1	184,047	51.4	94,858.5	26.5	68,238	19.1	358,180
	1918	4,410.5	1.9	109,824	46.5	73,688.5	31.2	48,371	20.5	236,294
	1919	1,362	0.8	40,825.5	24.4	62,023	37.1	62,805	37.6	167,015.5
	1920	39,390.5	22.1	47,970.5	26.9	50,474	28.3	40,547.5	22.7	178,382.5
	1921	15,496.5	8.2	56,664.5	30.0	71,265.5	37.7	45,472.5	24.1	188,899
	1922	6,744	2.9	45,534.5	19.9	102,094	44.6	74,651	32.6	229,023.5
	1923	2,911	2.2	22,476.5	16.6	51,289.5	37.9	58,525.5	43.3	135,202.5
	1924	2,664.5	2.7	13,248.5	13.2	25,080.5	25.0	59,367	59.2	100,360.5
	1925	1,801.5	1.4	15,206.5	11.4	42,935.5	32.3	73,105	54.9	133,048.5

資料）1917～25年は第29～46次『綿絲紡績事情参考書』。1916年のみ，深沢甲子男『紡績業と綿絲相場』（同文館　大正15年９月刊）付録13頁。

備考）其他諸港は原表では，芝罘，牛荘，安東，其他支那諸港とわかれているのを，一つにまとめた。ただし，＊印のついている1916年は安東，其他支那諸港は表示されていない。したがって全国合計についてもこれを考慮されたい。深沢の付表は『綿絲紡績事情参考書』の数値と若干の出入がある。『参考書』の方を基準にすべきであろう。

図表3-22 1916～25年中国各港向日本綿糸番手別積出高 (単位＝梱)

港名	年度	14番手以下	%	16番手	%	20番手	%	30番手以上	%	合計
上海	1916	1,305	0.8	93,671.5	56.7	45,419	27.5	24,874.5	15.1	165,270
	1917	1,930	1.6	54,061	44.7	39,258	32.5	25,699	21.2	120,948
	1918	3.5	0.0	36,578	46.3	24,035	30.5	18,310	23.2	78,926.5
	1919	48	0.1	1,900.5	5.2	14,025	38.4	20,580.5	56.3	36,554
	1920	26,404	39.8	8,167	12.3	14,284.5	21.5	17,538	26.4	66,393.5
	1921	3,561.5	8.1	5,388	12.3	14,959.5	34.0	20,040.5	45.6	43,949.5
	1922	557.5	1.0	734.5	1.4	21,396.5	39.5	31,547.5	58.2	54,236
	1923	88	0.3	46	0.2	9,076	30.8	20,268.5	68.8	29,478.5
	1924	166.5	0.5	687	2.0	4,650	13.4	29,070	84.1	34,573.5
	1925	802.5	1.7	2,593	5.4	12,768.5	26.7	31,573.5	66.1	47,737.5
天津	1916	3,804	3.8	43,778.5	43.8	21,080	21.1	31,394	31.4	100,056.5
	1917	6,274	7.6	30,280.5	36.8	19,692.5	23.9	26,010	31.6	82,257
	1918	2,622.5	4.1	17,446	27.4	21,412.5	33.6	22,248	34.9	63,729
	1919	545.5	0.9	10,487	16.5	21,480	33.8	31,008	48.8	63,520.5
	1920	7,810.5	17.2	7,373.5	16.3	14,371	31.7	15,818	34.9	45,373
	1921	6,157	10.8	6,200.5	10.9	24,455.5	43.1	19,958.5	35.2	56,771.5
	1922	722.5	1.2	1,225.5	2.0	32,598.5	52.8	27,242	44.1	61,788.5
	1923	171.5	0.5	25	0.1	15,501	42.9	20,459.5	56.6	36,157
	1924	642	3.5	24.5	0.1	5,324	29.1	12,274.5	67.2	18,265
	1925	291	1.0	365.5	1.2	8,376.5	28.6	20,214	69.1	29,247
漢口	1916	25	0.0	29,999.5	59.1	17,604	34.7	3,140	6.2	50,768.5
	1917	200	0.4	28,725.5	59.6	13,534	28.1	5,712	11.9	48,171.5
	1918	247	0.8	16,212.5	55.0	9,624	32.7	3,374	11.5	29,457.5
	1919	26	0.1	3,893.5	20.2	9,336.5	48.5	6,000	31.2	19,256
	1920			5,089	37.2	5,149.5	37.7	3,430.5	25.1	13,669
	1921			2,379	34.2	3,549.5	51.1	1,020	14.7	6,948.5
	1922	170.5	1.3	1,650	12.6	5,508	42.1	5,754.5	44.0	13,083
	1923	48	0.8	500	8.7	1,150	20.0	4,045.5	70.4	5,743.5
	1924			20	0.4	650	13.3	4,221	86.3	4,891
	1925	24	0.3	62	0.8	1,772	21.7	6,311	77.3	8,169
青島	1916	73	0.1	62,759	78.5	15,282	19.1	1,869.5	2.3	79,983.5
	1917	343	0.6	44,856.5	72.5	14,088	22.8	2,595.5	4.2	61,883
	1918	134.5	0.4	20,412.5	63.4	10,307.5	32.0	1,350.5	4.2	32,205
	1919	81.5	0.5	5,874	39.1	6,907.5	46.0	2,145.5	14.3	15,008.5
	1920	264	1.1	9,368	40.7	11,684.5	50.8	1,702	7.4	23,018.5
	1921	67.5	0.3	7,461	29.4	15,899.5	62.6	1,988.5	7.8	25,416.5
	1922	268.5	0.7	6,195.5	15.4	27,785.5	69.0	6,038.5	15.0	40,288
	1923	5.5	0.0	388	1.6	12,950.5	54.7	10,313	43.6	23,657
	1924	78	0.5	698	4.5	3,759	24.0	11,130	71.1	15,665
	1925	45	0.3	314	2.4	3,377.5	25.3	9,620	72.0	13,356.5

いるのは、「実に新聞記事に一致しない。れっきとした巨商が実に甘んじてその体面をかなぐりすてるものだ」[55]との詰問状が、『申報』、『時報』等に登載された。

同様の詰問状多数にみまわれた紗業公会と競智団は、翌十六日それぞれ緊急会議をひらき、対応策を協議した。紗業公会の方は、同公会の会員にその事実はないと否定したうえで、今後とも日本商人と秘かに取引きする者があれば公会から追放するとの決議をして、「正義団」等の追及をかわそうとしたが、競智団は「上海紡績工場の製品である水月、雙虎〔上海〕、丹鳳〔日華〕等の商標の綿糸は、原料が中国産であるうえに、経営者側にも多数の華股〔中国人株主〕が参加している。各工場の男女一万余人もすべて中国人である。商標には日商が冠せられているが、中国人のうける利害につき、その軽重をはかるべきだ」[56]と主張して、「在華紡」綿糸をボイコットの対象にすべきでないとの態度を表明した。

同じ理由からかどうかはともかく、五月二十日調査完了の『第一次調査日本貨分類表』と題するリストにも、水月、雙虎、丹鳳の三銘柄は、指名されていない[57]。

その後、正義団等の摘発団体と競智団との間にどのような応酬があったかは知るよしもないが、競智団の抗弁にもかかわらず、運動がもりあがりをみせるにつれ、「在華紡」綿糸も、二十一カ条の時のようにまったく影響をうけないというわけにはいかなくなった。

五月十八日に、長江幫の報関行（通関業者）が豫園勧業場で会議を開き、同日以降「在華紡」綿糸をもふくめ日貨の船積を停止する決定を下した[58]のに続き、二十三日には杭州の報関行もこれに同調する旨、書簡で通知してきた[59]。揚子江流域をおもな消費地とする上海「在華紡」にとって、この決定が完全に実施された場合、影響は必至であった。

また、上海綿糸市場で相場を左右するといわれた四川幇も、「在華紡」綿糸の取引停止を決定したという。(60)この決定がいつなされたかは判然としないが、五月二十五日付国民大会から旅滬商幇協会宛の書簡に、「四川、江西両幫の申荘〔上海出張所〕はなお日本商人と取引きし、綿糸数千梱の購入契約をしている」(61)との告発があるところから推して、五月末から六月上旬、それも紗業公会と同じく、他からのつきあげをうけた末の決定であったと思われる。

このほか、広東でも仇貨（日本商品の蔑称）目録に、水月、丹鳳、雙虎が列挙されていたこと、(62)上海近辺の通崇海泰総商会所属の綿糸業者が六月八日、「永久に決して日本綿糸〔「在華紡」綿糸もふくむ〕を買わない」(63)と衆議一決したことなども、確認できる。

とりわけ、六三運動以後、運動の高揚は、商人たちのボイコットに対する消極的態度に変更をせまり、「在華紡」綿糸を国貨とする理屈は、もはや通用しなくなった。正義団に反論していた競智団も批難の声に抗しきれず、六月七日の討論会で、ついに水月、丹鳳、雙虎を日貨と認め、以後取引きしないことを宣言した。(64)

こうして、五四運動では「在華紡」綿糸もボイコットの渦にまきこまれた。しかし、競智団に典型的なように、商人層が概して運動のもりあがりにせまられてボイコットにふみきったこと、また輸入日本綿糸に比べ、「在華紡」綿糸は、「その包装形式が、もっとも華貨〔中国製品〕と混同しやすい」(65)ものであったところから、ボイコットの効果はさほど思わしくなかったようである。

そのようであったから、「準日貨と目されたる日本人経営又は経理の上海糸」に対し、当初はボイコットが厳重になされたが、その結果として民族紡綿糸が不当な高値をよび、「準日貨」が割安となったことと、地方の織布業者が民族紡綿糸の異常な高値に抗議を提出したことから、「割安の準日貨取引翕然として起り、市価奔騰を見るに至り、非買は有耶無耶の中に葬り去られたり[66]」と上海日本商業会議所の報告が記しているのも、あながち強弁とはいえない。その証左に、図表三－一六にみたごとく、この一九年にも、内外綿、上海、日華の「在華紡」三社は、程度の差こそあれ、一九一八年を上まわる高配当を実現したのである。たしかに、イギリス系各社の激増ぶりに比べれば、若干の遜色があるところに、ボイコットの影響が認められるにしてもである。

したがって、ボイコットの面からだけいえば、「在華紡」のうけた損失は、比較的軽微だったと判断せざるをえないが、五四運動は新たに「在華紡」の存立そのものを問いなおす深刻な命題を用意していた。

それは、上海「三罷闘争」のなかで、「在華紡」に働く中国人労働者一万四千名余りが、六月八日夜から九日にかけてストライキにたちあがり、軍閥政府の屈服をかちとるうえで、決定的な役割をはたした出来事である。その経過と意義については、狭間直樹氏の専著が詳細に論じている[67]ので、ここでは重複はさける。

ただ、ここで注目されるのは、ストライキに対する日本側の認識と、ストにたちあがった中国人労働者の自覚との間にみられる、うめようのない隔りである。

生産処点での政治ストという未曽有の事態に直面した「在華紡」側は、「一時甚シキ精神的危険ヲ感シタリ」と、その驚愕の色をあらわにしたものの、ストそのものの性格については、「此等工場従業者は……之ニ依リ衣食シ生活ヲ維持スルモノナルカ故ニ罷工ヲ好マス単ニ学生等ノ脅迫ニ依リ暴動ニ出テタルカ又ハ一時其危害ヲ免レンカ為休業シタルニ止マリ[68]」と、たかをくっていた。

一方、中国人労働者の方は、六月十日の親日派売国官僚三名の罷免決定で、三罷闘争が収束にむかった後も、売国官僚の罷免で山東問題が解決したわけではないとの認識から、スト解除に難色を示し、「時局いまだ定まらず。同人等まさに国民の天職を尽し、再びは該廠にて工作することなかるべし」との決意を表明したばかりでなく、「在華紡」から民族紡への転職斡旋を、「郭静垞……等男女工人九千五百余人」の署名で、紗業公会、競智団の幹事に要請した。(69) むろん、「在華紡」の労働者が大量に民族紡に転職したという事実は見あたらないが、日本側の認識とはまったく異なる次元で、中国人労働者がストにたちあがったことは否定できない。一九二〇年代において、「在華紡」中国人労働者の闘いが、反帝闘争の最前列におどりでる基点は、ここにあったのである。

ボイコットにつづく中国人労働者のストライキによって、中国国民の「在華紡」綿糸に対する警戒心はたかまり、資本関係のゆえにそれを日貨とみなす認識が定着した。「在華紡」綿糸と民族紡綿糸の格付価格を崩壊させたのも、やはり五四運動の成果だったといえる。

以上、二つの点について、格付価格崩壊の要因をさぐってきた。ところで、格付価格の崩壊という異常事態にみまわれた中国綿糸市場は、全体としてもこの年はたして国際相場から隔絶した相場を現出したのであろうか。いま一度、一九一九年の中国綿糸相場にたちもどって、その第二の顕著な現象について分析をすすめていこう。

既述のように、五四運動のボイコットが徹底するにつれ、最下位から最上位におどりでた民族紡綿糸の価格に対して、ボイコット便乗の不当なつりあげという非難がまきおこった。六月四日付、中華国貨維持会の華商紗廠連合会あて書簡も、言葉づかいこそ慇懃であったが、この点をただし、価格引下げを勧告するものであった。

これに対する華商紗廠連合会の六月十一日付回答は、民族紡績業者による価格のつり上げを、事実無根として否定した。その論拠の第一は、本年の綿糸高騰は、すでに三、四月の段階で十六番手一梱が一七〇～一八〇両まであがっていたことからもわかるように、需給関係の変動にその真因があること、第二に、五四以後民族紡綿糸が日本綿糸の上位にあるのは、日本がダンピングで運動の破壊を意図した結果で、現在の民族紡綿糸一七〇～一八〇両という相場は、「抵制の前と、甚しくは懸殊なく」、しかも工場出荷の段階では、一六〇～一七〇両の価格で市場の相場より、かなり低いのであるから、「これは市面の然らしむところで、廠家の抬高によるのではない」[(70)]ということの二点であった。

民衆の疑惑に直面した、苦しい弁明ではあるが、一九一九年全年の中国綿糸相場を通観すると、荒唐ないいわけとは断定できない。図表三–一七にもどって観察すれば、この年一月から三月にかけて、中国綿糸相場は、大阪三品の高騰に若干遅れをとりながらも、騰勢にあった。四月から五月にかけて、大阪三品がかなり急激な反落をみせたのに対し、中国綿糸相場は、需要の堅調にささえられて、めずらしく反発を示し、続騰した。その結果、図表三–一八（前出一七七頁）のように、五月には大阪三品と上海相場の値開きは、一八年四月以来もっとも縮小した。

しかし、五月以降、大阪三品はふたたび急騰をはじめ、六月五〇〇円、九月六〇〇円の大台を次々に突破し、十一月の七〇〇円という最高峰までほぼ一本調子の暴騰をつづけた。これに対して、民族紡綿糸の紅団龍も、おそらくはボイコットと需要好調の二つの材料をテコに、六月の一九〇両から、九月には二〇〇両の大台にせまり、十～十一月に二二〇両近くの最高値を記録して、追随の姿勢をゆるめなかったのだが、一九一七、八年の大阪三品暴騰時にみられたパターンは、結局やぶることができず、図表三–一八に表れているように、大阪三品との値開きは増大するばかりで、十月にはついに三〇両にもひろがった。

綿糸相場の国際比較には、より厳密な分析が要求されるであろうが、少なくとも現象面だけをとりだしていえば、九月下旬、ボイコットが下火になった時点で、一時「支那糸の尚高値には奥地実需地市場との懸隔益々甚敷きを呈し此際排日貨気勢緩和するに至らば採算上或は日本糸の輸入を見るに至らん」[71]との日本側の希望的観測がながれたにもかかわらず、いざ商談がはじまってみると、「日本表との出合悪しく折角の需要出現に際し何等商談整はずから「日本相場高値のため商談なし」[72]へと、日本綿糸の需要は回復どころか、悪化の一途をたどり、三品相場の騰勢が、中国綿糸相場のそれを大きく上まわっていることが実証されたのである。

その後、十一月にはいっても、中国市場では大阪三品には追随しきれないという空気がつよく、「本邦に於ては天井不知の沸騰相場現出に不抱(ママ)当市場には何等の反応なく却て不振軟弱の気配を示し頗る閑散なり」[73]（十一月七日）という雰囲気であった。さらに、翌週も前半では、「本邦に於て三品七百円以上の狂騰相場を演ぜしも当市は何等の感知無く相場は幾分小締りに止まり」（十一月十四日）と相変らずの抑制ぶりが報告されているが、後半では一転して「最近三品暴落も輸出禁止説は好気味を与へ取引活発ならざるも相場引続き漸高を示せり」[74]と、三品暴落にも一九一七年の時のようには敏感に反応しない様子が伝えられている。

このように、一九一九年においても民族紡綿糸の相場は、大枠では大阪三品に追随しながら、ボイコットという恰好の材料にめぐまれたにもかかわらず、大阪三品を上まわる値動きはついに示しえなかったばかりでなく、むしろ十〜十一月の大阪三品の狂乱相場には、傍観のほか、なすすべを知らなかったのである。それはたぶん、中国綿糸市場に、日本ほどは実需関係からかけはなれた相場を形成しえない要素があったからであろうと推察される。[75]

この事情は、一九一九年の中国市場における綿糸需給関係からも納得できる。上海を例にとって、五四運動以降の需給関係を調べてみても、そのバランスが大きく崩された兆候はない。図表三-二-三をみると、日本よりの輸入

図表3-23　1919～20年上海輸入日印綿糸量　　(単位＝担)

種別 期間	日本綿糸			印度綿糸			日印合計		
	1919～20年	前年＝100	前年	1919～20年	前年＝100	前年	1919～20年	前年＝100	前年
5.4～ 5.30	3,072	24.3	12,638	18,051	178.0	10,141	21,123	92.7	22,779
6.1～ 6.27	3,090	86.7	3,562	11,343	260.4	4,356	14,433	182.3	7,918
6.28～ 7.25	3,066	56.1	5,470	5,742	2287.6	251	8,808	154.0	5,721
7.26～ 8.29	2,544	73.9	3,441	19,347	771.7	2,507	21,891	368.0	5,948
8.30～ 9.26	1,581	108.4	1,458	11,875	4137.6	287	13,456	771.1	1,745
9.27～10.31	2,534	124.0	2,044	12,789	2703.8	473	15,323	608.8	2,517
10.25～11.28	1,991	39.3	5,065	7,782	319.4	2,436	9,773	130.3	7,501
11.29～12.19	1,776	26.5	6,712	3,398	3398.0	100	5,174	76.0	6,812
12.20～ 1.23	2,361	34.9	6,759	1,769	−	−	4,130	61.1	6,759
1.24～ 2.27	4,775	145.4	3,284	15,459	243.8	6,340	20,234	210.2	9,624
2.28～ 3.26	3,197	23.6	13,526	15,743	205.5	7,661	18,940	89.4	21,187
3.27～ 4.30	4,190	60.4	6,932	15,698	334.1	4,699	19,888	171.0	11,631
合　　計	34,177	48.2	70,891	138,996	354.1	39,251	173,173	157.2	110,142

資料)『山東問題に関する排日状況』(上海日本商業会議所　大正8～9年刊) 第2輯927頁, 第3輯1266頁。

綿糸は、たしかに五月から八月末までずっと前年を下まわっているが、一八五頁の外交文書の記述どおり、ボイコットの期間が不需要期に重なったため、五月の九、〇〇〇担以上におよぶ減少を除けば、ほかの月は量的に問題にならない減少にとどまった。逆に、日本綿糸の後退にかわって、一三年以来大幅な減少をつづけてきたインド綿糸が、五四運動を契機ににわかに蘇生し、前年度の絶対量が少ないだけに、七月に前年の二〇倍、九月には四〇倍という猛烈な復活をとげた。その結果、日印両綿糸の合計では、五月こそ前年比一、六〇〇余担の減少となったが、六月以降は十二月まで一貫して前年度を大きく上まわり、翌二〇年四月末までの一年間では六万担以上の輸入綿糸増加がみられた。

この現象は、上海に限ったことではなく、図表三―四(前出一四八頁)の全国統計でも、日本綿糸が前年比二一万担以上の減少を余儀なくされたのに対し、インド綿糸は四七万担以上の激増をとげ、日印合計では、一九一八年の一一〇万七千担から一九年の一三六万九千担へと、二六万担以上の輸入増となった。

むろん、すでに周知のごとく、インド綿糸の主力は、十、十二番手であったから、十六、二十番手を主力とする日本綿糸後退の空白を、そっくりうめることはできなかったであろうが、十六、二十番手日本綿糸の減少を中国綿糸の生産増強がうめ、手薄になった十、十二番手の中国綿糸にかわって、インド綿糸の輸入がふえる、という連鎖反応を想定すれば、太糸に関しては、需給バランスが大きく崩れることはなかったであろう。三十番手以上の中糸、細糸については、中国市場でのこのような調整作用が可能でなかったため、図表三-二一のような結果がでたものと推定される。

ともあれ、綿糸相場、需給バランスいずれの面から分析しても、一九一九年における民族紡綿糸の価格は、一時期、一地方での事象を捨象するとすれば、輸入日本綿糸、「在華紡」綿糸との格付価格からの脱離こそ異常事態であるものの、全体としては国際相場から隔絶した高騰を許されたわけではなく、むしろ大阪三品相場に同調しながらも、その投機相場には国内需要の関係から追随しきれず、それをかなり下まわる高騰しかできなかったわけである。したがって、綿糸価格に由来する民族紡の利潤には、自から一定の限度があったものと予想されると同時に、綿糸価格からみるかぎり、民族紡好況の説明はある程度ついても、一九年における「在華紡」をもふくむ中国紡績業全体の好景気を解釈するには、なお不十分な点がのこる。いま一つの角度からの分析を試みたい。

三　原綿価格からの考察

紡績業は、当時の中国ではほとんど唯一の大規模で近代的な工場制機械工業であった。だが、いうまでもなく、

図表3-24　1930年前後における綿糸コストに占める原綿代金の比率（%）

種　　別	10　番　手	14　番　手	16　番　手	20　番　手
(A)	87.92	84.87	82.61	77.64
(B)	87	85	82	77

資料）(A) 方顕廷『中国之棉紡織業』99頁。
(B) 顧毓瑔「中国棉織業之危機及其自救」―李雪純等『民族工業的前途』（上海　中華書局　民国24年刊）所収　54頁。
備考）(B) はおそらく (A) の数値を加工したものであろう。

工業の発展段階からみれば、もっとも初歩段階に位置づけられるべきもので、その生産過程における付加価値もきわめて低い工業であった。図表三―二四のように、一九三〇年前後の中国における調査では、綿糸コストのなかで原綿代金が占める割合は、十四番手で八五パーセント、十六番手で八二パーセントにものぼった。原綿代金の割合は、むろん綿糸価格、綿花価格の変動で上下し、また番手が高くなるほど低減するものだが、おおむね八～九割を占めるものとされている。

したがって、原綿手当は紡績業の死命を制するほどの重要性をもつわけで、良質の綿花を割安の価格で手当てできれば、紡績会社の利潤は確実なものとなった。もっとも、岡部利良の説くところによれば、「この関係から云へば、綿糸紡績業にあっては生産費の高低はそれ程重要性を持たない様に見えるが事実はさうでなく、これこそ最も重要な点である。といふのは、原料たる棉花は国際的商品たる関係上、長期的に見るときは、その相場には各国とも著しい差異がない」(76)。すなわち、各国の綿花相場が均衡状態にあるかぎりは、結局原綿代金は大同小異で、生産費の多少が綿糸コスト、ひいてはその利潤を決定するというのである。

だが、もしその大前提、すなわち各国の綿花相場は長期的には均衡状態にあるという前提に背反する現象が生じた時には、とりわけ当時の中国のように、二十番手以下の太糸が生産の主力であった国では、原綿代金の割合がきわめて高いだけに、そこから得られる利潤は、生産費の差異にかかわりなく、莫大なものになったであろう。
「在華紡」を除いて、一九一〇年代の中国紡績業は、その原綿をほとんど中国綿花でまかなっていた。この点では、中国紡績業は自国の綿花相場にのみ左右される立場にあったといえる。しかし当然のことながら、中国の綿花相場自体は、たんに国内の豊凶および需要によってのみ決定されるものではなかった。

中国綿花の相場形成には、綿糸の場合と同じく、大阪三品相場が大きな影響力をもっていた。十九世紀末以来、中国綿花にとって日本は一貫してその輸出高のうち、八～九割をさばく最大手の消費国であった。反対に、日本側からみれば、紡績業が本格的な発展段階にはいる以前にあっては、中国綿花が輸入綿花の大部分を占める重要な位置にあったが、日清、日露の両戦争をへて、紡績業が拡大の一途をたどりはじめると、品質の均一性を欠き、一時に大量購入のできない中国綿花では、その需要にまにあわず、それにかわってまず、品質均一、大量購入可能のインド綿花が急増し、さらに時代が下ると、高番手糸の紡出可能なアメリカ綿花が重要な位置を占めるに至った。一九一〇年代には、日本の輸入綿花割合は、ごく大雑把にいって、インド綿花六割、アメリカ綿花三割、そして中国綿花が一割の状態になった。したがって、恒常的にいえば、当時の日本にとって中国綿花は、混綿による色白綿糸の紡出に役立つ以外、ほとんど重要性をもたない存在に転落したかにみえる。だが、あくことなく安価な原綿を求めた日本紡績業は、米、印両綿花に比し中国綿花が割安だとみると、ただちに中国綿花を買漁って輸入量をまし、たちまちのうちに中国綿花の相場を米、印両綿花相場との平衡状態にたちもどらせた。

図表三―二五は、一九〇四～二五年、二二年間の大阪におけるインドブローチの相場と、中国綿花の対外輸出量を比較したものである。細かな変化は別として、この二二年間に中国の綿花輸出が一〇〇万担を超過したのは五回

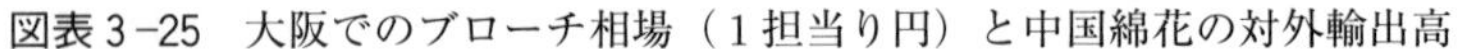
図表3-25　大阪でのブローチ相場（1担当り円）と中国綿花の対外輸出高

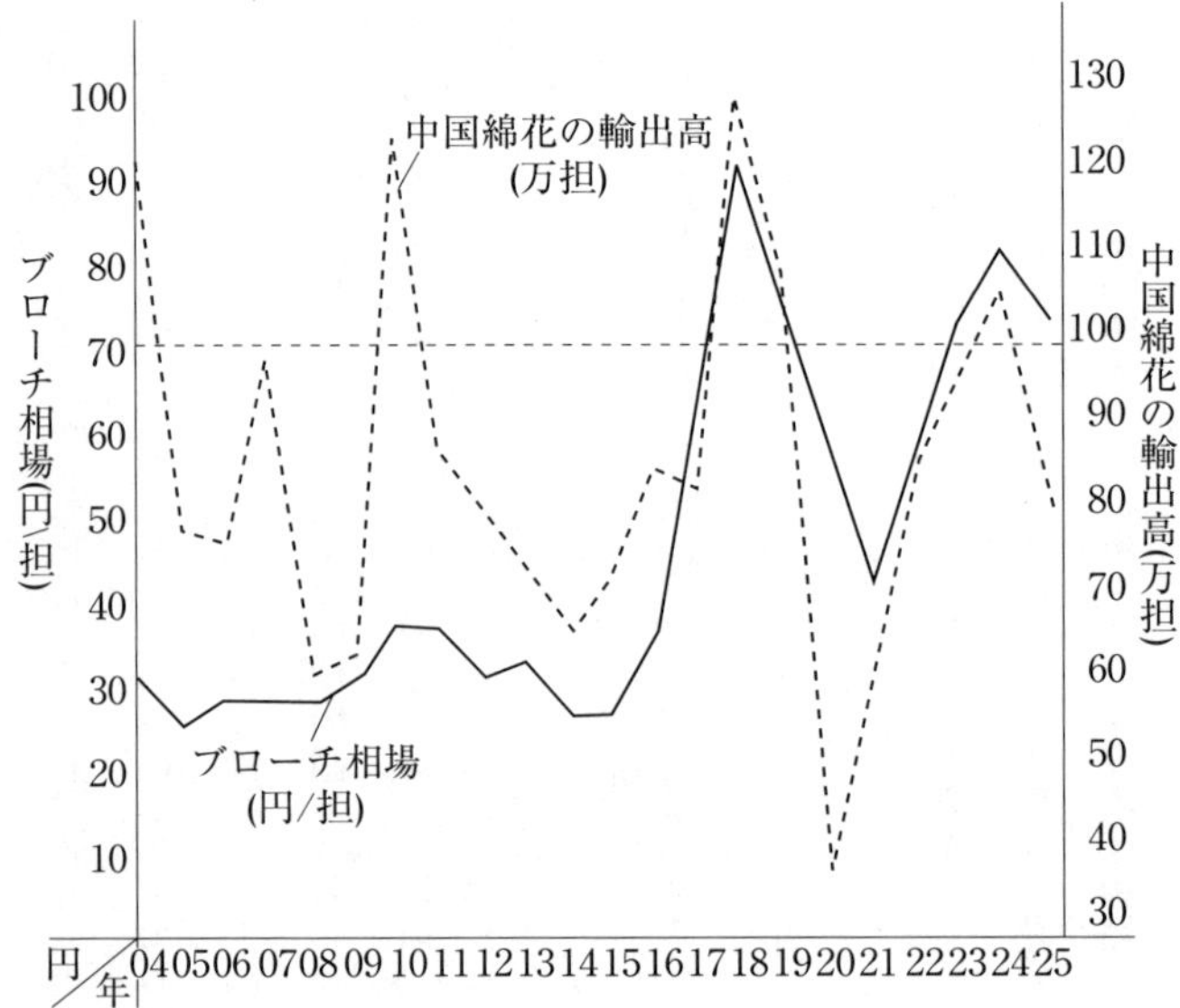

資料）大阪でのブローチ相場は，『日本経済統計総観』1182～1183頁「棉花現物相場表」の当該年最高値と最低値の中間値。中国綿花の対外輸出高は，『六十五年来中国国際貿易統計』36頁。

だけ、すなわち一九〇四、一〇、一八、一九、二四年である。この五回が、いずれも例外なく、大阪におけるインドブローチの暴騰年に一致しているのは、興味ぶかい現象である。しかも、それぞれの年には日本向けの割合が、図表三―二六のように八二～九四パーセントと平年より高い割合に上昇している。中国綿花の輸出構成が、毎年だいたい一〇～二〇万担の脱脂綿、中入綿を、日本以外の諸外国へ送りだすほかは、すべて日本向けであったことから考えれば、当然の傾向であろう。また、日本サイドからみても、輸入綿花に占める中国綿花の割合は、一九〇四年四二・五パーセント、一〇年二三・〇パーセント、一八年一七・八パーセント、一九年一二・四パーセント、二四年一二・四パーセントと、全綿花輸入量が増大した分だけ回を追うごとに低下し

図表３-26　1903～26年中国綿花輸出量に占める日本向輸出の割合（単位＝千担）

年度＼項目	全輸出量	日本向	%	他国向	%
1903	760	687	90	73	10
1904	1,229	1,141	93	88	7
1905	789	689	87	100	13
1906	770	719	93	51	7
1907	988	877	89	111	11
1908	614	652	?	?	
1909	634	595	94	39	6
1910	1,247	1,126	90	121	10
1911	878	734	84	144	16
1912	806	604	75	202	25
1913	739	527	71	212	29
1914	660	433	66	227	34
1915	726	551	76	175	24
1916	851	657	77	194	23
1917	832	616	74	216	26
1918	1,292	1,213	94	79	6
1919	1,072	913	85	159	15
1920	376	220	59	156	41
1921	609	561	92	48	8
1922	842	644	76	198	24
1923	975	804	82	171	18
1924	1,080	890	82	190	18
1925	801	611	76	190	24
1926	879	793	90	86	10

資料）1903～11年は副島圓照「日本紡績業と中国市場」90頁。1912～26年は，全輸出量が『六十五年来中国国際貿易統計』36頁，日本向が蔡正雅等『中日貿易統計』中国経済学社中日貿易研究所専刊（中華書局　民国22年６月刊）付録60頁。他国向は引算。

てはいるが、それでも前後の年に較べれば大幅に上昇している(77)。

かくして、中国綿花は、日本紡績業にとって、その発展とともに相対的地位は低下したものの、米、印両綿花、とくにインド綿花暴騰時のピンチヒッターとしては、いぜん重要性をうしなっていなかったのである。

それはとりもなおさず、中国の綿花相場も、日本を媒介として国際相場に結びつけられ、米印両綿花相場、日中の為替相場等の国際的要因が、その変動を支配することを意味した。

そこで、世界の綿花相場を左右したといわれるニューヨークのミドリング相場と、上海の通州綿相場を、一九一五～二五年の十一年間にわたって比較してみると、図表三―二七のようになる。実線は通州綿一担の相場を両で、点線はミドリング一ポンドの相場をセントで示している。

この期間でもっとも大きな変動は、ミドリング相場が一九一七～二〇年の四年にわたり、波状的な暴騰、暴落をくりかえしながら、底値をかさあげしていき、一九年後半から二〇年前半までの史上まれにみる最高峰を維持したあと、二〇年七月から一瀉千里の大暴落を記録した部分にある。その後、二三～二四年にもこれに近い変動があった。

大戦期をへて劇的な相場変動をくりかえしたミドリング相場は、日本経由で中国綿花相場にもかつてない余波をあたえた。図表三―二七のグラフは、両綿花の現物相場を、たとえば両国の為替相場などによる修正を加えず、そのまま折線にしただけにすぎないから、厳密な意味での価格比較にはならないが、大きな上昇、下降の線について観察すれば、若干の時間的ずれはみとめられるにしても、通州綿相場がミドリング相場と無関係ではありえなかったことをよく表している。

いくつかのポイントについて、上海綿花市況を追いながら補足していくと、まず一九一七年六～七月には、ミドリング相場をうけた大阪三品の暴騰が波及して、通州綿も「為替成行北京政局の不安に頓着なく殆んど其天井を知らざりし」（六月十五日）高騰をはじめた。そして七月末にはついに四二両の最高値を記録したあと、「三品崩落米棉下押支那糸停滞に棉花は軟弱連日下押」（八月三十一日）から、さらに「米棉一仙の暴落に買手見送り気配軟弱

図表 3-27 上海通州綿（担当り両）とニューヨークミドリング（ポンド当りセント）の現物相場

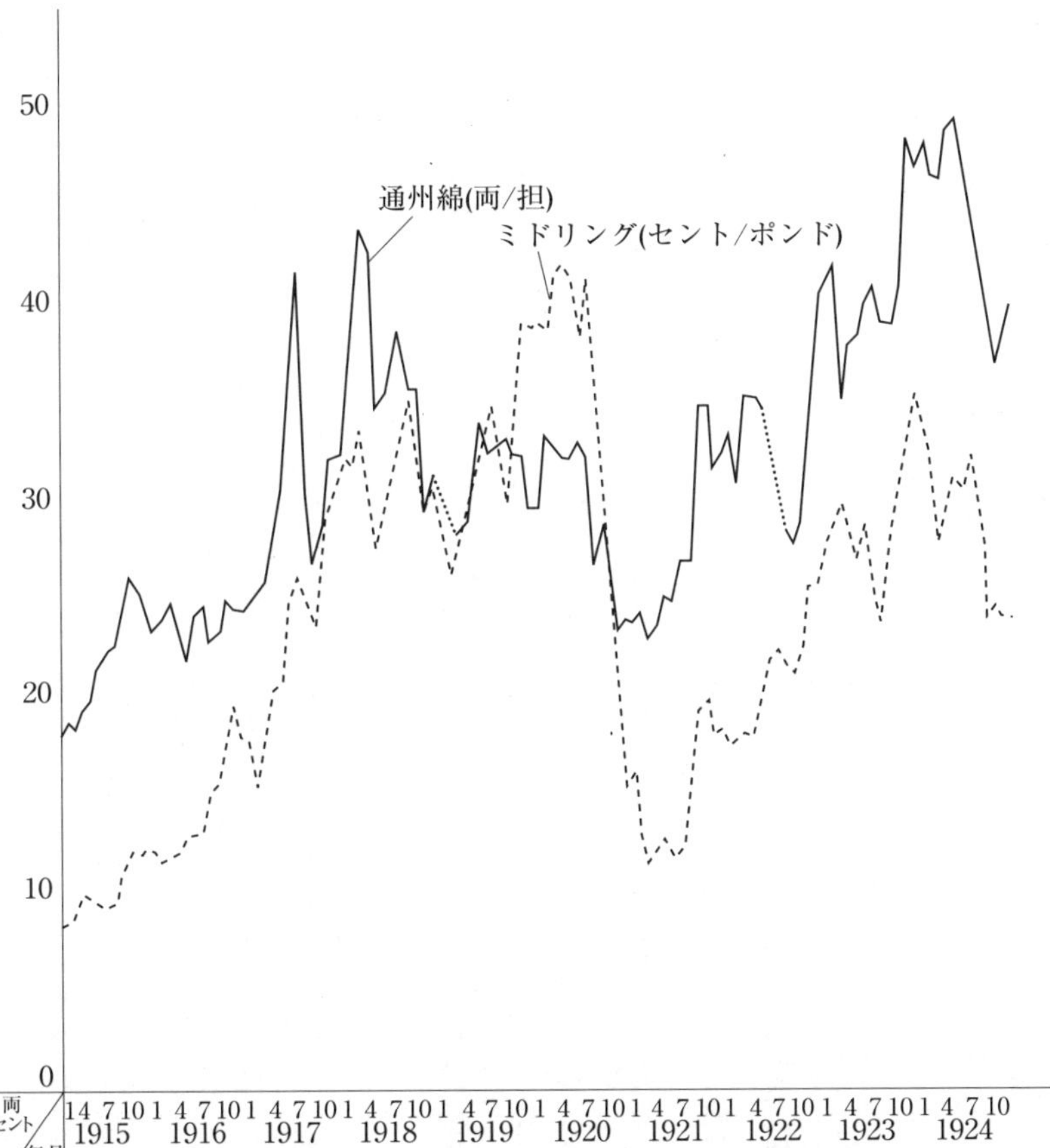

資料）上海での通州綿は，『大日本紡績連合会月報』第269～400号（大正４年１月～大正15年１月）上海棉花市況の当該月各週現物相場の最高値と最低値の中間値。ニューヨークでのミドリングは，『日本経済統計総観』1270頁「米棉現物紐育相場月別表」の当該月最高値と最低値の中間値。

のまま持合」[78]（九月七日）へとかわり、三〇両以下に暴落した。

一九一八年は、前年九月の底値からミドリングがふたたび一本調子で高騰をつづけていたのをうけて、通州綿も年初から「米棉難なく三十仙を突破して尚気配強硬なるに加へて糸況亦好需ありたれば棉花は益手堅く相場忽二両方高騰尚目先手強し」（一月四日）と活気づき、旧正月明けには「米棉頗る手堅く六十三ポイント（〇・六三セント）の暴騰さへ伝へられ……忽ち相場二両方昂騰し目先尚強硬也」（二月二十二日）と加速し、さらに「印棉日本よりの再輸出不自由なりとの入報」という材料が加わって「相場忽ち三両方暴騰」[79]（三月十五日）、ついに四五・五両の新高値をつけた。

反落もミドリングの暴落とともにはじまり、「米棉落付かず且支那糸不味に手持筋焦り居るも買手なく閑散を極め相場追日降落目先頗る弱し」（四月二十六日）から急落をつづけ、六月にはいってようやく、「週末米棉跳返しに連れ……相場持合居れり」[80]（六月七日）と歯止めがかかった。

このあと九月まで、ミドリングは三たび高騰の一途をたどったが、通州綿はこの年大豊作で、相場もミドリングの速いペースには追随しきれなかった。それでも、「米棉高に加へ紡績輸出筋の買気盛なりければ売手手控の姿にて相場手堅し」（七月十九日）ともちこたえたばかりでなく、「新棉は米印棉高に連れ硬化せる矢先き一、二輸出筋の買進みありたれば相場一、二両方昂騰」[81]（八月十六日）さえした。

このようにみてくると、中国の綿花相場が、米綿相場に実に敏感に反応していたことが了解できる。そこでは、中国綿花の豊凶、国内の需要などが相場形成の一要因たることはまちがいないにしても、基本線は米印両綿花相場をにらみながら、中国綿花に対する需要を加減していた日本の輸入動向にかかっていたといえるであろう。この関係からみれば、中国綿花相場は、きわめて受身のかたちで国際相場にくみいれられていたのであって、中国綿花相場が逆に国際相場に影響をあたえるということはほとんどなかったと考えられる。したがって、日本への伸縮自在な原綿供給国として世界経済にくみこまれた中国では、民族紡績業もその揺籃時代から、国際商品たる綿花相場の変動を通じて、受動的に世界経済の波にまきこまれざるをえなかったのである。

しかし、図表三-二七のグラフに、一つの変調期があることも見落せない。あれほど忠実にミドリング相場に追随していた通州綿が、一九一八年後半から二〇年前半にかけての二年たらずの間だけは、ミドリング相場からかけ離れた、時には背反さえする相場を呈していたことが、グラフからよみとれるであろう。

乖離のはじまりは、一九一八年八月であった。「適雨あり良作の声高く売物続出し米棉高も何等刺戟を与へず相場一、二両方下押」（八月二十三日）と、中国綿花の大豊作という材料から、さらに「対日為替の底落（ママ）に全く買止みたれば米印棉高も何等刺撃（ママ）なく相場下押」[82]（九月六日）と、為替材料も加わって、九月にはミドリングがレコード値をつけたにもかかわらず、通州綿は一足はやく反落を開始した。その後も、ミドリングが一進一退にあったのに反し、通州綿は翌一九年四月まで一直線に下降をつづけた。

一九一九年四～八月の高騰、九月の反落と、この半年間だけは、通州綿相場もミドリングを反映する常態にもどったが、十月にはいるとミドリングの急騰に反して通州綿の上足はきわめて鈍く、後半には「打続く好天気と出廻の増加に久しく下るべくして下らざる頑固なる市場も遂に持堪へ得ず米印棉の高きにも頓着なく一時の高値より約一両半下げ尚此上弱気配なるが如し」（十月二十四日）と、ふたたびミドリングに背反する動きをはじめた。その後も「米棉、印棉、三品、為替等好材料入報あるも当地糸況不味なる上金融逼迫の為め閑散ヂリ安」[83]（十二月五日）と乖離をつづけ、従来の通念では考えられない相場が持続した。この状態は翌二〇年七月までもちこされ、三品暴落につぐミドリング大暴落で、ようやく平衡にもどった。

この二年間は、世界の綿花相場が乱高乱低にみまわれた激動の期間であった。この前後、一九一七～一八年、二三～二四年の相場変動では、中国綿花相場も衝撃的な変動にみまわれたにもかかわらず、この二年だけは奇妙にもほとんど反応がなく、安定した相場を維持した。それが通州綿だけに限られた現象でなかったことは、図表三―二八の天津における西河綿の相場をみても明らかである。一七～一八年、二三～二四年の二回は、高原状態とともに最高値と最低値の甚しい隔りという典型的な乱気流相場で国際相場に呼応した西河綿も、一八年末から二一年末まで三年の間、ほとんど二五両前後の小幅な動きに釘付けとなり、通州綿以上の安定相場で、国際相場から完全に孤立した。

以上、市況を加味しながら比較、検討をかさねてきたが、所詮、各市場における綿花相場を、それぞれの現地価格で比較したにすぎない。したがって、各国での物価上昇率の相違などを勘案して比べれば、ちがった結果がでる可能性もないわけではない。そこで、もう少し厳密な比較をめざして、まず市況の紹介で明らかになったように、中国綿花相場に直接的な影響をおよぼした大阪市場でのグッドミドリング相場を基準に、通州綿の上海相場を日本円に換算したものと比較してみよう。

図表三―二九は、各年の最高値と最低値の中間値をとるという簡便な方法を採用したものであるが、ある程度の傾向は反映していよう。一九一六年にグッドミドリングは、通州綿より二〇円以上高かったが、一七年には、上海での高騰と銀高がかさなって、通州綿が日本円換算で二倍近くに高騰した結果、その差は一二円余りにちぢまった。

図表3-28 天津における西河綿の現物相場（1担当り両）

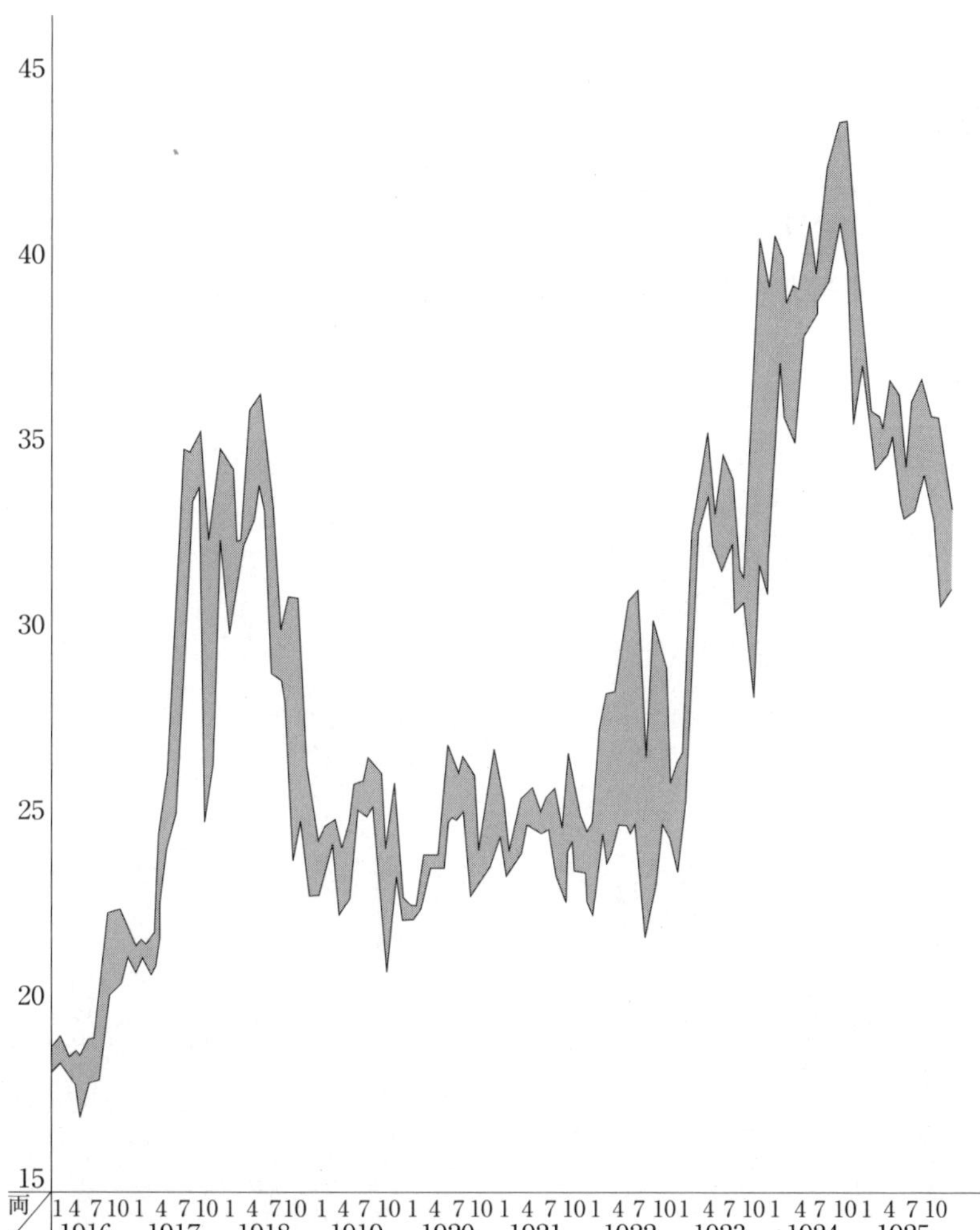

資料）東亜同文書院調査編纂部編『支那工業総覧』（昭和5年12月刊）82頁「一九一六年乃至一九二五年天津西河棉相場月別高低表」。上下の線は，当該月の最高値と最低値を示す。

図表３−29　大阪グッドミドリングと上海通州綿日本円換算の比較
（指数は1915年＝100）

年度＼項目	大阪グッドミドリング		中日貨幣比価	上海通州綿			(A)−(B)
	円(A)	指数	1海関両	両	日本円換算(B)	指数	
1915	**36.5円**	**100**	**1.25円**	**22.3**	**25.0**	**100**	**11.5**
1916	53.625	147	1.54	24.25	33.5	134	20.125
1917	71.75	197	1.98	33.2	59.0	236	12.75
1918	105.25	288	2.37	36.25	77.1	308	28.15
1919	110.25	302	2.72	30.375	74.2	296	36.05
1920	101.75	279	2.38	28.25	60.4	241	41.35
1921	54.75	150	1.57	29.5	41.6	166	13.15
1922	69	189	1.72	32.5	50.2	201	18.8
1923	92.75	254	1.63	42.8	62.6	250	30.15
1924	100.5	275	1.95	43	75.3	301	25.2
1925	83.5	229	2.04	40	73.2	293	10.3

資料）大阪グッドミドリングは『日本経済統計総観』1182〜1183頁。上海通州綿は『大日本紡績連合会月報』各号上海棉花市況。各年ともその年の最高値と最低値の中間値。

備考）通州綿の日本円換算については，『大日本紡績連合会月報』の表示は上海両であるとみなし，上海両÷1.114×中日貨幣比価でだした。たとえば，1915年は，22.3÷1.114×1.25＝25.0。

ところが、一八年にはいると、グッドミドリングが三〇円以上の高騰をみせた結果、通州綿もなお騰勢で、しかも銀の暴騰という材料が加わったにもかかわらず、その上昇は一八円余りにとどまり、その差は二八円以上にもひらいてしまった。さらに一九年になっても、なお銀の暴騰はやまなかったものの、通州綿が両建てで六両近くの下落をみたため、円換算でも三円近く下ったのに対し、グッドミドリングは五円の上昇で、その差は三六円以上にもひろがり、二〇年は銀の暴落も手つだって、さらに四一円以上の差に達した。その後、二一年になると、グッドミドリングが一九年の半分以下に暴落したため、銀の暴落も相殺効果をあげるまでにはたちいたらず、その差は一三円余りにちぢまり、一七年にちかい状態に復した。

　この推計が見当ちがいでないことは、図表三

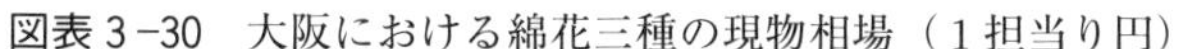
図表３−30　大阪における綿花三種の現物相場（１担当り円）

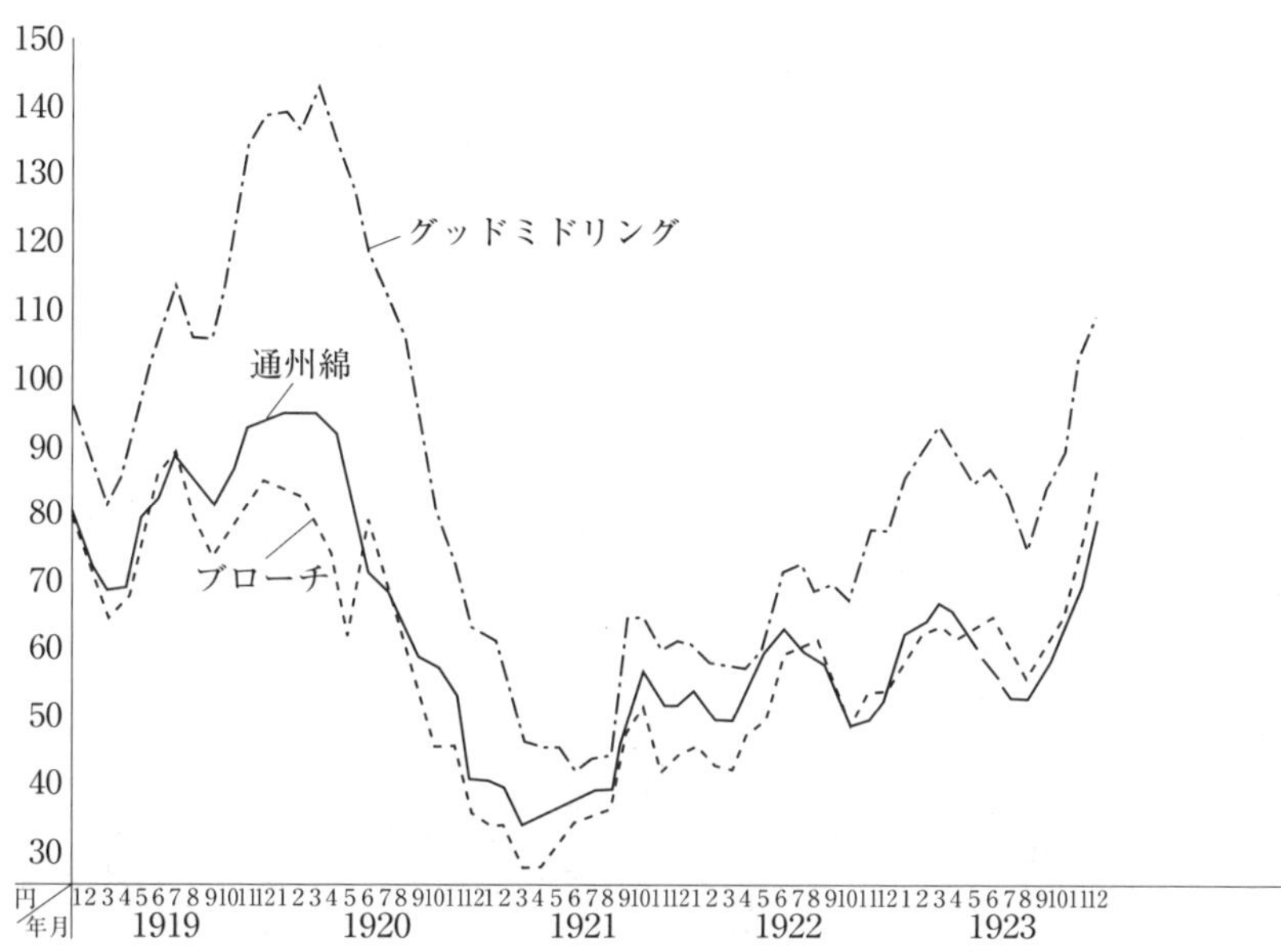

資料）第33〜42次『綿絲紡績事情参考書』（大正８年上半期〜大正12年下半期）日本棉花同業会調綿花相場の当該月平均値。

−三〇の大阪における通州綿とグッドミドリングの現物相場が半ばは実証している。残念ながら、データが一九一九〜二三年の五年分しかないため、一八年の状況については不明のままにせざるをえないが、一九、二〇年については、先の推計をさらに上回る規模で、両者の乖離があったことを示している。両者の差は、一九年に年初の一五・五円から十二月の四四・四円まで開きつづけ、平均で二四円余り、二〇年はさらに開いて五月の四九・三円を最高に、その後はややちぢまったが、なお平均で三九円ちかくにも達した。しかも、この二年の通州綿の騰落は、両建て価格そのものの変化よりも、おもに日中間の為替相場の変動が円での相場に反映したものと考えられる。その後二一、二二年は、接近がつづき、二二年四月には二・四六円までちぢまった。

ともあれ、以上三つの分析がほぼ一致して示しているのは、受動的に国際相場にくみこまれていた中国綿花相場が、一九一八～二〇年の間だけは例外的に、米綿の狂乱相場から隔絶した安定状態にあったという事実にほかならない。ではなぜ、この時期に限って中国綿花相場は国際相場からの相対的な独立性を保持することができたのであろうか。その原因は、すでに最初の分析に利用した市況で、断片的にはいくつか提示されていたが、いま少し系統的にさぐっていくことにしたい。

まず第一に考慮さるべきは、この期間におけるとくに有力な中国固有の特殊材料である。なかでも、一九一八、一九両年にわたる中国綿花の作柄は、もっとも説得力にとむ材料のように思える。

ところが、当時の中国綿産額については、綿糸紡出高と同様、諸説紛々たるありさまであった。一九一八年以降になると、華商紗廠連合会の手で一応は統計とよべるようなものが作成されるようになったものの、それ以前については『農商統計表』なるものがあるにはあったが、周知のごとくまったく信頼できないもので、結局は推計によるほかないのが実状であった。

一九二〇年の段階で、上海日本綿糸同業会がこころみた推計は、「従来の調査を緯とし当業者の各般に渉り蒐取聴取したる資料を経とし」と、調査と経験によることを明らかにしたうえで、中国綿花の平年作を上海付近三〇三万四千担、漢口付近二〇三万担、天津付近一〇五万担の計六一一万四千担とみつもっている(84)。この推計は、消費高から推定した三原なる人物の六～七〇〇万担という数字、あるいは並作であったといわれる民国五年（一九一六）に農商部棉業処が調査した六六〇万五千担という数字、さらには一五年米国商務省統計局の六七五万担という推定(85)、いずれにも比較的ちかい。当時の平年作は、したがっておおよそ六～七〇〇万担だったとみなすのが妥当なところであろう。

一九一八年以降についても、中国綿産額にふれている書物ごとに、わずかながら数字に出入りがあって一見では諸説いりみだれているようにみえるが、丹念に整理していくと、結局はすべて華商紗廠連合会の調査を援用していることが判明する。(86)ただ、華商紗廠連合会編『棉産統計報告』(民国一二年以降『中国棉産統計』と改称)自体も、年度版ごとに数字の異同があって、混乱のもとになっている。ここでは、修正に修正をかさねた末に出版された民国一八年調査『中国棉産統計』の数字を採用することにしよう。

図表3-31　1918〜25年中国綿産額
(単位＝担，指数は1920年＝100)

年　度	綿産額	指　数
1918	10,220,779	151
1919	9,028,390	134
1920	**6,750,403**	**100**
1921	5,429,220	80
1922	8,310,355	123
1923	7,144,642	106
1924	7,808,882	116
1925	7,534,351	112

資料）民国18年調査『中国棉産統計』3〜5頁。

それを表した図表三―三一によると、一九一八年は陝西、浙江両省の統計を欠きながらも、一千万担をこす大豊作で、一九年も九〇〇万担をこす豊作であった。六〜七〇〇万担とみつもられる平年作からすれば、二年にわたって五割前後の増収がつづいたわけである。この豊作が中国綿花相場の低値安定におおいに寄与したことは、言をまたない。しかし、ことに中国の場合、綿花相場にとって豊凶と同程度、あるいはそれ以上に重要な問題は、市場流通量の多寡にあったと考えられる。

そこで、中国綿花の三大集散地、漢口、天津、上海での市場流通量を観察してみたい。

まず漢口での出廻高については、日本の農商務技師らによる一九一五〜一九年四年間の調査がのこっている。図表三―三二がそれで、期間に関し

図表３-32　漢口の綿花出廻高と輸移出高　（単位＝担）

期　間	漢口出廻高	年　度	漢口輸移出高
		1915	430,377
1915～16	820,820	1916	734,251
1916～17	963,575	1917	760,035
1917～18	969,000	1918	985,830
1918～19	1,545,000	1919	1,161,919
4年間合計	4,298,395	5年間合計	4,072,412
年　平　均	1,074,599	年　平　均	814,482

資料）出廻高は西川喜一『鑛産・棉花と上海絲布』支那経済綜攬第４巻（日本堂書房　大正13年12月刊）266～272頁。ただし，1915～17年は農商務省事務官の発表，17～19年は農商務技師の調査。輸移出高は上海商業儲蓄銀行調査部編『棉？』商品調査叢刊第２編（民国20年９月刊）29～30頁。

てはとくに説明はないが、たぶん綿花年（九月一日から翌年八月末日まで）を採用したものと思われる。むろん、個人の手による調査で、一部推計もまじえての数字であるから、あくまで参考にしかならないけれども、海関経由の漢口輸移出高と比較してみると、かならずしも無意味な推計とはいえない。出廻高は綿花年、輸移出高は暦年で計算されていて比較するのに不便なので、四年ないし五年の年平均をとってみると、一〇七万四千担余りの出廻高に対し、輸移出高は八一万四千担余りとなり、その差二六万担が武漢の紡績工場で消費されたとみなせる。

この数字は、一九一七年前後に九万錘余りであった二つの武漢紡績工場の紡錘数と比較すると、やや過大のきらいがないわけではない。しかし、輸移出高の方が、極端に少ない一五年の四三万担をも含めての五年間平均であることを考えれば（ちなみに一五年を除く四年平均では、輸移出高は九一万担余りに上昇し、出廻高平均との差は一六万四千担にちぢまる）、ほぼ納得のいく数字といえる。

したがって、前三年間に八〇～九〇万担であった漢口の綿花出廻高が、一九一八～一九年に一挙に一五〇万担をこえ、五割以上の増加をみたという推計も、ある程度の信頼をおいてもよいだろう。漢口市場では、綿産額の増加

図表3-33　天津海関・常関経由の綿花流通　　(単位＝担)

項目＼年度	輸移入			輸移出			輸移入－輸移出
	海関経由	常関経由		海関経由		常関経由	
	輸移入	三連単	大報	外国輸出	国内移出	移出・再移出	
1912	5	522,684	18,800	172,432	248,857	5,595	114,605
1913	5	301,542	9,686	125,533	210,851	1,921	－27,072
1914	7	215,018	21,548	119,988	118,703	1,338	－3,456
1915	24	294,757	32,754	238,301	206,431	1,837	－119,034
1916	1,067	282,427	9,673	121,180	161,319	206	10,462
1917	490	150,802	10,144	49,877	108,315	1,056	2,188
1918	2,499	444,089	48,077	226,629	99,401	3,533	165,102
1919	1,551	576,064	72,453	340,502	190,379	2,152	117,035
1920	15,819	351,332	35,625	145,390	113,178	3,022	141,186
1921	126,712	589,840	45,442	390,079	64,819	6,154	300,942
1922	167,749	862,533	91,146	478,088	70,885	9,513	562,942
1923	46,800	468,472	515,885	465,035	100,070	34,549	431,503
1924	2,244	280,594	293,138	284,313	131,228	24,679	135,756
1925	16,836	85,926	971,444	418,749	131,295	27,111	497,051
1926	79,563	13,632	931,515	579,733	47,777	42,753	354,447

資料）曲直生『河北棉花之出産及販運』社会研究叢刊（商務印書館　民国20年4月刊）第12，14，18表。輸移出，海関経由の外国，国内の別は，方顕廷『天津棉花運銷概況』（南開大学経済研究所　民国23年8月刊）40頁。

にほぼ見合うだけの出廻高増加があったものと推定できる。

天津については、出廻高全体をあつかった資料がないので、海関および常関経由の流通量から憶測するほかない。とはいえ、天津の場合、一九一八年に民族紡績工場が操業を開始するまでは、もっぱら綿花の輸移出港として機能していたのであるから、一八年以前に関しては、海関、常関経由の流通量を、そのまま出廻高とみなしても、大きな誤差はないであろう。

図表三―三三で、常関経由の移入は、その納税方法によって二通りに分けられる。「大報」とは、普通の規定にしたがい沿途の釐金、雑税を納入する方法である。「三連単」とは輸出半税を納付することにより、一切の釐金、雑税を免除されるもので、本来の趣旨は輸出用貨物にのみ適用される制度であったが、実際には各年の三連単による常

関通過の綿花量が外国向け輸出のそれを大きく上まわっているのをみてもわかるように、国内消費の綿花にも過重な釐金、雑税を免れるのに利用されていた。海外および国内他港からの輸移入は一九二〇年にはいるまでは微々たるもので、常関経由で移入された綿花が、そのまま天津を通過して海外および国内他港に輸移出されるのが、天津における綿花の流れであった。その量も、一二年を除けば、毎年二〇～三〇万担といったところだった。

それが一九一八年になると様相は一変し、海外向け輸出量が前年の五万担弱から二二万六千担余りに激増した一方、たぶん操業開始まもない二つの民族紡績工場の消費分と思われる天津の消費高も、一挙に一六万五千担余りにはねあがった。にもかかわらず、豊作に支えられて常関経由の移入が、三連単、大報とも好調で、両者の合計は一二年にはわずかにおよばないものの、四九万二千担余りに達し、前年比では三倍増、平均比でも五割以上の増加をみたため、輸出用、天津消費用の需要増加を十分に充しえたものと思われる。一九年は、またこれを大きく上まわる六四万八千担の移入で、史上最高を記録した。これ以降、天津は綿花の積出港であるとともに消費地という二つの面をもつようになる。いずれにしても天津の綿花流通量は、この二年間、綿産額の増加をむしろ上まわる増加であったといえるだろう。

ついで、上海に関しては、図表三‐三四の海関経由の流通量をまずみることにしよう。漢口など揚子江流域の綿花は、上海に移入された後、外洋船に積換えられて海外に輸出されるものもあれば、当地の紡績工場で消費されるものもあった。その流れが図表三‐三四に示されている。奥地からの綿花移入は、一九一七年に比べ一八年が二一パーセント、一九年が二六パーセントの増加で、綿産額の伸びの半分程度にすぎなかったが、上海からの再輸移出が停滞的であったため、上海への純移入量は、一八、一九年とも一六年に比べ五割以上、一七年と比べても三割以

図表 3-34　上海海関経由の綿花流通　（単位＝担，指数は1916年＝100）

年度＼項目	中国綿花移入(A)	中国綿花再輸移出(B)	中国綿花純移入（A－B）	指数	外国綿花純輸入(C)	内外綿花純輸移入(A－B+C)
1916	**1,117,530**	**595,175**	**522,355**	**100**	**383,437**	**905,792**
1917	1,089,453	475,680	613,773	118	257,525	871,298
1918	1,313,948	507,054	806,894	154	156,319	963,213
1919	1,375,755	577,144	798,611	153	205,234	1,003,845
1920	514,506	239,331	275,175	53	558,067	833,242

資料）1916，17年は各年次 *Returns of Trade and Trade Reports*, Part II, Vol. III.
1918～20年は各季 *Quarterly Returns of Trade* および *Foreign Trade of China 1920*, Part II. Vol. II などより推算。

上の増加をみた。

奥地綿花の中継地兼消費地であると同時に、江浙という一大綿産地帯の集散地でもあった上海市場の性格からいえば、海関経由の流通量だけでは、その出廻高全体の半ばも把握しえていないかもしれない。江浙綿花の上海出廻高は、一九一〇年前後で、一〇六万二千担、二四年で、二五〇万担と推定されていた。(87) 一八、一九年頃については、このような推計すら見あたらない。また、常関の統計も天津とはことなり、図表三―三五のように江浙綿花の上海流入量とははるかにかけ離れた統計でしかない。

そこで、一九一七年について一つの推計をこころみると、この年上海の綿糸紡出高は、五二万七千梱余りとみつもられていたから、打込率三・五担として、上海紡績工場の綿花消費高は一八四万六千担余りであったと推定できる。このうち、国内他港および国外からの純輸移入高は、八七万一千担余りであったから、江浙綿花の消費高は、その残り九七万五千担で、図表三―三五の海関経由で輸移出された江浙綿花、三六万八千担と合わせて、一三四万三千担が一七年の江浙綿花上海出廻高であったと推定できる。一八、一九年の江浙綿花出廻高は、当然これを上まわるものと予想できるが、いまは海関経由の江浙綿花輸移出が、一八年に前年比四〇パーセント増の五一万四千担

図表3-35　江浙綿花の上海常関経由移入高と同海関経由輸移出高　（単位＝担）

年　度	常関経由江浙綿花移入	常関経由江浙綿花再移出	常関経由江浙綿花純移入	海関経由江浙綿花輸移出
1916	148,711	12,719	135,992	171,042
1917	175,978	16,630	159,348	368,016
1918	138,843	10,626	128,217	514,327
1919	262,690	3,372	259,318	177,039
1920	554,159	6,126	548,033	135,999

資料）各年度「上海貿易」―『上海日本商業会議所週報』第256，258，259，313，314，363～365，418～420，486～492号。

に達し、一九年は約三分の一に激減して一七万七千担にすぎなかったことを指摘するにとどめよう。一九年の落込みは、出廻高の落込みとみるよりは、国内他港よりの純移入量が一八年よりやや減少したのにともない、上海紡績工場の江浙綿花消費高が急増したためとみなす方が妥当であろう。

上海の場合、隔靴掻痒の感があるとはいえ、海関経由の流通量によるかぎり、一九一八年は平年に比べ、綿産額の増加をやや下まわる程度には綿花流通量の増加があったものと推測できる。

中国綿花の三大集散地で得られた以上の傾向は、海関経由の流通量でみるかぎり、中国全体にもあてはまるようである。図表三―三六で、中国各港の綿花輸移出高（再輸移出高を含まず）は、一九一八年には二一八万五千担余りに達し、一六年の一五〇万八千担、一七年の一五一万五千担に比べ、四五パーセント前後の増加をみた。一九年も、一六、一七年に比べれば、やはり三〇パーセント以上の増加があった。

二年連続して平年作を五割前後も上まわる綿花の豊作があり、しかも不完全な統計ながらその収穫増加にほぼ見合うだけの市場流通量の増加がみられたことは、たしかに中国綿花の相場を低値で安定させる大きな要因となった。しかし、既述のごとく、日本市場で米綿、印綿の予備軍的存在におかれていた中国

図表3－36 1912～25年中国での綿花の流れ (単位＝担)

年度＼項目	中国各港綿花輸移出高(A)	外国輸出高(B)	外国輸入高(C)	中国各港綿花輸移入高(A－B+C)	B÷A	B－C
1912	1,156,585	805,711	279,356	630,230	0.697	＋526,355
1913	953,329	738,812	135,033	349,550	0.775	＋603,779
1914	768,070	659,704	127,270	235,636	0.859	＋532,434
1915	1,232,312	725,955	357,489	863,846	0.589	＋368,466
1916	1,508,408	851,037	407,780	1,065,151	0.564	＋443,257
1917	1,515,407	832,463	299,850	982,794	0.549	＋532,613
1918	2,185,287	1,292,094	189,990	1,083,183	0.591	＋1,102,104
1919	2,022,093	1,072,040	239,218	1,189,271	0.530	＋832,822
1920	871,356	376,230	686,373	1,181,499	0.432	－310,143
1921	1,439,843	609,481	1,704,060	2,534,422	0.423	－1,094,579
1922	1,918,462	842,010	1,783,721	2,860,173	0.439	－941,711
1923	2,409,091	974,594	1,618,229	3,052,726	0.405	－643,635
1924	2,480,202	1,059,763	1,242,702	2,663,141	0.427	－182,939
1925	2,608,109	800,786	1,811,674	3,618,997	0.307	－1,010,888

資料）上海商業儲蓄銀行調査部編『棉？』商品調査叢刊第2編　29～33頁。

綿花は、国内的要因だけでその相場を決定できる立場にはなかった。ミドリングが記録的な暴騰をくりかえしていたこの時期に、なぜ中国綿花だけが無風状態でありえたかは、国内の豊作、流通増加だけでは説明がつかない。

最大の国外的要因である輸出動向では、一九一八年は全体で、前年の八三万二千担余りから一二九万二千担へと五割増、日本向けに限っていえば、前年の六一万六千担余りから一二一万二千担余りへと倍ちかい増加ぶりをみせた。だが、その増加も図表三―三六に示されるように、海関経由の流通量との比較でさえ、国内流通に圧迫を加えるほどではなかった。一八年の輸出高は前年比四六万担の増加となったが、中国各港の輸移出高が六七万担の増加をとげたため、外国綿花の一一万担という輸入減少があったにもかかわらず、中国各港の純輸移入高も一〇万担余り増加したことになる。輸出綿花が主体の海関経由分ですら、国内流通量がむしろ増加していたことから考えると、輸出の激増も、全体的な流通量では中国国内の需給関係にほとんど影響を与えなかったであろうと推測できる。

しかも数年前には輸出用綿花は、中国各港輸移出高の七〇～八五パーセントを占めていたが、一九一五年に六〇パーセントをきって以降、ふたたびそのような高率を占めることがなくなった。中国各港輸移出高に占める外国向け輸出高の相対的低下とあいまって、一八年の輸出激増も、輸移出高の増加分を超過して、国内流通に圧迫を加えるほどの圧力にはならなかったわけである。

一九一九年にはいると、ミドリングの続騰にもかかわらず、中国綿花の輸出量は、逆に二二万担減少し、いっそう低値安定を促進した。一九年上半期の中国綿花相場は、「出口の棉花貿易が一落千丈で、供給が需要を上回り、価格が日に日に下落した」(88)という一句でつくされている。とくに日本向け輸出は、一八年の一二一万二千担から九一万二千担へ、三〇万担ちかい減少をみせた。

結局のところ、一九一八年の国内流通量増加の範囲内におさまる輸出量増加と、一九年の輸出量減少という連続した現象が、一八～二〇年の例外的な中国綿花相場安定の主要な要因になったことは否めない。

このように、中国綿花の日本向け輸出が、その国内相場の高騰をうながすほどには増加しなかった要因としては、だいたい次の二つが顕著である。第一には、この期間が、ちょうど銀高の最高潮期に一致したこと、第二には、日本紡績業にとって中国綿花と同じく、おもに低番手綿糸の原綿であったインド綿花が、一九一八年こそ米綿に優るとも劣らぬ高騰をみせたが、一九年の大豊作で例外的に米綿とかけ離れた安値に下ったことである。

図表三-二七は、一九一五～二四年、十年間の大阪市場における米綿グッドミドリングと印綿ブローチの月ごと

図表3-37　大阪におけるグッドミドリングとブローチの現物相場（1担当り円）

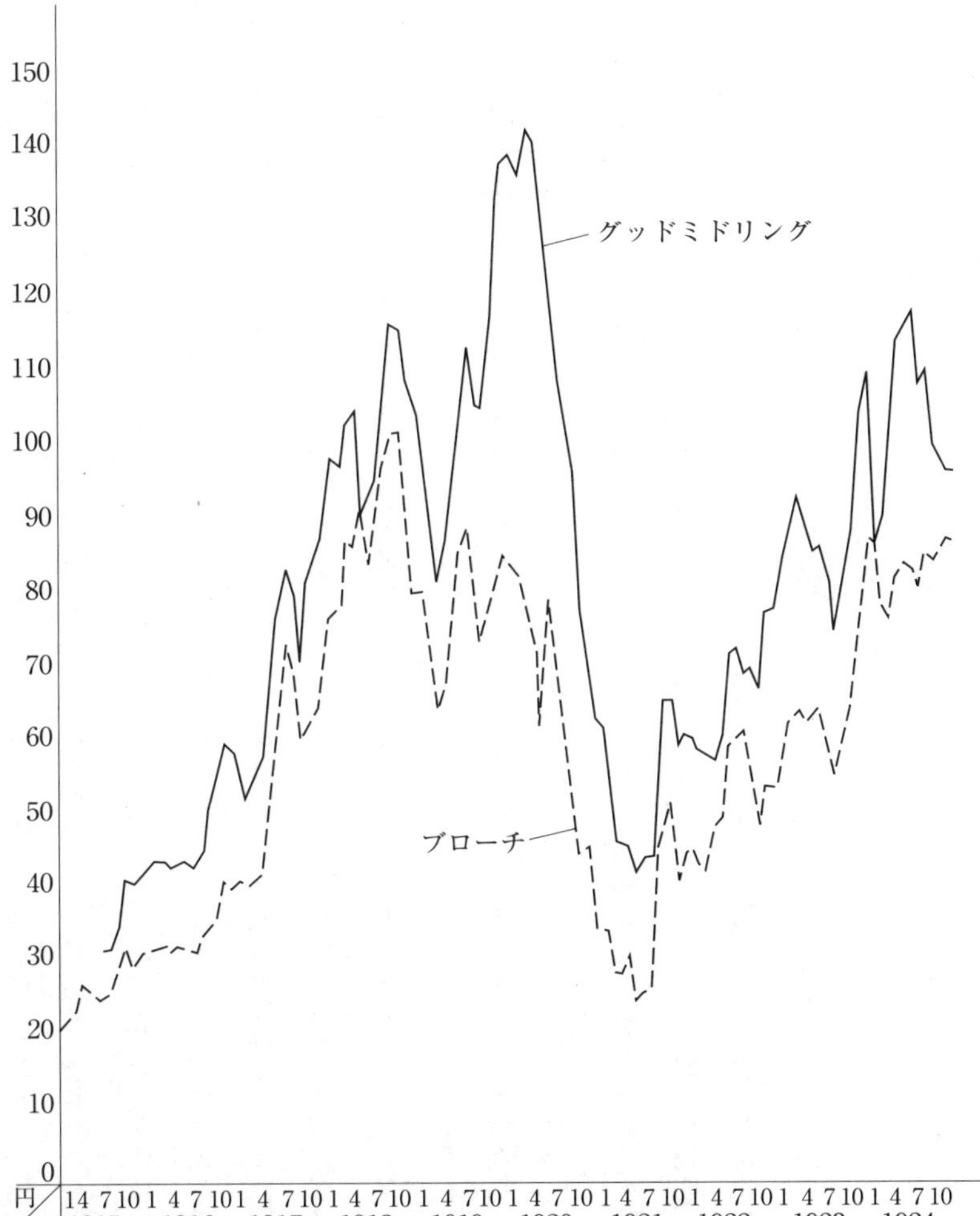

資料）『日本経済統計総観』1182～1183頁「棉花現物相場表」の当該月平均値。

の平均値をグラフにしたものである。多少の出入りはあるにしても、この十年間ほぼパラレルな相場を維持していた両者が、一九〜二〇年の二年に限って、まったくかけ離れた相場にあったことが一見して了然である。この乖離は、四〇〇万俵前後の平年作に比し、一九年のインド綿花が五八〇万俵と五割ちかい増収の大豊作になるとの予想がでた時点からはじまった。日本紡績業にとって、低番手用の印綿が潤沢にかつ割安に手当てできる以上、いかに割安相場にあっても、用途を同じくする中国綿花に、急激な需要増加が喚起される可能性はなかった。

一九一九年半ばですら、すでに「印度の花価、相較るに廉となし、かつ六カ月後付款の弁法あり、日人ついにこれ〔中国棉花〕をすてて、かれ〔インド棉花〕につく[89]」と、割安なうえに六カ月の延払いができるインド綿花に日本紡績業の人気が流れたことが特筆されている。

一九一九年下半期にはさらに、「西報の消息によるに、日人、印度に在りて購入せる棉花きわめて多し。……金価もし転高せずんば、日人いまだ必ずしも採弁せざらん。花価ついに看漲の望みあることかたし」と、インド綿花を十二分に手当てした日本が、よほどの金高で両が下落しないかぎり、中国綿花に買気をもよおす可能性のないことが予測された。事実、二〇年前半にはいっても、「本期内の棉花市情、殊に精彩なし。漲落の範囲、終始三、四両の外に出でず」という閑散ぶりで、その主因は、「対外貿易なく、各処の陳花、内用に余りあればなり[90]」と、インド綿花の低値に由来する対日輸出の不振が、滞貨の膨張をもたらしたところに、その原因が求められたのである。

中国綿花の輸出増加を抑制した、いま一つの要因である銀高傾向も、大阪市場でみると大きなウェートを占めていたようである。第一次世界大戦の勃発で、輸入が減少したのに反し、輸出が好調であった中国は、大戦前一三年の二億一千万両以上におよぶ大幅な入超から、次第に貿易収支を改善し、一九一九年にはとくに輸出の急増に支え

図表３－38　大阪ブローチと上海通州綿・天津西河綿日本円換算の比較

（指数は1916年＝100）

項目＼年度	大阪ブローチ 円	大阪ブローチ 指数	中日貨幣比価 1海関両	上海通州綿 両	上海通州綿 日本円換算	上海通州綿 指数	上海通州綿 通州－ブローチ(円)	天津西河綿 両	天津西河綿 日本円換算	天津西河綿 指数	天津西河綿 ブローチ－西河(円)
1915	26.25	73	1.25円	22.3	25.0	75	－ 1.25				
1916	**35.875**	**100**	**1.54**	**24.25**	**33.5**	**100**	**－ 2.375**	**19.75**	**28.74**	**100**	**＋ 7.135**
1917	58.5	163	1.98	33.2	59.0	176	＋ 0.5	28.2	52.77	184	＋ 5.73
1918	91	254	2.37	36.25	77.1	230	－13.9	29.75	66.63	232	＋24.37
1919	76.5	213	2.72	30.375	74.2	221	－ 2.3	23.85	61.30	213	＋15.2
1920	58.5	163	2.38	28.25	60.4	180	＋ 1.9	24.8	55.78	194	＋ 2.72
1921	41	114	1.57	29.5	41.6	124	＋ 0.6	24.75	36.72	128	＋ 4.28
1922	55.5	155	1.72	32.5	50.2	150	－ 5.3	26.65	43.32	151	＋12.18
1923	71.5	199	1.63	42.8	62.6	187	－ 8.9	34.65	53.37	186	＋18.13
1924	81	226	1.95	43	75.3	225	－ 5.7	39.75	73.25	255	＋ 7.75
1925	72.5	202	2.04	40	73.2	219	＋ 0.7	34	65.55	228	＋ 6.95

資料）大阪ブローチは『日本経済統計総観』1182～1183頁，上海通州綿は『大日本紡績連合会月報』各号，天津西河綿は『支那工業総覧』82頁。

備考）通州綿の日本円換算は図表３－29参照。西河綿の日本円換算は，『支那工業総覧』が天津両表示であると仮定し，天津両×0.945×中日貨幣比価で算出。たとえば，1916年は19.75×0.945×1.54＝28.74。

られて、その幅を一、六〇〇万両程度にまでちぢめた。銀本位国の中国におけるこのめざましい貿易収支の好転は、銀高＝両高傾向にリンクして、一五年には一海関両＝一・二五円であった対円レートも、これ以後、毎年二割前後ずつ高くなり、問題の一八年には二・三七円、一九年にはピークの二・七二円にも達した(91)。その結果、中国綿花価格は、両建てでは一九年は一五年比で一・四倍弱にしかならないのに、円建てにすると三倍ちかくに高騰したことになる。

図表三－三八では、日本円に換算した通州綿および西河綿の相場を、大阪におけるインドブローチのそれと比較してみた。一九一六年を一〇〇とする指数でみると、一八年だけはブローチが割高であるが、一七、一九、二〇年は中国綿花が割高であったことがわかる。この試算が、大体の傾向としてまちがっていないことは、図表三－三〇

（前出二〇七頁）の一九年以後における大阪での通州綿とブローチの相場比較も、不完全ながら証明している。仮に通州綿とブローチの差が五円の場合を基準に、それ以上開けばブローチ割安、それ以下であれば通州綿割安とみなせば、一九年八月までは、概して通州綿の方が割安で、九月をさかいにこの関係は逆転したのである。

この試算結果は、中国綿花の日本向け輸出量の増減とも、よく一致している。たとえば、通州綿とブローチの比較でいえば、一九一七年にはわずかながら通州綿の方が高かったものが、一八年には逆にブローチの方が一四円ちかくも高くなった。この異常な関係は一九年にブローチが暴落してその差二円余りまでちぢまったもののなおつづき、二〇年にはいってブローチがさらに暴落した結果、ようやく通州綿の方が二円方高くなり、ほぼ一七年の状態にもどった。それは、一八年の一二一万二千担という記録的な日本向け輸出の激増、一九年の二五パーセント減、そして二〇年のわずか二二万担という壊滅状態へとつながっていく傾向と符合する数字である。二一年からは、ふたたびブローチの割高感がすすみ、二三年に最高に達するのであるが、その要因はこんどは逆に銀安による両の下落に求められるのである。

ほかにも種々の要因をかぞえあげることができるであろうが、以上分析したように一九一八年から顕著になった銀高傾向に、一九年のインド綿花大豊作の予想出現以後における大阪ブローチのグッドミドリング高騰からかけ離れた安値が、相乗効果を発揮した結果、本来なら激増するはずであった中国綿花の輸出高を、中国綿産額の増加率にちょうど相当するだけの五割前後に抑制し、それがひいては中国綿花のだぶつきをまねき、中国綿花相場の低値安定を持続させる最大の要因となったものと考えることができる。

むろんそこには、一九一八、一九両年にわたる中国綿花の大豊作、一九年のインド綿花の豊作など、半ば人為外の要因が、たぶんに作用してはいた。しかし、その人為外的要因が、中国綿花の低値安定という一つの結果をもたらすについては、当時の日本紡績業を核とするアジアの原綿流通機構のなかで、中国綿花がインド綿花の予備軍的存在に位置づけられていたという、この市場構造こそが、決定的な意味をもっていたのである。

中国綿花のアジア市場におけるこのような受動的立場は、一九一八～二〇年こそ大豊作ともあいまって、中国紡績業に「原綿安」というきわめて有利な条件をもたらしたのであるが、それはつねに望める条件でないばかりか、より長期的にみれば、原綿自給国でありながら、国内の豊凶、需要関係よりはかえって国際的諸条件によってその相場が一方的に左右されるという立場は、勃興まもない民族紡績業をして、原綿手当てのうえで、むしろ非常に不安定で困難な状況に直面させることの方が多く、その経営にとっては決して望ましい立場ではなかった。その証明は、やがて「黄金時期」の直後におとずれる「花貴紗賤（原綿高の綿糸安）」という逆の現象によってなされるであろう。

ともあれ、一九一八～二〇年に限っては、国内外の諸条件がすべて中国綿花相場の安定に有利にはたらいたわけで、原綿が安価にかつ安定して供給される一方で、製品たる綿糸が大阪三品をやや下まわるとはいえ相当の高騰をみたのであるから、原綿代金がコストの八～九割を占める紡績業にとって、これ以上に理想的な状態はなかったのである。とりわけ、当時の中国紡績業界では、日本とは異なり、原綿の「循環手当法」がふつうで、「十日を期間とする定期（期貨）棉花」[92]を買入れ、その期間に綿糸を紡出、売却し、これをもって綿花代金を支払うという方法をとっていた。かかる「その日過ぎの経営」[93]にあった中国紡績業にとって、綿花の低値安定は、なににもまして経営好転の原動力となったのである。その当然の帰結が図表三―一五（前出一七〇頁）の一九一九年における民族紡の莫大な利潤にほかならない。

この利潤の幅は、綿糸価格と綿花価格の相関関係によって決定されるものであるから、一九一九、二〇年の高い利潤が、両者のうちいずれにより多く起因しているかは測定できない。だが、第二項および本項全体の分析をもって判断するならば、大阪三品にほぼ平行していた綿糸相場の動きよりは、それまで世界の綿花相場を支配していた米綿相場から二年以上にわたってかけはなれた低値相場にあった中国綿花相場の方を、中国の特殊状況として重視すべきであることは、承認されてよいだろう。しかも、それが中国一国の規模で理解されるべき現象ではなく、日本紡績業の支配のもとに国際市場にくいこまれた中国という観点からのみ、十全な解明をのぞみうる原因から生じた現象であったことも、またすでに明らかであろう。

四　五四運動と紡績ブーム

中国紡績業界が、国際環境の好転から未曽有の活況を呈しつつあったちょうどその時期に、五四運動が勃発した。五四運動のなかで唱えられた日貨排斥、国貨提唱のスローガンは、そうでなくとも活発化しつつあった紡績投資に、一段とはずみをつけたばかりでなく、民族紡績資本家に、その経済的利害を民族的利害に一致させうる接点を提供した。

中国の紡績ブルジョアジーはすでに、日本紡績資本の進出に対抗するために、一九一八年三月一四日、華商紗廠連合会――会長張謇、副会長聶其杰（字は雲台）――なる業界団体を結成して(94)、植綿改良事業、関税免除問題などに積極的にとりくみはじめていたが、五四運動の勃発はかれらに、またとない活動の舞台をあたえた。救国十人団に典型的なように、中国民衆の日貨排斥、国貨提唱を追求する運動が高揚すればするほど、紡績ブルジョアジーは、いわば有卦に入ったかたちで、業界の利益追求に専念できたわけである。かかる意味からも、この時期は民族紡績資本家にとって、まさしく「黄金時期」であった。

五四運動がはじまると、華商紗廠連合会は、一般民衆にも民族紡綿糸と外国製、とくに日本製綿糸との区別がつけられるように、「商標一覧表」を各地の商会に送付すること、完全な国産綿糸といった栄誉を博するために、従来は日本製が多く用いられていた包装紙、糸巻木管を完全に国産品にかえることなどを決定して[95]、日貨排斥、国貨提唱の運動に積極的に呼応しようとした。

しかし、その反面でいわゆる「細糸問題」は、華商紗廠連合会を、苦しい立場にたたせた。既述のように、五四運動のボイコットでも、二十番手をこえる分野の日本綿糸には、何の効果もないばかりか、織布業地帯をひかえる港では逆に輸入がふえさえした。すでに二十一カ条反対のボイコットで経験ずみのこの事態に対し、業界では比較的早くから批判が起こっていた。

その口火をきったのは、硤石の振興襪廠（靴下工場）の華商紗廠連合会宛書簡であった。五月十八日の董事会で、この書簡が討議され、穆湘玥（字は藕初）が返答書の作成にあたることになった[96]。その往復書簡の内容は詳らかでない。ついで、六月四日付で鴻章染織廠総経理の王倫初が華商紗廠連合会に宛てた書簡は、次第に深刻化しつつあった細糸不足を反映して、織布工場の切実な要求を集約したものであった。

近ごろ外交問題が発生して以来、国人は、力を合わせて外に対するに、みな国貨提唱を以て唯一の弁法としている。ただ査するに、わが中国の各布廠は数百家もあり、毎日、四十二、三十二番手細糸の需要は、数百梱ある。しかるに各紗廠出産の細糸は、その数はなはだわずかで、平時は悉く外貨に給を仰いでいる。いま国貨を提唱するからには、根本から着想しなければならない。ここに、わが中国の各紗廠に、私利を捐棄し、ともに公益を謀り、細糸の出数を推広して全国各布廠の求めに応じるよう望まざるをえない(97)。

鴻章染織廠は『時報』にも同一趣旨の広告を六月四～十日の間掲載し、華商紗廠連合会に細糸問題の解決をせまった(98)。このような要望は、その後ぞくぞくと寄せられた(99)。

これに対して、華商紗廠連合会の答弁は民族紡績業界の実状を率直に告白するほかなかった。「凡そ敝会に隷する各紗廠は、四十二および三十二番手の細糸に対し、もとより倣造し藉て公益を図るを楽しまざるはなし(100)」。しかしながら、細糸あるいは撚糸の紡出には、第一に纖維の長い綿花、第二に細糸専門の精紡機あるいは撚糸機が必須である。綿花についていえば、華商紗廠連合会も発足当初から重視し、植綿事業にとりくんできたものの、いまだ所期の成果はあがっていない。現状では米綿あるいはエジプト綿の輸入が必要で、これはこれでまた、関税、運輸等の問題がからんでくる。一方、細糸専門の精紡機、撚糸機も、これを備えている民族紡は数えるほどもなく、急遽発注するにしても、稼動までに最低二年はかかる。要するに、現状では細糸の増産は不可能であるというのが、華商紗廠連合会の結論であった。

実際のところ、植綿事業に熱心にとりくんできた穆藕初ですら、この時にはある人物への書簡で、民族紡のなかで三十二、四十二番手を紡出できるのは自分の経営する徳大、厚生の二工場だけだと自負しながらも、その生産高は一日わずか二千ポンドで、しかも「その棉花は均しく美国より運来(101)」したものだと認めざるをえなかった。撚糸機にいたっては、一九年中に操業していたとみられるのは、徳大、三新の各二、八八〇錘、溥益の四、〇〇〇錘、大生の二、〇〇〇錘、計一一、七六〇錘にすぎず、紡錘機総数に占める比率は一・四パーセント程度で、同年末の日本での比率、一一・八パーセントに比べ、極端に低いものであった。(102)

細糸問題は民族紡の力量不足を露呈させ、当時中国の工業界でもっとも先進的と自他ともに認めていた紡績業ですら、完全な日貨ボイコットを持続できないことが明白になった。しかし、愛国運動の高揚期には、これとて悲観材料におわることはなく、かえって民族紡績業者の企業意欲をたかめ、民衆の物心両面にわたる支持を得る材料となりえた。華商紗廠連合会は、細糸問題の困難さを喧伝する一方で、これを機に高番手化の速度をはやめる努力をはじめた。王倫初への返書でも、末尾は「同人を鳩集して滬〔上海〕において細糸工場一カ所を増設する」つもりだと結んでいた。六月十一日の段階ではまだ漠としていたこの計画も、その後急速に具体化したようで、七月二十三日の上海総商会宛書簡では、「敝会副会長聶雲台先生が新たに大中華細紗廠を組織」(103)し、株式を募集中なので、その援助を乞うと依頼するほどの進展ぶりであった。

『時報』の記事でみるかぎりでは、大中華紗廠の名称は、七月十日付にはじめて現れる。「恒豊紗廠主聶雲台君……目前の大局を観て、実業提唱を以て唯一の要務となす。故に、大中華紡織股份公司を発起せり」。そして、その特色は、「専ら雙線〔撚糸〕、細紗を紡ぎ、以て社会の急需に供する」(104)ところにあるとされた。

大中華は最初、資本金を一六〇万両と定め、早くも七月二十日には「招股簡章」なる株式募集要領を新聞広告に掲載した。募集期間は七月二十一日〜九月二十日の二カ月間であった。この簡章には第一条に、「股東〔株主〕は本国国籍を以て限りとなす」ということが明記されており、中国民衆の民族感情にうったえようとする姿勢が示されている。また株も、整股一〇〇両、零股一〇両と二段階に分け、零細資金を吸収しやすくしようとした。(105)時宜にかなったこの企画は、愛国的な人々の支持をうけ、募集十日目にはすでに総額の四分の一にあたる四〇万両の引受けが決まった。[106] その後、紡錘機を当初の四万錘から二万錘にへらし、資本金を九〇万両に減額したこともあって、募集期間は八月末までと二十日間短縮されたが、これも十日をあまして九〇万両の株はすべて払込みが完了した。[107]

十月十二日の創立大会には、四千余株を有する四百余人が参加した。当時の民族資本の企業は、株式市場がなかったため、株式会社とはいっても、せいぜいで十数人から数十人の大株主が分有しているのが実状で、むしろ合資会社といってもよいようなものだった。これに比べれば、大中華はじめて大衆的な株式会社の体裁をととのえた企業であったとみなせる。「国貨を提唱するには、宜しく実に工業を興すべく、これを空言に託することあたわず」という創立大会での聶雲台の自信にみちたあいさつも、一般大衆の予想をこえた反響にうらづけられたものであった。

こうして、細糸問題に直面した民族紡績資本家は、これを逆手にとって生産力の増強こそが日貨の永久的なボイコットを可能にし、真の救国に役立つという論調をうちだし、一定の支持層をつかむことにも成功した。細糸問題に象徴的に現れたように、五四運動の日貨排斥、国貨提唱は、民族紡績工場の経営が、決して営利の追求だけにとどまるのではなく、ひいては中国の民族的利益を擁護することにもつながるという紡績ブルジョアジーの主張に説得力をあたえた。五四運動以前からの「紗貴花賤」という理想的な市場環境からもたらされた空前の高利潤に加え、このような風潮がひろまったこともかさなって、紡績投資は一種のブームをよぶことになった。

むろん、事柄の本質は、つとに同時代の戴季陶が喝破したように、「紅利（割増配当）四〇パーセント、これこそが中国紳士の愛国心を刺激した最大の興奮剤であった[108]」との言葉に表されるであろう。だが、「発財」をもとめる投資意欲の本心に、「愛国的」という修飾をつけることができたのであるから、この時期に紡績投資のブームがいっそうかきたてられたのも、不思議ではない。

大中華紗廠の記事が『時報』に報道されるよりも少し早く、六月二十六日付の『新聞報』は、すでにボイコットによる国産綿糸の品薄から「日貨流入の虞い」を免がれない状況に鑑み、紡績工場の設立を思いたつ「有志の士」が続出し、紡績機械の販売を手がける祥興洋行一行だけでも、上海および地方の紡績会社五、六社から機械の注文が殺到しているとの報道を伝えた(109)。その後も、国貨提唱の実業振興を旗印に設立される民族紡績工場はあとをたたず、一九二〇年末までの僅々一年半ほどの間に、一九年五月までの全既設錘数にほぼ匹敵するだけの生産設備の拡張が、工場の新設、増設あるいは増錘いずれかのかたちで決意されたものと推測できる。

いま、実際に操業が開始された時期ではなく、設備投資が決意された時期を基準にして、この一年半における民族紡の錘数の増加をたどってみると、新設工場は、大中華をはじめとして二四工場、四一万六千八百錘、増設工場は、溥益第二以下五工場、一二万錘、そして増錘を決定した工場は、恒豊、申新など一八工場、二四万六千九百錘、総計で八八万三千七百錘に達したものとみこまれる(110)。

投資家の多くは、やはり大中華と同じように実業救国を看板にしていた。たとえば、武昌にできた裕華紡織公司の設立経緯も、「排貨風潮が全国を鬨動した」民国八年の夏、南通の張謇が武昌の綿糸業者に書簡を送って、「実業を興し以て危亡を救うことを促」したことが直接のきっかけであったとされる(111)。この時期に国貨提唱を標榜する紡績工場の設立が、いかに隆盛をきわめたかは、在九江日本領事が「九江綿糸紡績工廠設立の計画ありとは曽て伝聞する所なりしが是も日貨抵制の機会を利用し一部野心家のする一種の風説なるべしと重視せざりしが近頃探聞する所に據れば右計画は着々歩を進め愈々設立の見込成立したりと謂ふ[112]」との、戸惑いにみちた報告を書きおくっていることなどにもうかがえる。

このような紡績業への投資は、既成の紡績業者、綿糸布綿花取引業者だけにとどまらず、他業種の商人、金融業者、はては軍閥、官僚など、紡績にまったく素人の門外漢までまきこんでいった。紡績ブームとよぶのがふさわしいこの現象に対して、『華商紗廠連合会季刊』の編集子のように、比較的早く一九二〇年の段階から、「年来、紗業が発達し新廠が勃興している。その中、技術に精通している者は、固よりその人に乏しくないが、一時の厚利に目がくらみ、集資、組織する者もまた少くない。将来、外競が日に迫れば、前途は危ぶまざるをえない[113]」との警鐘をならしている識者もいたが、一般的には、好況にわきかえった一九年から二〇年にかけては民族紡績業の量的拡大、それも飛躍的な拡大に眼をうばわれて、紡績業者自身も業界の将来に対してきわめて楽観的で、実業救国の旗手という自負心のもとに、紡錘機の増設に奔走した。申新の栄宗錦（字は宗敬）などは、「一錘でも多くの紡錘機を買えば、それだけ多く鉄砲を手にいれたようなものだ[114]」と語っていたと伝えられる。

だが、《季刊》編集子の危惧は、はたして二年たらずにして、まぎれもない現実となって民族紡績業界をおそうことになる。この点については、節をあらためて考察を加えることにしよう。

第三節　民族紡績業の挫折

中国紡績業の「黄金時期」は、紡績ブルジョアジーに一時の夢を与えはしたが、しかし長くはつづかなかった。

図表3-39　1921～25年16番手綿糸1梱当りの利潤（単位＝両，指数は1921年1月＝100）

時期＼項目	綿花価格	指　数	綿糸価格	指　数	綿糸コスト	1梱当り利潤
1921年1月	**24.50**	**100**	**133.00**	**100**	**110.75**	**＋22.25**
4月	23.50	96	133.20	100	107.25	＋25.95
7月	28.00	114	153.70	116	123.00	＋30.70
10月	37.50	153	162.20	122	156.25	＋5.95
1922年1月	34.00	139	144.40	109	144.00	＋0.40
4月	36.00	147	145.80	110	151.00	－5.20
7月	35.50	145	141.80	106	149.25	－7.65
10月	29.00	118	127.20	96	126.50	＋0.70
1923年1月	39.00	159	148.00	111	161.50	－13.50
4月	38.00	155	145.90	110	158.00	－12.10
7月	39.50	161	148.70	112	163.25	－14.55
10月	40.50	165	158.00	119	166.75	－8.75
1924年1月	46.75	191	180.20	135	188.63	－8.43
4月	45.70	187	174.30	131	184.95	－10.65
7月	38.55	157	159.80	120	159.93	－0.13
10月	35.70	146	151.90	114	149.95	＋1.95
1925年1月	40.30	164	164.60	124	166.05	－1.45
4月	43.00	176	169.20	127	175.50	－6.30
7月	38.60	158	167.00	126	160.10	＋6.90
10月	36.70	150	159.50	120	153.45	＋6.05

資料）Arno S. Pearse, *The Cotton Industry of Japan and China*, Manchester，1929, p. 157.
備考）（1）綿糸コストは1梱当り原綿打込率3.5担と仮定し，原綿価格×3.5＋生産費25両で算定。
（2）綿糸価格は，16番手標準《人鐘》の当該月15日現在の現物相場。

「黄金時期」をもたらした最大の原動力であった中国綿花の安定相場は、一九二一年中頃を底値に再び騰勢をとりはじめた国際綿花相場につられて、すでに二一年後半からくずれて一転高騰をはじめ、図表三―三九のように、ピアースの試算では、二一年十月には原綿高のため綿糸一梱当りの利潤は六両弱に急降下し、翌二二年四月には綿糸安も加わって、ついに一梱当り五両二〇銭の欠損をだすに至った。

この不況期に至って、民族紡績業者の間では、「欧戦一時の鉅利に群驚していまだ全国供求の確数を計らず、進歩太りに鋭く、遂に今日の困境に陥れり」[115]との反省がなされた。ここではなお、生産力のあまりに急激な膨張が需給関係の逆転をもたらし不況をまねいたとの認識がなされているが、むろん事情はそう単純ではない。

筆者の見通しでは、一九二二年から二四年にかけて民族紡績業をみまった深刻な不況は、日本紡績資本の雪崩的な対中国進出と民族紡績工場の乱立がもたらした製品、原料両面における需給関係の大幅な変動が、その根本的な原因であろうと考える。しかし、この大前提を認めたうえで、なおかつ民族ブルジョアジーが「黄金時期」のよってきたるゆえんを明確に認識することなく、折から起こった五四運動の日貨排斥、国貨提唱を絶好の機会として、綿糸を生産しさえすれば高利潤を獲得できるという安易な経営観念のもとに、無謀な設備投資にはしったことが、その傷口を広げたのではないかとも考える。誤解をおそれずにいうならば、国際的諸条件の有利な展開がうみだした「紗貴花賤」という現象が、五四運動と時期を同じくして出現したことは、民族紡績業者の情勢判断をあやまらせた点では、むしろ不幸な偶然であったといえるかもしれない。

一　工場建設ラッシュの帰結

本章二二七頁に述べたごとく、五四運動以後僅々一年余の間に、増錘を含めれば、八八万余錘もの規模を有する紡績工場多数が上海を中心に中国各地に新設、増設されることが計画された。だが紡績機械を国産できない中国では、むろんのことイギリスあるいはアメリカから、一〇〇パーセント輸入しなければならなかった。しかも、その取引業者は上海に店をかまえるイギリスあるいはアメリカの業者であった。

工場建設ラッシュは、紡績機械の取引きを完全に売手市場にかえてしまった。たとえば、五四運動前後に旺勢な事業拡張を進めた申新紗廠は、上海の慎昌洋行に紡錘機を、一九一九年三月から十一月にかけて五度にわたって六万九千錘余り発注した。三月二十五日に成立した契約では、二〇、七三六錘の価格が六〇万米ドルであったものが、十一月二十四日の契約では、二五、〇〇〇錘を一〇六万三千五百米ドルもの金額で発注した。(116)一錘当りで計算すると、三月分は二八・九三五ドル、一一月分は四二・五四ドルとなり、わずか八カ月のうちに四七パーセントもの上昇となった。もっともこの間は、三月一ドル＝〇・八一海関両、十一月一ドル＝〇・六六海関両と両高傾向にあったので、海関両に換算すると、三月二三・四三七海関両、十一月二八・〇七六海関両で、二〇パーセント弱の上昇にとどまる。

当時の紡績機械輸入取引は、輸出国の通貨で決済するのが慣行で、契約成立時に二五～三〇パーセント、以後積出時、到着時、据付完了時等と、三、四回に分けて残額を支払うことになっていた。このため売手側は外国為替の変動による危険を被ることのない有利な立場にあった。しかも、両高傾向にある時は、かえってドルあるいはポンドでの価格をつり上げる格好の口実となった。一方、買手側からみれば、両安傾向になった時の損失は、すべて負担しなければならなかったばかりでなく、両高傾向の時でさえ、為替差益はほとんど望めなかったのである。紡績機械が固定資産の七、八割を占める紡績工場にあって、この売手に有利な取引きは、少なからず債務負担の増加となって買手にはねかえってきた。

また、工場用地についても、とくに「安全」な租界での土地は、この時期値上りが激しかった。上海共同租界東区では、一畝当り平均価格が、一九二〇年の五、二五〇両から二二年には六、一四三両と、約一七パーセントの高騰をみせていた。場所によっては、この二年で実に二〇〇パーセントの値上りをみた土地もあった。(117)そのほか、第

図表３-40　工場建設ラッシュによる建設費の高騰と債務の増加

項目＼工場名, 設立年・地	溥益紗廠 1917年上海	崇信紗廠 1921年上海	裕大紗廠 1922年天津
紡錘数	20,120錘	30,000錘	35,000錘
紡績機械および付帯機器（A）	402,250両	1,279,946両	3,454,708両
同１錘当り	19.99両	42.66両	98.71両
土地購入および工場建設（B）	300,000両	710,776両	882,629両
同１錘当り	14.91両	23.69両	25.22両
設備投資総額（A+B）	702,250両	1,990,722両	4,337,337両
同１錘当り（C）	34.90両	66.36両	123.92両
資本額	700,000両	1,500,000両	2,190,000両
同１錘当り（D）	34.79両	50.00両	62.57両
１錘当り資本不足額（C－D）	0.11両	16.36両	61.35両

資料）溥益と裕大は浜田峰太郎『支那に於ける紡績業』（日本堂書店　大正12年６月刊）67～69頁，および「裕大紡績公司営業成績」―『上海日本商業会議所週報』第582号（大正12年４月19日），崇信は「崇信紡績公司営業成績」―『上海日本商業会議所週報』第609号（大正12年10月18日）。

一次大戦後の物価騰貴で、工場の建築費も当然増加した。

これらの諸要因により、紡績工場の固定資本は増大の一途をたどり、「黄金時期」の前と後では、ほぼ三倍にも達した。図表三-四〇は、一九一七、二一、二二の各年に操業を開始した三つの工場について、一錘当りの投資額と資本額を比較してみたものである。二二年操業開始の裕大だけが天津所在で、比較に不便をきたすが、機械設備については、さほどの差異はないであろう。

一九一七年上海で開業した溥益は二万錘規模で、当時としては比較的大きな工場であった。一錘当りでは、紡錘機および付帯機器に二〇両弱、用地および工場建築費に一五両弱で、合計三五両弱を費した。この数字は、一九一〇年開業の公益が二七・三両であったのに比すれば三割ちかい増加である。

一方、一九二一年上海で開業した崇信は、用地および工場建築費こそ二三・七両で、溥益に比し六割弱の増加にとどまったが、紡績機および付帯機器は四二・七両で二倍以上にはねあがった。合計でも一錘当り六六両強と九割増になった。

図表３-41　ポンドと海関両の比価（１ポンド当り海関両）

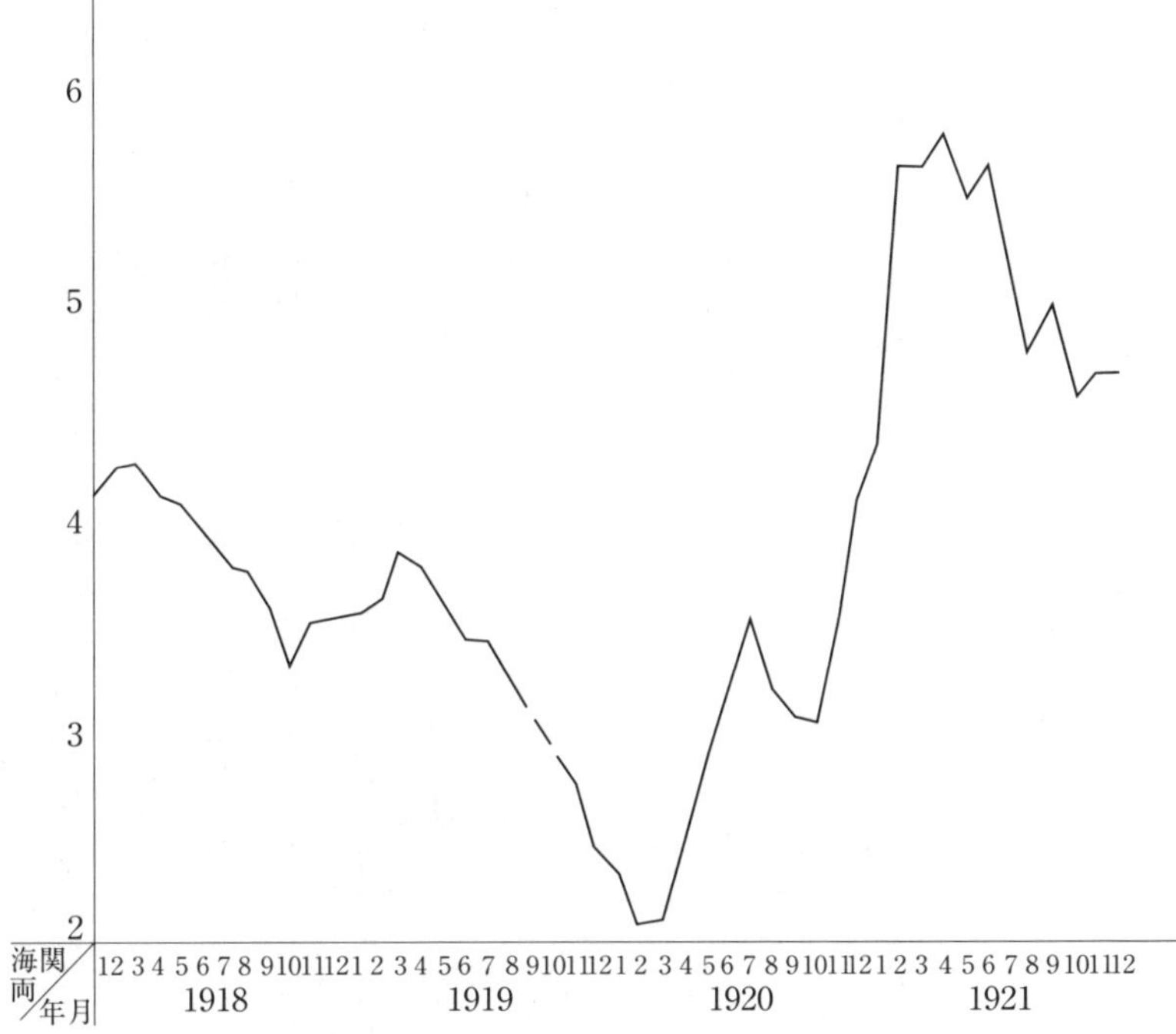

資料）『上海日本人実業協会週報』（第366号以降は『上海日本商業会議所週報』）第303～513号（大正７年１月10日～大正10年12月29日）「上海税関各国貨幣換算表」。

さらに一年後の裕大になると、紡錘機および付帯機器は、九八・七両にも達し、溥益の五倍ちかく、崇信に比べても二・三倍にのぼった。用地および工場建築費は上海に比して天津の方が安価であったであろうが、それでも二五・二両で崇信を上まわった。合計では実に一二三・九両を要し、溥益の四倍ちかく、崇信の二倍近くの設備投資を余儀なくされたのである。

崇信と裕大とはわずか一年の差で、紡錘機の経費が二倍以上になるというのは理解に苦しむところであるが、図表三-四一に示したように、一九二〇年二月までつづいた両高傾向が、一ポンド＝二・〇九海関両を最後に一転して両安傾向にかわり、一年余り後の二一年四月には一ポンド＝五・七八海関両にまで下落したことと、[118]既述の決済方法を併せ考えれば、さほど不思議ではない。もっとも極端な例を想定すれば、二〇年二月に決済した工場は、二一年四月に決済したのに比べ、一ポンド当り、三・六九海関両も安くすんだということになる。

この結果、資本総額に対する固定資産の比率はうなぎのぼりに上昇した。溥益では、額面資本七〇万両、一錘当り三四・七九両で、固定資産の三四・九両にわずか〇・一一両およばないだけである。これでも、工場建設だけで資本額をすべて費してしまい、相当の流動資本を要する紡績業にあっては自転車操業はまぬがれないところであるが、ともかく借入金にたよることなく工場建設だけは完了しえたわけである。

ところが崇信になると、一錘当りの額面資本五〇両に対し、固定資本だけで六六・三六両にのぼり、すでに一六・三六両、総額では五〇万両ちかくの資本不足をきたしていた。さらに裕大では、両安のため一錘当り固定資本が一二三・九二両にものぼったにもかかわらず、額面資本金は六二・五七両にすぎず、資本不足は六一・三五両にも達した。しかも裕大の場合、額面資本金三〇〇万元（浜田は一元＝〇・七三両で換算、二一九万両とする）のうち、実収資本金は一三五万元余り、すなわち九九万両にとどまり、一錘当りでは二八両強にすぎない。操業にこぎつけるまでの段階において、設備投資がすでに実収資本額の四・四倍にも達したこの事態は、いったいなにを意味するのであろうか。

実収資本の三・四倍にあたる三三〇万両以上の借入金をかかえて開業した裕大の例は、あまりに極端といえるにしても、「黄金時期」に設立を計画した紡績工場の多くは杜撰な資金計画と両安による紡績機械の高騰が相乗して、多額の借入金を余儀なくされたようである。

図表三‐四二は、武進の常州紗廠と武昌の裕華紗廠という二つの地方紡績工場について、不完全ながら、そのバランスシートを示したものである。

一九一九年八月に発起して二〇年十月に創立し、二一年十月に操業をはじめた常州は、二万錘規模の工場でありながら、当初の実収資本は六〇万元と、そもそも絶対的に過少の資本であった。そのため、イギリスおよびアメリカから紡績機械を購入する段階ですでに借款を必要とした。銀団公司負債八〇万元の内訳は、英国製紡錘機購入時の担保付銀行貸付四九万元、米国製紡錘機購入時の担保付銀行貸付三〇万元（残余の一万元は不明）であった。単純計算では、実収資本全額と負債七九万元をつぎこんでも、なお機械代金だけでも一六万元が不足で、しかも工場建築および操業のための資金は、別途の負債にたよらねばならなかった。

資本金に倍する負債をかかえこんで、ようやく操業にこぎつけても、まったく流動資本をもたない常州紗廠は、綿糸紡出のためにさらなる負債を余儀なくされ、開業一年にして銀団公司以外の負債だけで一〇一万元にふくれあがり、負債総額は一八〇万元と資本金の三倍に達した。裕大の極端な例も決して孤立したものではなかったのである。

また、一九一九年夏に創立し、二二年三月に開業した武昌の裕華紗廠は、この時期としてはめずらしく比較的安価に紡績機械を購入できたようである。織布兼営工場であるので、紡錘機一錘当りの厳密な費用はわりだせないが、大体のところ紡錘機および付帯機器の購入に四五両前後、工場建築費に二五両前後で、一錘当りの投資額は七〇両前後であった。当初の資本金も、常州紗廠に比べれば余裕があったものの、五〇〇台の織機を含めた紡織機械全部の購入代金にはとてもおよばず、三六万両の増資をもってようやくカバーできた。しかし、工場用地および建築費

図表 3-42 「黄金時期」設立二工場の貸借対照表（不完全）

A　常州紗廠（民国 8 年 8 月発起，民国10年10月操業，武進）

資産の部		金額	1 錘当り
英国製精紡機	12,000錘		
米国製精紡機	6,264錘	1,550,000元	84.87元（61.10両）
付帯機器		（内支払済1,370,000元）	
工場用地	20,000元	360,000元	19.71元（14.19両）
工場建築費	340,000元		
操業費		77,000元	
計		1,987,000元	104.58元（75.29両）

負債の部	金額	1 錘当り
資本金	600,000元	32.85元（23.85両）
銀団公司負債	800,000元	
機器未払代金	180,000元	
預　金	200,000元	
銀行当座借越	230,000元	
計	2,010,000元	

B　裕華紗廠（民国 8 年夏創立，民国11年 3 月操業，武昌）

資産の部		金額	1 錘当り
精紡機	30,000錘	912,940両	30.43両
織　機	500台	214,360両	
付帯機器		440,700両	14.69両
工場用地	153,734両	740,404両	24.68両
工場建設費	586,670両		
備　品		20,000両	
計		2,328,404両	69.80両

負債の部	金額	1 錘当り
資本金	1,200,000両	40両
増　資	360,000両	12両
計	1,560,000両	52両

資料）A は「常州紡織公司復函」―『華商紗廠連合会季刊』第 3 巻第 4 期（民国11年10月）222～223頁，B は蕭倫予・毛翼豊「武昌裕華紡織公司調査記」―『華商紗廠連合会季刊』第 5 巻第 1 期（民国13年春）41頁。

七四万両については、やはり借款に依存せざるをえなかったようである。いずれにしても、固定資産の三分の二ちかくを資本金でカバーしえた裕華は、当時としてはまだ優良な部類に属した。

以上、四つの例でみるかぎり、「黄金時期」に発起あるいは創立された紡績工場で、負債に依存することなく操業にこぎつけた例は一つとしてない。業績のあまり芳しくない工場の方が、かえって資料がのこりやすいという偏りは、当然ある程度考慮にいれておかねばならないが、次にこころみる試算結果は、その偏りがさほど大きいものでないことを示している。

図表3-43　1錘当り資本額比較の試算

第1グループ　1919年既設民族紡績工場（24工場）	
資本総額	11,305,000両
	10,764,000両←14,950,000元
計	22,069,000両
紡錘総数	689,264錘（織機2,720台）
1錘当り	32.02両

第2グループ　1919～22年新設民族紡績工場（38工場）	
資本総額	22,060,000両
	31,521,600両←43,780,000元
計	53,581,600両
紡錘総数	1,050,512錘（織機4,832台）
1錘当り	51.01両

資料）第1グループは「第一次中国紗廠一覧表」（1919年7月）に資本額と紡錘数両方が記載されている全民族紡績工場の総平均。第2グループは「第四次中国紗廠一覧表」（1922年）に新しく記載されている（第一次には記載されていなかった）全民族紡績工場の総平均。

備考）地方紡績工場の多くは，資本額が元で表示されているので，1元＝0.72両で両に換算した。

図表三-四三では、資本額と紡錘数がわかっている六二工場を、一九一九年に既設の二四工場と一九～二二年に新設された三八工場とに分類し、各グループの一錘当り資本額を試算してみた。いずれも織機を含んでいるため、試算結果の一錘当り資本額は下方修正する必要があるとはいえ、織機台数が錘数とほぼパラレルであるので、無意味な比較とはいえないだろう。

この結果、一九一九年に既設の工場では、一錘当り三二・〇二両という資本額がわりだされる。図表三―四〇で、一七年開業の溥益が一錘当り設備投資三五両、また一〇年開業の公益が同二七・三両であったことを想起すれば、一九年に既設の工場は、運転資金までは準備できなかったにせよ、工場設備だけは資本金でほぼまかなえたであろうと推測できる。

一方、一九一九〜二二年の間に新設された工場となると、一錘当り資本額は五一・〇一両と既設の工場に比べ六〇パーセントほど増加した。しかし、先の四例のうち、裕大はあまりに極端なので除外するにしても、三工場の一錘当り設備投資、崇信の六六・三五両、裕華の六九・八両、常州の七五・二九両を平均してみると、七〇・四八両となる。これを仮に一九〜二二年新設工場の平均的な一錘当り設備投資額と措定するならば、一錘当り資本額はこれを二〇両余り下まわっていたことになる。試算の結果うかんでくる「黄金時期」民族紡績工場の平均像は、操業開始までに、すでに額面資本をくいつぶしていたばかりでなく、額面資本の半分ちかくに相当する負債をかかえこんでいたわけである。この数字は、「黄金時期」に設立された民族紡績工場が、先行の工場に比べ資金面で相当悪化していたことを示すものといえるだろう。

このように不健全な資金繰りは、一面では、産業に投資される資本が絶対的に不足しているという本来的な問題に加え、両安による輸入紡績機械の高騰という不可避的な要素もからんでいるが、その一方では、綿糸を紡出しさえすれば高利潤がころがりこんできた「黄金時期」にあって、高利の負債に依存してでもともかく紡績工場を建設しさえすれば、負債を清算してなお余りある「賺銭」（金もうけ）ができるという安易な計算、さらには、「紅利四〇パーセント」という状況においては、資本金を募集するよりも、たとえ年利十数パーセントに達する高利でも、

図表3-44　借入金の有無による配当率の比較

資金内訳	諸項目	好況期	平常時	不況期
(A)資本金 180万両	仮定純益 利子 配当額・率	32万両 0 32万両・1割8分	20万両 0 20万両・1割1分	8万両 0 8万両・4分4厘
(B)資本金 120万両 借入金 60万両	仮定純益 利子 配当額・率	32万両 8万両 24万両・2割	20万両 8万両 12万両・1割	8万両 8万両 0　・0

資料）之一「華商紗廠資金問題与棉業前途之関係」―『華商紗廠連合会季刊』第4巻第4期（民国12年10月）8頁。

銭荘などから借金する方が資金コストとしては安あがりであるというような、一見合理的な計算が、紡績資本家たちによってなされた結果でもある。また実際、「黄金時期」には、銭荘などの金融機関の方も、紡績業には積極的にほとんど無担保で融資していたようである。(119)

一九二三年の不況期に至って、之一というペンネームの人物は、民族紡績業が困難に陥った原因を「市況の不良」と「資金の不足」に求め、前者はいざ知らず、後者は業者の主体的な努力で克服できるはずの問題であるとして、安易に負債に依存してきた民族紡績資本家の体質を批判した。(120)

之一がその論拠にしたのは、図表三―四四のモデルケースである。十六番手を標準製品とする二万錘規模の紡績工場を設立すると仮定して、設備投資に一二〇万両、運転資金に六〇万両、計一八〇万両の資金が必要になる。(A)のケースは、全額自己資本で、(B)のケースは、一二〇万両の自己資本と六〇万両の負債でその資金を調達するものとする。負債利子が年約一割三分であると、好況時こそ(B)の方が配当率が二分ほどよいが、平常時、不況時にはいずれも(A)の方が配当率がよいというのである。

かかる単純計算を示してまで負債に依存することの非を説かねばならなかったこと自体、当時の民族紡績業がいかに安易に負債によりかかっていたかをうらづけている。自己資本では固定資本すら充当できない状況は、当然、流動資本をほとんど無視する経営体質をともなった。

たとえば、五四運動の年、江西に成立した九江華豊紗廠の設立計画書では、まず「綿糸は人生日用必需品と為す、其営業状況に至ては意外の変異なき限り利益有て損失無きに似たり」ということで、紡績業が本来的に危険のない業種であることを強調している。しかも、当面の中国綿糸市場についても、従来最大の綿糸供給国であった日本が、シベリヤおよび南洋諸島に新しい市場を開拓したこと、自国織布用綿糸の需要に急増のみられることの二つの理由から、中国への輸出余力をうしなっているとして、「故に今後綿糸の価格は或は持久するに至るべしと推測せらるるなり」との楽観的な見通しを述べている。かつまた、「九江は交通便利なると且つ近日来金融機関漸次発達せるより綿糸荷捌き極て迅速となり[121]」という地の利をあげ、流動資本を最少限にきりつめうると断言しているのである。

「黄金時期」の好況がかなり長期にわたって持続するという甘い見通しは、なにも九江の華豊紗廠の経営者たちに限られた認識ではなく、一般的にも「当時は紗業盈利の特別増大に酔心して以為らく以て長久に不変なるべし[122]」という楽観ぶりであった。そしてこの甘い見通しが、紡績業への投資の集中とあいまって、資金面の体質悪化をもたらした主体的な要因といえるだろう。民族紡績業者は、いかに少ない自己資本で、出来うるかぎり規模の大きい工場を早期に完成するかにひたすら情熱を傾け、操業開始後の問題は、あまり眼中になかったようである[123]。

二　大中華紗廠の場合

五四運動時期民族紡績業の模範工場として華々しく登場した大中華紗廠がたどった運命も、前項でとりあげたいくつかの工場と大差あるものではなかった。細糸専門の紡出を旗印にした大中華の誕生は、中国市場から日本綿糸を完全に駆逐する第一歩に位置づけられ、その将来には大きな期待がかけられていただけに、既述のごとく、そのすべりだしは、四万錘規模を二万錘に下方修正した以外、資金面ではきわめて順調であった。

しかし、一九一九年十月十二日の創立大会で董事長に選出された聶雲台は、わずか二日後の十四日に開いた董事会で、太糸専門の紡錘機一万錘を追加発注するため、三〇万両の増資を行い、資本金を一二〇万両とすることを決定し、翌二〇年三月二十八日の第一回株主総会で承認を得た。細糸専門をキャッチフレーズに発足した大中華がなぜこの段階で太糸の紡出も兼ねる決定を下したのかについて、何も説明はない。憶測すれば、一九年十月頃は十六番手綿糸が二二〇両前後にまで高騰していた時期で、その大きな利潤が一つの魅力になったこと、さらに民族紡工場では前例のない細糸専門に対する先行不安、危険性を太糸の高利潤でカバーしようとしたのではないかと思われる。

増資分三〇万両の株式募集は、折からの金融逼迫で思うにまかせず、期間を一九二〇年二月十九日まで延長したが、結局二五万七千両余りが払込まれた段階で打切りとなった。しかし、この時点では、三万錘規模の工場建設は、一一五万両程度で十分であるとみこまれていた(124)。第一回株主総会で公表されたバランスシートは、だいたい図表三―四五のようであった。

設備投資の主要項目である紡錘機については、第一期三十、四十番手紡出用二万錘は、一二万二、八五七ポンドで、第二期十六、二十番手紡出用一万錘は、七万三、八三九ポンドで、それぞれ怡和洋行との間に売買契約が成立していた。一錘当りでは、第一期の細糸用が六・一四ポンド、第二期の太糸用が七・三八ポンドで、太糸用の方が

図表3-45　第一回株主総会時大中華紗廠貸借対照表

資　産　の　部	金額(両)	負　債　の　部	金額(両)
一期紡錘機2万錘手付 51,582ポンド	163,416.870	第一回株	900,000.000
		増資株	257,850.000
一期紡錘機2万錘用 外貨予購70,000ポンド	171,841.330		
シーメンスモーター	10,725.550		
土地購入・借入費	11,839.764		
担保付貸金	116,022.148		
銀行・銭荘当座預金	290,404.571		
銭荘定期預金	420,000.000		
計	1,184,250.233	計	1,157,850.000

資料）「大中華紡織股份有限公司第一届股東年会報告書」―『華商紗廠連合会季刊』第1巻第3期（民国9年4月）217～218頁。
備考）負債，資産の合計が一致しないのは，いずれかの項目に省略があるためであろう。

割高となっている。あるいは契約時期の問題かもしれない。品物の引渡しは契約では第一期が一九二〇年八月（創立大会時の予定より一、二カ月遅延）、第二期分が二〇年七月と予定されていた。

図表三-四五には、このうち第一期分の代金支払方法が示されている。まず手付金五万一千五百ポンド余りがすでに怡和洋行に支払われ、残金七万ポンド余りの支払いのために、早手回しにポンドを予購してしまっていた。手付金は一ポンド＝三・一六八海関両のレートでポンドに換金したので、一六万三千両余りを費したが、七万ポンドの予購は、一ポンド＝二・四五五海関両と両高レートであったので、一七万二千両弱ですんだ。先の図表三-四一（二三三頁）とつきあわせてみると、手付金は一九一九年の九月か十月、予購は一九年十二月に換金したであろうと推測できる。二〇年二月の一ポンド＝二・〇九海関両ほどではないにしても、かなり換金のタイミングはよかったわけで、この結果、第一期分は平均で約一海関両＝七シリングのレートで、一錘当りでは一六・七六海関両と相当の安値で購入しえたことになる。

第二期分七万四千ポンド弱については、どのように支払われたか知るすべをもたない。大中華倒産時のものと思われる聶雲台の報告によれば、紡錘機代金総額の約三分の一にあたる一〇万七千七百ポンド余り（先の対照表中の数字より一万四千ポンドほど少ない）は、平均一海関両＝七シリングのレートで支払いをすませたが、「銀行家がみな一五シリングまでは高騰するだろうといった[125]」ので、残額の支払いを見合わせていたところ、逆に両が暴落してしまい、大損害をうけたという。

しかし、この時点ではまだ紡績景気がつづいていたので、大中華は次々と設備の拡張をすすめていった。第一期、第二期分の紡錘機は、イギリスの工場にストライキが発生したため、積出しが大幅に遅れていた。上海総商会の代表として万国商業会議に出席した聶雲台は、その帰途、一九二〇年十一月イギリスにたちより、紡錘機の早期積出しを催促した。発注紡錘数は、この時、細糸用二万二千錘、太糸用一万二千錘の計三万四千錘と、さらに四千錘増加していた。イギリス側は太糸用は二一年一月より五カ月以内に、細糸用は二一年五月より六カ月以内に積出すことを約したので、聶雲台は二一年七～八月には太糸紡錘機だけをもってしてでも操業にこぎつけることができるものと確信して帰国した。

一九二一年四月十七日の第二回株主総会では、この交渉経過が報告され、操業の一年余りにおよぶ遅延と、四千錘増設のために八〇万両を増資して、資本金を二〇〇万両とすることが承認された[126]。

その後も一向に紡錘機が到着しないことに焦った大中華は、「本廠家屋の竣工久きに亘（わた）るより、急速開業を要すると且つ開設費を減省する見地よりして[127]」、ついにアメリカへ新たに紡錘機一万一千錘を発注するのやむなきに至った。その結果、アメリカ製紡錘機をもって一九二一年十一月にようやく試運転を開始することができ、二二年四月十四日にイギリスからの太糸用紡錘機を加え、二万二千錘余りの片肺ではあるが、二年ちかくの遅延の末に操業にこぎつけた[128]。聶雲台が心血を注いだだけあって、大中華の外観はまことに壮麗で、アメリカ銀行団駐華代表スティヴンス（史蒂芬 Frederick W. Stevens）をして、「余、美国人の眼光を以てこれを観るも、貴廠の装置設備は一として新式ならざるはなく、一として周備ならざるはなし[129]」と賛嘆せしめるほどであった。そして、この年中頃には、四万五千錘すべてが稼動しはじめ、そのうち二万二千錘は、五四運動以来の念願である三十、四十番手の細糸を紡出し、日本製細糸に対抗してこの分野での市場をも奪回せんとする勢いであった。

ここに至るまでに、大中華はいったいどれほどの額にのぼる設備投資をつぎこんできたことになるのであろうか。四万五千錘すべてが整ったと思われる時期の一九二三年十二月段階におけるバランスシートを、図表三–四六にかかげる。このうち、固定資本とみなされるのは、用地八万八千両強、工場建物五九万二千両弱、固定装置四万四千両弱、機器二四〇万三千両強など、計三一二万七千両弱である。一錘当りでは六九・五両ほどで、「この数、中国各新紗廠の中で最廉なるもの[130]」というのは少し過大評価であるにしても、前の諸工場と比較して決して割高ではない。しかし、第一期分二万錘が三三万五千両余りであったことからすると、相次いで追加発注された二万五千錘がかなり割高についたであろうことは明白である。機器代金二四〇万三千両余りがすべて紡錘機代金であるはずはないので、いま仮に紡錘機と付帯機器の割合を三対一と仮定すれば、紡錘機代金は一八〇万両で、追加発注の二万五千錘には一五〇万両ちかくが支払われたことになり、一錘当りでは六〇両近くで第一期分の三倍にもなる。

イギリスでのストライキという不測の事態がからんでいるとはいえ、臨機のしかも強気な増錘につぐ増錘が、銀の暴落とあいまって、機械設備の代金を急上昇させたのである。そのため、一九二二年四月十六日、二日前に操業をはじめたばかりの工場で開かれた第三回株主総会では、資本金をさらに一〇〇万両増資して、三〇〇万両とする

図表３−46　1923年12月大中華紗廠貸借対照表

資　産	金額(両)	負　債	金額(両)
生財（備品）	20,710.95	股本（通常株）	1,695,500.00
廠基（敷地）	88,169.87	優先股（優先株）	23,700.00
廠屋（工場建物）	591,704.69	銀団公司債	1,700,000.00
固定装置	43,773.64	老公司債（旧公司債）	2,000.00
機器	2,403,296.68	定期存款（定期預金？）	9,700.00
中国鉄工廠租地（貸地）	991.13	慈善戸	9,000.00
怡和洋行	1,294.64	聶雲記	69,817.76
紗布交易所股票（綿糸布取引所株券）	2,880.00	中央往来（当座借越）	2,521.32
棉業交易所股票（綿業取引所株券）	135.00	福源往来	2,501.134
聯華総会股票（聯華総会株券）	250.00	福康往来	2,505.016
徳律風公司股票（電話会社株券）	300.00	永豊往来	2,467.224
存中国銀行代解公司債息（中国銀行預金公司債利子代理送金）	39.50	安裕往来	2,389.316
存中央公司代解公司債息	394.08	暫記（一時記帳）	404.82
存福源荘代解公司債息	3.50	己未年未領股息（民国８年未払配当金）	3.64
預付保険費	3,794.31	庚申年未領股息（民国９年未払配当金）	2,520.00
公司債佣金（公司債手数料）	113,333.33	十一年未領優先股息（民国11年未払優先株配当金）	112.93
公司債費用	6,446.72	約息（？）	57,869.84
存煤（石炭在庫）	537.43	怡和保険部	3,482.46
什物桟存物料	21,060.67	未解各款（未払金）	10,731.04
暫記（一時記帳）	390.38	董事未領夫馬費（重役未払人件費交通費）	2,247.50
存派司（パス）	251.86	未領工資（未払賃金）	1,147.49
存現（現金）	798.97		
虧損十二年一月份起至十月份止（民国12年１～10月欠損）	300,064.14		
共	3,600,621.49	共	3,600,621.49

資料）民国12年『大中華紡織公司賬略』。

ことが議決された。しかもなお、この資本金が全額払込まれたとしても、固定資本にもおよばないところから、その不足分を補うとともに、本格的にはじまった操業に必要な運転資金を調達するため、総会では董事会に募債権を付与する決議もなされた。聶雲台の説明では、試運転期の三カ月間だけで五万八千両余りもの利益がでたことを根拠に、二二年中には九〇万両余りの利益をあげうるとの楽観的な見通しが述べられた(131)。少々の負債は、操業が順調に軌道にのれば、簡単に返済できると考えたのである。

しかし事態は、聶雲台のことばとは裏腹に深刻さをましつつあった。

第一に、九〇万両から一二〇万両、二〇〇万両さらに三〇〇万両へと、三度にわたる増資は、当初繰上げ締切にしなければならないほど人気をあつめた大中華の株式募集にも、暗い影をおとし、金融逼迫もかさなって、その払込率を次第に低下させていった。

第三回株主総会での三〇〇万両への増資決定後、一年半以上たった一九二三年十二月に至っても、図表三-四六のように通常株と優先株の払込合計は、一七二万両弱にすぎず、払込率は六割にも充たない状態であった。払込済資本金だけでは運転資金はおろか、固定資本にも多額の不足が生じていたのである。

そこで、先の株主総会で承認された募債権は、一九二二年十一月に成立した「銀団公司債」をもって行使されることになった。この負債は年利率一三・二パーセントで、総額一七〇万両にも達し、払込済資本金にほぼ匹敵する金額であった。しかし、この巨額の負債も、そのほとんどは固定資本にまわり、運転資金に投入できたのは微々たるものであったと思われる。そのため、「銀団公司債」成立後、新たに五つの銭荘が「営運墊款銀団」（一時資金運用銀行団）を組織し、運転資金の調達・運用を管理することになった。

結局のところ、大中華は三年ちかくの歳月と三〇〇万両以上の巨資を費して、四万五千錘という当時としては最大規模の、もっとも近代的な大工場をともかく完成にまではこぎつけたものの、そこまでで固定資本の半ばを負債に仰いだうえに、運転資金もすべて負債にたよらざるをえなかったところから、操業開始後は経営のあらゆる面にわたって、銀行、銭荘の掣肘をうける立場においこまれていたのである。実質的な経営権を銀行、銭荘に握られた大中華は、貸付金の安全な回収のみを重視するかれらの方針にしばられ、積極的な経営を展開することができなかったのである。

第二に、イギリスにおけるストライキの影響などにより、操業開始が二年ちかく遅延していた間に、一九年に一梱当り五〇両という未曽有の利潤を生みだした「紗貴花賤」の市場環境は一変し、大中華が操業をはじめた一九二二年四月には、先に触れたように、まったく逆の「花貴紗賤」(原綿高の綿糸安)によって、一梱当り五・二両の欠損をだすに至っていた。

「紅利四〇パーセント」という「黄金時期」の経営感覚では、たとえ年利十数パーセントの高利であっても、負債の方が、株式よりも資金コストとしては安上りであるという理くつも成りたちえたが、いったん景気が下向きになると、高利の負債は非常な圧力となった。図表三-四七は一九二三年一~十月の十カ月間における大中華の成本賬および損益賬である。いささか煩雑ではあるが、中国紡績工場の決算方法をうかがう一つの資料として、原文のまま掲げ、必要と思われるタームには訳語を後に付すことにする。

成本賬によれば、この十カ月間で綿糸の売上げは一万四千余梱で二一一万両余りの収入を得た。一梱当りでは一四六・一四両で、ピアースの資料が示す一九二三年十六番手標準綿糸の一梱平均市場価格一五〇・一五両に比べ、

図表3-47A　1923年12月大中華紗廠損益計算書

成本賬（営業収支）

収款(収入)	金額（両）	付款(支出)	金額（両）
售紗（綿糸売上）14,460梱	2,113,200.88	去年存花（前期原綿在庫）	302,035.24
售下脚（屑綿売上）3,921担62斤	46,433.46	去年存紗（前期綿糸在庫）	174,856.89
抛紗余仗（屑糸処分）	35,043.75	去年存下脚（前期屑綿在庫）	11,548.37
花業捐	63.45		
工房租金（工場貸賃）	1,475.63	去年存機上花紗（前期原綿綿糸仕掛品）	35,850.13
出廠工人工資（退職労働者賃金）	974.69		
		進花（原綿購入）36,651担61.5斤	1,358,374.34
罰款（罰金）	176.54		
洋水余（為替手数料余剰）	2,517.32	花衣損益（原綿取引損失）	9,788.95
		花紗税	626.19
		運費（運搬費）	17,835.47
		栈租（倉庫借賃）	2,877.88
		上下力（倉庫搬入出費）	1,249.74
		打包費（荷造費）	185.89
		保険費	17,696.82
		佣金（仲買人手数料）	150.00
		房租（工場借賃）	2,173.95
		福食（副食費）	8,358.51
		薪水（事務員給料）	25,198.17
		夫役工資（人夫賃金）	3,841.46
		衛生工資（清掃夫賃金）	981.18
		雑項	5,229.37
		零用	114.95
		文具印刷	1,296.37
		郵電（郵便電報料）	282.50
		応酬（交際費）	881.00
		広告費	29.57
		医薬	402.32
		善挙（寄付）	511.60
		農場設備	43.19
		車費（交通費）	3,165.31
		紡織工資（紡織工賃金）	105,612.21
		電汽工資（電気工賃金）	4,478.36
		雑工工資（雑工資金）	4,341.60
		修機工資（修理工賃金）	5,221.84
		修理費	2,419.00
		紡織部用品	37,487.31
		電機部用品及煤（石炭）	45,140.30
共	2,199,885.72	共	2,190,285.98
		盈余（営業利益）	9,599.74

図表 3-47B　1923年12月大中華紗廠損益計算書

損益賬（経常収支）

収款（収入）	金額（両）	付款（支出）	金額（両）
第肆届堆金（第四期繰越金）	22,259.13	前届応提保険費（前期保険料残金）	7,932.24
成本盈余（営業利益）	9,599.74	公司債利息　五月分至十月分	112,200.00
過戸費（株式名義書換料）	60.90	利息　内一月分至四月分	134,358.36
紗布交易所股票息（綿糸布取引所株配当金）	691.20	公司債息74,800両	
		票貼（手形振出手数料）	359.76
		股東会費（株主総会費）	328.80
		董事夫馬費（重役人件費・交通費）	725.00
		受託人薪水（嘱託給料）	1,500.00
		査賬費（会計監査費）	4,700.00
		律師費（弁護士費）	2,124.31
		攤提公司債佣金（公司債手数料償却積立金）	47,226.67
		攤提公司債費用（公司債費用償却積立金）	2,784.21
		広告費	30.13
		旅費	2,613.66
		售出綱条価虧	15,791.97
共	32,610.97	共	332,675.11
		付虧（経常損失）	300,064.14

資料）同前。

四両余り低い。この売渡価格からただちに大中華の生産番手を推測するのはいささか危険ではあるが、細糸専門をキャッチフレーズに華々しく誕生した大中華も、操業開始後は、総体的にみれば十六番手中心の生産体制をとっていたであろうことをうかがわせる資料ではある。

成本賬と損益賬に分けられているのは、営業収支と経常収支の区分に相当するのであろう。成本賬では、九、六〇〇両弱とわずかではあるが利益を計上しえたのに、損益賬では銀団公司債一七〇万両の利子、一～十月で計一八万七千両（年利一三・

図表3-48　1923年期大中華紡出綿糸の付加価値推計

項目	数値
23年期売上綿糸　1梱当価格（A）	2,113,200.88両÷14,460梱＝146.14両
23年期買上綿花による紡出綿糸高（打込率350斤として）	36,651.615担÷3.5担＝10,471.89梱
23年期買上綿花による紡出綿糸の1梱当り綿花コスト（B）	1,358,374.34両÷10,471.89梱＝129.72両
綿糸1梱当りの付加価値（A－B）	146.14両－129.72両＝16.42両

資料）図表3-47A 成本賬。

二パーセント）、その他負債の利子、六万両弱および銀団公司債の手数料・費用の償却積立金五万両余、三者総計二九万七千両弱がひびいて、三〇万両余りの欠損を計上するに至った経緯が瞭然である。

一七〇万両にのぼる銀団公司債の負担が、大中華倒産への決定的な要因になり、そして最後の一撃も、倒産時における聶雲台の報告にあるように、「適々この時において銀団内に争端が発生し、ついにこれに因りて停頓を致し」[132]たことにあった。実質的な経営権を握っていた債権者までが内紛を起こしては、もはや大中華に存命の望みはありえなかったわけである。

しかし、それにしても成本賬の方にも問題がなかったわけではない。成本賬に、わずか九、六〇〇両弱ではあるにしても、利益を計上しえたのは、前期よりの在庫綿花、在庫綿糸に負うところが大きかった。なぜなら一九二三年期のみについていえば、図表三-四八のように二三年期買入綿花、三万六千余担で紡出できた綿糸は、一梱当りの打込率を三五〇斤とすれば、一万四百七十梱余りで、一梱当りの原綿コストは、一二九・七二両に達し、これを先の二三年期売上綿糸の一梱平均価格、一四六・七二両から差引くと、その差額は一六・四二両にしかならないからである。綿糸の一梱当りの生産コストは、五四運動以前でこそ一番手当り一両、すなわち十六番手なら一六両という数字が一般的であったが、その後の物価騰貴は生産コストの急激な上昇をまねき、二三年三月の調査では、もっとも優秀な民族紡績工場でも十六番手で二五・五～二八両にも達した。[133]したがって、二三年期大中華紡出の綿糸価格と原綿コストの差額、一六・四二両では、どうみても一〇両前後の採算割れが生じたにちがいないと推測されるのである。

すなわち、成本賬でのわずかの利益は、前期の比較的安価な綿花（ピアースの資料では、綿花一担の平均価格は、一九二二年三三・六二五両、二三年三九・二五両）とそれから紡出した綿糸の在庫分を一九二三年期にくりこして、はじめて算出しえたものにすぎないのであって、二三年期買入綿花だけで計算すると、綿糸を紡出すればするほど、一梱当り一〇両前後の欠損をだしつづけていたわけである。二三年の「花貴紗賤」は、そうでなくとも悪化していた大中華の経理状態に、再起不能の追打ちをかけることになったのである。

債務の負担と「花貴紗賤」という、以上二つの原因から、大中華は倒産のやむなきに至り、一九二四年四月には債権者の手で新聞に売却広告がだされることになったという。しかし、なかなか買手がつかないまま、金利ばかりがかさんでいった。七月に至り、債権者は瑞和洋行に売却業務を委嘱したもようで、『時報』には七月二十七日から八月十五日まで三週間にわたり、瑞和洋行の名義で、八月二十一日に大中華の競売を行う旨の広告が掲載された。下限は、銀団公司債一七〇万両とその未払利子二四万両の計一九四万両と定められていたようである。

競売の前日、百貨店業界の雄、永安公司が一七五万両で買取ることを申し出たが、債権者はこれを拒否し、競売を強行した。しかし、江浙戦争の勃発を前に、不安におののく上海において、この巨額の売買に敢えて手をだす者はなく、結局永安公司が債権者の足もとをみこして一五九万両の安値で買収に成功した。

一九二二年四月の第三回株主総会で聶雲台が、時価にみつもれば三〇〇万両以上の資産を有すると豪語した大中華は、わずかにその半値で人手にわたってしまったのである。債権者の損害は、元利合計四五万両、一五五万両弱の大中華株券は紙屑と化し、その他の損害を合わせれば、実に二一一万両余りに達したという[134]。国貨提唱運動の模範工場として登場した大中華の運命は、民族紡績業「黄金時期」の帰結をもっとも象徴的にものがたるものであった。『華商紗廠連合会季刊』編集子の「われただに当事者のために唏嘘すること已むなきのみにあらず。これわが国紡織史上の失敗記念、われ実にまた紡織界の将来のためにも、無窮の憂戚を抱くを禁ぜず[135]」という短評が、その深刻さを表現して余すところがない。

三　原綿問題

大中華に典型的なように、「紗貴花賤」の時期に雨後の筍のごとく設立された民族紡績工場は、その理想的な市場環境を自明の前提として、最小限の資本金をもって最大限の生産設備を保有することに奔走した結果、その前提がくずれさった時には、莫大な負債利子の重圧に苦しむことになり、身売りする工場も続出したのである。しかも、その負債も、金融機関の発達していなかった当時の中国では、債権者の国籍を問ういとまはなく、厳中平氏の詳細な調査によれば、一九二一、二二年の二年だけで八件もの外国からの借款があったが、そのうち六件は日本からのもの（一件は未詳）であったという[136]。

周知のごとく、第一次世界大戦期を通じて日本紡績業は巨大紡を中心に莫大な超過利潤をあげたが、その一方で賃金コストの二倍にのぼる上昇、深夜業禁止の近い将来における実施、一九一九年の中国関税の実質五分への引上げなどの要因から、とくに低番手綿糸では、中国綿糸とりわけ「在華紡」綿糸との競争力を喪失していった[137]。この

図表3-49　1918〜25年中国綿花消費高の推計（単位＝綿糸紡出高以外は千担）

年度＼項目	中国紡績工場消費綿花				中国綿輸出高(B)	中国綿花生産高(C)	中国綿民間消費高 C−(A＋B)
	綿糸紡出高（千梱）	綿花総消費高	外国綿輸入高	中国綿消費高（A）			
1918	928	3,248	190	3,058	1,292	10,221	5,871
1919	918	3,213	239	2,974	1,072	9,028	4,982
1920	927	3,245	686	2,559	376	6,750	3,815
1921	1,011	3,539	1,704	1,835	609	5,429	2,985
1922	1,905	6,668	1,784	4,884	842	8,310	2,584
1923	1,898	6,643	1,618	5,025	975	7,145	1,145
1924	1,891	6,619	1,243	5,376	1,060	7,809	1,373
1925	1,909	6,682	1,812	4,870	801	7,534	1,863

資料）綿糸紡出高は，K. Chao, *The Development of Cotton Textile Production inChina,* p.308. 綿花総消費高は綿糸1梱当りの打込率を3.5担として算出。中国綿花消費高は，輸入外国綿花がすべて紡績工場で消費されるものと仮定して，綿花総消費高－外国綿輸入高で算出。外国綿輸入高と中国綿輸出高は図表3-36。

事態に対処するため、日本紡績資本は、国内では製造綿糸の高番手化をすすめ、中国向輸出綿糸の主力を細糸にきりかえるとともに、太糸については、中国で現地生産する方針をとった。在来の内外綿、上海、日華の三社に加え、一九一九年以後、日本十大紡のうち八大紡が、その巨大な過剰資本を背景に中国への工場進出を開始した。それは新設とともに、倒産した民族紡の買収という二つの形式ですすめられたのである。「在華紡」保有の紡錘数は、一九一八年の二四万錘余りから、二五年には一二七万錘弱へと、五倍以上の増加を示し、中国での占有率は四割ちかくにはねあがった。その急速かつ大規模な進出は、優越した経営力、技術力とあいまって、中国紡績業界の様相を一変させた。

日本紡績資本の対中国進出、および経営、技術、労務管理などの面における「在華紡」と民族紡の比較については、すでに優れた論考がいくつか発表されているので[138]、ここでは、民族紡績業「黄金時期」の原動力となった「紗貴花賤」が崩壊していく過程で、日本紡績資本の対中国進出という従来とは異質の脅威が、中国民族紡績工場の乱立と相乗していかなる作用をおよぼしたかを、

図表 3 -50　中国綿花消費高の推計

使　　　　　　　　　途	消 費 高
(1)民族資本紡績工場消費（220万錘中200万錘が錘当り年間2.45担の中国綿花を消費するとして）	490万担
(2)外資紡績工場消費（132万錘中66万錘が錘当り年間2.5担の中国綿花を消費するとして）	165万担
(3)其他製造消費	40万担
(4)輸出綿花	80万担
(5)民間日用消費	400万担
総　　　　　　　　　計	1,175万担

資料）之一「論推広植棉為補救中国棉業第一要策」—『華商紗廠連合会季刊』第 5 巻第 2 期（民国13年夏）7 頁。

おもに原綿問題を通じて追究しておきたい。

民族資本紡績工場の乱立と、日本巨大紡の進出がピークに達したのは一九二二年のことであるが、紡錘数の大幅な増加は、当然原綿消費量を急増させた。図表三-四九は、あくまで一つの試算にすぎないが、趙岡氏の推計した綿糸紡出高から原綿消費高を割りだし、中国綿花の輸出高、外国綿花の輸入高を勘案して、中国紡績工場での中国綿花消費高をみちびきだしたものである。

一九二一年から二二年にかけて、綿糸紡出高が急激に増加したのにともない、二二年には綿花消費高も七〇〇万担にせまる急増をみせた。そのうち外国綿花の輸入がかなりふえて一七〇万担をこえたとはいえ、中国紡績工場の中国綿花消費高は結局、四八〇万担をこえたものと推定される。しかも、中国綿花の生産高自体は、一八、一九両年の史上空前の大豊作のあと、たぶん大豊作時の安値による農民の生産制限と、自然災害がかさなった結果と思われるが、二〇、二一年と不作がつづいたため、紡績工場以外での、たとえば手紡糸などの消費高は二一年をさかいに、次第に圧迫されていったようである。

図表三-五〇は、之一という人物が一九二四年において中国での綿花消費高を項目別に推計したものである。民

図表3-51　用途別原綿生産高の推計　　(単位＝万担　1921年?)

用途＼省別	直隷	山東	山西	陝西	湖北	江蘇	安徽	河南	総計	%
20番手用				20	32	120			172	28.7
16番手用	6	15	12	10	70	115	10	4	242	40.3
中入用等	64	15	8		38	50	5	6	186	31.0

資料）西川喜一『鑛産・棉花と上海絲布』支那経済綜攬第4巻　220〜221頁。

族資本、外国資本両者の紡績工場で、三五二万錘を保有するとして、そのうち二六六万錘が、一錘当り年平均二・四五〜二・五担の中国綿花を消費すると仮定すれば、六五五万担が紡績工場の需要分になる。紡績工場以外での消費は、輸出用、民間日用などで合計五二〇万担とみつもられる。紡績工場がフル操業した場合、中国の綿花生産高が一、一七五万担に達しなければ、需給のバランスがとれないというわけである。

この推計は、中国の原綿不足を強調するために、各項の消費高を多めに算定しているきらいはたしかにある。しかし、図表三-四九の推定で、一九二三年から二四年にかけての紡績工場における中国綿花の消費高が五〇〇万担をこしていたことから考えると、それほど過大な誇張ともいえないだろう。いま仮に紡績工場以外での消費を、紡績工場での消費高推計の過多分三割に合わせて、四〇〇万担と下方修正をしてみると、図表三-四九の推計に基づくかぎり、一九二一年以降の民間消費高はとうていこれにおよばず、中国は慢性的な原綿不足にみまわれていたと推定できる。そのおもな原因は、二〇、二一年の両年こそ、中国綿花の不作に求めることもできるが、それ以後はほぼ平年作がつづいたのであるから、やはり紡績工場での消費が飛躍的に増加した点にあると考えざるをえない。

しかも中国産の綿花は、紡績用、とりわけ二十番手以上の紡出に適当なものがきわめて少量であったから、紡績工場での原綿需用の増加は、いま示した数字以上に、良質綿花の供給不足をきたしたものと思われる。日本綿花ブローカーの推測によれば、中国産の綿花を繊維の長さで、二十番手も紡げる一インチ前後のもの（紡績用）、十六番手以下の太糸紡出にも使えるが、製綿にも用いる〇・八インチ前後のもの（製綿・紡績兼用）、および製綿にしか使えない〇・七インチ前後のもの（製綿用）の三種に分類すると、図表三-五一のように、年産高を六〇〇万担として、純然たる紡績用といえるものは、一七二万担、二九％弱しかなく、十六番手以下の太糸ならなんとか紡げる綿花を含めても、四〇〇万担をわずかにこす程度にすぎなかったという。この点からいっても、一九二一年以降、とくに紡績用の中国綿花は、絶対的に不足していたと断定してよいだろう。

この必然的な原綿不足が進行していくなかで、「在華紡」だけは、その対策を着々とたてていた。本来、中国綿花は繊維が粗剛で短いという致命的な欠陥のほかにも、市場構造の複雑さのゆえに、品質の均一な綿花を大量に購入することがむずかしいばかりか、攙水行為が横行し、紡績用としては不適格な点が多かった。しかし、その反面、弾性がつよく純白であるという長所は、手織に好んで使われる色白の綿糸を紡出するのに適していた。そこで「在華紡」では、繊維が柔らかくて長いインド綿花と色白の中国綿花を混綿することによって、中国人好みの色白で強度にすぐれた綿糸を紡出する技術が発達していた。この混綿技術は、たんに品質のすぐれた綿糸を紡出するのに役立ったばかりでなく、綿花の国際相場に対応して、もっとも割安な綿花を手当てすることをも可能にした。ところで本章第二節第三項で詳述したように、一九一八年後半以来、国際相場の暴騰から孤立的に安値安定をつづけていた中国綿花相場ではあったが、二〇年にはいっても国際相場の暴落にも反応しようとせず、なお安定相場を持続したため、逆に二〇年も後半になると、相対的にはインド綿花などに比べ割高相場を現出するに至っていた。

ニューヨークでの暴落に先立ち、大阪三品相場では、すでに一九二〇年三月、綿糸の投機相場の下落につれ、綿花も一落千丈の暴落を開始した。米綿グッドミドリングは、二〇年三月の一四五・五円という最高峰から二一年六月の三九・五円まで一気に下げ、印綿ブローチも二〇年六月の八〇・五円から二一年三月の二七円まで、一年たらずのうちに三分の一に暴落した。しかし、この劇的な投機相場の崩壊も、安定をつづけていた中国綿花相場にはほとんど影響を与えず、三品暴落がすでにはじまった二〇年三月末でも「日本諸市場の暴落米棉の騰落には案外頓着なく至極平穏沈静」（三月二十六日）、その後も対ルピー為替急落の結果、インド綿花の中国への輸入増大は見込薄で「将来の需要を予想して手堅く保合[139]」（四月十六日）の状態がつづき、上海市場の通州綿は三三両を中心に釘付けであった。

八月にはいると、ニューヨーク市場の大暴落はさすがに中国綿花相場にもある程度反映して、通州綿は三〇両の大台を割り、十二月には二三両前後にまで下げた。だが、米綿、印綿の暴落は、中国綿花の下げ率を大幅に上まわるものがあり、それに一九二〇年三月からはじまった両の暴落（対ポンド比では二〇年二月の二・〇九海関両が十二月には四・〇八海関両まで下がる）が加わって、中国綿花の割高感はいっそうつよまった。そのため、「為替高に連れ印度棉見合ひ益々割安となり支那人紡績の一部にも支那棉を見送り印度棉に対し買気を萌しつつあるものの如し[140]」（十二月三十一日）と、上海市場でもインド綿に対する需要が高まりつつあった。

この状況は、翌一九二一年にはいってさらにはずみがつき、割高感のある中国綿花をさけて「日本人紡績は印度棉毛筋物の安値をねらひ、支那人紡績は印棉安におそれて支那棉にも手出しせず」（一九二一年三月十八日）という傾向がつよくなった。その結果、四月にはすでに、「印度棉商談稀に見る程多数出来せり[141]」（四月十五日）と、二一年における史上空前のインド綿花輸入増加を予想させる現象が出現していたのである。

実際、綿花に関しては出超を続けてきた中国が、一九二〇年をさかいに入超に転じたことは、中国紡績業をめぐる市場構造が根本的に変化しつつあったことを、明白にものがたっている。インド綿花の輸入は、一九二〇年に四二万担弱と史上最高を記録した後も二一年九八万担、二二年一三七万担と、大幅に増加しつづけた。

しかし、この割安なインド綿花使用の利益を享受しえたのは、おもに混綿技術とともに印綿輸入の流通網を整備していた「在華紡」であった。図表三-五二のように、上海の「在華紡」三社は、すでに一九二〇年に、外国綿花に対する依存度が五〇%に垂んとしていたが、その後も中国綿花の割高傾向がすすむにつれ、外国綿花への依存度を着々とたかめ、二二年にはついに中国綿花への依存度は、四分の一にまで下っていた。この三社だけで、中国の外国綿花輸入のうち、二〇年五九%、二一年三二・五%、二二年三六%を占めていた。

これに対して、民族資本紡績工場の方は、地方工場しか例にあがっていないとはいえ、足場のよい天津の恒源がやや大量に使用しはじめたのが目立つ程度で、平均では外国綿花への依存度は、一割内外にすぎなかった。これは、そもそも民族紡が長期的な観点からの原綿手当てをなしうるだけの流動資本をもたず、外国綿花輸入のための金融、流通機構にもめぐまれていなかったばかりで

1922		
中国綿	外国綿	合　計
22,500	47,000	69,500
114,000①	408,000①	522,000
82,012	190,566	272,578
218,512	645,566	864,078
25.3	74.7	100.0
32,681	14,335	47,016
62,000②	——	62,000
25,800③	——	25,800
19,800	4,300	24,100
140,281	18,635	158,916
88.3	11.7	100.0

だろう。

図表3-52　中国綿花に対する依存度の推移　（単位＝担）

会社名＼年度・種別	1920 中国綿	1920 外国綿	1920 合計	1921 中国綿	1921 外国綿	1921 合計
日華（上海）	83,000	45,500	128,500	26,800	98,000	124,800
内外綿（上海）	117,000	357,000	474,000	120,000	363,000	483,000
上海（上海）	217,685	5,232	222,917	154,494	92,543	247,037
日本系三社合計	417,685	407,732	825,417	301,294	553,543	854,837
同　比率（%）	50.6	49.4	100.0	35.2	64.8	100.0
恒源（天津）	20,660	——	20,660	52,400	15,520	67,920
華新（天津）	49,500	——	49,500	62,500	——	62,500
順記（常熟）	25,000	——	25,000	25,600	——	25,600
魯豊（済南）	20,000	1,800	21,800	21,000	3,500	24,500
中国系四社合計	115,160	1,800	116,960	161,500	19,020	180,520
同　比率（%）	98.5	1.5	100.0	89.5	10.5	100.0

資料）浜田峰太郎『支那に於ける紡績業』38〜51頁。
備考）①②③は、上半年の数字を二倍したもので，おそらく，通年とは若干の差がある

なく、「印度棉の如き塵埃多き棉花を使用するには特殊の機械装置を必要とする」(142)にもかかわらず、その装置を設置していなかったため、相場に応じて臨機応変にインド綿花を使用する態勢をとれなかったからである。

この原綿手当ての差は、中国綿花の割高傾向が顕著になるにつれ、業績の格差をひろげていったようである。民族紡のなかでも、インド綿花への切換えに成功した工場では、不況感のつよまった一九二二年にも、比較的良好の業績をあげえたものがあった。たとえば、寧波の和豊紗廠では、二三年四月十八日の第一六回株主総会において「昨年度支那紡績界は製品の安値と原棉の騰貴により異常の不況期なりき、幸ひ本廠は原棉の所有高多かりしと印棉価格の割安なりしため一方在庫品を以て作業を続行すると同時に印棉の輸入に尽力せしかば期末決算に亦他同業者に比し優良なる成績を収め得たり」(143)との営業報告とともに、四〇万九千元余りの利益が計上されたのである。

だが、このようなインド綿花をもおりこんだ長期的な原綿手当ては、設備投資で資金の枯渇した後発の民族紡、あるいは先発でも「黄金時期」の利益を「紅利」でばらまいてしまった民族紡には、望むべくもなく、多くは「循環手当法」を継続して綿花相場の変動に翻弄されるほかなかった。(144)

一九二二〜二三年の「花貴紗賤」という現象の、とくに「花貴」の原因について、穆藕初は「花貴紗賤之原因」と題する文章のなかで、国内外の要因八つを列挙している。穆藕初の見解でも、米綿相場を最も重視し、その騰貴の原因として、二一〜二二年の米綿不作、大戦後のデフレに反する綿製品の高騰、不況下の労働強化による生産性向上という三つがあげられる。そして印綿も基本的には米綿相場の高騰に追随するため、国際相場が高騰し、中国綿花相場にも波及したというのが基調とされる。一方、中国国内の要因としては、新工場続出による需要の増大、政局不安による流通量の減少、苛税雑捐の負担増加、米印両綿高にともなう日本向け輸出の増加、「在華紡」の中国綿花買占めという五つを列挙する。(145)

実際、一九二二年後半以降の中国綿花相場は、一八〜二〇年の「花賤」状況とは、まったく逆の市場環境におかれ、綿糸相場とは無関係の高騰を余儀なくされていた。二二年の中国綿産額は、図表三-三一（前出二〇九頁）のように二〇、二一両年の不作からやや立直りをみせ、八三〇万担に達する良作であった。そのため綿花相場も一時は、二五、六両まで下ったのであるが、「然るに米棉の不作に基く日本紡績筋の支那棉買集めは意外に急且大なるものありしかば支那市場の現物は日一日と減退し価格従って騰貴に次ぐる騰貴を以て」(146)年末には四〇両にせまる騰勢になった。しかし、一九二二年の国際条件は、一八〜二〇年の場合と異なり、図表三-三七（前出二一七頁）のように、印綿も米綿の高騰にほぼ歩調を合わせていたうえに、日中間の為替相場も円高傾向が基調であったため、上海相場の高騰も、日本市場には、直接反映しなかった。図表三―二〇（前出二〇七頁）にたちかえってみれば、二二年六月以降、大阪での通州綿花相場は、ブローチ、グッドミドリング両者に対して割安感がすすみ、九月以降の上海相場の高騰にもかかわらず、銀安傾向と米印両綿の急騰から、割安感はつづき、二三年にはいってもつよまるばかりであった。

このため、一九二〇年に二二万担にまで落こんだ中国綿花の日本向け輸出高も、二二年六四万担、二三年八〇万担、二四年八九万担と年をおってふたたび増加していった。一八、九年の場合に比べれば、量的にはさして大きな増加とはいえないが、中国国内の需給関係自体が、綿花出廻高の停滞ないしは後退に反し、紡績工場の需要が二倍前後に膨張したことで、ほぼ臨界状態にさしかかっていた時点だけに、輸出量の増加が、増幅されて中国綿花相場をつり上げたものと考えられる。

一九二三年にはいっても情況は好転せず、通州綿は五〇両にせまる暴騰をみせ、ついに「中国棉業史未有の鉅価」となり、二四年はさらに加速して五二両にまで達したが、その原因はもっぱら、「日本人が交易所および別の市場で大量に買進んだため、市上に買うべき大宗の棉花がなくなってしまった」[147]からだと、中国側ではみなしていた。この結果、ピアースの試算では一九二三年における綿糸一梱の採算割れは、平均で一二両以上におよび、別の試算では最悪時、二九・九両にも達した[148]。大中華の経理状態も決して孤立した例ではなかったわけで、流動資本のない民族紡では、自然休錘においこまれる工場があとをたたなかった。

四　経済絶交

「花貴紗賤」にみまわれた民族紡の窮状を救済するため、華商紗廠連合会では、一九二二年八月から二三年にかけて、四つの打開策を次々に試行した。

その第一は、一九二二年八月三十日の緊急董事会での決議で、綿糸価格維持のため十六番手一梱、一三五両以下での不売を申し合わせた(149)。しかし、綿糸相場の下落はつづき、九月下旬には一二四、五両まで下った。この事態を前に、第二の操業短縮が九月二十八日再度開かれた緊急董事会で協議された。その結果、十二月十八日からは四分の一、さらに翌二三年三月十八日からは二分の一の操短あるいは夜業停止が実施されることになった。民族系および英国系の紡績工場では、この操短実施以前からすでに自然休錘においこまれている工場も多かったので、実質的に操短の成否は「在華紡」の協力を得られるか否かにかかっていた(150)。ところがこれを機にシェアを伸ばそうとしていた「在華紡」が、種々の口実をもうけて、この提案を拒絶しつづけた結果、中国初の決議操短も綿糸価格の回復にはほとんど効果がなかった。

製品価格が思うにまかせず好転しなかったところから、華商紗廠連合会では、ついで原綿価格の高騰抑制策として、第三の中国綿花輸出禁止を、一九二二年十二月十四日付で北京政府に請願した。この中国綿花の対外輸出禁止策については、華商紗廠連合会自身、一九年の好況期には、「直接に花商、農民に巨害を与える(151)」措置であるとみなし、もし実行されれば、「自殺政策」にも等しいとの否定的見解をとっていた。しかし「花貴」による採算割れに直面しては、そのような原則論を顧慮している余裕はなくなったのである。紡績工場の危急存亡をたてに、綿作農民、綿花商人の利益をきりすてたこの第三の方策は、十二月二十一日に国務院会議の了承を得、翌二三年二月十五日には大総統令として発布されるところまでこぎつけたものの、日本外交筋が日清通商条約第九条違反として猛烈に反対したことから、北京外交団の承認を得ることができず、実行にうつせないままに、五月には取消しの決定がなされた。(152)

同じ頃第四の方策として、民族紡の資金難を緩和する目的で、綿業銀公司の設立と三千万両におよぶ紗業公債の発行も計画されていた。華商紗廠連合会では最初、子口半税をその担保にあてるよう請願する予定であったが、総税務司アグレンの忠告にしたがい、紡績用綿花の釐金免除のかわりに各工場から一俵当り一両を徴収して基金にあてることに変更し、一九二三年三月八日、農商部総長李根源が国務院会議にこの案を上呈した。ところが、これも李根源が華商紗廠連合会から一五万両の賄賂をうけとったとの噂が流れたことや、日本を先頭とする外交団がふたたび反対にまわったことから、結局立消えとなってしまった。(153)

おもに日本の妨害で万策つきた華商紗廠連合会は、旅順大連租借期限切れの一九二三年三月二十六日をまえに、折から起こりつつあった旅大回収運動に最後の望みを托さざるをえなかった。すでに指摘のあるように、この運動は従来の反日運動とはいささか異なって、総商会を中心とするブルジョアジーが終始イニシアティブをとったところに特色があった。その主要な戦術に日本に対する「経済絶交」という手段が採用されたのも、一方で深刻化する日本の経済侵略に打撃を与えるとともに、それをテコとして、いきづまった中国経済の不況を克服する効果を期待したものであった。

ことに、輸入日本綿糸と「在華紡」綿糸の挟撃をうけて苦境におちいっていた民族紡績業者にとっては、その願望はとりわけ切実であったと思われる。運動のもっとも高揚した漢口で、「紡績業者ノ煽動ニ依ルコト多キ」との日本領事報告(154)が記録されているのをはじめ、全国的にみても「紡績業者が最も強硬なる態度を持し、或は運動費を拠出し、或は煽動し」[155]との観測がなされたのも、由なしとはしない。

ある記録によれば、華商紗廠連合会は運動期間中、次のような「愛国歌」のポスターを作成、掲示したという。

棉紗、綿布は多く舶来、　毎年の漏卮は、二万万、　涓涓、塞がざれば江河と成る、　利権、外溢して金融は枯る、　経済亡国、世にすでに多し、　国民よ、国民よ、奈若何せん、　幸いにして華商の救国熱あり、工業を振興するを第一となし、　綿紗と棉布を自製せり、　全国の同胞、国貨を用いれば、　中華の富強ここに始めて基せん、　わが国民の速やかな奮起を願う[156]。

五四運動の時には、どちらかといえば綿糸増産に意をそそいで、運動への積極的な働きかけをなしえなかった華商紗廠連合会が、旅大回収運動では一転、このような愛国歌をつくって民衆の愛国心に訴えかけ、率先して運動の促進をはかったところに、旅大ボイコットの基本的な性格が映しだされているといえるだろう。北京軍閥政府への依存によっては、不況克服の有効な手だてが何らうちえないばかりか、日本資本の中国進出をますます助長するばかりである事実を思いしらされた時、中国の紡績ブルジョアジーには、同胞の愛国心をかきたてて、日本商品のボイコットを遂行する以外に、打開策はのこされていなかったのである。できうれば、輸入日本綿糸、「在華紡」綿糸の駆逐によって中国綿糸市場を奪回、拡張し、五四運動前後のあの「黄金時期」を再現したいというのが、旅大ボイコットにかけた紡績ブルジョアジーの期待であっただろう。

商品知識に乏しい学生らが運動の中心であった五四運動の時に比べ、旅大回収運動では、いわば玄人である紡績業者が率先しただけに、両者の政治的、社会的インパクトの差とは反対に、ボイコットそのものはより徹底して遂行されたようである[157]。

図表 3-53　1922，23年下半期中国各港向日本綿糸番手別積出高比較

（単位＝梱）

港 ＼ 番手	年度	14番手以下	%	16番手	%	20番手	%	30番手以上	%	合計
上海	22下半年	166	0.9	105	0.6	4,149	23.0	13,655	75.5	18,075
	23下半年	40	0.3	25.5	0.2	440	3.7	11,282.5	95.8	11,788
	増減	− 126		− 79.5		−3,709		−2,372.5		−6,287
天津	22下半年	315	1.4	172.5	0.7	13,853	59.4	8,989.5	38.5	23,330
	23下半年	70.5	0.6			3,339.5	28.1	8,459	71.3	11,869
	増減	− 224.5		− 172.5		−10,513.5		− 530.5		−11,461
漢口	22下半年	159.5	2.6	211	3.5	2,434	39.9	3,303	54.1	6,107.5
	23下半年	1	0.2			39	8.7	409	91.1	449
	増減	− 158.5		− 211		−2,395		−2,894		−5,658.5
青島	22下半年	75	0.5	1,618.5	11.8	8,263	60.2	3,773.5	27.5	13,730
	23下半年	2.5	0.0	59	0.7	1,234.5	15.3	6,751	83.9	8,047
	増減	− 72.5		−1,559.5		−7,028.5		+2,977.5		−5,683
大連	22下半年	539	5.4	7,093	71.7	1,737	17.6	527	5.3	9,896
	23下半年	17.5	0.5	2,143	65.3	863.5	26.3	259	7.9	3,283
	増減	− 521.5		−4,950		− 873.5		− 268		−6,613
其他諸港	22下半年	1,439.5	7.8	10,721	57.8	5,403.5	29.1	997	5.4	18,561
	23下半年	1,101.5	10.8	3,969	38.8	4,034	39.5	1,113	10.9	10,217.5
	増減	− 338		−6,752		−1,369.5		+ 116		−8,343.5
合計	22下半年	2,694	3.0	19,921	22.2	35,839.5	40.0	31,245	34.8	89,699.5
	23下半年	1,233	2.7	6,196.5	13.6	9,950.5	21.8	28,273.5	61.9	45,653.5
	増減	−1,461		−13,724.5		−25,889		−2,971.5		−44,046

資料）第40次，第42次『綿絲紡績事情参考書』（大正11年下半期，大正12年下半期）。

輸入日本綿糸についていえば、上海、天津、漢口の民族紡所在都市では、五四運動をさかいに、十六番手以下の日本綿糸はすでにほぼ完全に駆逐されていたので、図表三-五三のように、ボイコットの対象は勢い、まだ数量のうえで無視できない二十番手、および主力となっていた三十番手以上にむけられることになった。むろん、民族紡の生産主力番手が当時でもなお、十六、二十番手にとどまっていた制約から、三十番手以上では上海、漢口で相当減少がみられる以外、ボイコットの効果はあまり芳しくなかったが、民族紡の主力になりつつあった二十番手では完璧に近いボイコットが遂行された。

他方、青島、大連、其他諸港では、二十番手はいうまでもなく、十六番手でも輸入日本綿糸はなお勢力をのこしていたため、ボイコットの対象は十六、二十番手が中心となった。青島、大連では両番手に均しくボイコットの効果がみえるのに対し、其他諸港では二十番手はあまり芳しくなく、十六番手に顕著な効果が現れた。全国的にみれば、旅大ボイコットは、一部の地域でまだ余命をたもっていた十六番手日本綿糸に最後の一撃を加え、さらに数量のうえでは日本綿糸の主力であった二十番手に決定的な打撃を与えたといえる。

かくして、一九一五年の二十一カ条ボイコット以来、三度のボイコットを通じて、輸入日本綿糸は、十六番手、二十番手と次々に主力の分野を中国綿糸にあけわたし、いまや三十番手以上に最後の牙城をのこすのみの状態においこまれたのである。この趨勢は、図表三-二一（前出一八六頁）にも明らかなところで、日中両国の紡績業界全体の構造的変化がその基底にあるとはいえ、三度の日貨ボイコットがエポックとなったことはたしかである。

一方、「在華紡」綿糸の方も、五四運動の時とは異なり、ボイコットの実際的な影響がでたことが観測できる。もっとも、「在華紡」綿糸の場合、輸入日本綿糸のような統計はのこっていないため、全国的な傾向を計量的につ

図表3-54　1919〜23年漢口入荷綿糸の内訳　（単位＝梱）

年度＼種別	上海糸	%	日本糸	%	インド糸	%	イギリス糸	%	合計
1919	62,929	64.3	34,202	35.0	681	0.7			97,812
1920	54,066	65.9	27,430	33.4	599	0.7	3	0.0	82,098
1921	43,975	63.9	24,581	35.7	239	0.3	34	0.0	68,829
1922	64,824	70.5	26,898	29.3	211	0.2	10	0.0	91,943
1923	86,503	83.5	13,067	12.6	3,535	3.4	654	0.6	103,759

資料）「漢口に於ける綿糸」―『大日本紡績連合会月報』第379号（大正13年3月）。
備考）上海糸は，1922年まで「在華紡」糸が100%を占めていたが，1923年に至りはじめて，「在華紡」糸44,919俵，民族紡糸41,080俵になったという。

図表3-55　1923年4〜9月漢口入荷綿糸の種類　（単位＝梱？）

種別＼月	4月	5月	6月	7月	8月	9月
日本綿糸	1,370	1,220	460	360	23	112
上海「在華紡」綿糸	8,057	7,529	538	695	50	470
上海民族紡綿糸	767	3,298	1,545	3,814	1,414	2,323

資料）「漢口に於ける排日観」―『大日本紡績連合会月報』第375号（大正12年11月）。

かむことはできない。

そこでまず、運動のもっともはげしかった漢口を例にとって、その一端をうかがうことにしよう。従来、漢口に入荷する輸移入綿糸は、図表三-五四のように、二十番手以下を中心とする上海綿糸が三分の二、三十番手以上をもふくむ輸入日本綿糸が三分の一を占める状態であった。しかも上海綿糸は、すべて「在華紡」綿糸で、民族紡綿糸は皆無であったと記録されている。それが、図表三-五五の示すところでは、日貨ボイコットの浸透しはじめた五月から六月にかけて、輸入日本綿糸、「在華紡」綿糸ともに激減をみせ、八月には両者とも皆無にちかくなった。これまで上海綿糸のすべてを占めていた「在華紡」綿糸の後退にともない、上海の民族紡綿糸が漢口に新たな市場をひらき、大量の移入をみるようになった。この結果、通年でみても民族紡綿糸の進出はめざましく、図表三-五六のように二三年のゼ

図表３－56　1923年漢口入荷綿糸の内訳　(単位＝梱)

種別＼番手	10番手	%	16番手	%	20番手	%	32番手以上	%	不明	%	合計
日本糸					1,925	22.1	6,359	75.7	113	1.3	8,397
「在華紡」糸	385	0.9	33,808	77.6	8,167	18.8	1,190	2.7			43,550
民族紡糸	1,301	3.2	25,017	62.2	8,239	20.5	2,817	7.0	2,843	7.1	40,217
合計	1,686	1.8	58,825	63.8	18,331	19.9	10,366	11.2	2,956	3.2	92,164

資料）西川博史「『在華紡』の展開と中国綿製品市場の再編成」―『(北大) 経済学研究』第27巻第１号（1977年３月）388頁。

図表３－57　漢口付近民族紡の番手別生産高　(単位＝梱)

10番手	%	14番手	%	16番手	%	合計
14,994	13.4	11,172	9.9	86,142	76.7	112,308

資料）西川喜一『棉工業と綿絲綿布』支那経済綜攬第３巻（日本堂書房大正13年７月刊）303頁。
備考）1923年についての数値と思われる。

図表３－58　漢口への輸移入綿糸番手別構成　(単位＝梱)

年度＼番手	16番手	%	20番手	%	32番手以上	%	合計
1922	61,230	63.7	21,502	22.4	13,316	13.9	96,048
1923	64,728	68.6	21,025	22.3	8,622	9.1	94,375

資料）「漢口に於ける綿糸」―『大日本紡績連合会月報』第379号（大正13年３月）。

ロから二三年は一挙に四万梱以上に達し、漢口移入上海綿糸のほぼ半分を占めるに至った。

数量的な問題だけではなく、図表三‐五六に示されたその番手別構成をみても、民族紡綿糸の健闘は明らかである。さすがに、三十二番手以上では、輸入日本綿糸がなお六割以上と圧倒的な地位を占めたが、民族紡綿糸も「在華紡」綿糸をしのいではいた。二十番手では、逆に輸入日本綿糸はほとんど問題にならず、「在華紡」と民族紡がしのぎをけずり、民族紡綿糸がわずかながら「在華紡」綿糸をおさえて、第一位におどりでた。十六番手でも、移入綿糸だけでいえば、「在華紡」綿糸の三万三千八百梱に対して、民族紡綿糸は二万五千梱と若干おとっているようにみえるものの、図表三‐五七のような番手別生産高を有していた地元の民族紡綿糸を加えると、その合計は一一万梱をこえ、「在華紡」綿糸の三倍以上で、そのシェアは八〇%ちかくに達した。

このように、ボイコットによって杜絶した輸入日本綿糸、「在華紡」綿糸にかわって、上海民族紡綿糸の移入がすみやかに増加した結果、図表三‐五八が示すように、一九二三年における漢口への輸移入綿糸の総量は、三十二番手以上で若干の減少がみられるほかは、十六、二十番手の主力ではともに、前年度とほとんどかわりない数量が確保されたのである。従来から上海綿糸の大口消費地であった漢口で、あまり混乱をともなわずに、上海民族紡綿糸への移行が成功した事実は、「在華紡」にとって旅大ボイコットが五四ボイコットとは異質のものであったことをものがたっている。

上海市場でも、「日貨排斥のため日本人紡績製品取扱減少す」（五月十八日）、あるいは「最近日貨排斥の影響にて日本人紡績製品荷捌急に悪しくなり」[158]（六月八日）等々、「在華紡」綿糸ボイコットの影響がでたことを示す記事が散見でき、やはり五四運動の時とは趣きを異にする。

もっとも、その一方で同じ上海で紗布交易所が「在華紡」綿糸の受渡しを拒絶した時ですら、「在支日本製品は殆んど交易所と関係なく自己の市場を有する事とて此のため特に大なる打撃を蒙るとは思惟されぬ」と豪語しうるまでに、「在華紡」が独自の流通経路を有していたこと、さらには、「排日貨運動と商標変更とは、殆んど附き物のやうで」[159]といわれるほどに、ボイコット時には輸入日本綿糸あるいは「在華紡」綿糸の商標を民族紡のそれにつけかえて「国貨」として流通させる行為が横行したが、とくに「在華紡」綿糸の場合、それがいたって容易であったことなどを考えあわせると、旅大ボイコットが「在華紡」にあたえた打撃は、表面にあらわれたほど激しいものではなかったかもしれない。

しかし、全国的にみても、五四運動の時にはボイコットの実際的な損害をほとんどうけなかった「在華紡」各社が、今回は「日貨排斥の直接的影響顕著にして、満州方面を除きたる各地売行不良の為め滞貨著しく増大し、糸価も亦支那人紡績製品に比し低落、何れも苦境に沈淪しつつある模様[160]」という状態においこまれたことは、やはり重大な事態であった。

以上みてきたように、旅大ボイコットは、第一に十六、二十番手という民族紡の主力分野で、輸入日本綿糸に決定的な打撃をあたえたこと、第二に、数年来ずっと退潮傾向にあった輸入日本綿糸にかわって、中国市場での主導権をにぎりつつあった「在華紡」綿糸に対しても、正確な計測はできないものの、たしかに一定の損害をあたえたこと、以上二つの点で、ボイコットそのものとしては、五四運動の時のそれをむしろ上まわる効果をあげたのではないかと思われる。

しかしながら、民族紡績業者がこのボイコットにかけた期待が十全に実現されたかどうかは、むろん別問題である。ここで綿糸相場の推移を図表三―一七（前出一七六頁）にたちもどってみると、一九二二年十月に一三〇両の最安値を記録した紅団龍は、その直後「棉高為替高に連れて漸騰」（十月二十日）しはじめ、「米棉の奔騰[161]」（十一月十一日）ではずみをつけて反発に転じ、翌二三年二月には一五五両まで戻していた。翌三月になると、旅大回収運動がきざしはじめ、続騰が期待されたが、逆に米綿暴落の材料から綿糸相場も挫折し、紅団龍は一四三両まで下げた。

このあと四~八月は、旅大ボイコットの最盛期であったにもかかわらず、米綿相場の漸落をうけた大阪三品相場の低迷という国際環境の枠を打破することはとうていできず、紅団龍は、図表三-二〇B（前出一八一頁）のように、「在華紡」綿糸をしのぐ相場ではあったものの、八月までずっと一五〇両内外で終始した。

九月にはいると、旅大ボイコットが下火になったのにかわって、一服していた米綿相場が高騰を再開したため、「米棉続騰在荷減少と各地ボイコット終熄にて人気硬化し一部問屋筋の買進により相場暴騰」[162]（九月二十一日）という事態が出来し、一五〇両にはりついていた紅団龍も十月一六三両、十一月一七一両と一本調子で高騰した。

こうして、中国の綿糸相場は、一九二二年九月頃の一二五両前後という最悪の状況から、一年余りで大幅に改善されたかにみえた。しかし、その綿糸相場回復の最大の原動力であった米綿相場の高騰は、同時に、すでに割高傾向にあった中国綿花の相場をさらに押しあげる引き金にもなったのである。いかに綿糸価格が急騰しても、原綿価格がそれを上まわる急騰をつづけては、民族紡績工場の採算割れという窮状は改善されうるはずがなかったわけである。

図表三-二九（前出二二九頁）に示したピアースの試算でも、綿糸価格自体は、旅大ボイコットの間は一九二三年四月一四五両、七月一四八両と低迷していたものが、ボイコット終熄後の十月一五八両、二四年一月一八〇両と順調に回復したものの、原綿価格もこれにつれて高騰したため、採算割れの状況は、二三年十月および二四年一月にもなお一梱当り八両前後にのぼった。ボイコット期間の二三年四月の一二両、同八月の一四両という損失に比べれば、まだしも改善されたといえるが、「花貴紗賤」の基本的な傾向をやぶるほどのものではなかった。ピアースの試算によるかぎり、この採算割れが本格的に克服されるのは、一九二五年七月以降まで待たねばならない。そし

てその主因は三〇両代にまで下った原綿価格の安定に求められるのである。

ともあれ、旅大ボイコット前後における民族紡綿糸の相場変動から把握しうるところでは、旅大ボイコットは、輸入日本綿糸あるいは「在華紡」綿糸を中国市場から排斥するというボイコット本来の目的ではかなりの成功をおさめたものの、民族紡績業者の夢想した採算割れの改善から紡績不況の克服へという派生効果の点では、ほとんど見るべき成果はあげえなかったようである。民族紡績業者たちの楽観的な見通しでは、輸入日本綿糸、「在華紡」綿糸を駆逐しさえすれば、民族紡綿糸は品薄から、おそらくは原綿を上まわる高騰をとげて、「花貴紗賤」による採算割れという最悪の現状を脱却して、五四運動時期のあの「黄金」の好景気を再現することも不可能ではないと考えられたのであった。

しかし、すでに知りえたところでは、五四運動時期の「紗貴花賤」は、ボイコットに起因するよりはむしろ、米綿高からくる大阪三品の高騰と、綿糸需給関係の変動に基づく国内需要の堅調などの紗貴の要因と、中国綿花の豊作とインド綿花の安値安定などの花賤の要因が、中国市場で同時にかさなって作用したことからもたらされた現象であって、五四運動のボイコットはその傾向を助長したにすぎなかったのである。

一方、旅大ボイコットに際しては、中国紡績業をとりまく国際的要因は、五四運動の時のように有利には作用しなかったといえる。すなわち、ボイコット期間中は、たしかに民族紡綿糸の人気がたかまり、需要も喚起されたわけであるが、中国綿糸相場の動向を左右する米綿がこの期間ずっと安定相場にあったため、民族紡綿糸の相場もずっと頭うち状況で終始したのである。ところが皮肉なことに、旅大ボイコットが収束にむかいはじめた頃になって、ようやく米綿相場が動きはじめ、中国の綿糸相場もやっと膠着状態を脱して上昇しはじめたが、この時には、五四

図表３-59　旅大ボイコット前後，中国紡績工場休錘数の推移

期　　間	休　錘　数	休錘平均時間
1922年８月～23年１月	243,243錘	1,472時間
1923年２月～23年７月	680,325	1,820
1923年８月～24年１月	985,478	2,546

資料）「支那全国棉業統計（民国十二年下半期）」―『支那貿易通報』第20号（大正13年５月）。
備考）1922年８月～23年１月の休錘数は，「一九二三年上半期支那紡績連合会統計」―『支那貿易通報』第14号（大正12年11月）の方の数字に従った。

運動の時とは異なり、中国綿花も特殊材料にめぐまれなかったばかりか、むしろ生産の伸びなやみと需要の急増から、米綿の高騰を敏感にうけて暴騰したため、綿糸高も相殺されて、「紗貴花賤」の理想状況はついに招来されなかったわけである。

たしかに、旅大ボイコットがなければ、中国紡績業界の一九二三年恐慌はより深刻なものになっていたかもしれないという仮定は成りたちうる。したがって、ボイコットが民族紡績業の振興発展にまったく無力であったと断定する議論は、いささか当を失するものになるだろう。いま、五四ボイコットと旅大ボイコット、二つの対照的なボイコットの経過とその派生効果を観察してきて了解しうるところでは、ボイコットは綿糸相場あるいは綿花相場を形成する一つの要因たりうるばかりでなく、とりわけ民族紡に有利な局面をもたらす材料ともなりうる。しかし、それは他の要因、とくに中国紡績業をとりまく国際的要因の許容する範囲から逸脱しうるものではなく、まして旅大ボイコット時のように他の要因がすべて「花貴紗賤」の方向にはたらいている時に、これを根底からくつがえして、まったく逆の局面をつくりだすほどの力はもちろんなかったのである。ボイコットがマイナスをプラスに転ずる魔法の杖でないこと、これが、旅大ボイコットの民族紡績業者にのこした最大の教訓であったといわなければならない。

かくして、旅大ボイコットを経過した後も、民族紡の休錘状況は緩和されるどころか、逆に図表三-五九のように、

六八万錘から九八万五千錘に五割ちかくまし、半年間における休錘平均時間も一千八百余時間から二千五百余時間へと増加した。(163) 国際的諸要因が「紗貴花賤」の方向に風向きをあらためるその日まで、民族紡は自然淘汰にさらされながら逆境にたえしのぶほかなかったのである。

むすび

五四運動時期の中国紡績業について、とくにその「黄金時期」と称される空前の好況をもたらした要因を解きあかそうという動機から筆をおこした本章は、結果として市場問題、なかでも原綿問題にもっとも多くの紙数を費して章をむすぶことになった。しかしこのことは、本章が、原綿以外の要因、たとえばこの時期における民族紡績業の経営、技術等の方面での変化、あるいは日中両国間の労働、賃金格差の拡大などといった要因を、分析に値しないものとして排斥する立場にあることを意味するものでは、もちろんない。にもかかわらず、本章で原綿問題の重要性をあえて前面におしだした理由は、すでに本文中でもふれたことではあるが、本章の結論にもつながることなので、くりかえしをいとわずにまとめてみるならば、次の二点に集約できるであろう。

その第一は、当時の中国紡績業が到達していた発展段階の問題である。第一次世界大戦中の輸入綿糸布減少と国内織布業の発展からくる国産綿糸への需要拡大にささえられて成長しはじめた中国紡績業は、大戦期間にコストの急上昇した日本綿糸に対して、低番手綿糸の分野では十分に対抗ないしは凌駕できる実力をたくわえつつあった。中国への輸出を開始した時以来、日本綿糸の主力であった十六番手はいうにおよばず、二十番手でも中国綿糸のシェア拡大は急速かつ顕著なものがあった。このように低番手綿糸で日本綿糸を駆逐しつつあったまさにその時に、中国綿花の価格が国際相場の狂乱をよそに、低値で安定していたという事実は、中国紡績業なかんずく民族紡績業にとって、二つの点でほとんど決定的な意義をもっていた。一つには、低番手綿糸では原綿コストの比率がきわめて高いことであり、いま一つは、大部分の民族紡が原綿として依存していた中国綿花は、一般的にいってほぼ二十番手までの低番手綿糸紡出に適していたということである。この二点に加え、当時の民族紡および英国系紡績工場が多く、「循環手当法」とよばれる自転車操業にも等しい原綿手当法を採用していたということをあわせ考えるならば、一九一八年後半から二〇年にかけて中国綿花相場が国際相場からかけ離れた低値安定を示した現象が、「黄金時期」形成の過程においていかに大きな比重を占めたかは、おのずから明らかである。

第二には、原綿問題を主軸にすえてこそ、「黄金時期」とその後におとずれた不況期とを二つながら、連続的かつ統一的に把握しうるという利点である。むろん、この過程は中国経済界全体の動向とも密接に関連することで、多面的な分析が要請されることは言をまたない。ただ、紡績業プロパーの問題に分析をしぼってみるならば、ほかの経営、技術、労働などの要因がほとんど、好況期あるいは不況期いずれか一方の説明にしかつながらないのに対し、ひとり原綿問題だけは、そのいずれのケースにも説得力のある論拠を提示しうるように思われる。すなわち、「黄金時期」においては原綿安の恩恵を一〇〇パーセント享受できる段階にあった中国紡績業も、高利潤を直接の動機として紡錘設備の爆発的ともいえる増加をとげ、本格的な発展段階にはいると、たちまち、もともと良質の紡績用原綿に乏しい中国綿花の需給バランスをくずし、原綿自給国としての優位性を喪失してしまったのである。

この時点で、雪崩的な対中国進出を開始した日本巨大紡は、中国綿花市場のこのような構造的変化に即応して、一方ではそのきびしい労務管理を駆使して中国をむしろ安価な労働力の供給市場として再編する方向を明確にするとともに、他方ではそのすぐれた混綿技術と、アジアにはりめぐらした流通網を武器に、割安なインド綿花への依存度をたかめ、中国綿花高騰の影響を最小限にくいとめることに成功した。原綿手当ての方法からして従来の外資紡とは異質のこの脅威を前にしながら、多くの民族紡は「黄金時期」の「紗貴花賤」という理想的な市場環境を自明の前提として、増錘競争にはしり、「花貴紗賤」という逆境への対策は、あとまわしにしていたようである。そのため、中国綿花相場が国内需要の急激的な増加を基調に、米綿相場の高騰をより増幅したかたちで暴騰をはじめると、ほとんどの民族紡は、なすすべもなく操短あるいは操業停止においこまれ、なかには日本資本に身売りする工場もでてきたのである。このように解釈してはじめて、好況と不況の両面を整合的に理解しうるのである。

以上二つの理由から、本章ではとくに原綿問題に執着しながら論をすすめてきたわけである。その結果、当時の日本紡績業を核とする東アジア全体の市場構造のなかで、中国はどのような位置におかれていたのか、またこの市場構造が中国紡績業の「黄金時期」を形成あるいは崩壊させるうえでいかに機能したかなど、従来の研究ではかならずしも十分な注意がはらわれていなかった問題について、一つの手がかりを得ることができたという点では、本章の執着も無意味ではなかったように思う。しかしその一方で、過度にわたる執着が、五四運動時期の中国紡績業は原綿に興り原綿におわったという、いわば「原綿一元論」を主張しているとの印象をのこしたとすれば、それは本意ではない。すでに述べたように、原綿問題がかくも重要性をもちえたのは、中国紡績業の発展段階がまさしく原綿というファクターにあらゆる点でもっとも敏感に反応しうる段階にあったからであって、決してその逆ではない。

同様のことが、本章のいまひとつの柱となったボイコットと民族紡績業の関係についてもいえるであろう。二十一カ条要求反対のボイコットから旅大回収のボイコットまで、三度にわたる日貨ボイコットが、中国の綿糸需給関係におよぼした影響をみると、各時期における民族紡績業の発展段階が、ボイコットの効果の程度を決定していたことがみてとれる。どのボイコットでも、そのめざすところは番手にかかわりなく日本綿糸の輸入をゼロにし、すべてを国産綿糸にきりかえることにあったが、現実にはその時点で民族紡績業が生産しうる番手以上の日本綿糸に対してはボイコットは無力であった。ボイコットのたびに、細糸問題が論議されたゆえんはここにある。旅大ボイコット以降の趨勢を概観するならば、最高時二七四万五千担（一八九九年）に達した外国綿糸の輸入高は、一九二七年には二九万五千担と十分の一ちかくに減少して同年の中国綿糸の輸出高三四万担をかなり下まわり、中国は綿糸の輸出国に転じた。[164]日本との輸出入関係でいっても、一九三〇年にはついに主客転倒し、翌三一年には日本綿糸の輸入わずか一万六千担に対し、中国綿糸の日本向け輸出は実に三六万三千担にものぼったのである。[165]

では、以上の数字は、日貨ボイコットにかけた中国民衆の悲願が、細糸問題をもふくめて達成されたことをものがたっているのであろうか。とくに細糸問題が旅大ボイコット以降、いかなる帰趨をみたかについて、いま的確な統計を多くはもちあわせないが、日本綿糸の大口輸入港の一つであった青島での傾向が、容易に予想される全国的な傾向をもっとも典型的に反映しているようである。青島では、一九二四年以降、三十番手以上の高番手綿糸でも、日本綿糸の輸入が急激に減少して、二八年には、一一〇梱とほとんど無視できる微々たる量になったが、青島での生産が急速な高番手化をとげた結果、三十番手以上の総供給量は二四年の一万五千梱から二八年の二万一千梱へと四割の増加すらみた。[166]この数字は、細糸をもふくめ中国の綿糸自給率が二〇年代後半にほぼ一〇〇パーセントに達したことを示す。だが健忘であってはならない。青島は、「黄金時期」から本格化した日本巨大紡の対中国進出において、上海に次ぐ第二の基地であった。当時、青島所在の紡績工場七つのうち、民族紡はわずかに華新一社の三万二千錘のみで、他の六社二四万七千錘はすべて「在華紡」であった。

したがって、あの細糸自給率の急上昇も、輸入日本綿糸が高番手化をとげた「在華紡」綿糸にとってかわられた道すじを表しているにすぎないのである。五四運動時期の民族紡績業は、より扱いにくいライバルを腹地にかかえこんで、その歴史の一サイクルをおえることになった。日貨ボイコットにかけた民衆の悲願がこのようなかたちでしかおわりえなかったところにこそ、当時の中国経済、より広くは中国そのものがおかれていた立場が象徴されているといえるだろう。

第三章　注

（1）本章で用いる「中国紡績業」ということばは、資本の国籍をとわず、当時の中国国土（租界などもふくむ）で営まれていた紡績業のすべてを包含する。それを組成するのは、中国人の資本による紡績企業（以後、民族紡あるいは民族紡績業と称する）と外国人の資本による紡績企業（以後、外資紡と称する）とである。外資紡をさらにイギリス、日本などと分ける場合もある。日本資本の紡績企業については、泉武夫、西川博史氏等の先例にならって、「在華紡」と表示する。

（2）K. Chao, *The Development of Cotton Textile Production in China*, Harvard, 1977, p. 301. 趙岡氏のこの統計は、一九一九～三六年は主に『中国棉紡統計史料』（上海市棉紡織工業同業公会籌備会　一九五〇年十月刊）所収の各次「中国紗廠一覧表」を根拠にしている。原典の一覧表では、二〇年以降は「已開」（操業中）と「未開」（未操業）とに分けて錘数を記しているが、趙岡氏は一律にこれを合計して錘数としている。ここでは厳密な意味での実際の生産力を確定するのが目的ではなく、据付けられた紡錘の数がわかりさえすればよいので、趙岡氏にしたがった。

(3) 清末の紡績業を分析した立場からのパースペクティブではあるが、中井英基氏も「黄金時期」における民族紡績業の質的改善に懐疑的な印象を表明している(「清末の綿紡績企業の経営と市場条件」―『社会経済史学』第四十五巻第五号 昭和五十五年二月 八二頁)。

(4) その代表的な著作は、周秀鸞編著『第一次世界大戦時期中国民族工業的発展』(上海人民出版社 一九五八年四月刊)である。李瑚「第一次世界大戦時期的中国工業」―『学術論壇』一九五八年第一期、鼎勛「第一次世界大戦期間中国民族資本主義的発展」―『歴史教学』一九五九年第八期なども、モチーフは同じである。

(5) 林原文子『宋則久と天津の国貨提唱運動』―『五四運動の研究』第二函(同朋舎 一九八三年十二月)所収 三二〜三七頁参照。

(6) 彭沢益編『中国近代手工業史資料』第二巻(三聯書店 一九五七年八月刊)三六九〜三七六頁。

(7) 「武漢紡織業の勃興」―『大日本紡績連合会月報』第二六四号(大正三年八月)三五頁。

(8) 「南昌に於ける織布業」―『大日本紡績連合会月報』第二六一号(大正三年五月)四二頁。

(9) 「江蘇省の織布事業」―『大日本紡績連合会月報』第二六二号(大正三年六月)四七〜四八頁。

(10) 以上、呉知著『郷村織布工業的一個研究』(商務印書館 民国二十四年七月序)一一〜一三頁。本書には、発智善次郎等による邦訳(岩波書店 昭和十七年五月刊)がある。

(11) 「直隷省の織布業」―『大日本紡績連合会月報』第二九一号(大正五年十一月)六九〜七〇頁。

(12) 厳中平『中国棉紡織史稿』(科学出版社 一九五五年九月刊)二九六頁。

(13) 牛宗熙「高陽棉織業之調査」―『華商紗廠連合会季刊』第二巻第四期(民国十年九月)二五三頁。後の綿糸消費高は、厳中平『中国棉紡織史稿』二八八頁。

(14) とりあえずは、前掲『中国近代手工業史資料』第二巻 六六六〜六七四頁に散見する天津、河北の宝坻、四川各地、福建の福州、遼寧各地等での事例を参照のこと。

(15) 方顕廷『天津織布工業』工業叢刊第二種(南開大学経済学院 民国二十年十二月刊)六頁。

(16) 江蘇実業庁第三科編『江蘇省紡織業状況』(商務印書館 民国九年一月刊)外編第二編三頁。本書は奥付では民国

九年一月出版となっているが、民国八年七月にはすでに完成していたようである（「派員調査紡織状況」—『時報』民国八年七月十八日）。

(17) 中井英基「清末中国綿紡績業について—民族紡不振の原因再考」—北海道大学『人文科学論集』第十六号（一九七九年）六八〜六九頁。清末の中国綿製品市場については、副島圓照「日本紡績業と中国市場」—『人文学報』第三三号（一九七二年）が周到である。

(18) 「支那に於ける紡績業及其の製品に関する断片的材料」(二)—『綿糸同業会月報』（上海日本綿糸同業会発行）第二号（大正九年三月五日）。

(19) 石黒昌明「直隷省高陽地方に於ける綿糸及綿布」—『大日本紡績連合会月報』第二七二号（大正四年四月）四頁。

(20) 民国『高陽県志』巻二実業　七葉表。

(21) 厳中平『中国棉紡織史稿』一六四頁。

(22) 『米人の見たる日本の綿工業と其貿易』経済資料第十五巻第九号（東亜経済調査局　昭和四年九月）六八頁。

(23) TＩ生「日貨排斥と本邦紡織界」—『大日本紡績連合会月報』第二七五号（大正四年七月）四頁。

(24) 上海を例にとると、二十一カ条反対のボイコットが起こる前の一〜三月の方が、ボイコットが本格化した四〜六月よりもむしろ減少の幅が大きい。すなわち、四〜六月の平均減少量は、一、八〇〇担強にすぎないのに、一〜三月のそれは、七、三〇〇担にものぼった。一〜三月の減少は、たぶん日中両国間の為替相場の変動（一九一四年の一〜三月が上海宛一〇〇円につき七九両前後であったのが、一五年同期には八九両前後と、一〇両も両安となった）と大阪三品の反騰（一九一四年一月に一三七円の最高値をつけた綿糸は一四年十二月には八二円まで下げたが、一五年二月に一〇五円まで戻していた）とが相乗した結果であろう。上海に関するかぎり、ボイコット以外の要因の方が、より顕著な作用をおよぼしたといえる。

(25) 『日本外交文書』大正四年第二冊八一三〜八一四、九〇七頁。前者は六月二十一日付、後者は七月二十日付の報告である。このボイコットについては、菊池貴晴『中国民族運動の基本構造』（大安　一九六六年十二月刊）第四章を参照のこと。

(26) 石田秀二『天津棉糸布事情』(大正七年五月調)三九頁。一一ポンド以上の粗布は、逆に一四年の九二万五千反から、一五年は一〇四万四千反と一三パーセントほど増加し、綾木綿を抜いて天津向輸出綿布のトップにでた。
(27) 高村直助『近代日本綿業と中国』(東京大学出版会　一九八二年六月刊)九九頁。
(28) 「銀相場と対支貿易」――『大阪朝日』大正六年九月二十六日、いまは神戸大学経済経営研究所編『新聞記事資料集成』貿易編第十四巻(大原新生社　昭和五十年五月刊)八〇頁より転用。
(29) 以上、一月四日分は『上海日本人実業協会週報』第三〇三号(大正七年一月十日)「金融及商況」。三月八日分は『大日本紡績連合会月報』第三〇七号(大正七年三月)「棉花綿糸商況」。以後も、綿糸あるいは綿花の商況は、すべて両者のうちいずれかによる。概していえば、中国綿糸とインド綿糸の商況は両者とも一致しているが、日本綿糸の場合は一致しないこともある。『上海日本人実業協会週報』が現地発行で、しかも週刊である点を尊重して、『上海日本人実業協会週報』の商況を主体にしながら論述をすすめていく。
(30) 以上、一月四日分は『上海日本人実業協会週報』第三〇三号、一月十八日分は『大日本紡績連合会月報』第三〇六号(大正七年二月)二九頁。
(31) 以上、二月一日分は『上海日本人実業協会週報』第三〇七号(大正七年二月七日)、三月八日分は同三一一号(大正七年三月十四日)。
(32) K. Chao, *The Development of Cotton Textile Production in China*, p. 311. 本文に述べたように、この推計の根拠は唯一、一八九六年上海における数字だけであり、しかもこれを一八九〇〜一九一九年の三十年間に適用しようというのは、いささか無理なように思う。
(33) 橋本奇策『清国の棉業』(明治三十八年十一月二版)七〇頁。
(34) 朱希文「混棉管理法」――『華商紗廠連合会季刊』第二巻第三期(民国十年五月)五六頁。
(35) 「我紡績業者に檄す」――『大日本紡績連合会月報』第二七四号(大正四年六月)八頁。
(36) 絹川太一『平和と支那綿業』(丸山舎　大正八年四月刊)一四六頁。
(37) 高村直助『近代日本綿業と中国』一一四頁。

(38) 厳中平『中国棉紡織史稿』三六八～三六九頁　付録統計資料。一九一三年の総計にはドイツ、アメリカ資本の分もふくまれている。

(39) 以上、『日本外交文書』大正四年第二冊、七三五、八一四頁。

(40) 厳中平『中国棉紡織史稿』一八六頁。厳中平氏の計算方法は、浜田峰太郎『支那に於ける紡績業』(日本堂書店大正十二年六月刊)二一頁の一覧表を根拠に、原綿価、採算価、市価それぞれの最高値と最低値の平均値をとり、市価の平均から採算価の平均を差し引いたものを盈利(利益)としている。浜田がどんな計算方法に基づいたかは詳かでない。

(41) 「三新紗廠罷工風潮昨聞」―『時報』民国八年四月二十一日。

(42) 「紗廠股票之将来」―『時報』民国八年三月三十日。

(43) 『中国棉紡統計史料』一六頁によれば、「第一次中国紗廠一覧表」は一九一九年七月出版となっている。しかし『華商紗廠連合会季刊』によれば、該一覧表は一九一九年六月二十五日に各工場に填記の依頼をし(第一巻第一期　二六四頁)、九月十六日に出版にこぎつけた(第一巻第二期　二七〇頁)という。

(44) この数字は、「第一次中国紗廠一覧表」の調査時期から明白なように、一九一九年の紡糸高とはいえない。おそらくは、一九年六月まで一年間の紡糸高という方が正確であろう。そのため、たとえば上海の厚生のように、わずか六、三〇〇梱の紡糸高で、四五万両もの利益がでて、一梱当りで七〇両余りもの利潤が計上されるケースがでてきたわけである。そこで、一九二〇年七月の「第二次中国紗廠一覧表」にも紡糸高の記載されている一七工場について、第一次と第二次の紡糸高の平均を、一九年一年間の紡糸高と措定して計算してみたところ、その結果は四六・一八両で、第一次だけに基づいてだした数字と大差がなかった。本文では繁瑣をさけるため、第一次の紡糸高をもって一九年の紡糸高にかえた。

(45) 高村直助『近代日本綿業と中国』八一頁にも、同様の外資紡配当率の一覧表が掲げられている。ただし、怡和の一九一八、一九年、楊樹浦の一八、一九年における配当率には誤まりがあるようである。たとえば、高村氏は一八年における楊樹浦の配当率を、大正七年『上海日本商業会議所年報』の一株一五両、配当金〇・八両という記述にしたがって、五・三パーセントとしているが、楊樹浦の一株は創業以来五両で変化がないから、一六パーセントが正しい。
(46) 週「我国経営棉紗業者応有之覚悟」―時事新報副刊『工商之友』民国九年六月十四日。
(47) 井村薫雄『紡績の経営と製品』支那財政経済大系第三編（上海出版協会　大正十五年十一月刊）七二頁。
(48) 橋本奇策『清国の棉業』七八頁。
(49) 以上、『上海日本人実業協会週報』第二七九号（大正六年七月二十六日）および第二八〇号（大正六年八月二日）。
(50) 井村薫雄『紡績の経営と製品』八〇頁で述べるところでは、中国の綿糸相場は従来、「常に日本の相場を標準として居たものが」、「黄金時期」における中国紡績業の生産力の飛躍的な増大をみた結果、「支那には、支那の需給関係に依て、支那独自の綿糸市場を決し得るに至った」という。逆にいえば、一九二〇年頃までは、大阪三品相場が、中国の綿糸相場を左右していたことになる。
(51) 『大日本紡績連合会月報』第三二二号（大正八年六月）三三～三四頁。
(52) 『大日本紡績連合会月報』第三二六号（大正八年十月）四二頁。
(53) 以上、『日本外交文書』大正八年第二冊下巻　一三七四頁。
(54) 上海社会科学院歴史研究所編『五四運動在上海史料選輯』（上海人民出版社　一九八〇年十二月第二版）二〇四頁。
(55) 同前二〇一頁、および『時報』民国八年五月十五日。
(56) 「関於青島問題之種種―紗業公会、紗業競智団」―『時報』民国八年五月十七日。
(57) 大正八年六月二十日付、在支那特命全権公使小幡西吉発外務大臣子爵内田康哉宛電報「排日運動ニ関スル件」付帯資料。編者は朱印で「中国大学幹事部」と記され、五月七日国恥記念日に調査開始、五月二十日完了と前書きされている。
(58) 「関於青島問題之種種―報関行」―『時報』民国八年五月十九日。
(59) 「関於青島問題之種種―報関行」―『時報』民国八年五月二十四日。
(60) 『山東問題に関する日貨排斥の影響』第一輯（上海日本商業会議所）二四二頁。
(61) 「関於青島問題之種種―蜀贛商幫」―『時報』民国八年五月二十七日。

(62) 「"五四" 時期広東抵制日貨運動資料」―『広東歴史資料』一九五九年第二期　一二頁。もっとも、この「劣貨国貨調査表」は民国八年十一月十日付『大同日報』に掲載されたもので、少し時期はずれる。

(63) 『華商紗廠連合会季刊』第一巻第一期（民国八年九月）二一二頁。

(64) 「紗業決与日商断絶」―『時報』民国八年六月九日。

(65) 『華商紗廠連合会季刊』第一巻第一期　二一三頁。

(66) 『山東問題に関する排日状況』第二輯（上海日本商業会議所）九二七頁。

(67) 狭間直樹『五四運動研究序説』―『五四運動の研究』第一函（同朋舎一九八二年三月）所収。

(68) 『日本外交文書』大正八年第二冊下巻　一三七一頁。

(69) 「日廠工人之愛国表示」―『時報』民国八年六月十三日。

(70) 『華商紗廠連合会季刊』第一巻第一期　二一一～二一二頁。

(71) 『上海日本商業会議所週報』第三九四号（大正八年十月二日）。

(72) 以上、『大日本紡績連合会月報』第三二六号（大正八年十月）四四頁。

(73) 『上海日本商業会議所週報』第四〇〇号（大正八年十一月十三日）。

(74) 『上海日本商業会議所週報』第四〇一号（大正八年十一月二十日）。

(75) その要因としては、機械製綿糸に対して、当時の中国市場がなお、その価格次第では手紡糸への回帰が可能な、可逆性の市場構造にあった点を指摘しておきたい。当時のある試算によれば、機械製綿糸の総供給量七億四百万ポンド余りに対し、紡績工場兼営の力織機による消費量は、四、二〇〇万ポンド余り、六パーセント弱にすぎず、残り九四パーセント強は手織機による消費であったという（安原美佐雄『支那の工業と原

図表3‒60　陝西綿花の現地価格と消費地価格の比較（1担当り）

項目＼時期	1919年前半年	1920年後半年	1921年後半年	1923年後半年
A. 現地価格	24.00元	29.50元	36.00元	42.00元
B. 販運費	12.00元	10.00元	10.00元	14.00元
消費地	天津	蘇州	蘇州	天津
C. 消費地市価	26.50天津両	22蘇州両	42蘇州両	38天津両
貨幣換算	1元＝0.682天津両	1元＝0.700蘇州両	1元＝0.700蘇州両	1元＝0.682天津両
C. 元表示	38.86元	31.43元	60.00元	55.72元
D. 損益	＋ 2.86元	－ 8.07元	＋ 14.00元	－ 0.28元
E. 期間	約1月	約8日	約8日	約1月

資料）曲直生『河北棉花之出産及販運』社会研究叢刊（商務印書館　民国20年4月刊）197頁。

図表３-61　上海製綿糸の上海原価と重慶原価の比較
(《採運》20番手綿糸，1梱440ポンド当り，民国23年４月の市価にもとづく)

項	目	金　額
(1)申本（上海原価）		175.00元
(2)捐税（雑　税）	1．上海報関費	0.30
	2．万県楽捐	2.42
	3．重慶内地税	2.00
	4．重慶剿赤費	0.20
	5．重慶馬路捐	0.47
	6．重慶自来水費	0.47
	7．重慶電力廠費	0.36
	8．重慶進口報関	0.10
	9．重慶免票工本及印花費	0.03
	小　計	6.35
(2)外繳（運賃雑費）	1．上海力夫費	0.10
	2．上海撥船費	0.20
	3．上海蜀華公益捐	0.02
	4．上海小工雑費	0.08
	5．申渝保険費（毎千元八元、以二百元計）	1.60
	6．申渝水脚費	8.50
	7．重慶撥船費	0.08
	8．重慶提艙費	0.05
	9．重慶同業会捐	0.70
	10．重慶力費，做工，麻布等雑費	0.40
	小　計	11.73
(4)匯水（為替料）以申本水脚及上海雑費等合計		27.87
(5)子金（利子）自申発貨日起，至渝售出収銀止，共需三个月，以上例申本捐税外繳匯水合計共220.95元以一分二厘計息		7.95
(6)渝本（重慶原価）		228.90

資料）「四川之棉紗業」—『四川月報』第５巻第１期（民国23年７月）専載35～36頁。一部数字の誤植は，張肖梅編著『四川経済参考資料』（中国国民経済研究所　民国28年１月刊）Ｓ２～３頁によって訂正した。

備考）ちなみにこの時，重慶での市価は283元であったが，慣行の割引などを控除すると，実際の売値は234.91元にしかならず，1梱当りの利潤は6.01元にすぎなかったという。

料』第一巻上　上海日本人実業協会　大正八年三月刊　五六九〜五七〇頁）。筆者自身の試算にしたがうなら、力織機の消費高は、約九パーセントに達する（一九一九年における機械製綿糸の総供給量四〇〇万担に対し、紡績工場兼営の力織機数約八、〇〇〇台、一台当り年四五担の綿糸を消費するとして）が、いずれにしても大勢として機械製綿糸の九〇パーセント以上は手織機によって消費されていたとみて、まずまちがいない。これら手織機は、その多くが経糸はともかく、緯糸には手紡糸も使用したか、あるいは使用可能であった。

むろん手紡糸の退潮はおおうべくもなかったが、その後退は決して一直線ではなかった。広大な（しかも軍閥割拠の）国土とたちおくれた運輸状況の中国においては、原料綿花にしても、製品綿糸にしても生産地と消費地の間で費される流通経費には想像を絶するものがあった。綿花を例にとると、西北地方の綿花を上海まで輸送してきた場合、「その費用は印棉を支那に輸送するよりも高く、且つ殆ど米棉の支那向運賃に等しい」（戸田義郎「支那紡績会社の経営について」（四）―『支那研究』第四十号　昭和十一年三月　一九〇〜一九一頁）とまでいわれた。一つのケースとして、陝西綿を上海に運んできて、紡出した綿糸を重慶に販売すると仮定すれば、おおよそ図表三-六〇および図表三-六一のように、原綿価格は現地価格の約三割増、綿糸価格は上海価格の約六割増でないと、採算があわない。このため、奥地消費地では、原綿価格と製品価格の差は、非常に増幅されてあらわれることになった。綿糸価格が原綿価格に比し、ある程度以上に高騰しすぎると、上海の近代的な大紡績工場の機械力も、奥地では人力のまえに、コストの点でたちうちできなくなる。上海での綿糸の異常な高騰は、奥地の納屋にしまいこまれていた糸車に、ふたたび陽の目をみさせることになったわけである。問題の年、一九一九年下半期の「棉紗貿易情形」は、この事情を、「内地の郷農もまた紗の利厚きをもって、羣て織を棄てて紡ぐ。その結果、粗紗の価、ついにその高度を保ちがたし」（『華商紗廠連合会季刊』第一巻第二期　二四三頁）と表現している。

本章第二節第四項で詳述する細糸問題が発生した時に、低番手綿糸はすべて土紗（手紡糸）にゆずり、紡績工場はもっぱら高番手綿糸の増産に全力をかたむけよとの提案がなされた（『華商紗廠連合会季刊』第一巻第一期　二一四頁）のも、このような可逆的な市場構造の一つの反映とみなせる。実際五四運動時期には、改良型糸車といってもよい明成紡錘機などが喧伝され、手紡の効率向上がはかられた。これについては、「新発明之紡紗機」―『晨報』民国九年一月十五日、「明成紡紗機之説明」──『時報』民国十年三月二十一日などを参照のこと。

(76) 岡部利良『在支紡績業の発展とその基礎』(東洋経済新報社　昭和十二年六月刊) 三〇〜三一頁。

(77) 関桂三『日本綿業論』(東京大学出版会　一九五四年三月刊) 四六二頁。

(78) 以上、『大日本紡績連合会月報』第二九九号 (大正六年七月) 四七頁、第三〇一号 (大正六年九月) 三三、三四頁。

(79) 以上、『大日本紡績連合会月報』第三〇五号 (大正七年一月) 四八頁、第三〇七号 (大正七年三月) 二四、二五頁。

(80) 以上、『大日本紡績連合会月報』第三〇九号 (大正七年五月) 一二頁、第三一〇号 (大正七年六月) 三九頁。

(81) 以上、『大日本紡績連合会月報』第三一二号 (大正七年八月) 四一頁、第三一三号 (大正七年九月) 四九頁。

(82) 以上、『大日本紡績連合会月報』第三一三号 (大正七年九月) 四九頁。

(83) 以上、『上海日本商業会議所週報』第三九八号 (大正八年十月三十日)、第四〇四号 (大正八年十二月十一日)。

(84) 「支那原棉事情研究 (其一、一般事情)」(2)──『綿糸同業会月報』(上海日本綿糸同業会発行) 第九号 (大正九年十月十六日)。

(85) 同前および「支那棉花産額」──『大日本紡績連合会月報』第三三五号 (大正九年七月) 一一〜一二頁。

(86) 当時の単行本あるいは雑誌記事に記されている中国綿産額は、数字の出入りがきわめて多く、一見したところではいくつか系統の異なる調査統計があったのかと思わせるほどだが、実際は次頁見開きの図表三-六二に整理したように、一つには華商紗廠連合会編の『棉産統計報告』が版ごとに数字の訂正を加えていったため、二つには単位の変更、『棉産統計報告』の欠落省分に対する補充、あるいはケアレスミスがあるために生じた相違にすぎず、すべて華商紗廠連合会の調査がもとになっている。このように、源は一つでありながら、それがさまざまにデフォルメされて流布していくケースは、なにも綿産額に限ったことではなく、ほかの統計数字にも多いものと考え、あえて綿産額を一つの例として系譜整理を呈示しておく。

A〜Dは、それぞれ異なる年度版の『棉産統計報告』を誤まりなく転載したもの。Eは国民政府時代になってから、民国十二年版の担を一・一七倍して市担にかえたもの。Fは一九二〇、二二年分が誤植、二三年分がたぶん収穫予想額。

図表３−62　華商紗廠連合会『棉産調査報告』と中国綿産高の系統一覧　（単位＝(2)以外は担）

タイプ・資料		年度	1918	1919	1920	1921	1922	1923
(1)　完全転載	民国９年版	無	10,165,780	9,339,818	6,696,612			
	民国10年版	A，B	10,220,779	9,316,390	6,750,403	5,438,220		
	民国11年版	C	10,220,779	9,316,390	※6,750,403	5,438,220	8,310,355	
	民国12年版	D		9,028,390	6,750,403	5,429,220	3,310,355	7,144,642
(2)　単位変更	担→市担	E		10,563,216	7,897,971	6,352,187	9,723,115	8,359,230
(3)　ケアレスミス		F	10,220,779	9,316,390	6,704,030	5,438,220	8,438,220	6,316,181
(4)　デフォルメ＋ケアレスミス		G	10,963,530	9,076,168	6,669,575	5,438,220		
(5)　1918年分　(4)　に追随		H	10,965,530	9,316,390	6,750,000	5,438,000	7,342,000	
		I	10,968,532	9,316,389	6,750,403	5,438,220		
		J	10,965,530	9,316,000	6,750,000	5,438,000	7,342,000	
		K	10,965,530	9,310,000	6,750,000	5,438,220	7,342,000	
		L	10,965,530	9,316,390	6,750,000	5,438,000	7,342,000	7,144,642
		M	10,965,530	※9,316,390	6,750,403	5,438,220	8,310,155	7,144,642

資料）A　浜田峰太郎『支那に於ける紡績業』75〜76頁。
B　満鉄庶務部調査課『満州に於ける紡績業』満鉄調査資料第18編　339頁。
C　第一回『上海経済年鑑』230頁。
D　Arno S. Pearse，*The Cotton Industry of Japan and China*，p.198.
E　『中国棉紡統計史料』116〜117頁。
F　「我国棉紗業之調書」―『銀行月刊』第４巻第５号（民国13年５月）。
G　「支那に於ける紡績工業」―『大日本紡績連合会月報』第363号（大正11年11月）。

H　「支那の紡績業に就て」―『上海日本商業会議所週報』第608号（大正12年10月11日）。

I　馬場鍬太郎『支那の綿業』禹域学会叢書第２編　119頁。

J　西川喜一『鑛産・棉花と上海絲布』支那経済綜攬第４巻　165頁。

K　山崎長吉「支那紡績業の現状と其将来」―『大日本紡績連合会月報』第389号（大正14年１月）。

L　井村薫雄『紡績の経営と製品』支那財政経済大系第３編　221頁。

M　Arno S. Pearse, *The Cotton Industry of Japan and China*, p. 199.

備考）(1)　Gにデフォルメがあるというのは，「上海華商紗廠連合会の調査にかかる」とことわっている統計にもかかわらず，連合会の統計にはない1918年の浙江における産量が72万４千担と記入されているからである。おそらく，なにかによって浙江の分を補なったのであろう。Gが最初かどうかはわからないが，H～MもGと同じ方法あるいは，G（もしくは未知のGの先行者）に追随するかたちで，18年の全国産量を1096万担としたのであろう。そのほかGでは，たとえば江西省の産量について18年と19年がいれちがっているなどのケアレスミスが非常に多い。そのため，基本的には華商紗廠連合会の統計数字によっていながら，全国産量の合計がくいちがってしまっているのである。

(2)　単位変更というのは，1.17倍して市担に改めたもので，例えば，1919年分は9,028,390担×1.17＝10,563,216市担である。したがって，Eは民国12年版の『棉産調査報告』の単位変更である。

(3)　なお，華商紗廠連合会『棉産調査報告』は，毎年新年度の綿産高を追加すると同時に，さかのぼって数字の訂正がおこなわれることもある。民国17年版までは，以下のように２回数字の訂正がおこなわれた。

（単位＝担，太字は訂正の数字）

版＼年度	1918	1919	1920	1921	1922
民国９年版	10,165,780	9,339,818	6,696,612		
民国11年版	**10,220,779**	**9,316,390**	**6,750,403**	5,438,220	8,310,355
民国17年版	10,220,779	**9,028,390**	6,750,403	**5,429,220**	8,310,355

(4)　CおよびMの※印は行論の都合上，誤植を訂正した。

(87) 一九一〇年頃の分は、「上海市場に集散する支那棉花」(一) —『支那』第四巻第二十一号(大正二年十一月)二二頁。二四年分は福渡龍「上海市場に於ける支那棉花」—神戸高等商業学校『大正十四年夏期　海外旅行調査報告』大正十五年二月刊)一〇七頁。

(88) 宜「民国八年上半年棉花貿易情形」—『華商紗廠連合会季刊』第一巻第一期　一九七頁。

(89) 同前　一九七頁。

(90) 以上、宜「民国八年下半年棉花貿易情形」—『華商紗廠連合会季刊』第一巻第二期　二四七頁、宜「民国九年上半年花紗貿易概況」—『華商紗廠連合会季刊』第一巻第四期　二八七頁。

(91) 楊端六等編『六十五年来中国国際貿易統計』国立中央研究院社会科学研究所専刊第四号(民国二十年刊)一五一頁。

(92) 西藤雅夫「華人紡績の経営に於ける問題」—『東亜経済論叢』第一巻第四号(昭和十六年十二月)一七二頁。

(93) 橋本奇策『清国の棉業』六八頁。この「循環手当法」は、清朝末年においては、むしろ日本紡績業の羨望の的であって、橋本氏も「原料棉花の買入方法たる右の如き次第なるを以て金利倉敷等の費用も本邦紡績会社の如くこれを要せず」と中国紡績業の有利な点として指摘している。

(94) この団体については、王子建「華商紗廠連合会創立経過」—上海『文史資料選輯』一九八二年第三輯がある。

(95) 五月十八日に開かれた華商紗廠連合会の董事会では、穆藕初の提案で、該会発行の『花紗報告』を毎日、新聞に掲載すること、宝源紙廠の包装紙、維大公司の糸巻木管を使用することが決定された(『華商紗廠連合会季刊』第一巻第一期　二〇〇～二〇一頁)。また、六月一日の董事会では、維大公司の日産が五〇グロスと少なく、加盟各社の需要に応じきれないので、連合会が工場拡張の援助にのりだすことを決め、三カ月後の八月末に増資分の株を加盟各社に引受けるよう通報した(『華商紗廠連合会季刊』第一巻第二期　二六二頁)。「商標一覧表」は七月八日付で、重慶等二二都市の商会に送付された(『華商紗廠連合会季刊』第一巻第一期　二一七頁)。

(96)『華商紗廠連合会季刊』第一巻第一期　二〇一頁。

(97)「鴻章染織廠総理王倫初先生来函」—『華商紗廠連合会季刊』第一巻第一期　二一一頁。日付は「五月初七日」となっているから、たぶん旧暦であろう。新暦では六月四日にあたる。

(98)「上海鴻章布廠緊要通告」—『時報』民国八年六月四〜十日。

(99)華商紗廠連合会に対し、直接または間接に細糸増産の要望を提出した団体は、通崇海泰総商会（六月十一日付）、余杭農工商学連合会（六月十五日付）、無錫布廠公会（六月二十二日付）、武進公恵公所（六月二十九日付）、友誼学校学生連合会（七月一日付）、無錫提唱国貨会事務所（七月十七日付）などであった（『華商紗廠連合会季刊』第一巻第一期　二一二〜二一七頁）。

(100)「復鴻章染織廠王倫初先生函」—『華商紗廠連合会季刊』第一巻第一期　二一一頁。

(101)「復朱叔源」—『藕初五十自述』（商務印書館　民国十五年刊）文録下五四頁。

(102)一九一九年七月出版の「第一次中国紗廠一覧表」には、イギリス資本工場分もふくめ、四万一百錘の撚糸機（線錠）が記録されているが、翌二〇年五月調査七月出版の「第二次中国紗廠一覧表」と比較すると、厚生、鴻裕、鼎新などの撚糸機は稼働していたかどうか、きわめて疑わしい。

(103)以上、『華商紗廠連合会季刊』第一巻第一期　二一一、二一五頁。

(104)「大中華紡織廠之招股」—『時報』民国八年七月十日。

(105)「大中華紡織股份有限公司招股簡章」—『時報』民国八年七月二十〜二十六日。ただし、整股と零股に分けることについては、註冊書を農商部に提出した時に、公司条例第一二四条に違反するということで、変更の指示をうけた（「大中華紡織有限公司呈請註冊書」—『華商紗廠連合会季刊』第二巻第一期　民国九年十月　二六三頁）。

(106)「大中華紡織公司開会」—『時報』民国八年七月三十一日。

(107)資本金の減額は「大中華紡織股份有限公司収股提早截止通告」—『時報』民国八年七月三十一日。その他は「大中華紡織公司創立会」—『時報』民国八年十月十四日。後出、聶雲台のあいさつも同じ。

(108)季陶「中国労動問題的現状」—『星期評論』第三十五号（民国九年二月一日）。

(109)『五四運動在上海史料選輯』（上海人民出版社　一九八〇年十二月第二版）四五七頁。

(110)錘数の推移を示すのによく利用される厳中平氏の統計資料、およびその基礎となった「中国紗廠沿革表」（厳中平前掲書　三四一〜三六九頁）は、現実の生産力を重視する立場から、工場の創立時ではなく操業開始時を基準にして整理されているので、投資の決意がなされた時期を知るには不便である。たとえば、一九一九年夏に設立が決定された武昌の裕華紗廠も、厳中平氏の沿革表では二二年になってはじめて登場するのである。ここでは、『華商紗廠連合会季刊』、『上海日本商業会議所週報』（第三六五号〔大正八年三月二十七日〕までは『上海日本人実業協会週報』）、『大日本紡績連合会月報』、『時報』、『綿糸同業会月報』（上海日本綿糸同業会発行）の零細記事、および『中国棉紡統計史料』所収の「第一次中国紗廠一覧表」（一九一九年七月出版）と「第二次中国紗廠一覧表」（一九二〇年五月出版）中の「未開」（未操業）欄との対比などを根拠に、本文中に示した数字をだしてみた。むろん、遺漏は免れがたいところであるから、あくまで概数として理解されたい。

(111) 蕭倫予・毛翼豊「武昌裕華紡織公司調査記」―『華商紗廠連合会季刊』第五巻第一期（民国十三年春）四一頁。東亜同文書院調査編纂部編『支那工業総覧』（昭和五年版）一一三～一二〇頁に摘訳がある。

(112) 「九江綿糸紡績工廠設立計画」―『大日本紡績連合会月報』第三二五号（大正八年九月）三二頁。その反面、聶雲台の大中華と名称が同じであるところから、紛糾をひきおこしておきながら（『華商紗廠連合会季刊』第二巻第一期二七四～二七五頁、第二巻第三期　二五六～二五七頁）、結局は完成しなかった広東大中華紗廠の例、大株主となる予定だった曹汝霖が株金を払込まなかったために挫折した浦東紗廠（『綿糸同業会月報』第九号）の例などがあり、九江領事の戸惑いも由なしとはしない。

(113) 「編輯室雑誌」―『華商紗廠連合会季刊』第二巻第一期（民国九年十月）五二頁。

(114) 中国科学院上海経済研究所・上海社会科学院経済研究所編『申新、福新、茂新栄家資本集団史料（初稿）』第一編（一九五九年　タイプ印刷本）六四頁。このことばは、栄毅仁、栄鄂生等五人の申新史料座談会での発言をまとめた文章のなかにでてくる。回憶資料であるゆえに信憑性にかけるとの判断からか、最近公開出版された『茂新、福新、申新系統栄家企業史料』上・下（上海人民出版社　一九八〇年十～十一月刊）ではこの部分を削除している。たしかに厳密な意味での資料にはならないが、栄宗敬の積極果敢な人柄をうかがう材料にはできるであろう。本文中に紹介した以外にも、たとえば、その増錘意欲は、「五十歳では五十万錘、……八十歳では八十万錘にいたる」ことを目標にしており、そして事業拡張のために負債がかさんでも「債多きも愁うるなかれ、虱多きも痒るなかれ、債いよいよ多ければ颪いよいよ涼し」とうそぶいていた、というエピソードなども記録されている。投下資本の早期回収を最優先させる〝防衛的〟な経営者が大部分であった当時の中国における業界では、やはり異色な人物であったといえる。

(115) 「紗業公債近訊」—『銀行月刊』第三巻第三号(民国十二年三月二十五日)七頁。

(116) 『茂新、福新、申新系統栄家企業史料』上冊　八七～八八頁。もっとも、三月のものと十一月のものでは、性能、価格が異なるという可能性も、もちろんある。

(117) 「上海の土地及其企業に就て」(二)—『上海日本商業会議所週報』第七〇一号(大正十四年八月六日)。

(118) この急激な両安傾向と発注済紡績機械の遅着とがかさなって、民族紡績業者の損害が日ましに深刻化するのを憂慮した華商紗廠連合会は、一九二一年三月二十一日、特別大会を開き、マンチェスター商工会議所に、イギリスの紡績機械製造工場が契約を遵守して早期に出荷するよう善処されたいとの電報を打つことを決議した(『華商紗廠連合会季刊』第二巻第四期　民国十年九月　二六三～二六四頁)。

(119) 一九二三年の不況期に紗業公債の発行許可を政府に申請した際、華商紗廠連合会が自ら述べているところでは、「わが国の各廠は、多くが株式会社であるが、資本はつねづね不足している。不足の資金は、すべて銭荘より借りる。往年には、融資は至って簡単であったが、去年、紡績業が不況に陥るにおよび、銀行、銭荘はついに一律に、信用貸付金を回収した」(「紗業公債近訊」—『銀行月刊』第三巻第三号　七頁)という。この点は朱仙舫も強調している(「整理棉業新議」—『上海総商会月報』第三巻第五号　四頁)。

(120) 之一「華商紗廠資金問題与棉業前途之関係」—『華商紗廠連合会季刊』第四巻第四期(民国十二年十月)四頁。

(121) 「九江華豊紗廠設立計画」—『上海日本商業会議所週報』第三九一号(大正八年九月十一日)。

(122) 峙冰「紗業公債問題」—『上海総商会月報』第三巻第五号(民国十二年五月)一三頁。

(123) この点については、之一が「華商創辦の始め、つねにその機械、土地、建築等の費を估算してその資本数を決定し、その他の費用は、再には加入せず。これを換言すれば、一つの紗廠を辦ずるに、その集めるところの股本、わずかに固定資本のみありて流動資本なし。蓋しかくのごとからずんば、股本、募収すること易からず、即ち発起人も興辦しやすからず」(「華商紗廠資金問題与棉業前途之関係」—『華商紗廠連合会季刊』第四巻第四期　五頁)とうまく説明している。

(124) 以上、「大中華紡織公司創立会」―『時報』民国八年十月十四日、および「大中華紡織股份有限公司第一届股東年会報告書」―『華商紗廠連合会季刊』第一巻第三期　二一七頁。

(125) 中国科学院上海経済研究所・上海社会科学院経済研究所編『恒豊紗廠的発生発展与改造』（上海人民出版社　一九五八年九月刊）四〇～四一頁。

(126)「大中華紗廠第二回株主総会」―『上海日本商業会議所週報』第四七五号（大正十年四月二十一日）。

(127)「大中華紗廠第三回株主総会」―『上海日本商業会議所週報』第五二八号（大正十一年四月二十日）。

(128)「大中華紡織公司」―『華商紗廠連合会季刊』第三巻第二期（民国十一年四月）二〇一頁。

(129)「記大中華紡織股份有限公司」―『上海総商会月報』第三巻第五号（民国十二年五月）調査一八頁。

(130) 前掲「大中華紡織公司」二〇一頁。

(131) 前掲「大中華紗廠第三回株主総会」。

(132) 以上、前掲『恒豊紗廠的発生発展与改造』四一頁。

(133) 浜田峰太郎『支那に於ける紡績業』五七頁。

(134) 以上、『恒豊紗廠的発生発展与改造』四一～四二頁。株式の金額が図表三-四六（二四五頁）の貸借対照表より一七万両少ない。

(135)「編輯室雑誌」―『華商紗廠連合会季刊』第五巻第二期（民国十三年夏季）一頁。

(136) 厳中平『中国棉紡織史稿』一九七～一九八頁。

(137) 高村直助『近代日本綿業と中国』一一一～一一五頁参照。

(138)「在華紡」と中国紡績業の関係については、本章でも頻出する高村直助氏の著書が、従来の成果を網羅したうえに氏独自の見解を展開している点で、まず参照されるべきであろう。市場問題に焦点をあわせたものでは、西川博史「『在華紡』の展開と中国綿製品市場の再編成」―『経済学研究（北大）』第二十七巻第一号（一九七七年三月）が該博で、本章も多くの示唆を得た。清川雪彦「中国綿工業技術の発展過程における在華紡の意義」―『経済研究』第二十五巻第三号（一九七四年七月）も、従来の成果を基礎に、表題の問題を計量的に検討した示唆にとむ論文である。泉武夫「日本紡績資本の中国市場進出に関する一考察—一九二〇年前後のいわゆる『在華紡』について—」—『(専修）経済学論集』第七巻第一号（一九七二年二月）は、「在華紡」の進出過程を丹念にあとづけている。このほか、労働問題の角度からは、高綱博文「日本紡績資本の中国進出と『在華紡』における労働争議」—『歴史学研究』一九八〇年別冊があり、全般的な問題をあつかったものに、島一郎『中国民族工業の展開』（ミネルヴァ書房　一九七八年六月）第二章および楊天溢「中国における日本紡績業（『在華紡』）と民族紡との相克」—阿部洋編『日中関係と文化摩擦』（厳南堂書店　昭和五十七年一月）がある。

(139) 以上『大日本紡績連合会月報』第三三二号（大正九年四月）二七頁。

(140) 『大日本紡績連合会月報』第三四一号（大正十年一月）一六頁。

(141) 以上、『大日本紡績連合会月報』第三四三号（大正十年四月）一五頁、第三四四号（大正十年四月）四〇頁。

(142) 東亜同文会調査編纂部編『支那工業総覧』（昭和五年版）七五頁。

(143) 「寧波和豊紗廠営業成績」—『上海日本商業会議所週報』第五八四号（大正十二年五月三日）。この記事は、振徳「民国十一年度各紗廠営業報告」—『上海総商会月報』第三巻第五号（民国十二年五月）調査九～一〇頁にも収録されているが、株主総会の期日が四月二十二日とされているのをはじめ、多くの異同がある。便宜上、本文には『上海日本商業会議所週報』記事を利用したものの、役員の人名などは『上海総商会月報』の方が正確なように思われる。

(144) 実際、峙冰の説明では、「各公司の歴年、提出するところの盈利、儘数股東に分配するにあらざれば、即ち移して増錠の資本と作す。従いまだ多く公積金〔法定積立金〕を提して以て不虞の備えとなす者あらず」（「紗業公債問題」—『上海総商会月報』第三巻第五号　言論一三頁）と、先発の民族紡でも利益がすべて配当あるいは設備投資に消えたことを伝えている。

(145) 穆藕初「花貴紗賤之原因」—『上海総商会月報』第三巻第二号（民国十二年二月）、この文は『藕初文録』上巻にも所収。

(146) 「昨年中棉花市場の変遷概況」—『上海日本商業会議所週報』第五七五号（大正十二年三月八日）。

(147) 李炳郁「論日人在中国棉業之勢力」―『華商紗廠連合会季刊』第五巻第四期（民国十三年十～十二月）一九～二〇頁。この文には、加藤上海副領事の邦訳「支那棉業界に於ける日本人の勢力」―『大日本紡績連合会月報』第三九二号（大正十四年四月）がある。日本の中国綿花買進みが騰貴の原因になったことは、日本側も「天津上海漢口に於て日本商の買占をなせるも一因たらざるべからず」（「支那紡績工場の繰短」―『上海日本商業会議所週報』第五六六号大正十一年十二月二十八日）と一部認めていた。

(148) 浜田峰太郎『支那に於ける紡績業』二九二頁の表では、一九二三年二月に一梱当りの採算割れが最高二九・九両に達した。

(149)『華商紗廠連合会季刊』第三巻第四期（民国十一年十月）二一七頁。なお、ピアースの試算では、「花貴紗賤」による採算割れは、すでに一九二二年四月に生じていたわけであるが、紡績業の恐慌が一般にとりざたされるようになるのは六月からで、七月にはいって緊迫の度をましたようである。達士という人物の報告では、その始まりを次のように伝える。「上海紡織業の恐慌という消息を、わたしは六月二十五、六日以降になってはじめて耳にした。当時、労働者側の伝聞では、現在、工場側は景気が悪く、棉花の手もちがないうえに滞貨は倉庫にこれ以上納まらないほど多い。それで各工場では、連絡しあって捕房（租界の警察署）に、各工場で「三一工」（すなわち三日に一日だけ労働者の入構、就業を許すこと）を実施することを許可されるよう申請したという。労働者側では、工場側は、「三一工」を要求しておけば、悪くとも夜業停止の結果はえられるだろうとふんでいたものと推測していた。ところが、捕房は「三一工」、あるいは夜業停止いずれの措置にも同意しなかった。当時、楊樹浦のあたりでは、老公茂は、操業停止の許可をもらうために、十万両の賄賂を捕房に贈ったという話もあったが、真偽のほどはわからない。……本月（七月）十六日に至って、外国資本の紡績工場は新聞に、怡和、老公茂はひきつづき操業を続けるが、東方は、三カ月間完全に操業を停止する旨、発表した。……民族資本の同昌も、やはり本月十六日に、二週間の完全操業停止を発表した（該工場の情況はまだ調査不十分）。さらに徳大、厚生の二工場もすでに一カ月にわたり、夜業の週二日停止を実行していたことが、いまになってようやく世間に知れわたった」（「上海紡織業的恐慌」―『先駆』第十号　一九二二年八月十日）。

(150) 十月一日付、華商紗廠連合会の「致各廠通告」でも、「勢として必ず英、日および本外埠の各華廠が一致の行動を取って方めて効果あり」という点が強調されていた（『華商紗廠連合会季刊』第三巻第四期　二一九頁）。浜田峰太郎『支那に於ける紡績業』二九五頁によれば、同昌、東方、老公茂、徳大、厚生、振華、意通、宝成、申新、晋益、新華など、イギリス系および民族系の紡績工場では、すでにこの八月から夜業廃止あるいは毎週二日間の夜業休止など、自然休錘にはいっていた。

(151) 『華商紗廠連合会季刊』第一巻第二期　二七二頁、「会務日誌」十月十七日の条。

(152) 以上、「支那棉花輸出禁止に就て」―『大日本紡績連合会月報』第三六五号（大正十二年一月）、「使団与禁棉出口令之取銷」―『銀行月刊』第三巻第七号（民国十二年七月）、「北京外交団の棉花禁輸拒絶通告」―『支那時事』第三巻第六号（大正十二年三月）など参照。

(153) 以上、「紗業公債近訊」―「銀行月刊」第三巻第三号（民国十二年三月）、「棉業債券発行計画」―『支那時事』第三巻第八号（大正十二年四月?）など。以上の四つの方策と旅大回収運動については、菊池貴晴『中国民族運動の基本構造』第五章および西村成雄「第一次世界大戦後の中国における民族運動」―『日本史研究』第一五〇・一五一号合併号（一九七五年五月）が詳しい。操短、綿花禁輸、紗業公債という一連の経過については、「中国紡織業近訊」―『上海総商会月報』第三巻第五号（民国一二年五月）がまとまっていて便利である。

(154) 『日本外交文書』大正十二年第二冊　二一四頁。

(155) 高村直助　前掲書　一四二頁。

(156) 『生産機関の発達より観たる支那綿業』経済資料第十五巻第三号（東亜経済調査局　昭和四年三月刊）一九頁。文中、誤植と思われる字が二カ所あるので、訳者の判断で訂正した。

(157) たとえば、天津では、綿紗同業会、同業会董事会、総商会、「排斥団体」四つの検印がなければ発効しない「放行単」（貨物通過免許証）が使用されるようになり、日本側との対立が激化した。この放行単は、一九二二年一、二月に発生しかけた山東回収問題の時にはじめてボイコット商品に適用されたという（「今次の排貨と綿糸布業」―『支那貿易通報』第十二号　大正十二年九月）。

(158) 以上、『大日本紡績連合会月報』第三七〇号（大正十二年六月）三〇、三二頁。
(159) 以上、高村直助　前掲書　一四三頁、および井村薫雄『紡績の経営と製品』九五頁。
(160) 「在支日本人工業に及ぼせる日貨排斥の影響」——『支那貿易通報』第十一号（大正十二年八月）一三頁。
(161) 以上、『大日本紡績連合会月報』第三六三号（大正十一年十一月）一九、二一頁。
(162) 『大日本紡績連合会月報』第三七四号（大正十二年十月）一四頁。
(163) 一九二四年八月、華商紗廠連合会は再度、「来る十六日より向ふ二箇月間午後六時より翌朝午前六時に至る夜業を廃止するか、一週間内に三日間昼夜業を全廃するか何れかの一を実行すること」を決議した。この時点における上海での自然休錘の状況は、

A　現在休止中、新綿後も運転開始の見込みなし　五工場　二二五、六六八錘
B　現在休止中なるも新綿後操業の見込みあり　三工場　三七、一三二錘
C　殆ど全休、新綿後操業の見込みあり　一工場　六九、〇〇二錘
D　夜業廃止　四工場　一〇三、五六四錘
E　完全操業　九工場　三一二、二〇八錘

という具合で、七四七、五七四錘のうち、約五八パーセントは何らかのかたちで、すでに自然休錘していた（「支那紡績近況」——『大日本紡績連合会月報』第三八三号　大正十三年七月　五四頁）。
(164) 楊端六等編『六十五年来中国国際貿易統計』四一、四六頁。
(165) 蔡正雅等編『中日貿易統計』中国経済学社中日貿易研究所専刊（中華書局　民国二十二年六月刊）三二、七三頁。
(166) 青島における綿糸供給関係は、次頁の図表三-六三のように、一九二四年ですでに十六番手、二十番手の分野では、青島綿糸が日本綿糸、上海綿糸をいずれも圧倒し、わずかに三十番手以上で、日本綿糸が八、九〇〇梱余りで、青島綿糸の五、七〇〇梱をリードしていたにすぎない。その後、三十番手以上でも青島綿糸の伸長はめざましく、二六年には一万三千梱弱に急増した青島綿糸が、日本綿糸の三、三〇〇梱余りをはるかにひきはなし、二七年にはそのシェアは、八七パーセントにまでのびた。さらに下って、一九三四年には、三十番手以上の青島綿糸は、五万五千梱余り

図表3-63　青島における番手別綿糸供給高

（単位＝梱）

年	種別＼番手	14番手以下	%	16番手	%	20番手	%	30番手以上	%	不明	%	合計
1924	青島糸	8,190	4.4	109,610	58.7	63,100	33.8	5,700	3.1			186,600
	上海糸			4,555	86.9	280	5.3	325	6.2	82	1.6	5,242
	日本糸			979.5	6.9	3,404	24.0	8,915	62.9	874	6.2	14,172.5
	合　計	8.190	4.0	115,144.5	55.9	66,784	32.4	14,940	7.3	956	0.5	206,014.5
1925	青島糸	6,447	3.7	94,142.5	54.7	62,691.5	36.5	8,710	5.1			171,991
	上海糸			6,840	96.3	55	0.8	45	0.6	163	2.3	7,103
	日本糸			327.5	2.4	3,276	24.2	8,872	65.6	1,055.5	7.8	13,531
	合　計	6,447	3.3	101,310	52.6	66,022.5	34.3	17,627	9.2	1,218.5	0.6	192,625
1926	青島糸	8,863	4.3	114,630	55.5	69,702	33.7	12,910	6.2	600	0.3	206,705
	上海糸			3,185	91.2	185	5.3	79	2.3	45	1.3	3,494
	日本糸					6	0.2	3,364	84.5	609	15.3	3,979
	合　計	8,863	4.1	117,815	55.0	69,893	32.6	16,353	7.6	1,254	0.6	214,178
1927	青島糸	10,534	5.3	104,517	52.6	65,910.5	33.2	12,561	6.3	5,081	2.6	198,603.5
	上海糸			390	16.9			1,397	60.6	518	22.5	2,305
	日本糸					1	0.1	525	61.4	328.5	38.4	854.5
	合　計	10,534	5.2	104,907	52.0	65,911.5	32.7	14,483	7.2	5,927.5	2.9	201,763
1928	青島糸	6,440	3.2	101,625	51.2	67,499.5	34.0	14,112	7.1	8,698	4.4	198,374.5
	上海糸			760	9.3	405	5.0	6,790	83.1	220	2.7	8,175
	日本糸					50	18.5	110	40.7	110	40.7	270
	合　計	6,440	3.1	102,385	49.5	67,954.5	32.9	21,012	10.2	9,028	4.4	206,819.5
1934	青島糸	3,585	1.9	74,463.5	39.3	56,063.5	29.6	55,359	29.2			189,471

資料）1924〜1928年は吉岡篤三「青島に於ける邦人紡績業」—神戸商業大学商業研究所『昭和四年夏期海外旅行調査報告』（昭和5年3月）155頁。1934年は，南満州鉄道株式会社天津事務所調査課『山東紡績業の概況』北支経済資料第12輯（昭和11年3月）27頁。

備考）原表の明らかな誤りは訂正した。

と二四年の一〇倍にも達したのである。

第四章 「一九二三年恐慌」と中国紡績業の再編

はじめに

中国紡績業は、前章で述べたように一九一八年後半から二一年前半にかけて、空前の好況にうるおい、綿糸価格は一梱当り二〇〇両にも達して、最高で五〇両をこす利益を記録した。だが、それもつかのま、二一年も後半になるとかげりのみえはじめた景気は、急激に悪化し、二二年後半から二三年にかけて最悪の時には一梱当り一五両にも達するコスト割れにみまわれ、不況のどん底におちいってしまった。前者を中国紡績業の「黄金時期」とよぶのに対し、後者を「一九二三年恐慌」と称することもある。第一次世界大戦後、わずか数年の間に、中国紡績業は絶頂から奈落へと時をへだてずして転落したのである。

このあまりに激しい転変は、そのトータルな解釈を困難なものにしてきた。空前の好況と不況、この相反する二つの現象を整合的に説明する試みは、これまでのところさしたる成果をみていない。「黄金時期」到来の要因については、多くの論者が第一次大戦期における欧米資本主義諸国の中国に対する経済的圧力の低下、ないしは弛緩を指摘している。これと整合する視角から「一九二三年恐慌」の要因を説明しようとしたのが、いわゆる「欧米資本主義諸国の捲土重来」という説である。第一次大戦期に欧米資本主義諸国から工業製品の輸入がとだえた中国では、その代替品を生産する民族工業が勃興したが、やがて戦後不況からたちなおった欧米資本主義諸国は、その工業製品の「市場奪回」をめざして捲土重来し、誕生まもない中国の民族工業に深刻な打撃をあたえ、「恐慌」をもたらしたというのである。(1)

欧米資本主義諸国の経済的圧力という一つの素因で、好況と不況をふたつながら説明できるのは魅力的であるが、こと紡績業にかんするかぎり、このような因果関係は成り立ちそうにない。たしかに第一次大戦期、欧米からの綿工業製品の輸入激減は、中国をふくむ東アジア市場の改編を通じて中国民族紡績業の発展をうながした。「黄金時期」については、いくつかの媒介項を設定すれば、外圧弛緩説が一定の妥当性をもちうる。ところが、「一九二三年恐慌」となると、捲土重来説は事実経過の点でたちまちいきづまってしまう。綿布輸入は一九一九、二〇年に第一次大戦中の激減からやや立ちなおりをみせるものの、問題の二一～二三年には第一次大戦中の水準に逆戻りしている。綿糸輸入にいたっては、一九一五年に最後のピークをきわめた後、一九一九年に唯一わずかな反発をみた以外、一貫して減少しつづけ、二三年には最盛期の三割以下におちこんでしまった。「一九二三年恐慌」以前に、欧米諸国の「市場奪回」は兆しすらみとめられない。

筆者は前章で、第一次大戦期の日本を核とする東アジアの市場構造という視角から、「黄金時期」と「一九二三年恐慌」を統一的に把握する試みをした。当初の意図では、原料綿花と製品綿糸の両面からのアプローチをめざしたが、結果的には原綿問題に比重がかかりすぎ、綿糸問題にはなお遺憾な点がのこった。(2)とくに、「一九二三年恐慌」の「紗賤」（綿糸安）現象については、ほとんど分析を加えないままにおわってしまった。

そこで本章では、「一九二三年恐慌」の「紗賤」と、その対極にある「黄金時期」の「紗貴」とを、連続的、統一的にとらえうる視点を、あらためて追究してみたい。「紗賤」にしろ「紗貴」にしろ、綿糸が半製品であるという基本認識にたちかえれば、その市況が需要先である織布業の動向に左右されるのは自明であろう。第一章で、素描的ながら提起した中国織布業の在来セクターと近代セクターという区分は、当面の課題にも有効性をもつように思われる。(3) その仮説を応用して、織布類型と綿糸需要との対応関係という角度から、「黄金時期」と「一九二三年恐慌」の市場条件をあらいなおす作業をすすめながら、懸案解決の糸口をさぐっていくことにしよう。

第一節　織布類型と綿糸の需要傾向

中国近代における織布類型は、大きくは在来セクターと近代セクターに二分することができる。その基準は、おもに製品である綿布の種類に求める。図表四-一に示したように、綿布はまず手織綿布と機械製綿布に大別できる。機械製綿布は、中国では最初、欧米工業国からの輸入品として出現し、一八九〇年における上海機器織布局の操業開始以降、徐々に国産品もでまわりだす。機械製綿布が「洋布」あるいは「機布」とよばれるのは、このような経緯のゆえである。輸入品であれ国産品であれ、機械制織布工場で生産された綿布は、近代セクターの最右翼に属する。

一方、手織綿布（土布）は中国でも、明代以来ひろく民衆の日常衣料に用いられ、農村の副業的な家内手工業として普遍的に生産されてきた。本来は、原料綿糸も手紡糸（土紗）で、紡糸と織布はほとんど農家における一貫作

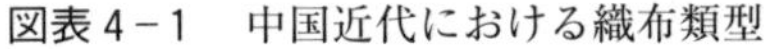

図表４－１　中国近代における織布類型

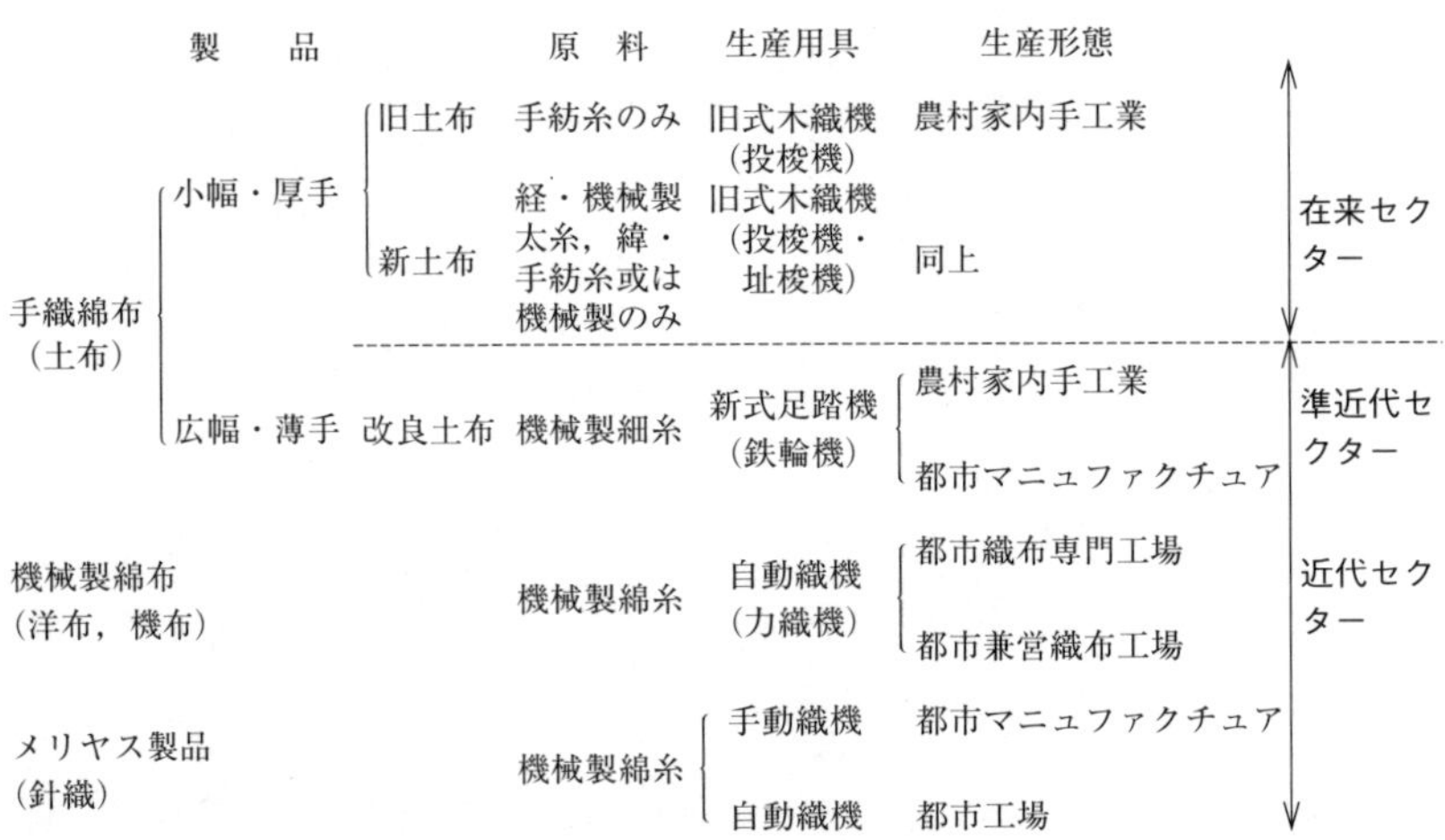

製品			原料	生産用具	生産形態	
手織綿布（土布）	小幅・厚手	旧土布	手紡糸のみ	旧式木織機（投梭機）	農村家内手工業	在来セクター
		新土布	経・機械製太糸，緯・手紡糸或は機械製のみ	旧式木織機（投梭機・扯梭機）	同上	
	広幅・薄手	改良土布	機械製細糸	新式足踏機（鉄輪機）	農村家内手工業／都市マニュファクチュア	準近代セクター
機械製綿布（洋布，機布）			機械製綿糸	自動織機（力織機）	都市織布専門工場／都市兼営織布工場	近代セクター
メリヤス製品（針織）			機械製綿糸	手動織機	都市マニュファクチュア	
				自動織機	都市工場	

備考）以上の類型化は，いうまでもなく一つのモデルにすぎず実際にそぐわない面もある。

業としておこなわれていた。ところが開国以後、十九世紀も後半になると、インドから輸入された機械製綿糸（洋紗、機紗）が大量に原料綿糸につけ加わって、その種類は大きく三つに分かれることになった。開国以前とまったく同じように、太糸の手紡糸だけで織られた土布は、区別をつけやすいように旧土布とよぶことにする。一方、一八九〇年代になると全国的に、手紡糸のかわりに機械製の太糸を(4)、経糸にあるいは経緯両方につかった土布の生産が普遍化する。機械製太糸の普及は、従来の紡織一貫工程を破壊し、工業製品を中国農村に浸透させたという点では、大きな変化をもたらしたわけであるが、織布工程に限っていえば、原料がかわって製織能率に向上がみられるようになったものの、生産用具は従来と同じ旧式織機で、綿糸の太さも手紡糸とあまりかわりがなかったから、織りあがる土布の品質もおのずから、小幅、厚手の旧土布に類似するものになった。原料の変化を明確にするため、機械製の太糸を用いた土布を新土布とよぶことにしよう。十九世紀末までの中国における機械製綿糸の需要は、ほとんどこの新土布の原料に限られていた。伝統的な農村織布の様式を踏襲した新土布生産は、在来セクターとみなすことができる。

二十世紀にはいると、同じく手織綿布とはいっても、新、旧土布とはおおいに品質を異にする製品が登場してきた。その契機は、一九〇三年末に日本から天津に伝播したといわれる「鉄輪機」である。日本では足踏織機とよばれたこの新式織機は、足踏の力で鉄輪を回転させ、その動力で開口、緯入、緯打など一連の操作を自動的にこなす画期的な生産用具であった。動力こそまだ人力であるが、その自動化は原理的にはすでに力織機につながるものであった。「鉄輪機」は、旧式織機に比べ五倍以上の製織能率を実現したうえに、緯入の操作から両手を解放したことで、二尺以上におよぶ広幅物の生産を可能にした。さらに、むらのない均等な連続操作を持続できるようになったことで、機械製の細糸を原料にした薄手の均質な綿布が織れるようになった。その製品は、なお手織綿布であることにはちがいないが、広幅、薄手で光沢にとむしなやかなその品質は、むしろ機械製の細布にちかいものであった。機械製の細糸を原料に「鉄輪機」で織られた土布は、改良土布とよぶことにする。(5) 二十世紀にはいってから、とりわけ第一次大戦以降の中国では、機械製綿糸は改良土布の原料という新しい需要先をもつことになった。

改良土布は、いちぶ都市のマニュファクチュアでも生産されたが、多くは高陽に典型的なように、なお農村の家内手工業で生産されていた。生産形態に関するかぎり、厳密な発展段階の差異をあまり問題にしなければ、新土布も改良土布もむしろ重なる部分の方が多いかもしれない。それにもかかわらず、新土布と改良土布の間に、在来セクターと近代セクターの境界線をひいたのは、その生産用具とともに、原料および品質の相違を重視してのことである。同じく機械製綿糸を原料にしているとはいっても、新土布の場合は、手紡糸の代替品である太糸に限られていた。したがって、新土布生産の分野では、たとえば機械製太糸の供給がとだえるとか、その価格が異常に高騰するとかというような時には、いつでも手紡糸への回帰が可能であった。この分野の市場では、機械製綿糸はつねに手紡糸との競争にさらされていたことになる。これに対して改良土布の場合は、手では紡ぐことのできない細糸が原料であるので、そもそも機械製綿糸の供給を前提としなければ、存立しえない製品であった。

また、その品質からみても、新土布は、小幅、厚手という基本点はいうまでもなく、耐久性、保温性、吸湿性などあらゆる点で、旧土布の代替品であり、その消費者も旧土布と同じように、丈夫で着心地のよい労働着を必要とする農民と都市の下層労働者であった。一方、改良土布、とくにその代表例である愛国布などは、誕生の経緯からしてすでに輸入機械製綿布に対抗しうる品質を追求した商品であった。輸入機械製綿布がおもに都市の富裕階層に、低級絹織物の代替品といったレベルで消費されていたのと同様、改良土布の消費者も多くは都市住民であった。改良土布は、輸入機械製綿布から都市部の市場を奪回することを、その使命としていたのである(6)。

以上の諸点は、生産形態の一点を除いてはいずれも、新土布が在来綿業の最後尾に位置し、改良土布が近代綿業の入口にさしかかった製品であったことを示唆している。もし生産形態にあくまでこだわるとすれば、同じ改良土布の生産でも農村織布業は準近代セクター、都市マニュファクチュアは近代セクターとでも区別するのが、厳密な処置かもしれない。しかしここでは、生産用具、原料、品質などの諸点を優先して、農村、都市をとわず改良土布を主とする織布業は、一律に近代セクターに包括しておく。

在来綿業にはなかった製品ということではこのほか、靴下、タオル、下着などを生産するメリヤス業（針織業）も近代セクターに加えなければならない。メリヤス製品も、最初は欧米諸国からの輸入にたよっていたが、二十世

図表4－2　1910年前後における上海地方綿糸番手別売上高　（単位＝梱）

番　手	10,14手	12,14手	14手	14,16手	16手	20手	合　計	平均番手
梱	500	300	16,212	18,200	14,500	240	49,952	14.95
梱×番手	6,000	3,900	226,968	273,000	232,000	4,800	746,668	

資料）「江蘇省綿絲消費」―東亜同文会『支那調査報告書』第8巻第1号（明治43年10月30日）34頁より作成。

紀にはいると、徐々に国産化がはじまった。

では在来セクターと近代セクターに区分したそれぞれの織布類型で、綿糸の需要傾向にはいかなる相違がみとめられるのであろうか。綿糸の需要傾向を知るうえで、その綿糸の番手は、計量化するのにもっとも便利な基準である。そこで、それぞれの織布類型における消費綿糸の平均番手を求めるという方法で、需要傾向の相違をさぐっていくことにしたい。

かつて在来綿業の中心地であった江南デルタ地帯の農村では、手紡糸から機械製綿糸への転換が緩慢であったのと同様に、旧式織機も容易にはその座を譲らなかったようである。図表四―二は、一九一〇年頃に上海近郊の農民向けに小売された機械製綿糸の番手別梱数である。この地区は、一九二〇年前後の調査でも、旧式織機による新土布生産がもっぱらであった(7)。原表では、綿糸のブランド別販売高を問題にしているので、二つ以上の番手にまたがるものでも同一ブランドの綿糸は、一つにまとめてある。本表では、二つ以上の番手にまたがっている場合、その中間値で計算した。数量的には、十四、十六番手が大多数を占め、平均番手もおのずからその中間の一四・九五におちつく。

図表四―三は、一九二三年に青島から、山東および直隷、河南の一部に供給された機械製綿糸の平均番手を示している。直隷の高陽はこの当時すでに、改良土布のメッカであったが、綿糸の供給はなんといっても天津が大本で、青島からの分はごく一部にすぎない。

図表4－3　1923年青島からの移出綿糸平均番手

移出先	平均番手	移出先	平均番手
昌邑	23.51	即墨	16.68
※高陽	21.36	高密	16.67
濰県	19.46	博山	16.56
済南	18.39	青州	16.18
掖県	18.25	膠州	15.94
周村	17.27	※徐州	13.15

資料）佐々木藤一「青島紡績業に就きて」―神戸高等商業学校『大正十三年夏期海外旅行調査報告』269頁より作成。
備考）※印は山東省以外。

青島分の二一・三六という平均番手は、天津分に比べかなり低いものと推測される。山東省内では多くの地方が十六番手前後にとどまっているが、昌邑の二三・五一、濰県の一九・四六など、ほかからは相当乖離しはじめている地方もみられる。濰県、昌邑などの地方は、やがて一九二〇年代後半から三〇年代にかけて、改良土布生産の一大中心地に発展し、高陽をも凌ぐようになる。山東省内におけるこのようなばらつきは、新土布から改良土布へ生産を移行しつつあった地方と、従来どおり新土布生産にとどまっていた地方との間に、綿糸の需要傾向に徐々に相違が生じはじめていた事実を、如実にうつしているものと考えられる。

新土布の代名詞ともいうべき南通土布は、寒冷な東北地方をおもな市場としていたこともあって、新土布のなかでもとくに厚手の部類に属し、原料も十二番手の極太糸が大部分を占めた。南通農村への綿糸供給をほとんど一手にひきうけていた大生紗廠の各工場では、清末から民初にかけての生産番手は、十二番手が八〇パーセント、十四、十六番手両者で十五パーセント、二十番手五パーセントという構成で[8]、平均は一二・八五番手であった。一九三一年の「九一八事変」で東北市場を喪失したのち、南通土布業は一部で「雪耻布」あるいは「大機布」とよばれる低級の改良土布を試作して転身をはかる動きもみられたが、大部分の農家ではなお、土小布などの十二番手使用の新土布生産が主流であった[9]。図表四‐四は、一九三三年における大生各廠の販売綿糸番手構成である。二十番手が四分の一を占めるまでになったものの、十二番手がなお六割を占め、平均番手は一四・七五にとどまっている。一九

図表4－4　1933年大生各廠の南通，海門等への綿糸番手別販売高

番　　手	10手	12手	14手	16手	20手	32, 42手	合　計	平均番手
梱 梱×番手	102 1, 020	42, 097 505, 164	2, 217 31, 038	8, 067 129, 072	18, 843 376, 860	399 14, 763	71, 725 1, 057, 917	14.75

資料）彭沢益編『中国近代手工業史資料』第三巻（中華書局　1984年再版）764頁。
備考）32，42手は37手として計算した。

図表4－5　天津より高陽への綿糸番手別移送高　（単位＝梱）

年＼番手	10手	14手	16手	20手	26手	32手	40手	42手	60手	合計	平均番手
1932 梱×番手			272.5 4, 360	7, 201 144, 020		7, 685 245, 920		906 38, 052	5 300	16, 069.5 432, 652	26.92
1933 梱×番手	12 120	10 140	522 8, 352	6, 227 124, 540	10 260	13, 520.5 432, 656	53 2, 120	1, 330 55, 860		21, 684.5 624, 048	28.78

資料）呉知『郷村織布工業的一個研究』南開大学経済研究所専刊（商務印書館　民国25年刊）202頁より作成。

一〇年頃の上海に比べ、南通の方は両極に分裂しはじめているちがいはあるが、平均番手はほぼ同じ結果になる。

一方、一九二〇年代に改良土布の最大の生産地に発展し、一九三〇年前後には人絹を用いた「明華葛」の生産をも開始していた高陽では、一九三二、三三の両年に、図表四-五のような構成で、天津から機械製綿糸を仕入れていた。二十番手未満は皆無にちかく、三十二番手が中心になっている。平均番手は二十七～九に達した。同じ農村織布とはいっても、改良土布生産は新土布生産の二倍ちかい平均使用番手を記録しているのである。

農村織布以外では、時期が少しずれるのをいとわなければ、一九四四年の蘇州における織布工場のデータ（図表四-六）が利用できる。総数は手動織機の工場が二二、電動織機の工場が八であるが、使用綿糸のデータまでそろっているのは、前者が一六、後者が七である。手動織機のうち、バッタンのついた旧式織機（手拉機）は一五台、脚踏機が二八三台を数える。電動織機では、新式の全鉄機が三二台に対し、旧式の

図表４－６　1944年蘇州織布工場綿糸番手別消費状況

A．手動織機工場

工場・織機		綿糸消費状況（上＝梱，下＝梱×番手）							綿布生産高
データ有効工場数	対象織機数	16手	20手	32手	40手	42手	合計	平均番手	7,418匹
16工場 （総数22工場）	脚踏機 283 手拉機 15	7 112	111 2,220	22.5 720	0 0	29.5 1,239	170 4,291	25.24	1機当り 24.9匹 1梱当り 43.6匹

B．電動織機工場

データ有効工場数	対象織機数	16手	20手	32手	40手	42手	合計	平均番手	10,220匹
7工場 （総数8工場）	全鉄機 32 鉄木機 134	15 240	146 2,920	35 1,120	12 480	42 1,764	250 6,524	26.10	1機当り 61.6匹 1梱当り 40.9匹

資料）段本洛・張圻福『蘇州手工業史』（江蘇古籍出版社　1986年12月）416〜417頁より作成。

図表４－７　杭州靴下工場綿糸番手別消費高（上＝包，下＝包×番手）

工場・機数	16手	20手	32手	40手	42手	合　計	平均番手
16工場 844台	5,345 85,520	5,410 108,200	4,340 138,880	3,536 141,440	2,420 101,640	21,051 575,680	27.35

資料）建設委員会調査浙江経済所編『杭州市経済調査』（民国21年）86〜88頁より作成。

鉄木機は一三四台である。旧式が多数を占めるとはいえ、やはり電動織機の製織能率は手動の二・六倍に達する計算になる。もっとも、原料綿糸の平均番手は、電動織機の二六・一〇に対し、手動織機は二五・二四とあまり差がない。これは機械製綿布と工場製の改良土布の綿糸需要傾向が接近していたことを示唆している。

いま一つ、近代セクターに分類したメリヤス業の場合は、どうであろう。図表四－七は、一九三〇年頃の杭州における靴下工場の例である。同じメリヤス業でも、タオルなどが比較的低番手の綿糸を原料とするのに対し、靴下は、比較的高番手の綿糸を使用する方で、この例では平均二七・三五番手に達している。

以上、過渡的なケースもふくめ、それぞれの織布類型と、原料綿糸の平均番手との関係をみてきた。サンプルが極端に少ないうえに、偏りもさけがたいので、あくまで蓋然的判定しかくだせない憾みがのこるものの、一応次のようにまとめることも可能であろう。新土布生産にとどまった在来セクターの農村織布では、一九一〇年頃から三〇年頃まで、一貫して原料綿糸の平均番手は十五番手前後であった。これに対し、同じ農村織布でも、改良土布生産の割合が高まるにつれて平均番手も上昇し、農村織布としては改良土布の比率がほぼ究極に達したものと思われる高陽の例では、最高で二十九番手ちかくにまで上昇した。改良土布に特化した農村織布以外でも、都市の織布工場、メリヤス工場などの近代セクターでは、原料綿糸の平均番手は一様に、二十番手代の後半をさし示した。したがって中国の場合、機械製綿糸需要における在来セクターと近代セクターを分かつ境界線は、二十番手のあたりに設定するのが適当であるように思われる。(10)

第二節　中国紡績業の構造不況

「一九二三年恐慌」の「紗賤」が、中国市場における機械製綿糸の生産過剰に起因することは、ほとんど疑問の余地がない。ここではいま少しふみこんで、この「紗賤」がいったいいかなる性格の「紗賤」であったのか、そしてそれはいかなる市場条件に規定されたものであったのかを問いなおしてみたい。

当時なお、中国市場に大きな影響力をもっていた輸入日本綿糸の上海での市況から、この「紗賤」の性格の一面が明らかになる。輸入日本綿糸はすでに一九二一年の段階から、「十六手は不出合なれど、……中糸は在荷薄にて相当高値にも買手あり、就中四十二手は品不足と本国高の為め前週に比し二十両方昂騰を見たり」（六月十七日）、あるいは「太番は不相変不出合なれ共中糸類は陸続着荷あるも荷捌良好にして依然在荷薄なるため日本相場そここに売行あり」[11]（十二月二日）など、二十番手以下の不調に反し、二十番手超過だけが、ひとり好調な状態が定着していた。もっともこの時点では、二十番手以下でも中国綿糸の方はなお好調で、凋落いちじるしい日本綿糸と対照的であった。

ところが、その中国綿糸も「紗賤」のどん底状態においこまれた一九二三年上半期になっても、二十番手超過の日本綿糸だけは、一向に好調さがおとろえなかった。「三二手双子〔撚糸〕は品薄にて糸価漸次引き締り望手多し」（四月十三日）、「三二手在荷薄にて高唱へに不拘需要多く」（四月二十日）、さらに旅大回収運動の日貨ボイコットが本格化しても、「三二、四二撚物及瓦斯糸六〇手に急需あり撚物売行良好」（五月十八日）、「四二撚に好需あり本国相場とも出合よく相当売行ありたり」[12]（五月二十五日）。綿糸需要の冷めきった中国農村市場と、日本綿製品に対するかつてない規模のボイコットという二つの深刻なマイナス条件がかさなった時期であったにもかかわらず、日本の高番手綿糸（とくに撚糸）だけは、低番手の分野で中国綿糸と日本綿糸がともに最悪の状況に呻吟しているのをしりめに、ひとり底がたい需要にささえられた堅調な相場を謳歌していたのである。

一九二三年の「紗賤」はこのように、綿糸全般の相場が暴落したわけではなく、二十番手以下の太糸に集中的に現れた現象であった。したがって、「紗賤」という現象の背景にある生産過剰の問題にしても、そのような角度からとらえなおしてみる必要がある。一九二四年一月の時点で、「紗賤」の原因の一つを生産過剰に求めたある中国人は、民族紡と「在華紡」が二十番手以下の太糸生産を本位としている今日の状況では、「太糸の供給にいたってはすでに適当の限度に達しているか、あるいは超過すらしてしまっているかもしれない」[13]と述べ、この時期の生産過剰が、決して全般的な生産過剰ではなく、おもに太糸の分野での生産過剰であった可能性を、莫然とではあるが示唆している。

実際のところ、中国紡績業は誕生以来、イギリス資本、日本資本などの外資系工場もふくめて、在来セクター向けの太糸の分野を拠点に成長してきた。日本海外起業組合の報告書が、「支那ニ於ケル紡績ハ其当初ノ目的カ支那手紡糸及ヒ之カ代用品タル印度太糸トノ競争ニ在リタル為メ殆ント十四番手以下ノ太物ニ限ラレ(14)」てきたと指摘しているのは、その間の経緯を的確にとらえている。

一八八〇年代半ばから中国への本格的な流入をはじめたインドからの機械製綿糸は、十〜二十番手の太糸に限られていたところから、在来綿業の手紡糸に代替する商品として、中国の農村市場に浸透することに成功した。一八九〇年代には、在来綿業における旧土布から新土布への生産転換が全中国に波及した。インド綿糸がきりひらいたこの在来セクターの市場には、中国綿糸、日本綿糸もあいついで参入する。

開国当時、中国在来綿業の手紡糸生産高は、六〇〇万担をこえていたといわれる。第一章でこころみた推計では、インド綿糸を中心とする機械製綿糸の中国への総供給高は、十九世紀末の十数年間に、折からの銭高による輸入綿糸の激増をうけて、一気に四〇〇万担の大台にせまりながら、二十世紀にはいると一転して停滞におちいり、「一九二三年恐慌」直前までの二十年間、ずっと四〇〇万担の前後でうごかなくなった(15)。しかもその内訳をみると、二十番手超過は、一九一二年で九万三千担、一九年で一八万八千担にすぎなかった。一八九〇年代から「黄金時期」までの三十年間、二十番手超過の綿糸は、最高でも総供給高の五パーセントにも達しなかったのである。「黄金時期」までの中国綿糸市場は、基本的に在来セクター向けの太糸市場であったと断言してもよい。

在来セクターの潜在需要力は、手紡糸を完全に駆逐すると仮定すれば、六〇〇万担をはるかにこえるはずである。しかし手紡糸は容易には絶滅しなかった。たとえば、南通のある織布農家では一九四〇年頃になっても、「この自給糸〔手紡糸〕は強いので自家用に使用し、機械糸は十包購入するが、弱いので土布にして売却する」(16)というありさまで、旧土布は自家用、新土布は販売用と使い分けがなされていた。在来綿業における自家用と販売用の比率は、開国当時でほぼ半々と推計される。その後、商品化率は徐々に上昇したものとみこまれるが、一九三二年頃の調査で、中国農村の綿花商品化率がなお、五五パーセント程度にとどまっていたこと(17)、一九二九年の河北省での調査で、土布の原料に手紡糸がまだ四〇パーセントも用いられていたこと(18)などを勘案すれば、その上昇はきわめて緩慢であったものと考えられる。

しかも、自家用であれ販売用であれ、緯糸には撚りのよわい手紡糸の方がむしろ好まれるという傾向もながくつづいた。このような手紡糸の残存状況を考慮にいれるならば、機械製綿糸が十九世紀末までに、在来セクターの手紡糸市場をほぼ三分の二まで蚕食する急伸をみせながら、二十世紀にはいると二十年間もその線で停滞してしまったあの事態は、在来セクターにおける機械製綿糸需要の臨界量が四〇〇万担前後にあったこととの証左とも解釈できる。手紡糸と機械製綿糸とは、この線をはさんで二十年にわたる一進一退の攻防をつづけていたのである(19)。

二十世紀最初の二十年間はまた、四〇〇万担というこの限りあるパイをめぐって、インド、日本からの輸入綿糸と中国の国産綿糸とが、三つ巴の熾烈な戦いをくりひろげた時期でもあった。まず上海に勃興した中国紡績業は、一八九〇年代に江南デルタ地帯の市場をほぼ手中におさめた後、一九〇五年からは、折からの急激な銭安で競争力をそがれた輸入綿糸をしりめに、揚子江流域を中心とする全国市場に勢力をのばしていった。

このパイの争奪戦に、最終的な結着がついたのは、「黄金時期」であった。第一次大戦中から終了期にかけて、綿工業製品は世界的な規模で投機的な暴騰にみまわれた。その結果、中国市場でも、インド綿糸、日本綿糸は次々に競争力をうしなって敗退し、二十番手以下の分野では、中国綿糸が市場をほぼ独占するに至った。とくに「黄金時期」には、東アジアの市場構造が、中国綿花を国際相場から孤立したとも思えるような安値安定にみちびいた。[20]中国綿花を原料とする太糸生産に特化していた中国紡績業は、この「花賤」（原綿安）を最大限に享受して莫大な利潤をあげるとともに、高利潤を原動力にしてその生産設備を四倍に増大させた。第一次大戦以前には一四〇万担程度にすぎなかった中国綿糸の生産高は、「黄金時期」の帰結がついた一九二二年には、五〇〇万担にせまるまでになった。在来セクターの限界需要量である四〇〇万担という天井をめざして、輸入綿糸を駆逐しながら、ひたすら自給率をたかめてきた中国綿糸は、ここに至って、計算上では輸入綿糸を完全に排除したうえに、さらにその天井自体をもつきやぶらざるをえないところまできたのである。在来セクター向けの二十番手以下の太糸に固執するかぎり、中国紡績業の生産過剰はまぬがれがたい現実であった。

しかも、「黄金時期」に価格競争で輸入綿糸を一気に駆逐した中国綿糸であったが、その価格自体はやはり、世界的な規模の投機的な暴騰にやや控え目ながらも追随して「紗貴」現象が出来した。手紡糸がつねに反攻の機会をうかがっている中国の在来セクターの市場では、機械製綿糸の投機的暴騰はただちに、手紡糸のまきかえしと、機械製綿糸の需要減退をもたらす可能性をはらんでいた。図表四-八は沙市における輸入綿糸と手紡糸の銭建て価格の推計である。両者の銭建て価格は、一八九〇年代以降、平常な時には輸入綿糸の方が廉価である。この関係に異変が生じたのは、一九〇五、〇六年と、一九一八～二一年の二回だけである。前者の時は、それまでの急激な銭高

図表 4－8 沙市における輸入綿糸と土糸の価格推計 (単位＝担，斤)

区分＼年	1海関両当り文	輸入綿糸					輸出綿花				土糸
	文	海関両	修正値	文	指数	実勢(文)	海関両	修正値	文	指数	実勢(文)
1892	1,630	16.92		275.8	108.8	328.1	10.00		163.0	98.4	377.4
93	1,600	18.12		289.9	114.4	345.0	10.70		171.2	103.4	396.5
94	1,645	18.37		302.2	119.3	359.8	9.85		162.0	97.8	375.1
95	1,274	18.64		237.5	93.7	282.6	12.50		159.3	96.2	368.9
96	1,292	19.64		253.7	100.1	301.9	12.00		155.0	93.6	359.0
97	1,288	21.82		281.0	110.9	334.5	14.99		193.1	116.6	447.2
98	1,370	19.94		273.2	107.8	325.1	11.51		157.7	95.2	365.1
99	**1,274**	**19.89**		**253.4**	**100.0**	**301.6**	**13.00**		**165.6**	**100.0**	**383.5**
1900	1,333	20.14		268.5	105.9	319.4	13.85		184.6	111.5	427.6
01	1,312	21.42		281.0	110.9	334.5	16.18		212.3	128.2	491.6
02	1,200	22.17		266.0	105.0	316.7	16.99		203.9	123.1	472.1
03	1,170	24.43		285.8	112.8	340.2	17.50		204.8	123.6	474.0
04	1,200	25.82	29.56	354.7	140.0	422.2	20.20	18.08	217.0	131.0	502.4
05	1,420	25.95	29.71	421.9	166.5	502.2	15.24	13.64	193.7	117.0	448.7
06	1,620	25.30	28.97	469.3	185.2	558.6	15.11	13.52	219.0	132.2	507.0
07	1,620	24.96	28.58	463.0	182.7	551.1	17.16	15.36	248.8	150.2	576.0
08	1,790	24.85	28.45	509.3	201.0	606.2	16.86	15.09	270.1	163.1	625.5
09	1,950	25.42	29.11	567.6	224.0	675.6	22.81	20.41	398.0	240.3	921.6
10	1,935	26.93	30.83	596.6	235.4	710.0	22.56	20.19	390.7	235.9	904.7
11	1,900	26.74	30.62	581.8	229.6	692.5	24.39	21.83	414.8	250.5	960.7
12	1,890	26.73	30.61	578.5	228.3	688.5	21.13	18.91	357.4	215.8	827.6
13	2,060	26.46	30.30	624.2	246.3	742.8	21.98	19.67	405.2	244.7	938.4
14	2,010	25.86	29.61	595.2	234.9	708.5	18.70	16.74	336.5	203.2	779.3
15	2,080	24.99	28.61	595.1	234.8	708.2	18.87	16.89	351.3	212.1	813.4
16	2,250	25.12	28.76	647.1	255.4	770.3	20.08	17.97	404.3	244.1	936.1
17	2,350	29.74	34.05	800.2	315.8	952.5	24.07	21.54	506.2	305.7	1,172.4
18	2,400	47.32	54.18	1,300.3	513.1	1,547.5	29.32	26.24	629.8	380.3	1,458.5
19	2,440	53.29	61.02	1,488.9	587.6	1,772.2	28.22	25.26	616.3	372.2	1,427.4
20	2,500	59.37	67.98	1,699.5	670.7	2,022.8	24.52	21.95	548.8	331.4	1,270.9
21	2,760	52.62	60.25	1,662.9	656.2	1,979.1	27.04	24.20	667.9	403.3	1,546.7

資料）銀銭比価は *Decennial Reports 1892−1901,1902−1911,1912−1921,* Sha-si. 輸入綿糸，輸出綿花の海関両は『六十五年来中国国際貿易統計』36，46頁。1899年実勢価格は『通商彙纂』第132号 22頁。

備考）修正値は，輸入綿糸 C. I. F. ×1.145，輸出綿花 F. O. B. ×0.895（鄭友揆『中国的対外貿易和工業発展』上海社会科学院出版社 1984年 305頁参照）で市場価格に修正。綿糸，綿花とも海関両と修正値は担当り，それ以外は斤当り。

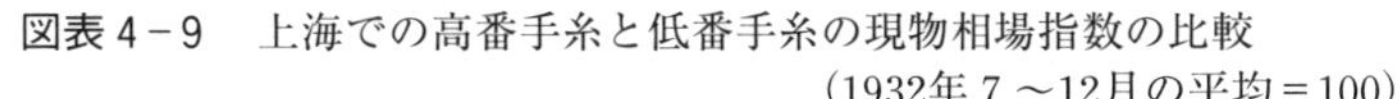
図表4－9　上海での高番手糸と低番手糸の現物相場指数の比較

（1932年7～12月の平均＝100）

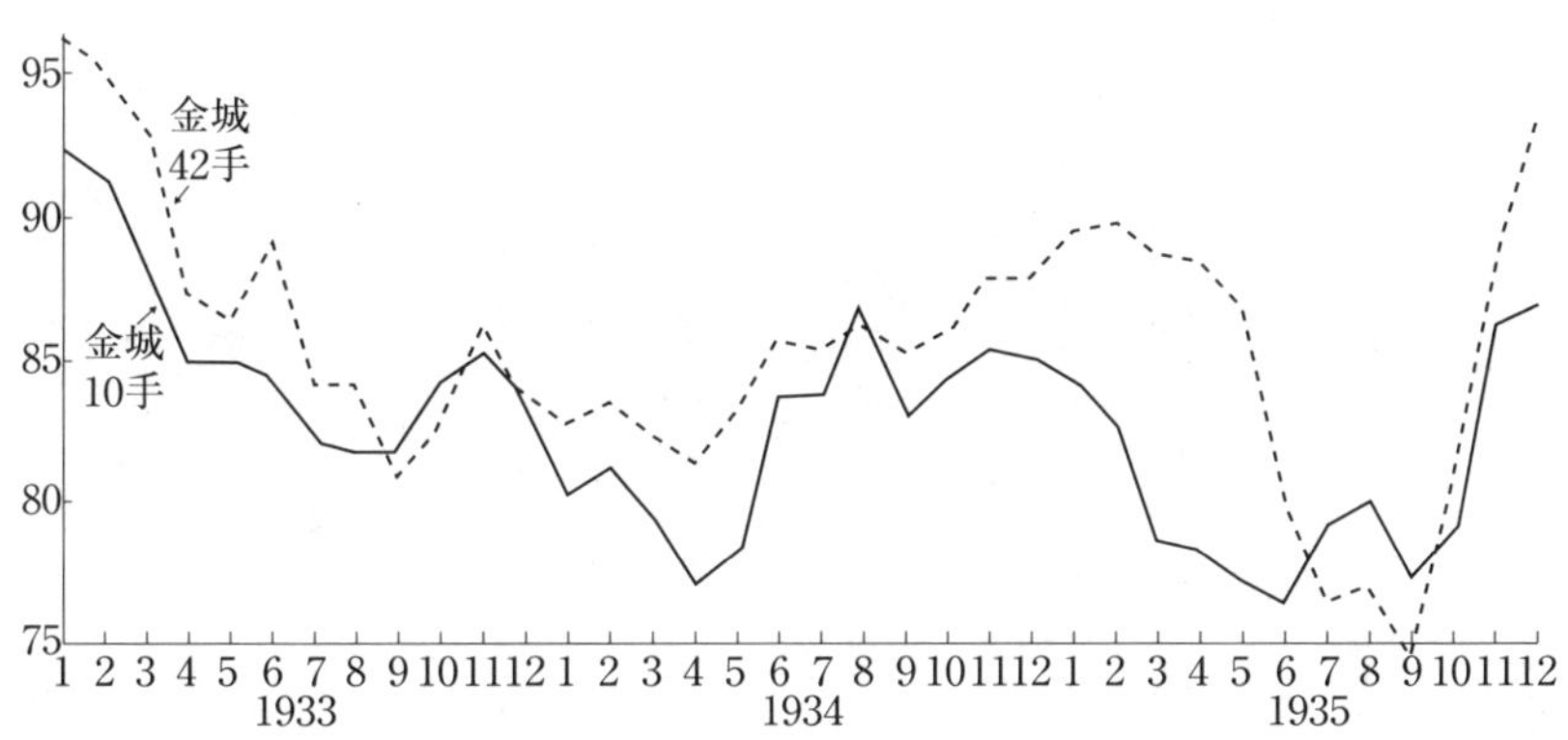

資料）『紡織時報』第911，924，931，940，949，957，1050，1149，1247～1250号（民国21年8月8日～民国25年1月1日）

が一転、急激な銭安にかわったために、輸入綿糸の銭建て価格が急騰したのである。この時、沙市周辺の農村織布ではおくればせに新土布への生産転換が進行中であったが、輸入綿糸の激しい価格変動に対応して、生産量の多い荊荘大布は「百五十万反中糸価ノ廉ナル時ハ其八分ノ六ハ紡績糸ニ使用セラルルアルモ糸価貴ケレハ織上高ノ約半数ニ止」[21]まるというように、原料綿糸の比率調整が行われていた。後者はもちろん、第一次大戦期の綿工業製品の投機的な暴騰がもたらした逆転である。中国綿糸は、輸入綿糸ほど激烈ではないにしても、やはり追随的に暴騰した。その結果、一九〇五、〇六年の場合と同様に、この時期にも在来セクターにおける手紡糸への回帰の事例がいくつか報告されている[22]。

そのうえ、農村を市場とする太糸の相場は、細糸とは比較にならないほどに、農村の景気変動に翻弄されるという宿命をおっていた。図表四-九は、一九三〇年代前半のデータではあるが、同一銘柄の十番手（実線）と四十二番手（点線）の現物相場指数を比較したものである。農村恐慌のあおりをうけて、綿糸相場全体が低落傾向にあるなかで、とくに低番手が大きな下げ方をしていたことがわかる。しかし、毎年八月前後だけは、十番手が四十二番手をわずかながら上まわっている。この時期は、農閑期の織布の季節をひかえ、農家の需要をみこんで低番手相場が急騰するもののようである。農家の生活サイクルまでふくめた農村経済の動向が太糸相場を支配していたことになる。このように、中国農村における機械製綿糸の需要は、つねに手紡糸の反攻と農村の景気変動という二つのファクターに敏感に反応していたのである。

以上たどってきたところをまとめてみると、「一九二三年恐慌」は、従来一般に指摘されてきたいくつかの外在的要因[23]に加え、いわば中国近代綿業の展開そのものが不可避的にもたらした内在的要因にも規定されていたことが承認できる。中国紡績業が、在来セクター向け太糸市場をインド綿糸から奪回しながら成長をはじめたことは、その立地条件にかなっていた。繊維が太くて短い中国綿花は二十番手以下の太糸生産に最適であった。とくに「黄金時期」にはその中国綿花が例外的に安値安定の状態にあったおかげで、中国紡績業は、在来セクター向け太糸市場を輸入綿糸から奪回する過程を、一挙に完了してなお余りある生産力を手中にするに至った。

中国綿糸は、このパイの争奪戦においては、その立地条件をいかして輸入綿糸を圧倒したものの、それ自体、「黄金時期」に輸入綿糸に追随して暴騰した結果、手紡糸との対抗では優位にはたてなかった。農村における機械製綿糸の限界需要量が後退すらしかねない市場条件のもとで、「黄金時期」に発起された多数の紡績工場が、一九二二年から二三年にかけて一斉に操業を開始した。こうして、在来セクター向けの太糸生産に特化して発展してきた中国紡績業の生産力は、ついにその受け皿である農村市場の許容する範囲を大幅にこえてしまった。「一九二三年恐慌」はその当然の帰結にほかならず、一種の「構造不況」ともいうべき性質をおびていたのである。

そうだとすれば、「一九二三年恐慌」からの脱却には、飽和状態におちいった在来セクターにかわる、新たな市場の開拓が必須であった。中国紡績業に、「将来、発展の余地があるとすれば、細糸に重点をうつしていくべきである」[24]との指摘は、その方向を模索するものであった。中国紡績業は、その発展の舞台を在来セクターから近代セクターへうつすべき曲り角にさしかかっていたのである。

第三節　近代セクターの形成

中国市場で機械製綿糸が、新土布生産の在来セクター以外に、ややまとまった需要先を開拓するのは、兼営織布の自家消費を別にすれば、一九〇五年あたりをさかいに顕著になる。近代セクターの端緒ともいうべき改良土布の生産は、一九〇三年末の鉄輪機導入からまず天津で細々とはじまった。一九〇七年になると、国産の鉄輪機がでまわりだし、普及が加速した。都市の織布マニュファクチュアも、一九〇四、〇五年から隆盛にむかった。さらにメリヤス業も、一九〇六年から工場の設立が目立って多くなる[25]。

近代セクターの萌芽が多く一九〇五年に起点をもつ原因については、一九〇五年の反米ボイコットで、粗布を中心とする輸入機械製綿布の代替品の国産化がうながされたこと、光緒新政の一環である実業振興がある程度の効果をあげたこと、さらに日露戦争にともなう軍需特需が中国市場を刺激したことなどが、すでに指摘されている[26]。いずれも原因の一端をなしていることを承認したうえで、ここではいまひとつ、一九〇四、〇五年をさかいに銭安に一転した銀銭比価が、機械製綿糸の国産化をうながしたのと同様の因果関係で、輸入機械製綿布の代替品生産を促

図表４-10　北京での内外綿布の価格

区分／年	銀銭比価	外国布		中国布		外国布と中国布の差	
	１元当り文	100尺当り元	１尺当り文	100尺当り元	１尺当り文	100尺当り元	１尺当り文
1913	1,347	8.75	117.9	6.25	84.2	2.50	33.7
14	1,320	7.70	101.6	6.20	81.8	1.50	19.8
15	1,354	7.70	104.3	6.20	83.9	1.50	20.4
16	1,339	7.90	105.8	6.40	85.7	1.50	20.1
17	1,235	9.00	111.2	6.50	80.3	2.50	30.9
18	1,342	8.90	119.4	6.50	87.2	2.40	32.2
19	1,380	11.70	161.5	7.80	107.6	3.90	53.9
20	1,410	12.00	169.2	7.80	110.0	4.20	59.2
21	1,528	11.50	175.7	7.40	113.1	4.10	62.6
22	1,707	11.20	191.2	7.90	134.9	3.30	56.3
23	1,932	11.40	220.2	8.80	170.0	2.60	50.2
24	2,329	11.60	270.2	9.50	221.3	2.10	48.9

資料）孟天培・甘博著，李景漢訳「二十五年来北京之物価工資及生活程度」―『社会科学季刊』第４巻第１・２号（民国14年10月至15年３月）51，77頁より作成。

進したこともつけ加えておこう。

一九〇五年頃から形成のはじまった近代セクターは、第一次大戦を契機に成長期にはいる。第一次大戦の激化とともに、欧米諸国からの機械製綿布の輸入は激減した。当時、輸入の大宗をしめた生地綿布について、一九一三年と一八年を比べると、イギリス綿布は一、一七〇万五千疋から二六三万四千疋へ、九〇七万一千疋の減少、アメリカ綿布は二二八万一千疋から一〇万一千疋へ、二一八万疋の減少、この両国だけで合計一、一二五万一千疋もの減少をみたのである。[27]少なくともこれだけの規模の綿布市場が、改良土布などの国産の代替品にあけわたされたことになる。

さらに、第一次大戦後期から以後にかけて、外国綿布が投機的な暴騰にみまわれたことも、代替品の国産化をよりうながすことになった。図表四-一〇は、北京での外国綿布と中国綿布の価格比較である。百尺単位の銀建て価格でいうと、一九一四～一六年の三年間、一・五元の差で安定していた両者の差は、一七年から開きはじめ、二〇年には最大の四・二元にまで広がる。一尺単位の銭建て価格では、二一年に最大で六二・六文もの開きが生じた計算になる。

中国奥地の四川でも、『呉虞日記』の記録によれば、改良土布の代表ともいうべき愛国布は、遅くとも一九一五年の二十一カ条要求反対運動の頃にはすでにでまわっていたようである。日記の記載でみるかぎりでは、呉虞が最初に愛国布を購入したのは、一九一五年七月初旬のことであった。その後、一七年からはほぼ毎年のように、相当まとまった量の愛国布が購入されるようになる。(28) 日貨ボイコットの過程で愛国布の存在を知った呉虞が、第一次大戦末期以降、その品質と価格ゆえに、愛国布を常用するようになったものと思われる。成都でのこの個別例は、一九二四年八月付の報告書に、近年華北で愛国布の名称で売りだされた綿布は、「外観堅牢従来ノ木綿物ヨリ遥カニ優レ而シテ価格比較的廉ナルヨリ主トシテ都市住宅〔民?〕ノ絹綿中間程度ノ衣料トシテ賞用セラレ」、「現在ハ殆ント全国ヲ風靡シ夥シキ需要ヲ生スルニ至レリ(29)」と述べている状況によく一致する。輸入綿布減少の趨勢に乗じて、改良土布が都市住民の中級衣料として定着しはじめたのである。

では、このようにして勃興してきた近代セクターへの機械製綿糸の供給は、どのように行われたのであろうか。近代セクター向けの二十番手超過の綿糸は、最初のうちはイギリスによってのみ供給された。このイギリスの独占市場に、日本綿糸が大きく足をふみいれたのは、一九一〇年前後のことである。一九一二年の上海市況報告は「昨年〔一九一一年〕中の本邦綿糸輸入に於て三十二番の如き細糸輸入著しく増加せしを見たるは……三十二手以上は多くは英国品独占の姿なりしが漸次本邦品が英国品に接近しつつあるを知るに足る(30)」と伝えている。上海における二十番手超過の日本綿糸の輸入は、一九一〇年の九千梱余りから一一年には一万五千梱に急増した。

図表４-11　日本綿糸中国向輸出高と平均番手

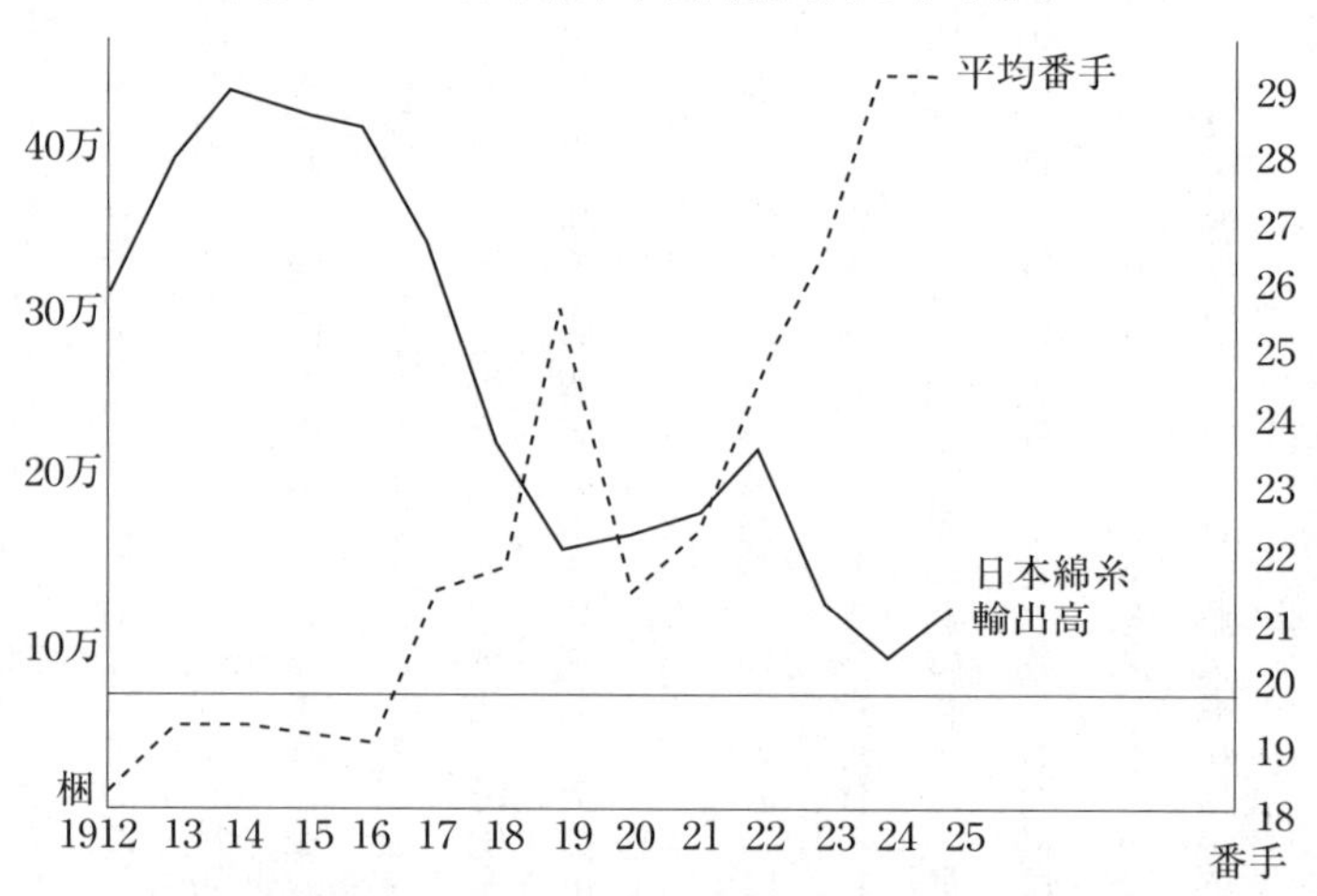

資料）1912～14年は東亜同文書院調査編纂部『最近支那貿易』（大正５年３月刊）163～164頁。1916年は深澤甲子男『紡績業と綿絲相場』付録13頁。1917～25年は第29～46次『綿絲紡績事情参考書』。

備考）14番手以下は12番手として，42番手超過は60番手（1914年のみ32番手以上を38番手）として計算した。1915年はデータを欠いている。

山東でも、イギリス綿糸がまず高番手綿糸の市場をきりひらき、日本綿糸が第一次大戦のはじまりとともに、その後釜にすわった。一九一五年の報告によれば、山東に輸入されるイギリス綿糸は、三十、三十二、四十二番手および三十二番手撚糸で、「其重なる用途は、維（ママ）県地方にては己〔個？〕人織機にて愛国布を製織する上の原糸」などであった。高番手糸が「取引高小額の割に利益多」[31]いことに着目した日本人取引業者は、近年になって日本国内の合同、小澤細糸両社の三十二、四十二番手撚糸などを輸入するようになったという。

全国的にみても、中国へ輸入される日本綿糸が、その販売市場を在来セクターから近代セクターへ転換する兆候は、第一次大戦期に現れてくる。図表四-一一は、日本綿糸の中国向け輸出高（実線）とその平均番手（点線）を比較したものである。日本綿糸の中国向け輸出高は、一九一四年に四十五万二千梱を記録したあと、下り坂にむかい、一七年からは一落千丈の減少を

図表4-12　中国各地向輸出日本綿糸平均番手

地方＼年		1916	1917	1918	1919	1920	1921	1922	1923	1924	1925
A	上海	19.48	22.45	22.87	31.40	21.78	27.64	30.96	32.91	36.18	32.63
	天津	21.71	24.30	25.35	28.18	24.36	24.69	26.93	30.05	34.12	32.69
	漢口	18.37	19.78	19.62	24.44	22.92	21.36	27.39	30.78	32.90	32.46
	青島	17.13	17.87	18.24	20.65	19.56	19.95	21.30	25.64	29.24	29.66
B	大連	17.73	20.03	18.64	18.86	16.77	17.03	17.48	18.31	19.51	22.13
	安東		25.44	21.19	20.82	23.60	21.12	20.96	21.60	22.95	22.50
	牛荘	17.47	18.92	22.59	20.24	14.36	17.42	17.44	21.59	18.22	19.58
	芝罘	16.86	17.11	17.88	19.97	40.00			22.18	20.00	
	其他諸港		22.14	18.73	19.28	19.03	17.21	17.44	18.87	19.32	21.33
全国平均		19.28	21.52	21.99	26.02	21.50	22.37	24.62	26.66	29.53	29.48

資料）1916年は深澤甲子男『紡績業と綿絲相場』付録13頁，17～25年は第29～46『綿絲紡績事情参考書』より作成。

備考）14番手以下は12番手として，42番手超過は60番手として計算。芝罘へは1920年に40番手を1梱だけ輸出した。

みて、一九年には十六万七千梱と、最盛時のほぼ三分の一にまでおちこんだ。これはおもに、日本国内で投機的な暴騰にみまわれた日本綿糸が、二十番手以下の分野で中国綿糸にまったくたちうちできなくなり、中国市場から駆逐されていった経緯をうつしている。しかし、絶対量で激減した日本綿糸は、その分を高品質化でカバーしていった。中国向け日本綿糸の平均番手は、一九一六年まではずっと、二十番手以下であったが、減少傾向が尖鋭化した一七年に、一足とびに二十番手の大台をはるかにこえ、一九年には五四運動の日貨ボイコットも加わって、二十六番手にまではねあがった。一九二〇年には、十～十二番手インド極太糸の輸入急減(32)のあとを日本綿糸がうめた関係から、いったん二一・五番手まで逆もどりするが、高番手化の趨勢はおしとどめようがなく、二四年には二九・五番手に達した。

全国平均だけではなく、各港別の輸入傾向を示したのが、図表四-一二である。上海から青島まで四港のAグループと、大連から其他諸港までのBグループとに分けてみると、一九一九年をさかいに、両者の間に大きな乖離が生ずる。一九年以前には、天津がやや突出しているきらいがあるものの、両グループの間に目立った相違はみいだせない。それが一九年以後は、Aグループの方は、青島だけが二二年まで出遅れるが、ひとしく急速な高番手化が観察され、三十番手からさらにそれをはるかに超過する港まで現れる。これに対して、Bグループの方は、一九年をさかいとする変化はほとんど見てとることができず、終始二十番手の前後で一進一退している。

このような相違が生じた原因は、次の二点から了解できる。第一に、Aグループはいずれも民族紡あるいは「在華紡」の所在地である（ただし、青島だけは「在華紡」が一九二二年から本格的な生産にはいる）。これらの地方では、「黄金時期」を経過して、民族紡あるいは「在華紡」が二十番手以下の市場を制するにつれ、日本綿糸は二十番手超過の分野へ転進せざるをえなかったのである。第二に、第一次大戦以降、二十番手超過の綿糸を需要する近代セクターの織布業が発達したのも、やはりAグループの後背地区であって、Bグループの後背地区では二〇年代にはいっても、なお在来セクターの新土布生産が大勢を占めていたのであろう。

先進地域と後進地域の分化が観察されるようになるとはいえ、一九二〇年代における中国向け日本綿糸の輸出高のなかで、Bグループが占める割合は、四分の一程度にすぎない。したがって、一九一九年以降の日本綿糸は、中国に形成されはじめた近代セクターの織布業を、おもな顧客とするようになったといえる。しかし、高品質化による日本綿糸の延命も、二〇年代前半までが限度で、二〇年代後半になると、中国向け輸出高は一〇万担を大きくわりこみ、一九三〇年には中国から日本への輸出高がこれを上まわった。

日本綿糸後退のあとの空白をうめたのは、中国綿糸であった。一概に中国綿糸とはいっても、その資本の国籍は

図表4-13　漢口輸移入綿糸平均番手

年・月＼区分	輸入日本綿糸	中国綿糸 合計	中国綿糸「在華紡」	中国綿糸 民族紡
1920.6～21.5	24.45	16.41	－	－
1923	31.32	17.71	17.40	18.06

資料）1920～21年は北村彦三郎「綿絲布の漢口」―『大日本紡績連合会月報』第352号（大正11年1月23日）11頁。1923年は「漢口綿糸界の現況」―同前第389号（大正14年1月31日）93頁。

備考）1920年6月～21年5月の輸入日本綿糸が，図表4-12漢口の1920,21年より，2～3番手高くなっているのは，図表4-12が直輸出分だけであるのに対し，本表は上海からのトランジット分もふくんでいるからと推測される。

一様ではなかった。一九二〇年代には、中国、イギリスそして日本と三つの国籍の資本が中国の地で紡績工場をいとなんでいた。それぞれの紡績工場は、資本の国籍によって、経営方法、生産技術などには相違がみられた。しかし、生産する綿糸の番手に関するかぎり、「一九二三年恐慌」以前には資本の国籍による違いはみいだせない。たとえば、一九二〇年一月における上海所在の各紡績工場の平均生産番手（後出三三〇頁の図表四-一六）は、イギリス紡一七・二一、「在華紡」一六・七九、民族紡一六・五九でほとんど差はなく、いずれの国籍の工場でも在来セクター向けの太糸生産に特化していたことがわかる。

不況のさなかの一九二三年になっても、この状況にまだ変化は現れない。図表四-一三は、一〇年代前半に漢口へ輸、移入された各種綿糸の平均番手である。既述のように、輸入日本綿糸が急速に高番手化しているのに対し、中国綿糸（実質的には上海綿糸）は二十番手以下をうけもつ構成になっている。注目すべきは、一九二三年における中国綿糸の内訳で、民族紡糸の平均番手一八・〇六に対し、「在華紡」糸のそれは一七・四〇で、むしろ民族紡糸がわずかながら上まわっていることである。「在華紡」の進出が当初は、輸出競争力をうしなった太糸の生産を現地に移すという日本紡績資本の戦略からでた選択であったことを想起すれば、この事態は意外ではない。

資本の国籍による平均生産番手の分化が起こるのは、「一九二三年恐慌」への対応をめぐってである。民族紡の多くが太糸相場の暴落に翻弄され、操短、停業さらには倒産においこまれた時、大規模な進出を完了しつつあった「在華紡」各社は、その雄厚な資本力を駆使して、「一九二三年恐慌」に対する根本策を実行に移しつつあった。その対策は、国際相場からかけはなれた暴騰にみまわれた中国綿花にかえて、割安のインド綿花を輸入する原綿手当ての転換、価格硬直におちいりやすい半製品の綿糸から付加価値のたかい綿布へ生産を拡張する兼営織布の導入など、いくつかあったが、なかでも在来セクターにおける太糸需要の飽和状態という構造的要因に対しては、太糸から細糸へ生産を転換あるいは拡大する高番手化の試みが、とりわけ有効であった。

一九二四年一月段階になると、この構造不況への対応策が、ほとんどの「在華紡」ではやくも進行していた。同興が新設した第二工場は、すべて三十二、四十二番手の綿糸を紡ぐ計画であり、内外綿もやはり三十二番手をまぜながら、さらに三十番手三子（三撚糸）にも手をのばそうとしていた。鐘淵も二四年に、八千錘の細糸紡錘機を増設する計画で、以後高番手専門に移行していく第一歩とされた。「そのほかの各社も、ほぼ同じような計画[33]」があったという。

「一九二三年恐慌」を機にはじまった「在華紡」各社の高番手化への模索は、一九二六年に軌道にのる。この年まで、二十番手超過の分野ではなお大きな比重を占めていた日本綿糸の輸入が急減したからである。高番手糸の最大の市場になっていた上海を例にとれば、それまで毎月、日本綿糸の輸入分二千梱、上海綿糸の産出分三千梱で、需給バランスのとれていた高番手糸の市場が、二六年には需要の面では織布工場の増加で、高番手糸に対する需要

図表4-14　1920年代上海「在華紡」綿糸の高番手化傾向

「在華紡」							上海国営　1983		
会社＼年	1920	1924	1925	1927	1931	1932	廠＼支・号	支	号
同興		42.0	42.0	42.0	42.0	42.0	二廠	44.4	13.31
内外	17.5	19.4	20.3	29.7	42.2	41.0	廿二廠	35.7	16.52
公大		21.2	22.1	25.7	32.0	34.0	八廠	32.6	18.10
大康		19.9	19.6	20.4	23.0	27.7	廿一廠	32.5	18.15
日華	16.0	16.7	17.2	19.9	26.0	25.7	九廠	32.4	18.21
裕豊		17.3	17.9	18.5	22.4	25.7	六廠	31.8	18.57
上海	15.8	16.0	15.6	16.0	22.8	23.1	十七廠	30.3	19.48
豊田		16.7	16.5	17.0	21.9	20.8	三十一廠	29.0	20.39
東華		17.6	17.4	17.6	20.0	20.0	十二廠	28.0	21.09
総平均	16.8	18.7	19.0	21.7	27.1	28.9			

資料）1920年は図表3-14に同じ。1924年は屋山正一「上海に於ける邦人紡績業」—神戸高等商業学校『大正十三年夏期海外旅行調査報告』240～241頁，1925年は「本埠日廠因罷工減産額量之估算」—『紡織時報』第228号（民国14年7月20日），1927年は「特殊権利下之在華日商紡績勢力」—『紡織時報』第424号（民国16年7月18日），1931，32年は「上海日商紗布生産統計」—『紡織時報』第952号（民国22年1月1日）より作成。上海国営1983年は国家統計局工業交通物資統計司編『中国工業経済統計資料1949—1984』（中国統計出版社　1985年11月）342～344頁。

備考）1925年以外は月産高に基づくが，1925年だけは「在華紡」スト開始から7月12日までの減産高に基づく。号から支への換算は，支×号＝590.5で計算した。支は中国語で番手のこと。「在華紡」，上海国営とも番手の高い順にならべただけで，なんら対応関係はない。

がたかまっているにもかかわらず、供給の面では、日本綿糸が円高による両建て価格の高騰で、競争力を喪失して上海市場から後退した結果、高番手糸の需給バランスがくずれて、相場は暴騰した。(34) 上海「在華紡」の高番手糸は有卦に入り、高利潤がさらにその増産をうながしたもののようである。

図表四-一四は、一九二〇年から三二年にかけての、上海「在華紡」各社の平均紡出番手を示している。データは一年分ではなく、当該年のある月の月産高であるから、季節的な偏差は当然想定される。しかもいまのところ、逐年的に追う手だてもないが、上海「在華紡」の高番手化

の経過について、ある一定の趨勢はみてとることができる。すでにふれたように、一九二〇年における「在華紡」の平均紡出番手は、一六・八で、イギリス紡と民族紡の中間にあった。もっとも、その差はごくわずかで、無視しうるものであった。その後、平均番手は徐々に上昇して二五年には一九・〇になり、在来セクターと近代セクターの境界線として設定した二十番手にせまった。しかし、二五年までの速度はきわめて緩慢で、年率にすれば〇・四ずつ上昇したにすぎない。それが二五年以降になると急上昇に転じて、二七年に境界線をかなりこえ、三二年には二八・九に達した。二五年から三二年までは、年に一・四ずつ上昇した勘定になる。三二年の平均番手は、二四〜二五年頃の輸入日本綿糸の二九・五番手にほぼ匹敵する。

個々の工場についてみると、いち早く「一九二三年恐慌」に即応して、操業開始時からずっと四十二番手を専門にしていた同興のような工場もあるが、それは例外的で、多くの工場は起点を「一九二三年恐慌」におきながら、二五年以降に本格的な高番手化を開始した。そのもっとも顕著な例が内外綿である。東華あるいは豊田のようにきわめて緩慢な上昇しかしなかった工場もふくめ、すべての工場が三〇年代初期には、近代セクターの領域にはいったことになる。

その高番手化の達成度は、同時期の日本国内と比べても遜色がなかった。図表四—一五のように、日本国内では、二十番手超過の比率は第一次大戦期に急上昇し、一九二〇年にはすでに三〇パーセントをこえていたが、その後は上昇は緩慢になり、三二年にようやく四〇パーセントの手前にまでたどりついた。これに対して「在華紡」では、一九二〇年には二十番手超過は皆無で、その後も二五年までは、比率の上昇はあるにはあっても、微々たるものにすぎなかった。それが二五年以降は急上昇に転じ、三一年にはわずかながら日本国内を抜き、三二年にははるかに

図表4-15　日本国内紡と「在華紡」の生産綿糸番手比率（%）

年＼区分	国内紡		「在華紡」	
	20番手以下	20番手超過	20番手以下	20番手超過
1920	69.6	30.4	100.0	0.0
1924	66.1	33.9	94.1	5.9
1925	65.3	34.7	93.3	6.7
1927	64.2	35.8	81.5	18.5
1929	61.1	38.9	68.3	31.7
1931	62.8	37.2	62.6	37.4
1932	60.3	39.7	51.0	49.0

資料）国内紡は楫西光速編『繊維　上』現代日本産業発達史XI（昭和39年11月刊）付録50頁。「在華紡」は図表4—14に同じ。ただし，1929年は東亜経済調査局編『支那紡績業の発達とその将来』29頁より作成。

ひきはなしてしまった。

一九二〇年代前半までは、中国市場においては、「在華紡」が二十番手以下の供給をうけもち、日本国内からはおもに二十番手超過を供給するという分業態勢が確立していたのに対し、二〇年代後半になると、銀安の進行とともにその態勢はくずれ、「在華紡」は二十番手超過の空白をうめるべく、急速に高番手化をすすめた。その結果、三〇年代初期には、高番手化の面では「在華紡」が国内紡にならび、さらに凌駕さえするに至ったのである。

先の図表四-一四の右欄に示した一九八三年における上海国営紡績工場の平均番手と比較しても、三〇年代初期の「在華紡」のうち、上位にある数工場は、ほとんど同じような水準に達していたことがわかる。中国における機械製綿糸の消費パターンからいえば、一部の「在華紡」はすでに三〇年代初頭に、その究極に対応しうるまでに高番手化を達成していたと考えられる。ともあれ、一九二〇年代後半における「在華紡」の高番手化は、時を同じくして成長しつつあった近代セクターの織布業と相互に作用をおよぼしあいながら、中国市場における機械製綿糸の需要変動に適応していったのである。

図表4-16　上海所在各国紡生産綿糸平均番手

年＼国籍	民族紡	イギリス紡	「在華紡」
1920	16.59	17.21	16.79
1929	16.77	16.88	25.19

資料）1920年は「大正9年上海各紡績会社紡出高予想比較」―『綿糸同業会月報』第1号（大正9年2月），1929年は東亜経済調査局編『支那紡績業の発達とその将来』29頁より作成。

他方、民族紡およびイギリス紡の動向はどうであったのだろうか。民族紡ではつとに、一九一九年の五四運動の日貨ボイコットで、高番手の日本綿糸を排斥する目的から、高番手専門を標榜する大中華紗廠の設立が発起された。民族資本家たちの業界団体である華商紗廠連合会の機関誌でも、今後は「細糸の兼紡」に力をいれる必要があるとの主張が、たびたびなされた[35]。しかし、イギリスからの細糸用紡錘機の購入が難航した大中華は、二二年四月に太糸紡錘機が据えつけられただけの段階で操業開始にこぎつけたものの、折からの「一九二三年恐慌」で資金繰りがつかなくなり、結局、本格的な細糸生産にたどりつくまえに倒産してしまった。そのほかの高番手化の試みも、はかばかしい成果はあがらなかったようである。

イギリス紡も、請負制をとるその経営方法にしばられ、一九二〇年代の市場変動に有効に対応はできなかった。図表四-一六のように、二〇年代を通じて、飛躍的な高番手化をとげた「在華紡」とは対照的に、民族紡はわずかながらも上昇したものの、イギリス紡は逆に、これまたわずかながら下降した。民族紡とイギリス紡が「一九二三年恐慌」後も、在来セクター向けの太糸生産にとどまりつづけたのに対し、「在華紡」はいち早く近代セクター向けの細糸生産に転身したという相違を、はっきりみてとることができる。

もっとも、民族紡でも米綿輸入の立地条件にめぐまれた上海では、一九三〇年代に

図表4-17　申新第一・第八工場生産綿糸平均番手　（単位＝梱）

年＼番手	10手以下	10～16手	16～20手	20～32手	32手以上	合　計	平均番手
1929	565	17,489	7,793	4,485		30,332	16.11
梱×番手	4,520	227,357	140,274	116,610		488,761	
1932	340	9,929	24,367	36,952		71,588	21.39
梱×番手	2,720	129,077	438,606	960,752		1,531,155	
1934	142	12,933	46,584	26,969	71	86,699	19.75
梱×番手	1,136	168,129	838,512	701,194	2,982	1,711,953	
1936	97	20,604	16,872	45,365	4,869	87,807	22.28
梱×番手	776	267,852	303,696	1,179,490	204,498	1,956,312	

資料）上海社会科学院経済研究所編『茂新，福新，申新系統栄家企業資料』上冊（上海人民出版社　1980年）532頁。
備考）10手以下は8，32手以上は42，その他は中間値で計算した。

はいると「在華紡」のあとを追って、高番手化をすすめるところもでてきた。百貨店業界の雄、永安公司は、紡績業に進出したのち、豊富な資本を背景に、倒産した大中華紗廠を買収して第二工場とし、一九二九年にはその敷地に六万錘を擁する第四工場を建増して、四十番手以上の専門工場にする計画をたてた(36)。また、民族紡の最大手、申新でも第一、第八工場では三一年から三二年にかけて米綿が中国市場で割安になったのを機会に、米綿の購入比率を半分ちかくにまでひきあげ、高番手の生産比率をたかめた。図表四-一七のように、一九二九年には申新第一、第八工場の生産綿糸平均番手は、一六・一一と民族紡全体の平均とほぼ同じ水準であった。それが三二年には、一挙に在来セクターと近代セクターの境界線を突破して二一・三九に達し、わずか三年で五ポイント以上、上昇した。その後、一進一退はあるが、「在華紡」の下位グループに匹敵する水準をたもった(37)。

上海所在の一部有力民族紡がこのような高番手化をすすめた結果、一九三〇年代には、同じ民族紡でも、上海と地方との間に相当の開きが生じた。図表四-一八は、三つの時点における上海と地方の平均番手を比較している。一九一一年と一七年の上海には、外資紡もふくま

図表 4 -18　民族紡平均生産番手

年＼区分	上　海　紡	地　方　紡
1911	14.37	13.14
1917	14.18	14.66
1932	19.25	15.93

資料）1911年は渡辺良吉「日，印，支三国綿糸の勢力争奪地としての支那」―『大日本紡績連合会月報』第236号（明治45年 4 月25日） 6 ～ 7 頁。1917年は台湾銀行調査課『南支南洋ノ綿絲布』10頁。1932年は王子建等『七省華商紗廠調査報告』34頁。

れているもようであるが、既述のように一九二三年以前には、民族紡と外資紡の間に格差はなかったのであるから、比較にさしつかえることはない。一九一七年までは、上海のごく一部に二十番手、ないし二十番手超過の分野にわずかに進出している工場もあると伝えられるものの、上海、地方とも十四～十六番手が主力であっただけに、平均番手にもほとんど開きはでていない。それが、三二年になると、地方がなお十六番手中心にとどまっていたのに対し、上海はそもそも中心が二十番手に移行したのに加え、申新、永安などの高番手化も手伝って、平均番手は近代セクターへの入口の一歩手前まできていた。上海と地方の間に、相当の格差が生じはじめていたのである。

しかし、その上海民族紡の一九・二五という平均番手ですら、同年上海「在華紡」の二八・九と比べると、十番手ちかくもひきはなされていた。高番手化の面でいえば、一九三〇年代前半に、「在華紡」、上海民族紡そして地方民族紡という三つのグループの間に、垂直の棲み分けともいうべき関係ができあがったわけであるが、結局、「在華紡」の突出ぶりが、基本的な格差は「在華紡」と民族紡の間にあることを印象づけている。

新しく形成されてきた近代セクターという最先端の市場を、外国資本にいち早く占有されてしまった民族紡の多くは、従来と同じように、在来セクターのすでに限界に達した市場のなかで、パイの争奪に終始することを余儀なくされた。このような状況を前にしながら、馬寅初は民族資本の利益を擁護する立場から、垂直の棲み分けという秩序の崩壊をむしろ危惧する見解を表明した。かれの主張では、民族紡は太糸、「在華紡」は細糸と生産の区分ができているかぎり、「彼此の営業は、なおいまだ全面衝突の局面にいたらない」が、「在華紡」が増錘して太糸をも紡出するようなことにでもなれば、「わが国の紡績工場に加えられる圧迫は、ますます甚々しいものになるであろう」[38]というのである。「在華紡」の脅威を前提とするかぎり、垂直の棲み分けという関係は、民族紡にとって、発展はとうていのぞめないにしても、現状維持にはむしろ都合のよい棲み分けであるとするこの認識は、当時の民族紡がおかれていた立場を明確に表現している。

むすび

「黄金時期」と「一九二三年恐慌」という二つのまったく相反する現象を、統一的にとらえる視点は、在来セクター向けの太糸生産に特化して成長してきた中国紡績業の展開過程そのものに求めることができた。「黄金時期」が、在来セクターの太糸市場を輸入綿糸から奪回する過程の最終段階であったとすれば、「一九二三年恐慌」は、太糸市場をほぼ独占した中国綿糸が、在来セクターの限界需要量という壁にその行く手をはばまれた時期であった。中国紡績業は、輸入綿糸とのパイの争奪戦に完勝してはじめて、パイの大きさに限りがあったことをさとった。一九二三年以前には、資本の国籍を問わずすべての工場が太糸生産に終始していたので、中国紡績業の一言でくくってもおかしくないほどに、均質な状態が貫徹していた。ところが、「一九二三年恐慌」への対応をめぐって、中国紡績業には大きな亀裂が生じた。

在来セクター向けの太糸生産をつづけながら、価格カルテル、決議操短などの対症療法で、不況からの一時的な脱出をはかるグループと、近代セクター向けの細糸生産にのりだすことで、従来とは次元を異にする発展の方向をめざすグループとに、分化がはじまった。だが、細糸生産への転換には、当時の中国紡績業の水準では、クリアすべき問題がいくつかあった。資本力、技術力、原綿手当ての力量などの点で、まっさきにこれらの問題を解決しえたのは、結局「在華紡」であった。こうして中国紡績業の均質な状態は、「一九二三年恐慌」を契機にくずれさった。「在華紡」と民族紡の間に歴然たる格差が生じはじめ、一九三〇年前後には垂直の棲み分けともいうべき関係ができた。

以上のように、中国近代綿業史という枠組のなかでその意味を問いなおしてみると、「一九二三年恐慌」は、これまで考えられてきたよりも、はるかに画期的な意義をもつ転換点であった。それは、「黄金時期」のあとにおとずれた反動不況の時期といった消極的な意味あいでのみ、記憶されるべきではない。中国近代綿業史は、「一九二三年恐慌」をさかいにして、農村の新土布生産という在来セクターが唯一の牽引力となって、紡績業の単線的な発展をうながしてきた段階から、新たに勃興してきた改良土布生産などの近代セクターが、停滞的ながら強固にのこる在来セクターと競合しつつ、二重構造の市場をつくりだし、紡績業の重層化をもたらす段階に移行したのである。このような中国紡績業の構造的変化は、原料綿花と製品綿糸の市場構造にも大きな影響を及ぼしたものと思われるが、その問題については章を改めて検討することにしたい。

第四章　注

（1）その代表的なものは、周秀鸞編著『第一次世界大戦時期中国民族工業的発展』（上海人民出版社　一九五八年四月刊）である。
（2）本書二五二〜二六一頁。
（3）本書五三〜五七頁。
（4）綿糸の太さの区別には、三十番手以下を太糸（低番手糸）、六十番手以下を中糸（中番手糸）、六十番手超過を細糸（高番手糸）とする区分、二十番手以下を太糸、四十番手以下を中糸、四十番手超過を細糸とする区分などいくつかある。本書ではそれらの一般的な区分は援用せず、のちに詳述するような中国市場の特性にあわせて、二十番手以下を太糸、二十番手超過を細糸と二分するにとどめる。
（5）「鉄輪機」と改良土布については、林原文子「愛国布の誕生について」―『神戸大学史学年報』創刊号（一九八六年五月）参照。
（6）いうまでもなく、以上のような織布の類型化は絶対的な基準とはなりえない。たとえば、旧式織機であっても、バッタンをつけた織機（手拉機、扯梭機）であれば、広幅物を織ることも不可能ではない。したがって、新土布には広幅物はない、などとは断言できない。
（7）沈書勲「淞滬土布業之調査」―『華商紗廠連合会季刊』第三巻第四期（民国十一年十月二十日）。
（8）林挙百『近代南通土布史』（南京大学学報編輯部　一九八四年序）三三頁。この構成は、「九一八事変」後の一九三二年には一変して、重慶など揚子江流域を市場とする二十番手の比率が八〇パーセントを占めるようになったという。
（9）林挙百　前掲書　三三四〜三三五頁によれば、「九一八事変」の前と後で、新土布の年産高は、白大布が六〇〇万匹から三〇〇万匹へ、土小布が四〇〇万匹から三〇〇万匹へ、其他が三七〇万匹から三一〇万匹へ、それぞれ減少した。一方、改良土布の年産高は、雪耻布が三二年一〇〇万匹、三三年八〇万匹、三四年六〇万匹、中機布が三二年九〇万匹、三三年七〇万匹、三四年五〇万匹で、最高の三二年でも合計一九〇万匹にとどまった。
（10）これまた蓋然的な区分であることはいうまでもない。特殊な場合を除いては、次頁下図のように、二十番手の線をはさんで段階的にとらえておく方が、より実際的かもしれない。たとえば機械製綿布でも、粗布生産が中心であった一九三二年の民族紡の兼営織布では、使用綿糸の平均番手は一八・六九であった（王子建・王鎮中『七省華商紗廠調査報告』商務印書館　民国二十五年二月再版　四九頁）。

近代セクター
25番手 ……………………………
近代セクター優勢
20番手 ……………………………
在来セクター優勢
15番手 ……………………………
在来セクター

(11) 以上、『大日本紡績連合会月報』第三四七号（大正十年八月十七日）、第三五二号（大正十一年一月二十三日）。

(12) 以上、『大日本紡績連合会月報』第三六八号（大正十二年五月八日）、第三六九号（同年六月二日）、第三七〇号（同年七月七日）。

(13) 叔奎「日本紡紗廠在中国之地位」―『上海総商会月報』第四巻第一号（民国十三年一月三十日）四九頁。

(14) 海外起業調査組合『支那経済界ノ現勢』乙篇ノ一（大正十三年八月稿）七五頁。

(15) 本書一一～一二頁。

(16) 井内弘文『満鉄南通農村実態調査参加報告』東亜研究所資料丙第二百二十七号D（昭和十六年九月）四〇頁。

(17) 孫暁村「中国農産商品化的性質及其前途」―『中山文化教育館季刊』創刊号（民国二十三年八月）二二〇頁、原載は『農情報告』第一年第十期（民国二十二年十月一日）。全面的に信頼できる数字ではないが、綿花の商品化率が高いのは、山東の七二パーセント、河北の六三パーセント、山西の六二パーセント、湖北の六一パーセントなど、概して綿花生産高の多い省にかたまっている。ただし江蘇の五五パーセント、河南の四七パーセントなど意外に低い省もある。

(18) 本書六二頁。

(19) 本書五五頁の推計でも、手紡糸の生産高は、十九世紀末までに約六割減少して、二四〇〇万担まで落ちこむが、二十世紀にはいってからは、三〇年代半ばまで二五〇〇万担前後を維持しつづける。

(20)「黄金時期」における中国綿花相場については、本書一九五～二二二頁参照。
(21)「清国各地ニ於ケル瓦斯糸状況」―『通商彙纂』明治三十九年第六十八号　五頁。
(22)「黄金時期」の中国綿糸相場と手紡糸への回帰現象については、本書一七四～一九五頁、二八四～二八七頁参照。
(23) 従来の指摘としては、穆藕初（名は湘玥）「花貴紗賤之原因」―『上海総商会月報』第三巻第二号（民国十二年二月二十一日）が、さすがに問題の核心をついている。そのなかで穆は「紗賤」の原因として、第一に中国の綿糸相場が大阪三品に従属する関係にあること、第二に軍閥戦争で国内市場が分断され、消費が減退していること、第三に輸入日本綿糸と「在華紡」綿糸が、そうでなくとも落ちこんでいる需要を奪っていることを挙げる。「花貴」の原因もふくめて、「わが国紡績業の不振は、外力の圧迫によるものが半ば、内政の紛乱によるものもまた半ば」であると結論づける。Marie-Claire BERGÈRE, *Capitalisme national et impérialisme : la crise des filatures chinoises en 1923*, CAHIERS DU CENTRE CHINE no 2, Paris, 1980（中文訳、白吉爾「民族資本主義与帝国主義―一九二三年華商紗廠危機」―『国外中国近代史研究』第五輯　一九八三年八月）は、穆のこの議論を下敷きにして、敷衍したものである。本章でこれらの問題をとりあげなかったのは、決して軽視ゆえではない。筆者のこの方面に関する基本的な見解はすでに本書第三章第三節で開陳しているので、本章では中国近代綿業史の面からの規定要因に的をしぼったのである。中国の市場構造の転変と、内政と外圧の影響、この両面から一九二三年という年をとらえるのが、周到な見方であろう。
(24) 叔奎　前掲文　四九頁。
(25)「各省興辦織布手工工場示例　一八九九―一九一三年」―彭沢益編『中国近代手工業史資料』第二巻（中華書局　一九八四年一月）三六九～三七六頁によれば、織布マニュファクチュアの設立は、一九〇四年から増加しはじめ、一九一二年にピークに達する。浮沈のはげしい織布工場のことであるから、数年ならずして姿を消す工場が多数あったであろうことは容易に想像がつく。この種の一覧表で年を下れば下るほど、数がましていくのは、そのような傾向を反映している面もあることは、注意しておく必要がある。また、「各省興辦針織手工工場示例　一九〇〇―一九一三年」―同前書　三七九頁によれば、メリヤス工場の設立は、一九〇六年に急にふえる。これについても先と同じ注意が必要である。北京に限っていえば、『支那省別全誌』第十八巻直隷省（東亜同文会　大正九年九月）八一八～八一九頁にあがっている一四の織布マニュファクチュアのうち、実に一一が一九〇六年設立となっている。さらに資本金一万元以上の織布工場に限れば、汪敬虞編『中国近代工業史資料』第二輯下冊（科学出版社 一九五七年四月）八九四～八九五頁の一覧表で、一九〇四年以前の二工場に対し、一九〇五年、九工場、〇六年、〇七年各五工場の設立が記録されている。

(26) 張国輝「中国棉紡織業一八九五―一九二七年的発展和不発展」―『中国社会科学院経済研究所集刊』第十集（一九八八年六月）は、日露戦争と対米ボイコット、とくに後者を強調している。林原文子「清末、民間企業の勃興と実業新政について」―『近きに在りて』第十四号（一九八八年十一月三十日）は、実業新政が民間企業の勃興に触媒のような役割を果たしたとみる。

(27) 井村薫雄『紡績の経営と製品』支那財政経済大系(3)（上海出版協会 大正十五年十一月）一三三～一三四頁。

(28) 『呉虞日記』上・下（四川人民出版社 一九八四年五月、八六年八月）には、図表四-一九のような記事がある。民国十二年が北京での記事である以外は、すべて成都での記事である。民国九年の提花愛国布は、特別で少し高いが、ほかは一尺当りの単価が年々下っていることがわかる。国貨布が愛国布の別称か、それとも別の製品かは、わからな

図表4-19 呉虞の愛国布購買状況

民4．7．9．	方格灰色愛国布８尺，軍票３元，外補銭180文	
民6．12．8．	愛国布６尺５寸，銀１元４角３分正	1尺＝0.22元
民7．10．20．	愛国布２丈３尺，３元９角１分	1尺＝0.17元
民7．10．21．	沅青愛国布６尺，銀１元02仙正	1尺＝0.17元
民7．11．6．	愛国布１丈２尺，銀２元、外補銭80文 1元＝2,090文で換算すると	1尺＝0.17元
民9．9．7．	提花愛国布１丈６尺，銀４元４角８仙	1尺＝0.28元
民12．3．29． （北　京）	愛国布７尺×４，銀４元２角 愛国布７尺×４，銀３元９角２仙	1尺＝0.15元 1尺＝0.14元
民26．10．29．	国貨布３尺，洋６角４仙	1尺＝0.21元
民28．10．8．	国貨布８尺，洋３元６角	1尺＝0.45元
計	11丈５寸，銀25元２角　軍票３元　銭260文	

い。呉虞は一九一七年七月の成都における劉戴の戦いで、略奪の災難にあい、「深く衣物書籍が人にわざわいをおよぼすことを諳り、以後はただ布衣、市布、愛国布、夏布のみにとどめて、二度と絹織物は買いたさないことにし、書籍もやはり二度と買いまししないことにした」（七月二十二日）。

(29) 海外起業調査組合　前掲書　七五頁。

(30) 「四十四年中上海輸入本邦綿糸及綿製品」―『大日本紡績連合会月報』第二三八号（明治四十五年六月二十五日）。

(31) 「山東省の綿布類需要状況」―『大日本紡績連合会月報』第二七六号（大正四年八月二十五日）。

(32) 一九二〇年三月二日、インドルピーは、一スバレーン一五ルピーから一〇ルピーに切上げされた。その結果、インド綿糸は輸出競争力をうしなってしまった（『綿糸同業会月報』第二号　大正九年三月五日）。

(33) 叔奎　前掲文　五〇頁。

(34) 「本埠細紗之価驟張」―『紡織時報』第三〇二号（民国十五年四月二十二日）。

(35) 之一「論我国紡績公司今後宜兼紡細紗」―『華商紗廠連合会季刊』第二巻第三期（民国十年五月一日）など参照。大中華紗廠については、本書二四〇～二五二頁参照のこと。

(36) 「永安紗廠最近之発展」―『紡織時報』第六二八号（民国十八年九月五日）。

(37) もっともこの時期にはすでに、中国紡績業の当面の課題は、高番手化の問題から、輸入綿布駆逐のあとをきそう兼営織布の問題に移りつつあった。なお、川邨利兵衛の後任として内外綿株式会社の頭取となった武居綾蔵は、すでに一九二四年の段階で、イギリス留学中の子息に宛てた書簡の中に、「私の従事せる綿業界より謂う時は、支那に於ても十六番、二十番等左番手の紡出は最早駄目なり。三十二、四十二番手等は尚余命あるべしと雖も、之も余り永き生命に非ず、今後は是非、漂白、染色に向って進行せざるべからず」（武居巧編輯『武居遺文小集』昭和九年十二月刊　一三五頁）と記している。

(38) 馬寅初「中国棉業之前途」―『東方雑誌』第三十四巻第十三号（民国二十六年七月一日）八頁。

第五章　中国紡績業をめぐる市場構造の変容

はじめに

民族工業の「黄金時期」に急成長した中国紡績業は、国内農村市場向け太糸の自給率をほぼ一〇〇パーセントにまで引き上げることに成功した。しかしまもなく、そのあまりにも急速な生産力の増大と、日本紡績資本の雪崩をうった対中国進出という二つの要因から、「一九二三年恐慌」と称される深刻な景気後退局面を迎えたことは、前章で論述したとおりである。

「黄金時期」から「一九二三年恐慌」へのこの激動の軌跡は、それ以後の一九二〇年代から三〇年代前半にかけての中国紡績業に大きな構造的転換をもたらした。「一九二三年恐慌」以降、急激な膨張期のあとをうけた調整局面で、「黄金時期」に至る初期段階の発展をおえた中国紡績業界では、従来とは異なる新たな市場環境のもとにおける業界再編の動きが活発になった。本章では、「一九二三年恐慌」から日中戦争勃発までの十数年間を、ひとまず中国紡績業の再編期と措定して、分析をすすめていくことにする。

この時期においてとくに注目に値する動向は、沿海地方における日本資本の紡績工場（「在華紡」）の勢力増大と内陸地方における中国資本の紡績工場（民族紡）の量的発展が、同時並行的に進行したことである。これら二つの動向は、相互に密接な関連性をたもちながら、紡績業再編期における中国市場の変化を、集約的に反映していたものであった。

そこで本章では、内陸民族紡の一例として湖南第一紗廠をとりあげ、おもに「在華紡」の進出と民族紡の躍進にともなって惹起された「一九二三年恐慌」以降の新しい市場条件という所与の枠組みのなかで、沿海地方における「在華紡」を中心とする先進的な紡績工場の趨勢と内陸地方における後進的な紡績工場の発展とが、いかなる構造的連鎖の関係で結ばれていたかを追究することにしたい。しかもその作業は、従来の研究が多く採用した経営あるいは技術の比較、対照という方法はとらず、もっぱら原料綿花と製品綿糸の両面から、市場条件の変化を動態的に分析することに主力をおいてすすめるつもりである。

とくに湖南第一紗廠を選んだのは、その営業状況、市場環境などを分析するのに必要なデータが、比較的よくそろっているという資料面からの理由ももちろん大きいが、いま少し積極的な理由として、次の二点を指摘しなければならない。

第一に、湖南市場は、湖北とのパイプがもっとも太い関係から、外界との商品流通も、長沙、岳陽を経由する確率が高く、とくに機械製綿糸のような工業製品の流れはその傾向がつよいので、相当の精度で把握できる可能性が期待できることである。第二は、湖南第一紗廠が民国期における内陸民族紡の一典型とみなせることである。周知のように、湖南省は民国前半期の南北対立がもっとも激烈な地域であった。そのなかで湖南第一紗廠のたどった決して平坦とはいえない経営の過程は、民国期の内陸民族紡が程度の差こそあれ、ひとしなみに抱えていた問題点を、ほぼ共有していたように思える。

第一節　内陸民族紡の動向

中国の民族紡績業は、上海に発祥し、武昌、寧波さらに江蘇の諸都市へと伝播していったが、「黄金時期」以前は概して、海外との交通の便にめぐまれた沿海都市とその後背地に立地することが多かった。欧米先進国からの移植工業という中国紡績業の性格上、このような立地は避けがたい選択だったといえる。しかし、「黄金時期」になると、そのような制約をのりこえて、内陸の綿作地帯の中心地に立地する民族紡も次第に数をましてくる。湖南第一紗廠が中国紡績業界にその姿を現したのも、このような潮流が本格化した時期であった。

一　湖南第一紗廠の営業成績

湖南第一紗廠は、民国元年（一九一二）に発起されたが、操業にこぎつけたのは、十年の歳月をへた民国十年（一九二一）になってからである。操業開始の後もたびかさなる停業で、ずっと営業成績は振るわず、国民革命軍が湖南にはいって後、民国十七年（一九二八）に操業を再開してはじめて、生産が軌道にのった。その間に経営形態は、民営から省立、さらに商租へ、そしてふたたび省立へと、目まぐるしくかわり、張敬尭のように時の支配者が軍費捻出のために、他省あるいは外国の資本家に工場の売却を企てたことさえあった。また華実公司承租の時期には、中国労働運動史上最初の犠牲者となった黄愛、龐人銓の事件も起こっている。

湖南軍閥政治に翻弄されたその数奇な経歴自体、民国期の政治と経済の接点としてきわめて興味をそそる課題ではあるが、ここでは前史の部分は割愛し、生産が軌道にのった一九二八年以降に限定して、その営業状況を追ってみたい(1)。

湖南第一紗廠は、一九三一年に織布部門の小規模な生産が開始されるまで、紡績専門の工場であった。しかも生産する綿糸は、農村織布向けの十六番手綿糸に特化し、使用する原綿も当初は地元の湖南綿花で賄われていた。したがって、その営業成績は、湖南市場における綿花の購入価格と綿糸の販売価格、両者の動向に左右される立場にあった。

図表五−一は、綿糸生産が本格化した一九二八年以降の採算状況を示している。純損益額には、一九三一年以降、兼営織布部門の損益も加わってくるが、三三年の純損六万九千元余りを除けば、その額はごくわずかであった。

一九二八年は、綿糸一梱当りの工場出荷価格が二五〇元ちかくの高水準であったのに対し、原綿コストは一五〇元余り

1930	1931	1932	1933
	42,234	52,004	46,313
	24,875	7,336	69,788
	21,491	41,934	
	88,600	101,274	116,101
402.06	367.99	374.18	391.92
166.38	170.01	147.44	138.98
66.00	76.46	66.73	65.29
232.38	246.47	214.17	204.27
239.32	256.58	212.40	189.24
6.94	10.10	−1.77	−15.03
23,429.00	25,165.25	25,350.96	25,574.01
162,714.40	254,279.75	−44,855.99	−384,377.37
	2,674.00	33,439.50	54,801.00
	723.58	3,802.07	−69,383.55
162,714.40	255,003.34	−41,053.92	−453,760.92
162,714.05	255,004.11	−41,054.42	−453,823.65

その他は『民国二十四年湖南年鑑』（湖南省政府秘書処

益」と若干の相違があるが，1933年を除いては端数の処

図表５－１　湖南第一紗廠の採算状況

項目		年	1928	1929
使用綿花の内訳（担）		湖南綿花		
		湖北綿花		
		アメリカ綿		
		合　計		
紡糸損益	綿花打込率	１梱当り斤	385.05	390.66
	原綿コスト（A）	１梱当り元	151.01	163.87
	生産コスト（B）	１梱当り元	60.27	60.11
	総コスト（C=A+B）	１梱当り元	211.27	223.97
	出荷価格（D）	１梱当り元	248.19	244.68
	１梱当り損益（E=D－C）	１梱当り元	36.92	20.70
	綿糸生産高（F）	梱	21,681.00	24,841.00
	紡糸部門損益（G=E×F）	元	800,518.89	514,332.90
織布損益	綿布生産高（H）	疋		
	織布部門損益（I）	元		
合計	純益（J=G＋I）	元	800,518.89	514,332.90
	同上実数	元	800,519.22	514,332.94

資料）使用綿花の内訳は，『長沙経済調査』（生活社　昭和15年９月刊）68～81頁。
民国24年10月）547頁。

備考）合計の「同上実数」とは原表の数値で，各項目からあらためて計算した「純
理方法の違いから生じたものと思われる。

で、典型的な「紗貴花賤」の状態であった。その結果、綿糸一梱当りの純益は、第一次世界大戦期における民族紡績業「黄金時期」の再来を思わせるように、実に三七元ちかくにも達した。この年の綿糸総生産高は、やや少なく二万二千梱を割ったが、それでも純益の総額は八〇万元をこえた。

その後二年間は、綿糸の出荷価格がやや下降気味であったのに反して、綿花の購入価格は一〇パーセント程度上昇したため、一梱当りの純益は低下したものの、なお二九年は二〇元強、三〇年は七元弱を確保した。一九二八年からの三年間で純益の総額は、一五〇万元ちかくにのぼり、工場建設に費やした経費をほぼ回収した計算になる。しかもこの利潤は、紡

績部門だけであげたものであった。この三年間は、まさしく湖南第一紗廠の「黄金時期」とよぶにふさわしい時期であった。

この好況は、少なくとも一九三一年上半年までは、持続したものと判断される。ところが一九三一年六月、湖南省は未曽有の大雨で、大規模な洪水にみまわれた。この雨は、延々と八月まで降りつづき、洞庭湖周辺の綿作は壊滅的な打撃をうけた。(2) さらに七月末の揚子江大洪水で、湖北の綿作も大打撃をうけ、湖南、湖北の綿花価格はいっきょに暴騰した。湖南第一紗廠の原綿コストも、一梱当り、六月の一五七・七元から九月には二〇八・三元に三二パーセントも暴騰したものと推計される。綿糸一梱の工場出荷価格も六月の二四八・六元から九月の二六四元へ若干は上昇したものの、綿糸一梱当りの推計損益は、六月の一四・四元の利益から九月には二〇・八元の欠損に転落した。「黄金時期」の要因であった「花賤」は、ここに終りを告げた。

一転して「花貴」におそわれた湖南第一紗廠では、折よく上海市場で最安値にあったアメリカ綿花を手当てすることで、この逆境をのりきろうとしたようである。十一月に一万三千担にものぼるアメリカ綿花を購入したのを皮切りに、以後一年の間に六万三千担をこえるアメリカ綿花を購入した。この処置で原綿コストの上昇をある程度、抑えることができ、一九三一年の通年ではなお綿糸一梱当りの純益は一〇元余りの水準を維持した。

翌三二年も、割安なアメリカ綿花の購入はさらに増加して四万二千担にせまり、全体の四〇パーセント以上を占めた。この年は湖南綿花も下落したので、一梱当りの原綿コストは通年で一四七・四四元にまで低下した。しかしすでに深刻化しはじめていた農村恐慌は、農民の購買力を低下させ、ひいては綿糸に対する需要も減退させていた。そのため、綿糸価格は四四元以上の暴落にみまわれ、一梱当りの損益は、一・七七元の欠損に転落した。翌三三年は、綿糸価格がさらに二三元以上暴落して、欠損は一五元余りに拡大した。その結果、織布部門の欠損も加わって、この年の欠損総額は四五万元をこす莫大な額に達した。

図表五―一の生産コストには、労賃、燃料費、物品費等の直接コストだけではなく、折旧（減価償却費）、官利（公約配当金）などの間接コストも含まれているもようであるが、一九三一年が七六・五元と異常に高いほかは、六〇〜六六元で大差はない。一九三一年が異常に高いのは、原綿を急遽アメリカ綿花に切り替えたため、それまで短い繊維の地元綿花用に調節してあったローラーが、長い繊維のアメリカ綿花を巻き込んでしまって、たびたび故障を起こし、作業効率が低下したことも一因のようである。(3)

しかし逆に、アメリカ綿花の大量使用は、湖南第一紗廠の綿花打込率を大幅に改善するプラスの作用ももたらした。湖南第一紗廠の生産する綿糸は、一梱当り三三〇斤と普通よりも一〇斤ほど多めであったことを考慮にいれても、一九三〇年までの綿花打込率は最高で四〇〇斤をこえ、極端に効率が悪かった。通例では廃綿率は一〇〜一五パーセント程度であるが、一九三〇年の湖南第一紗廠では二〇パーセントちかくに達したのである。それが、アメリカ綿花を使用した一九三一、三二年には、打込率はそれぞれ三六八斤、三七四斤と大幅に改善され、廃綿率は通常の範囲内におさまることになった。(4) 湖南産の在来種綿花が、製造工程で多くの屑綿を出したのに対して、アメリカ綿花は挟雑物が少なく、屑綿も少なかったからである。

以上のような次第で、アメリカ綿花の大量使用は、プラス、マイナス両面の作用があり、それが湖南第一紗廠の営業成績にあたえた影響も、にわかには判定しがたいところがある。ともあれ、湖南第一紗廠の営業成績は、一九三一年をさかいにして、明暗を分けることになった。

図表5－2　湖南第一紗廠の綿糸出荷価格とコスト

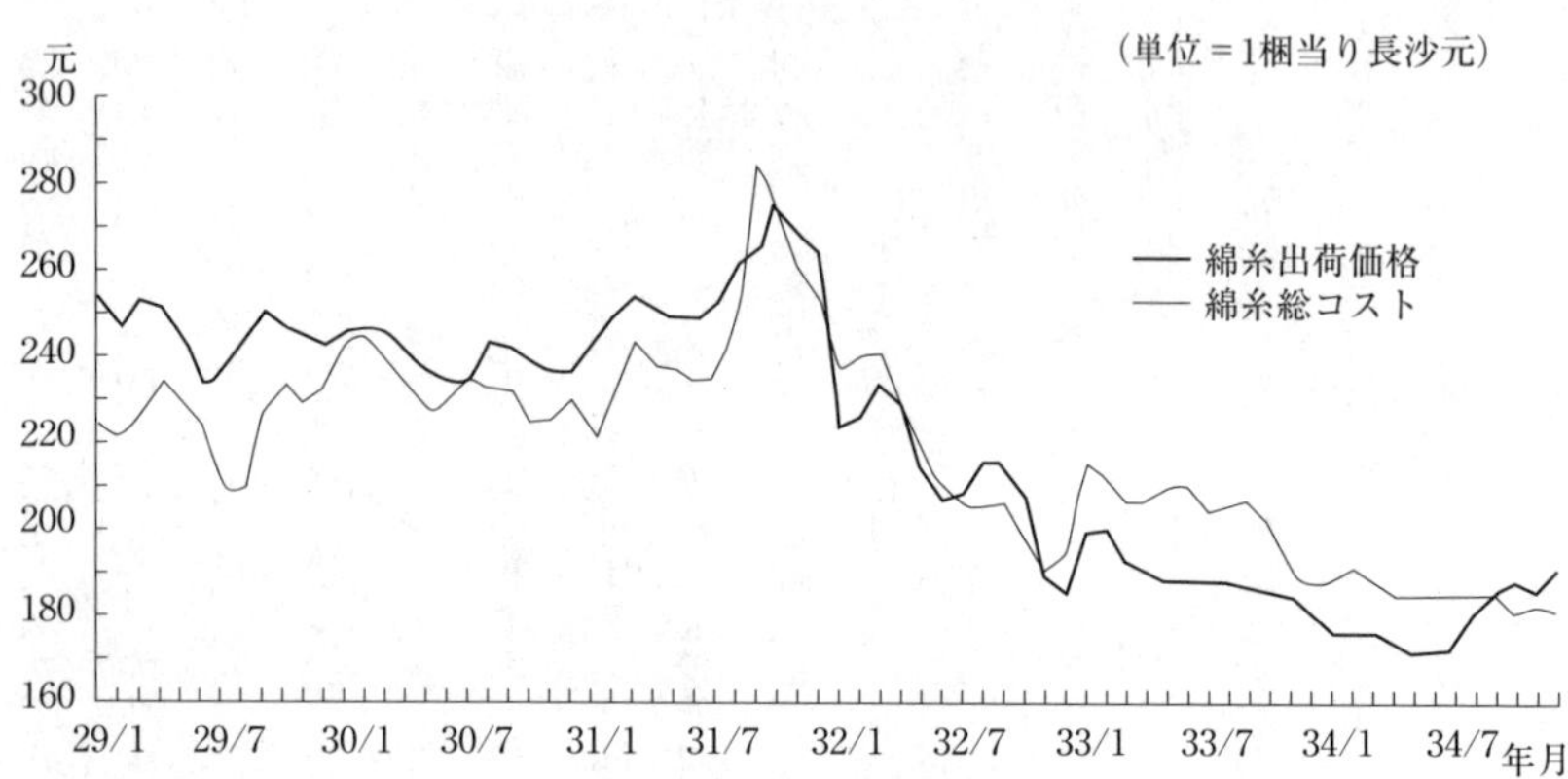

資料）出荷価格は，図表5－1のDが毎月，別表－ⅣのEに連動するものとして算定した。コストは，図表5－1のAが別表－ⅣのHに連動するものとして算定した毎月の原綿コストに，図表5－1のBを加えて推計した。

このような状況は、一月ごとの損益をみれば、より明確になる。図表五－二は、月ごとの採算状況を推計してみたもので、湖南第一紗廠の原綿コスト（図表五－一のA）と綿糸出荷価格（図表五－一のD）は、岳麓牌十六番手綿糸および常徳綿花の長沙における毎月の市価（別表ⅣのE、H）に連動して月毎に変化し、生産コスト（図表五－一のB）は年間を通じて不変であったという仮定に基づいて、出荷価格と総コストの推移を導き出している。

一見してわかるように、一九三一年七月までは、太線の出荷価格がつねに細線のコストよりも上位にあったのが、大洪水による常徳綿花の暴騰で、九月にはコストがついに二八〇元をこえて、出荷価格を二〇元以上も上回る逆転が起こってからは、一進一退の状況がつづき、三二年末以降はコスト割れの状況が定着した。そのおもな原因は、一九三一年後半こそ原綿コストの急激な上昇に求められるのであるが、一九三二年以降は明らかに綿糸出荷価格が一〇〇元以上の崩落にみまわれたことによるものと分析できる。大洪水による原綿コストの暴騰は、たしかに業績悪化の時期を早めはしたが、その影響は一時的なものであった。換言すれば、たとえ大洪水が発生しなかったとしても、一九三二年以降の業績悪化は避けられない事態であったと考えられる。

総じていえば、湖南第一紗廠の採算状況は、一九三一年半ばまではおもに「花賤」に由来する好成績をあげていたのであるが、その「花賤」が六月の大洪水でご破算になって以降は、農村恐慌にともなう急激な「紗賤」によって、深刻な業績悪化においこまれたものと推定される。湖南第一紗廠の「黄金時期」は、農村恐慌の到来とともに終りを告げたのである。

二　内陸民族紡の「黄金時期」

一九二〇年代末から三一年にかけて好況を謳歌したのは、湖南第一紗廠に限った現象ではなかった。久保亨氏の詳細な経営分析によれば、一九二八年から三一年にかけて中国の紡績業界は、天津の一部の紡績工場が欠損を出していたのを例外とすれば、全般的に好調で、図表五-三のように払込資本金利益率の総平均は四年連続で二桁台を記録した。しかしこの総平均も、農村恐慌の深刻化とともに急速な下降線をたどり、三四年にはついにマイナスに転じた。

このような全般的な趨勢のなかでも、とくに目を引くグループは、久保氏が華北内陸地帯と分類した四つの地方民族紡（石家荘の大興、唐山の華新、衛輝の華新、楡次の晋華）である。華北内陸地帯では、ほかの地帯よりも三年ほど早く一九二五年にはすでに、好況期にはいっていた。払込資本金利益率の平均は、一九二五年に二七・六パーセントに達して以降、一九二九年を唯一の例外として三一年まで一貫して二〇パーセント以上を保持し、最高の年、一九二八年にはついに三〇パーセントをこえた。この間一九二九年を除いては、つねに全国の総平均を一一〜一七パーセントも上まわる抜群の好成績を収めた。まさしく、一九二五〜三一年は内陸民族紡の「黄金時期」であった。

しかし一九三二年以降の景気後退局面では、華北内陸地帯は全国平均に比べ、業績悪化がやや足早であった。それだけ内陸民族紡は、農村経済の好不況に影響されやすい体質であったことをものがたっているのであろうか(5)。

久保氏の算定方式に基づき、湖南第一紗廠の払込資本金を二二八万元として計算すると、図表五-三のように華北内陸地帯の平均に比べ、一九二八、二九年はやや高く、三〇年以降はかなり低い利益率になる。その原因は主として、一九三〇年は、五月の李宗仁、白崇禧ら「中華民国軍」の長沙占領、七月の「紅三軍団」の長沙占領などによる生産の阻害、三一年は前述の大洪水による原綿の暴騰に求めることができる。

1930	1931	1932	1933	1934	1935	1936
12.0	20.6	13.1	6.6	3.6	3.1	14.8
5.6	9.7	7.6	1.3	−18.0	5.5	17.5
1.7	2.7	4.2	−7.0	−5.8	1.4	
22.3	21.8	8.2	−2.2	−0.1	−0.8	11.7
31.0	36.7	4.8	−9.1	−4.7	0.7	14.3
15.2	32.9	18.3	6.7	4.6	1.4	
7.1	20.8	24.8	7.1	−7.7	−1.4	11.4
30.1	3.8	−3.5	−6.8	4.6	−3.0	9.9
19.3	47.4		5.3	3.5		
11.3	16.6	8.6	0.9	−2.8	2.6	14.2
7.1	11.2	−1.8	−19.9			

（昭和61年10月）26頁。湖南第一は図表5-1に同じ。

詳細に比較すれば、各工場あるいは各地方固有の条件が反映して、利益率にも若干の差異が認められるものの、全体としてみれば、一九二五年から三一年にかけて内陸民族紡が、第一次世界大戦期の民族紡績業「黄金時期」に匹敵する好況を謳歌していたことは、否定できない。

よく知られているように、上海、天津などの沿海都市と、大部

図表５－３　地帯別払込資本金当期利益率の年次推移　（％）

項目＼年	1922	1923	1924	1925	1926	1927	1928	1929
上海・３工場平均	16.1	5.1	6.7	10.7	9.8	12.9	27.8	50.4
江浙・３工場平均						6.2	20.4	19.9
華北都市・５工場平均	15.5	3.7	−0.8	8.0	−3.0	1.9	0.1	3.6
華北内陸・４工場平均		14.9	12.8	27.6	23.2	20.1	30.9	19.9
石家荘　大興		18.8	22.2	31.0	30.2	27.0	36.3	29.8
唐山　華新			7.6	21.2	12.8	9.0	16.9	14.9
衛輝　華新	−8.6	11.1	15.1	35.6	18.1	4.5	13.6	6.9
楡次　晋華		1.3	−33.4	6.9	41.7	59.1	75.7	24.7
華中　武漢　裕華					−8.3		50.0	30.1
全国・16工場総平均	12.7	6.0	3.4	12.9	6.2	6.8	17.5	22.3
華中　長沙　湖南第一							35.1	22.6

資料）久保亨「近代中国綿業の地帯構造と経営類型」—『土地制度史学』第113号

分の内陸地帯とでは、工業化のための条件がおおいに違っていた。工場の建設、技術者の確保、労働者の募集等々、あらゆる点で、内陸地帯では沿海都市に比べ、格段に大きな困難がともなった。湖南第一紗廠でも、江蘇、湖北など外省出身労働者の採用が湖南人の省ナショナリズムを刺激して係争の種になったが、先進地帯から熟練工を招聘することなしには、操業にこぎつけることは不可能であった(6)。

技術、労働力などの質の格差は、当然生産コストにもはねかえってきた。図表五-四は十六番手綿糸一梱につき、湖南第一紗廠の生産コストと、『七省華商紗廠調査報告』にみえる上海および地方での生産コストの平均とを比較したものである。それぞれ費目のたて方が異なっているため、内訳は若干の出入りがあるものと予想される。また調査の年もややずれているので、厳密な比較は期しがたいが、上海と地方の格差を大ざっぱに知るには、さして問題はない。

まず、一九三一年における上海と地方の比較からみると、生産コストの合計で、すでに一五元ちかくの開きがある。内訳では労賃がほぼ拮抗している以外は、すべて地方の方が多くの出費を強いられている。とくに燃料とその他の開きが大きい。そのような地方民族紡のなかでも、とりわけ湖南第一紗廠は、燃料と物品の費目は低く抑えているものの、労賃、事務費などがずば抜けて高いところから、合計では上海民族紡に比べ、実に一七元近くも多くの生産コストを要した。一九三三年における湖南第一紗廠の労賃は、二二元余りで、一九二二年の二四元余りと比べても、あまり改善された形跡はなく、他の二倍にちかいありさまであった。労働者一人当りの賃金は、湖南第一紗廠がずば抜けて高給であったという事実はないから、結局のところ、湖南第一紗廠の労働生産性は、ほかに比べ半分程度であったという計算になる。

図表5－4　湖南第一紗廠の生産コスト

（単位＝１梱当り元）

費目＼区分	1931年七省民族紡 上　海	地　方	湖南第一紗廠 1922年	1933年
労　　賃	12.869	12.780	24.559	22.1609
物　　品	6.221	8.072	9.567	4.7517
燃　　料	4.959	10.151	2.373	3.2605
利　　息	9.931	10.675	7.948	9.1383
減価償却	2.462	3.125	0.949	4.4988
事 務 費	1.543	2.730	3.754	5.8533
そ の 他	2.577	7.499	3.416	7.7600
合　　計	40.562	55.032	52.566	57.4235
租　　金			3.321	
官　　息			2.277	3.8247
総　　計			58.164	61.2482

資料）1931年の上海，地方は王子建・王鎮中『七省華商紗廠調査報告』（商務印書館　民国25年２月再版）198，210，215，222頁，湖南第一は1922年が長沙『大公報』民国13年１月20，23～25，28日，1933年が孟学思編『湖南之棉花及棉紗』（湖南省経済調査所　民国24年７月刊）下編89頁。

問題は、湖南第一紗廠に典型的なように、沿海都市の民族紡に比べて三～四割も割高な生産コストを必要とした内陸の後進民族紡がなぜ、一九二五～三一年に限っては、沿海都市の先進民族紡をはるかに凌ぐ利益率を達成しえたのか、ということである。この疑問に対して、ただちに思いあたる要因は、内陸民族紡のおかれていた立地条件である。

農村在来織布用の太糸生産に特化していた内陸民族紡は例外なく、原料立地、販売立地に恵まれていた。綿作地帯のなかに設立された内陸民族紡は、いささか粗悪にしても、太糸用の原綿には十分な地元綿花を使用することで、原綿手当ての流通経費と中間マージンを最小限に抑えることができた。また従来からの綿作地帯は、同時に農村織布業地帯でもあった。内陸民族紡は、在来織布業が原料とする二十番手以下の太糸を地元農村に供給することで、製品販売における流通経費と中間マージンも大幅に節減することができた。

上海、天津などの沿海地帯に比べ、割安な価格で原綿を購入し、割高な価格で綿糸を販売することのできた内陸民族紡は、そのプラスマイナス分、より多くの利潤を得ることができたわけである。久保氏の提供している資料によると、河南省の衛輝（汲県）にあった華新紗廠では、一九二三〜三〇年八年間の平均で、上海に比べ原綿コストは一担当り三・〇三元、約六パーセント低く、綿糸出荷価格は一梱当り一七・二七元、約八パーセント高かったという。綿花打込率を三五〇斤とすれば、綿糸一梱当り差引き二七・八七五元も、衛輝の方が上海よりも有利であったという計算になる(7)。

出荷価格が一梱当り二〇〇元前後であった綿糸にあって、原料立地と販売立地による差益が、三〇元ちかくにものぼったことは、生産コストにおける内陸民族紡の劣勢を補うに十分な数字である。たしかに、内陸民族紡の「黄金時期」を闡明するに際して、立地条件に由来する差益は、基本的なファクターとして真っ先に注目されるべきである。しかし、内陸民族紡の「黄金時期」がほかならぬ一九二〇年代後半に出来した原因を説明するためには、立地条件による差益が、そもそもなぜこの時期にとくに顕著になったのか、そのメカニズムを時系列の面から明らかにする必要がある。

一九二〇年代後半に、内陸民族紡の立地条件がとりわけ有利な局面を迎えた要因は、内陸地帯固有の問題として局部的な考察をすすめるよりは、むしろ「一九二三年恐慌」以降における中国紡績業界全体の構造的変化がもたらした、いくつかの現象の一つととらえ、中国の全体的趨勢のなかから、その因果関係の糸口を模索する方が、問題の核心に近づきやすいように思われる。換言すれば、「一九二三年恐慌」以降の中国紡績業の再編過程そのものが、内陸民族紡の「黄金時期」を招来する要因を胚胎していたのではないか、という見通しのもとに、問題解決にアプローチしてみようというわけである。

第二節　再編過程への転換

中国紡績業が初期発展の段階から再編過程に転換する分水嶺となったのは、「黄金時期」から「一九二三年恐慌」への激しい景気変動であった。そこでまず、この激しい景気変動がいかなる性格のものであったのかを、マクロの視点から概観した後、それが紡績業においてはいかなる規定要因として作用したかをみていきたい。

一　シェーレから逆シェーレへ

「黄金時期」の間に、軽工業が無視できないほどの規模にまで急成長したとはいえ、中国はなお農業生産が国民経済の大部分を占めていた。この構造は当然、対外貿易にも反映し、農産物あるいは鉱産物の第一次産品を輸出し

図表5－5　中国の輸出品と輸入品の価格指数

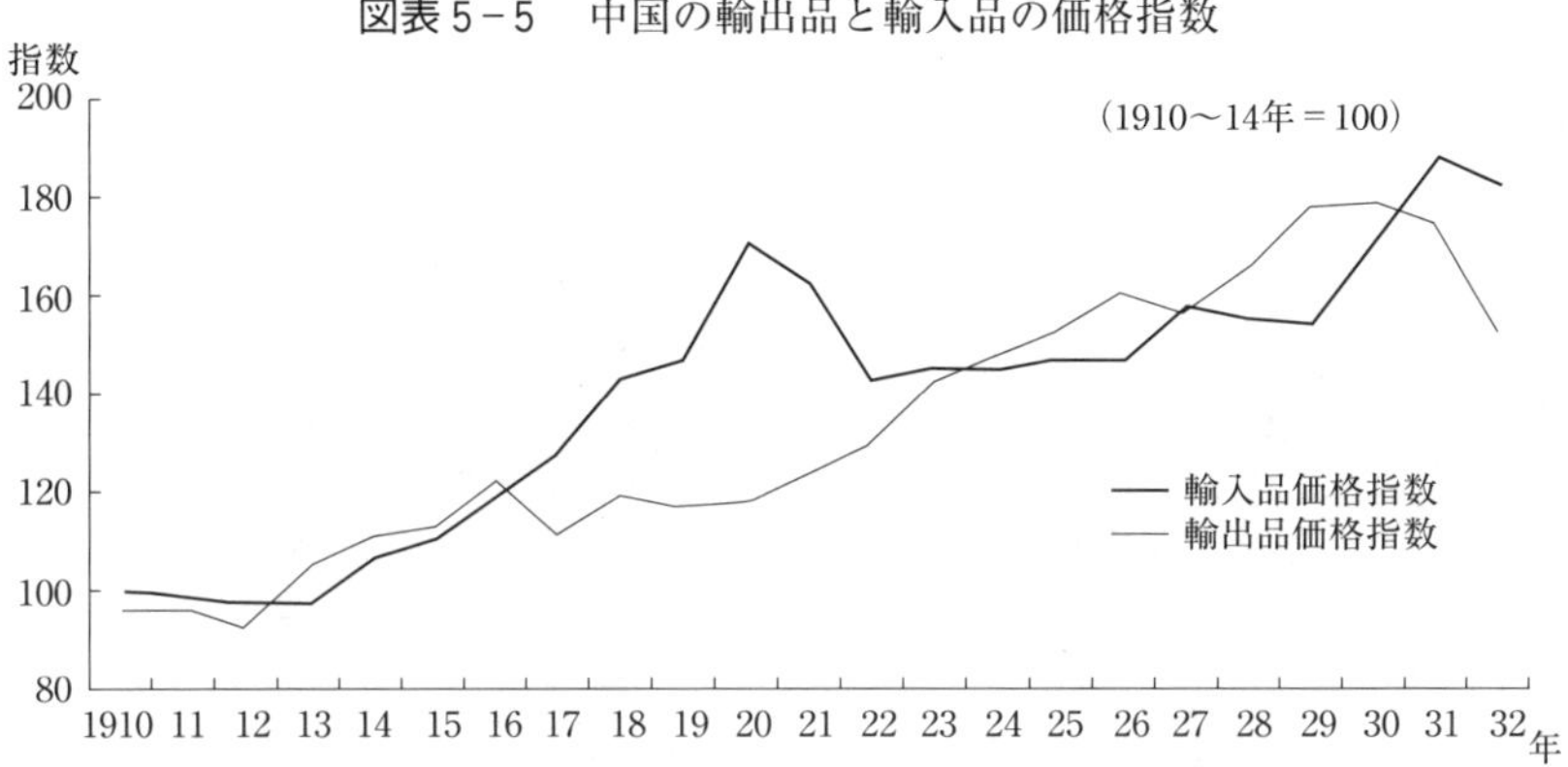

資料）久重福三郎「物価より見た支那経済の一面」—『支那研究』第36号（昭和10年3月）125〜126頁。

て工業製品を輸入するのが、その基本的なパターンになっていた。しかも輸出用第一次産品の価格は、国際市場の相場変動に従属的に追随するのがふつうであった。(8) そのため、農産物を原料とすることの多い中国軽工業は、つねに国内の農業生産と海外の市場動向という二つの要因に、その景気動向を左右される立場におかれていた。さらに輸入代替型の軽工業にあっては、外国工業製品の圧力も当然、見過ごすことのできない要因であった。

図表五-五は、一九一〇~三二年の二十余年間にわたって、上海での輸出品価格指数と輸入品価格指数とを対比したものである。ただちに見てとれるように、両者の関係でポイントとなる年は、第一に一九一六~一七年、第二に二三~二四年、第三に三〇~三一年を指摘できる。第一のポイントでは、それまでほぼパラレルであった両者の関係が崩れ、輸入品価格指数が一方的に上昇して、大きな乖離が生じた。乖離が最大になった一九二〇年には、輸出品価格指数のわずか一一八に対して輸入品価格指数の方は、一七一にまで跳ね上がった。しかし、この甚

図表5－6　華北での卸売物価指数

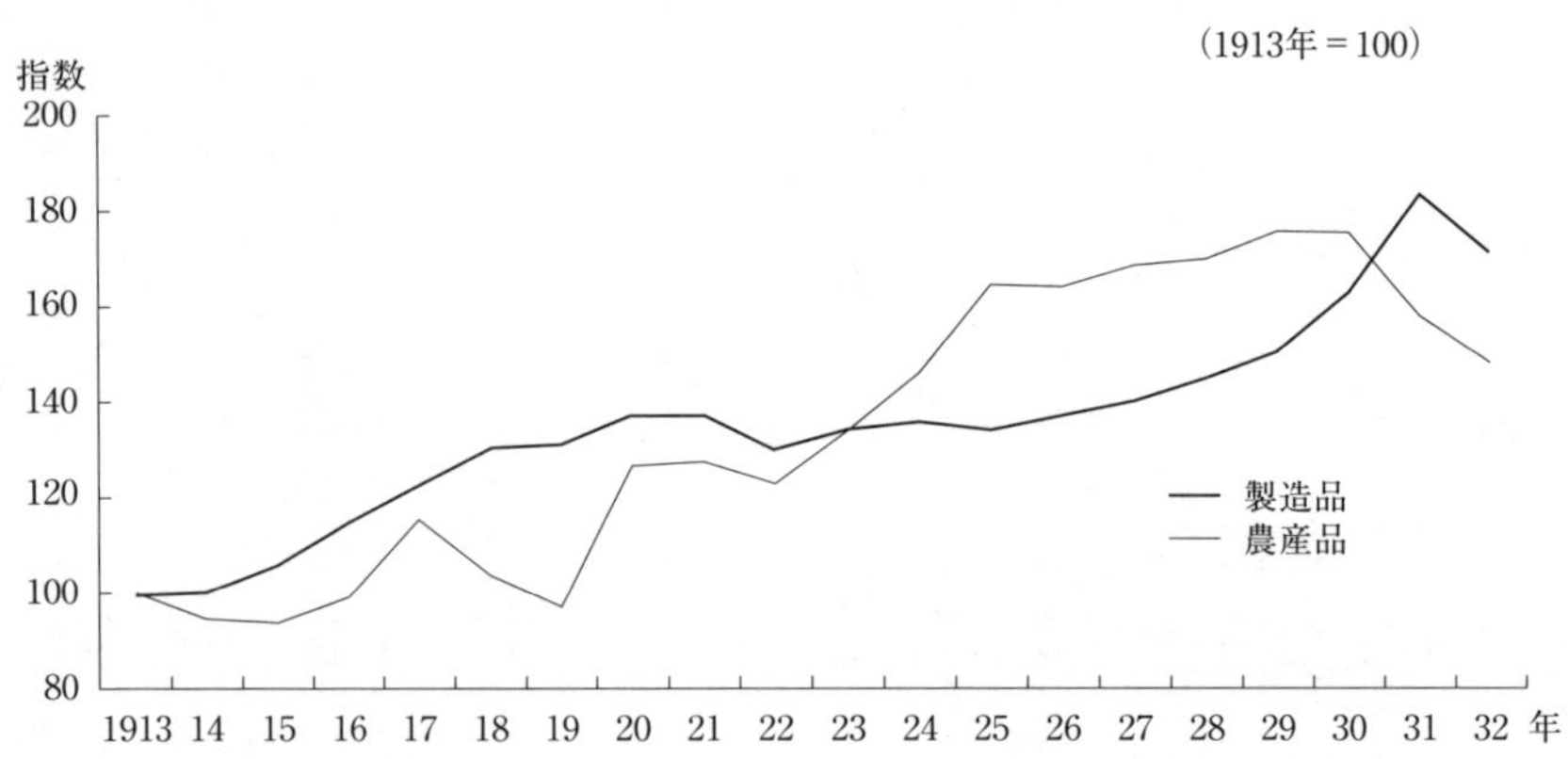

資料）久重福三郎「物価より見た支那経済の一面」―『支那研究』第36号（昭和10年3月）128頁。

だしい乖離もその後は急速に縮まり、第二のポイントをさかいに逆転して、輸出品価格指数がわずかながら上位にでた。一九二六年には輸入品価格指数、一四七に対し、輸出品価格指数は一六〇で、一三ポイント余り上まわった。その後は一進一退の状態であったが、第三のポイントで、おもに輸出品価格指数の急落によってふたたび逆転が起こり、三〇年代は輸入品価格指数が上位を占めた。

もし大まかに、輸入品≒工業製品、輸出品≒農産物と読みかえることが可能であるとすれば、中国ではシェーレ（工業製品価格と農産物価格の鋏状価格差）が、第一次世界大戦後期から急速に拡大して、一九二〇年にそのピークに達したが、それ以後は急速に縮小にむかい、一九二三年をさかいに逆転して二六年まで「逆シェーレ」ともいうべき状況が生じた後、一九二〇年代後半は一進一退で推移し、一九三一年に至って農産物価格の暴落による再度のシェーレが出来した、と解釈できる。(9)

このような趨勢は、沿海都市での通関レベルにおける輸出入品価格指数にのみ現れる現象ではない。図表五-六は、華北に

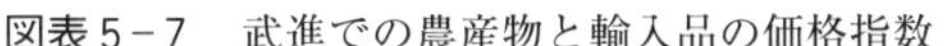
図表５－７　武進での農産物と輸入品の価格指数

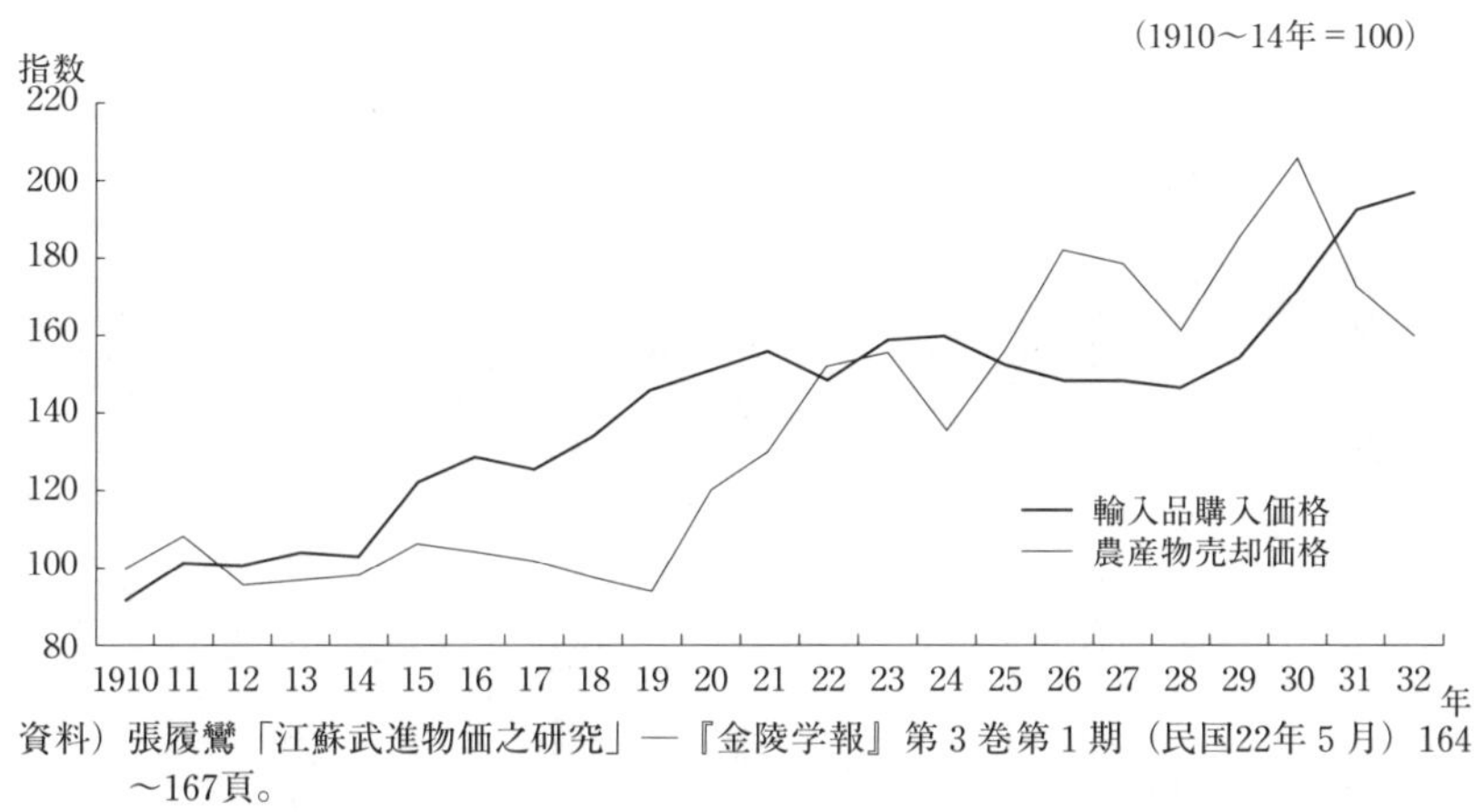

資料）張履鸞「江蘇武進物価之研究」―『金陵学報』第３巻第１期（民国22年５月）164～167頁。

おける農産品と製造品の卸売物価指数を対比したものである。一九一五年から一七年まで製造品と同じく騰勢にあった農産品は、一七～一九年の間急落に転じ、一九年には農産品の九七に対し、製造品は一三二とシェーレは最大の幅になった。その後は、農産品が急騰して、二三年にはシェーレは解消した。二三～二五年の間は、逆シェーレともいうべき状況が進行し、その後二七年まで三〇ポイントちかくの乖離がつづいたが、二八年からは解消にむかい、三一年に至ってふたたび製造品が上位に立って、シェーレ状態に回帰した。

さらに図表五‐七は、江蘇省武進県における農産物売却価格指数と輸入品購買価格指数とを対比したものである。輸入品は、十九品目中一品目を除いて、すべて工業製品とみなしてよいものである。(10)

一九一五年から一九年にかけては、農産物売却価格がやや下落気味であったのに対し、輸入品購買価格の方は、二一年まで急騰しつづけた。一九一九年には、農産物売却価格指数の九四に対し、輸入品購買価格指数は一四六に達し、その乖離は五二ポイントにもおよんだ。しかしその後は、農産物の方が急騰をはじめて、一九二二年には一五二まであがり、若干下落した輸入品の一四九をわずかながら上まわった。二三年からは一進一退があって、先の二つのデータとはやや様相を異にするものの、二〇年代後半は二八年における急接近を除いて、概して農産物売却価格指数が上位にあった。その状態は一九三〇年までつづいたが、三一年には農産物が一七三に下落したのに反して、輸入品の方は一九二に急騰して、ふたたびシェーレが生じた。

上海での輸出入品価格指数、華北での農産品、製造品卸売物価指数および武進での農産物売却価格、輸入品購買価格指数、この三者の間には、以上見てきたようにいささかの出入りは認められるものの、基本的な点での相違はない。三つのデータが一致して指し示すところによると、中国では沿海都市でも内地農村でも、第一次世界大戦後半から工業製品価格の急騰でシェーレが進行して、「黄金時期」の一九一九年から二〇年にかけてピークをむかえた後、急速に縮小にむかい、「一九二二年恐慌」に至る一九二二年～二三年の間にほぼ解消した。その後はむしろ農産物価格の方が上位にあって、逆シェーレとでもいうべき状況が二六年まで進行した。それ以降は、データごとにややまちまちの嫌いはあるが、逆シェーレの状況は徐々に解消の方向にむかい、やがて一九三一年前後になると、農産物価格の急落でふたたびシェーレが顕著になった。

一九一〇年代後半から三〇年代前半にかけての中国の物価動向は、一九二三年と三一年という二つのポイントをさかいに、シェーレから逆シェーレへ、そしてふたたびシェーレへというジグザグのコースを歩んだのである。

以上のような変遷は、一九一〇年代後半から一九三〇年代前半にかけて、中国の民族工業がたどった景気動向と比較的よく一致している。第一次世界大戦後期から急速に拡大したシェーレは、民族工業の勃興にとって、もっとも理想的な市場条件を提供し、「黄金時期」を招来した。しかし、一九二〇年以降はシェーレの縮小につれ、空前の好況も後退しはじめ、二二年半ばには不況色が濃厚になって、やがて「一九二三年恐慌」に突入していった。一九二三年以降の逆シェーレのもとで、景気は低迷をつづけたが、二六年前後をピークに逆シェーレが解消にむかうと景気も回復しはじめ、二八年には好況といってもよい状況が到来した。この好況は四年余り持続した後、一九三一年からの農村恐慌とともに、後退局面を迎えたのである。

一九三一年以降のシェーレは、一九一〇年代後半のそれとは違って、民族工業に不況をもたらした。一九一〇年代後半のシェーレがおもに工業製品価格の高騰に起因したのに反し、一九三一年以降のそれは、もっぱら農産物価格の暴落による、という明確な相違が、相反する結果をもたらしたものと考えられる。中国民族工業のよって立つ基盤である農村経済が、一九一〇年代後半には工業製品の高騰にもかかわらず、農産物価格の堅調により比較的安定していたのに対し、一九三〇年代前半は農産物価格の崩落で疲弊の極におちいったため、民族工業の製品は最大の市場で苦境に立たされることになったもののようである。

このような変動の原因を完全に解明するためには、おそらく当時の中国のマクロ経済を世界経済との関連から分析する相当規模の作業が必要であろうが、ここでは以下の行論に欠かせない範囲でのみ、最小限の考察を加えておくことにしたい(11)。

まず鍵になるのは、中国が対外貿易では当時世界でほとんど唯一、銀本位の国であった点である。図表五-八のように、金本位のポンドスターリングと銀本位の海関両との為替レートは、一八六〇年代以来半世紀以上にわたって銀安傾向が進行していた。一海関両当り、一八六四年には七シリング五ペンスであったのが、一九一五年には二

図表5－8　中国の対ポンド為替指数と輸出入品価格指数

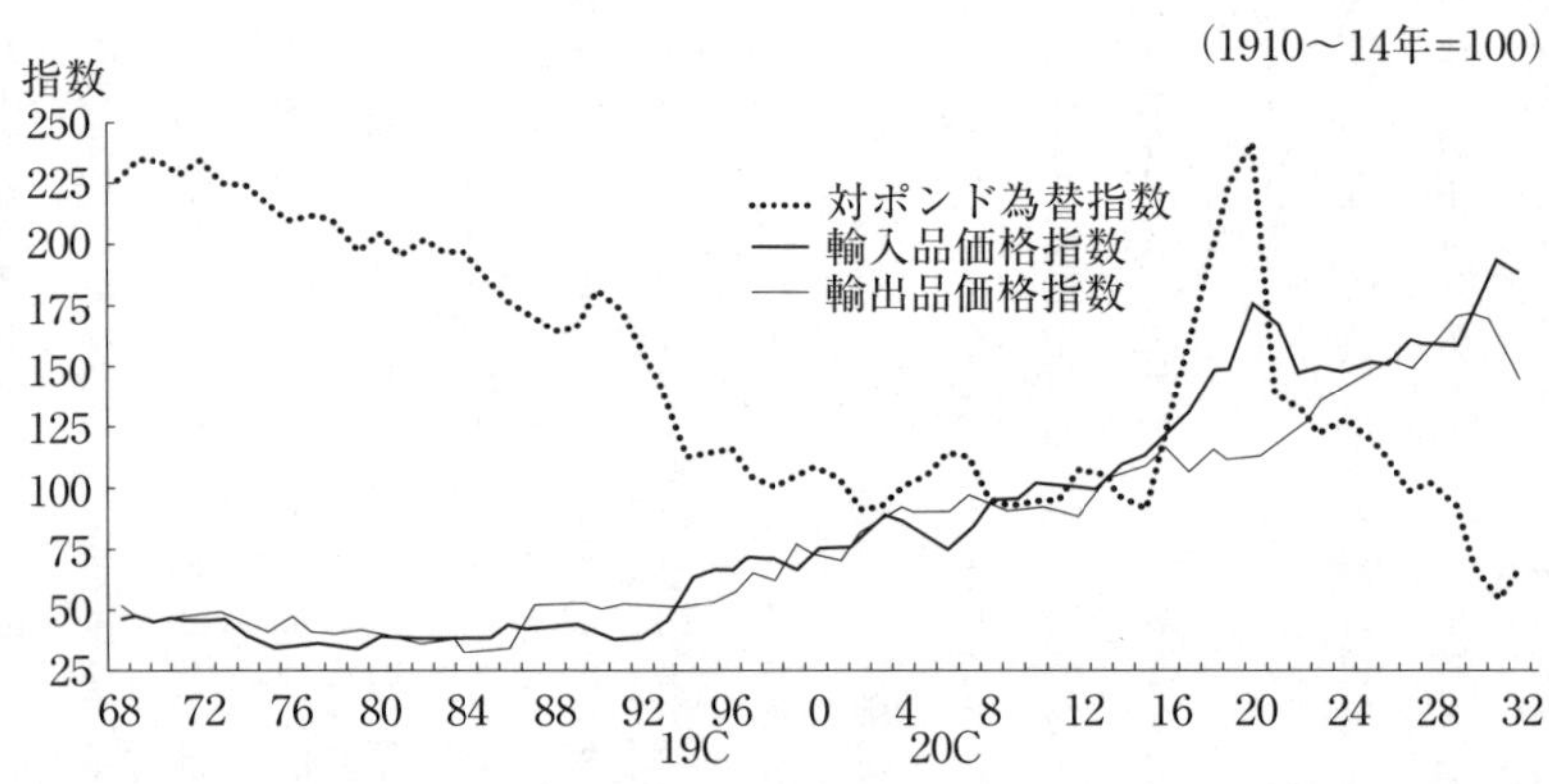

資料）Hsiao Liang-lin, *China's Foreign Trade Statistics 1864–1949*, Harvard University Press, 1974. pp. 190～192. 輸出入品価格は図表5－5に同じ。

シリング七ペンス八分の一と、ほぼ三分の一にまで下落した。この銀安は、輸出入品の銀建て価格を上昇させた。図表五–八の指数では、輸入品が一八八四年の三六・一から一九一五年の一一〇・〇へ、輸出品が同じく三四・五から一一二・九へ、それぞれ三倍以上に上昇した。

ところが、第一次世界大戦の勃発とともに、この半世紀以上にわたる銀安傾向は、一転して急激な銀高にかわった。一九二〇年には、一海関両は六シリング九ペンス二分の一にまで急騰し、ほぼ一八六七年の水準にまで戻した。半世紀もの長きにわたって下落しつづけた銀価が、わずか四年間で回復したことは、第一次世界大戦時期の為替変動の激しさをものがたっている。それにもまして注目に値するのは、銀の急激な高騰にもかかわらず、輸入品の銀建て価格が下落するどころか逆に高騰していることである(12)。

そのおもな原因は、欧米諸国および日本での物価が第一次世界大戦時期に銀高のペースを上回る暴騰をつづけたことによる。たとえば、イギリスでの卸売物価指数（一九一〇～一四年＝一〇〇）は、一九一四年の一〇三が一九二〇年には三〇四に急騰した。その結果、輸入品＝工業製品の銀建て価格は、激しい銀高にもかかわらず逆に上昇さえしたのである。これに対して、輸出品＝農産物の銀建て価格は、銀高効果がある程度浸透して、一九一九年までは横ばい状態のまま推移した。こうして輸入品＝工業製品の銀建て価格指数が、輸出品＝農産物の銀建て価格指数を五三ポイントも上回る状態が、一九一九年に出来したのである。

国際的な規模で進行したこのシェーレこそ、第一次世界大戦時期に中国の民族工業が勃興する一つの大きな原動力となった。輸入品＝工業製品の高騰は、中国国産の工業製品の市場価格にもはねかえって、その高騰を促した。一方、輸出品＝農産物の価格低迷は、原料価格の安値安定を意味した。中国国産の原料を使用する民族工業にとっては、原料安の製品高という理想的な市場環境がうみだされたのである。このような理想的な市場環境の「黄金時期」に、国産の原料を加工する輸入代替型の軽工業が、急速な発展を遂げることになったのである。

だが農業と手工業の在来セクターが国民経済の大部分を占めていた当時の中国では、あまりに急激なシェーレとそれにともなう近代セクター＝民族工業の急成長は、おもに二つのリアクションを招いたものと思われる。第一は、在来の手工業がなお工業に対抗している分野では、価格の高騰しすぎた工業製品にかわって、手工業製品がその分売上を伸ばして工業製品の市場をせばめるとともに、工業製品価格のいきすぎた高騰を抑制する。第二に、工業原料となる農産物は、相対的な値崩れから農民の生産意欲の減退をまねき、やがて生産減少による価格の反騰に至る。とくに「黄金時期」のように、わずか数年の間に生産力が数倍にも急増したケースでは、需給関係の急変が、深刻な製品過剰と原料不足をもたらし、製品価格の急落と原料価格の急騰を余儀なくした。

「一九二三年恐慌」は、この原料高の製品安という市場環境が極度に進行した現象であった。しかも二〇年代は、世界的な傾向としては、第一次世界大戦時期とはうってかわって、デフレの傾向が顕著であった。イギリスでは、一九二〇年に三〇四の最高峰を極めた卸売物価指数は、二〇年代前半に一瀉千里の下落をみ、二三年には一五六まで下がった。二四、二五年には、微少な一時的反騰がみられるものの、その後も世界恐慌をはさんで下落しつづけ、一九三三年には九八にまで下がった。一方、同じく一九二〇年にピークを記録した銀高傾向も、二一年には一海関両当り三シリング一一ペンス一六分の七と、わずか一年で半分近くにまで反落し、一九三三年には一シリング二ペンス一六分の一三と、ピーク時の五・五分の一にまで暴落した。

これら二つの世界的規模の現象は、中国に以下のような影響を及ぼした。まず輸入品＝工業製品は、銀安であるにもかかわらず、欧米先進国でのデフレ傾向の影響で、二三年まではむしろ下落さえした。二三年以降は、さすがに上昇に転ずるが、その勢いはきわめて微弱であった。これに対して、輸出品＝農産物は、欧米先進国でのデフレにもかかわらず、急速な銀安傾向にかてて加えて、民族工業の原料需要急増による国内需要の堅調に支えられて、根強い上昇傾向にあった。ある場合には、中国産の原料の方が、外国産に比べてかなり割高になるケースもでてきた。

その結果、第一次世界大戦後期から戦後にかけてのシェーレは、「一九二三年恐慌」の時期に完全に解消したばかりでなく、二〇年代半ばには、輸出品＝農産物価格指数が、むしろ輸入品＝工業製品価格指数を大きく上まわるに至る。急激なシェーレの直後に、引き続き出来したこの逆シェーレともいうべき状況は、勃興まもない中国の輸入代替型軽工業に、原料の調達、製品の生産・販売の両面にわたって新たな対応をせまった。「黄金時期」の極端なシェーレのもとでは、工業製品は企業経営の良否にかかわらず、生産しさえすれば利潤が期待できるような一時期があった。ところが、逆シェーレの状況では、企業間の経営格差が大きく営業成績を左右することになった。原料コストを削減し、製品の付加価値を高めることが、企業の至上命題となった。

しかも当時の中国では、不況下における経営の合理化は、企業間競争の激化ばかりでなく、中国資本の企業と外国資本の企業の格差をも顕在化させる結果をもたらした。とくに第一次世界大戦期から中国への資本進出を本格化した日本企業は、「一九二三年恐慌」を機に中国市場での優位を確立しはじめた。「一九二三年恐慌」以後の中国経済は、このように逆シェーレのもと、農業生産が一定の活況を呈する一方、工業は調整局面にはいり、淘汰による企業の再編成が進行しつつあった。

しかし、一九二九年アメリカに端を発した世界恐慌が、やや時間をおいて一九三一年に中国にも影響を与えはじめると、農産物価格が工業製品価格に先だって崩落を開始し、一九二〇年代の逆シェーレは解消して、ふたたびシェーレが生じた。一九二〇年代後半における農業生産の一時的活況はたちまちのうちに萎縮してしまい、一九三〇年代前半は「農村恐慌」が吹き荒れることになった。

二　「黄金時期」以降の中国紡績業

前項でみたような中国経済のマクロの動向は、一九一〇年代後半から三〇年代前半にかけての中国紡績業の動向をいかに規定していったのであろうか。ごく大まかに、シェーレから逆シェーレへの転換を背景とする中国紡績業の展開を追ってみることにしたい。

第一次世界大戦期におけるシェーレは、紡績業では「紗貴花賤」（原綿安の綿糸高）という市場環境として現れ、莫大な利潤をうみだした。その利潤がさらに紡績業への投資意欲をかきたてた。こうして惹起された「黄金時期」の紡績工場建設ラッシュは、原料綿花と製品綿糸の両面にわたって中国市場の需給関係を一変させた。

まず原綿の需給関係は、どう変化したのであろうか。「黄金時期」に生産力をいっきょに三倍以上に膨張させた中国紡績業は、当然その原綿需要においても相応の激増をみせた。一錘当りの年間原綿消費量を二・一担と仮定して推計すれば、中国紡績業の原綿需要は、一九一五年の二〇四万担から二一年には三九三万担にほぼ倍増し、さらに、二五年には六九七万担と、五〇〇万担ちかくも増加した計算になる。これに対して、中国の綿花生産高は一九一八年の一〇二二万担、一九年の九〇三万担という二年続きの豊作の後、二〇年六七五万担、二一年五四三万担と二年にわたる不作で、いっきょに半分ちかくに減少してしまった。しかも中国の在来種綿花は、繊維が太くて短いため、そもそも紡績用にはあまり適していなかった。ある推計では、中国綿花のなかで純然たる紡績用といえるものは一七〇万担程度しかなく、十六番手までなら、なんとか紡績用の原綿として使用できる綿花を含めても、四〇〇万担をわずかにこえる程度しかなかったという。したがって、中国ではだいたい一九二一年をさかいにして、国産綿花だけでは国内紡績用の原綿を手当てできないという状況が出現したものと推測される(13)。

需要の急増と供給の急減、あるいは絶対的不足という背反する要因の挟撃をうけて、中国綿花相場は一九二一年後半から暴騰した。たとえば、当時中国の代表的な紡績用原綿であった通州綿花の上海での担当り現物相場は、一九二一年三月の二三・七五両という底値から、わずか半年後の九月には三七両まで五五パーセント以上も暴騰した。その結果、中国の綿花相場は、折から進行していた猛烈な銀安傾向にもかかわらず、国際綿花相場、とりわけ中国綿花と用途を同じくするインド綿花の相場に比べて、割高感が急速に高まった。「黄金時期」をもたらした不可欠の要因が、中国綿花相場が一九一八年後半から二〇年前半にかけて国際綿花相場から隔絶したような安値安定の相場を呈したことにあったとすれば、二一年後半以降の事態が、まったく逆の結果をもたらすであろうことは明白であった。

「黄金時期」後期に顕在化したこのような中国綿花の需給逼迫は、国内流通の面でも、国際貿易の面でも従来の様相を一変させる可能性をはらんでいた。

一方、製品綿糸の需給関係も一九二一年から二二年にかけて、重大な転機をむかえた。中国農村の在来織布業における機械製太糸（二十番手以下）の消費高は、十九世紀末年にほぼ四百万担の水準に達したあと、二十世紀にはいってからは一貫して四百万担前後で停滞してきたものと推測される。[14]中国紡績業はおもに、この四百万担とみこまれる農村の太糸市場をインド、日本などの外国綿糸から奪回することで、成長をつづけてきたのである。ところが、仮に一錘当りの綿糸年産高を一・九担とすると、中国紡績業の綿糸生産高は一九一五年の一八五万担が二二年には四八七万担にも増加したことになり、農村市場から外国綿糸を完全に駆逐したとしても、なお一〇〇万担ちかくの生産過剰に直面した計算になる。

しかも実際には、四百万担とみこまれる太糸市場のパイが、「黄金時期」には若干の縮小にみまわれることすら、ありえたのではないかと推測させる材料が二、三ある。

図表五-九のように、江蘇省武進での機械製綿糸の小売価格と、綿花価格と農工労賃から割りだした手紡糸コストとを比較してみると、「黄金時期」に外国綿糸の投機的暴騰につられて中国綿糸も実需とかけ離れた暴騰をつづけたので、一九一五年までは手紡糸コストとほぼパラレルであった機械製綿糸の小売価格は、一九一八年から一九

図表５－９　武進での手紡糸の機械糸，綿花との価格比

（手紡糸価格＝100）

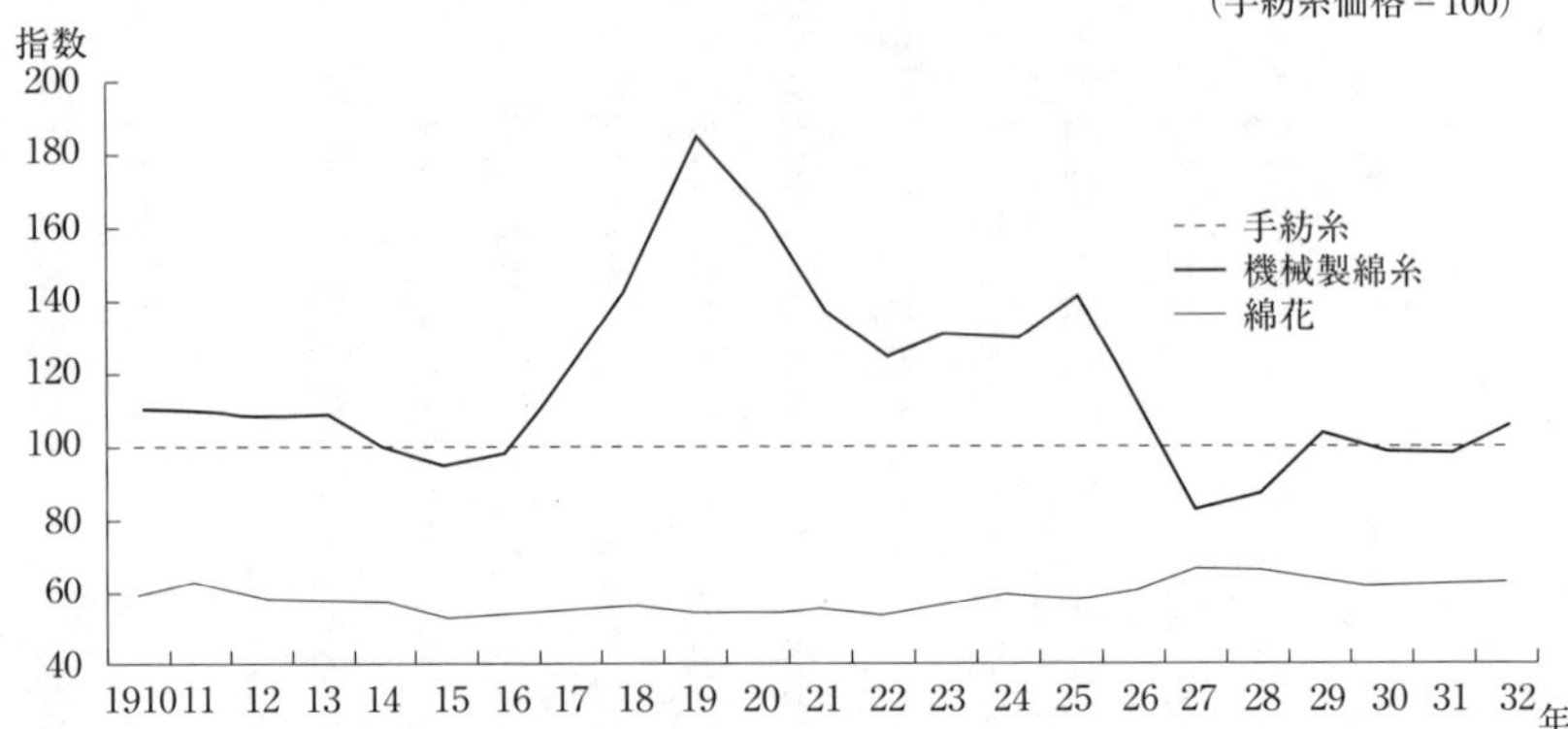

資料）張履鸞「江蘇武進物価之研究」―『金陵学報』第３巻第１期（民国22年５月）215頁。
備考）手紡糸価格は，1括（８斤）当り8.5斤の原綿代金と10日の日当（年工労賃を300日で日割り）を要するものとして推計した。

年にかけて手紡糸コストの二倍ちかくにまで急騰した。そのため、中国の農村ではこの時期、暴騰した機械製綿糸に見切りをつけて、ふたたび手紡糸を織布の原糸に使用するといった事態が、かなり広範に発生したようである。

徐新吾氏の推計では、中国農村での手紡糸の消費高は、最盛時一八六〇年の六二五万担から一九一三年には四分の一以下の一四三万担まで減少したものの、一九二〇年には倍増して二八二万六千担まで回復したという[15]。これほど劇的な手紡糸の復活があったとすれば、中国農村における機械製太糸の需要に減退がなかったとは、とうてい考えられない。ともあれ、四百万担のパイ自体が縮小を予想されるうえに、一九二二年にはなお、一二〇万担をこえる外国綿糸の輸入（当時はすでに、二十番手超過の細糸が多くを占めるようになってはいたが）も確認されるのであるから、中国紡績業における太糸の生産過剰という事態は、どの点からみても否定しがたい事実であった。

紡績用良質綿花の絶対的不足と農村市場向け太糸の生産過

剰という、原料と製品の両面にわたる需給関係の逼迫は、「花貴紗賤」（原綿高の綿糸安）という市場環境をうみだし、やがて中国紡績業の「一九二三年恐慌」を引き起こす一つの要因となった。このような性質をもつ「一九二三年恐慌」への対応をめぐって、中国紡績業界には両極分解の傾向が濃厚に現れてきた。

一つの方向は、中国農村の太糸需要がすでに限界に達したものとの判断から、改良土布などの原料綿糸になる二十番手超過の細糸に生産シフトをして、新たな市場を開拓しようとするものである。二十番手超過の細糸は、農村の手紡では生産できないうえに、原綿コストの比率が低く、相対的に付加価値の高い製品であるところから、原綿の割高と手紡糸の反撃に由来する「一九二三年恐慌」を克服するのには、最適な選択であった。

いま一つの方向は、あくまでも農村市場向け太糸の生産をつづけるために、紡績工場の建設をそれまでの沿海都市立地型から内陸立地型に改め、原料市場、販売市場との接近による流通経費の削減で手紡糸に対する競争力を強化して、太糸市場の維持、拡大を図ろうとするものである。

概していえば、前者の試みは資本力、技術力などを備えた日本資本の紡績工場（「在華紡」）が終始主導権を握ってすすめ、後者の試みはもっぱら中国資本の紡績工場（民族紡）によってすすめられた。こうして中国紡績業界は「一九二三年恐慌」以降、細糸への生産シフトを推進する「在華紡」と太糸に特化した生産を続行する内陸部の民族紡に、両極分解する傾向が生じ、太糸に特化した初期段階の単層構造から再編期の「重層構造」への転換を開始したのである。

第三節　一九二〇年以降の綿花流通

「一九二三年恐慌」をはさんで、顕在化した中国綿花の需給逼迫と中国紡績業の重層化という二つの現象は、その後の中国の綿花流通にいかなる変化をもたらしたのであろうか。ここでは、一九二〇年代から三〇年代前半にかけての綿花流通の変化を、対外貿易と国内流通の二つの面から考察してみよう。

一　綿花貿易の趨勢

十九世紀後半以来、中国はずっと綿花輸出国であったが、一九一九年（輸出一〇七万二千担、輸入二四万二千担）を最後に、一九二〇年（輸出三七万六千担、輸入六八万八千担）からは綿花輸入国に転じ、一九三六年まで入超がつづいた。(16)「黄金時期」以降、国内紡績業の飛躍的な発展に比して国産綿花の生産が順調に伸びなかったのが、最大の原因である。

図表五−一〇のように、一九二〇年までは最高でも四〇万担をわずかにこえる程度にすぎなかった中国の綿花輸入は、二〇年六八万八千担、二一年一六九万担、二二年一八五万八千担とめざましく増加した。その国別内訳は必ずしも一定の傾向を示しているわけではないが、一九二〇年代前半はインド綿花の輸入が大宗を占め、後半からはアメリカ綿花の輸入が比重をましてくる。したがって、一九二〇年以降の中国の綿花貿易は、一九二五、二六年あたりを目処に二つの段階に区別して考えるのが、適当なように思われる。

図表５−10　中国の国別綿花輸入高

国別＼年	印度		米国		日本		其他		総計
	担	%	担	%	担	%	担	%	担
1912	97,124	33.2	141,200	48.2	14,063	4.8	40,558	13.8	292,945
1913	83,169	59.6	26,310	18.8	15,214	10.9	14,954	10.7	139,647
1914	50,766	39.7	44,865	35.1	20,882	16.3	11,389	8.9	127,902
1915	276,270	73.1	59,563	15.8	24,478	6.5	17,840	4.7	378,151
1916	289,852	69.9	30,797	7.4	47,384	11.4	46,425	11.2	414,458
1917	82,589	26.9	21,329	7.0	179,528	58.6	23,015	7.5	306,461
1918	18,364	9.6	11,665	6.1	128,222	66.8	33,637	17.5	191,888
1919	98,430	40.7	37,199	15.4	75,029	31.0	31,145	12.9	241,803
1920	418,964	60.9	34,049	4.9	161,978	23.5	73,505	10.7	688,496
1921	981,136	58.1	516,676	30.6	141,754	8.4	50,572	3.0	1,690,138
1922	1,370,069	73.7	155,319	8.4	302,895	16.3	29,587	1.6	1,857,870
1923	1,147,948	70.3	72,851	4.5	386,398	23.7	25,047	1.5	1,632,244
1924	669,267	54.3	107,180	8.7	426,541	34.6	28,487	2.3	1,231,475
1925	1,020,266	55.7	145,586	8.0	638,705	34.9	25,938	1.4	1,830,495
1926	1,529,033	54.7	506,424	18.1	733,964	26.3	26,197	0.9	2,795,618
1927	748,551	30.0	917,047	36.8	805,601	32.3	20,185	0.8	2,491,384
1928	981,673	50.8	489,230	25.3	447,735	23.2	14,652	0.8	1,933,290
1929	1,323,002	52.0	819,127	32.2	366,302	14.4	37,058	1.5	2,545,489
1930	1,941,681	55.8	1,143,874	32.9	350,591	10.1	45,078	1.3	3,481,224
1931	1,811,076	38.6	2,573,757	54.9	274,069	5.8	29,179	0.6	4,688,081
1932	426,014	11.5	3,102,351	83.4	88,934	2.4	102,230	2.7	3,719,529
1933	395,344	32.9	769,730	64.1	7,673	0.6	27,469	2.3	1,200,216
1934	505,625	43.7	583,748	50.4	1,576	0.1	66,714	5.8	1,157,663
1935	212,962	38.9	275,902	50.4	803	0.1	57,733	10.5	547,400
1936	205,599	56.9	94,161	26.1			61,381	17.0	361,141

資料）方顕廷『中国之棉紡織業』（国立編訳館　民国23年11月刊）付表六，1933年以降は『内外綿業年鑑』昭和十三年版（日本綿業倶楽部　昭和13年12月刊）付録内外綿業諸統計外国之部47頁。

一九二〇年以降、「黄金時期」の紡績工場建設ラッシュに歩調を合わせるかのように、まずインド綿花の輸入が急増した。インド綿花はアメリカ綿花に先だち、一九一九年後半から暴落を開始していた関係から、一九二〇年にはいると、銀高要因も加わって中国綿花に比べても割安感が強まった(17)。

その結果、インド綿花の輸入は一九二〇年四一万九千担、二一年九八万一千担、二二年一三七万担としりあがりに急増した。「黄金時期」に進行した国産の紡績用綿花の絶対的な不足は、まずはとりあえず、中国の在来種綿花と性質を同じくするインド綿花の輸入急増で賄われたわけである。当時なお、農村市場向けの太糸生産に特化していた中国紡績業にとって、太糸紡出に適したインド綿花は中国綿花の代替品として最適であった。中国綿花相場が国際綿花相場に比して割高に転じた当時にあって、割安のインド綿花を手当てすることは、営業上必須の処置になった。

しかし、「黄金時期」後期からの中国綿花割高局面で、割安なインド綿花を手当てすることは、中国の紡績工場すべてに可能なわけではなかった。第一にインド綿花を輸入するにあたっては、綿花商社との緊密な連携と長期的な金融上の信用保証が不可欠であるが、多くの民族紡はそのような条件には恵まれていなかった。第二にインド綿花は、中国綿花に比べて色黒で塵埃が多い関係から、使用にあたっては高度な混綿技術と、整綿段階での特別な塵埃除去装置が必要であるが、やはり多くの民族紡はそのような技術と装置はもっていなかった。結局のところ、一九二〇年代前半に臨機応変に、割安なインド綿花の手当てによって原綿コスト削減の利益を享受しえたのは、大半が「在華紡」に限られていた。

そのような状況は、図表五–一一に示したボンベイ港積出し綿花の対中国輸出における日本商社の取扱比率の変遷状況にも反映している。ボンベイ綿花の対中国輸出が大量化した一九二〇年以降、そのなかで日本商社が占める取扱比率は、三分の二強から次第に上昇し、中国綿花の割高感が極限に達した「一九二三年恐慌」の年には、ついに四分の三を占めるまでになった。この比率がもつ重みは、ボンベイ港積出し綿花の対日本向け輸出における日本商社の取扱比率が、一九一〇年代後半で六七・五～七五・五パーセントであったことと対比すれば、自ずから推察できる。この時期は、日本紡績業においてもまだ太糸生産が主流で、インド綿花の重要性はなおいささかも低下し

図表5−11　日本商社による中国向印綿のボンベイ出荷高

年＼商社	東棉		日棉		江商		其他日本商社		日本商社合計		総計
	俵	%	俵	%	俵	%	俵	%	俵	%	俵
1920−21	85,388	27.9	60,116	19.6	7,750	3.7	55,041	18.0	208,295	68.1	305,948
1921−22	86,833	25.4	30,947	9.1	29,602	12.6	88,218	25.8	235,600	68.9	341,918
1922−23	90,766	25.9	63,308	18.1	51,017	19.5	57,169	16.3	262,260	74.9	350,016
1923−24	75,828	37.0	29,170	14.2	24,700	18.3	5,100	2.5	134,798	65.8	204,933
1924−25	87,534	26.7	78,833	24.0	40,500	19.6			206,867	63.0	328,209
1925−26	79,566	22.4	72,408	20.4	61,031	28.2	3,500	1.0	216,505	60.9	355,473
1926−27	67,941	34.3	58,882	29.7	30,650	18.0	12,810	6.5	170,283	86.0	198,118
1927−28	83,050	27.8	86,055	28.8	23,752	12.1	3,900	1.3	196,757	65.7	299,267
1928−29	90,882	30.9	50,900	17.3	25,600	15.2	500	0.2	167,882	57.0	294,325
1929−30	140,772	27.3	65,900	12.8	83,600	28.8			290,272	56.3	515,137
1930−31	67,207	15.7	35,542	8.3	58,750	36.4			161,499	37.7	427,927
1931−32	13,560	9.5	27,625	19.3	14,550	26.1			55,735	39.0	142,886

資料）木下悦二「日本商社のインド綿花買い付けの機構」―『日印綿業交渉史』アジア経済研究シリーズ３（アジア経済研究所　昭和35年11月）88～89頁。

備考）其他日本商社とは，横浜生糸，湯浅棉花，日清棉花，大阪棉花，帝国棉花，鈴木商店の６社である。

ていなかった。インド綿花手当ての状況でいえば、一九二〇～二三年の「在華紡」はすでに、一九一〇年代後半における日本国内紡績業の水準に達していたことになる。原綿需給の面からも、「在華紡」は日本紡績業が国内における太糸生産の行き詰まりを、中国への生産拠点のシフトによって打開しようとする試みであったことがわかる。

だがその後、ボンベイ綿花の対中国輸出における日本商社の取扱比率は、一九二六～二七年に八六パーセントまで一時的な急上昇を記録したこともあるが、この年は対中国輸出の総量自体が一九万八千俵と例年の半分ちかくに激減した例外的な年であって、全体的な傾向としてはやはり緩やかな低下をつづけ、さらに一九三〇年代にはいると三分の一ちかくにまで急激に低下した。その原因は、「一九二三年恐慌」以降「在華紡」がすすめた経営戦略の転換にあったと考えられる。農村市場の太糸需要飽和が露呈した「一九二三年恐

図表5－12　上海での42番手綿糸混綿例（%）

（1）		（2）		（3）		（4）		（5）	
Middling	65	上米綿	40	永記霊宝	46	11/8"米綿	60	上米綿	60
霊宝	25	中米綿	40	11/8"米綿	30	霊宝	35	霊宝	40
StrictMiddling	10	メキシコ	20	恒利霊宝	30	通州	5		
				長絲黄美	4				

資料）王子建・王鎮中『七省華商紗廠調査報告』（商務印書館　民国25年2月再版）付録IX頁。

慌」を契機に、「在華紡」の多くは既述のように、採算の悪化した太糸から農村市場の手紡糸と競合しない細糸への生産シフトを志向しはじめた。そのため、太糸用原綿であるインド綿花は、「在華紡」にとっては相対的に重要性が低くなりはじめ、むしろなお太糸生産に特化していた民族紡にとってこそ、その営業成績の死命を制しかねないほどの重要性をもちはじめていたのである。このような傾向は、「在華紡」の高番手化が軌道にのりだした一九二五年以降しだいに顕在化しはじめ、一九三〇年代にはいって決定的になる。(18)

一九二〇年代の中国紡績業、なかんずく「在華紡」の経営戦略におけるインド綿花の価値は、以上のように「一九二三年恐慌」をはさんで、大きく転変した。そしてこの変化が、ボンベイ港積出し綿花の対中国輸出における日本商社の取扱比率を一九二三年以降の漸落から一九三〇年代の急落へと導いたもののようである。

「在華紡」にとってインド綿花の価値が相対的に低下していったのに反比例して、細糸紡出に適したアメリカ綿花が重要性をましてきた。とりわけ、一九二五年以降「在華紡」の高番手化が本格化しはじめると、細糸用良質原綿の絶対量が不足していた中国では、アメリカ綿花に対する需要が急増した。中国で生産された代表的な細糸は、改良土布の原糸に使用されることの多かった四十二番手綿糸である。図表五－一二の上海での混綿例からもわかるように、一九三〇年代にはいっても、四十二番手綿糸を生産するた

図表5-13　通州綿花とミドリングの価格比較

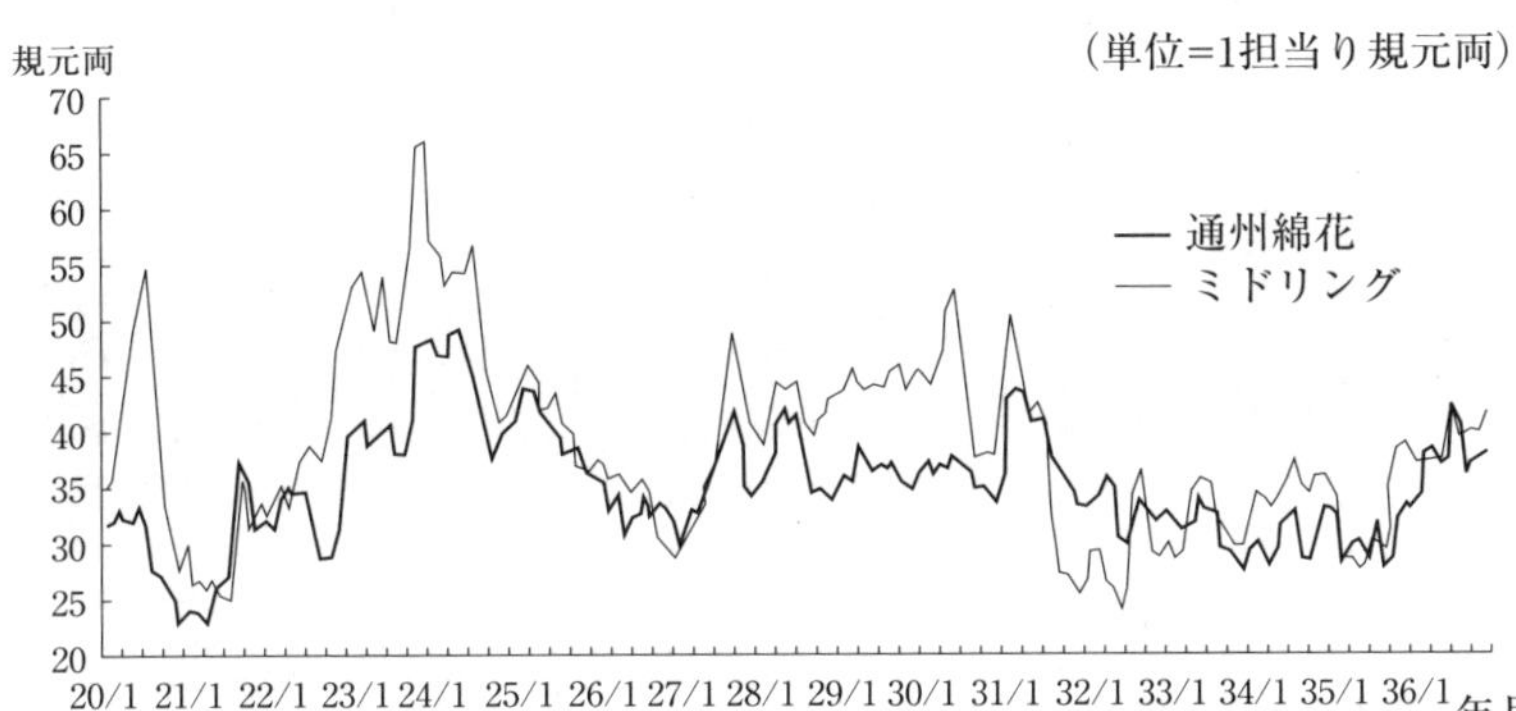

資料）通州綿花価格は，1925年までは別表-Ⅱ，26年からは『中国棉紡統計史料』124頁～125頁。ミドリング価格は，『日本経済統計総観』（朝日新聞社　昭和5年5月）1270頁。ドルレートは，1930年までは羅志如『統計表中之上海』国立中央研究院社会科学研究所集刊第4号（南京　民国21年）109頁，31年からは『工商半月刊』第4巻第1号（民国21年1月）統計資料7～8頁，第5巻第1号（民国22年1月）55～56頁，33年からは中国銀行総管理処経済研究室編『中華民国二十四年全国銀行年鑑』（民国24年6月）F148頁，中国銀行経済研究室編『中華民国二十六年全国銀行年鑑』（民国26年10月）S148頁。

めにはアメリカ綿花が必要不可欠であった。

　アメリカ綿花の中国への輸入高は、図表五-一〇でみたように一九二五年の一四万六千担から、二六年五〇万六千担、二七年九一万七千担と激増し、二八年にはいったん四八万九千担まで後退したものの、増加の基調はかわらず、三〇年には一一四万四千担と、ついに百万担の大台をこえた。

　それ以前にも、一九二一年に一度、五一万七千担というアメリカ綿花の輸入が記録されたことがあるが、二五年以降の急増とはその事情を異にしていた。当時の中国における代表的な紡績用原綿であった通州綿花の担当り上海相場と、ミドリングのニューヨーク相場（一ポンド当りセント）に為替レートを掛け合わせて担当り規元両に換算した値とを比較した図表五-一三から、その経緯をうかがうことができる。

　年ごとにくわしく観察していくと、アメリカ綿花の暴騰と急激な銀安がかさなった一九二〇年七月には、ミドリングの換算値は五五規元両にせまり、三一規元両の通州綿花とはかけ離れた高値にあった。それが、翌月からはじまったアメリカ綿花の崩落とともに、両者の価格差は急速に縮小し、折からの激しい銀安にもかかわらず、二一年六、七月には、一時的ながら二五両にまで下落したミドリングの換算値が、ついに二六～二七両の通州綿花よりも一～二両の安値をつける逆転現象が起こった。翌八月にはミドリングの換算値の方が一両余り高くなるが、九、十月はふたたび通州綿花の方が割高に転じた。結局、一九二一年の夏から秋にかけては、銀建て価格ではミドリングの方が通州綿花よりも割安という、空前の事態が起こったのである。一九二一年の段階では、「在華紡」もふくめて中国紡績業はなお、二十番手以下の太糸生産に特化していたのであるから、この年におけるアメリカ綿花の輸入急増は、もっぱら通州綿花よりも割安になったその価格に起因していると考えざるをえない。

上海の綿花市況でも、すでに一九二一年四～六月の段階で、「アメリカ綿花は担当り二七両前後になった。その安値はほとんど空前のもので、各工場は争って購入し、その数量は非常に多い」と、この年のアメリカ綿花の輸入激増を予想させる観測をしていた(19)。

そして九月になると、アメリカ綿花の輸入量は、すでに「累年のレコードを破り七万五千俵より十万俵に達し更に近き先物の契約巨額に上れり」と空前の規模に達した。市況ではその原因を、「昨年度に於ける支那棉の不足に因る所なるが他方支那棉花不足の結果として市価昂騰せるに米棉安値買なるに拠れり」とみなしていた(20)。

一九二一年のアメリカ綿花輸入急増は、中国綿花の需給逼迫による騰貴とアメリカ綿花の暴落が一致した結果にほかならなかった。事実、ミドリングと通州綿花の価格逆転現象が解消するとともに、アメリカ綿花の輸入は急減した。一九二二年夏から乖離しはじめた両者の価格差は、二三年十二月には一八両余りにまで広がり、一九二〇年頃の状態にもどった。この価格差の開きに、「一九二三年恐慌」の影響も加わって、一九二三年のアメリカ綿花輸入量は七万三千担にまで激減した。

このように一九二三年までのアメリカ綿花の輸入動向は、中国綿花との価格関係と密接な相関関係をたもってい た。ところがそれ以降になると、両者の価格関係だけには還元できないような局面が、いくつか観察されるようになる。図表五—一三にたちもどってみると、ミドリングと通州綿花の価格関係は、一九二五年から二六年にかけて、きわめて接近あるいは逆転さえしている時期もみうけられるが、一九二七年半ばから三一年初頭にかけての四年近くの間は、ミドリング換算値の方がほぼ一貫して五～一〇両高めの状態がつづいていた。それにもかかわらず、逆に一九二六年以降のアメリカ綿花輸入量は、二八年のやや大きな反落をともないながらも、百万担の大台突破にむかって急増したのである。とくに一九三〇年には、ミドリング換算値の方が最高で一五・五両余りも高くなり、輸入量が反落した一九二八年よりも価格の点ではアメリカ綿花はむしろ不利な立場にあったはずであるが、その輸入量はかえって百万担をこえる史上最高を記録した。一九二七年から三〇年にかけては、価格関係と輸入量はむしろ反比例している感さえある。

一九二〇年代後半におけるアメリカ綿花輸入急増は、このように価格関係だけには還元できない背景をもってい た。すでに再三指摘したように、一九二五年以降の「在華紡」を中心とする高番手化の進展は、高番手綿糸紡出用原綿に対する需要をいっきょに急増させたが、太くて短い繊維の中国国産綿花はこの需要に応ずる条件を欠いていた。そのため、まずはアメリカ綿花の輸入急増でこの不足を補うことになったのである。そしてアメリカ綿花による高番手綿糸生産が軌道にのったのちは、たとえアメリカ綿花の相場が高騰しても、もはや中国綿花にのりかえることはできず、高番手綿糸用原綿としてかならず、価格にかかわりなく一定数量のアメリカ綿花を手当てせざるをえなくなったのである。一九三〇年代にはいると、中国での二十番手超過綿糸の生産比率は、「在華紡」では四〇パーセント前後、民族紡でも一〇パーセント前後に達した。生産量でみても、二十番手（厳密には二十三番手）超過綿糸は三二年一一四万八千担、三三年一三二万九千担を数えた。一九三〇年のアメリカ綿花輸入量、一一四万四千担は、ほぼこれに見合う数量である。

しかし一九三一年以降の様相は、一九二一年の再現を思わせるものがある。図表五-一三に明らかなように、ミドリングの換算値は、一九三一年にはいって為替レートの銀安下げ止まりから、ニューヨーク綿花相場暴落の直撃をうけ、二月の五〇両余りから一〇月の二七両弱まで、ほぼ一直線に下落した。一方、通州綿花の方は、上海事変および揚子江中流域の大洪水の影響で、とくに暴騰が激しかった。そのため三一年七月には、通州綿花の四一両に対し、ミドリングの換算値は四〇・五両とわずかに下まわって逆転現象が起こった。その後は、通州綿花も下落しはじめたが、ミドリングの暴落はそれをはるかに上まわり、十月には通州綿花の三五・二五両に対し、ミドリングは二六・七両まで下がり、両者の差は八・五両以上に開いてしまった。この逆転現象が三三年四月までつづいた結果、アメリカ綿花の輸入は、三一年は二五七万四千担と前年比二倍以上に増加し、三二年には、ついに三一〇万二千担に達し、輸入量の実に八三パーセントを占めるに至った(21)。一九三〇年代の二十番手超過綿糸生産量と比べて、三一、三二両年のアメリカ綿花輸入量は、中国での細糸用原綿需要量をはるかにこえていた。湖南第一紗廠の例でも明らかなように、多くの民族紡が太糸用にまでアメリカ綿花を購入したのである。そのため、ミドリングと通州

図表5-14　上海の外国綿花輸入における日本商社のシェア
(1935年8月～1936年4月)

商社／綿花	日棉		東棉		江商		三社合計		総輸入量
	俵	%	俵	%	俵	%	俵	%	俵
米国綿花	12,750	33	15,900	41	7,438	19	36,088	94	38,355
印度綿花	19,050	29	11,977	18	6,950	11	37,977	58	65,227
埃及綿花	350	2	4,800	29	2,600	16	7,750	47	16,573
総　計	32,150	27	32,677	27	16,988	14	81,815	68	120,155

資料)『紡織時報』第1286号(民国25年5月28日)。

綿花の価格関係における逆転現象が解消した一九三三年以降は、アメリカ綿花の輸入はふたたび急速な減少の一途をたどることになった。

かくして中国へのアメリカ綿花の輸入は、「在華紡」を中心とする高番手化の動きが活発になった一九二〇年代後半から三〇年代前半にかけて、一時期を画する全盛をみたのである。アメリカ綿花の中国への輸入取扱状況については、先のインド綿花のように系統的なデータを用意することはできないが、一九三五年八月から三六年四月まで九カ月間の上海での状況を示す図表五－一四で、その一端をうかがうことができる。

九カ月間の輸入総量がわずか一二万俵(一俵平均五〇〇ポンド＝三・七五担として、四五万担に相当)にすぎないことからもわかるように、この時期はすでに、中国国内におけるアメリカ種綿花栽培の普及と生産増加で、輸入外国綿花に対する需要は、最盛期の一九三一、三二年当時に比べてかなり減少していた。したがって、このデータは三〇年代前半における外国綿花輸入動向の帰結を示すにすぎないことを承知した上で、観察する必要がある。この時点では、ふたたびインド綿花輸入量の方がアメリカ綿花よりも多くはなっているが、注目すべきは日本の三大綿花商社の取扱比率である。インド綿花の場合、三大綿花商社を合計しても五八・三パーセントにすぎないのに対し、アメリカ綿花では、東棉一社だけでも四〇パーセントをこえ、三社合計では実に九四・一パーセントに達する。アメリカ綿花の中国への輸入は、ほとんど日本の三大綿花商社が独占していたといっても過言ではない。一九三〇年代の中国におけるアメリカ綿花の需要は、三一年から三二年にかけての極端な価格逆転現象の一時期には低番手用にあてられるケースもみられたが、基本的には高番手化の先端にあった「在華紡」が中心であったと考えてもよいであろう。

以上見てきたように、一九二〇年代から三〇年代前半にかけての中国綿花貿易は、ほぼ三点に要約できる特色をもっていた。第一には、いわずもがなのことではあるが、中国がそれ以前の綿花輸出国から輸入国にかわったことである。しかも第二にその輸入貿易において、一九二〇年代前半には太糸紡出用綿花の絶対量不足から、中国の在来綿と性質を同じくするインド綿花が、そして二〇年代後半から三〇年代前半にかけては、中国紡績業の高番手化に不可欠のアメリカ綿花が重要な意味をもったことである。それぞれの段階で、中国綿花との価格差が極端な開きを生じた時には、輸入量が激増することもあったが、その変化は大勢としては中国紡績業の発展段階と中国綿花の生産状況に相応するものであった。そして第三に、いずれの段階においても「在華紡」が先行したことである。日本紡績資本の対中国進出が、紡績工場ばかりでなく綿花商社をもともない、原料調達から製品販売に至るまで一貫した体制をとりえたことが、それを可能にしたといえる。

総じていえば、一九二〇年代から三〇年代前半にかけての中国綿花貿易は、折から大規模な資本進出を遂行していた日本紡績資本が、終始その新たな方向を決定づける役割を果たしたのである。このような綿花貿易の趨勢は、中国紡績業の構造的な変化を反映したものであった以上、決して貿易面にのみ特有な現象ではありえなかった。

図表５−15　鄭州出荷綿花の販売先

（単位＝担）

年＼販売先	鄭　州	石家莊	漢　口	上　海	日本商社	計
1920－21	27,000	42,160	0	0	510	69,670
1921－22	68,000	105,400	83,300	102,000	57,800	416,500
1922－23	96,635	?	38,682	69,394	92,674	297,385
1923－24	48,950	68,700	96,700	165,442	123,294	503,086

資料）東亜同文書院『支那調査報告』第20回第５巻第２冊第５編山西の棉花。
備考）期間は10月から翌年９月まで。

二　国内流通の再編

日本紡績資本の先導による綿花流通の再編は、対外貿易だけにとどまるものではなく、中国国内の流通にもおよんだ。そのもっとも顕著な現象は、従来の上海、漢口、天津という三大綿花市場が国内紡績業の発展にともなう綿花需要の激増にこたえきれなくなった結果、国内紡績用の優良綿花を供給する新しい三大綿花市場が、鄭州、済南、沙市に形成されたことである。それぞれの市場について、その形成過程をできるかぎり計量的に追跡してみたい。

鄭州は、京漢線と隴海線の交差する交通の要に位置し、従来から質のよい陝西、河南綿花の集散地として注目を集めていた。その良質綿花を求めて、一九一九年には、上海の紡績企業家、穆藕初がこの地に資本進出し、豫豊紗廠を設立した。紡錘数五万錘を擁する一大紡績工場の設立は、綿花集散地としての鄭州の地位をいっそう重要なものにした。だが、一九二〇年代にはいるまでは、その消費先は地元を中心にほぼ華北地方に限られていた。

それが、「黄金時期」も後期になって、先進地域における紡績用綿花の欠乏が顕在化しはじめた一九二一〜二二年をさかいにして、鄭州綿花に対する需要は一気に高まった。京漢線の便にめぐまれた漢口はもとより、遠く上海からも内外のバイヤーが殺到するようになった。とりわけ日本の商社の進出ぶりが、ひときわ目立った。図表五―一五は、日本の商社筋提供のデータによって作成された調査報告をまとめたものである。石家荘と表示した項目は、実際は石家荘を経由して天津、青島、さらには日本へと流通していた分をも含んでいる。ともあれ一九二〇～二一年までは、鄭州に集散する綿花は、いちぶ日本にまで輸出されるケースもあったものの、ほとんどは地元鄭州の豫豊紗廠と、天津、青島などの紡績工場で消費されていたことになる。もっともその流通量は、一九二〇年がとくに綿花不作の年であったことも影響して、七万担足らずとごく少量であった。

このような鄭州市場の綿花流通状況も、翌一九二一年から二二年にかけてはその様相を一変させる。総流通量がいっきょに四二万担にせまって、前年比六倍という激増ぶりをみせたこともさることながら、一九二〇～二一年には皆無であった漢口、上海の綿花商、民族紡が、それぞれ八万三千担、一〇万二千担という大量の買付けをはじめたこと、さらに上海「在華紡」へ供給するための日本商社の買付けが、前年の試験的とも思える五一〇担から、五万八千担ちかくに激増したことなどが、とくに目を引く。翌一九二二～二三年には、「一九二三年恐慌」の本格化にともない、武漢、上海の民族紡が買付けを控え、総流通量も三割ちかく減少するが、日本商社の買付けは引き続き急増した。翌一九二三～二四年になると、武漢、上海の民族紡は大幅に買付量をふやし、さらに買付量をました日本商社と合わせて、三者の合計は三八万五千担をこえ、総流通量の四分の三以上が上海、漢口に積み出されるに至った。ある記述は、この活況を「民国十二、三年より交通の便利によりて、綿業すなわち蒸蒸日に上るの勢あり」と伝えている。(22)

一九二三年十月～二四年三月の半年間に限れば、図表五―一六のようにさらに細かく各民族紡および綿花商の購入量も判明する。地元の豫豊を別格とすれば、一万担以上を購入する大口消費先は、華北の四工場に対し、武漢は三工場、一商店、上海およびその付近は、六工場、二商店で、先の図表五―一五の分布にほぼ対応する構成になっている。逆にいうと、武漢、上海の民族紡にとって、鄭州から供給される綿花は、いまや原綿手当てのうえで欠くことのできない存在となったのである。

実際、武漢でトップの第一と、上海でトップの厚生についてみると、一九二四年における両社の綿花消費高は、それぞれ一一万担、七万二千担と報告されているから、鄭州綿花は、わずかに半年分で（もっとも綿花の手当てはこの半年に集中するのがふつうであるのだが）、その四分の一以上を賄ったことになる。民族紡への供給状況は、「一九二三年恐慌」をさかいにして、その比重を上海、武漢へと急速に移動させたのである。

一方、日本資本の進出については、

表5-16　1923年10月～24年 3 月鄭州綿花の華商購入状況

（単位＝担）

地域	華商	購入量
鄭州	豫豊	48,952
衛輝	華新	15,800
彰徳	広益	3,000
石家莊	大興	17,300
天津	華新	4,700
	裕元	2,200
	宝成	1,100
済南	魯豊	11,100
青島	華新	12,800
小計		116,952
武漢	第一	27,400
	楚安	22,080
	裕華	19,040
	振寰	1,200
	□松	15,180
	□泰	6,900
	□茂	600
長沙	華実	4,300
小計		96,700
上海	厚生	19,840
	永安	17,100
	溥益	12,390
	鴻裕	12,062
	申新	11,350
	緯通	7,892
	三新	7,350
	恆豊	3,600
	宝成	2,000
	万豊	14,960
	義盛豊	11,480
	栄茂	4,860
	振興	4,360
	瑞泰	2,000
無錫	業勤	9,400
	豫康	7,450
	慶豊	6,600
常州	大倫	10,720
小計		165,414

資料）東亜同文書院『支那調査報告』第20回第５巻第２冊第５編山西の棉花。

図表５－17　鄭州での日本商社綿花取扱量

（単位＝担）

年＼商社	日信	東棉	武林	吉田	隆和	合計
1920－21		510				510
1921－22	39,100	10,200	8,500			57,800
1922－23	50,344	39,780	2,550			92,674
1923－24	58,925	45,643	11,976	3,250	3,500	123,294

資料）東亜同文書院『支那調査報告』第20回第５巻第２冊第５編山西の棉花。
備考）期間は10月から翌年９月まで。

図表５－18　鄭州入荷綿花の生産地

（単位＝担）

年＼産地	陝西綿	山西綿	河南荒毛	太康綿	洛陽細毛	霊宝・閿郷	計
1919－20	188,000	135,000	42,600	5,000			370,600
1920－21	35,500	18,500	8,520	6,000		1,350	69,870
1921－22	220,000	137,000	30,000			29,000	416,000
1922－23	153,000	88,400	45,430	20,000	30,000	45,000	381,830
1923－24	300,000	14,000	70,000	45,000	75,000	65,000	569,000

資料）東亜同文書院『支那調査報告』第20回第５巻第２冊第５編山西の棉花。
備考）期間は10月から翌年９月まで。

日信、東棉、武林、吉田、隆和といった綿花商社五社のシェアは、図表五－一七のように、毎年の詳細な数字が残っているものの、商社から「在華紡」への供給量については、民族紡のような詳しい内訳は判明しない。最初、一九二〇～二一年に試験的に鄭州市場に進出したのは東棉であったが、本格化した段階でまず圧倒的なシェアを占めたのは、日本棉花株式会社漢口支店の日信洋行であった。その後東棉も、急速に取扱量を伸ばした結果、一九二三～二四年には、日信と東棉だけで一〇万担をはるかにこす取扱量を数えるようになり、地元の豫豊紗廠を第二位にはさんで、鄭州市場におけるビッグスリーをかたちづくるに至った。「在華うかがわせる。

紡」の代理人である日本商社が、民族紡以上に積極的に良質綿花を求めて鄭州市場への進出をすすめていたことを

鄭州市場はかつての地元中心の地方的な市場から、上海、漢口に直結する全国的な市場にうまれかわった。先進地域の紡績工場への原綿供給市場に性格を改めつつあった鄭州市場では、消費先での趨勢に対応して、その取引綿花の種類にも明確な変化が生じていた。もっとも大きな変化は、図表五―一八に鮮明に表れているように、鄭州が全国的な市場に変容していったのにつれて、山西綿花の入荷が急減した反面、霊宝・閿郷産の綿花、洛陽産の細毛綿花が急増した。よく知られているように、霊宝綿はアメリカ種の移植綿花で、中国最高の良質綿花という誉れが高かった。この時期、高番手綿糸への生産シフトを積極的に推進しようとしていた上海「在華紡」にとって、繊維の細くて長い霊宝綿は、中国国内で手当てできる最高の細糸用原綿として争奪の的となった。

日本商社が試験的に鄭州市場に進出したのと同じ一九二〇～二一年に、霊宝・閿郷産の綿花が、同じく試験的に一三五〇担、鄭州市場に出荷されはじめた。そして、翌一九二二～二三年に日本商社の進出が本格化すると、霊宝・閿郷産綿花の出荷も本格化して二万九千担を数え、その後も毎年五割増しの増加をつづけた。霊宝綿と同じく、アメリカ種の移植綿花である洛陽細毛、太康綿なども、ほぼ同時期に鄭州市場への出荷を本格的にはじめた。一九二三～二四年には、霊宝・閿郷綿、洛陽細毛、太康綿、三者の合計は一八万五千担にのぼり、鄭州流通綿花のほぼ三分の一を占めるに至った。かくして鄭州は、高番手綿糸への生産シフトという上海「在華紡」の企業戦略にとって、欠くことのできない細糸用原綿の供給市場に位置づけられることになった。

上海、漢口への原綿供給市場となった鄭州は、上海、漢口との経済的結びつきをつよめ、綿花相場の動向も上海、

漢口の綿花相場と密接に連動するようになった。しかしいうまでもなく、一九二〇年代は内戦の頻発した時代であった。度重なる戦闘は、形成されつつあった地域市場間の商品流通網をくりかえし寸断した。綿花流通を軸にできあがった鄭州と漢口あるいは上海との間のルートも、たびたび途絶することになった。そのたびに、積出し不能におちいった鄭州の綿花相場は、大暴落にみまわれた。たとえば、一九二七年夏、陝西とのルートが再開した鄭州には、隴海鉄道沿線の綿花が順調に入荷するようになった反面、漢口、上海へのルートは、途絶したままであったところから、上海市場の一担当り四十余両という相場に対し、鄭州の相場は、二四、五両とほとんど半値であったという。[23]この事態は、内戦が中国経済にいかに深刻な影響をおよぼしたかを、よくものがたっている。しかしそれ以上に注目すべきは、上海、漢口への流通ルートが途絶すると、ただちに相場が上海の半値ちかくに下落するほどに、上海、漢口など先進地域の需要動向が鄭州の綿花相場を支配していた点である。一九二〇年代の鄭州綿花市場は、すでに上海、武漢両地の紡績工場の需要なしには成り立ちえないまでに、その中間市場としての性格を強めていた。

次に済南の場合はどうであったろうか。山東省の中央部に位置する済南は、山東綿花のみならず、河北、河南綿花の集散にも、有利な立地条件を備えていた。そのため、済南は紡績用綿花の需要が急増する以前から、すでに相当量の綿花が集散する綿花市場として機能していた。

一九一五年のごく大まかな調査によれば、済南には東臨道から八万六千担、済南道から四万担、済寧道から一万六千担、直隷南部から六万担、合計二〇万二千担の綿花が入荷し、青島に七万九千担強、青島以外の膠済鉄道沿線に三万八千担強、済南以南の津浦鉄道沿線に三万担が出荷され、地元で残余の五万四千担強が消費されたという。最大の出荷先である青島の分は、多くが輸出あるいは移出されたものとみこまれる（一九一五年の青島海関統計に計上されている輸、移出綿花は、四万一千担弱であった[24]。華北に紡績業が勃興する以前においては、済南は在来綿業向けと輸出向けでほぼ二〇万担が集散する市場規模をもっていたのである。

呉知の研究によれば、このような済南市場の規模に大きな変化が起こったのは、やはり「黄金時期」以降のことであったという。呉知の示す数字では、一九〇九年堂邑の花販、王協三なる者が復成信花行を設立したのを嚆矢として、一九一九年までには五、六軒の花行ができたが、まだ正式の取引市場はなく、販路は日本の大阪だけで、取扱量も一〇万担にすぎなかった。それが「黄金時期」になって、済南に魯豊紗廠、青島に華新紗廠が相次いで建設された結果、一九二一年には花行は十数軒に増え、取扱量は三十数万担に急増した。その後さらに上海の申新紗廠が済南からの綿花購入をはじめたこと、青島に「在華紡」が乱立したことなどがかさなって、一九二四年には、花行は二十数軒、取扱量はいっきょに五〇万担をこえた。

しかも注目すべきは、紡績用良質綿花に対する需要の急増から、一九二三、二四年をさかいにアメリカ種綿花の栽培が普及しはじめ、二六年には早くもアメリカ種綿花が市場取引の主流を占めるようになったことである。そして一九二九年には済南の綿花取扱量は、ついに八〇万担にも達したが、そのうち在来種の荒毛が占める割合はわずか二、三割に低下したという[25]。

このような変化は、済南綿花の出荷先を示した図表五–一九にも表れている。一九一二年には、済南駅から鉄道で出荷された綿花は、一五万六千担であったが、膠済線沿線の農村で五万九千担が消費され、青島まで送られたのは九万七千担にすぎず、しかもそのうち輸出にまわされたのが七万担ちかくに達したので、青島の地元消費は二万七千担のみという計算になる。膠済線沿線の在来綿業と海外、とくに日本における需要が、済南綿花をほとんど消

図表5－19　済南駅綿花積出高

仕向先／年	膠済線沿線向け		青島向け				合計
			地元消費		輸移出用		
	担	%	担	%	担	%	担
1912	59,000	37.8	27,430	17.6	69,570	44.6	156,000
1921	56,882	25.7	147,104	66.4	17,462	7.9	221,448
1922	71,284	30.3	129,216	54.9	34,951	14.8	235,451
1923	19,333	6.7	222,095	76.8	47,670	16.5	289,098

資料）1912年は，『大日本紡績連合会月報』第261号（大正3年5月25日）42頁，その他は，神戸高等商業学校『大正十三年夏期海外旅行調査報告』269頁。

化していたわけである。それが、青島に紡績工場が乱立しはじめた一九二〇年代にはいると、済南綿花の流通状況は一変する。最後の年の一九二三年についてみれば、積出高は二八万九千担にのぼり、一九一二年に比べほぼ倍増した。より大きな変化は出荷先で、膠済線沿線農村の消費分は二万担を割り、青島からの輸出分も四万八千担弱に減少したのに対し、青島地元消費分だけは二二万二千担に激増した。

こうして済南の綿花市場は、一九二〇年以降青島の紡績工場を最大の顧客として急速な成長を遂げていく。その結果、山東の綿花流通は済南から青島に至る膠済線を大動脈として、青島の紡績工場に流れ込むようになった。その帰結として、一九三五～三八年における山東綿花の流通状況を図表五－二〇に示すと、山東綿花の出まわり高は一九三五年一〇月～三六年九月の一年間が一三〇万担弱、三六年一〇月～三七年八月の十一カ月間が一八〇万担余りで、そのうち七割～八割が済南に、二割～二割五分が張店に出まわった。ここから、済南紡績工場の消費分と上海向け鉄道輸送分の合計、四三万四千担～四四万八千担を除いたすべてが、青島に送られ、大部分が青島の紡績工場で消費された。青島での消費分は、山東綿花出回り高の七割前後にのぼった。

図表５−20　1935〜38年山東の綿花流通

供給元

項目		1935年10月〜36年９月 担	%	1936年10月〜37年８月 担	%	1938年１月〜38年10月 担	%
山東綿花	済南	1,015,500	57.1	1,305,000	60.5	126,600	26.0
	張店	247,000	13.9	443,000	20.5	9,000	1.9
	高密	25,000	1.4	45,000	2.1	5,400	1.1
	周村	10,000	0.6	30,000	1.4		
	徳県					255,000	52.5
持ち越し分		175,000	9.8	50,100	2.3	50,000	10.3
輸移入綿花	米綿	2,800	0.2	4,100	0.2		
	印綿	14,400	0.8				
	上海漢口綿	96,700	5.4	124,200	5.8	5,000	1.0
	天津綿	34,200	1.9	9,400	0.4		
	霊宝綿	155,300	8.7	133,200	6.2		
	海州綿	3,000	0.2	14,400	0.7	35,000	7.2
合計		1,778,900	100.0	2,158,400	100.0	486,000	100.0

需要先

項目		1935年10月〜36年９月 担	%	1936年10月〜37年８月 担	%	1938年１月〜38年10月 担	%
輸移出	日本向	42,000	2.4	87,000	4.0	67,400	13.9
	海路上海向	10,000	0.6	76,000	3.5	43,600	9.0
	鉄道上海向	287,800	16.2	259,000	12.0		
	海州向			5,000	0.2		
	天津向					240,000	49.4
	満州向					26,500	5.5
	朝鮮向					1,300	0.3
青島紡	山東綿花	923,000	51.9	1,218,000	56.4	20,000	4.1
地元青島紡	其他綿花	306,000	17.2	285,000	13.2		
済南紡	山東綿花	160,000	9.0	175,000	8.1	80,000	16.5
持ち越し分		50,100	2.8	53,400	2.5	7,200	1.5
合計		1,778,900	100.0	2,158,400	100.0	486,000	100.0

資料）南満州鉄道株式会社調査部『北支棉花綜覧』（日本評論社　昭和15年５月）349〜352頁。

備考）1938年の10カ月間は戦時であって，戦前とは様相が一変している。この年の天津向け移出は徳県から直接送られた。

図表５−21　1936年青島綿花流通状況

綿花生産地				取扱商社			消費先			
省・国内外	地方	千担	%	商社	千担	%	種別	会社等	千担	%
省内	済南	730	49.3	東　棉	450	32.1	在華紡	公　大	280	18.9
	張店	400	27.0	日　棉	350	25.0		大日本	260	17.6
	高密	30	2.0	江　商	200	14.3		内外綿	230	15.5
	周村	20	1.4	東　裕	100	7.1		富　士	100	6.8
	小計	1,180	79.7	瑞　豊	100	7.1		日　清	80	5.4
省外	上海	110	7.4	三　菱	100	7.1		長　崎	80	5.4
	天津	22	1.5	伊藤忠	100	7.1		豊　田	80	5.4
	海州	153	10.3	一　郡	α			上　海	80	5.4
	小計	285	19.3	総　計	1,400	100.0		同　興	20	1.4
海外	米国	3	0.2				民族紡	華　新	90	6.1
	印度	12	0.8					小　計	1,300	87.8
	小計	15	1.0				移　出	上　海	80	5.4
総　計		1,480	100.0					海　州	10	0.7
							輸　出	日　本	90	6.1
								小　計	180	12.2
							総　計		1,480	100.0

資料）満鉄北支事務局調査部編『北支主要都市商品流通事情』第八編青島（昭和14年4月）60〜67頁。

青島での消費状況については、一九三六暦年度の分を図表五‐二一に示した。綿花年によった先の図表五‐二〇とは、やや出入りがあるが、青島に供給された綿花は一四八万担にのぼり、そのうち山東綿花は一一八万担で八割を占めた。これらの綿花の最終的な取扱業者は、すべて日本資本の「洋行」（商社）で、中国資本の花行が「在華紡」に売却する場合も、「総テ洋行ヲ通シテ為サレル」ことになっていた。[26] ここでも日本の三大綿花商社の取扱い量は一〇〇万担にのぼり、三分の二以上を占めた。青島からさらに、日本、上海などに輸、移出される分は一二パーセント強にすぎず、青島の紡績工場、とりわけ「在華紡」の消費分が八二パーセント弱に達した。

一九二〇年代から三〇年代前半にかけて、

済南市場を中心に拡大の一途をたどった山東の綿花流通は、おもに青島「在華紡」への原綿供給を軸に形成されたのである。

最後に沙市の状況をみておこう。かつて「華西のマンチェスター」と称された沙市は、十九世紀には、揚子江上流地方への綿花、綿布の供給を、一手に引き受ける集散市場であった。一八九〇年代に、インド綿糸によって四川を中心とするその市場を奪われた沙市は、原料綿花の積出港に転身するかに思われた。事実、二十世紀初頭には、日本の商社が駐在員を派遣して、日本綿糸とのバーター取引きで、沙市の綿花を日本へ積出そうとしたこともあった。しかし、揚子江上流への綿花積出港としての立地条件は、そのまま揚子江下流への積出しにもいかせるわけではなかった。四川への綿花積出しは、減少傾向にはあったが、依然として存続した。一方、揚子江下流への積出しは、沙市を経由することなく、漢口へ直接おくられた。そのため一九二〇年代に至るまで、沙市から海関経由で移出される綿花は、ほとんど皆無に等しかったのである。(27)

このような状況に変化が現れたのは、やはり「黄金時期」後期以降の綿花価格高騰がきっかけであった。綿花価格の高騰と紡績用良質綿花に対する需要の急増は、それまで胡麻、大豆などの産地であった公安、石首、松滋などの各県にアメリカ種綿花の栽培を普及させた。一九二三年の沙市『海関報告』は、「今年とくに（綿花の）生産高が多い原因は二つある。第一は、以前胡麻、大豆、コーリャンなどを植えていた地方が、今年は多く綿花に代えたこと。第二に、天候が温順で、収穫された綿花の質がきわめてよく、一担当り去年より一〇元も高い四、五〇元で売れたこと(28)」と伝えている。

同じ時期の日本における報道でも、沙市周辺でのアメリカ種綿花栽培の増加に注目し、「毎年作付地畝の増加及土花（在来種にして蒲団棉用）の栽培減少し細毛にして紡績に適する洋花（米国種棉）栽培の傾向著しきものあるとに依り漸次輸出向棉花の増加を来し居り」との指摘があった。ここでいう「輸出向棉花」とは、海外輸出用よりもむしろ国内移出用の綿花であったと考えられる。

沙市における日本の綿花商社の買付け活動も、二十世紀初頭の挫折以来長く中断していたが、やはり紡績用優良綿花の移出増大に歩調を合わせるように、活発化しはじめた。沙市に進出した日本の綿花商社は、日信、吉田、瀛華および武林の四社であった。これら四社はいずれも、もともとは漢口に本拠をおく商社であったが、一九二三年の旅大回収運動の日貨ボイコットで、「漢口は排日尚熄まず同地にて棉花入手困難なるのみならず漢水上流樊城老河口方面亦同様状態にあり」という苦境にたたされたことから、ここ沙市と先の鄭州に買付けの拠点を移さなければならないという事情もあった。(29)

日本商社の進出による紡績用優良綿花の争奪は、沙市周辺でのアメリカ種綿花への転換をより促進したようである。沙市周辺の七県では、一九二三年ですでに、アメリカ種綿花の生産が綿花総生産量の四八パーセントを占めていたが、その後も増加しつづけ、二八年には九八パーセントにも達し、アメリカ種綿花の生産では、湖北省全体の三分の二ちかくを占める一大生産地に発展した。その結果、沙市は一九二八年に七〇万担をこす綿花を武漢、上海の紡績工場に移出し、中国第三の綿花積出港に急成長した。

上海、漢口、天津という従来の三大綿花市場が、海港あるいは河港に位置し、十九世紀末から二十世紀初頭にかけて、日本を中心とする外国への輸出を契機に大きな発展を遂げたのに対し、鄭州、済南、沙市という新しい三大綿花市場は、河港の沙市を除いては鉄道の要に位置し、「黄金時期」以後の国内紡績業の飛躍的な発展、とりわけ日本紡績資本の雪崩的な対中国資本進出にともなう紡績用優良綿花の需要増大を背景に形成されたのである。

三　綿花市場の「棲み分け構造」

上海、武漢、天津、青島の四大紡績工業地帯における旺盛な原綿需要は、従来の三大綿花市場の枠をこえて、新たな綿花流通網の形成を促した。武漢、天津、青島では、近隣に綿花の大生産地が控えているうえに、紡績工場の生産規模も数十万担から百万担をこえる程度であった関係から、その流通網も当該の省から近隣の省におよぶ程度の地域的な規模にとどまった。それに対して上海は、江蘇という有数の綿作地帯に立地してはいたものの、内外資本の紡績工場における原綿需要は、一九三〇年の時点ですでに五〇〇万担にせまる膨大な量で、江蘇の綿花生産量をはるかにこえ、しかも日本の綿花商社に支援された「在華紡」が、積極的な原綿手当てを展開したところから、その綿花流通網は、北は河北、山東から、西は湖北、陝西に至る全国的な規模におよんだ。

上海紡績業の原綿手当状況については、一九三五年末から三六年初にかけてのわずか五カ月分にすぎないが、図表五‐二二のようなデータが残っている。まず「在華紡」と民族紡に大別して、それぞれの原綿手当ての特色を列挙すれば、ほぼ次の三点を指摘できる。

第一は、細糸用綿花の占める比率である。ここではあくまで一つの目安にとどまるが、それぞれの綿花を便宜的に、二十番手超過の細糸用綿花と、二十番手未満の太糸用綿花に分けた。輸入分では、インド綿花を太糸用、それ以外を細糸用とし、国産分では、霊宝綿、陝西綿と各地のアメリカ種綿花を細糸用、それ以外を太糸用とした。「在華紡」では、霊宝綿の四万俵余りを中核に、天津アメリカ種綿花、アメリカ綿花などを加えて、合計で六万

(1935年11月～36年3月)　　　　(単位＝俵)

	民族紡						
種類＼月	11月	12月	1月	2月	3月	総計	%
アメリカ綿	500				700	1,200	0.95
エジプト綿						0	0.00
アフリカ綿						0	0.00
霊宝綿	2,500	150	752	1,374	10,337	15,113	12.02
陝西綿	944					944	0.75
天津米種	200	998	2,130			3,328	2.65
山東米種		320	870			1,190	0.95
漢口米種	210					210	0.17
通州米種		100				100	0.08
細糸用綿花	**4,354**	**1,568**	**3,752**	**1,374**	**11,037**	**22,085**	**17.57**
印度綿					16,139	16,139	12.84
天津荒毛	320	196	652	1,765	1,092	4,025	3.20
山東細毛		2,300				2,300	1.83
山東荒毛		146	130	260	825	1,361	1.08
彰徳綿				100		100	0.08
鄭州綿			100	1,417	1,387	2,904	2.31
漢口細毛	2,599	2,698	360			5,657	4.50
漢口荒毛		200	360	1,527	3,806	5,893	4.69
沙市綿		1,403	1,650	1,922		4,975	3.96
九江綿			1,200			1,200	0.95
安慶綿			1,400	220	158	1,778	1.41
寧波綿			5,000			5,000	3.98
通州綿	300	6,487	3,200	3,065	7,204	20,256	16.11
太倉綿		320	1,600	1,725	553	4,198	3.34
北市綿	8,900	7,000	3,860	2,110	5,973	27,843	22.15
太糸用綿花	**12,119**	**20,750**	**19,512**	**14,111**	**37,137**	**103,629**	**82.43**
総計	**16,473**	**22,318**	**23,264**	**15,485**	**48,174**	**125,714**	**100.00**

2月10日，3月5日，4月2日)。

四千俵余り、全体の四四パーセントちかくを占めていた。一方民族紡では、三六年三月に一万俵をこす霊宝綿を手当てしたのが目立つ程度で、細糸用綿花の合計二万二千俵は、「在華紡」の三分の一にすぎず、比率も一七・五パー

図表5-22　上海「在華紡」と民族紡の使用原綿内訳

「在　華　紡」							
種類＼月	11月	12月	1月	2月	3月	総計	%
アメリカ綿	1,000	1,700	600		2,500	5,800	3.98
エジプト綿	550	150	300	100	800	1,900	1.30
アフリカ綿			100			100	0.07
霊宝綿	200	4,360	2,901	8,774	23,873	40,108	27.50
陝西綿	200			2,300		2,500	1.71
天津米種	6,962	1,760	2,575			11,297	7.75
山東米種	1,150	205	200			1,555	1.07
漢口米種	104					104	0.07
通州米種		759				759	0.52
細糸用綿花	**10,166**	**8,934**	**6,676**	**11,174**	**27,173**	**64,123**	**43.96**
印度綿				1,000	56,150	57,150	39.18
天津荒毛	172	105		2,429	1,039	3,745	2.57
山東細毛						0	0.00
山東荒毛			1,223	700	200	2,123	1.46
彰徳綿				495		495	0.34
鄭州綿			40	797		837	0.57
漢口細毛	136	800				936	0.64
漢口荒毛				100		100	0.07
沙市綿		100		500		600	0.41
九江綿						0	0.00
安慶綿						0	0.00
寧波綿						0	0.00
通州綿	1,800				200	2,000	1.37
太倉綿	500			600		1,100	0.75
北市綿	7,300		1,000	3,000	1,347	12,647	8.67
太糸用綿花	**9,908**	**1,005**	**2,263**	**9,621**	**58,936**	**81,733**	**56.04**
総　計	**20,074**	**9,939**	**8,939**	**20,795**	**86,109**	**145,856**	**100.00**

資料）『紡織時報』第1242，1254，1265，1272号（民国24年12月9日，民国25年1月20日，

セントにとどまった。ちなみに後出の図表五―二六によると、一九三三年の上海民族紡における二十番手超過綿糸の生産比率は一八・二パーセントで、原綿手当ての状況にほぼ一致している。原綿手当ての面からも、高番手化の進

展における「在華紡」と民族紡の格差が確認できる(30)。

第二は、遠隔地産綿花の占める比率である。いま仮に、通州綿、太倉綿、北市綿の三種を地元産綿花、それ以外を遠隔地産綿花と区分すると、「在華紡」では地元産が一万六千俵足らずで、全体の一〇・八パーセントにすぎないのに反し、民族紡では地元産が五万二千余俵で、全体の実に四一・六パーセントを占めた。「在華紡」が、細糸用綿花をはじめとする紡績用優良綿花を求めて、全国的な規模で積極的な原綿手当てを展開していたのに対し、民族紡の方は、江蘇綿花の原料立地から成長した上海紡績業の本来的な体質を、なお色濃く残しており、原綿手当ての全国的な展開では「在華紡」に相当の遅れをとっていたのである。

第三は、原綿手当ての弾力性である。「在華紡」の原綿手当ては、三六年一月が最少で九千俵弱、同年三月が最多で八万六千余俵と、最多と最少では一〇倍ちかくの開きがあった。一方、民族紡の原綿手当ては、三六年二月が最少で一万五千余俵、翌三月が最多で四万八千余俵と、最多と最少の開きは三倍強にすぎない。

日本紡績資本が、一年単位の長期的な原綿手当てで原綿コストの削減に成功し、インド綿花やアメリカ綿花を本国の企業よりもむしろ割安な価格で購入していたことは、よく知られているところである。最多と最少が一〇倍ちかくも開いていた原綿手当ての状況からみると、「在華紡」も日本国内の経験にならって、豊富な資金力をもとに相場が底値の時に大量の綿花を購入して、ストックする弾力的な原綿手当てを実行していたものと想定される。

これに対して、民族紡の方は、かつて「黄金時期」までは、「循環手当法」と称される自転車操業のような原綿手当法がふつうであったが、図表五－二二の弾力性の弱い原綿手当ての状況からみると、一九三〇年代になってもそのような傾向がまだ残っていたようである。民族紡は、「在華紡」に比べ流動資金が不足し、綿花の長期にわたるストックを支えることができないところから、短期的な原綿手当てによる「その日過ぎの経営」を余儀なくされていたのであろう。民族紡の購入綿花が四〇パーセント以上も地元産綿花で占められていたことも、このような原綿手当ての反映と考えてよいだろう。(31)

以上、三点にわたり、「在華紡」と民族紡の相違に重点をおいて観察してきたが、両者の相違をこえた全体的な傾向としては、上海紡績業の優良綿花に対する旺盛な需要が、中国綿花の流通状況を全国的な規模で再編成した点を指摘しておかねばならない。「一九二三年恐慌」以降の期間を通じて、高番手化の面で格差が広がったのは、「在華紡」と民族紡の間だけではなく、民族紡のなかでも上海所在の工場と地方所在の工場の間では、一九二〇年代末から三〇年代にかけて開きが出はじめた。地方の民族紡はほとんどが、手紡糸の代替品となる二十番手以下の太糸生産に特化していた感がある。この二重の格差が相乗して、上海紡績業と地方紡績業とでは、生産綿糸の平均番手に大きな開きが生じた。

その結果、上海紡績業と地方紡績業とでは、当然消費する原綿の構成にも大きな相違がみられるようになった。地方紡績業が従来通り、おもに地元で中国在来種の太糸用綿花を手当てしていたのに対し、外来種の紡績用優良綿花、とりわけ二十番手超過の細糸も紡げる繊維が長くて細い綿花は、上海紡績業が全国からくまなく吸い上げるルートが形成された。図表五―一二でみたように、揚子江流域の綿花から、陝西、河南、河北、山東四省の綿花に至るまで、アメリカ種綿花および紡績用に適した細毛の綿花が、既述の新しい三大綿花集散市場あるいは漢口、天津を通じて、上海に流入したのである。

かくして、「一九二三年恐慌」以降における中国の綿花流通は、「在華紡」を頂点とする上海紡績業が、新、旧の三大綿花市場を通じて、優良綿花を全国から選別的に吸い上げるようになったことから、上海を最終市場とし、鄭州、済南、天津、沙市、漢口を中間市場とする全国的な市場のネットワークが形成された反面、優良綿花を産出しない地方市場はそのネットワークから外れた周辺に孤立的に存在する状態がうみだされた。中国綿花市場には、上海に直結する市場と上海から隔絶した市場が並存する、いわば、「棲み分けの構造」が形成されるに至ったのである。

第四節　再編期の市場構造と湖南第一紗廠

原料綿花と製品綿糸の両面で、中国市場の再編がすすむにつれ、中国紡績業は全国的な市場の統一化と重層化という、一見矛盾する二つの傾向が混在する複雑な様相を帯びるようになった。「一九二三年恐慌」以降における中国紡績業界のこのような状況は、一九二〇年代後半における内陸民族紡、とりわけ湖南第一紗廠の「黄金時期」形成に、いかにかかわったのであろうか。中国紡績業再編期の市場構造という枠組みのなかで、湖南市場の占める位置を鮮明にしていく作業を通じて、この課題に対する一つの試案を示すことにしたい。

一　湖南綿糸市場の構造

「黄金時期」以降においても湖南の機械製綿糸市場は、ほかの内陸地方と同じように、農村在来織布向けの太糸が流通の大部分を占めた。「黄金時期」までは外国綿糸の輸入が主で、最高の年（一九一四）には一一万七千担弱を数えたが、一九二〇年代にはいると、上海綿糸および武漢綿糸の移入が急速に増加し、二三年には国産綿糸の移

図表５-23　湖南第一紗廠綿糸番手別生産高

番手／年	10番手		16番手		20番手		合　計
	梱	%	梱	%	梱	%	梱
1922下半期	124	1.2	10,263	97.4	153	1.5	10,540
1929			21,601	100.0			21,601
1930			22,917	100.0			22,917
1931			25,253	100.0			25,253
1932	1,187	5.1	21,258	91.6	760	3.3	23,205
1933	572	2.5	21,117	93.9	811	3.6	22,500
1934	2,901	12.3	20,630	87.7			23,531

資料）1922年下半期は，長沙『大公報』民国13年１月20，23～25，28日，その他は，孟学思『湖南之棉花及棉紗』下編８頁。

入が一五万担にせまった。その市場規模は、年によって増減はあるものの、国産と輸入を合わせて一五万担程度であった。

一九二一年三月から断続的ながら操業にはいった湖南第一紗廠は、「一九二三年恐慌」以降の「逆シェーレ」という原料立地、販売立地の地元紡績業に有利な市場環境のもとで、外来の綿糸に独占されていたこの太糸市場を奪回しながら、その販売市場を確保していった。操業開始以来、湖南第一紗廠の生産する綿糸は、図表五-二三のように、時として十番手あるいは二十番手が加わることもあったものの、手紡糸の代替品として普遍的であった十六番手がやはり圧倒的な割合を占めた。まさしく湖南第一紗廠は、湖南農村の太糸市場をターゲットとして誕生し、成長したのである。

湖南第一紗廠が参入して以降の湖南綿糸市場は、上海綿糸、武漢綿糸そして地元綿糸が三つ巴の争いを展開した。一九三〇年代にはいると、湖南第一紗廠の製品が立地条件を生かしてかなり手紡糸を駆逐したこともあって、湖南の機械製綿糸に対する需要量は、一九三三年には三〇万担をこす規模に達した。この年、湖南に供給された機械製綿糸は、長沙経由の外来綿糸が六二、七五二梱、岳陽経由の外来綿糸が二〇、五九三梱、地元綿糸が二三、五三一梱、合計一〇六、八七六梱で、地元綿糸の占めるシェアは二二パーセントであった(32)。

　また図表五-二四によると、湖南各地の産銷税局の徴税統計では、一九三四年における地元綿糸のシェアは三二パーセントに急上昇している。この年は折からの農村恐慌で湖南第一紗廠の売上げが悪化したため、一月に省政府が「湖南棉紗管理所」なる機関を設置し、外来綿糸の流入を制限して地元綿糸の保護をはかった(33)。この処置が地元綿糸のシェアを急上昇させたのであろう。逆に、外来綿糸がこの網から逃れるために、地下に潜ったという可能性も考えられる。いずれにしても、一九三四年はやや例外的な年で、通常では地元綿糸のシェアは四分の一程度であったとみるのが妥当なところであろう。図表五-二四で注目すべきいま一つの点は、長沙での取引高が、湖南省全体の約三分の二を占めていたことである。

　その長沙での番手別のシェアを示したのが、

図表5-24　1934年湖南主要都市での綿糸売上高

綿糸＼都市	地元綿糸		外来綿糸		合　計
	梱	%	梱	%	梱
長　沙	17,426	31.7	37,503	68.3	54,929
常　徳	9,404	46.3	10,906	53.7	20,310
衡　陽	830	8.7	8,734	91.3	9,564
其　他			2,235	100.0	2,235
合　計	27,660	31.8	59,378	68.2	87,038

資料）孟学思編『湖南之棉花及棉紗』下編24頁。

図表5-25　1934年長沙における番手別綿糸販売高

番手＼工場	14番手以下		16番手		20番手		20番手超過		総　計
	梱	%	梱	%	梱	%	梱	%	梱
湖南第一	2,901	12	20,630	88					23,531
湖北第一	1,340	27	800	16	2,215	44	630	13	4,985
永　安	736	5	1,476	11	6,565	47	5,177	37	13,954
申　新	280	4	200	3	4,500	57	2,880	37	7,860
総　計	5,257	10	23,106	46	13,280	26	8,687	17	50,330

資料）孟学思編『湖南之棉花及棉紗』下編8，47，48頁。

図表五―二五である。先の図表五―二四と同じく、一九三四年の数字でありながら、図表五―二四が徴税段階での調査であるのに対し、図表五―二五の方は外省民族紡の長沙販売処での売上高および湖南第一紗廠の生産高のデータをまとめたものであるため、相当の出入りが認められる。つまり図表五―二五では、地元の湖南第一紗廠綿糸は、長沙以外の地方に出荷される分も六千梱ほど含まれているのに対し、武漢、上海などの外来綿糸は長沙周辺に販売されたもののみをカウントしているのである。

このような点を考慮しながら、図表五―二五を見ると、長沙における綿糸販売シェアでは、湖南第一が四六・八パーセントでトップにたち、上海の永安と申新が計四三・三パーセント、武昌の湖北第一紗廠が九・九パーセントを占めた（既述のように湖南全体では、湖南第一のシェアは通常二五パーセント前後であった）。番手別販売高では、十六番手が二万三千梱余りで、全体の半分ちかくを占め、ついで二十番手が一万三千梱余りで、四分の一以上を占めた。さらに二十番手超過、十四番手以下とつづいた。長沙はなお、二十番手以下の農村向け太糸が八〇パーセント以上を占める在来型傾向のつよい市場であった。

興味を引くのは、それぞれの番手ごとの供給元である。この年の湖南第一紗廠は、十六番手のほかに十番手も二千九百梱ほど供給した。もちろん主力は十六番手で、そのシェアは九〇パーセントちかくに達した。湖北第一紗廠はすべての分野を網羅してはいるが、主力は二十番手にあった。上海の永安と申新も、すべての分野を網羅してはいるが、主力は明らかに二十番手および二十番手超過にあった。長沙の綿糸市場は、上海、武漢、長沙の各民族紡が、番手別にピラミッド状の階層を形成していたのである。しかもこの階層化は、完全な輪切り状態になっていたわけではなく、上海の民族紡であっても十六番手以下の分野にも、なお製品の供給をつづけ、一定の影響力を保持

図表5-26　1930年代民族紡の綿糸番手別生産比率（%）

地方＼番手	1931年			1932年			1933年		
	20手未満	20番手	20手超過	20手未満	20番手	20手超過	20手未満	20番手	20手超過
上海	63.5	25.5	11.0	54.1	34.2	11.7	39.6	42.2	18.2
江蘇内地	76.0	22.0	2.0	60.4	33.0	7.6	52.1	33.3	14.6
湖北	49.0	27.3	23.7	73.5	16.9	9.6	69.8	21.2	9.0
河北	78.6	5.1	16.3	86.0	7.1	6.9	82.0	7.0	11.6
其他各省	80.0	17.0	3.0	85.5	9.1	5.4	90.0	6.4	3.6
全国平均	70.0	20.0	10.0	67.9	23.4	8.7	58.7	28.0	13.3

資料）『紡織時報』第1140号（民国23年11月29日）。

していたのである。

このような傾向は、全国的な規模で番手別生産比率をまとめた図表五-二六にもよく表れている。一九三〇年代における民族紡の高番手化には、年ごとに一進一退はあるものの、たとえば一九三三年における二十番手超過の割合をみると、上海の一八・二パーセントを先頭に、江蘇内地、河北・天津、湖北・武漢とつづき、内陸民族紡の其他各省は、わずか三・六パーセントで最下位におかれていた。逆に二十番手未満では、其他各省は九〇パーセントにも達している。生産の面からも、上海を頂点とするピラミッド状の階層化が確認できる。

低番手綿糸は、総コストに占める原綿コストの比率が高いので、沿海都市の先進的な工場に比べ、生産コストが相対的に高く、原綿コストが相対的に低い内陸工場にとって、比較的有利な分野であった。逆にいえば、後進の内陸民族紡は低番手綿糸の分野においてのみ、先進の沿海都市民族紡に対抗できる条件を備えていたことになる。

湖南市場でも、一九二八年に湖南第一紗廠の綿糸が本格的に参入して以降、そのような傾向が顕著に現れた。図表五-二七Aに示したように、湖南第一紗廠の本格的な市場参入の以前から、長沙に「分荘」を開設していた永安は、

図表5-27A　上海永安紡績公司長沙分荘の綿糸番手別販売高

番手／年	10番手以下		16番手		20番手		20番手超過		合　計
	梱	%	梱	%	梱	%	梱	%	梱
1926	154	4.3	2,223	61.8	1,080	30.0	141	3.9	3,598
1927	251	9.1	1,369	49.4	823	29.7	326	11.8	2,769
1928	1,535	21.2	2,988	41.3	1,588	21.9	1,130	15.6	7,241
1929	2,352	18.8	4,806	38.4	3,566	28.5	1,806	14.4	12,530
1930	1,049	11.1	2,260	23.9	4,113	43.6	2,016	21.4	9,438
1931	3,951	25.5	4,287	27.7	4,490	29.0	2,770	17.9	15,498
1932	2,529	24.4	1,856	17.9	4,401	42.5	1,558	15.1	10,344
1933	2,725	16.2	4,262	25.3	7,338	43.5	2,539	15.1	16,864
1934	736	5.3	1,476	10.6	6,565	47.0	5,177	37.1	13,954

図表5-27B　上海申新紗廠長沙批発処の綿糸番手別販売高

番手／年	10番手以下		16番手		20番手		20番手超過		合　計
	梱	%	梱	%	梱	%	梱	%	梱
1929	700	12.4	900	16.0	2,800	49.7	1,230	21.8	5,630
1930	950	12.6	800	10.7	3,400	45.3	2,360	31.4	7,510
1931	860	11.1	780	10.0	3,600	46.3	2,540	32.6	7,780
1932	960	10.7	700	7.8	4,500	50.1	2,820	31.4	8,980
1933	630	7.6	350	4.2	4,600	55.7	2,680	32.4	8,260
1934	280	3.6	200	2.5	4,500	57.3	2,880	36.6	7,860

資料）孟学思編『湖南之棉花及棉紗』下編47頁。
備考）梱数の小数点以下は四捨五入した。

一九二六年の段階では十六番手六割、二十番手三割という在来型傾向のつよい構成で販売していたのを、湖南第一紗廠の参入以降は次第に二十番手、さらに二十番手超過へと主力を移していき、最終的に一九三四年の段階では、十六番手は一割にまで低下し（もっとも絶対量はさほど減少したわけではない）、二十番手と二十番手超過で八割以上を占めるに至った。

一方、図表五―二七Bによると、一九二九年になってようやく長沙に「批発処」を開設した申新の方は、すでに湖南第一紗廠の十六番手綿糸が優勢を占めていた長沙市場の状況をふまえ、その分野での競合を避けて、最初から二十番手および二十番手超過の分野に主力をおいていた。長沙市場では十六番手以下の太糸については、上海綿糸が湖南第一紗廠の綿糸に太刀打ちできなくなったことをよく示している。

十六番手以下の太糸では生産コストの占める割合が低いため、上海綿糸も、生産コストの開きだけでは原料コスト、販売コストでの劣勢をカバーしきれず、地元綿糸に敗退せざるをえなかった。一方、二十番手以上の分野では、そもそも湖南第一紗廠に原綿、技術などの点で生産できる条件がなかったばかりでなく、たとえ生産できたとしても、生産コストの割合が高いため、原料、販売での有利な立地条件を差し引いても、なおその劣勢を挽回できなかったのである。こうして長沙の綿糸市場では、上海、武漢、長沙の綿糸が、一部分かさなりあいながら、それぞれ得意の分野に主力をおいたわけである。

ところで、長沙における綿糸相場は、このような重層的な市場構造とどのような関係にあったのであろうか。図表五−二八は、上海永安公司の「金城」二十番手綿糸について、上海と長沙での相場を比較したものである。長沙での相場は、長沙元で表示された『長沙商情日刊』のデータから、月ごとの平均値を割出したものである。一方、上海での相場は、『中国棉紡統計史料』に所載のものであるが、一九三二年末までは規元両、三三年からは国幣元で表示されていて、長沙での相場とストレートには比較できないので、月平均の規元両と長沙元のレートあるいは国幣元と長沙元のレート（長沙銭業公会の『行情簿』に基づくデータ）を掛けて、長沙元に換算した。

その結果判明したのは、図表五−二八に明確に表れているように、両地での二十番手金城の相場がきわめて強い相関関係をたもち、ほとんどタイムラグをおくことなく連動していたことである。長沙での相場が、上海での相場

図表５-28　20番手金城の上海と長沙の相場比較

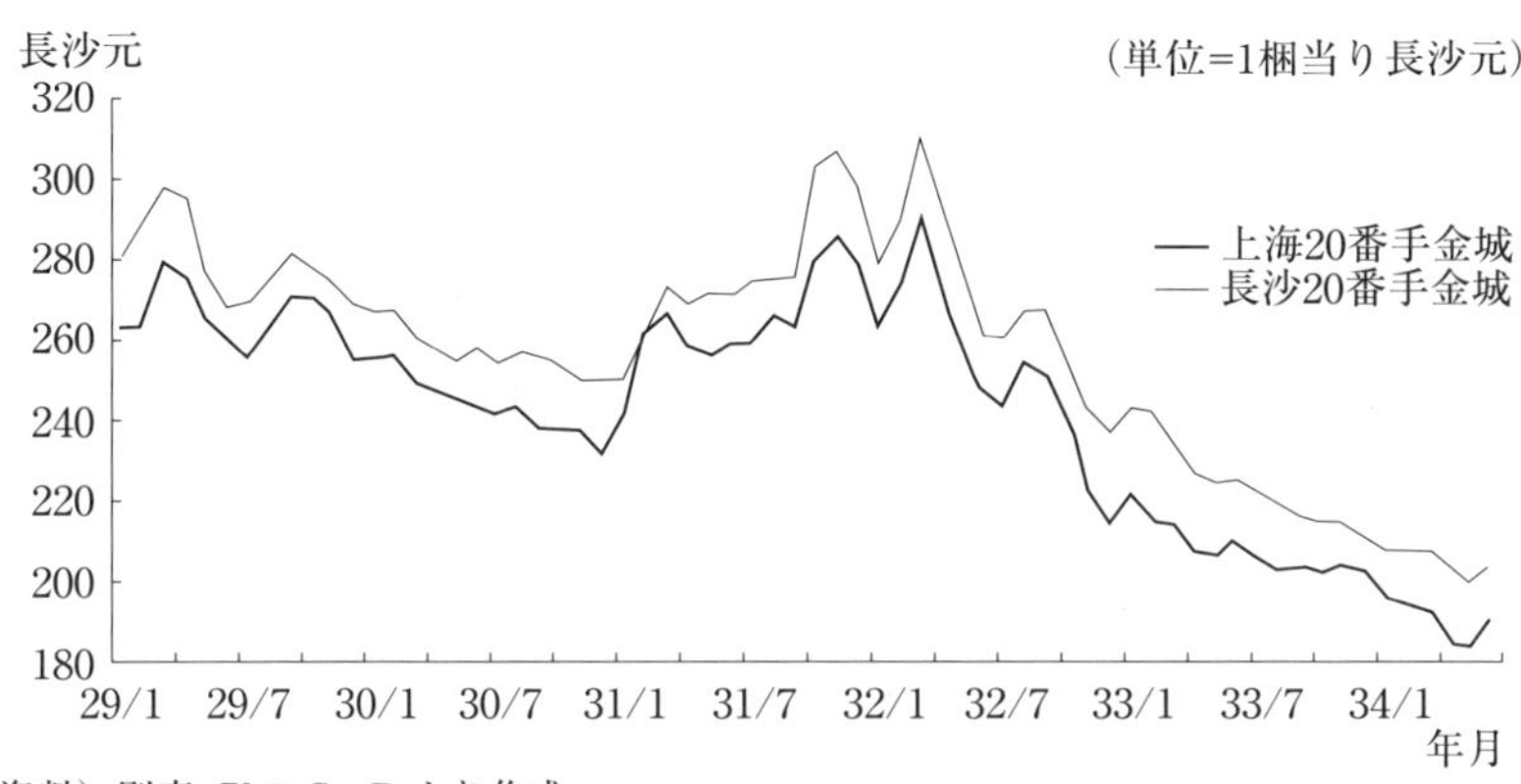

資料）別表-ⅣのC，Dより作成。

よりもつねに上位にあるが、その差は長沙元で一五元前後でほぼ一定である。この開きは、両地間の流通経費に相当するものと考えてよいだろう。またこの五年半の期間について、両地での金城相場の相関係数（一に近いほど相関関係が強い）をみると、その値は実に〇・九八五に達する。このことも、両地での相場がきわめてつよい相関関係で結ばれていたことを裏付けている。

　この分析結果は、いくつかの地域市場に分断されていた当時の中国にあっても機械製綿糸に関するかぎりは、地域市場を超えた全国的な規模で、すでに同一商品同一価格が貫徹されていたことを示唆している。機械製綿糸は、規格化された代表的な工業製品として、上海を中心とする同心円的な価格体系で統一された全国市場を形成しつつあったと考えられる。この同心円的な価格体系で統一された全国市場のなかで、湖南市場もまた上海での相場動向に強く制約される立場におかれていたのである。

　しかも、このような価格体系は永安の金城二十番手という同一ブランド同一番手の上海綿糸にのみ有効だったのではなく、間接的にではあるが地元綿糸の相場形成にも、つよい支配力をもった。図表

図表５−29　長沙での岳麓と金城換算の相場比較

（単位=1梱当り長沙元）

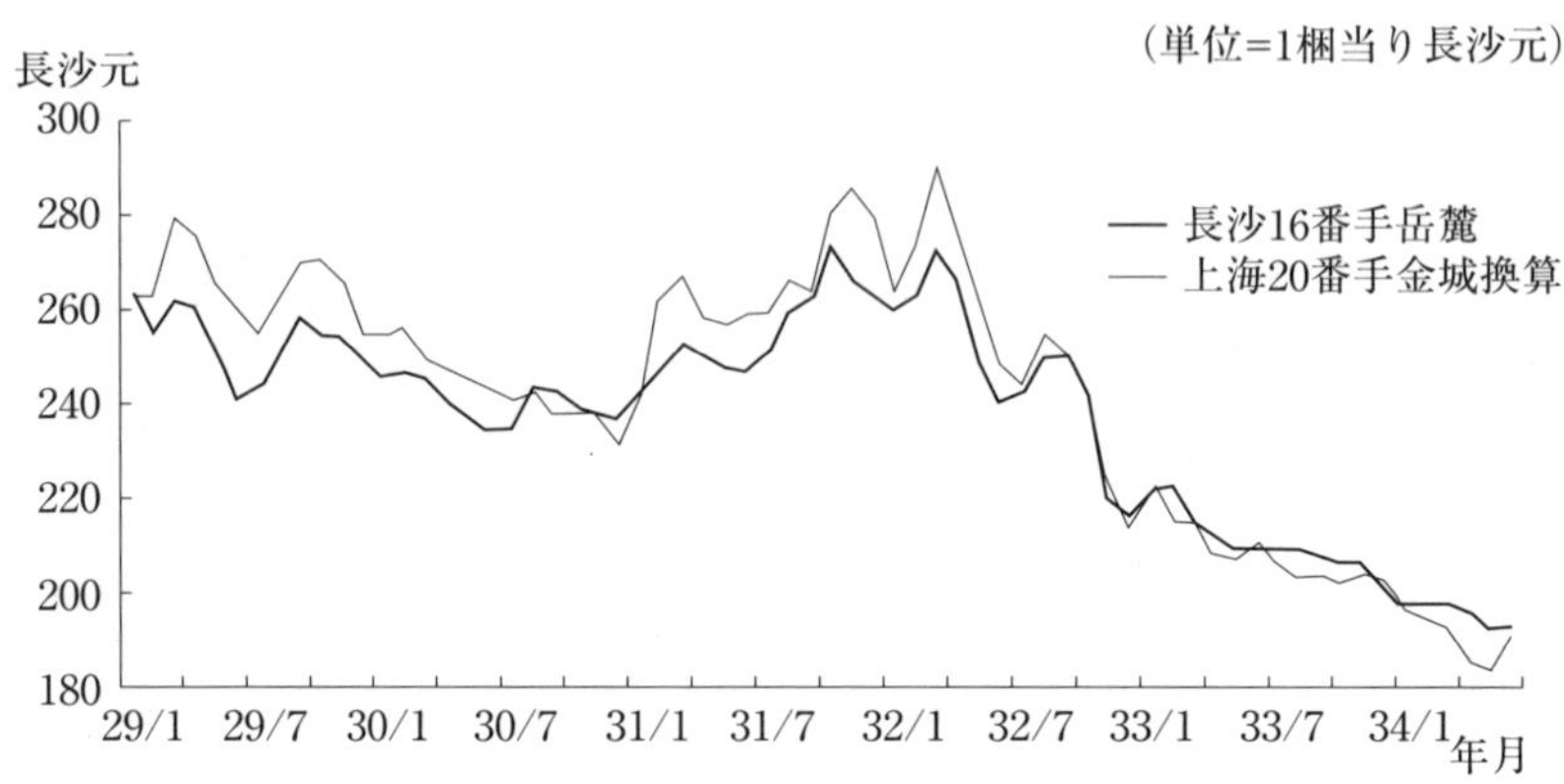

資料）付表−ⅣのC，Eより作成。

五−二九は、湖南第一紗廠の「岳麓」十六番手綿糸の長沙における相場を、「金城」二十番手綿糸の上海相場を長沙元に換算した数値と比較したものである。先の図表五−二八と比較すると、出入りが若干多くなっていることは否めないが、基本的な騰落傾向において、著しく齟齬する局面は認められない。しかもこの場合も、相関係数は予想よりもかなり高く、〇・九八三にもなった。地元綿糸の相場もまた、上海の綿糸相場に上海・長沙間の為替レートを掛け合わせる採算式に沿うようなかたちで、形成されていたことがわかる。長沙の綿糸相場は、上海綿糸であると地元綿糸であるとを問わず、上海の綿糸相場に追随していたとみなすことができる。

上海の綿糸相場が支配力をもったのは、長沙市場だけではなかった。いま少しバイアスのかかった例として、図表五−三〇では、武昌裕華紗廠の「万年青」十四番手綿糸の四川省万県における実際の相場と、「金城」二十番手綿糸の上海相場に上海と万県との為替レートを掛けて算出した換算値について、一九三一年の年平均を一〇〇とする指数を比較した。「金城」二十番手綿糸の方は、当時おそらく万県では販売されてはいなかったであろうから、いわば理論値

図表5-30　武漢万年青と上海金城の万県市価指数比較

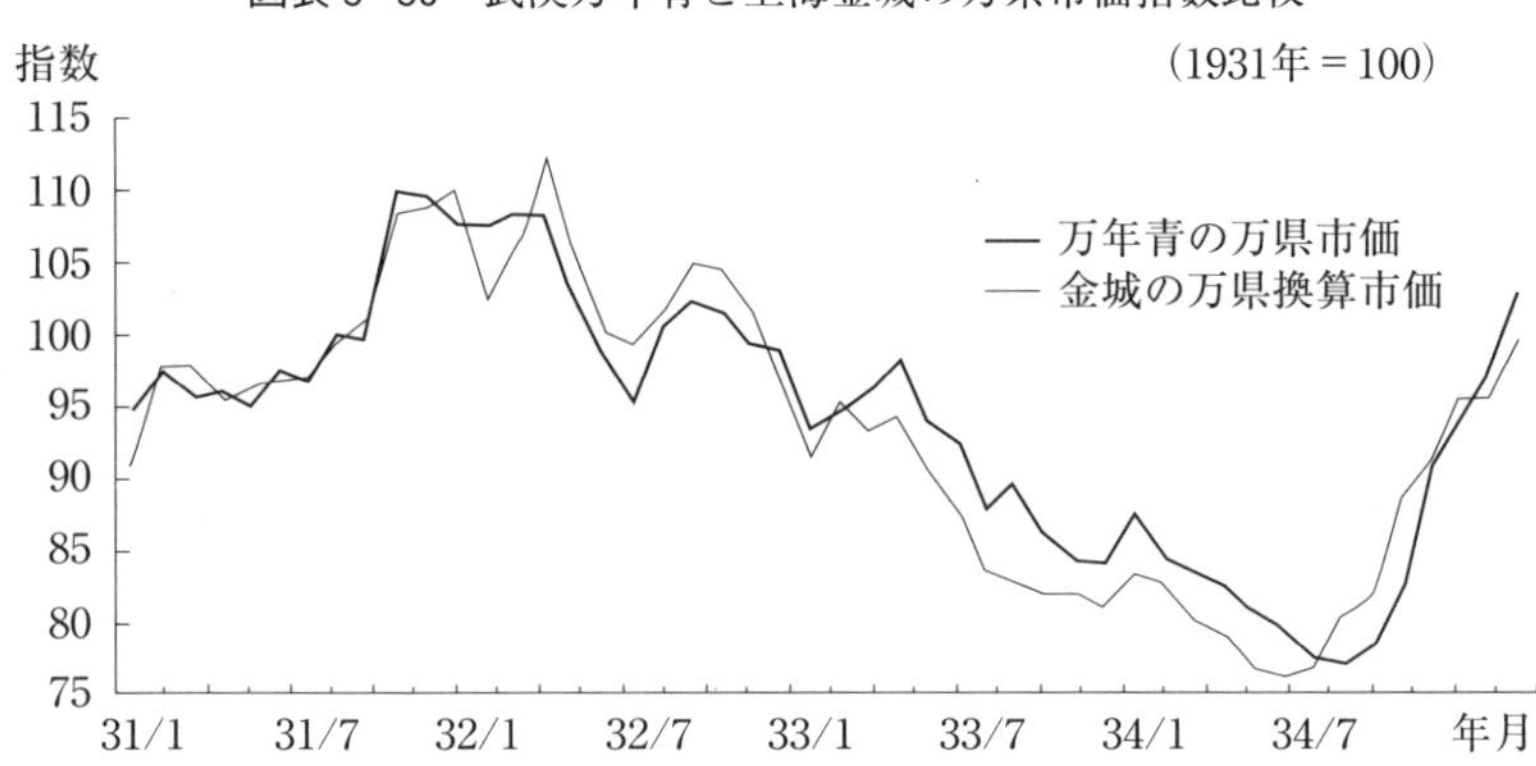

資料）別表-Ⅵの C，D より作成。

の意味合いをもつ数値である。利用できるデータは、一九三〇年一月から三四年十二月まで五年分あるが、一九三〇年の一年分は、たぶん算定方法の違いから生じたと思われる大きな断層が為替レートに認められ、その修正の方法もいまのところ推定できないので割愛した。

その結果判明したのは、やはり両者のきわめて強い相関関係である。一九三二年一月以降数カ月間だけは、上海事変の影響で「金城」の相場が激しい騰落の動きをみせたため、両者の間に乖離が生じたが、それ以外は万県の「万年青」相場が、ほぼ一カ月遅れで上海の「金城」相場に追随していた様子を、はっきりと見て取ることができる。その相関係数は、〇・九四四で、先の図表五-二九の「岳麓」と「金城」にはおよばないものの、やはり相当つよい相関関係を示している。バイアスが一つ増えた分、相関係数もやや低下したのであろう。武昌綿糸の万県相場もまた、上海綿糸相場に制約されるかたちで形成されていたのである。

以上のような相場比較には、綿糸相場と為替相場の両方について同質のデータが必要であるため、現在のところ二例しか提示できない。サンプル不足を承知のうえで、あえて見通しを述べておくならば、「一九二三年恐慌」以降上海を中心として同心円状に形成された機械製綿糸の全国市場は、一方で上海「在華紡」を頂点とするピラミッド状の重層的な市場構造を次第に明確にしながら、他方では上海相場を基準とする統一的な価格体系を確立しつつあったようにみうけられる。このように重層的かつ均質的な全国市場のなかで、湖南第一紗廠の綿糸は、価格の面では上海綿糸相場の支配をつよくうけながら、農村在来織布向けの太糸という分野を分担していた。再編期の中国市場は、製品綿糸においては全国的な価格の統一性と市場の重層化をその特色としていたのである。

二　湖南綿花相場の動向

内陸民族紡のいま一つの有利な立地条件は、近隣で生産される綿花を最少の流通経費で手当てできる点にあった。湖南第一紗廠も、太糸生産に特化していたこともあって、湖南で生産される在来種綿花を、おもな原料としていた。一九三一年の混綿例によれば、十番手は湖南荒毛五〇パーセント、湖南細毛三〇パーセント、屑綿二〇パーセント、十六番手は湖南荒毛六五パーセント、湖南細毛二五パーセント、屑綿一〇パーセントで、主力の製品はすべて湖南綿花だけで紡出できる条件にあった(34)。

しかし、湖南は綿花生産のさほど多い省ではなかった。全省の大部分をおおう紅土は綿花栽培には適しておらず、わずかに洞庭湖周辺に偏在する中部土壌地帯だけが綿花を産した。おもな産地は、澧県、華容、常徳、安郷の各県で、綿作の増加した一九三〇年前後でも、生産高は平年作で二〇万担程度にすぎず、省内での自給すらおぼつかない状況であった。そのため、生産が軌道にのった後の湖南第一紗廠の原綿手当ては、「若し湖南省内の棉産が豊作

図表5-31　常徳綿花と通州綿花の長沙市価指数比較

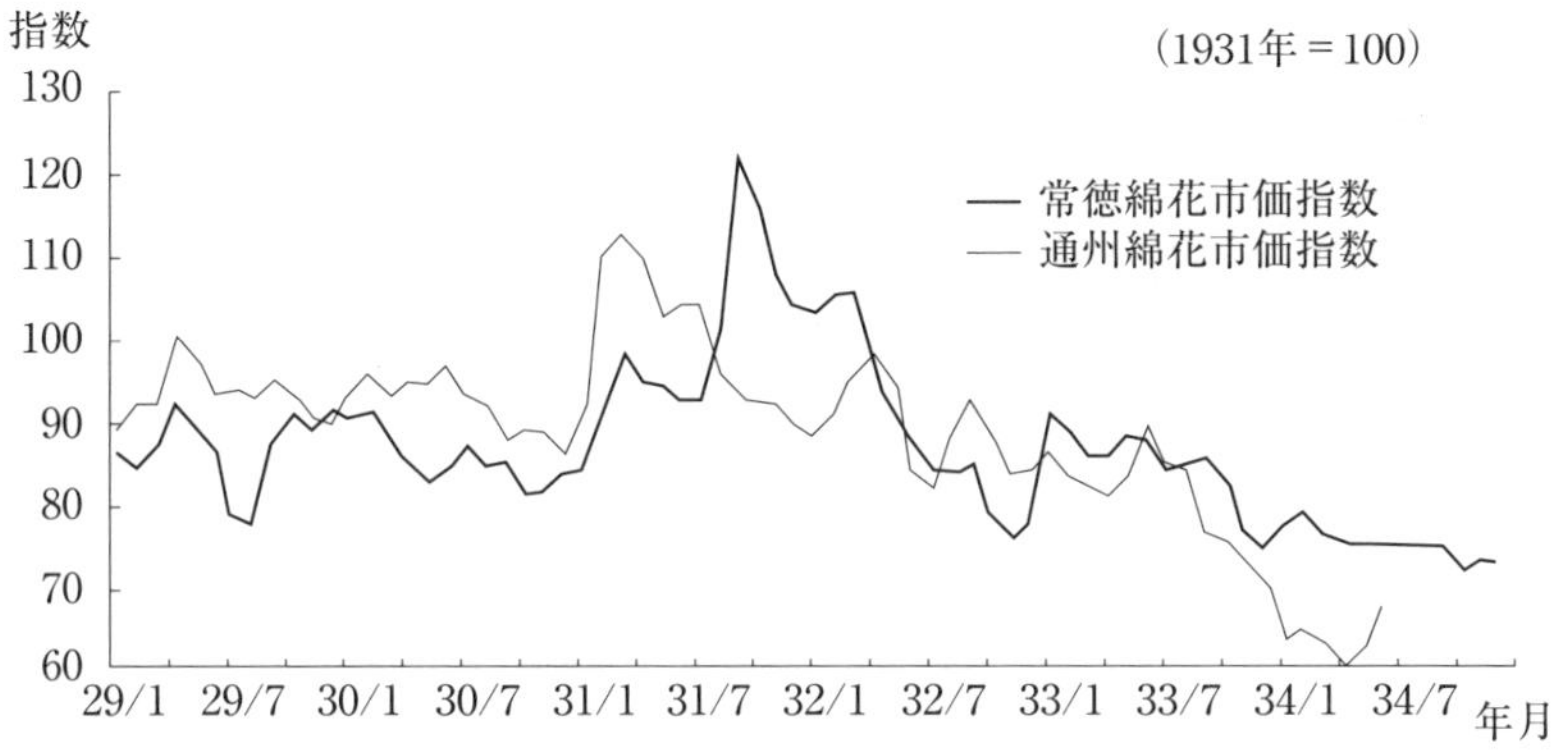

資料）別表-ⅣのG，Hより作成。

の場合には所要棉花の全部を省内で収買し、不足の場合には漢口で追加購入する」ようになった[35]。

もっとも、湖南綿花も省外への移出が皆無だったわけではない。とくに一九二三年以降、民族紡の簇生した武漢から、湖北綿花暴騰時の鎮め役として湖南綿花に買い注文の入る場合がでてきたため、省外への移出が相当量にのぼる年もままみられた。海関経由の移出高は、最高を記録した一九三〇年には四万八千七百担を数え、そのほとんどが武漢に送られたという[36]。

湖南綿花は、質が悪いうえに十六番手以下の太糸しか紡げなかったため、上海にまで送られることはほとんどなく、まだ十六番手綿糸に生産の主力をおいていた武漢の民族紡だけが、湖北綿花の暴騰時に原綿コストの削減のために利用する程度だったのである。したがって湖南綿花は、太糸用湖北綿花との競合関係はある程度強いられたものの、上海を中心とする全国的な優良綿花の流通網とは、没交渉の立場にあった。

図表五-三一は、湖南の標準的な綿花である常徳綿花の長沙における価格指数と、通州綿花の上海における価格を長沙元に換算した

図表5－32　寧波綿花と通州綿花の価格指数比較

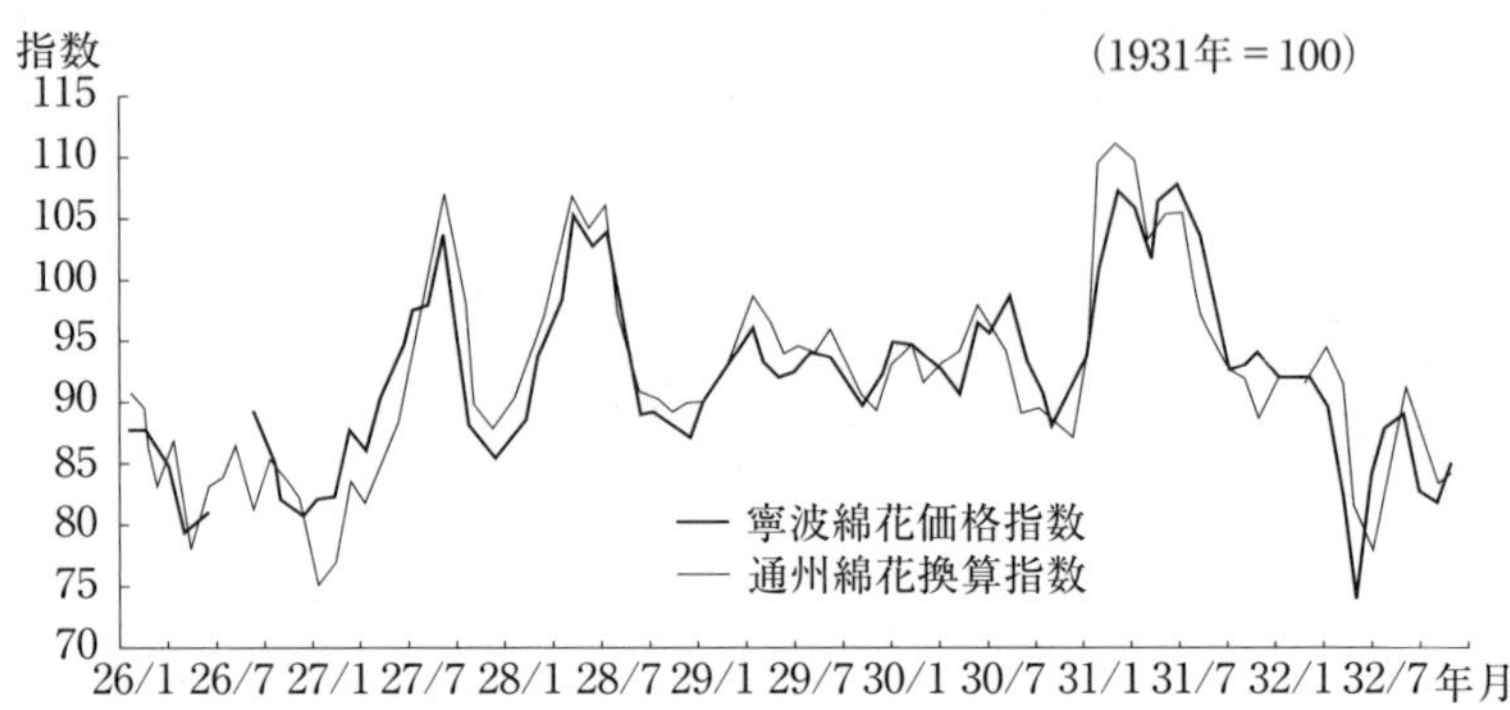

資料）別表－VのC，Dより作成。

指数とを比較したものである。もっとも大きな乖離は一九三一年九月にみられる。大洪水による湖南綿花の壊滅で、常徳綿花が担当り五九元にまで暴騰したためである。このような突発的な要因による乖離は、綿糸の場合にも上海事変の時のように例がないわけではないので、しばらくは問題にしないとしても、それ以外の部分でも両者が騰落相反する動きをみせている箇所が、随所にみうけられる。ごく大ざっぱに観察すると、一九三一年半ばまでは、通州綿花の方が割高で、それ以降は常徳綿花の方が割高に逆転する。

このような価格関係を先の綿糸における関係と比べてみれば、上海と長沙における綿花価格の不統一性は容易に看取できるであろう。常徳綿花の長沙価格指数と通州綿花の長沙元換算指数とについて、その相関係数を算出すると、〇・五三六というきわめて低い結果がでる。前項の「岳麓」十六番手綿糸と「金城」二十番手綿糸の相関係数、〇・九八三と比較すれば、湖南綿花相場の相対的な独立性はおのずから明らかになる。

このように湖南綿花が上海相場から相対的に独立した立場を保持しえたのは、もっぱら上海紡績業が湖南綿花に食指を動かさなかったことに起因しているように思われる。その根拠の一つとして、図表五−二二では、上海紡績業の原綿手当てのネットワークに組み入れられていた寧波綿花について、その現地での価格指数を、通州綿花の上海価格を寧波元に換算した指数と比較してみた。もちろん、現地での特殊事情に起因すると推測されるような出入りが何カ所かはみうけられるが、常徳綿花と通州綿花の関係に比べれば、寧波綿花の相場は、基本的に上海相場に追随していたと断定してまちがいない。この例の相関係数は、〇・九〇八で、綿糸の係数には一歩譲るものの、やはり相当つよい相関関係が認められる。

長沙と寧波、二つの綿花相場の実例を既述の再編期における綿花流通の市場構造と総合して判断すると、「一九二三年恐慌」以降、上海「在華紡」を頂点としてすすめられた中国綿花市場再編の動きは、上海紡績業が紡績用優良綿花を全国的な規模で選別的に買いあさった結果、上海市場に直結する地方の市場と、そのネットワークから外れた地方の市場との並存状況をうみだした。上海に直結する市場では、その綿花相場は上海相場に従属する立場におかれたのに対し、その圏外におかれた市場では、上海相場からは比較的独立した相場展開がみられた。このような「棲み分け構造」ともいうべき市場構造のなかで、湖南綿花市場は、上海紡績業の需要する優良綿花を供給できないがゆえに、上海を中心とする全国的な市場網の圏外にあって、武漢にのみむかって開かれた袋小路の状態におかれていたのである。

このような湖南綿花市場の立場に転機をもたらしたのは、既述のように一九三一年六月の大洪水による綿花生産の壊滅的打撃であった。この年、湖南の綿花生産高はわずか四万五千担で、前年の五分の一以下にまで激減した。そのため、常徳綿花の担当り価格は、一月の四〇元余りから、九月には五九元と五割ちかくの暴騰にみまわれた。

1934 1	7,282	252,249	6,976	276,250			14,258	528,498
2	1,445	55,995	674	26,690			2,119	82,686
3	502	17,265	20,470	825,948			20,972	843,213
4	808	28,984					808	28,984
5	2,336	82,694					2,336	82,694
6	428	15,151					428	15,151
7	243	8,602					243	8,602
8	3,043	113,504	2,892	106,677			5,935	220,181
9	53	1,982					53	1,982
10	14,758	531,009	3,315	103,097			18,073	634,105
11	18,517	647,076	3,919	135,206			22,436	782,281
12	7,882	286,993	4,192	145,882			12,074	432,875
合計	57,297	2,041,505	42,438	1,619,748			99,735	3,661,253
1935 1	8,136	243,317	5,091	177,167			13,227	420,483
2			3,023	103,991			3,023	103,991
3	750	24,775	10,245	357,551			10,995	382,326
合計	8,886	268,092	18,359	638,709			27,245	906,801

資料）平漢鉄路管理局編『長沙経済調査』支那経済資料１（生活社　昭和15年９月）68～81頁。

湖南綿花を主要な原料としてきた湖南第一紗廠は、地元綿花の記録的な減収と暴騰という最悪の事態を前にして、原綿手当ての方法を変更する必要にせまられた。ある統計では、湖南第一紗廠の消費する綿花のうち、省外からの綿花は一九三〇年下半年から三一年上半年はわずか一万六千市担にすぎなかったのに対し、三一年下半年から三二年上半年は、いっきょに八万三千市担弱と五倍以上に増加したという(37)。

図表五—二三では、さらに詳しく湖南第一紗廠の月ごとの原綿手当て状況を示している。先にもふれたように、大洪水以前には、湖南第一紗廠は毎月ほぼ経常的に湖南綿花を購入し、追加として漢口綿花を弾力的に手当てしていた。ところが、大洪水をさかいにして、湖南綿花はいうまでもなく、漢口綿花もまったく購入できなくなってしまった。そのため、湖南第一紗廠は、折からアメリカ綿花相場の下落と為替相場の銀高がかさなって銀建て価格の暴落したアメリカ綿花を、上海から大量に購入することで急場をしの

図表5-33　1931～35年湖南第一紗廠の原綿手当状況

種類／年月	湖南綿花		漢口綿花		アメリカ綿花		合　計	
	購入量（担）	購入額（元）	購入量（担）	購入額（元）	購入量（担）	購入額（元）	購入量（担）	購入額（元）
1931 1	7,631	282,827					7,631	282,827
2	4,894	194,802	5,440	266,349			10,334	461,151
3	8,335	413,395	988	51,969			9,323	465,363
4	4,926	236,152	888	46,709			5,814	282,861
5	2,788	127,485	1,443	75,902			4,231	203,386
6	4,957	213,435	11,556	651,811			16,513	865,246
7	956	41,945					956	41,945
8								
9	219	10,662	4,381	224,272			4,600	234,934
10	1,676	80,280					1,676	80,280
11	4,760	205,632			12,906	672,403	17,666	878,035
12	1,092	46,082	179	9,666	8,585	434,401	9,856	490,149
合計	42,234	1,852,697	24,875	1,326,677	21,491	1,106,804	88,600	4,286,177
1932 1	3,283	126,396					3,283	126,396
2					9,785	459,895	9,785	459,895
3	4,994	206,252					4,994	206,252
4	3,734	166,910			8,530	409,440	12,264	576,350
5	188	8,404	21	893	176	8,624	385	17,920
6	4,019	193,314			19,799	976,091	23,818	1,169,405
7	1,329	50,832	1,221	50,244			2,550	101,076
8	1,844	64,993	746	32,451			2,590	97,444
9	2,079	71,582	4,336	184,867	3,644	215,360	10,059	471,809
10	15,198	556,112	1,012	42,403			16,210	598,515
11	4,718	178,858					4,718	178,858
12	10,618	404,172					10,618	404,172
合計	52,004	2,027,823	7,336	310,857	41,934	2,069,410	101,274	4,408,090
1933 1	6,150	236,921					6,150	236,921
2	3,219	140,450	5,549	257,221			8,768	397,672
3	1,930	79,112	1,374	62,517			3,304	141,629
4	5,648	207,843	3,177	140,723			8,825	348,566
5	2,187	81,566	5,836	257,568			8,023	339,134
6	1,545	58,919	1,859	81,610			3,404	140,529
7								
8								
9	3,654	106,707	1,229	49,015			4,883	155,722
10	6,087	213,536	9,320	363,773			15,407	577,309
11	9,002	309,588	3,029	117,843			12,031	427,431
12	6,891	256,185	38,415	1,521,299			45,306	1,777,484
合計	46,313	1,690,827	69,788	2,851,568			116,101	4,542,395

いだ。この処置は一年余りつづいたが、翌三二年の秋になって湖南綿花が市場に流通しはじめると、放棄されてしまった。アメリカ綿花の手当ては、あくまで応急の処置だったのである。

しかし湖南の綿産高は、一九三二年に二〇万担ちかくまで戻したものの、農村恐慌の進行とともにふたたび不振におちいり、三三年一八万担弱、三四年一〇万担と低下しつづけた。このため、湖南第一紗廠の原綿手当ては、割安感の強い漢口綿花に重点が移り、三三年は七万担ちかく、三四年は四万二千担余りを購入した。大洪水と農村恐慌の相乗的な影響で、湖南第一紗廠の原綿手当ては一変を余儀なくされたのである。

大洪水までは「黄金時期」の再来を思わせるような好況に沸いた湖南第一紗廠が、一九三一年九月以降一転して不況に呻吟するようになった原因は、農村恐慌というマクロの状況に加え、この原綿手当ての一変が大きく作用していると考えられる。湖南第一紗廠のような内陸地方の後進民族紡が沿海地方の先進民族紡に対抗しえた最大の武器は、いささか粗悪であるにしても、上海相場から相対的に独立した地元綿花を最少の流通経費で手当てできる点にあった。

それがいまや、上海を経由して購入しなければならないアメリカ綿花、あるいは武漢もしくは上海の民族紡と競合する湖北綿花を手当てせざるをえなくなったのである。しかも、内陸地方の後進民族紡が、ほとんど唯一の市場としていた農村の経済は、一九二〇年代後半の「逆シェーレ」のもとにおける比較的好調な状況から、一九三一年をさかいに恐慌状態に一転したのであるから、原綿手当ての面でも製品販売の面でも、その苦境は明らかであった。

図表五-三四は、湖南第一紗廠の業績の分かれ目となった一九三一年の年平均を一〇〇として、長沙と上海の間における綿糸および綿花の価格指数差を対比したものである。太線の方は、先の図表五-二九のデータから、「岳

図表5-34　長沙，上海の綿糸，綿花価格指数比較

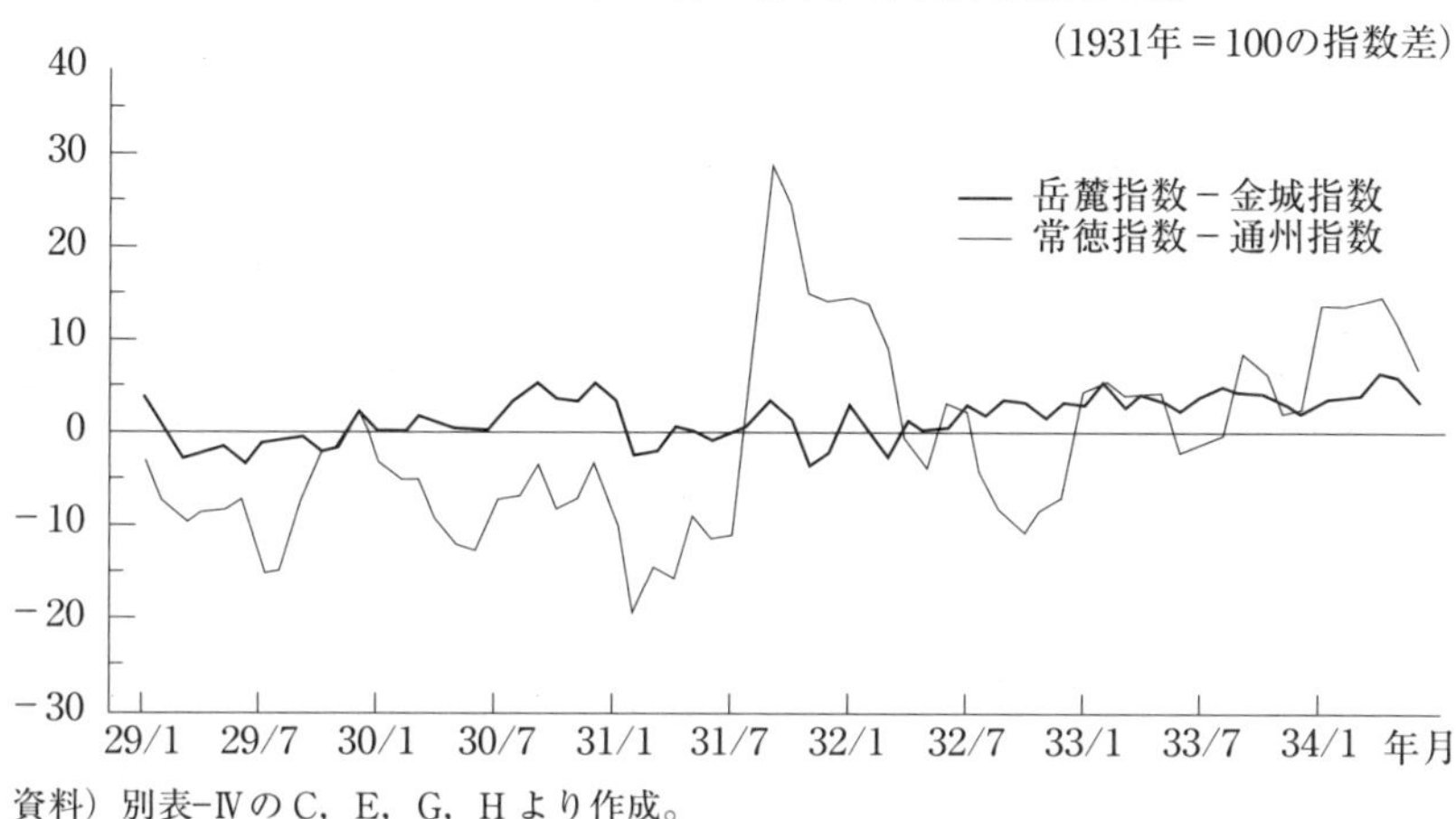

資料）別表-ⅣのC，E，G，Hより作成。

麓」十六番手綿糸の長沙における価格の指数と「金城」二十番手綿糸の上海相場を長沙元に換算した指数を算出し、「岳麓」の指数から「金城」の指数を引いたもので、細線の方は、先の図表五-三二のデータを利用して、常徳綿花の長沙における価格指数から通州綿花の上海相場を長沙元に換算した指数を引いたものである。太線がプラスにある時は、「岳麓」が「金城」に比べて割高、細線がプラスにある時は、常徳綿花が通州綿花に比べて割高ということになる。

綿糸については、すでにみたように、「岳麓」と「金城」はきわめて強い相関関係をたもっていただけあって、指数の差もほとんどない。敢えていえば、一九三二年半ば以降、「岳麓」の若干割高という傾向が定着している。一方、綿花の方は、相関係数が○・五三六と低いだけに、指数の差はきわめて複雑な動きを示している。しかし、誰の目にも明らかなように、一九三一年九月まではほぼ一貫して常徳綿花が相当に割安であったのが、それ以後は三二年下半年の一時期を除いて、常徳綿花の割高傾向が顕著になった。

湖南第一紗廠の業績が一九三一年九月をさかいに一変した原因は、製品綿糸の価格が上海綿糸相場にほぼ従属するかたちで推移したのに対し、原料綿花の価格が上海綿花相場から相対的に独立した動きをみせ、割安から割高に一転した点に求めることができる。

しかも重要なことは、湖南第一紗廠の「黄金時期」をもたらしたこのような市場環境は、決して偶然の産物ではなかったという事実である。「一九二三年恐慌」以降の中国紡績業の市場再編は、製品市場においては重層的かつ均質的な全国市場の形成を通じて、製品価格の統一性を実現する一方、原綿市場においては、上海に直結する市場圏とそれ以外の市場圏の並存という棲み分け構造が、統一性と不統一性の混在する原綿価格の体系をうみだしていった。湖南第一紗廠の「黄金時期」は、明らかに製品価格における統一性と原綿価格における不統一性を結果した「一九二三年恐慌」以降の全中国的な市場構造が、その形成をもたらしたと考えることができる。(38)

むすび

かつて第一次世界大戦後期から戦後にかけての時期に、本章で検討したような市場状況に類似した状況が、東アジア的な規模で出現したことがあった。当時の中国綿糸市場では、日本綿糸の価格動向が上海などの沿海都市に勃興しつつあった民族紡の綿糸価格をも支配していた。一方、日本紡績業の原料綿花は、インド綿花が主体で、中国綿花はインド綿花暴騰時の鎮め役に位置づけられていた。このような当時の東アジアの市場構造が、折からの世界的な綿製品暴騰による紡績ブームのなかで、日中間における製品価格の統一性と原料価格の不統一性をもたらし、それがひいては中国市場の「紗貴花賤」という理想的な市場環境をうみだした。その当然の結果が、中国紡績業の

「黄金時期」にほかならない(39)。

しかし「黄金時期」の好況は、民族紡の飛躍的な生産力の増大、それによる太糸市場からの外国綿糸駆逐、さらに日本紡績資本の雪崩をうった対中国進出等等の事態をよびおこし、「一九二三年恐慌」とそれにつづく中国綿糸、綿花市場の再編をうながした。これら一連の事態の推移は、ほぼ十年の時間を隔てて、かつて日本と中国の間にみられた製品価格の統一性と原料価格の不統一性という市場関係を、いまや上海などの沿海都市と内陸地方との間に転移させることになった。第一次世界大戦以降、日本紡績資本が「黄金時期」の市場環境に対応して、まず太糸の生産拠点を日本国内から中国の沿海都市に移し、さらに「一九二三年恐慌」の市場環境に対処して、中国の生産拠点での主力を細糸にシフトしたこと、しかもそのような生産シフトに合わせて原綿手当ての戦略を次々に転換していったこと、製品と原料の両面にわたるこれらの動向が、綿工業における日中角逐の最前線を、日中間の海洋からはるか西方の内陸へと移動させたのである(40)。

いうまでもなく、湖南第一紗廠の「黄金時期」についての本章の分析が、ほかの内陸民族紡にも有効な普遍性をもつか否かは、さらに多くの内陸民族紡に関する実証的な研究成果の蓄積に待つしかないが、その際、以上検討してきたような「一九二三年恐慌」以降の全国的な市場構造は、分析の視座として十分な注意が払われるべきであると考える。

第五章　注

(1)　生産が本格化した民国十七年（一九二八）までの前史について、以下にそのアウトラインを記述しておく。

湖南第一紗廠の歴史は、民国元年（一九一二）にまでさかのぼる。辛亥革命の余韻さめやらぬ長沙で、呉作霖なる人物が、湖南省政府の公金六〇万元を借り受けて、湘江対岸の銀盆嶺に、総錘数五万錘にもおよぶ一大紡績工場の建設に着手したのが始まりとされる。この工場は最初、「経華紗廠」と命名された。

設立の翌年、民国二年（一九一三）十月に、湯薌銘が湖南都督となると、この工場を接収して省有とし、経営形態に早くも変更が生じた（平漢鉄路管理局経済調査班編『長沙経済調査』支那経済資料一　生活社　昭和十五年九月三八頁）。

民国五年（一九一六）八月、湯にかわって省長兼督軍に就任した譚延闓が、こんどは省有を改めて「帰商承弁」（所有権は省有とし、経営権を民間に出租する）としたのをうけて、朱恩縉らが民国六年（一九一七）八月に承租し、華実紡織公司と改名した。資本金は優先株一〇〇万両、普通株一〇〇万両の合計二〇〇万両で、朱恩縉一人で優先株五〇万両を引き受けた（『長沙大公報』民国六年九月八日。第一紗廠招商承租広告は『長沙大公報』民国六年一月二日に掲載された。以下、『長沙大公報』については、新聞名を省略して、発行年月日のみを記す）。翌年六月には湖南政府から工場の引き渡しをうけて、操業を開始する予定であった（民国九年十二月二十日）。

ところが、南北混戦の末、民国七年（一九一八）三月省長兼督軍に就任した張敬尭は、軍費調達の目的から、鄂商、李子雲に一四八万元でこの工場の売却をはかったのをはじめ、民国八年十一月には日本の東亜会社に一五五万元で、民国九年三月には三井洋行に日本円一八〇万円で売却をもちかけていたという（民国十年三月十一日）。

民国九年（一九二〇）七月、張敬尭を駆逐して復帰した譚延闓、趙恒惕は、ふたたび華実公司に出租する方針で、開業を急いだ（民国九年七月二十四日）。

民国十年（一九二一）二月、工場の建物および機械設備一切がようやく完成した。完成までに費やされた公金は、二〇〇万元にのぼった。ところが竣工の後、華実公司に引き渡されるに際して、前年十一月に結成されたばかりの湖南労工会が、湖南省民の公金で建設された工場がうみだす利益を、ごく一部の資本家が独占することに反対し、華実公司への出租を破棄して湖南省民による共同管理にするよう要求して闘争にはいった（民国十年二月十七日、三月九日）。

湖南人の省ナショナリズムに訴える闘争は、労働者、学生ばかりでなく、富裕階層をも巻き込んで、盛り上がりをみせた。華実公司は三月三十一日にいったん操業を開始したものの、四月十三日の湖南労工会の実力行使で停業においこまれた。この間、湖北から招聘された経理の趙子安が、漢口から調達してきた十数万元の綿花もろとも、四月二十三日に漢口へ引き上げてしまったのをはじめ、湖北、江蘇出身の技師、労働者があいついで帰郷してしまう事態が起こった（民国十年四月二十五日）。一方、黄愛、龐人銓ら労工会の指導者たちは、四月二十九日から五月初めにかけて、湖南軍総司令部に自首し、収監された陸軍監獄署でハンストに突入した（民国十年四月三十日）。

三カ月余りの攻防の末、労工会は華実公司から、一時金として五千元、以後毎年の利益の五パーセントを湖南労働者教育経費に提供する、湖南人を優先的に雇用する、などの譲歩案を引き出していったんは闘争を収束させた（民国十年六月二十七日。もっとも、民国十年十一月十日の記事では、労工会側は教育経費の条件については否定している）。

華実公司は七月一日に至って、操業を再開したものの、当初は四、五千錘が稼動しただけで、十一月三日になって、ようやく二万錘が稼動した。しかし、操業が本格化すると、一週間ごとに日勤と夜勤がいれかわる過酷な一二時間労働が、労働者の不満をうっ積させた。とくに湖南出身の労働者は、湖北出身の労働者との賃金面での大きな格差に不満をつのらせていた（民国十年十一月十五日）。

労工会はこの湖南人労働者のうっ積する不満を集約して、待遇改善を訴え、ふたたび闘争を組織したが、今回は社会的な広がりを欠いたまま、翌民国十一年一月十七日には、指導者の黄愛、龐人銓が、趙恒惕によって無政府主義鼓吹の廉で、逮捕、処刑されてしまった。

しかしその後も華実公司の経営は、中国紡績業界全体の不況に加えて、軍閥政府の度重なる借款とストライキの頻発という挟撃をうけ、芳しい成績をあげることはできなかった。民国十三年（一九二四）後半に、江浙戦争のあおりなどで、半年にもおよぶ操業停止においこまれた例を最たるものとして、たびたび操業停止をくりかえした（民国十三年十二月十七日、二十一日）。

民国十五年（一九二六）七月、北伐軍が長沙にはいり、国民党の湖南省政府が成立すると、華実公司への出租を破棄して省営とする案が、十月に省務会議で可決され、名称も湖南第一紗廠と改められた（民国十五年十月四日）。十二月には左宗澍が工場長に任命され、二十日に操業を再開した。省政府が公布した「紗廠条例」では、純利益のうち五〇パーセントが省庫にはいることになっていたが、財政逼迫の省会計からは、操業再開のための運転資金として、わずかに二万元しか支出されず、経営は苦心惨憺のありさまで、操業も途切れがちであった（民国十五年十二月十六日）。

民国十七年（一九二八）一月、程潜、白崇禧らの「征西軍」が長沙にはいった後、新政権は湖南第一紗廠再開のために、二〇万元の支出を認め、彭斟雉を工場長に任命した（湖南省政府秘書処第五科『民国二十一年湖南省政治年鑑』湖南省政府秘書処　民国二十一年十二月　三四九頁）。

ここに二十年近くの曲折をへて、湖南第一紗廠の生産は、ようやく軌道にのった。

（2）湖南省志編纂委員会編『湖南省志』第一巻　湖南近百年大事紀述（湖南人民出版社　一九八〇年十月第三版）六七三～六七四頁。

（3）武昌の裕華紗廠でも、一九三一年の大洪水でアメリカ綿花を使用することになったが、短い繊維の綿花に合うように設計された機械では、アメリカ綿花は繊維が長すぎて、ローラーに絡まってしまい、作業効率が低下したとの報告がある（『裕大華紡織資本集団史料』湖北人民出版社　一九八四年十二月　一四七頁）。なお、『民国二十一年湖南省政治年鑑』三五九頁は、一九三一年の生産コストが異常に高い原因を、一、利息の増加、二、税金の増加、三、運賃、保険料および倉庫代の支出、四、労働時間の減少の四点に求めている。いずれも、アメリカ綿花の手当てによる間接的な支出増が、相当の部分を占めているものと推測される。

（4）『民国二十一年湖南省政治年鑑』三五九頁では、一九三一年の綿花打込率はさらに低く、三五六斤であったとされている。

（5）低番手の綿糸ほど、農村経済の影響をうけやすい傾向があったことについては、本書三一七～三一八頁参照のこと。

（6）黄愛、龐人銓らがかかげた闘争目標の一つも、外省出身労働者との賃金格差是正であった。本章の注（2）の資料参照のこと。

（7）久保亨「近代中国綿業の地帯構造と経営類型」—『土地制度史学』第一一三号（昭和六十一年十月）三五頁。

（8）国際市場と中国輸出商品価格の関係については、鄭友揆『中国的対外貿易和工業発展』（上海社会科学院出版社　一九八四年十二月）九一頁、および呉承明『中国資本主義与国内市場』（中国社会科学出版社　一九八五年三月）二七六～二七七頁参照のこと。

（9）第一次世界大戦期および世界恐慌期のシェーレについては、呉承明『中国資本主義与国内市場』二七八頁に簡明な指摘がある。なお本章では、便宜的に「シェーレ」、「逆シェーレ」という言葉をもちいることにするが、正確にはそれぞれ「一九一〇～一四年を一〇〇とする工業製品価格指数が、農産物価格指数よりも相対的に高い状態」、「一九一〇～一四年を一〇〇とする工業製品価格指数が、農産物価格指数よりも相対的に低い状態」とでも表現するべきであろう。

（10）輸入品一九品とは、白糖、くらげの食品二品、シャーティングなどの布九品、十六、十四番手綿糸、毛糸の糸類三品、灯油、蝋燭、釘、石鹸、紙巻き煙草の雑貨五品で、第一次産品は「くらげ」だけであった。

（11）「黄金時期」の中国紡績業における「紗貴花賤」というシェーレの要因については、本書第三章第二節第二項、第三項の分析があるので、併せ参照されたい。

（12）十九世紀から二十世紀三〇年代にかけての銀価格については、呉承禧「百年来銀価変動之回顧」—『社会科学雑誌』第三巻第三期（民国二十一年九月）が系統的である。

（13）本書二五四～二五六頁参照のこと。

（14）本書一〇～一二頁。

（15）許滌新・呉承明主編『中国資本主義発展史』第二巻　旧民主主義革命時期的中国資本主義（人民出版社　一九九〇年九月）三二九頁。

（16）楊端六・侯厚培等『六十五年来中国国際貿易統計』国立中央研究院社会科学研究所専刊第四号（民国二十年）三六、四五頁。

（17）一九二〇年以降の中国綿花とインド綿花の価格関係については、本書二五七～二五八頁参照のこと。

(18) その象徴的な出来事は、一九二五年十一月における印棉運華聯益会の結成である。従来の見解では、この当時インド綿花を使っていたのはほとんどが「在華紡」であったのだから、会員に民族紡がはいっていたとしても、実質的には民族紡にとってはなんの利益ももたらさなかったと考えられてきた（高村直助『近代日本綿業と中国』東京大学出版会　一九八二年六月　一八九頁、西川博史『日本帝国主義と綿業』ミネルヴァ書房　一九八七年一月　一二三頁）。しかし実際には、本文中に述べたように「一九二三年恐慌」を契機にはじまった「在華紡」の高番手化の動きは、一九二五年頃から軌道にのりはじめ、太糸用原綿であるインド綿花の重要性は相対的に低下しつつあった。それに対して、民族紡の方はなお太糸生産に特化していた段階であるから、もしインド綿花を運賃割引きで手当てできるとすれば、営業上の利益は大きいものがあったはずである。したがって、印棉運華聯益会は、たしかに五三〇運動で高まった民族紡績ブルジョアジーの反日感情を緩和する目的から、民族紡績ブルジョアジーにもインド綿花使用の利益を均霑するという性格をもっていたのであるが、その反面、「在華紡」にとってはすでに第二義的な意味しかもたなくなったインド綿花であればこそ、そのような「気前のよさ」をみせることができたとも考えられる。印棉運華聯益会に関しては、『紡織時報』第二六六号（民国十四年十一月二十六日）、第二六七号（十二月三日）、第二八七号（民国十五年三月一日）、第三二一号（七月二十九日）、第三七三号（十二月二十七日）等に記事がある。

なお高番手化という戦略をめぐって、「在華紡」各社が一様の姿勢でなかったことは、桑原哲也『企業国際化の史的分析』（森山書店　一九九〇年六月）に詳しい。

(19) 「花紗市情　棉花（民国十年四月至六月）」―『華商紗廠連合会季刊』第二巻第四期（民国十年九月）二五六頁。

(20) 「最近支那紡績業の現状」―『上海日本商業会議所週報』第五〇〇号（一九二一年九月二十五日）。まったく同じ記事が、『大日本紡績連合会月報』第三五〇号（一九二一年十一月）にも掲載されている。

(21) 図表五‐一〇で、日本からの輸入分も、一九二〇年代には相当の割合を占めるようになり、二七年には八〇万五千担の多くを数えるが、いうまでもなくこれは、インド綿花あるいはアメリカ綿花の再輸出である。その内訳は二〇年代前半にはインド綿花、二〇年代後半にはアメリカ綿花が多くを占めたものと推測されるが、いまのところそれを示すデータは提示できない。

(22)「(民国)二十三年鄭州銀行業綿業概況」─『河南統計月報』第一巻第二・三期合刊(民国二十四年三月)経済調査資料　一六九頁。

(23)『紡織時報』第四三九号(民国十六年九月八日)。

(24)『山東之物産』第一編(青島守備軍民政部　民国八年十月)一七二頁。

(25)以上、呉知「山東省棉花之生産与運銷」─『政治経済学報』第五巻第一期(民国二十五年十月)三九～四一頁。山東、河北両省でのアメリカ種綿花移植の試みは、いずれも一九一〇年代後半に日本の商社筋が先鞭をつけたといわれている。正定から彰徳までの京漢線沿線では、三菱合資会社が一九一七年から綿作改良事業にのりだしていたが、二〇年になると米綿トライス種の馴化種に主力を注いで、育成種子を地域の農民に配布した。また、張店から高密に至る膠済線沿線では、日本人綿花商和順泰が東洋拓殖会社青島支店の援助のもとに二〇万元の融資を得て、一九一八年から事業に着手し、二二年には六〇万斤の米綿種子を輸入して農民に配給した。いずれの事業も、アメリカ綿花の中国への輸入が本格化しはじめた一九二五、二六年に、相次いで排日風潮の高揚と内乱の激化が原因で挫折したが、山東、河北にアメリカ種綿花が普及する発端とはなった(南満州鉄道株式会社調査部編『北支棉花綜覧』日本評論社　昭和十五年五月　一五一～一五三頁)。

(26)満鉄北支事務局調査部『北支主要都市商品流通事情』第八編青島(昭和十四年四月)六六頁。

(27)沙市の綿貨流通の変遷については、本書第二章第一節を参照のこと。

(28)湖北省志貿易志編輯室編『湖北近代経済貿易史料選輯』第三輯(武漢　一九八五年)二八一頁。

(29)以上、「沙市棉花状況」─『大日本紡績連合会月報』第三三七号(一九二四年一月)六一～六二頁。

(30)綿糸出荷高の統計では、一九三五年における二十番手超過綿糸の比率は、「在華紡」で四二・一パーセント、民族紡で八・七パーセントであった(本書五〇頁)。本文の図表五-二二の比率と比べると、「在華紡」は接近した数字であるが、民族紡は一〇パーセント近くのズレがある。この原因は、細糸用、太糸用の区分の仕方自体にも問題があるのかもしれないが、より主要には時間的なズレによるものと考えられる。三六年三月の霊宝綿一万余梱を除外して計算すると、民族紡の細糸用綿花比率は一〇・四パーセントに低下する。

(31) 「循環手当法」については、本書二二一頁参照のこと。
(32) 孟学思編『湖南之棉花及棉紗』湖南省経済調査所叢刊（湖南省経済調査所　民国二十四年七月）下編一二頁。ただし地元綿糸は、一九三四年の数字である。
(33) 湖南省政府秘書処統計室『民国二十四年湖南年鑑』湖南省政府統計叢刊之四十三（湖南省政府秘書処　民国二十四年十月）六一三〜六一五頁。
(34) 「湖南第一紡織紗廠調査記」──『紡織時報』第七八七号（民国二十年四月九日）。
(35) 『長沙経済調査』六八頁。
(36) 孟学思編『湖南之棉花及棉紗』上編三六頁。
(37) 同前　上編三五頁。
(38) 既述のように湖南第一紗廠の場合には、一九二七年までは操業の期間が断続的にしかなかった。したがって、二八年以降継続的に操業できるようになった社会環境の変化も、当然その「黄金時期」形成の要因にあげなければならない。本章で検討したのは、いわばその大前提のうえにたって、本格操業まもない湖南第一紗廠が第一年度からめざましい好成績をおさめることのできた原因を、「一九二三年恐慌」以降の全国的な市場構造の変化という視点からは、どのように解釈すればよいかという問題であった。
(39) このように、中国民族紡績業の「黄金時期」形成の要因を第一次世界大戦期における東アジアの綿花、綿糸の市場構造に求める視点については、本書第三章第二節で論じた。本章は、その視点を敷衍して中国紡績業再編期の特質解明をめざしたものにほかならない。
(40) 民族紡績業の内陸部への展開については、従来の見解では沿海地方における「在華紡」の圧迫によって内陸部への分散を余儀なくされたのだとする消極的な評価がふつうであった。これに対して久保亨「近代中国綿業の地帯構造と経営類型」（二五頁）は、原料立地、販売立地の観点から「それなりに合理的根拠をもつ発展」であったと、積極的な評価をくだす必要性を主張する。その論拠の一つに、一九三六〜八三年における内陸紡績業の比重増大をあげ、「内陸部への発展こそ、時代の趨勢を先取りしたものであったことが判明する」と述べている。

民族紡績業の内陸部への展開が、在来型の太糸生産に適した立地条件をそなえていたことは、本章でも分析したとおりである。しかしながら本章では、このことからただちに、「在華紡」の圧迫を重視する見解を婉曲に否定して、「中国綿工業の合理的発展」と一面的に位置づける議論に同意できるわけではない。そのおもな理由は、「在華紡」の圧力が歴然としてあった時期とそうでない時期とを無媒介に直結して扱う超歴史的な思考方法に違和感を禁じえないからである。問題は、中国内陸紡績業一般ではなく、ほかでもなく一九二〇年代から三〇年代前半にかけての内陸民族紡の動向にあった。とりわけ、一九二〇年代後半における内陸民族紡の勃興を説明するためには、「在華紡」の雪崩をうった進出とそれがもたらした中国市場の重層化が不可欠の要因としてあった。沿海地方における質的発展（近代セクター向け細糸生産の増大）と内陸地方における量的発展（在来セクター向け太糸生産の増大）とが同時並行的に進行したのは、まさしく「在華紡」の進出が結果した構造的変化であった。このような構造的変化のもとで、民族紡のなかには立地条件をいかせる内陸部への展開という選択に活路をみいだすものも出てきたのである。これを後退とみるか、前進とみるかは、一つの事象の楯の両面にすぎない。議論すべきは、「在華紡」の存在を論外において、立地条件という一面だけで、この事象をはたして説明しきれるか、という点にある。本章の認識では、そもそも内陸部の立地条件がなぜ一九二〇年代後半にとりわけ際立つことになったのか、そのメカニズムを解明するうえで「在華紡」のもたらした構造的な圧力は不可欠の要因をなすものと考える。

別　章　中国綿業の近代化過程

はじめに

十八世紀半ば、イギリスのランカシャーに起こった産業革命の波は、ほぼ一世紀をついやして東アジアにまで到達した。一八四二年の南京条約で中国が、一八五四年の日米和親条約で日本が、欧米諸国にその門戸をひらいたことで、欧米資本主義諸国の世界市場形成は、ひとまずその第一の階梯をおえた。この世界市場に従属的なかたちで包摂された国々では、それまでの伝統的な経済システムは、いやおうなく「西欧モデル」の工業化という命題に直面し、それぞれ固有の条件におうじた対応をせまられることになった。その工業化の過程で、大きな比重を占めたのは、ほとんど例外なく綿業であった。そもそも綿業は、イギリス産業革命の牽引車の役割をはたした基幹産業であったが、その波及の途上でもおなじく、中核的な存在であった。

中国でも欧米資本主義の進出以後、在来の経済システムが外来の近代的な生産様式ともっとも大規模で曲折にみちた葛藤をえんじたのは、やはり綿業の分野であった。本章では、開国以後の中国在来綿業の再編過程と、それにつづく近代的綿工業の形成過程に焦点をあわせながら、中国の農業に基づく伝統的な経済システムが、「西欧モデル」の工業化という命題にいかに対応したかを考察する。

第一節　開国前夜の在来産業

アヘン戦争前夜、中国はすでに四億の人口をかかえていた。この膨大な数の人間がほとんど綿布をまとっていた。中国に綿布が伝来した時期は紀元前一世紀頃までさかのぼるが、綿花栽培と綿紡織業は長い間、周辺の少数民族がほそぼそと営むにとどまり、漢民族は一部の上流階級が絹織物をまとっていた以外、おもに麻布が日常衣料に用いられた。

この状態に変化が現れたのは、宋代にはいってからである。アッサム地方を原産地とする旧大陸綿は、一千年余りの歳月をかけて、広東、福建から、揚子江流域にまで伝播していった。その間、気温の低い地方へ移動するにつれ変異を起こし、多年生から一年生にかわったことで、病虫害に対する抵抗力がまして密植が可能になり、単位面積当りの収穫量がふえて生産コストがさがった。さらに綿の繊維も長く、柔らかくなって、紡織の作業効率をひきあげた。その結果、宋代をさかいにまず江南地方から、綿布が麻布にとってかわりはじめ、つづく元代、明代には、朝廷の奨励策もてつだって、綿作地帯は華北にまで広がり、中国全土で綿布が民衆の日常衣料の主役の座を占めるようになった。

開国前夜の中国人は年に一人当り平均一・五匹、全体では六億匹の綿布を消費したと推計される。その生産には、六四〇万担（一担≒六〇キログラム）の繰綿から六二〇万担の綿糸を紡ぎ、さらに布に織りあげる作業が必要であった。一匹の綿布（重さ一斤）を織るには、ふつう繰綿に一日、紡糸に四日、整経に一日、織布に一日、計七日が必要で、中国全体では四二億労働日が紡織についやされていた計算になる。綿糸でいえば、六〇〇万担をこえる生産規模は、産業革命をへたイギリスでさえ、一八六〇年前後になって達成しえた水準にひとしい。イギリスでは、ほぼ一〇〇パーセント機械力でこの作業が処理されたのに対し、一八四〇年前後の中国では逆に一〇〇パーセント人力で紡がれていた。工業化以前の世界では、群をぬく生産規模であった。

総体としては膨大な量の綿糸布も、その生産は零細な農村の副業的な家内手工業に委ねられていた。中国の農業は家族を生産単位とする小農経営が基本であった。華北では自作農が多いものの土地の生産性が低いため、また華中、華南では土地の生産性は高いものの佃戸（小作）制による佃租（小作料）の収奪がきびしいため、小農経営は限界生産性をこえる集約農業を余儀なくされた。

さらに宋代以降の人口増加にともなう一人当り平均耕地面積の減少（宋代四畝→清代中期二畝）が加わって経営規模の零細化がすすむにつれ、家計補助のための副業に依存する度合いがましていった。さまざまな農村副業のなかでも、紡織業はもっとも普遍的であった。「男耕女織」という言葉は、零細な経営規模の農家において、野良仕事に耐えない家内労働力あるいは農閑期の余剰労働力を活用してすすめられた在来綿業のありようを象徴する。

在来綿業では、染色、艶だしなど一部の工程で、マニュファクチュア化していたケースもあるが、紡糸、織布など基本的な工程は、農村の家内手工業で行われていた。しかもたいてい、その生産は市場向けの商品生産が最初から意図されていたわけではない。自家消費用や、現物納税分の綿布を賄って、なお余剰がある場合にはじめて、農民たちは市日に鎮にでかけていって、自分たちの織った綿布を仲買商人たちに売却したのである。こうして農村経済は、鎮を中心とする地方小市場に小商品生産による手工業製品や農産物を供給することを通じて、しだいに商品経済の圏内に組み込まれていった。

とくに明代中期以降、賦役の銀納化がすすむと、換金作物の栽培が盛んになり、農村の商品経済化がうながされた。各地では、その気候と土壌にあった比較優位の作物が栽培された。ミッチェル報告にみえる福建の農民の事例は、そのよい例である。かれらは春に収穫した砂糖黍を地元の商人に売却する。商人たちはこの商品を船積みして、山東から江蘇にかけての沿海地方に売りさばき、そのみかえりに綿花を買いいれてもちかえり、福建の農民たちに販売する。農民たちは冬の農閑期にこの綿花から、糸を紡ぎ、布に織りあげる。自家消費しきれない分は、鎮の集市で売却した。

また江蘇省の松江のように、明代以来飛びぬけて高い割合の田賦の銀納を課せられていた地方では、農業収入だけで田賦や佃租を納めることは不可能であった。松江府は田賦の定額が南宋初めの一一万石から、明初には一三〇万石以上にも増額された結果、佃租も一畝当り七斗にのぼり、夫婦二人で耕作可能な五畝の水田を小作した場合、収穫高七石半のうち手元に残るのはわずか四石で、紡織などの副業による現金収入がないかぎり、親子四人の生活は成り立たなかった。

かくして松江一帯の農村では、男も女も夜を徹して織布にはげむ風景が見られるようになった。その生産高は、最盛期には四千五百万匹にも達し、そのうち四千万匹が「松江布」の名称で華北を中心とする全国市場に出荷され、「その衣は天下を被う」とまでいわれた。地元の綿花だけでは不足の松江では、紡織に不向きな気候の華北から原綿を移入するようになった。

かつて江南の農村は米の産地であったが、綿業、養蚕など農村手工業の特化がすすむにつれ、主穀生産がしだいに後退し、はるばる湖南から米が運ばれ、不足を補うようになった。「江浙（江蘇、浙江）熟せば天下足る」といわれていた諺が、「湖広（湖南、湖北）熟せば天下足る」にかわったことが、雄弁にこの変化を反映している。比較優位に基づく地域間分業は、商業資本の発展とあいまって、農村経済を自然経済から商品経済へと変貌させ、六億匹の綿布も半分は商品として流通した。開国当時、主要な商品の流通総額は三・九億両と推計されるが、そのうち穀物四二パーセント、綿布二四・四パーセント、塩一五パーセントと、三大商品だけで八一・四パーセントを占めた。

広大な国土の中国での商品流通は、それが国内流通であっても、ヨーロッパに比定すれば、ゆうに国際的な規模の商品流通になった。先の福建と山東、江蘇の間の交易以外にも、四川の井塩が三峡をくだって湖北に運ばれ、バーターで湖北の綿花、綿布が四川にもちかえられる、あるいは東北の豆、麦が上海にまで海運されるといった、遠大なルートもよく知られている。このほか景徳鎮の陶器、仏山鎮の鉄器、蘇州、杭州の絹織物なども全国に流通した。このような遠隔地間貿易からみれば、海外との貿易も国内交易の延長線上にあるものという程度にしか意識されなかった。

イギリス東インド会社の船が、十八世紀初頭に中国の東南沿海に姿を現すようになって以来、イギリス紳士の嗜好品として不可欠になった茶が、中国から大量に輸出されはじめた。その金額は、一八二五年で三〇〇万ポンドにのぼり、イギリス向け輸出額の九五パーセントを占めた。本国からは、毛織物以外めぼしい輸出商品のないイギリスは、大幅な入超状態におちいり、大量の銀が中国に流れ込むことになった。この事態の打開策として、東インド会社がインドでつくったアヘンを中国に売りつけ、イギリス、インド、中国の間に三角貿易の関係を作り上げたことは、周知のところである。しかし、この三角貿易の環において、一時はインド綿花が、アヘンに匹敵する地位を占めていたこともまた事実である。

広東、福建など東南沿海地方は、綿花の栽培が不可能だったわけではないが、商品経済が発達するにつれ、農民は砂糖黍、桑、藍、タバコなど比較優位の作物を栽培し、綿花は華北から移入した。投機性のつよい作物である綿花は、年々の豊凶で大きな値動きがあった。そこで国内の綿花が暴騰した年には、当時唯一の貿易港であった広州を通じて、インド綿花が輸入された。十九世紀中葉においては、インド綿花の中国向け輸出は、イギリス向けと伯仲する量であった。最多の一八五二年には一・六億ポンド（一二五万担）に達し、中国での全消費量の二割以上を賄った。中国東南沿海の織布農民は、リヴァプールの綿花相場と中国国内の綿花相場を天秤にかけ、割安の時にはインド綿花を選択したのである。また江南の農村で生産された高級な土布（手織綿布）はNankeenの名称で海外に輸出され、ロンドンでは紳士服地としてもてはやされたこともあった。土布の輸出は、一八二〇年代には毎年一〇〇万匹、九〇万海関両にもなった。中国の農村は、開国以前から茶業と綿業を通じて、海外市場ともつながりをもっていたのである。

第二節　欧米資本主義の進出

イギリスは、中国の市場開放を求めていた。十八世紀後半からはじまった産業革命は、十九世紀にはいり加速度をまし、人類が経験したこともない巨大な生産力をイギリスに与えた。基幹産業の紡績業は、一八二五、三〇、三八年と、三回の生産過剰による恐慌にみまわれ、紡績資本家は、地球上に残された最後の、そして最大の市場、中国に熱い眼差しをむけた。その期待にこたえて、中国の門戸を押し開いたのが、一八四〇～四二年のアヘン戦争である。その結果、南京条約と付帯条約で、広州、福州、厦門、寧波、上海の五港の開港と、従価五パーセントの協定関税が取り決められた。南京条約締結時のイギリス側全権代表ポッティンジャーが、凱旋したさいの演説で、「ランカシャーの全工場をもってしても、この国〔中国〕の一省の靴下の材料も生産できないであろう」と述べたのは、中国市場にたいするイギリス側の期待を、誇張気味ながら直截に表明している。

しかし開国後も対中国向け輸出は、イギリスの資本家が期待したほどには増加しなかった。とりわけ期待の大きかった綿工業製品の輸出は、戦争直後こそ見込み輸出もてつだって急増したが、一八四〇年代後半になると大きく反落した。五〇年代前半にはややもちなおしたものの、それもつかのま、太平天国でふたたび反落した。たとえばもっとも付加価値の高いプリント布の輸出は、一八四〇年の三万疋が四四年には二四万疋にまで急増したが、四六年には八万疋に急落した。

概して、イギリスの期待が大きかった分、開国以降の中国貿易の低迷にたいする失望も深刻であった。イギリス側では原因究明の試みがかさねられたが、香港や厦門の領事館に勤務したミッチェルが実地の見聞に基づいて作成した報告書は、それらのなかでももっともよく問題の本質をつく解答であった。この報告は、マルクスの中国像形成にヒントをあたえたものといわれる。

ミッチェル以前の議論では、煩雑な釐金制度（国内関税）がイギリス商品の流入を妨げているとか、莫大なアヘン貿易が中国国民の消費力をそいでいるとか、の主張があったが、ミッチェルは、より本質的な問題は、農工結合に基づく小農経営の驚くべき効率性と節約性、そして中国国民の消費類型にあるとみぬいた。繊維が細くて、長いアメリカ綿花を原料とするイギリスの綿工業は、軽くしなやかな肌触りの高級な薄地綿布を得意としたが、それは、なによりも丈夫で長持ちし、ざっくりと温かい労働着を好む中国民衆の消費類型とは背反するものであった。

結局、イギリス製の薄地綿布は、主として都市の富裕階級が絹織物にかわる斬新なファッションとして、もてはやすにとどまった。一八八〇年の在鎮江イギリス領事館の商務報告は、「現在外国綿布は都市人口……確かに大きな項目ではあるが、農村のそれには比肩し得ない都市人口のためにのみ、輸入されていると云っても差支えないであろう」という。総人口の五パーセントにもみたない都市住民の、またその一部だけでは、いかに膨大な人口の中国でも、その消費量にはおのずと限界があった。その上限は、二千万疋前後とみこまれるが、中国の機械製綿布輸入が二千万疋に達したのは、南京条約締結から六十年後の一九〇二年である。

人口の大部分を占める農民は、開国後も従来どおり土布を愛用しつづけた。一八六六年の天津海関報告は、「中国において綿花は広く栽培されている。そして人々はその綿花を粗い強韌な布に織るが、この綿布は、より見栄えはするがそれ程丈夫ではない外国の機械製品よりも、農民や労働者たちの欲求にはるかによく適しているのである」と説明する。機械製綿布という当時のイギリスが提供しえた最先端の工業製品は、ミッチェルが洞察したように、中国農村の伝統的な生産形態と消費類型の壁にはばまれて農村市場には浸透できなかったのである。

イギリスの機械製綿布とは対照的に、中国農村市場への浸透に成功した工業製品は、インド産の機械製綿糸であった。一八六一年に勃発したアメリカ南北戦争は、国内戦争ではあったが、その経済的影響は地球的規模におよんだ。北軍による南部諸港の封鎖は、南部諸州のイギリスへの綿花積出しを途絶させた。「綿花飢饉」におちいったイギリスは、窮余の策として、植民地インドからの綿花輸入を断行した。イギリスの綿花漁りは、さらに中国、日本にまでおよび、一様に旧大陸綿を産するアジア諸国が、時ならぬ綿花輸出ブームに涌いた。とくにインドでは、綿花貿易のもたらした超過利潤が、紡績業に投資された結果、アジアで最初の工業化がはじまった。インドの保有紡錘数は、一八七六年には、はやくも一〇〇万錘を突破し、一八九七年には四〇八万錘に達した。

繊維が太くて短い旧大陸綿を原料とするインドの紡績業は、もっぱら十～二十番手の太糸を紡出したが、国内の織布業は、イギリスの機械製綿布に圧倒されながらも、薄地綿布（モスリン、キャリコなど）の生産に特化していたため、国産の太糸には多くの需要を期待できなかった。いきおいインド紡績業は、海外輸出に活路を求めることになった。その最大の顧客になったのが、中国農村の在来織布業であった。インド紡績業の勃興期において、その生産力の半分以上を占めたボンベイ島の出荷綿糸のうち、実に八五パーセントは中国市場に送りだされた。

中国の在来織布業は十番手前後の太い土糸（手紡糸）を原料にしていたが、インドの機械製太糸は、土糸よりも格段に撚りがつよく、張力に耐える特性があった。機械製太糸を経糸に、土糸を緯糸にした混織の綿布は、土糸だけで織った旧来の土布よりも、経糸の糸切れが少なく、織布能率が向上し、しかも旧土布の長所であるざっくりあたたかい肌合いと、特有の丈夫さは損なわれることがなかった。

そのうえ、廉価なインド綿花を原料とするインドの機械製太糸は、中国綿花とあまりかわらない価格で手にはいり、かつ紡糸の手間も省けたのである。一八六八年の厦門イギリス領事報告は、インド綿糸輸入急増の原因を「綿花に比して綿糸の廉いことが、土布生産にとって、中国人の手紡によるよりも、より有利にしたからである」と言

図表６－１　綿糸輸入量の各地区別比率（%）

地区／年	総輸入量（単位 1000担）	東北地区	華北地区	華中・華西地区	江南地区	閩浙地区	華南地区	雲貴地区
1881	172	0.0	9.9	5.8	1.4	—	82.9	—
1886	383	5.2	23.1	6.5	11.5	1.4	52.3	—
1891	1,211	10.8	21.2	17.2	4.6	0.4	44.6	1.2
1896	1,621	9.7	28.0	19.8	8.4	2.6	28.7	2.8
1901	2,273	8.2	27.0	29.9	1.4	2.3	27.0	4.2
1906	2,411	3.2	31.8	33.3	5.8	1.6	19.5	4.8

資料）小山正明「清末中国における外国綿製品の流入」―『近代中国研究』第４輯（東京大学出版会　1960年）31頁。

明する。

ことに一八七〇年代中期からはじまった急激な銀安傾向が、金本位のイギリスからの輸入品価格をおしあげた結果、中国とおなじ銀本位のインドからの輸入品価格は割安感がつよまった。七〇年代後半インド綿糸は、イギリス綿糸を抜きさって、中国でのシェアは第一位になった。

図表六－一のように、インド綿糸はまず一八八〇年代前半までは、かつてインド綿花を大量に輸入していた華南に、その代替品として浸透していった。この時期まで華南の占める割合は、八〇パーセントをこえていた。ついで八〇年代後半になると、華北への浸透がはじまり、その割合は二〇パーセントをこえた。華北は極度に乾燥した気候で、土糸では経糸切れが甚だしいため、織布にはむかなかった。インド綿糸は、このような気候上の制約を打ち破って、華北農村に副業的な織布業の勃興をうながした。一八九〇年代になると、インド綿糸は揚子江中、上流地域にも三〇パーセントほどの市場をもつに至り、ほぼ中国全土をカバーした。概していえば、インド綿糸は、非綿産地区から綿産地区へと浸透していった。

インド機械製綿糸の浸透につれ、中国農村の在来織布業では、土糸から機械製綿糸への転換がすすんだ。経糸あるいは経緯ともにインド綿糸をもちいた土布は、土糸だけで織った旧土布と区別するため、新土布と呼ぶ。開国前六億匹を数えた旧土布の生産は、インド綿糸の浸透以後、しだいに新土布にとってかわられることになった。一八七〇年代中期にはじまる銀安傾向は、中国国内では銭高傾向をうながした。周知のように、中国は銀両と銅銭の二貨制であった。インド綿糸も、上海から輸入され、漢口、重慶などの大市場に送られるまでの段階は、銀両あるいは銀元単位で取引きされたが、それ以下の小市場、とくに最終消費者である織布農民が購入する段階では、ほとんど銅銭で売買された。

そのため一八七〇年代中期からの銭高傾向は、インド綿糸の消費者価格＝銭建て価格を大幅に引き下げる効果をもたらした。図表一－一一（前出三三頁）のように、インド綿糸だけを使用した新土布の銭建て推計価格は、土糸だけで織った旧土布に比べ、一八七〇年代中期までは高価であったが、折からの銭高で両者は急接近し、八〇年代中期には完全に逆転し、九〇年代から二十世紀初頭にかけてはその差は開くばかりであった。

このような両者の価格動向は、機械製綿糸の輸入量とも密接な相関関係をもつ。図表一－九（前出二六頁）の点線は、中国の機械製綿糸輸入量を示す。一八八〇年代中期まで、横ばい状態で推移していた輸入量は、八〇年代後半から急増しはじめ、一八九〇年に一〇〇万担の大台を突破した。九三年には、インドでの銀貨自由鋳造禁止にともなうルピー相場の急騰で、インド綿糸が高騰して、中国への輸出が減少したため、いったんは大台を割った。しかしその後は、大きな価格差による新土布の急伸につれ、機械製綿糸の輸入量もうなぎのぼりにふえ、一八九九年には空前絶後の二七五万担に達した。

この趨勢が、銭高による消費者価格の急激な低下と不可分の関係にあることは、実線の銀銭比価（下降線が銀安銭高傾向を示す）と点線の輸入量が、完全な反比例の関係にあることでわかる。十九世紀末に最大の輸入商品となったインド綿糸は、中国農村に普及した最初の工業製品（半製品ではあるが）といえるが、その流入は、ほぼ全中国的な規模で在来織布業の再編をうながし、当時の世界ではほかに例をみない膨大な機械製綿糸の消費市場を創出したのである。

第三節　中国近代紡績業の誕生

中国への工業の移植は、軍事の分野からはじまった。アヘン戦争、アロー戦争と二度も西欧の近代的軍事力にやぶれ、さらに太平天国という危急存亡の内乱を経験した清朝では、西欧式の近代的な軍隊の必要性を痛感した地方大官（総督、巡撫）が、軍需工業を中心に工業システムの移植に着手した。

その嚆矢は、一八六一年に両江総督、曽国藩が設立した安慶内軍械所であるが、本格化するのは太平天国鎮圧の後で、六五年の江南製造総局（曽国藩、曽の後任の両江総督、李鴻章）、金陵機器局（李鴻章）、六六年の福州船政局（閩浙総督、左宗棠）など、わずか数年のうちに各地に「官弁」の軍需工場が次々に建設された。これら中国最初の工業化は洋務運動とよばれるが、十年ほどのちになると、その範囲は運輸、鉱山から、さらに紡績業など民需の方面にまで拡大し、経営形態も、「官督商弁」「官商合弁」など、公的資本の不足を補うとともに、官弁の非能率を克服する新たな方式がみられるようになる。

紡績工場設立の企ては、上海義昌洋行、怡和洋行など中国に進出したイギリスの商社が先行したが、実現にまでこぎつけたのは、洋務派官僚の李鴻章が鄭観応と官督商弁の方式で設立した上海機器織布局が最初であった。その発起は一八七八年と早いが、開業までには十二年におよぶ曲折があった。李鴻章の政治権力をバックに経営にあたった鄭観応は、一八八一年「十年専利」とよばれる営業独占権を獲得し、以後十年間、上海ではほかの紡績工場の設立は一切許可されないことになった。このため一八八〇年代には、湖広総督、張之洞が漢口に設立した官弁の湖北織布局と上海機器織布局の分局にあたる官商合弁の華新紡織新局（いずれも一八八八年発起）をのぞいて、紡績工場の新設は認められなかった。この十年の間に日本では、一八八三年に最初に開業した渋沢栄一の大阪紡績株式会社の成功で、近代的紡績工業が発展の軌道にのって紡績工場の簇生をみた後、一八九〇年にははやくも部分的な過剰生産による恐慌を経過し、それを契機に国内市場の狭隘さを克服するために中国への綿糸輸出を開始した。工業化の初期段階において、日中両国の明暗が分かれた一因は、上海機器織布局の開業遅延と「十年専利」にあった。

ともあれ上海機器織布局は、一八九〇年に総錘数三・五万錘のうちの一部が稼動しはじめた。その製品はおもに江蘇省内を販売市場としたが、ちょうどインド綿糸が全国的な規模で土糸から機械製綿糸への転換をうながしていた時期にあたり、上海製綿糸の売行きもきわめて好調であった。上海機器織布局は官督商弁に特有のさまざまな弊害を抱えながらも、李鴻章も驚くばかりの利益をあげた。そのため、この工場が一八九三年十月火事で焼失した時にも、李鴻章はただちに盛宣懐、聶緝槼らに命じて、工場の再建を急がせ、高利潤の確保をはかった。新工場は、旧工場を大きく上まわる六・五万錘の規模で、翌九四年九月には早くも一部操業を開始し、華盛紡織総廠と改名された。総廠としたのは、上海、寧波、鎮江などの地にやはり官督商弁で一〇の分廠をもうける予定で、それらを統括する意味が込められていた。

上海機器織布局につづいて、一八九一年華新紡織新局（初め七千錘、九四年一・五万錘）、九二年湖北織布局

（初め三万錘、九五年四万錘）、九四年華盛紡織総局（六・五万錘）、裕源紗廠（二・五万錘）、九五年裕晋紗廠（一・五万錘）、大純紗廠（二万錘）などが操業にはいった。漢口にあった湖北織布局以外、すべて上海所在であった。初期の中国紡績業はほぼ上海一極集中のかたちで、一八九五年までに一八万錘をこえる紡錘機を保有するに至った。これら上海製綿糸は免税の優遇をうけ、上海周辺では外国製綿糸に比べ関税分の五パーセント有利であった。低率ながら関税障壁にまもられた結果、上海製綿糸は江南デルタ地帯では外国製綿糸の浸透を阻止した。

しかしこの市場も、日清戦争の敗北以後は、外国勢力のより直接的な攻勢にさらされることになった。戦勝国日本は中国に資本輸出できるほどに経済力が発展していたわけではないが、イギリスの支持を得るために、下関条約第六条第四項で開港場における外国人の製造工場設置権を承認させた。この結果、条約締結後わずか二年の一八九七年にイギリス資本の老公茂（三万錘）、怡和（五万錘）、アメリカ資本の鴻源（四万錘）、ドイツ資本の瑞記（四万錘）が一斉に操業を開始した。その合計は一六万錘に達し、一八九五年までの中国資本の紡績工場の保有錘数に匹敵した。日本の資本輸出は、義和団事件後の一九〇二年に三井物産が上海紡績会社に一部出資したのが初まりとされ、これがいわゆる「在華紡」（日本資本の在中国紡績会社）の第一号となった。

外国資本の進出に加えて、中国資本の紡績工場もこの時期設立がにわかに盛んになった。日本に敗北した清朝では、張之洞ら一部の官僚が殖産興業の重要性にめざめ、「設廠自救」をよびかけた。清朝は賠償金支払いなどで、極度の財政難にあったので、官督商弁あるいは官商合弁の方式を放棄して、民間の商人たちに自由に工業に投資すること（商弁）を許した。その結果紡績ブームが起こり、一八九六年から九九年までのわずか三年で、中国資本の紡績工場は保有錘数を三五万錘に倍増させた。この時期の特色は、工場所在地が従来の上海集中から、寧波、無錫、蘇州、杭州、南通、蕭山などに分散した点にある。

こうして十九世紀末までに、上海を中心とする江南デルタ地帯には、内外資本の一六工場（四二万錘）が林立するに至った。その生産力は、フル稼動した場合、一〇〇万担の綿糸を紡出できるもので、しかも販売市場は江南デルタ地帯に限られていた。在来織布業の一大中心地であった江南デルタ地帯は、土糸の代替品である機械製太糸に対して巨大な潜在需要力をひめてはいたが、一〇〇万担もの国産綿糸がいっきょに市場になだれ込むと、やはり供給過剰は免れず、上海製綿糸は生産過剰による値崩れを余儀なくされた。また土糸の代替となる太糸（当時で十四番手前後）の原綿は繊維の太くて短い中国綿花が適していたので、上海と周辺の紡績工場は、通州綿花などの地元産綿花に依存した。綿糸生産の激増にともなう綿花需要の急増は、江南デルタ地帯の綿花需給バランスを崩して綿花の高騰をもたらした。

江南デルタ地帯に偏在した初期中国紡績業は、ある程度成長をとげると、市場の閉鎖性と狭隘性のために、内外資本の工場とも、深刻な原料高と製品安（花貴紗賤）からくる経営不振におちいった。一八九九年までの急膨脹の後、中国資本、外国資本いずれの工場も、まったく新設をみなくなったのは、江南デルタ市場のこのような飽和状態を反映している。

一八九〇年代におけるインド綿糸の輸入激増と国産綿糸の急増で、中国市場に供給される機械製綿糸の総量は、図表一―三B（前出一一頁）のように一八九九年に四〇〇万担にせまった（輸入二七五万担、国産九七万担）。開国当時の土糸生産量六二〇万担のうち、三分の二ちかくが機械製綿糸にかわったことになる。しかし土糸の後退は、このあたりで歯止めがかかった。商品用土布生産の分野では、原料コストの削減が至上命題であるため、廉価な機械製綿糸への転換が急ピッチですすんだのにたいし、自家用の土布では、コストよりも従来からの慣習や好みが優先される傾向がつよく、土糸だけの旧土布がねづよく残るきらいがあった。

中国農村市場に供給される機械製綿糸は、十九世紀末の十年ほどで、いっきょに四〇〇万担にせまる爆発的な増加を記録したのであるが、その後は二十年間にわたってこの前後で停滞した。この事実は、中国農村の在来織布業における機械製太糸の需要限界量が、四〇〇万担あたりにあったことを示唆する。在来織布業のほかには、機械製綿糸の消費市場が未形成の当時にあっては、中国紡績業がさらに発展するためには、この飽和状態に至った在来織布業の太糸市場から、インド、日本の外国綿糸を駆逐するほか道はなかった。中国農村の太糸市場は、中国、インド、日本の綿糸が、三つ巴でパイの争奪戦にはいった。

中国綿糸が江南デルタ地帯以外で、外国綿糸に対抗できるようになったのは、一九〇五年以降のことである。その要因としてとくに重要なのは、銀銭比価の動向である。輸入工業製品の消費者価格を左右した銀銭比価は一九〇四年をさかいにして、それまで三十年ちかく継続した銭高傾向が一転、急激な銭安傾向にかわったため、輸入機械製綿糸の消費者価格は急騰した。一方、中国製綿糸の方は、逆に原綿、賃金の面で、銭安がむしろ銀建てコストを低下させた結果、江南デルタ地帯以外の市場でも外国綿糸に対抗できるようになった。図表一－一四（前出四〇頁）は、揚子江中流域の大市場である沙市での銀銭比価と、上海製綿糸の他港への移出高の推移を比較している。上海綿糸の移出高が、二年ほどのタイムラグをおきながら、一九〇四年を境に銭安傾向に転じた銀銭比価の上昇カーブに追随しているのが見てとれる。中国綿糸は、銭安への転換を機に、江南デルタ地帯の枠をこえて、全国市場に進出しはじめた。

この好転は、一九〇〇年以降途絶えていた紡績工場の新設を再開させた。一九〇五年常熟の裕泰紗廠（一万錘）をかわきりに、一九一一年までの数年間に工場数は一八から三〇に、保有錘数は五四万錘から七五万錘に急増した。この時期は、紡績業ばかりでなく、織布業の分野においても、近代化への一つの転換点であった。一九〇五年の反米ボイコットは、アメリカからの粗布（当時は、星条旗にちなんで花旗布とよんだ）の輸入量を減少させ、代替品の国産化をうながした。また中国の東北地方を舞台にした日露戦争は、軍需特需をもたらした。当時、中国の機械製綿布輸入は、平年で二千万疋をきる程度であったが、一九〇五年だけはこの戦争特需をみこんで、平年の二倍にちかい三千五百万疋が東北地方を中心に流れ込んだ。輸入綿布を激増させたのと同じように、中国の綿布生産もこの特需から刺激をうけた。

また義和団ののち、体制的危機におちいった清朝は、光緒新政とよばれる改革で体制維持をはかった。その一環としての実業振興策は、商部（のち農工商部）の設立、商法などの制定、企業経営の奨励、商会の整備など、工商業発展のための環境作りに着手した。さらに銭安傾向への転換は、機械製綿糸の場合と同様に、輸入工業製品の国産化を容易にし、工業関係の註冊公司（商部に登録した会社）の設立数は、一九〇五年以降急増した。ことに織布業の分野では一九〇六年以降、都市でのマニュファクチュアの設立が盛んになる一方、それまで輸入にたよっていたメリヤス製品も国産化が進行した。農村織布業でも、旧式織機（日本のいざり機、もしくは高機に相当）による新土布生産という在来型のほかに、新式の鉄輪機（足踏織機）による改良土布生産という新しい分野も加わった。鉄輪機は一九〇三年末に初めて日本から天津へ導入され、〇七年からは国産も可能となった。都市でも農村でも、在来型とは異なる新しい織布業が芽生えていた。

こうして二十世紀初頭には中国にも近代産業とその市場が萌芽したが、先端部分は多く外国資本に占められていた。一九一三年の段階では、近代産業への投下資本のうち、製造業では四二パーセント、鉱業では五〇パーセント、鉄道では九五パーセント、航運業では七四パーセントを外国資本が占めていた。とくに近代産業の根幹となる運輸と金融の面で外国資本の支配は強固であった。

第四節　中国紡績業の黄金時期

辛亥革命は民間の企業熱をもよびおこし、一九〇九年一九、一九一〇年一九、一一年一四と推移した織布工場の設立数は、中華民国元年（一九一二）に四四に激増した。政治的な光明は、一三年の第二革命をへて、袁世凱の独裁へと暗転したが、経済的な面では、農林、工商総長（のち農商部に統一）の張謇が「棉鉄主義」をかかげ、輸入の大宗を占めていた綿製品（二・一億両）、鉄製品（〇・八億両）の国産化をめざした。そのため、公司条例、鉱業条例、商会法など一連の商工業関係基本法を制定したほか、公司保息条例（開業後三年、資本金の五～六パーセントに相当する政府の利子補給）、植棉製糖牧羊奨励条例（三事業への定額奨励金交付）などの方法で、実業振興をはかった。袁世凱独裁ののちも、註冊公司（農商部に登録した会社）の設立数は、一九一二年九九七、一三年九九二に対し、一四年一一〇〇、一五年一〇九三とむしろ増加した。

第一次世界大戦勃発にともなう世界経済の激変は、中国民族工業の勃興をうながした。ヨーロッパでの総力戦は、まず欧米からの工業製品輸入量の減少となって中国に影響をおよぼした。イギリスからの綿布輸入は、大戦前一三年の一一七〇万疋が、一八年の二六〇万疋へ四分の一以下に減り、アメリカからの綿布輸入も二二八万疋から一〇万疋へと激減した。大戦後期には供給量の激減に加えて、欧米での戦時インフレと海上運賃の急騰が輸入綿製品価格を押しあげた。一九一〇～一四年を一〇〇とするイギリスの卸売物価指数は、一五年の九一が二〇年の二三六にはねあがった。またドイツの無差別潜水艦攻撃は、海上輸送費を大戦前の一〇～二〇倍に急騰させた。

その反面、銀価格は高騰に転じ、輸入品の銀建て価格を押しさげた。海関両（銀）とポンド（金）とのレートは、図表五–八（前出三六〇頁）のように一八七二年の一海関両＝六シリング七ペンス（七九ペンス）から、ほぼ半世紀におよぶ銀安傾向で一九〇九年には一海関両＝二シリング七ペンス（三一ペンス）と、三分の一ちかくまで下落したが、大戦の勃発とともに、イギリスなどの金本位国では、一般商品のインフレ化につれ銀価格も急騰した。その結果、海関両の対ポンドレートは、半世紀間の下落分をわずか数年間で回復し、一九二〇年には一海関両＝六シリング九ペンス（八一ペンス）と、一八七二年を上まわる銀高水準となった。輸入綿製品の銀建て価格を決定する諸要因は、以上のように正、反両様に分かれたが、結局輸入綿布は大戦後期から暴騰がはじまり、一九二〇年には国産綿布との価格差は、一疋当り四・二元にまで開いた。

外国綿布の輸入減少と価格高騰は、中国織布業の発達をうながした。日本の鉄輪機を導入して改良土布の生産をはじめていた直隷省（のち河北省）の高陽では、輸入綿布の代替品生産で面目一新の活況を呈した。一九一三年に二五〇〇台ほどであった織機台数は、一九年には二万台ちかくに急増した。東北地方の入口にあたる営口では、従来織布業はほとんど営まれていなかったが、外国綿布の高騰とともに、一七～一八年に織布工場が多数設立され、一万人余りが織布に従事するようになった。奉天でも大戦中に一〇〇軒余りの織布工場が設立され、織機七四〇〇台で三三五万匹にのぼる花旗布（アメリカ製粗布）の代替品を生産するようになった。また湖南省でも、やはり大戦期に改良土布の工場生産が隆盛にむかい、一九二一年前後にピークに達した。新土布が土糸の代替として機械製綿糸でも二十番手以下の太糸を使用したのに対し、改良土布はシャーティングなどの機械製綿布に匹敵する品質をめざして二十番手超過の細糸を使用した。中国には従来の太糸市場に加え、新たに細糸市場も萌芽していたのである。

第一次大戦は、中国のみならずアジア全体に影響をおよぼした。欧米からの綿工業製品輸入が途絶えたアジアでは、日本がその後を埋めた。大戦前の一九一三年、日本の綿工業製品輸出額は、綿糸七三〇〇万円、綿布などの綿製品四六〇〇万円であったのが、大戦後の一九年には、綿糸一・二億円、綿製品三・九億円になった。イギリス綿布が姿を消した変化に応じて、日本は半製品の綿糸から完成品の綿布に輸出の主力を転換したのである。大戦後期に綿布生産が急増した日本では、綿糸は国内消費の急増から価格が急騰し、輸出競争力をうしなった。日本綿糸の対中国輸出は、一九一四年に一三三万担に達し、インド綿糸を二〇万担ほどぬいて首位に躍りでたが、その後は図表四−一一（前出三三二頁）のように、大戦後期の一九一七、一八年から五四運動の起こった一九年にかけて一落千丈、一四年のほぼ三分の一に減少した。

辛亥革命以後、中国の綿糸相場を支配していた日本綿糸が急騰すると、中国綿糸相場も一九一七年から追随して高騰をはじめた。図表三−一九（前出一八〇頁）は、当時の上海市場で標準的な民族紡製品であった三新紗廠の紅団龍、上海「在華紡」（日本資本の中国現地工場）の内外綿製品である水月、日本鐘淵紡績製品である藍魚の三者について、十六番手現物一梱（三担）当り規元両建ての価格を比較する。一九一九年五月、五四運動の日本製品ボイコットが起こるまでは、三者は格付けのような価格差をたもちながら相場を形成していた。

製品市場の動向から一年ほど遅れて、原綿市場でも異変が起こった。当時の綿花は、今日の石油とおなじく、世界経済の動向を左右する国際商品であった。世界各国の綿花価格は、リヴァプールあるいはニューヨークでのアメリカ綿花の相場に支配された。アメリカ綿花相場は、大戦後期から綿製品需要の急増を背景に空前絶後の暴騰局面にはいった。アメリカ綿花の標準品、ミドリングは一ポンド当り、一九一五年一月の七・九セントという底値から、一七年四月二〇セント、十一月三〇セント、一九年十一月四〇セントの各大台を次々に抜き、二〇年七月に四三・七五セントの史上最高値を記録した。この六倍にせまるアメリカ綿花の高騰は、世界各国の綿花相場を狂乱におとしいれ、それがまた製品＝綿糸の世界的な暴騰をさらに助長した。

中国でも標準綿花である通州綿花は、上海で一担当り、一九一五年一月の一八両という底値から、一七年六月に三〇両をこえ、一八年三月には四五・五両の最高値を記録した。ところが一八年も後半になると、従来の常識に背反する事態が現出した。アメリカ綿花の暴騰をよそに、通州綿花相場は一八年三月をピークに下落傾向さえみせ、一八年末以降三〇両前後で安定相場にはいった。その原因は、一九一八、一九年の二年にわたる豊作という国内要因ばかりでなく、中国綿花をめぐる東アジア市場の条件にもあった。当時東アジアの綿花需用の要は、日本紡績業がにぎっていた。インド綿花とおなじく太糸用の中国綿花は、なお太糸生産が主流であった第一次大戦期の日本では、インド綿花の補完的な立場にあった。

そのため中国綿花価格は、国内の豊凶だけではなく、日本市場を媒介にインド綿花の相場動向にも左右された。そのインド綿花は、一九一九年前半までは従来の常識どおりアメリカ綿花の価格動向に追随していたが、一九年の作柄予想がでた時点から様相は一転した。アメリカ綿花が一九二〇年三月の史上空前の最高値まで一直線に高騰したのに対し、大豊作の予想がでたインド綿花は、一九年七月から反落がはじまり、アメリカ綿花とは正反対の値動きになった。太糸用綿花と細糸用綿花が乖離したこの国際相場の展開が、豊作という国内要因とあいまって、太糸用であった中国綿花の安定相場を結果したのである。

大戦以降の「紗貴花賤」（綿糸高の原綿安）という理想的な市場環境は、中国紡績業に空前の利潤をもたらした。「紗貴花賤」が顕著になった一九一八年以降、綿糸一梱当りの利潤（カッコ内は対製品価格の利潤率）は、一八年一五・三三両（一〇パーセント）、一九年五〇・五五両（二五パーセント）、二〇年四六・四五両（二四パーセント）を記録した。ピークの一九年、民族紡（中国資本紡績工場）二三工場の利益総額は、一六五〇万両にせまり、対払込資本額の利益率は九二パーセントに達した。この一年だけで、投下資本をほぼ全額回収できた勘定になる。外資紡（外国資本紡績工場）でも配当率は、日本資本の内外綿の一九年一一〇パーセント、二〇年二二二パーセント、イギリス資本の怡和の一九年一三〇パーセント、二〇年一八〇パーセントなどを筆頭に、軒並み空前の高配当を謳歌した。

農村の太糸市場をインド、日本の綿糸から奪回しつつ成長してきた中国紡績業は、この好景気を契機に急激な拡大を遂げた。資金の短期回収を重視する中国人資本家にとって、一九年の利益率は投資意欲をそそるのに十分であった。さらに五四運動で唱えられた国産愛用のスローガンがそれに油をそそいだ。一九一九～二二年のわずか四年間で、五三〇〇万両以上の中国資本が紡績業に投下され、それ以前二十数年間の投資総額二二〇〇万両の二・四倍に達した。その結果、大戦前の一九一三年に五〇・四万錘であった民族紡の保有紡錘総数は、一九年に七一・五万錘、二五年に一八四・六万錘と、十年ほどで三・七倍に急増した。しかも、従来上海と周辺の江南デルタ地帯に集中していた民族紡が、この時期には天津、青島などの都市にも進出し、全国的な広がりが形成された。中国紡績業「黄金時期」の到来である。

一九一四〜二〇年の間に、中国の工業生産は年平均一五パーセントの高い成長率を記録したが、なかでも煙草工業の三七パーセント、製粉業の二三パーセント、紡績業の一七パーセントが群を抜いていた。逆に輸出産業の製糸業は、おもな市場である欧州の戦乱が災いして三・五パーセントの成長率にとどまった。黄金時期は、紡績業をはじめ農産物を原料とする軽工業の飛躍的な成長をもたらし、農業と工業の結合した産業システムの形成をうながした。

黄金時期の到来は、民族紡の急増ばかりではなく、日本紡績資本の対中国資本輸出を加速させる契機ともなった。第一次大戦期を通じて中国に対する太糸の輸出競争力をうしなった日本紡績資本は、製品輸出では細糸、綿布などのより付加価値の高い製品に主力を移す一方、太糸の分野では生産拠点を現地に移転する資本輸出に戦略転換した。

図表四-一一（前出三二二頁）のように、日本綿糸の対中国向け輸出高（実線）は、大戦前一九一三年の四五・二万梱（一梱＝三担）を最高に下降しはじめ、一九年には一六・七万梱とほぼ三分の一にまで減少した。この量の減少をカバーするように、輸出綿糸の平均番手は一九一六年までは二十番手をこえたことがなかったが、一七年から急上昇して一九年には二十六番手にまではねあがった。一九二〇年にはインドルピーの切り上げにともなうインド製太糸の輸入途絶を日本製太糸が補填した関係から、この上昇はいったん挫折するが、基調はかわらず二四年には二十九・五番手にまで上昇する。日本綿糸の対中国輸出は、量の激減を高番手化でカバーしたのである。

さらに一九一九年には、深夜業禁止問題の浮上にともなう生産コスト上昇の懸念、中国関税の従価実質五パーセントへの引き上げによる税負担の増大などの要因が、太糸分野での日本綿糸の競争力低下に拍車をかけた。他方、大戦後の中国では、「紗貴花賤」という太糸生産に理想的な市場条件が出現した。これらの諸条件がかさなって、第一次大戦期を通じて寡占のすすんだ日本紡績資本は、その間に蓄積した雄厚な資本力を武器に、雪崩のような対中国資本進出をおしすすめることになった。

大戦前の一九一三年には「在華紡」は、上海の上海紡織と内外綿の二社だけで、保有錘数も一一・二万錘と、中国全体の一三パーセントを占めるにとどまっていた。それが一九年には三三・三万錘で全体の二六パーセント、さらに二五年には一二六・八万錘で三八パーセントと、十年ほどで一一倍以上に激増した。しかも上海に一極集中していた「在華紡」は、一九二一年設立の富士瓦斯紡績をかわきりに青島にも拠点を確保した。世界でもかつて例をみない規模の生産拠点の移転が進行していた。

「在華紡」は規模の点だけでなく、経営方法でも特色があった。中国に進出した欧米資本の工場では、ふつう買弁制（包弁制）とよばれる方式が採用された。中国の言語、習慣に暗い欧米人にとって、中国人労働者を直接に管理するのは困難だった。そこでかれらは資本投下した工場設備を中国人の請負人（買弁）に提供して、一定の条件のもとに生産を委託し、自らは工場経営にタッチしなかった。

また中国人資本の工場でも、工頭制（包工制）の方式が一般的で、工場経営者は労働者を直接雇用するのではなく、工頭に一定の条件で労働者の募集から労務管理まで請け負わせた。これらの間接的労務管理は近代工業の経営には効率的ではないが、中国の労働慣習には適合していた。これに対して「在華紡」では、日本国内の方式と同じように直接的労務管理を行い、直接雇用の若年労働者を訓練して労働規律の強化をすすめ、作業効率の向上をはかった。その結果、「在華紡」の労働生産性は欧米あるいは中国資本の工場に比べ、二〜三倍に高まった例もある。

しかしこのような経営の合理化は、従来の労働慣行に抵触し、中国人労働者の反発をまねいた。とくに一九二〇年代は中国のナショナリズムがかつてなく高揚した時期にあたり、「在華紡」での労務管理は労資問題と民族問題の複雑な様相を呈した。「在華紡」は中国民衆の反日民族運動の焦点でもあった。

第五節　中国紡績業の再編過程

黄金時期における民族紡の簇生と「在華紡」の進出は、中国の太糸の生産力を激増させた。一九一三年には八四万錘にすぎなかった中国の保有紡錘数は、一九年には一二九万錘、二二年には二五六万錘、二五年には三三二万錘と四倍に急増した。しかし急激すぎる生産力の増加は、製品、原料両面の需給バランスをくずす結果をもたらした。

当時の水準では年に一錘当り太糸一・九担を紡出でき、これだけの紡錘がフル稼動した場合、一九一九年には二四六万担、二二年には四八七万担、二五年には六三一万担の太糸を生産できた計算になる。農村在来織布業の太糸需要はほぼ四〇〇万担が上限であったから、一九二二年の中国での太糸供給は、インド、日本からの輸入分を度外視しても需要をはるかに超過した。一九二〇年三月に一梱当り二四〇両まで奔騰した内外綿の水月十六番手綿糸の価格が、二二年九月に一二八両まで崩落した事実は、この需給ギャップの深さを反映している。

内外資本紡績工場の乱立は、他方で原綿の需給関係にも変調をきたした。当時の中国綿産額は、平年作で六〇〇

〜七〇〇万担とみこまれ、中入れ綿、手紡糸用、輸出向けなどを差し引くと、紡績用は最大で四〇〇万担程度と推定される。一九二二年の紡錘数による太糸の推計生産高に基づけば、綿糸一梱当りの原綿打込率を三・五担と若干低くみつもっても、中国紡績業の原綿需要は五六八万担で供給量を四〇パーセント以上オーバーする計算になる。まして一九二〇、二一両年は不作であったから、中国原綿の絶対量不足はこの推計より深刻であった。

実際「黄金時代」後期になると、紡績用原綿の絶対量不足を補うために、「在華紡」はその豊富な資金力と日本特有の綿花商社との連係プレーで、割安になったインド綿花、さらにはアメリカ綿花にまで手をのばして中国へ輸入した。一九一八年に一九万担にすぎなかった中国の綿花輸入高が、二〇年六九万担、二一年一六九万担、二二年一八六万担と急増するにつれ、「在華紡」三社での輸入外国綿花の使用割合は、二〇年四九パーセント、二一年六五パーセント、二二年七五パーセントと上昇をつづけた。

一方、綿花の国際相場は、戦後恐慌の進行とともに大暴落した。国際相場を左右したニューヨーク綿花相場は、一九二〇年七月の四三・七五セントから十二月の一四・五セントへ半年で三分の一以下にまで暴落した。だが中国綿花相場だけは、この国際相場の動向に反応せず、紡績用原綿の不足に由来する底堅い国内需要を背景に堅調に推移した。一九二一年から二二年前半にかけては、ニューヨーク綿花相場の低迷がつづいた結果、銀安の為替関係にもかかわらず、中国綿花の方がアメリカ綿花より銀建て価格でも割高という、空前の事態が出来した。「在華紡」は原綿の外国綿花へのシフトで対処したが、民族紡は外国綿花を使用する設備もなければ、綿花輸入に協力する商社の支援もなく、みすみす割高の中国綿花を手当てせざるをえなかった。

太糸の供給過剰による暴落と中国綿花の需要過剰による高値硬直は、中国での太糸紡績の採算を著しく悪化させた。黄金時期のピークには、一梱当り五〇両をこえる利益を記録した十六番手綿糸の採算は、内外資本紡績工場の乱立につれて悪化しはじめ、二二年四月ついに五・二両の損失に転落した。さらに最悪期の二三年二月には、損失の幅は二九・九両にまでひろがった。中国綿花しか手当てできない民族紡は、華商紗廠連合会の指導のもとに一九二二年末から中国初の決議操短にはいったが、割安の外国綿花を輸入して操業をつづける「在華紡」の存在にはばまれて、期待したような綿糸価格の回復は実現できなかった。その結果、五四運動の国貨愛用のスローガンを象徴する存在であった聶雲台の大中華紗廠をはじめ、倒産する民族紡が続出し、最新設備の工場が競売に付される例があいついだ。これを「一九二三年恐慌」と呼ぶ。

農村の在来織布業向けの太糸は、一九二三年恐慌によって生産過剰が明白になった。この事態の克服には二つの選択肢があった。「在華紡」は多くが、採算の悪化した太糸からより付加価値の高い細糸、さらに兼営織布へと生産シフトしていった。一方、民族紡には、「在華紡」綿糸、輸入綿糸との競合で採算条件の悪化した沿海都市をさけて、長沙、石家荘、楡次などの内陸部に工場を設立し、原綿産地でかつ太糸消費地の農村に近接して、太糸生産を続行する動きがあった。

第一次大戦で機械製綿布の輸入が途絶えた中国では、既述のように日本からの綿布輸入が増大すると同時に、上海や天津の周辺での改良土布生産、都市部での織布工場の出現、さらに紡績工場での兼営織布など、農村の在来織布業とは異なる輸入代替型の織布業が勃興した。これら近代セクターの織布業は、もっぱら二十番手以下の太糸を使用した在来セクターの織布業とは異なり、イギリス細布の代替品生産など四十番手前後の細糸を必要とする場合もあった。

図表四−一二（前出三一三頁）は、日本から中国の各港に輸出された綿糸の平均番手を比較する。一九一八年まではA、B両グループの間にきわだった相違はなく、二十番手をはさんだ小幅な範囲におさまっている。日本綿糸もまだ、在来セクター向けの太糸を主力にしていたことがわかる。ところが一九一九年以降はこの均質状況に異変が起こった。Aグループでは、青島がやや遅れて二四年になるが、いずれの港でも平均番手が三十〜三十五番手のゾーンに急上昇したのにたいし、Bグループでは一九年以降も二十番手の前後に停滞している。

その理由は、高陽の改良土布生産に典型的なように、Aグループの上海、天津、漢口、青島およびその後背地帯には、一九一〇年代末から二〇年代にかけて近代セクターの織布業が勃興し、四十番手前後の細糸の需要が急増して平均番手を急上昇させたのにたいし、Bグループの港あるいはその後背地帯には、そのような変化は起こらず、あいかわらず在来セクターの農村織布業が日本綿糸の需要先であった関係で、平均番手も顕著な変動をみせなかったからである。Aグループはいずれも民族紡あるいは「在華紡」の生産拠点であったが、一九二〇年代前半はまだ、太糸は現地工場が生産し、日本綿糸は細糸に特化する棲み分けがなされていたのである。青島が出遅れたのは、「在華紡」の本格的な操業が二三年以降だったからである。

以上のように、日本綿糸の輸入動向の変化からも、中国では第一次大戦以降、一部の沿海都市部に輸入代替型の近代的な織布業が急速に発展し、伝統的な農村の在来織布業とは、機械製綿糸の消費パターンでもきわだった相違をみせたことがわかる。その規模については、先の図表一−三B（一一頁）で、中国での機械製綿糸の総供給高が一九世紀末に急増して一九〇〇年には四〇〇万担にまで達しながら、その後二十年間は完全に停滞していたのが、一九二〇年代にふたたび三〇〇万担ほど急増した事実から推測すると、二〇年代末の時点で在来セクター向けが四〇〇万担をやや下まわる程度で、近代セクター向けは三〇〇万担をやや上まわる程度であったと思われる。

農村の在来織布業向けの太糸に特化していたため、ながく四〇〇万担前後で停滞していた中国の機械製綿糸消費高は、その限界性のゆえに一九二三年恐慌の基本要因になったのであるが、二〇年代における近代セクターの急速な発展によって、新たに三〇〇万担もの急増をみた。一九二〇年代を通じて中国には、在来織布業と近代織布業のほぼ拮抗する二大市場が重層的に形成され、機械製綿糸消費高はほぼ倍増した。

一九二〇年代に勃興した沿海地域の近代的な織布業がうみだした細糸の新たな需要は、最初のうちは日本からの輸入綿糸が賄っていた。しかし、一九二三年恐慌で在来セクター向け太糸の生産過剰が明確になると、上海を拠点とする「在華紡」は、その克服策として近代セクター向け細糸への生産シフトを模索しはじめた。本来「在華紡」は、太糸の輸出競争力を喪失した日本紡績資本が、その生産拠点を現地に移転することで中国市場での競争力回復を企図して設立されたものであったが、急激な銀安で細糸においても日本綿糸の輸出競争力が低下した一九二六年をさかいにして、細糸の分野でも上海所在の「在華紡」が中国市場を支配するようになった。

図表六―二は、上海「在華紡」各社の平均生産番手の推移を示している。これによると、最初から四十二番手専門で出発した同興、一貫して二十番手以下に低迷していた東華など、同じ「在華紡」とはいっても、ばらつきはあるものの、上海「在華紡」のトップであった内外綿の傾向が代表しているように、一九二六年をはさんで上海「在華紡」全体の平均でも、二十番手の分水嶺をのりこえている。総じていえば、上海「在華紡」は一九二〇年代後半に従来の在来セクター向けから近代セクター向けに綿糸生産の重点をシフトさせたのである。一九二五年後半から二八年前半にかけて上海「在華紡」の営業成績は概して不振であったが、この処置が浸透しはじめた一九二九年以

図表６－２　1920～40年上海「在華紡」生産綿糸平均番手

会社＼年	1920	1924	1925	1927	1931	1932	1934	1935	1936	1940
内　外	17.5	19.4	20.3	29.7	42.2	41.0	44.6	45.1	45.2	32.2
同　興		42.0	42.0	42.0	42.0	42.0	42.3	42.0	42.0	27.4
公　大		21.2	22.1	25.7	32.0	34.0	36.7	34.4	33.6	25.8
上　海	15.8	16.0	15.6	16.0	22.8	23.1	28.2	30.8	34.6	28.0
日　華	16.0	16.7	17.2	19.9	26.0	25.7	29.9	30.0	32.7	30.8
裕　豊		17.3	17.9	18.5	22.4	25.7	27.6	30.0	34.0	24.6
大　康		19.9	19.6	20.4	23.0	27.7	25.3	28.2	32.9	27.4
豊　田		16.7	16.5	17.0	21.9	20.8	21.1	21.4	22.8	21.8
東　華		17.6	17.4	17.6	20.0	20.0	19.3	19.5	19.8	19.6
総平均		18.7	19.0	21.7	27.1	28.9	29.4	30.4	32.8	27.7

資料）1920～32年は図表４－14に同じ。34～36年は別表－Ⅶ，40年は別表－Ⅸ。

降、中国の政治状況のつかのまの安定ともあいまって好転し、三一年末まで持続した。このような傾向は一九三〇年代前半の農村恐慌期にも進行し、上海「在華紡」の生産平均番手は着実に上昇して、三六年には総平均で三二・八に達した（一九四〇年に生産平均番手の高い会社で顕著な低下がみられるのは、日中戦争中に接収された民族紡が「在華紡」の委任経営に付されたのにともない、それらの工場の低い平均番手が算入されるようになったためであろうと考えられる）。

同じ「在華紡」でも後発の青島「在華紡」各社は、図表六―三のように、高番手化の面でも出遅れの感があり、一九二〇年代は公大を除いて、ほぼ二十番手以下にとどまった。しかし青島でも、農村恐慌期には高番手化がすすんで二十番手の分水嶺をこえた（しかも上海とは異なり、日中戦争中も多くの工場で平均番手は上昇した）。

一方、民族紡は、資金力のある一部の企業が上海「在華紡」の後塵を拝する経営方針をとったのを除けば、一九二三年恐慌以降もなお太糸特化の生産をつづけていた。その結果、天津の民族紡に顕著なように、太糸の立地条件が悪化した沿海都市部でなお太糸に特化していた企業（上海「在華紡」でも東華、日華などはこの部類にはいる）は、一九二三年

図表6－3　1923～40年青島「在華紡」生産綿糸平均番手

年／会社	1923	1924	1925	1929	1934	1935	1936	1940
富士	16.0	15.8	15.6	16.1	20.8	20.2	18.5	23.2
公大	17.1	17.7	22.5	32.0	33.7	33.8	35.1	25.8
隆興	20.0	17.8	19.0	19.7	21.5	22.2	24.0	25.5
内外	17.4	17.3	17.1	17.3	21.7	21.2	22.6	25.0
長崎	20.0	23.0	23.0	17.7	21.1	22.6	23.7	22.1
大康	15.3	15.6	17.0	17.1	18.4	20.1	22.9	27.1
上海							32.0	31.9
豊田							20.7	25.6
同興								26.5
総平均	17.0	17.2	17.9	18.4	22.1	21.9	23.7	25.9

資料）1923，24年は『大正十三年夏期海外旅行調査報告』（神戸高等商業学校）258頁，25年は『大正十四年夏期海外旅行調査報告』（神戸高等商業学校）131～136頁，29年は『昭和四年夏期海外旅行調査報告』（神戸商業大学）154～155頁，34～36年は別表－Ⅷ，40年は別表－Ⅹ。

備考）1923年は11月，24年は7月，25年は4月，各一カ月分，29，40年は上半年分，36年は1～11月分，34，35年は全年分。

恐慌以降も一貫して業績の回復をみないままに、日中戦争期まで低迷しつづけるものが多かった。これら先発民族紡の低迷に対して、「在華紡」と競合する沿海都市部をさけて内陸部に展開した後発の民族紡は、太糸の消費パターンに適した農村立地が効を奏して、一九二三年恐慌以降も「満州事変」の勃発までは十年ちかくにわたって好況が持続し、かつての黄金時期を彷彿とさせるような異常に高い利益率をあげた。

図表五‐六（前出三五六頁）によると、第一次大戦期から一九二三年までの十年間は工業製品の物価指数が農産物よりも相対的に高い状態であったが、一九二三年恐慌をさかいにこの関係は逆転し、三一年に再逆転している。紡績業でいえば、黄金時期の「紗貴花賤」の状況が一九二三年恐慌以降「花貴紗賤」へと逆転した事態に一致する。この逆転は、恐慌の発生に明らかなように先発の民族紡には不利に作用したが、農村立地に転換した民族紡にとってはかならずしも逆風とはいえなかった。農産物価格の相対的な上

昇は、農民の購買力を高めて農村に好況をもたらした。農村の好況は、農村立地の利点をよりきわだたせることになった。

こうして、一九二三年恐慌をさかいに調整期にはいった中国紡績業界は、上海「在華紡」を中心とする先進企業と内陸民族紡を典型とする後進企業とが、近代セクターと在来セクターの二つの市場を分けあう重層構造に再編された。新たな市場を獲得したことで、中国紡績業はふたたび拡大基調にもどり、一九二七年にはついに機械製綿糸の輸出が輸入を上まわり、中国の機械製綿糸自給率は一〇〇パーセントをこえた。紡績業に関するかぎり、中国は日本の資本進出の脅威にさらされながらも、一九二〇年代後半には外国製品を駆逐することに成功したのである。

第六節　農村恐慌と中国工業化の展望

一九二九年十月にはじまる世界恐慌は、中国にも三一年秋頃から影響がおよんできた。また折から勃発した「満州事変」は、十五年戦争の端緒となった。世界恐慌の衝撃と日本軍の侵略とに挟撃された中国経済は悪化の一途をたどりだした。ことに農村経済は、二〇年代後半の好況もつかのま、世界経済の萎縮にともなう農産物輸出の減少、銀恐慌による金融の逼迫、水害などの自然災害による農作物の不作などの要因がかさなって恐慌状態におちいった。中国の農業総生産は、一九三一年の二四四億元から最悪時の三四年には一三一億元とほぼ半減した。

農村恐慌による農民の購買力低下は、農民向け商品土布の需要を減退させ、織布業に深刻な影響をあたえた。しかも寒冷地で商品土布の四分の一を吸収していた東北地方が日本に奪われたことで、在来織布業の衰退は加速した。東北向け新土布（十二番手綿糸使用の厚手布）の産地、南通では、最盛時二六〇〇万元にのぼった販売額が一九三三年一七〇〇万元、三六年一〇〇〇万元と激減した。また改良土布のメッカ高陽でも、一九二〇年代後半には農村経済の好況もあって、一九一五～二〇年の第一次につづく第二次隆盛期を謳歌したが、三〇年代にはいると衰退にむかい、綿布商の多くは青島「在華紡」の販売エリアにある濰県に拠点を移した。一九二〇～三六年の十六年間で、在来織布業の土布生産高は五・五億匹から三・五億匹に三六パーセント減少した。

在来織布業の衰退は、太糸専門の後進的な民族紡の存立をおびやかした。在来セクターでの太糸需要量の減少による太糸メーカー相互の競争激化が、太糸価格の低迷を長引かせた。一方、一九三一年の揚子江大水害をはじめとする自然災害で、不作の中国綿花は暴騰した。そのため中国は、三一年四六九万担（米綿二五七万担、印綿一八一万担）、三二年三七二万担（米綿三二〇万担、印綿四三万担）と、空前絶後の量の外国綿花を輸入したが、細糸用のアメリカ綿花の輸入では太糸用綿花の暴騰は抑制できなかった。

この典型的な「花貴紗賤」に直面して、沿海都市部の民族紡はいうまでもなく、一九二〇年代後半に第二の黄金時期を享受した内陸部の民族紡も、一九三一年以降相次いで欠損に転落した。上海「在華紡」でも、太糸専門の東華、日華などは三二年以降欠損に転じ、民族紡と同じ運命をたどったが、最大手の内外綿をはじめ上海紡織、上海製造（公大）などは、一九二〇年代後半と同じ高い利益率を維持した。その原因はおもに、農村経済の好不況に左右されることの少ない細糸あるいは綿布が大きな生産割合を占めていたことにある。

「満州事変」を契機に広がった日本製品ボイコットと、南京国民政府の関税自主権回復にともなう一九三三年の関税率大幅引き上げとによって、日本綿布の対中国向け輸出はほぼ皆無となった。中国の外国綿布輸入高は、ピークの一九一三年にはイギリス綿布を中心に一〇億平方ヤールをこえ、二八年でもなお日本綿布を中心に八億平方ヤールをこえていたが、三〇年代にはいって急減し、三六年には〇・四億平方ヤールにへった。

　輸入外国綿布の圧力がほぼ皆無となった中国市場では、その空白をうめるように近代セクターの織布業が急成長した。なかでも大きな比重を占めたのは、技術力と資金力を背景に競って兼営織布部門の設備増強にのりだした有力「在華紡」の動向であった。その結果、「在華紡」全体の保有織機台数は、一九三〇年末の一・三万台弱が三七年半ばには三・三万台強と二・五倍に増加した。兼営織布の綿布生産高を一九三二年と三五年で比較すると、中国全体で八・八億ヤールから一二・五億ヤールへ三・七億ヤール増加したが、「在華紡」が四・八億→八億ヤールと三・二億ヤールの急増にたいし、民族紡は三・一億→三・八億ヤールと〇・七億ヤールの微増にとどまった。三・二億ヤールにおよぶ「在華紡」の増加は、一九三二年から三五年までの輸入外国綿布の減少分、二・七億平方ヤールをそっくり補ってあまりある数字である。

　一九三五年の時点でみると、農村恐慌で採算の悪化した紡績部門では、全生産高三九七万公担（一公担＝一〇〇キログラム）のうち民族紡が二六二万公担で六六パーセントを占め、「在華紡」の一二九万公担、三三パーセントのほぼ二倍であるが、比較的採算のよい二十番手超過細糸の分野では、逆に七八・九万公担のうち民族紡はわずかに二二・九万公担で二九パーセントにすぎず、「在華紡」の五四・五万公担、六九パーセントに圧倒されていた（一九三二年の時点では、六八・五万公担のうち民族紡は二四万公担、三五パーセント、「在華紡」は四四・三万公担、六五パーセントであったから、農村恐慌期に格差は拡大した）。さらに有卦に入った兼営織布部門でも、「在華紡」が六四パーセントのシェアを占め、民族紡の三〇パーセントを大きく引き離していた（一九三二年には、「在華紡」五五パーセント、民族紡三五パーセントであったから、細糸部門より格差の拡大は大きい）。

図表６－４　1840～1936年の主要商品比較

品目（単位）	商品流通量			総生産量		
	1840年	1936年	増加率（%）	1840年	1936年	増加率（%）
穀物　（億市斤）	245.0	871.0	256	2,320.0	2,773.9	20
綿花　（万市担）	255.5	1512.1	492	970.7	1,736.0	79
茶　　（万市担）	260.5	385.2	48	260.5	428.0	64
綿布　　（万匹）	31,517.7	64,906.2	106	59,732.7	91,042.2	52
絹糸　（万市担）	7.1	30.5	330	7.7	30.5	296
絹織物（万市担）	4.9	15.7	220	4.9	15.7	220
塩　　（億市斤）	32.2	66.0	105	32.2	66.0	105

資料）許滌新・呉承明主編『中国資本主義発展史』（人民出版社　1985～93年）第１巻282頁，第３巻774頁。

日本紡績資本は、大戦後の黄金時期にまず太糸の生産拠点を中国に大移動し、つづいて一九二三年恐慌に際しては採算の悪化した太糸から細糸へと「在華紡」の生産をシフトさせた。さらに農村恐慌に直面した「在華紡」は、在来織布業の衰退と日本綿布の輸入途絶を機に兼営織布への生産シフトをおえた。ここに日本紡績資本の中国への資本輸出は完成をみた。

農村恐慌期を通じて、中国は織布部門でも近代セクターでの生産急増によって、（「満州」への輸入は除外して）ほぼ完全に輸入代替の課題を達成した。そこには、黄金時期以降、紡織工業発展過程の最先端分野をつねに日本紡績資本に支配され、民族紡は低位の分野に活路を求めざるをえない、といった外国資本との矛盾が顕在してはいたが、中国は一九三〇年代半ばには綿工業に先導される「産業革命」の第一段階をひとまず完了したのである。

中国経済は、農業生産の好転、幣制改革による為替の安定などの要因から、一九三六年には恐慌期を脱して回復期にはいったのもつかのま、翌三七年からは日中戦争の勃発でふたたび混乱状態におちいった。ほんの一瞬ながら一九三六年という年は、開国以降一〇〇年ちかくにわたる

図表6－5　1840～1936年の綿布内訳比較　（単位＝100万匹）

種別＼年		1840(%)	1894(%)	1920(%)	1936(%)
土布	自家用	282(47.0)	299(43.5)	331(39.3)	261(28.7)
	商品用	315(52.5)	290(42.3)	221(26.2)	92(10.1)
改良土布		(0.0)	(0.0)	50(5.9)	40(4.4)
機械製綿布	国産品	(0.0)	5(0.8)	37(4.3)	410(45.0)
	輸入品	3(0.5)	92(13.4)	204(24.2)	108(11.8)
合　　計		600(100.0)	686(100.0)	843(100.0)	910(100.0)

資料）徐新吾主編『江南土布史』（上海社会科学院出版社　1992年）223頁。

中国工業化の一つの到達点を示す。

図表六‐四は、一八四〇年と一九三六年の商品生産の状況を比較して、一世紀の変化を概観するものである。人口は四億人から四・五億人に微増したとの前提にたつ。一世紀をへだてても農業生産が中国経済の中枢である状況に、まったくかわりはない。農業の根幹をなす穀物生産高はちょうど二〇パーセント増加したが、人口増加の割合をやや上まわる程度で、国民一人当りでは六〇〇市斤弱から六〇〇市斤強への微増にとどまる。

しかし非農業人口の二〇〇〇万人から五四〇〇万人への増加、大豆などの海外輸出の増加などの要因から、商品流通量は三・五倍に増加し、商品化率は一〇・五パーセントから三一パーセントに上昇した。この傾向がとくに顕著なのは綿花で、生産量は八〇パーセントほどの増加にすぎないのにたいし、流通量は六倍ちかくに増加し、商品化率は二六パーセントから八七パーセントに上昇した。かつては栽培農家の自家紡糸の原料になっていた綿花が、ほとんど近代的な紡績工場の原綿用に売却されるようになった。農業生産における変化は、生産高よりも商品化率の上昇により顕著である。その原因はこの一世紀の間における中国の工業化、都市化そして国際化の進展にある。

手工業製品では海外輸出用の絹糸、絹織物が、工業化した部分もふくめて三

〜四倍に増加した。国民衣料の綿布は、生産量で一・五倍、流通量で二倍程度の増加をみた。国民一人当りでは一・五匹から二匹へ、三〇パーセントほど上昇した。数量の増加以上に注目すべきは、その構成の変化である。図表六-五のように、開国前夜には二七〇万匹の輸入機械製綿布を除いて、四億人分六億匹にのぼる綿布はすべて農村の旧式織機で手織され、もっとも代表的な手工業製品であった。それが一世紀後には、輸入機械製綿布の一億匹(九九パーセント以上が「満州」の輸入分)を加えて、五・二億匹が機械製綿布にとってかわられた。とくに国産の機械製綿布は、一九二〇年の三七〇〇万匹から四・一億匹へ一一倍以上に急増し、近代セクターの織布業が国民衣料の半分を賄うまでに成長した。

一方、在来セクターの土布生産は、一九二〇年頃までは漸減しながらも、ほぼ開国前夜の生産規模を維持していたが、二〇年代にはいると近代セクターの急成長に反比例して急減し、三六年には三・五億匹に低下した。しかも土布の原糸に占める土糸の割合も、一八四〇年九九・六パーセント、九四年七六・六パーセント、一九二〇年四九パーセント、三六年二四パーセントと加速度的に低下した。工業化の進展にともなう在来セクターの後退はおおうべくもない。しかし土布生産の内訳に目を転じると、商品用が開国前夜の三・一億匹から〇・九億匹へ、とくに一九二〇年以降に集中して大幅に減少したのに対し、自家用の方は二・八億匹から二・六億匹への微減にとどまる。工業化はおもに商品生産の分野からすすんだのである。

こうして一九三〇年代半ばの中国は、沿海地方においては近代セクターの急成長にともなって、商品生産の分野をになってきた在来セクターが急速に衰退しつつあった一方で、内陸地方の広大な農村では自家製の土布を身にまとった農民が百年一日の生活をおくっていた。このような状況は、一九三〇年前後の日本との産業構造の比較をし

図表6－6　1930年前後の日本と中国の産業構造

1929年の日本　(単位＝億円)

産業部門＼生産額	5億円以上	3～5億円	1～3億円	0.5～1億円
Ⅰ鉱山業			石炭（2.5） 非鉄金属(1.1)	
Ⅱ軽工業	生糸（8） 綿糸（6.8） 広幅綿織物(5.3)	清酒（3）	紙（1.9） 印刷物（1.9） 毛織物（1.8） 製糖（1.6） 小麦粉（1.5） 広幅絹織物(1.3) 小幅絹織物(1.1) 製材（1.1） 菓子・パン(1) セメント（1）	毛糸（0.9） 絹紡糸（0.8） 醤油（0.8） 小幅綿織物(0.8) 裁縫品（0.7） 麦酒（0.9） 撚糸（0.6） メリヤス（0.5）
Ⅲ重化学工業			軍工廠（2.1） 官営製鉄所(1.9) 鉱物質・化成肥料(1.3) 鋼製品（1.7） 工業薬品（1.1） 銅（1.1）	電気機械(1) 自動車（0.8） ゴム製品(0.8) 医薬・売薬(0.8) 電線・ケーブル(0.6) 銑鉄鋳物（0.6） 船舶（0.5）
Ⅳ運輸・電力業	鉄道（7.5） 電力（6.6）			

資料）中村隆英編『戦間期の日本経済分析』（山川出版社　1981年）306～307頁。

1933年の中国　(単位＝億元)

産業部門＼生産額	5億元以上	3～5億元	1～3億元	0.5～1億元	0.5億元未満
Ⅰ鉱山業			非鉄金属(2.3) 石炭（2.5）		
Ⅱ軽工業	小麦粉（15） 植物油（6.2） 綿糸（5.1）	タバコ（4） 小幅綿織物(4) 広幅綿織物(3.1)	酒（2.8） 製材（1.3） 醤油（1.2） 生糸（1） 小幅絹織物（1）	印刷物（0.7） 紙（0.7） 製糖（0.6）	マッチ（0.4） ロウソク(0.4) 広幅絹織物(0.4) 毛織物（0.4） セメント(0.2)
Ⅲ重化学工業					ゴム製品(0.4) 電気機械(0.2) 船舶（0.1） 医薬・売薬(0.1)
Ⅳ運輸・電力業		鉄道（3.7）	電力（1.3）		

資料）巫宝三主編『中国国民所得（一九三三年）』上・下（中華書局　1947年）。

た図表六-六でも明白である。仮に当時の日本と中国の人口比を一対一〇、円と元のレートを一対一とすると、第一部門の鉱山業と第二部門の軽工業では、小麦粉のようにほぼ人口比に対応する生産額に達しているのをはじめ、日本にさほど引けを取らない品目がある。綿工業でも総生産額では日本にせまる規模になりつつあった。ところが第三部門の重化学工業では、そもそも日本の方には設けていない五〇〇〇万元未満の枠を設けなければ視界にはいってくる品目は見当たらない。また第四部門の運輸・電力業では総生産額でも鉄道で二分の一以下、電力で五分の一以下で、国民一人当りでは電力生産は日本の五〇分の一以下という計算になる。しかも上海のように、一九二〇年代から三〇年代にかけて、紡績工場の電化と繁華街の不夜城化で東京をしのぐ電力消費量に達していた大都市の存在を想起すれば、内陸の農村では膨大な数の農民が電灯を見ることも、汽車に乗ることもないままに暮らしていた情景が目に浮かんでくる。

以上みてきたように、中国は開国から一世紀の歳月をついやして、綿業を中核とする軽工業部門で、近代化＝工業化をほぼ達成した。しかしそこには、まだ解決すべき多くの問題が控えていた。「在華紡」に代表される外国資本の圧迫、沿海と内陸、都市と農村の格差、近代セクターと在来セクターの対抗、重化学工業とインフラストラクチュアの決定的な立ち遅れなど、枚挙にいとまがない。このような中国経済の構造的問題あるいは矛盾は、日中戦争と国共内戦に勝利して共産党政権が誕生する一因ともなったが、一九四九年以降も外国資本の問題を除いては未解決のまま、今日まで半世紀の間、中国共産党の経済政策はその解決法を模索して左右に大きく揺れ動いてきたのである。

参考文献

池田誠ほか『中国工業化の歴史』（法律文化社　一九八二年）
岡部利良『旧中国の紡績労働研究』（九州大学出版会　一九九二年）
小山正明「清末中国における外国綿製品の流入」—『近代中国研究』第四輯（東京大学出版会　一九六〇年）
加藤祐三『イギリスとアジア—近代史の原画』（岩波新書　一九八〇年）
許滌新・呉承明主編『中国資本主義発展史』第一—三巻（人民出版社　一九八五〜九三年）
許道夫『中国近代農業生産及貿易統計資料』（上海人民出版社　一九八三年）
久保亨「近代中国綿業の地帯構造と経営類型—その発展の論理をめぐって」—『土地制度史学』第一一三号（一九八六年十月）
久保亨『中国経済一〇〇年のあゆみ—統計資料で見る中国近現代経済史』（創研出版　一九九一年）
厳中平『中国棉紡織史稿』（科学出版社　一九五五年）
厳中平等編『中国近代経済史統計資料選輯』（科学出版社　一九五五年）
小池賢治「インド綿業と市場問題—一九世紀後半期のボンベイを中心に」—『アジア経済』第十六巻第九号（一九七五年九月）
呉知著、発智善次郎等訳『郷村織布工業の一研究』（岩波書店　一九四二年）
徐新吾主編『江南土布史』（上海社会科学院出版社　一九九二年）
島一郎『中国民族工業の展開』（ミネルヴァ書房　一九七八年）
鈴木智夫『洋務運動の研究』（汲古書院　一九九二年）
高村直助『近代日本綿業と中国』（東京大学出版会　一九八二年）
田中正俊『中国近代経済史研究序説』（東京大学出版会　一九七三年）
張国輝『洋務運動与中国近代企業』（中国社会科学出版社　一九七九年）

鄭友揆『中国的対外貿易和工業発展（一八四〇—一九四八年）—史実的総合分析』（上海社会科学院出版社　一九八四年）
寺田隆信『山西商人の研究』（東洋史研究会　一九七二年）
中井英基『張謇と中国近代企業』（北海道大学図書刊行会　一九九六年）
中井英基「中国農村の在来綿織物業」—安場保吉等編『プロト工業化期の経済と社会』（日本経済新聞社　一九八三年）
西嶋定生『中国経済史研究』（東京大学出版会　一九六六年）
波多野善大『中国近代工業史の研究』（東洋史研究会　一九六一年）
彭沢益編『中国近代手工業史資料』第一—四巻（中華書局　一九六二年）

別表

別表Ⅰ－1　上海での三種16番手綿糸の現物相場　　（単位＝1梱当り上海両）

種別／年月	藍魚（輸入日本綿糸）			水月（「在華紡」綿糸）			紅団龍（民族紡綿糸）		
	最　高	最　低	平　均	最　高	最　低	平　均	最　高	最　低	平　均
1915　1	90.75	88.25	89.8	90	89	89.5	87		87
2	96.75	92	94.6	94	91	92.4	90	88	88.9
3	95.5	91.5	93	91	89.5	90.3	89	86.5	87.5
4	100	94	96.7	93.5	89.5	91.8	91.75	87.5	90.2
5	—	—	—	92	91	91.5	91	89.5	90.2
6	95	93.5	94.3	93	91	91.9	92	91	91.5
7	96.5	95.5	95.9	95	94	94.4	95	94	94.5
8	99	96.5	97.5	98.5	96	97.3	97.5	95.25	96.4
9	103	98.5	100.2	103	98.5	100	100	98	98.9
10	107	103.75	105.4	107	103	105.1	103.5		103.5
11	99.5	98	98.8	103	97.5	100	101.75	97	99.6
12	102	98.5	100.4	99.5	96.5	97.5	99	95.5	96.4
1916　1	101.25	97.25	98.8	97	96	96.4	96	95	95.5
2	101	99.25	100.2	97.5	97.25	97.4	95.5	94.5	95.2
3	103.5	100	101.5	101	98	99.2	99	97	97.6
4	99.5	92.5	95.6	97	90.5	93.9	95	90	92.9
5	93.5	89.25	91.3	89	87.5	88.4	88.5	86.5	87.8
6	100	94	97.6	94.5	90.5	93.3	92	88.5	90.7
7	102.5	100.75	101.6	99	95.5	97.1	96	92	93.9
8	104	103	103.4	99.25	99	99.1	97	96	96.4
9	102.75	101.75	102.3	99.25	97	98	95		95
10	106.5		106.5	107	100	102.8	96		96
11	114.5		114.5	110	107.5	109.3	104.5	104	104.3
12	113.5	110	111.8	109	106.75	107.8	104	101.75	103.4
1917　1	113	110	111.8	110	107.25	108.9	104.5	104	104.2
2	113.5	112.5	113	110	106	108.5	106	103.25	104.4
3	119	117.5	118.5	114	107.75	111.9	110	105.75	108.6
4	122.5	119.5	120.5	119	113.5	115.8	113.5	110.5	111.6
5	130	124	126.8	126.5	122	123.9	119	118	118.6
6	153	128	142.3	155	124	143	150	118	135.4
7	205	156.5	178.4	195	152	170.5	185	146	160.6
8	203	182.7	194.3	185	140	169	170	149	161
9	127	123	125	128	121	123.8	122.5	115.5	118.6
10	135	131	132.7	129.5	126	127.3	124.5	119	121.4
11	151	134.5	140.9	145	128.5	135.3	140.5	124	129.9
12	145.5	138	141.8	143.5	135	138	135		135

別表Ⅰ－2　上海での三種16番手綿糸の現物相場（続）（単位＝1梱当り上海両）

種別／年月	藍魚（輸入日本綿糸）			水月（「在華紡」綿糸）			紅団龍（民族紡綿糸）		
	最　高	最　低	平　均	最　高	最　低	平　均	最　高	最　低	平　均
1918　1	153	147.5	150.3	147	145	145.8	141.5	138.5	139.8
2	161.5	153	156	151.5	145.5	147.3	148.5	140	142.9
3	173	163.5	169.1	172.5	154	166.1	165.5	155.5	161.5
4	173	156	166	173	157	167.1	164.5	147.5	158.8
5	154.5	151.5	152.7	156.5	149	152.1	150	145	146.4
6	152	146.5	148.4	145	140	143.4	140		140
7	156.5	153	154.4	151	145.5	147.9	146	140	142.6
8	171	166	168.5	167	159	163.2	161	155	157.8
9	168.5	165	167.1	162.5	158.5	161	155	151.5	154
10	177	168.5	172.3	170	164	166.7	166	158.5	161.7
11	176	174	175	171	170.5	170.8	—	—	—
12	173	171.5	172.5	168.5	164	165.8	163.5	157	159.8
1919　1	173	171.5	172.4	166	163.5	165	157	153	155.3
2	188	174	182.8	180	168.5	172.6	164.5	159	160.9
3	196	192	193.5	190	183	186.4	174	165	169.8
4	194	193	193.5	192	190	191	173.5	171.5	172.5
5	(173)			190	166	175.6			180
6	(200)			204	178	188			192
7	(200)			195	190	192.2			198
8	196	191	194.3	201	192	195.8			197.5
9	215	202	209	230	205	216.8			209
10	220	218	219	230	222	227.3			213
11	(225)			237	218	228			212.5
12	(185)			214	180	194.3			194
1920　1	191	187	189	210	180	194.5			193
2	—	—		217	190	204			207.5
3	(220)			240	225	235			207.5
4	—	—		199	163	180.5			190
5	—	—		167	158	161.5			168
6	—	—		163	155	158.8			157
7	(178)			177	164	172.6			180
8	—	—		171.5	160	167			161
9	—	—		161	149	156.5			145
10	(135)			152	134	140.7			144
11	以下相場なし			150	137	142.3			139
12				137	133	134.8			133

別表Ⅰ－3　上海での三種16番手綿糸の現物相場（続）（単位＝1梱当り上海両）

種別／年月	藍魚（輸入日本綿糸）			水月（「在華紡」綿糸）			紅団龍（民族紡綿糸）		
	最　高	最　低	平　均	最　高	最　低	平　均	最　高	最　低	月末値
1921　1				136	133	134.2			131.5
2				139	135	137.2			135
3				134.5	131.5	132.9			134.5
4				149	138.5	144.5			146
5				145	143	144.4			143
6				149	146	147.3			147
7				159	145	153.5			156
8				158.5	153.5	156.3			123.5
9				170.25	166	167.8			164.5
10				167.75	156	161.4			156
11				148	139	143.2			138
12				149.5	142	144.8			145
1922　1				147	144	146			147
2				147.5	144	145.9			147
3				152.5	146.5	149.7			149
4				152.5	143	147.6			145.5
5				146.5	144.25	145.1			143.5
6				145.25	142	143.7			140
7				146	145	145.6			138.5
8				147.5	144	145.9			134.5
9				143.5	128	137.2			131
10				134.5	131	132.9			130
11				138.5	134	136.3			133.5
12				149	134.5	139.6			143
1923　1				157	148	153			152
2				159.5	157	158.2			155
3				161.5	146	152.5			143
4				151	149	149.6			151
5				152	150	150.9			156
6				153	151	152			150.5
7				152.5	151.5	152.1			151.5
8				149	148	148.4			149
9				152	147.5	149.8			153.5
10				162.5	152.25	157.2			163
11				177	168.5	171.3			171
12				178	173.5	174.8			172

別表Ⅰ－4　上海での三種16番手綿糸の現物相場（続）（単位＝1梱当り上海両）

年月＼種別	藍魚（輸入日本綿糸）			水月（「在華紡」綿糸）			紅団龍（民族紡綿糸）		
	最　高	最　低	平　均	最　高	最　低	平　均	最　高	最　低	月末値
1924　1				181	180.25	180.6			176.5
2				182.5	177	179.9			168
3				181	177	179			176
4				185	184.5	184.8			178.25
5				182.5	180.75	181.8			179.25
6				181.25	177	179.3			176.75
7				176.75	175.25	175.9			174.25
8				181.75	179	180.1			171.5
9				171	168.5	169.5			—
10				166.75	163.5	165.1			162.5
11				173	167.5	170.5			—
12				176	172	173.5			169.25

資料）1919年5月以降の紅団龍以外は，『大日本紡績連合会月報』第269～389号（大正4年1月～大正14年1月）上海綿糸市況。一部『上海日本商業会議所週報』金融及商況で補ったところもある。1919年5月以降の紅団龍は，当該月末あるいはそれにもっとも近い日の『時報』本埠商務商況，本廠紗。

備考）(1)　数字としては，同一資料，同一処理にもとづくものが望ましいが，1919年5月以降『大日本紡績連合会月報』および『上海日本商業会議所週報』には紅団龍を記載せず，『時報』には藍魚，水月を記載しないので，やむなく便宜的な方法をとった。これも歴史事実としては，一つの意味のあることと思う。

(2)　平均とは，当該月各週相場の平均値である。

別表Ⅱ－1　上海での通州綿および天津での西河綿の現物相場
（単位：通州綿＝担当り上海両，西河綿＝担当り天津両）

種別＼年月	通州綿（上海）		西河綿（天津）		種別＼年月	通州綿（上海）		西河綿（天津）	
	最高	最低	最低	最高		最低	最高	最低	最高
1915　1	18.4	18.0			1918　1	36.5	35.6	32.5	31.0
2	19.2	18.4			2	38.0	35.0	32.5	
3	18.8	18.4			3	45.5	40.0	36.0	33.0
4	20.0	19.0			4	44.0	40.0	36.5	35.0
5	21.0	19.0			5	40.0	37.0	34.3	33.0
6	22.0	21.0			6	36.5	34.5	31.3	29.0
7	22.6	22.2			7	38.0	37.0	29.7	28.8
8	23.0	22.6			8	39.5	37.5	31.0	28.0
9	25.3	23.4			9	38.5	35.6	31.0	24.0
10	26.6	26.0			10	38.0	36.0	26.6	25.7
11	26.0	25.2			11	36.0	32.0	35.5	23.0
12	24.8	23.8			12	32.5	27.0	24.0	23.0
1916　1	23.8	23.4	18.5	18.2	1919　1	30.0	29.5	24.8	23.8
2	24.2	23.6	19.0	18.5	2	30.0	28.5	25.0	
3	25.5	24.6	18.5	18.3	3	29.0	27.5	23.5	22.5
4	24.2	23.0	18.65	18.0	4	28.5	25.75	24.5	22.9
5	26.5	22.0	18.2	17.0	5	31.0	26.75	26.0	25.6
6	24.4	22.5	19.0	18.0	6	33.0	30.0	26.1	25.2
7	24.4	24.0	19.0	18.0	7	33.75	32.5	26.7	26.1
8	24.6	24.0	21.0	20.1	8	35.0	32.5	26.2	23.1
9	24.0	22.6	22.5	20.4	9	33.25	30.5	23.5	21.0
10	25.6	23.6	22.5	20.6	10	34.0	33.0	26.0	25.2
11	25.6	24.6	21.9	21.7	11	33.25	32.5	23.0	22.4
12	24.6	24.0	21.5	21.0	12	31.75	30.0	22.7	22.4
1917　1	24.6	24.4	21.7	21.5	1920　1	32.0	30.75	22.7	22.6
2	25.0	24.4	21.5	20.9	2	32.5	31.0	24.0	23.5
3	25.6	24.8	22.2	21.4	3	33.0	32.5	24.0	23.85
4	27.0	25.4	25.0	24.3	4	32.25	32.0	24.0	23.8
5	—	—	27.5	25.3	5	32.0	31.75	27.0	25.6
6	33.0		35.0	31.0	6	33.75	32.75	26.1	25.2
7	42.0	35.0	34.7	34.0	7	33.25	28.75	26.7	26.0
8	40.0	30.0	35.5	34.5	8	28.25	26.5	26.2	23.1
9	30.0	27.0	32.0	25.0	9	27.5	26.5	23.6	23.5
10	30.0	27.0	33.5	27.0	10	26.25	25.75	25.2	23.6
11	32.8	28.0	35.0	34.5	11	26.0	24.0	27.0	24.5
12	33.4	31.0	34.5	30.0	12	23.0	22.75	26.0	25.2

別表Ⅱ－2　上海での通州綿および天津での西河綿の現物相場（続）
（単位：通州綿＝担当り上海両，西河綿＝担当り天津両）

年月 ＼ 種別		通州綿(上海)		西河綿(天津)	
		最　高	最　低	最　低	最　高
1921	1	24.5	23.25	23.8	23.7
	2	24.0	23.75	24.7	24.0
	3	23.75	23.0	25.6	25.1
	4	24.0	22.0	25.9	25.0
	5	24.5	24.0	25.0	24.8
	6	26.5	25.75	25.8	25.0
	7	27.5	26.0	25.9	24.4
	8	28.5	28.25	23.5	22.9
	9	37.0	36.5	26.85	26.0
	10	36.5	34.0	25.0	23.8
	11	32.0	30.0	24.5	23.8
	12	32.5	30.5	25.0	22.65
1922	1	32.5	31.0	27.8	25.7
	2	32.0	30.0	28.5	24.0
	3	34.5	33.0	28.5	25.1
	4	35.5	34.5	30.0	25.1
	5	35.0	33.5	31.0	24.9
	6	35.0	34.0	31.3	25.6
	7	34.5	31.5	24.4	22.0
	8	31.5	29.25	30.5	23.5
	9	30.25	26.5	29.2	25.2
	10	29.5	27.5	25.2	24.9
	11	32.5	29.0	26.5	23.8
	12	38.5	33.3	27.0	25.0
1923	1	40.0	39.0	32.4	29.5
	2	40.5	40.0	33.75	33.5
	3	44.5	37.5	35.6	34.4
	4	39.0	38.0	32.7	32.6
	5	39.5	39.0	35.0	32.0
	6	40.5	39.5	34.3	33.2
	7	41.0	40.25	31.8	31.0
	8	40.0	35.6	31.5	31.3
	9	39.0	36.5	33.5	28.5
	10	43.0	38.0	40.8	34.0
	11	50.0	45.25	39.0	31.3
	12	48.5	47.5	40.8	39.8

年月 ＼ 種別		通州綿(上海)		西河綿（天津）	
		最　低	最　高	最　低	最　高
1924	1	48.75	47.75	38.8	36.6
	2	47.75	45.5	39.6	35.5
	3	48.0	45.0	39.2	38.2
	4	49.5	48.5	41.2	38.6
	5	49.5		39.5	38.8
	6	49.5	45.0	40.8	39.5
	7	45.5	45.25	43.0	39.8
	8	43.5	41.0	44.0	41.9
	9	43.5	36.5	44.0	40.8
	10	37.75	36.5	40.9	36.0
	11	40.5	38.0	39.0	38.7
	12	40.5	39.75	36.2	
1925	1	41.25	41.0	36.0	34.8
	2	44.0	41.25	35.45	35.15
	3	44.5	44.0	37.0	36.0
	4	44.5	43.0	36.5	35.0
	5	五三〇運動のため相場たたず		34.1	33.45
	6			36.5	33.55
	7			37.0	35.0
	8	38.5	37.75	36.0	34.0
	9	39.5	37.25	36.0	33.0
	10	39.5	38.0	35.0	31.0
	11	38.0	36.5	33.0	31.5
	12	36.0		—	—

資料）通州綿は『大日本紡績連合会月報』第269～400号（大正4年1月～大正15年1月）上海棉花市況。西河綿は『支那工業総覧』82頁　一九一六年乃至一九二五年天津西河棉相場月別高低表。

備考）西河綿の価格は「単位両」と記すのみで，とくにことわってはいないが，たぶん天津両であろう。西河綿については原表の明らかな誤りは訂正した。

別表Ⅲ－1　日本での三種綿花の現物相場　(単位＝1担当り円)

年月＼綿花		通州綿			ブローチ			グッドミドリング		
		最高	最低	平均	最高	最低	平均	最高	最低	平均
1919	1	85.0	75.0	80.5	84.0	75.0	81.0	109.0	88.0	96.0
	2	75.0	71.0	73.0	75.5	68.0	73.0	93.0	81.0	89.0
	3	71.0	66.0	68.5	67.5	61.5	64.5	83.5	79.5	81.5
	4	72.0	66.0	69.0	69.0	64.5	67.0	93.0	81.5	87.25
	5	83.0	71.0	79.0	85.0	68.5	74.5	110.0	91.0	96.6
	6	86.0	78.0	83.0	90.5	80.0	86.0	110.0	100.0	106.0
	7	90.0	86.0	88.3	91.5	87.0	89.25	117.0	110.0	113.5
	8	87.0	83.0	85.0	87.0	74.5	79.7	113.5	100.0	105.5
	9	85.0	78.0	81.25	79.0	70.0	73.6	112.5	97.0	105.5
	10	90.0	81.0	85.75	79.5	75.5	77.8	125.0	109.0	116.9
	11	95.0	90.0	92.5	82.5	79.5	81.0	139.0	125.0	133.3
	12	96.0	92.0	93.7	88.0	83.0	85.0	141.0	135.0	138.1
1920	1	95.0	95.0	95.0	85.0	83.0	83.8	141.0	137.5	139.2
	2	96.0	95.0	95.3	84.0	81.0	82.6	138.5	135.0	136.4
	3	95.0	95.0	95.0	80.0	75.0	78.2	145.5	141.0	143.3
	4	95.0	87.0	92.0	75.0	70.0	72.7	143.5	135.0	140.8
	5	87.0	76.0	81.2	70.0	54.0	61.3	135.0	126.0	130.5
	6	75.0	69.0	71.3	80.5	79.0	79.6	127.0	103.0	118.5
	7	71.0	66.0	69.33	70.0	63.0	68.17	116.0	109.0	112.0
	8	66.0	62.0	64.0	62.0	55.0	59.5	109.0	100.5	105.92
	9	62.0	57.0	58.83	55.0	45.0	51.0	102.0	83.0	96.33
	10	58.0	55.0	57.33	46.0	45.0	45.17	85.0	76.0	80.25
	11	56.0	47.0	53.5	47.0	42.0	45.5	78.0	65.0	72.25
	12	46.0	39.0	40.5	41.0	32.0	35.83	67.5	58.0	63.33
1921	1	42.0	39.0	40.67	37.0	32.0	34.0	64.5	59.0	61.75
	2	42.0	39.0	39.5	36.5	33.0	34.0	57.0	54.0	55.5
	3	36.0	33.5	34.16	31.0	27.0	28.33	48.0	45.5	46.75
	4	36.0	34.0	34.83	30.0	27.0	28.08	47.0	44.5	45.96
	5	37.0	36.0	36.33	31.0	30.0	30.41	47.0	43.5	45.58
	6	37.5	36.0	37.25	34.75	33.5	34.37	45.0	39.5	42.41
	7	40.0	37.0	38.58	36.0	34.5	35.58	45.0	42.0	43.75
	8	41.0	39.0	39.33	37.5	33.5	36.33	51.0	42.5	44.66
	9	59.0	41.0	50.66	55.0	39.5	47.58	70.0	51.0	65.0
	10	59.0	56.0	57.83	55.0	47.0	52.0	69.0	63.0	65.25
	11	52.0	52.0	52.0	46.0	38.5	41.58	63.0	56.0	59.5
	12	52.0	52.0	52.0	49.0	41.5	44.33	63.0	59.0	61.13

別表Ⅲ－2　日本での三種綿花の現物相場（続）　（単位＝1担当り円）

年月＼綿花		通州綿			ブローチ			グッドミドリング		
		最高	最低	平均	最高	最低	平均	最高	最低	平均
1922	1	58.0	56.5	53.75(ママ)	48.0	46.5	45.58(ママ)	63.0	62.0	60.5(ママ)
	2	52.0	50.0	50.33	45.0	42.5	43.25	60.5	58.5	58.5(ママ)
	3	50.0	50.0	50.0	44.75	42.0	42.21	59.5	59.0	57.92(ママ)
	4	55.0	55.0	55.0	54.0	44.75	47.35	59.25	57.0	57.46
	5	60.0	60.0	60.0	51.5	50.0	49.66(ママ)	64.0	63.0	61.08(ママ)
	6	64.0	62.5	63.25	61.5	60.0	59.5(ママ)	75.5	74.0	72.04
	7	60.5	59.5	60.0	62.5	58.5	60.75	75.0	72.0	72.71
	8	60.25	57.0	58.67	69.0	57.0	61.5	72.5	66.5	69.25
	9	56.5	54.5	37.13(ママ)	57.5	53.75	55.96	72.0	67.5	69.91
	10	51.5	46.75	48.84	50.0	47.0	48.92	69.5	64.5	67.33
	11	53.0	47.4	49.57	56.0	50.0	53.75	80.5	72.5	77.67
	12	55.0	51.0	52.75	55.0	51.0	53.67	81.0	76.0	77.92
1923	1	62.25	61.75	62.0	64.5	55.0	58.08	89.5	82.5	85.16
	2	65.0	62.0	63.5	64.0	61.5	62.58	91.5	87.0	89.16
	3	67.0	66.5	66.87	68.0	61.5	64.0	96.5	87.5	93.33
	4	67.0	63.0	65.0	64.5	59.5	62.29	95.0	84.0	88.91
	5	—	—	—	67.0	60.0	63.37	88.0	76.5	85.41
	6	—	—	—	65.5	63.0	64.58	89.5	83.0	86.83
	7	55.5	51.5	53.29	63.5	55.0	60.74	86.0	71.0	82.04
	8	54.0	51.0	52.84	57.0	51.0	55.83	76.5	71.0	74.81
	9	59.0	54.0	57.04	65.0	57.0	60.71	90.0	74.0	83.81
	10	68.0	59.0	63.69	68.0	62.5	64.68	94.0	86.0	89.6
	11	73.5	67.5	69.75	85.0	67.0	74.1	114.0	94.0	103.4
	12	82.0	78.0	79.79	92.0	80.0	87.58	114.5	108.0	109.92

資料）第33～42次『綿絲紡績事情参考書』（大正8年上半期～大正12年下半期）日本棉花同業会調棉花相場。

備考）原表の明らかな誤まりは訂正した。ただし，疑問のままにせざるをえないものについては，ママを付しておくにとどめた。

別表Ⅳ－1　上海と長沙の綿花，綿糸市価の比較

項目 / 単位 / 年月	長沙申銀匯（A）	金城20手上海価（B）	長沙元換算（C）	金城20手長沙価（D）	岳麓16手長沙価（E）	通州綿上海市価（F）	長沙元換算（G）	常徳綿長沙市価（H）
	規元1千両当り長沙元	上海規元	$C=\frac{A \times B}{1000}$ 長沙元	長沙元	長沙元	上海規元	$G=\frac{A \times F}{1000}$ 長沙元	長沙元
1929 1	1382.3	190.250	263.0	280.0	263.5	34.750	48.04	41.66
2	1391.5	189.000	263.0	288.3	254.3	35.750	49.74	40.80
3	1404.1	199.000	279.4	297.6	261.7	37.250	52.30	42.25
4	1400.9	197.000	276.0	295.1	260.0	38.500	53.94	44.17
5	1397.0	190.000	265.4	276.0	251.3	37.500	52.39	42.83
6	1390.1	187.000	260.0	267.8	240.2	36.250	50.39	41.58
7	1387.3	183.500	254.6	269.4	243.4	36.500	50.64	37.86
8	1380.1	190.750	263.2	274.0	251.7	36.250	50.03	37.55
9	1385.6	195.000	270.2	281.1	258.8	37.000	51.27	42.42
10	1399.6	193.250	270.5	277.3	254.8	36.000	50.38	43.95
11	1392.2	191.250	266.3	274.6	253.0	35.000	48.73	42.75
12	1395.1	182.500	254.6	268.8	250.0	34.500	48.13	44.21
1930 1	1398.9	182.000	254.6	267.2	245.4	36.000	50.36	43.54
2	1401.7	182.500	255.8	266.9	246.1	37.000	51.86	44.11
3	1404.9	178.000	250.1	259.8	245.0	35.750	50.22	42.39
4	1397.8	177.250	247.8	256.6	240.4	36.500	51.02	40.90
5	1393.8	175.750	245.0	254.3	236.8	36.500	50.87	39.81
6	1387.9	175.250	243.2	257.9	233.9	37.500	52.05	40.39
7	1373.1	175.375	240.8	253.5	234.5	36.750	50.46	41.74
8	1367.0	177.500	242.6	256.6	243.2	36.250	49.55	40.99
9	1372.8	173.125	237.7	255.5	242.3	34.500	47.36	41.07
10	1378.6	172.500	237.8	253.1	238.7	34.750	47.90	38.91
11	1383.6	171.250	236.9	249.8	236.8	34.500	47.74	39.28
12	1385.4	166.500	230.7	249.1	236.5	33.500	46.41	40.42
1931 1	1391.3	173.000	240.7	249.6	241.0	36.000	50.09	40.64
2	1385.4	189.750	262.9	261.9	247.4	43.000	59.57	43.81
3	1386.7	192.500	266.9	273.3	252.2	43.750	60.67	47.44
4	1376.7	187.500	258.1	269.1	250.0	43.250	59.54	45.73
5	1372.3	186.750	256.3	271.1	247.1	40.500	55.58	45.52
6	1368.6	189.000	258.7	271.6	246.8	41.000	56.11	44.79
7	1370.9	189.000	259.1	274.1	250.0	41.000	56.21	44.97
8	1371.2	194.000	266.0	274.7	258.8	37.750	51.76	48.77
9	1375.6	191.250	263.1	275.8	262.1	36.500	50.21	59.00
10	1408.9	199.000	280.4	302.7	273.6	35.250	49.66	56.12
11	1442.6	198.250	286.0	306.5	266.0	34.500	49.77	51.81
12	1450.1	192.000	278.4	298.0	262.1	33.250	48.22	50.19

別表Ⅳ－2　上海と長沙の綿花，綿糸市価の比較（続）

1932 1	1440.0	182.500	262.8	278.5	259.5	33.000	47.52	49.67
2	1456.5	187.500	273.1	289.7	261.6	33.625	48.98	50.68
3	1509.6	192.500	290.6	310.8	271.9	34.250	51.70	50.88
4	1488.2	182.750	272.0	293.4	264.9	35.750	53.20	47.22
5	1474.1	174.750	257.6	277.4	248.4	34.750	51.22	44.02
6	1471.4	167.750	246.8	261.6	239.3	30.500	44.88	41.75
7	1481.9	164.000	243.0	260.5	241.7	29.500	43.72	40.52
8	1482.0	171.750	254.5	267.2	250.2	32.250	47.79	40.47
9	1482.4	169.250	250.9	267.2	250.5	34.000	50.40	40.90
10	1468.4	164.250	241.2	255.0	241.4	32.750	48.09	38.09
11	1418.8	156.500	222.0	241.5	219.3	31.625	44.87	36.21
12	1413.0	151.000	213.4	236.2	214.8	32.125	45.39	37.28
	規元1千両当り長沙元	国幣元				国幣元		
1933 1	1014.7	218.414	221.6	242.7	221.2	45.751	46.42	43.79
2	1010.9	213.064	215.4	241.6	222.0	44.293	44.77	42.87
3	1009.6	211.741	213.8	234.3	214.3	43.363	43.78	41.21
4	1008.6	205.850	207.6	226.8	211.1	43.225	43.60	41.24
5	1006.8	205.000	206.4	224.9	208.7	44.250	44.55	42.10
6	1007.9	208.500	210.1	225.1	208.7	47.850	48.23	42.21
7	1001.9	205.000	205.4	222.8	208.7	45.750	45.84	40.58
8	1000.2	202.500	202.5	219.2	208.7	45.500	45.51	40.73
9	1002.6	202.500	203.0	215.9	207.4	41.125	41.23	41.19
10	1002.8	201.500	202.1	215.1	206.2	40.625	40.74	39.80
11	1007.6	202.000	203.5	214.3	205.5	39.250	39.55	36.68
12	1008.4	200.500	202.2	211.1	200.7	38.000	38.32	35.87
1934 1	1008.4	194.750	196.4	207.6	197.6	33.586	33.87	37.15
2	1007.2	193.000	194.4	207.5	197.5	34.619	34.87	38.00
3	1014.1	190.000	192.7	207.4	197.1	33.276	33.74	37.18
4	1010.0	183.000	184.8	204.1	195.1	32.036	32.36	36.19
5	1004.3	182.000	182.8	199.3	191.8	33.379	33.52	35.79
6	1001.1	190.000	190.2	203.3	192.6	36.376	36.42	36.09
7		190.000		204.0	193.5	37.500		36.00
8		196.500		208.7	203.1	38.000		36.00
9		187.500		207.0	208.9	32.500		36.00
10		185.000		206.5	211.1	32.750		34.77
11		195.000			208.6	35.000		35.25
12		197.750			214.5	38.500		35.09

資料）Aは胡遹編『湖南之金融』湖南経済調査所叢刊（民国23年8月）付録150～155，157～158頁。B，Fは『中国棉紡統計史料』（上海市棉紡織工業同業公会籌備会　1950年10月）124～127頁。D，E，Hは孟学思編『湖南之棉花及棉紗』湖南省経済調査所叢刊（民国24年7月）上編80～81頁，下編58～59頁。

備考）Aは原表では，民国18年（1929）9月まで旧暦によっているので，新暦に換算しなおした。また1933年1～3月の間，国幣元とのレートを欠くので，1国幣元＝0.715規元両として，規元両とのレートから換算した。1932年2月はデータを欠くので，前後の月の中間値を採用した。原表の明らかな誤り，二個所を訂正した。

別表V－1　通州綿と寧波綿の市価比較

項目／単位／年月	寧波申銀匯（A）	通州綿上海市価（B）	甬洋元換算（C）	寧波綿寧波市価（D）
	規元100両当り甬洋元	規元両	A×B÷100　甬洋元	甬洋元
1926 1	140.437	35.600	49.996	51.329
2	140.217	35.500	49.777	51.380
3	140.529	32.500	45.672	50.533
4	140.065	34.250	47.972	48.947
5	141.354	30.500	43.113	46.620
6	141.947	32.000	45.423	47.360
7	141.070	32.500	45.848	49.282
8	139.903	34.250	47.917	
9	140.259	31.800	44.602	52.153
10	139.864	33.500	46.854	50.110
11	139.824	33.000	46.142	47.893
12	140.444	32.000	44.942	47.313
1927 1	140.904	29.200	41.144	48.008
2	140.628	30.000	42.188	48.220
3	140.085	33.000	46.228	51.453
4	138.119	32.500	44.889	50.180
5	138.706	34.000	47.160	52.700
6	139.391	35.000	48.787	54.530
7	141.249	37.000	52.262	57.235
8	141.295	39.000	55.105	57.265
9	140.942	42.000	59.196	60.953
10	140.781	39.000	54.905	54.850
11	140.839	35.000	49.294	51.474
12	141.378	34.000	48.069	49.873
1928 1	141.694	34.800	49.310	50.890
2	139.976	36.500	51.091	51.621
3	139.340	38.000	52.949	54.900
4	138.584	40.500	56.127	57.540
5	140.098	42.000	58.841	61.810
6	141.447	40.500	57.286	59.968
7	141.354	41.500	58.662	60.910
8	141.581	37.000	52.385	56.000
9	141.545	34.500	48.833	53.052
10	142.339	34.500	49.107	52.807
11	142.839	34.000	48.565	52.141
12	142.188	33.600	47.775	52.513
1929 1	141.931	34.750	49.321	52.524
2	141.331	35.750	50.526	53.642
3	141.026	37.250	52.532	54.954
4	141.140	38.500	54.339	56.210
5	142.244	37.500	53.342	54.086
6	142.344	36.250	51.600	53.607
7	142.456	36.500	51.996	53.960
8	142.460	36.250	51.642	55.000
9	142.840	37.000	52.851	54.733
10	142.748	36.000	51.389	53.500
11	142.250	35.000	49.788	52.152
12	141.936	34.500	48.968	53.194

別表V-2　通州綿と寧波綿の市価比較（続）

1930 1	141.867	36.000	51.072	55.374
2	141.154	37.000	52.227	55.225
3	140.015	35.750	50.055	54.583
4	139.981	36.500	51.093	54.000
5	141.637	36.500	51.698	53.050
6	143.551	37.500	53.832	56.360
7	143.804	36.750	52.848	55.670
8	142.768	36.250	51.753	57.740
9	141.853	34.500	48.939	54.700
10	141.397	34.750	49.135	53.268
11	141.613	34.500	48.856	51.167
12	142.794	33.500	47.836	52.933
1931 1	142.605	36.000	51.338	54.720
2	141.055	43.000	60.654	59.420
3	139.793	43.750	61.159	62.554
4	139.546	43.250	60.354	61.888
5	140.634	40.500	56.957	59.304
6	141.344	41.000	57.951	62.476
7	141.705	41.000	58.099	62.727
8	142.730	37.750	53.881	60.560
9	143.449	36.500	52.359	57.271
10	144.453	35.250	50.920	53.966
11	146.199	34.500	50.439	54.211
12	146.321	33.250	48.652	54.850
1932 1	144.665	33.000	47.739	53.700
2	144.890	33.625	48.719	53.800
3	146.542	34.250	50.191	53.930
4	145.221	35.750	51.917	52.470
5	144.430	34.750	50.189	49.380
6	145.290	30.500	44.313	43.000
7	145.210	29.500	42.837	48.920
8	147.042	32.250	47.421	51.220
9	148.005	34.000	50.322	52.030
10	145.709	32.750	47.720	48.230
11	144.161	31.625	45.591	47.680
12	143.623	32.125	46.139	49.320
1933 1	142.523	32.712	46.622	51.300
2	141.928	31.669	44.947	48.845
3	141.538	31.005	43.884	47.465
4	140.548	30.906	43.438	44.474
5		31.639		46.927
6		34.213		50.616
7		32.711		53.115
8		32.533		49.443
9		29.404		42.564
10		29.047		42.713
11		28.064		43.748
12		27.170		43.159

資料）A，Dは『鄞県通志』第五　食貨志　第三册己編上　金融（一）240～241葉，第四册庚編　生計332葉。Bは別表－ⅣのFに同じ。

別表-Ⅵ　申新金城と裕華万年青の万県市価比較

年月＼項目	万県申銀匯（A）	金城上海価（B）	万県元換算（C）	万年青万県市価（D）
単位	規元１千両当り万県元	規元両	C=A×B÷1000　万県元	万県元
1931 1	1408.0	173.000	243.6	274.0
2	1382.0	189.750	262.2	282.0
3	1362.5	192.500	262.3	277.0
4	1365.0	187.500	255.9	278.0
5	1382.0	186.750	258.1	275.5
6	1374.0	189.000	259.7	282.0
7	1377.0	189.000	260.3	280.5
8	1377.5	194.000	267.2	290.0
9	1414.5	191.250	270.5	288.5
10	1462.5	199.000	291.0	318.0
11	1473.0	198.250	292.0	317.0
12	1536.0	192.000	294.9	311.0
1932 1	1505.0	182.500	274.7	311.0
2	1513.0	187.500	283.7	313.5
3	1566.0	192.500	301.5	313.0
4	1540.0	182.750	281.4	297.5
5	1536.0	174.750	268.4	285.0
6	1589.0	167.750	266.6	275.5
7	1660.5	164.000	272.3	292.0
8	1640.0	171.750	281.7	296.5
9	1657.5	169.250	280.5	295.5
10	1665.0	164.250	273.5	288.5
11	1651.5	156.500	258.5	287.0
12	1623.5	151.000	245.1	270.5
		国幣元		
1933 1	1624.5	218.414	255.5	274.5
2	1629.5	213.064	250.0	278.5
3	1661.5	211.741	253.3	285.0
4	1646.0	205.850	244.0	272.5
	国幣１千元当り万県元			
5	1153.5	205.000	236.5	268.5
6	1075.5	208.500	224.2	254.5
7	1085.0	205.000	222.4	260.0
8	1087.5	202.500	220.2	249.5
9	1088.0	202.500	220.3	244.0
10	1080.0	201.500	217.6	243.5
11	1109.5	202.000	224.1	254.0
12	1105.5	200.500	221.7	244.5
1934 1	1109.0	194.750	216.0	241.5
2	1100.5	193.000	212.4	239.0
3	1082.0	190.000	205.6	234.0
4	1117.0	183.000	204.4	230.5
5	1130.5	182.000	205.8	224.0
6	1138.0	190.000	216.2	223.5
7	1162.5	190.000	220.9	226.5
8	1210.5	196.500	237.9	239.0
9	1306.5	187.500	245.0	262.5
10	1385.0	185.000	256.2	272.0
11	1315.0	195.000	256.4	282.5
12	1353.5	197.750	267.7	298.5

資料）A，Dは平漢鉄路管理局経済調査班『万県経済調査』支那経済調査資料５（生活社　昭和15年12月）９頁，145〜149頁。Bは別表－ⅣのＦに同じ。

別表Ⅶ-A　1934年上海「在華紡」番手別綿糸生産高　(単位＝梱)

月	番手	大康	同興	公大	内外	日華	上海	東華	豊田	裕豊	合計
1～6月	6						227		14		241
	7	101									101
	8						1,083				1,083
	10	1,181									1,181
	12	880									880
	16	10,063				3,473	7,560	2,300	6,587	2,059	32,042
	20	6,633				16,907	6,281	10,040	13,824	9,220	62,905
	20× 2										
	20× 3										
	21							1,070			1,070
	32	4,402			1,119	5,336	1,358			3,733	15,948
	32× 2			2,648		2,658	84			50	5,440
	32× 3					292				3,788	4,080
	40				5,115	7,408	1,495		975	5,177.5	20,170.5
	42× 2	7,400	8,285	2,288	15,678	8,525	2,279.25		1,740		46,195.25
	42× 3						522				522
	60				190	12	746				948
	60× 2				3,027		1,755				4,782
	80× 2				500		89				589
	合計	30,660	8,285	4,936	25,629	44,611	23,479.25	13,410	23,140	24,027.5	198,177.75
	平均番手	25.1	42.0	36.6	44.2	29.5	27.1	19.4	21.3	27.7	29.3
7月	6										
	7										
	8						195		32		227
	10										
	12	288									288
	16	1,010					710		969	251	2,940
	20	742				1,450	246.25	2,190	2,433	1,452	8,513.25
	20× 2										
	20× 3										
	21					1,024					1,024
	32	1,046			765	123	186.5			585	2,705.5
	32× 2			330		684					1,014
	32× 3										
	40				281	1,109	128			85	1,603
	42× 2	1,124	1,050	180	2,213	955	209		318	750	6,799
	42× 3						132				132
	60			50	106	176	215		60	213	820
	60× 2				392		316				708
	80× 2				77		38				115
	合計	4,210	1,050	560	3,834	5,521	2,375.75	2,190	3,812	3,336	26,888.75
	平均番手	27.3	42.0	37.7	43.0	31.0	32.9	20.0	21.3	29.8	30.5
8月	6										
	7										
	8						210		100		310
	10					329					329
	12	278				121					399
	16	1,166					823		1,100	493.5	3,582.5
	20	1,412				2,193	314	2,450	2,437	1,509	10,315
	20× 2					260					260
	20× 3										
	21										
	32	671			878	287	94			695	2,625
	32× 2			165		713					878
	32× 3										
	40				332	616	132			118	1,198
	42× 2	1,158	890	165	2,412	1,033	297		338	633	6,926
	42× 3		90				68				158
	60		75		160	260	241		68	251	1,055
	60× 2				363		333				696
	80× 2				120		38				158
	合計	4,685	1,055	330	4,265	5,812	2,550	2,450	4,043	3,699.5	28,889.5
	平均番手	25.7	43.3	37.0	43.1	29.2	32.2	20.0	21.1	28.8	29.6

別表Ⅶ-A　1934年上海「在華紡」番手別綿糸生産高（続）　　（単位＝梱）

月	番手＼社名	大　康	同　興	公　大	内　外	日　華	上　海	東　華	豊　田	裕　豊	合　計
9月	6										
	7										
	8						235		124		359
	10					372		70			442
	12	320									320
	16	1,381				23	978	190	1,648	842	5,062
	20	1,507				2,634	617	2,330	1,879	2,031	10,998
	20×2						124				124
	20×3										
	21										
	32	523			654	312	57				1,546
	32×2			165		677					842
	32×3										
	40				426	681	125			152	1,384
	42×2	1,180	1,125	240	2,430	1,131	345		360	897	7,708
	42×3						142				142
	60		75	40	197	288	246		65	249	1,160
	60×2				463		290				753
	80×2				127		44				171
	合　計	4,911	1,200	445	4,297	6,118	3,203	2,590	4,076	4,171	31,011
	平均番手	24.9	43.1	39.9	44.2	29.5	29.8	19.4	20.6	27.0	29.2
10月	6										
	7										
	8						272		128		400
	10							190			190
	12	296									296
	16	1,774				387	1,662	690	1,798	1,763	8,074
	20	1,340				2,320	724	2,050	1,850	1,747	10,031
	20×2										
	20×3						96				96
	21										
	32	469				163					632
	32×2			300		683					983
	32×3										
	40				586	1,124	46				1,756
	42×2	1,231	1,150	230	2,513	1,398	398		368	929	8,217
	42×3						93				93
	60		80		246	250	383		71	342	1,372
	60×2				628		347				975
	80×2				72		41				113
	合　計	5,110	1,230	530	4,045	6,325	4,062	2,930	4,215	4,781	33,228
	平均番手	24.5	43.2	36.3	46.3	31.4	28.2	18.4	20.5	25.7	28.9
11月	6										
	7										
	8						232		94		326
	10							70			70
	12	223									223
	16	2,026				1,012	1,747	1,100	1,968	1,516	9,369
	20	1,255				1,907	722	1,650	1,710	1,794	9,038
	20×2						82				82
	20×3										
	21										
	32	277								85	362
	32×2			509		312					821
	32×3										
	40	168			620	1,820	8			50	2,666
	42×2	1,258	1,270	135	2,593	1,500	454		375	912	8,497
	42×3										
	60			45	183		426		64	351	1,069
	60×2				702		281				983
	80×2				145		42				187
	合　計	5,207	1,270	689	4,243	6,551	3,994	2,820	4,211	4,708	33,693
	平均番手	24.7	42.0	35.8	46.8	30.5	27.8	18.2	20.4	26.4	29.0

別表Ⅶ-A　1934年上海「在華紡」番手別綿糸生産高（続）　（単位＝梱）

月	番手＼社名	大康	同興	公大	内外	日華	上海	東華	豊田	裕豊	合計
12月	6										
	7										
	8						252				252
	10										
	12										
	16	1,422				381	1,636	500	1,905	1,547	7,391
	20	1,218				2,297	430	2,350	1,881	923	9,099
	20×2										
	20×3						81				81
	21										
	32	572			73					151	796
	32×2			545		163					708
	32×3										
	40	179			553	1,838	92			402	3,064
	42×2	1,234	1,300	170	2,194	1,347	423		416	814	7,898
	42×3										
	60			20	184	96	315		69	329	1,013
	60×2				736		282			20	1,038
	80×2				182		62				244
	合計	4,625	1,300	735	3,922	6,122	3,573	2,850	4,271	4,186	31,584
	平均番手	26.9	42.0	35.1	47.5	31.5	28.2	19.3	21.0	23.8	30.0
7〜12月	6										
	7										
	8						1,396		478		1,874
	10					701		330			1,031
	12	1,405				121					1,526
	16	8,779				1,803	7,556	2,480	9,388	6,412.5	36,418.5
	20	7,474				12,801	3,053.25	13,020	12,190	9,456	57,994.25
	20×2					260	206				466
	20×3						177				177
	21					1,024					1,024
	32	3,558			2,370	885	337.5			1,516	8,666.5
	32×2			2,014		3,232					5,246
	32×3										
	40	347			2,798	7,188	531			807	11,671
	42×2	7,185	6,785	1,120	14,355	7,364	2,126		2,175	4,935	46,045
	42×3		90				435				525
	60		230	155	1,076	1,070	1,826		397	1,735	6,489
	60×2				3,284		1,849			20	5,153
	80×2				723		265				988
	合計	28,748	7,105	3,289	24,606	36,449	19,757.75	15,830	24,628	24,881.5	185,294.25
	平均番手	25.6	42.6	36.7	45.1	30.5	29.5	19.2	20.8	27.5	29.5
1〜12月	6						227		14		241
	7	101									101
	8						2,479		478		2,957
	10	1,181				701		330			2,212
	12	2,285				121					2,406
	16	18,842				5,276	15,116	4,780	15,975	8,471.5	68,460.5
	20	14,107				29,708	9,334.25	23,060	26,014	18,676	120,899.25
	20×2					260	206				466
	20×3						177				177
	21					1,024		1,070			2,094
	32	7,960			3,489	6,221	1,695.5			5,249	24,614.5
	32×2			4,662		5,890	84			50	10,686
	32×3					292				3,788	4,080
	40	347			7,913	14,596	2,026		975	5,984.5	31,841.5
	42×2	14,585	15,070	3,408	30,033	15,889	4,405.25		3,915	4,935	92,240.25
	42×3		90				957				1,047
	60		230	155	1,266	1,082	2,572		397	1,735	7,437
	60×2				6,311		3,604			20	9,935
	80×2				1,223		354				1,577
	合計	59,408	15,390	8,225	50,235	81,060	43,237	29,240	47,768	48,909	383,472
	平均番手	25.3	42.3	36.7	44.6	29.9	28.2	19.3	21.1	27.6	29.4

別表Ⅶ-B　1935年上海「在華紡」番手別綿糸生産高　（単位＝梱）

月	番手＼社名	大康	同興	公大	内外	日華	上海	東華	豊田	裕豊	合計
1月	8						256				256
	10										
	14										
	16	964				366	1,137	320	1,998	1,538	6,323
	20	1,230				2,382	333	2,100	1,760	502	8,307
	20×2						91				91
	20×3										
	20×6										
	32	658			338	24				405	1,425
	32×2			365		156					521
	32×3										
	40	261			706	1,674	123		34	512	3,310
	42×2	1,217	1,340	200	1,866	1,189	175		389	721	7,097
	42×3										
	60				184	132	308		49	343	1,016
	60×2				586		472			35	1,093
	80										
	80×2				270		85			26	381
	合計	4,330	1,340	565	3,950	5,923	2,980	2,420	4,230	4,082	29,820
	平均番手	28.3	42.0	35.5	46.9	31.1	31.7	19.5	20.8	30.2	30.9
2月	8						228				228
	10										
	14							130			130
	16	899				288	811	260	1,612	991	4,861
	20	1,184				1,882	229	1,370	1,450	206	6,321
	20×2						152				152
	20×3										
	20×6										
	32	562				25				810	1,397
	32×2	63		250		109				20	442
	32×3										
	40	322			827	1,307	108		92	500	3,156
	42×2	1,140	1,250	150	1,632	938	175		325	725	6,335
	42×3										
	60				174	96	239			75	584
	60×2				590		362				952
	80										
	80×2				245		120			10	375
	合計	4,170	1,250	400	3,468	4,645	2,424	1,760	3,479	3,337	24,933
	平均番手	28.5	42.0	35.8	48.2	31.0	32.9	19.0	20.7	30.7	31.5
3月	8						274				274
	10										
	14							280			280
	16	1,130				562	1,010	120	2,065	944	5,831
	20	961				2,343	496	1,670	1,825	114	7,409
	20×2						88				88
	20×3										
	20×6										
	32	537			415	331	16			1,077	2,376
	32×2	90		360		248				270.5	968.5
	32×3										
	40	212			487	1,092	152		110	923.5	2,976.5
	42×2	1,161	1,050	130	1,745	1,024	286		390	749.5	6,535.5
	42×3		220				33				253
	60				161		181			63	405
	60×2				620	143	291				1,054
	80										
	80×2				270		99				369
	合計	4,091	1,270	490	3,698	5,743	2,926	2,070	4,390	4,141.5	28,819.5
	平均番手	28.0	42.0	34.7	47.2	29.5	29.5	19.0	20.6	32.0	30.5

別表Ⅶ-B　1935年上海「在華紡」番手別綿糸生産高（続）

（単位＝梱）

月	番手＼社名	大康	同興	公大	内外	日華	上海	東華	豊田	裕豊	合計
4月	8						276				276
	10										
	14										
	16	1,168				896	1,236	510	1,869	840	6,519
	20	952				2,848	616	1,970	1,861	712	8,959
	20×2						82				82
	20×3										
	20×6										
	32	900			902	1,069	158		67	1,650	4,746
	32×2	137		570		367				181	1,255
	32×3										
	40	10			494	605	180		41	320	1,650
	42×2	1,368	1,380	150	2,112	923	431		364	715	7,443
	42×3						60				60
	60				13	148	2			20	183
	60×2				468	344	302				1,114
	80										
	80×2				289		71				360
	合計	4,535	1,380	720	4,278	7,200	3,414	2,480	4,202	4,438	32,647
	平均番手	28.4	42.0	34.1	44.3	29.1	27.2	19.2	20.5	29.4	29.6
5月	8						310				310
	10										
	14										
	16	935				889	1,250	540	1,570	832	6,016
	20	809				2,831	745	2,010	1,920	1,005	9,320
	20×2										
	20×3						198				198
	20×6										
	32	532			902	1,531	142		335	1,401	4,843
	32×2	125				328				179	632
	32×3			570							570
	40				476	262	202			319	1,259
	42×2	1,339	1,300	150	2,089	984	243		400	848	7,353
	42×3						41				41
	60					140	50				190
	60×2				606	244	486				1,336
	80										
	80×2				151		124				275
	合計	3,740	1,300	720	4,224	7,209	3,791	2,550	4,225	4,584	32,343
	平均番手	29.0	42.0	34.1	43.6	28.5	28.5	19.2	21.5	28.9	29.6
6月	8						304				304
	10										
	14										
	16	802				950	1,228	70	1,450	495	4,995
	20	1,084				2,545	732	2,350	1,844	1,730	10,285
	20×2										
	20×3						194				194
	20×6										
	32	251			829	1,329	139		353	1,242	4,143
	32×2	211		434		362				171	1,178
	32×3										
	40				506	238	199			243	1,186
	42×2	1,458	1,380	262	2,060	2,054	280		363	846	8,703
	42×3										
	60					137	49				186
	60×2				637	67	477				1,181
	80										
	80×2				130		121				251
	合計	3,806	1,380	696	4,162	7,682	3,723	2,420	4,010	4,727	32,606
	平均番手	29.0	42.0	35.8	43.7	29.7	28.5	19.9	21.6	28.1	30.0

別表Ⅶ-B　1935年上海「在華紡」番手別綿糸生産高（続）　　　（単位＝梱）

月	番手＼社名	大　康	同　興	公　大	内　外	日　華	上　海	東　華	豊　田	裕　豊	合　計
1～6月	8						1,648				1,648
	10										
	14							410			410
	16	5,898				3,951	6,672	1,820	10,564	5,640	34,545
	20	6,220				14,831	3,151	11,470	10,660	4,269	50,601
	20×2						413				413
	20×3						392				392
	20×6										
	32	3,440			3,386	4,309	455		755	6,585	18,930
	32×2	626		1,979		1,570				821.5	4,996.5
	32×3			570							570
	40	805			3,496	5,178	964		277	2,817.5	13,537.5
	42×2	7,683	7,700	1,042	11,504	7,112	1,590		2,231	4,604.5	43,466.5
	42×3		220				134				354
	60				532	653	829		49	501	2,564
	60×2				3,507	798	2,390			35	6,730
	80										
	80×2				1,355		620			36	2,011
	合　計	24,672	7,920	3,591	23,780	38,402	19,258	13,700	24,536	25,309.5	181,168.5
	平均番手	28.5	42.0	34.9	45.5	29.7	29.5	19.3	21.0	29.8	30.3
7月	8						220				220
	10										
	14										
	16	1,034				706	523		1,252	220	3,735
	20	858				1,907	895	2,370	1,754	1,241	9,025
	20×2					171					171
	20×3										
	20×6										
	32	106			629	270			321	1,240	2,566
	32×2	75		279		528				148	1,030
	32×3	18									18
	40				444	390	119			361	1,314
	42×2	1,324	980	200	1,915	1,739	410		359	852	7,779
	42×3		250								250
	60					9	142				151
	60×2				589	48	250				887
	80										
	80×3				115		130				245
	合　計	3,415	1,230	479	3,692	5,768	2,689	2,370	3,686	4,062	27,391
	平均番手	28.0	42.0	36.2	44.1	29.6	31.2	20.0	21.8	30.3	30.4
8月	8						220				220
	10										
	14										
	16	980				385	325		1,092		2,782
	20	918				2,164	900	2,270	1,605	1,660	9,517
	20×2					224					224
	20×3										
	20×6										
	32	119			261	422			404	1,008	2,214
	32×2	60		247		754				144	1,205
	32×3	29									29
	40				357	467	40			475	1,339
	42×2	1,414	1,215	83	1,833	1,250	440		310	821	7,366
	42×3										
	60					52	230			26	308
	60×2				596		250				846
	80										
	80×2				121		110				231
	合　計	3,520	1,215	330	3,168	5,718	2,515	2,270	3,411	4,134	26,281
	平均番手	28.4	42.0	34.5	45.8	29.0	32.9	20.0	22.1	30.3	30.5

別表Ⅶ-B　1935年上海「在華紡」番手別綿糸生産高（続）　　　（単位＝梱）

月	番手＼社名	大康	同興	公大	内外	日華	上海	東華	豊田	裕豊	合計
9月	8						220				220
	10					214					214
	14										
	16	901				137	405		1,271		2,714
	20	1,286			185	2,792	1,051	2,220	1,790	1,232	10,556
	20×2					246	104				350
	20×3										
	20×6										
	32	26			230	343			388	952	1,939
	32×2	182		450		470				181	1,283
	32×3										
	40				331	83	42			376	832
	42×2	1,376	1,300	35	2,004	1,928	577		356	795	8,371
	42×3										
	60					225	317			107	649
	60×2				586	59	157				802
	80										
	80×2				138	59	94				291
	合計	3,771	1,300	485	3,474	6,556	2,967	2,220	3,805	3,643	28,221
	平均番手	27.7	42.0	32.7	44.5	30.1	31.4	20.0	21.9	31.8	30.6
10月	8						192				192
	10										
	14							120			120
	16	771					563	210	1,270		2,814
	20	1,694			151	3,509	1,311	2,200	1,809	2,097	12,771
	20×2					304					304
	20×3										
	20×6										
	32				204	315			367	783	1,669
	32×2	60		667		193				157	1,077
	32×3										
	40				299					216	515
	42×2	1,439	1,300		1,953	2,267	638		464	783	8,844
	42×3										
	60				16	242	426			104	788
	60×2				580	65	65				710
	80				32	101					133
	80×2				127		165				292
	合計	3,964	1,300	667	3,362	6,996	3,360	2,530	3,910	4,140	30,229
	平均番手	26.9	42.0	32.0	45.2	30.6	31.6	19.4	22.4	28.9	30.2
11月	8						155				155
	10										
	14							130			130
	16	738					297	210	1,977		3,222
	20	1,784			227	3,420	1,400	2,050	1,370	1,986	12,237
	20×2					341					341
	20×3										
	20×6										
	32				219	155				785	1,159
	32×2			580		182				161	923
	32×3										
	40				351		158			342	851
	42×2	1,416	1,400	100	2,255	2,500	470		566	751	9,458
	42×3										
	60				85	310	342			112	849
	60×2				568	69	236				873
	80					101					101
	80×2				112		146				258
	合計	3,938	1,400	680	3,817	7,078	3,204	2,390	3,913	4,137	30,557
	平均番手	27.2	42.0	33.5	44.1	31.3	33.2	19.3	21.2	29.5	30.6

別表Ⅶ-B　1935年上海「在華紡」番手別綿糸生産高（続）　　（単位＝梱）

月	番手＼社名	大康	同興	公大	内外	日華	上海	東華	豊田	裕豊	合計
12月	8						191				191
	10										
	14							60			60
	16	711					381	220	1,281		2,593
	20	1,466			204	4,907	1,163	2,150	1,903	1,763.75	13,556.75
	20×2						122				122
	20×3										
	20×6									71.5	71.5
	32				276					637	913
	32×2			346		183				190.75	719.75
	32×3										
	40				280		215			586	1,081
	42×2	1,418	1,400	124	2,185	2,387	392		570	785.25	9,261.25
	42×3										
	60				79	410	409			135	1,033
	60×2				426	73	271				770
	80				32	144					176
	80×2				134		102				236
	合計	3,595	1,400	470	3,616	8,104	3,246	2,430	3,754	4,169.25	30,784.25
	平均番手	27.9	42.0	34.6	44.1	30.2	33.1	19.5	22.0	30.6	30.7
7～12月	8						1,198				1,198
	10					214					214
	14							310			310
	16	5,135				1,228	2,494	640	8,143	220	17,860
	20	8,006			767	18,699	6,720	13,260	10,231	9,979.75	67,662.75
	20×2					1,286	226				1,512
	20×3										
	20×6									71.5	71.5
	32	251			1,819	1,505			1,480	5,405	10,460
	32×2	377		2,569		2,310				981.75	6,237.75
	32×3	47									47
	40				2,062	940	574			2,356	5,932
	42×2	8,387	7,595	542	12,145	12,071	2,927		2,625	4,787.25	51,079.25
	42×3		250								250
	60				180	1,248	1,866			484	3,778
	60×2				3,345	314	1,229				4,888
	80				64	346					410
	80×2				747	59	747				1,553
	合計	22,203	7,845	3,111	21,129	40,220	17,981	14,210	22,479	24,285.25	173,463.3
	平均番手	27.8	42.0	33.7	44.6	30.2	32.2	19.7	21.9	30.2	30.5
1～12月	8						2,846				2,846
	10					214					214
	14							720			720
	16	11,033				5,179	9,166	2,460	18,707	5,860	52,405
	20	14,226			767	33,530	9,871	24,730	20,891	14,248.75	118,263.75
	20×2					1,286	639				1,925
	20×3						392				392
	20×6									71.5	71.5
	32	3,691			5,205	5,814	455		2,235	11,990	29,390
	32×2	1,003		4,548		3,880				1,803.25	11,234.25
	32×3	47		570							617
	40	805			5,558	6,118	1,538		277	5,173.5	19,469.5
	42×2	16,070	15,295	1,584	23,649	19,183	4,517		4,856	9,391.75	94,545.75
	42×3		470				134				604
	60				712	1,901	2,695		49	985	6,342
	60×2				6,852	1,112	3,619			35	11,618
	80				64	346					410
	80×2				2,102	59	1,367			36	3,564
	合計	46,875	15,765	6,702	44,909	78,622	37,239	27,910	47,015	49,594.75	354,631.75
	平均番手	28.2	42.0	34.4	45.1	30.0	30.8	19.5	21.4	30.0	30.4

別表Ⅶ-C　1936年上海「在華紡」番手別綿糸生産高　（単位＝梱）

月	番手＼社名	大　康	同　興	公　大	内　外	日　華	上　海	東　華	豊　田	裕　豊	合　計
1～6月	8						717		87		804
	10						460.75		101		561.75
	14										
	16	2,271					3,736.5	960	6,603		13,570.5
	20	4,003			467	18,751	4,210.75	12,615	7,349	2,230.5	49,626.25
	20×2						1,081.75			287	1,368.75
	20×3										
	20×6									44	44
	32	2,541			1,292	7,468		420	810	8,020	20,551
	32×2			3,045	809	1,692				1,566	7,112
	32×3					296					296
	40				1,684	395	1,929.5			1,395	5,403.5
	42×2	9,560	8,240	415	11,126	11,753	2,601		3,230	3,709	50,634
	42×3					84	27				111
	52				85						85
	60				345	1,401	1,698.25			257	3,701.25
	60×2				3,385	1,549	1,987				6,921
	80				130	434					564
	80×2				468	58	749				1,275
	100						5.25				5.25
	合　計	18,375	8,240	3,460	19,791	43,881	19,203.75	13,995	18,180	17,508.5	162,634.25
	平均番手	32.6	42.0	33.2	44.8	32.1	33.6	20.1	22.9	33.4	32.5
7月	8								90		90
	10					60	170		111		341
	14										
	16						54	400	507		961
	20	813				2,070	350	1,980	1,141	187	6,541
	20×2						36				36
	20×3						208				208
	20×6										
	32	269			6	910			123	940	2,248
	32×2			300	258	470				65	1,093
	32×3										
	40				136		237				373
	42×2	1,501	1,190	150	1,316	1,830	406		500	650	7,543
	42×3										
	52				76						76
	60				110	571	379			356	1,416
	60×2				586	138	331				1,055
	80										
	80×2				108	51	137				296
	合　計	2,583	1,190	450	2,596	6,100	2,308	2,380	2,472	2,198	22,277
	平均番手	34.0	42.0	35.3	47.6	34.4	41.0	19.3	23.3	38.5	34.6
8月	8								92		92
	10						150		107		257
	14										
	16						75	80	520		675
	20	1,067				2,297	483	2,230	1,448	237	7,762
	20×2						33				33
	20×3										
	20×6										
	32	205				762			120	944	2,031
	32×2			300	258	260				210	1,028
	32×3					221					221
	40				214		230			76	520
	40×2						195				195
	42	1,404	1,220	150	1,435	1,985	365		508	502	7,569
	52				29						29
	60				103	624	470			373	1,570
	60×2				580	7	325				912
	80					108					108
	80×2				148		90				238
	合　計	2,676	1,220	450	2,767	6,264	2,416	2,310	2,795	2,342	23,240
	平均番手	32.5	42.0	35.3	47.5	34.7	37.5	19.9	23.0	37.6	34.4

別表Ⅶ-C　1936年上海「在華紡」番手別綿糸生産高（続）　（単位＝梱）

月	番手＼社名	大康	同興	公大	内外	日華	上海	東華	豊田	裕豊	合計
9月	8						155		102		257
	10						65		132		197
	14										
	16						141	40	541		722
	20	1,075				1,960	690	2,520	1,385	419	8,049
	20×2										
	20×3										
	20×6										
	32	219			59	1,067			148	596	2,089
	32×2			350	286	520				129	1,285
	32×3										
	40				218		231			99	548
	42	1,517	1,400	100	1,909	2,601	381		492	787	9,187
	42×2										
	60				120	510	224			331	1,185
	60×2	27			565	155	335				1,082
	80				14	9	10				33
	80×2				194		93				287
	合計	2,838	1,400	450	3,365	6,822	2,325	2,560	2,800	2,361	24,921
	平均番手	32.8	42.0	34.2	46.9	35.2	36.5	19.9	22.8	37.5	34.3
10月	8						234		110		344
	10								138		138
	14										
	16						625	500	698		1,823
	20	1,065				2,530	932	2,360	1,774	895	9,556
	20×2										
	20×3						120				120
	20×6										
	32	157			246	580				330	1,313
	32×2			325	417	534				231	1,507
	32×3										
	40				231		143			18	392
	42×2	1,685	1,490	50	1,845	2,650	519		592	956	9,787
	42×3										
	60				139	446	411			221	1,217
	60×2	30			547	150	348				1,075
	80				25						25
	80×2				169		109				278
	合計	2,937	1,490	375	3,619	6,890	3,441	2,860	3,312	2,651	27,575
	平均番手	33.7	42.0	33.3	45.5	33.9	33.3	19.3	22.3	33.9	32.8
11月	8						190		79		269
	10								78		78
	14										
	16						475	450	599		1,524
	20	1,231				3,634	715	2,140	1,271	1,440	10,431
	20×2						35				35
	20×3						40				40
	20×6										
	32				681	325				209	1,215
	32×2			313	408	585				261	1,567
	32×3										
	40				225		115			159	499
	42×2	1,583	1,620	50	2,054	2,750	400		423	1,057	9,937
	42×3										
	60				126	188	110			21	445
	60×2	36			528	131	265				960
	80				13	12	40				65
	80×2				142		80				222
	100				12						12
	合計	2,850	1,620	363	4,189	7,625	2,465	2,590	2,450	3,147	27,299
	平均番手	32.7	42.0	33.4	43.7	31.1	31.8	19.3	22.1	30.5	32.0

別表Ⅶ-C　1936年上海「在華紡」番手別綿糸生産高（続）　（単位＝梱）

月	番手＼社名	大　康	同　興	公　大	内　外	日　華	上　海	東　華	豊　田	裕　豊	合　計
7〜11月	8						579		473		1,052
	10					60	385		566		1,011
	14										
	16						1,370	1,470	2,865		5,705
	20	5,251				12,491	3,170	11,230	7,019	3,178	42,339
	20×2						104				104
	20×3						368				368
	20×6										
	32	850			992	3,644			391	3,019	8,896
	32×2			1,588	1,627	2,369				896	6,480
	32×3					221					221
	40				1,024		956			352	2,332
	42×2	6,286	5,700	350	7,124	9,831	1,901		2,007	3,450	36,649
	42×3	1,404	1,220	150	1,435	1,985	365		508	502	7,569
	60				490	1,144	745			573	2,952
	60×2	93			1,853	1,631	1,797			729	6,103
	80				1,218	166	706				2,090
	80×2				505	108	282				895
	100				268	51	227				546
	合　計	13,884	6,920	2,088	16,536	33,701	12,955	12,700	13,829	12,699	12,5312
	平均番手	33.2	42.0	34.4	47.7	33.8	37.9	19.5	22.7	35.2	33.9
1〜11月	8						1,296		560		1,856
	10					60	845.75		667		1,572.75
	14										
	16	2,271					5,106.5	2,430	9,468		19,275.5
	20	9,254			467	31,242	7,380.75	23,845	14,368	5,408.5	91,965.25
	20×2						1,185.75			287	1,472.75
	20×3						368				368
	20×6									44	44
	32	3,391			2,284	11,112		420	1,201	11,039	29,447
	32×2			4,633	2,436	4,061				2,462	13,592
	32×3					517				0	517
	40				2,708	395	2,885.5			1,747	7,735.5
	42×2	15,846	13,940	765	18,250	21,584	4,502		5,237	7,159	87,283
	42×3	1,404	1,220	150	1,435	2,069	392		508	502	7,680
	52				575	1,144	745			573	3,037
	60	93			2,198	3,032	3,495.25			986	9,804.25
	60×2				4,603	1,715	2,693				9,011
	80				635	542	282				1,459
	80×2				736	109	976				1,821
	100						5.25				5.25
	合　計	32,259	15,160	5,548	36,327	77,582	32,158.75	26,695	32,009	30,207.5	287,946.25
	平均番手	32.9	42.0	33.6	45.2	32.7	34.6	19.8	22.8	34.0	32.8

資料）東洋紡績株式会社資料室蔵『在華紡生産高報告』昭和９～11年。

備考）（１）番手の欄の「42×２」「42×３」などは，それぞれ42番手の双子，三子であることを示している。平均番手の算出にあたっては，いずれも42番手として計算した。

（２）原資料では，1934年日華の42番手双子の通年総計を15,434梱とするが，1～６月合計と７～12月合計とを足すと，15,889梱になるのでこれに従う。また1935年日華の３月60番手双子の143梱，9月80番手双子の59梱を，原資料の通年総計はそれぞれ60番手単糸，80番手単糸に区分しているが，本表では各月の区分に従った。原資料の通年総計には，まま混乱が見られるからである。

（３）以下，東洋紡績株式会社資料室蔵の資料は，籠谷直人氏撮影のマイクロフィルムによる。

別表Ⅷ-A　1934年青島「在華紡」番手別綿糸生産高　　(単位＝梱)

月	番手	富士	公大	隆興	内外	長崎	大康	合計
1～6月	10			584		408.5		992.5
	12						791.5	791.5
	16	3,782.5		6,497	16,525.5	5,951.5	6,726	39,482.5
	20	2,763.5		4,090	11,058	2,009	4,653.5	24,574
	20×2			490.5				490.5
	30		200					200
	32	1,798	7,323	3,625.5	7,945	2,883.5		23,575
	42×2		1,447		1,470			2,917
	合計	8,344	8,970	15,287	36,998.5	11,252.5	12,171	93,023
	平均番手	20.8	33.6	20.8	21.7	20.6	17.3	21.9
7月	10			9.5		32		41.5
	12						166	166
	16	126		490.5	1,386	682.5	1,139.5	3,824.5
	20	257		665.5	2,126	147.5	942.5	4,138.5
	20×2							
	30							
	32	445	996	676	1,354	596	273	4,340
	42×2		230		248			478
	合計	828	1,226	1,841.5	5,114	1,458	2,521	12,988.5
	平均番手	25.8	33.9	23.3	23.2	22.8	19.0	23.5
8月	10					33		33
	12						225	225
	16	124		233.5	1,459	403	1,112	3,331.5
	20	485		823	2,238	621	1,215.5	5,382.5
	20×2							
	30							
	32	404	1,152	734.5	1,413	558.5	366.5	4,628.5
	42×2		245		263			508
	合計	1,013	1,397	1,791	5,373	1,615.5	2,919	14,108.5
	平均番手	24.3	33.8	24.4	23.1	22.9	19.4	23.6
9月	10			37.5		54.5		92
	12						233	233
	16	583		382	2,376.5	372	1,524	5,237.5
	20	449		834	1,670.5	874	1,010	4,837.5
	20×2							
	30							
	32	362	1,220	770	1,468	604	470	4,894
	42×2		230		264			494
	合計	1,394	1,450	2,023.5	5,779	1,904.5	3,237	15,788
	平均番手	21.4	33.6	23.6	22.4	22.7	19.3	22.9
10月	10			74		40		114
	12						233	233
	16	981		964	2,955.5	732	1,756.5	7,389
	20	276		791	1,884.5	1,036.5	1,034	5,022
	20×2							
	30							
	32	147	1,290	510	1,149	396	593	4,085
	42×2		290	116.5	269			675.5
	合計	1,404	1,580	2,455.5	6,258	2,204.5	3,616.5	17,518.5
	平均番手	18.5	33.8	21.7	21.3	20.6	19.5	21.8

別表Ⅷ-A　1934年青島「在華紡」番手別綿糸生産高（続）　（単位＝梱）

月	番手＼社名	富　士	公　大	隆　興	内　外	長　崎	大　康	合　計
11月	10			74.5		73		147.5
	12						289	289
	16	930.5		1,059	3,078	781.5	2,036.5	7,885.5
	20	340.5		736	2,359	1,089	1,211.5	5,736
	20×2							
	30							
	32	178	1,299	356	881	341	563	3,618
	42×2		250	115	297			662
	合　計	1,449	1,549	2,340.5	6,615	2,284.5	4,100	18,338
	平均番手	18.9	33.6	20.8	20.7	20.1	19.1	21.2
12月	10			88.5		19		107.5
	12						119.5	119.5
	16	683.5		868	2,977	632.5	2,152	7,313
	20	449.5		773.5	2,440	1,108.5	1,111	5,882.5
	20×2							
	30							
	32	172.5	1,220	479.5	914	419	403.5	3,608.5
	42×2		302	112.5	261			675.5
	合　計	1,305.5	1,522	2,322	6,592	2,179	3,786	17,706.5
	平均番手	19.5	34.0	21.7	20.7	21.1	18.8	21.5
7～12月	10			284		251.5		535.5
	12						1,265.5	1,265.5
	16	3,428		3,997	14,232	3,603.5	9,720.5	34,981
	20	2,257		4,623	12,718	4,876.5	6,524.5	30,999
	20×2							
	30							
	32	1,708.5	7,177	3,526	7,179	2,914.5	2,669	25,174
	42×2		1,547	344	1,602			3,493
	合　計	7,393.5	8,724	12,774	35,731	11,646	20,179.5	96,448
	平均番手	20.9	33.8	22.4	21.8	21.5	19.2	22.3
1～12月	10			868		660		1,528
	12						2,057	2,057
	16	7,210.5		10,494	30,757.5	9,555	16,446.5	74,463.5
	20	5,020.5		8,713	23,776	6,885.5	11,178	55,573
	20×2			490.5				490.5
	30		200					200
	32	3,506.5	14,500	7,151.5	15,124	5,798	2,669	48,749
	42×2		2,994	344	3,072			6,410
	合　計	15,737.5	17,694	28,061	72,729.5	22,898.5	32,350.5	189,471
	平均番手	20.8	33.7	21.5	21.7	21.1	18.4	22.1

別表Ⅷ-B　1935年青島「在華紡」番手別綿糸生産高　（単位＝梱）

月	番手＼社名	富士	公大	隆興	内外	長崎	大康	合計
1月	10			74		77		151
	12						114.5	114.5
	16	375.5		832.5	2,970	191.5	1,146	5,515.5
	20	233		840	2,300	911	1,539	5,823
	20×2							
	32	393.5	896	471.5	1,140	675	747	4,323
	40							
	42×2		148	120	105			373
	合計	1,002	1,044	2,338	6,515	1,854.5	3,546.5	16,300
	平均番手	23.2	33.4	21.8	20.6	23.5	21.0	22.2
2月	10			23		70.5		93.5
	12						94.5	94.5
	16	330.5		485.5	2,528	163	817	4,324
	20	176.5		818	1,592	303	1,579	4,468.5
	20×2							
	32	417.5	826	568.5	1,353	959.5	677.5	4,802
	40							
	42×2		104	96.5	68			268.5
	合計	924.5	930	1,991.5	5,541	1,496	3,168	14,051
	平均番手	24.0	33.1	23.4	21.4	26.8	21.3	23.2
3月	10			5		100		105
	12						97.5	97.5
	16	337		490.5	2,650.5	240	1290	5,008
	20	163		560	1,068	19	961.5	2,771.5
	20×2							
	32	428.5	844	718	1,721	1,269	796	5,776.5
	40							
	42×2		116	99.5	78			293.5
	合計	928.5	960	1,873	5,517.5	1,628	3,145	14,052
	平均番手	24.1	33.2	24.7	22.1	28.1	21.1	23.8
4月	10			2.5		122		124.5
	12						114.5	114.5
	16	515		796.5	2,843	457	1,593	6,204.5
	20	233.5		465.5	1,219	55	990	2,963
	20×2							
	32	409.5	851	862	1,894.5	1,200	946	6,163
	40							
	42×2		116	113.5	83			312.5
	合計	1,158	967	2,240	6,039.5	1,834	3,643.5	15,882
	平均番手	22.5	33.2	24.3	22.2	26.2	21.1	23.4
5月	10			71.5		112		183.5
	12						115.5	115.5
	16	696		957	2,849.5	596.5	1,497.5	6,596.5
	20	243.5		581.5	1,410		966	3,201
	20×2							
	32	300.5	844	648	1,758.5	1,201	896.5	5,648.5
	40							
	42×2		121	115	79			315
	合計	1,240	965	2,373	6,097	1,909.5	3,475.5	16,060
	平均番手	20.7	33.3	22.4	21.9	25.7	21.1	22.8

別表Ⅷ-B　1935年青島「在華紡」番手別綿糸生産高（続）　　（単位＝梱）

月	番手＼社名	富　士	公　大	隆　興	内　外	長　崎	大　康	合　計
6月	10			91		104		195
	12						179.5	179.5
	16	749.5		1,127.5	2,971	687	1,579	7,114
	20	238.5		820.5	2,795		931	4,785
	20×2							
	32	288.5	856	504.5	1,487	1,289.5	906.5	5,332
	40							
	42×2		117	132	66			315
	合　計	1,276.5	973	2,675.5	7,319	2,080.5	3,596	17,920.5
	平均番手	20.4	33.2	21.3	21.0	25.6	20.9	22.2
1～6月	10			267		585.5		852.5
	12						716	716
	16	3,003.5		4,689.5	16,812	2,335	7,922.5	34,762.5
	20	1,288		4,085.5	10,384	1,288	6,966.5	24,012
	20×2							
	32	2,238	5,117	3,772.5	9,354	6,594	4,969.5	32,045
	40							
	42×2		722	676.5	479			1,877.5
	合　計	6,529.5	5,839	13,491	37,029	10,802.5	20,574.5	94,265.5
	平均番手	22.3	33.2	22.9	21.5	25.9	21.1	22.9
7月	10			85		97		182
	12						114	114
	16	736.5		1,070.5	2,810	1,480.5	1,273	7,370.5
	20	408		775	1,862		1,229.5	4,274.5
	20×2							
	32	187	770	480.5	1,279	762	587.5	4,066
	40							
	42×2		134	123	77			334
	合　計	1,331.5	904	2,534	6,028	2,339.5	3,204	16,341
	平均番手	19.5	33.5	21.3	21.0	21.0	20.3	21.5
8月	10			79		72		151
	12				110		224	334
	16	736.5		780	2,682.5	1,020	1,847.5	7,066.5
	20	503		911.5	2,306	73.5	1,034.5	4,828.5
	20×2							
	32	116	643	440	985.5	373.5	617.5	3,175.5
	40							
	42×2		121	119.5	97			337.5
	合　計	1,355.5	764	2,330	6,181	1,539	3,723.5	15,893
	平均番手	18.9	33.6	21.7	20.4	19.8	19.5	20.8
9月	10			81		96		177
	12				286.5		321	607.5
	16	760		716.5	2,610.5	1,051	1,995	7,133
	20	545		951.5	2,473	806	967	5,742.5
	20×2							
	32	134	612	407.5	922.5	264	483.5	2,823.5
	40							
	42×2		152	121.5	208			481.5
	合　計	1,439	764	2,278	6,500.5	2,217	3,766.5	16,965
	平均番手	19.0	34.0	21.7	20.4	19.1	18.7	20.5

別表Ⅷ-B　1935年青島「在華紡」番手別綿糸生産高（続）　　　（単位＝梱）

月	番手＼社名	富　士	公　大	隆　興	内　外	長　崎	大　康	合　計
10月	10			64		96		160
	12				365		276	641
	16	850.5		797.5	2,537	1,203	2,039	7,427
	20	539.5		837.5	2,391.5	999	1,061	5,828.5
	20×2							
	32	79.5	759	414.5	661.5	199	428	2,541.5
	40				105			105
	42×2		265	131	300			696
	合　計	1,469.5	1,024	2,244.5	6,360	2,497	3,804	17,399
	平均番手	18.3	34.6	21.8	20.6	18.6	18.6	20.7
11月	10			78.5		87		165.5
	12				365		224	589
	16	819		1,048	2,750.5	832.5	2,071	7,521
	20	823.5		693	2,000.5	1,206.5	1,290.5	6,014
	20×2							
	32	25	724	395.5	341.5	276	463	2,225
	40				533			533
	42×2		323	164.5	311			798.5
	合　計	1,667.5	1,047	2,379.5	6,301.5	2,402	4,048.5	17,846
	平均番手	18.2	35.1	21.4	21.2	19.6	18.9	21.0
12月	10			70		102		172
	12						206	206
	16	745.5		924	2,533	489	1,750.5	6,442
	20	865		791	1,741.5	684.5	1,127.5	5,209.5
	20×2							
	32		670	316	354	456	548	2,344
	40			84	566			650
	42×2		375	148.5	293			816.5
	合　計	1,610.5	1,045	2,333.5	5,487.5	1,731.5	3,632	15,840
	平均番手	18.1	35.6	21.9	22.2	21.4	19.4	21.9
7〜12月	10			457.5		550		1,007.5
	12				1,126.5		1,365	2,491.5
	16	4,648		5,336.5	15,923.5	6,076	10,976	42,960
	20	3,684		4,959.5	12,774.5	3,769.5	6,710	31,897.5
	20×2							
	32	541.5	4,178	2,454	4,544	2,330.5	3,127.5	17,175.5
	40			84	1,204			1,288
	42×2		1,370	808	1,286			3,464
	合　計	8,873.5	5,548	14,099.5	36,858.5	12,726	22,178.5	100,284
	平均番手	18.6	34.5	21.6	20.9	19.9	19.2	21.1
1〜12月	10			724.5		1,135.5		1,860
	12				1,126.5		2,081	3,207.5
	16	7,651.5		10,026	32,735.5	8,411	18,898.5	77,722.5
	20	4,972		9,045	23,158.5	5,057.5	13,676.5	55,909.5
	20×2							
	32	2,779.5	9,295	6,226.5	13,898	8,924.5	8,097	49,220.5
	40			84	1,204			1,288
	42×2		2,092	1,484.5	1,765			5,341.5
	合　計	15,403	11,387	27,590.5	73,887.5	23,528.5	42,753	194,549.5
	平均番手	20.2	33.8	22.2	21.2	22.6	20.1	21.9

別表Ⅷ-C　1936年青島「在華紡」番手別綿糸生産高　（単位＝梱）

月	番手＼社名	富　士	公　大	隆　興	内　外	長　崎	上　海	大　康	豊　田	合　計
1〜6月	10					571			37	608
	12							780		780
	16	5,280		4,144	14,078	4,431		7,797.5	3,250	38,980.5
	20	3,784.5		2,556	10,530.5	1,972.5		5,449	2,418	26,710.5
	32	336	4,285	3,158.5	6,419	4,677	5,219.5	4,674.5	1,593	30,362.5
	32×２		236							236
	32×３		91							91
	40			5	1,220	548				1,773
	42×２		1,607	729.5	1,747			952.5		5,036
	合　計	9,400.5	6,219	10,593	33,994.5	12,199.5	5,219.5	19,653.5	7,298	104,577.5
	平均番手	18.2	34.6	23.5	22.5	22.7	32.0	22.0	20.8	23.2
7月	10			34.5		98.5			85	218
	12							209		209
	16	678.5		241	2,028	501.5		997	387	4,833
	20	541		474.5	1,535	523.5		530.5	564	4,168.5
	20×２									
	32	107	730	294	1,301	747	833.5	780	247	5,039.5
	40									
	42×２		250	106	299			318.5		973.5
	合　計	1,326.5	980	1,150	5,163	1,870.5	833.5	2,835	1,283	15,441.5
	平均番手	18.9	34.6	24.0	22.7	23.2	32.0	23.8	20.4	23.8
8月	10			34.5		98.5			85	218
	12							209		209
	16	678.5		241	2,028	501.5		997	387	4,833
	20	541		474.5	1,535	523.5		530.5	564	4,168.5
	20×２									
	32	107	730	294	1,301	747	833.5	780	247	5,039.5
	40									
	42×２		250	106	299			318.5		973.5
	合　計	1,326.5	980	1,150	5,163	1,870.5	833.5	2,835	1,283	15,441.5
	平均番手	18.9	34.6	24.0	22.7	23.2	32.0	23.8	20.4	23.8
9月	10			1		103			96	200
	12							212		212
	16	744.5		227	1,880			778	381	4,010.5
	20	673.5		343	1,563	895		622.5	349	4,446
	20×２									
	32	127	639	471	1,626	863	869	940.5	341	5,876.5
	40									
	42×２		331	145.5	299			333		1,108.5
	合　計	1,545	970	1,187.5	5,368	1,861	869	2,886	1,167	15,853.5
	平均番手	19.1	35.4	26.7	23.5	25.0	32.0	24.8	21.4	24.7
10月	10								100	100
	12							222		222
	16	738.5		357.5	1,867	701		723	547	4,934
	20	689.5		263.5	1,595	435		557.5	413	3,953.5
	20×２									
	32	120.5	360	486	1,575	796	996	801.5	392	5,527
	40					23				23
	42×２		627	162	294	39		314		1,436
	合　計	1,548.5	987	1,269	5,331	1,994	996	2,618	1,452	16,195.5
	平均番手	19.0	38.4	26.3	23.4	24.0	32.0	24.5	21.0	24.7

別表Ⅷ-C　1936年青島「在華紡」番手別綿糸生産高（続）　　（単位＝梱）

月	社名／番手	富 士	公 大	隆 興	内 外	長 崎	上 海	大 康	豊 田	合 計
11月	10			35					87	122
	12							239.5		239.5
	16	864		512	2,735	996.5		754.5	597	6,459
	20	753		338	1,966	374.5		686.5	340	4,458
	20×2									
	32	123.5	648	352	944	668	1,000.5	742	272	4,750
	40			43.5		146				189.5
	42×2		414	173.5	376	76		349.5		1,389
	合　計	1,740.5	1,062	1,454	6,021	2,261	1,000.5	2,772	1,296	17,607
	平均番手	18.9	35.9	24.5	21.4	23.8	32.0	24.2	20.0	23.5
7〜11月	10			105		300			453	858
	12							1,091.5		1,091.5
	16	3,704		1,578.5	10,538	2,700.5		4,249.5	2,299	25,069.5
	20	3,198		1,893.5	8,194	2,751.5		2,927.5	2,230	21,194.5
	20×2									
	32	585	3,107	1,897	6,747	3,821	4,532.5	4,044	1,499	26,232.5
	40			43.5		169				212.5
	42×2		1,872	693	1,567	115		1,633.5		5,880.5
	合　計	7,487	4,979	6,210.5	27,046	9,857	4,532.5	13,946	6,481	80,539
	平均番手	19.0	35.8	25.1	22.7	23.9	32.0	24.2	20.7	24.1
1〜11月	10			105		871			490	1,466
	12							1,871.5		1,871.5
	16	8,984		5,722.5	24,616	7,131.5		12,047	5,549	64,050
	20	6,982.5		4,449.5	18,724.5	4,724		8,376.5	4,648	47,905
	32	921	7,392	5,055.5	13,166	8,498	9,752	8,718.5	3,092	56,595
	32×2		236							236
	32×3		91							91
	40			48.5	1,220	717				1,985.5
	42×2		3,479	1,422.5	3,314	115		2,586		10,916.5
	合　計	16,887.5	11,198	16,803.5	61,040.5	22,056.5	9,752	33,599.5	13,779	185,116.5
	平均番手	18.5	35.1	24.0	22.6	23.7	32.0	22.9	20.7	23.7

資料）東洋紡績株式会社資料室蔵『在華紡生産高報告』昭和９〜11年。

備考）番手の欄の「32×２」「32×３」などは，それぞれ32番手の双子，三子であることを示している。平均番手の算出にあたっては，いずれも32番手として計算した。

別表IX－1　1940年上海「在華紡」番手別綿糸生産高

（単位＝梱）

月	社名／種別／番手	大康			同興			公大			内外			日華			上海			東華		豊田			裕豊			計		
		売糸	原糸	計	売糸	原糸	計	売糸	原糸	計	売糸	原糸	計	売糸	原糸	計	売糸	原糸	計	売糸	計	売糸	原糸	計	売糸	原糸	計	売糸	原糸	計
1月	8																213		213									213		213
	10																													
	14																	187	187										187	187
	15																	147	147										147	147
	16																95	168	263									95	168	263
	17										221		221															221		221
	18																													
	20	890		890	80	1671	1751				839		839	963		963	827	1,029	1,856	660	660	538		538	323		323	5,120	2,700	7,820
	20×2													124		124												124		124
	20×3													523		523	116		116									639		639
	20×6																								37		37	37		37
	21											952	952		863	863							142	142		2,100	2,100		4,057	4,057
	22														800	800		865	865										1,665	1,665
	23		2,220	2,220					3,159	3,159		1,961	1,961					766	766	450	450		152	152		1,892	1,892	450	10,150	10,600
	24																													
	25																						102	102					102	102
	26																													
	29																													
	30								417	417		372	372										171	171					960	960
	32	70	60	130	372	281	653		928	928	653	560	1,213	1,326	84	1,410	376	540	916	990	990				586	790	1,376	4,373	3,243	7,616
	32×2	111		111	8		8	201		201	172		172	608		608						135		135	160		160	1,395		1,395
	32×3													60.5		60.5												60.5		60.5
	32×6																								46		46	46		46
	35																						51	51					51	51
	36								247	247		24	24		13	13		396	396							135	135		815	815
	40	173		173		343	343				1,031	773	1,804	85		85	735	429	1,164						118		118	2,142	1,545	3,687
	42×2	1,286		1,286	1,094		1,094	206	329	535	1,311	1,363	2,674	2,333		2,333	347		347						1,310		1,310	7,887	1,692	9,579
	42×3				376		376																					376		376
	43×2																													
	60											24	24	373		373	102	21	123						293		293	768	45	813
	60×2	230		230							675	82	757	577		577	301		301						15		15	1,798	82	1,880
	80										16		16				29		29									45		45
	80×2										143	50	193				149	64	213									292	114	406
	100×2										69	9	78				34		34									103	9	112
	120×2										2		2															2		2
	合計	2,760	2,280	5,040	1,930	2,295	4,225	407	5,080	5,487	5,132	6,170	11,302	6,972.5	1,760	8,732.5	3,324	4,612	7,936	2,100	2,100	673	618	1,291	2,888	4,917	7,805	26,186.5	27,732	53,918.5
	平均番手	35.6	23.2	30.0	39.1	24.5	31.2	37.1	27.1	27.8	39.7	31.5	35.2	36.5	22.1	33.6	36.1	26.0	30.2	26.3	26.3	22.4	17.5	24.0	38.4	23.9	29.3	36.2	26.5	31.2

別表IX－2　1940年上海「在華紡」番手別綿糸生産高（続）

（単位＝梱）

月	番手＼社名・種別	大康 売糸	大康 原糸	大康 計	同興 売糸	同興 原糸	同興 計	公大 売糸	公大 原糸	公大 計	内外 売糸	内外 原糸	内外 計	日華 売糸	日華 原糸	日華 計	上海 売糸	上海 原糸	上海 計	東華 売糸	東華 計	豊田 売糸	豊田 原糸	豊田 計	裕豊 売糸	裕豊 原糸	裕豊 計	計 売糸	計 原糸	計 計
2月	8																216		216									216		216
	10																													
	14																	171	171										171	171
	15																	129	129										129	129
	16																108	123	231									108	123	231
	17										167		167															167		167
	18																													
	20	567		567	108	1,211	1,319				442		442	988		988	857	974	1,831	580	580	475		475	257		257	4,274	2,185	6,459
	20×2													410		410									60		60	470		470
	20×3																54		54									54		54
	20×6																								1		1	1		1
	21											656	656		556	556							295	295		2,065	2,065		3,572	3,572
	22																	273	273										273	273
	23		1,683	1,683					2,500	2,500		1,917	1,917		525	525		242	242	65	65		265	265		1,971	1,971	65	9,103	9,168
	24																													
	25																						226	226					226	226
	26														53	53													53	53
	29														82	82													82	82
	30								480	480		418	418																898	898
	32	27	262	289	375	446	821		1,330	1,330	789	660	1,449	1,112	121	1,233	332	810	1,142	1,205	1,205				613	703	1,316	4,453	4,332	8,785
	32×2	153		153	85		85	205		205	328		328	369		369						173		173	183		183	1,496		1,496
	32×3													170		170												170		170
	32×6																								10		10	10		10
	35																						156	156					156	156
	36								250	250		48	48		55	55		369	369							60	60		782	782
	40	347		347		333	333				1,010	735	1,745	338		338	655	513	1,168						109		109	2,459	1,581	4,040
	42×2	1,160		1,160	1,004		1,004	190	263	453	1,241	1,085	2,326	2,166		2,166	350		350						1,235		1,235	7,346	1,348	8,694
	42×3				256		256							100		100												356		356
	43×2																													
	60										68	26	94	193		193	98	13	111						211		211	570	39	609
	60×2	301		301							589	8	597	546		546	294		294						30		30	1,760	8	1,768
	80										18		18				35		35									53		53
	80×2										150	60	210				132	51	183									282	111	393
	100×2										48	7	55				26		26									74	7	81
	120×2										2		2															2		2
	合計	2,555	1,945	4,500	1,828	1,990	3,818	395	4,823	5,218	4,852	5,620	10,472	6,392	1,392	7,784	3,157	3,668	6,825	1,850	1,850	648	942	1,590	2,709	4,799	7,508	24,386	25,179	49,565
	平均番手	38.3	24.2	32.2	38.2	26.0	31.9	36.8	27.9	28.6	40.8	31.3	35.7	36.6	24.0	34.3	35.7	27.8	31.4	27.9	27.9	23.2	24.8	24.2	38.0	23.6	28.8	36.7	27.1	31.8

別表IX-3　1940年上海「在華紡」番手別綿糸生産高（続）

（単位＝梱）

月	番手＼種別＼社名	大康			同興			公大			内外			日華			上海			東華		豊田			裕豊			計		
		売糸	原糸	計	売糸	原糸	計	売糸	原糸	計	売糸	原糸	計	売糸	原糸	計	売糸	原糸	計	売糸	計	売糸	原糸	計	売糸	原糸	計	売糸	原糸	計
	8																198		198									198		198
	10																													
	14																	141	141										141	141
	15																	163	163										163	163
	16																80	220	300	200	200							280	220	500
	17										163		163															163		163
	18																													
	20	880		880	102	1,230	1,332				358		358	956		956	696	1,202	1,898	845	845	564		564	345		345	4,746	2,432	7,178
	20×2													66		66												66		66
3	20×3													666		666												666		666
	20×6																								34		34	34		34
	21											590	590		510	510							348	348		2,150	2,150		3,598	3,598
	22																	339	339										339	339
	23		1,240	1,240					1,752	1,752		2,063	2,063		451	451		319	319				324	324		2,047	2,047		8,196	8,196
	24																													
	25																						276	276					276	276
	26														187	187													187	187
	29														185	185													185	185
	30								627	627		451	451										491	491					1,569	1,569
	32		202	202	500	542	1,042		1,802	1,802	949	719	1,668	1,195.5	147	1,342.5	349	935	1,284	965	965				731	913	1,644	4,689.5	5,260	9,949.5
	32×2	385		385				359		359	338		338	410		410						165		165	165		165	1,822		1,822
	32×3													328		328												328		328
	32×6																													
	35																						195	195					195	195
	36								326	326		42	42		62	62		382	382							124	124		936	936
	40	406		406		348	348				1,035	686	1,721	441		441	652	602	1,254						117		117	2,651	1,636	4,287
	42×2	1,051		1,051	1,400		1,400	200	260	460	1,392	970	2,362	2,442.5		2,442.5	450		450						1,260		1,260	8,195.5	1,230	9,425.5
月	42×3													178.5		178.5												178.5		178.5
	43×2																													
	60	67		67							77	31	108	198		198	142	25	167						110		110	594	56	650
	60×2	219		219							468	66	534	605		605	322		322									1,614	66	1,680
	80										23		23				37		37									60		60
	80×2										188	61	249				151	62	213									339	123	462
	100×2										61	6	67				26		26									87	6	93
	120×2										13		13															13		13
	合計	3,008	1,442	4,450	2,002	2,120	4,122	559	4,767	5,326	5,065	5,685	10,750	7,486.5	1,542	9,028.5	3,103	4,390	7,493	2,010	2,010	729	1,634	2,363	2,762	5,234	7,996	26,724.5	26,814	53,538.5
	平均番手	35.7	24.3	32.0	38.4	26.4	32.2	35.6	29.2	29.9	41.1	31.2	35.9	36.3	24.8	34.3	38.2	27.6	31.9	25.4	25.4	22.7	26.4	25.3	36.4	24.1	28.3	36.3	27.4	31.9

別表IX-4　1940年上海「在華紡」番手別綿糸生産高（続）

（単位＝梱）

月	番手	大康			同興			公大			内外			日華			上海			東華		豊田			裕豊			計		
		売糸	原糸	計	売糸	原糸	計	売糸	原糸	計	売糸	原糸	計	売糸	原糸	計	売糸	原糸	計	売糸	計	売糸	原糸	計	売糸	原糸	計	売糸	原糸	計
4月	8																252		252									252		252
	10		40	40																									40	40
	14																	267	267										267	267
	15																	191	191										191	191
	16																81	65	146	330	330							411	65	476
	17										211		211															211		211
	18																													
	20	1,420		1,420	72	1,511	1,583				797		797	1,192.5		1,192.5	630	1,193	1,823	1,135	1,135	797		797	513		513	6,556.5	2,704	9,260.5
	20×2													468		468												468		468
	20×3																													
	20×6																								25		25	25		25
	21											605	605		460	460							462	462		1,767	1,767		3,294	3,294
	22																	370	370										370	370
	23		1,220	1,220					1,934	1,934		2,329	2,329		403	403		328	328				358	358		1,630	1,630		8,202	8,202
	24																													
	25																						293	293					293	293
	26														225	225													225	225
	29														198	198													198	198
	30								575	575		536	536										474	474		92	92		1,677	1,677
	32		426	426	490	594	1,084		2,165	2,165	699	812	1,511	1,158	154	1,312	436	994	1,430	1,130	1,130				967	889	1,856	4,880	6,034	10,914
	32×2	180		180				247		247	393		393	350		350						83		83	160		160	1,413		1,413
	32×3													355		355												355		355
	32×6																													
	35																						201	201		212	212		413	413
	36								267	267		95	95		75	75		498	498										935	935
	40	136		136		384	384		73	73	1,160	602	1,762	519		519	270	670	940						130		130	2,215	1,729	3,944
	42×2	1,342		1,342	1,490		1,490	412	130	542	1,492	941	2,433	2,310.5		2,310.5	480		480						1,210		1,210	8,736.5	1,071	9,807.5
	42×3													302.5		302.5												302.5		302.5
	43×2								206	206																			206	206
	60	19		19							76	29	105	129		129	228	22	250						137		137	589	51	640
	60×2	277		277							461	42	503	400		400	304		304									1,442	42	1,484
	80										20		20															20		20
	80×2										212	72	284	97		97	168	66	234									477	138	615
	100×2										70	6	76				33		33									103	6	109
	120×2										22		22															22		22
	合計	3,374	1,686	5,060	2,052	2,489	4,541	659	5,350	6,009	5,613	6,069	11,682	7,281.5	1,515	8,796.5	2,882	4,664	7,546	2,595	2,595	880	1,788	2,668	3,142	4,590	7,732	28,478.5	28,151	56,629.5
	平均番手	33.7	25.0	30.8	38.8	25.9	31.8	38.3	29.5	30.5	39.9	30.6	35.1	36.1	25.2	34.2	38.0	27.9	31.8	24.7	24.7	21.1	26.0	24.4	35.3	24.7	29.0	35.4	27.7	31.6

別表IX－5　1940年上海「在華紡」番手別綿糸生産高（続）

（単位＝梱）

月	番手＼種別＼社名	大康			同興			公大			内外			日華			上海			東華		豊田			裕豊			計		
		売糸	原糸	計	売糸	原糸	計	売糸	原糸	計	売糸	原糸	計	売糸	原糸	計	売糸	原糸	計	売糸	計	売糸	原糸	計	売糸	原糸	計	売糸	原糸	計
5月	8																256		256									256		256
	10		18	18																									18	18
	14																	289	289										289	289
	15																	233	233										233	233
	16																94	77	171	355	355							449	77	526
	17										180		180															180		180
	18																													
	20	1,693		1,693	80	2,257	2,337				1,950		1,950	1,738		1,738	989	1,521	2,510	1,560	1,560	1,085		1,085	1,525		1,525	10,620	3,778	14,398
	20×2													347		347												347		347
	20×3													226		226												226		226
	20×6																													
	21											626	626		616	616							671	671		2,421	2,421		4,334	4,334
	22																	374	374										374	374
	23		1,247	1,247					2,192	2,192		2,520	2,520		484	484		332	332				630	630		2,441	2,441		9,846	9,846
	24																	280	280										280	280
	25																						286	286					286	286
	26														215	215													215	215
	29														213	213													213	213
	30								321	321		492	492										265	265		71	71		1,149	1,149
	32		330	330	110	341	451		1,718	1,718	384	777	1,161	758	107	865	590	912	1,502	920	920				567	395	962	3,329	4,580	7,909
	32×2	99		99				311		311	350		350	252		252									150		150	1,162		1,162
	32×3													420		420												420		420
	32×6																													
	35																						10	10		88	88		98	98
	36								242	242		50	50		48	48		416	416										756	756
	40	41		41		121	121				677	311	988	612		612	649	598	1,247						147		147	2,126	1,030	3,156
	42×2	1,368		1,368	1,365		1,365	314	434	748	1,586	862	2,448	2,473		2,473	472		472						1,048		1,048	8,626	1,296	9,922
	42×3				234		234							365		365												599		599
	43×2																													
	60										79	23	102	78		78	196	23	219						123		123	476	46	522
	60×2	302		302							430	39	469	267		267	274		274									1,273	39	1,312
	80										18		18															18		18
	80×2										220	70	290	142		142	216	71	287									578	141	719
	100×2										71	6	77				29		29									100	6	106
	120×2										22		22															22		22
	合計	3,503	1,595	5,098	1,789	2,719	4,508	625	4,907	5,532	5,967	5,776	11,743	7,678	1,683	9,361	3,765	5,126	8,891	2,835	2,835	1,085	1,862	2,947	3,560	5,416	8,976	30,807	29,084	59,891
	平均番手	32.6	24.7	30.1	40.4	22.4	29.5	37.0	28.9	29.8	36.6	29.6	33.2	34.9	24.4	33.0	36.2	26.7	30.7	23.4	23.4	20.0	23.6	22.3	31.1	23.0	26.2	33.5	26.1	29.9

別表IX－6　1940年上海「在華紡」番手別綿糸生産高（続）

（単位＝梱）

月	社名／種別／番手	大康			同興			公大			内外			日華			上海			東華		豊田			裕豊			計		
		売糸	原糸	計	売糸	原糸	計	売糸	原糸	計	売糸	原糸	計	売糸	原糸	計	売糸	原糸	計	売糸	計	売糸	原糸	計	売糸	原糸	計	売糸	原糸	計
6月	8																205		205									205		205
	10		64	64																									64	64
	14																	45	45										45	45
	15																	202	202										202	202
	16																77	207	284	480	480							557	207	764
	17										155		155															155		155
	18								218	218																			218	218
	20	1,582		1,582	101	2,535	2,636	150		150	1,828		1 828	2,104		2,104	1,420	1,464	2,884	1,600	1,600	888		888	1,343		1,343	11,016	3,999	15,015
	20×2													356		356												356		356
	20×3													67		67												67		67
	20×6																													
	21											639	639		803	803							617	617		2453	2,453		4,512	4,512
	22																	354	354										354	354
	23		1,278	1,278					2,476	2,476		2,832	2,832		665	665		443	443	245	245		565	565		2,639	2,639	245	10,898	11,143
	24																	286	286										286	286
	25																						247	247					247	247
	26														65	65													65	65
	29														28	28													28	28
	30								208	208		393	393										235	235		69	69		905	905
	32		211	211	117	233	350		1,245	1,245	239	776	1,015	452	81	533	512	874	1,386	385	385				257	60	317	1,962	3,480	5,442
	32×2	27		27	3		3	312		312	342		342	590		590									170		170	1,444		1,444
	32×3													26		26												26		26
	32×6																													
	35																									103	103		103	103
	36								157	157					36	36		292	292										485	485
	40	1,481		1,481		12	12				551	95	646	558		558	486	507	993						137		137	3,213	614	3,827
	42×2				1,341		1,341	206	502	708	1,472	832	2,304	2,516		2,516	323	159	482						1,022		1,022	6,880	1,493	8,373
	42×3				299		299							181		181												480		480
	43×2																													
	60										71	31	102	39		39	89	23	112						121		121	320	54	374
	60×2	251		251							451	8	459	184		184	397		397						82		82	1,365	8	1,373
	80										16		16															16		16
	80×2										206	62	268	124		124	127	69	196									457	131	588
	100×2										71	5	76				26		26									97	5	102
	120×2										21		21															21		21
	合計	3,341	1,553	4,894	1,861	2,780	4,641	668	4,806	5,474	5,423	5,673	11,096	7,197	1,678	8,875	3,662	4,925	8,587	2,710	2,710	888	1,664	2,552	3,132	5,324	8,456	28,882	28,403	57,285
	平均番手	32.0	23.7	29.3	40.2	21.1	28.7	32.4	27.8	28.4	36.9	28.5	32.6	33.8	23.0	31.8	33.5	27.1	30.2	21.3	29.8	20.0	23.5	21.3	32.3	22.5	22.3	32.8	25.4	26.1

別表IX-7　1940年上海「在華紡」番手別綿糸生産高（続）

（単位＝梱）

月	社名／種別／番手	大康 売糸	大康 原糸	大康 計	同興 売糸	同興 原糸	同興 計	公大 売糸	公大 原糸	公大 計	内外 売糸	内外 原糸	内外 計	日華 売糸	日華 原糸	日華 計	上海 売糸	上海 原糸	上海 計	東華 売糸	東華 計	豊田 売糸	豊田 原糸	豊田 計	裕豊 売糸	裕豊 原糸	裕豊 計	計 売糸	計 原糸	計 計
	8																1,340		1,340									1,340		1,340
	10		122	122																									122	122
	14																	1,100	1,100										1,100	1,100
	15																	1,065	1,065										1,065	1,065
	16																535	860	1,395	1,365	1,365							1,900	860	2,760
	17										1,097		1,097															1,097		1,097
	18								218	218																			218	218
	20	7,032		7,032	543	10,415	10,958	150		150	6,214		6,214	7,941.5		7,941.5	5,419	7,383	12,802	6,380	6,380	4,347		4,347	4,306		4,306	42,332.5	17,798	60,130.5
	20×2													1,771		1,771									60		60	1,831		1,831
1	20×3													1,482		1,482	170		170									1,652		1,652
	20×6																								97		97	97		97
	21											4,068	4,068		3,808	3,808							2,535	2,535		12,956	12,956		23,367	23,367
	22														800	800		2,575	2,575										3,375	3,375
	23		8,888	8,888					14,013	14,013		13,622	13,622		2,528	2,528		2,430	2,430	760	760		2,294	2,294		12,620	12,620	760	56,395	57,155
	24																	566	566										566	566
∫	25																						1,430	1,430					1,430	1,430
	26														745	745													745	745
	29														706	706													706	706
	30								2,628	2,628		2,662	2,662										1,636	1,636		232	232		7,158	7,158
	32	97	1,491	1,588	1,964	2,437	4,401		9,188	9,188	3,713	4,304	8,017	6,001.5	694	6,695.5	2,595	5,065	7,660	5,595	5,595				3,721	3,750	7,471	23,686.5	26,929	50,615.5
	32×2	955		955	96		96	1,635		1,635	1,923		1,923	2,579		2,579						556		556	988		988	8,732		8,732
6	32×3													1,359.5		1,359.5												1,359.5		1,359.5
	32×6																								56		56	56		56
	35																						613	613		403	403		1,016	1,016
	36								1,489	1,489		259	259		289	289		2,353	2,353							319	319		4,709	4,709
	40	2,584		2,584		1,541	1,541		73	73	5,464	3,202	8,666	2,553		2,553	3,447	3,319	6,766						758		758	14,806	8,135	22,941
	42×2	6,207		6,207	7,694		7,694	1,528	1,918	3,446	8,494	6,053	14,547	14,241		14,241	2,422	159	2,581						7,085		7,085	47,671	8,130	55,801
月	42×3				1,165		1,165							1,127		1,127												2,292		2,292
	43×2								206	206																			206	206
	60	86		86							371	164	535	1,010		1,010	855	127	982						995		995	3,317	291	3,608
	60×2	1,580		1,580							3,074	245	3,319	2,579		2,579	1,892		1,892						127		127	9,252	245	9,497
	80										111		111				101		101									212		212
	80×2										1,119	375	1,494	363		363	943	383	1,326									2,425	758	3,183
	100×2										390	39	429				174		174									564	39	603
	120×2										82		82															82		82
	合計	18,541	10,501	29,042	11,462	14,393	25,855	3,313	29,733	33,046	32,052	34,993	67,045	43,007.5	9,570	52,577.5	19,893	27,385	47,278	14,100	14,100	4,903	8,508	13,411	18,193	30,280	48,473	165,464.5	165,363	330,827.5
	平均番手	34.4	24.1	30.7	39.2	24.2	30.8	36.1	28.4	29.2	39.1	30.5	34.6	35.7	23.8	33.5	36.2	27.1	30.9	24.7	24.5	21.4	25.0	23.6	35.0	23.6	27.9	35.1	26.7	30.9

別表IX-8　1940年上海「在華紡」番手別綿糸生産高（続）

（単位＝梱）

月	番手＼種別＼社名	大康			同興			公大			内外			日華			上海			東華		豊田			裕豊			計		
		売糸	原糸	計	売糸	原糸	計	売糸	原糸	計	売糸	原糸	計	売糸	原糸	計	売糸	原糸	計	売糸	計	売糸	原糸	計	売糸	原糸	計	売糸	原糸	計
7月	8																192		192									192		192
	10		25	25																									25	25
	14																	93	93										93	93
	15																	79	79										79	79
	16																93	285	378	490	490							583	285	868
	17										131		131															131		131
	18								101	101																			101	101
	20	1,170		1,170		2,326	2326	148		148	1,724		1,724	1,954		1,954	1,341	1,324	2,665	1,390	1,390	930		930	855		855	9,512	3,650	13,162
	20×2													61		61												61		61
	20×3													398		398												398		398
	20×6																								28		28	28		28
	21											531	531		795	795							624	624		2,216	2,216		4,166	4,166
	22																	501	501										501	501
	23		1,405	1,405					3,758	3,758		2,691	2,691		682	682		530	530	490	490		548	548		2,343	2,343	490	11,957	12,447
	24																	290	290										290	290
	25																						252	252					252	252
	26																													
	29																													
	30								130	130		181	181										236	236		48	48		595	595
	32		110	110	62	192	254		1,049	1,049	147	547	694	290		290	293	925	1,218	80	80				160	29	189	1,032	2,852	3,884
	32×2							360		360	328		328	571		571									165		165	1,424		1,424
	32×3																													
	32×6																								22		22	22		22
	35																									38	38		38	38
	36								97	97					3.5	3.5		194	194							16	16		310.5	310.5
	40	2		2							396	44	440	375		375	690	417	1,107						70		70	1,533	461	1,994
	42×2	1,198		1,198	1,211		1,211	345	121	466	1,096	674	1,770	2,370		2,370	251	125	376						930		930	7,401	920	8,321
	42×3				257		257		390	390				162		162												419	390	809
	43×2																													
	60											21	21				68	23	91						72		72	140	44	184
	60×2	230		230							324	62	386	157		157	393		393						75		75	1,179	62	1,241
	80										7		7				21		21									28		28
	80×2										169	62	231	112		112	115	71	186									396	133	529
	100×2										56	3	59				25		25									81	3	84
	120×2										18		18															18		18
	合計	2,600	1,540	4,140	1,530	2,518	4,048	853	5,646	6,499	4,396	4,816	9,212	6,450	1,480.5	7,930.5	3,482	4,857	8,339	2,450	2,450	930	1,660	2,590	2,377	4,690	7,067	25,068	27,207.5	52,275.5
	平均番手	33.7	23.4	29.9	41.6	20.9	28.7	34.0	26.7	27.6	35.3	28.3	31.6	33.4	22.0	31.3	34.0	26.6	29.7	20.2	20.2	20.0	23.5	22.3	33.4	22.3	26.1	32.6	25.0	28.7

別表IX−9　1940年上海「在華紡」番手別綿糸生産高（続）

（単位＝梱）

月	番手＼種別＼社名	大康			同興			公大			内外			日華			上海			東華		豊田			裕豊			計		
		売糸	原糸	計	売糸	原糸	計	売糸	原糸	計	売糸	原糸	計	売糸	原糸	計	売糸	原糸	計	売糸	計	売糸	原糸	計	売糸	原糸	計	売糸	原糸	計
8月	8																198		198									198		198
	10		63	63																					25		25	25	63	88
	14																	87	87										87	87
	15																	73	73										73	73
	16																118	292	410	385	385							503	292	795
	17										112		112															112		112
	18								101	101																			101	101
	20	1,198		1,198		2,357	2,357	252		252	1,198		1,198	2,337		2,337	1,560	1,193	2,753	1,845	1,845	952.5		952.5	825		825	10,167.5	3,550	13,717.5
	20×2																													
	20×3													95		95												95		95
	20×6																								30		30	30		30
	21											439	439		886	886							664	664		1,920	1,920		3,909	3,909
	22																	435	435						25		25	25	435	460
	23		1,549	1,549					5,110	5,110		2,095	2,095		805	805		474	474	440	440		592	592		2,122	2,122	440	12,747	13,187
	24																	277	277										277	277
	25																						257	257					257	257
	26																													
	29																													
	30								39	39		138	138										246	246		25	25		448	448
	32		90	90		142	142		435	435	112	467	579	330		330	187	750	937							113	113	629	1,997	2,626
	32×2							442		442	257		257	455		455									435		435	1,589		1,589
	32×3													115		115												115		115
	32×6																								42		42	42		42
	35																									25	25		25	25
	36								30	30								168	168							18	18		216	216
	40										382	30	412	326		326	827	348	1,175									1,535	378	1,913
	42×2	1,200		1,200	1,225		1,225	198	3	201	979	613	1,592	2,700		2,700	235	146	381						880		880	7,417	762	8,179
	42×3				275		275							94		94												369		369
	43×2								279	279																			279	279
	60											16	16				106	22	128						65		65	171	38	209
	60×2	200		200							170	124	294	155		155	383		383									908	124	1,032
	80																13		13									13		13
	80×2										169	35	204	115		115	158	65	223									442	100	542
	100×2										55	5	60				29		29									84	5	89
	120×2										16		16															16		16
	合計	2,598	1,702	4,300	1,500	2,499	3,999	892	5,997	6,889	3,450	3,962	7,412	6,722	1,691	8,413	3,814	4,330	8,144	2,670	2,670	952.5	1,759	2,711.5	2,327	4,223	6,550	24,925.5	26,163	51,088.5
	平均番手	33.2	23.0	29.2	42.0	20.7	28.7	30.8	24.6	25.4	36.3	29.1	32.4	33.7	22.0	31.3	34.0	26.5	30.0	19.9	19.9	20.0	23.5	22.3	31.8	22.5	25.8	32.3	24.5	28.3

別表IX-10　1940年上海「在華紡」番手別綿糸生産高（続）

（単位＝梱）

月	社名 種別 番手	大康 売糸	大康 原糸	大康 計	同興 売糸	同興 原糸	同興 計	公大 売糸	公大 原糸	公大 計	内外 売糸	内外 原糸	内外 計	日華 売糸	日華 原糸	日華 計	上海 売糸	上海 原糸	上海 計	東華 売糸	東華 計	豊田 売糸	豊田 原糸	豊田 計	裕豊 売糸	裕豊 原糸	裕豊 計	計 売糸	計 原糸	計 計
9月	8																196		196									196		196
	10		84	84																									84	84
	14																	84	84										84	84
	15																	76	76										76	76
	16										273		273				59	276	335	312	312							644	276	920
	17										91		91															91		91
	18								67	67																			67	67
	20	1,331		1,331		2,538	2,538	204		204	1,316		1,316	1,716		1,716	1,091.5	1,617	2,708.5	1,919	1,919	840		840	650		650	9,067.5	4,155	13,222.5
	20×2																													
	20×3																													
	20×6																								35		35	35		35
	21											561	561		534	534							522	522		1,955	1,955		3,572	3,572
	22																	575	575										575	575
	23		1,931	1,931					4,441	4,441		2,638	2,638		542	542		575	575	262	262		500	500		2,016	2,016	262	12,643	12,905
	24																	2	2										2	2
	25																						223	223					223	223
	26																													
	29																													
	30											135	135										174	174		27	27		336	336
	32		3	3					305	305	138	553	691	490		490	0.5	766	766.5						152	103	255	780.5	1,730	2,510.5
	32×2							338		338	352		352	265		265									310		310	1,265		1,265
	32×3													160		160												160		160
	32×6																								37		37	37		37
	35																									30	30		30	30
	36																	84	84							15	15		99	99
	40										327	33	360	200		200	528	297	825									1,055	330	1,385
	42×2	1,246		1246	1,339		1,339	150	5	155	1,079	843	1,922	1,977		1,977	336.25	148	484.25						642		642	6,769.25	996	7,765.25
	42×3				261		261							50		50												311		311
	43×2								262	262																			262	262
	60											12	12	23		23	172	18	190						51		51	246	30	276
	60×2	271		271							268	99	367	138		138	287		287									964	99	1,063
	80																54		54									54		54
	80×2										190	19	209	102		102	125	48	173									417	67	484
	100×2										68	5	73				22		22									90	5	95
	120×2										18		18															18		18
	合計	2,848	2,018	4,866	1,600	2,538	4,138	692	5,080	5,772	4,120	4,898	9,018	5,121	1,076	6,197	2,871.25	4,566	7,437.25	2,493	2,493	840	1,419	2,259	1,877	4,146	6,023	22,462.25	25,741	48,203.25
	平均番手	33.4	22.5	28.9	42.0	20.0	28.5	30.6	24.5	25.3	35.6	28.5	31.7	34.1	22.0	32.0	36.1	25.3	29.5	19.8	19.8	20.0	23.4	22.2	31.8	22.5	25.4	32.7	24.3	28.2

別表IX-11　1940年上海「在華紡」番手別綿糸生産高（続）

（単位＝梱）

月	番手＼種別＼社名	大康			同興			公大			内外			日華			上海			東華		豊田			裕豊			計		
		売糸	原糸	計	売糸	原糸	計	売糸	原糸	計	売糸	原糸	計	売糸	原糸	計	売糸	原糸	計	売糸	計	売糸	原糸	計	売糸	原糸	計	売糸	原糸	計
10月	8																152		152									152		152
	10		28	28																									28	28
	14																	145	145										145	145
	15																	117	117										117	117
	16																78.25	2	80.25	331	331							409.25	2	411.25
	17																													
	18								25	25																			25	25
	20	682		682		1,338	1,338	333		333	882		882	1,472		1,472	540.25	1374	1.914.25	1,065	1,065	592		592	885		885	6,451.25	2,712	9,163.25
	20×2													50		50												50		50
	20×3																													
	20×6																													
	21											318	318		507	507							338	338		1,325	1,325		2,488	2,488
	22																	311	311						186		186	186	311	497
	23		954	954					3,539	3,539		1,699	1,699		404	404		285	285	279	279		326	326		1,278	1,278	279	8,485	8,764
	24																													
	25																													
	26																													
	29																													
	30											26	26										54	54					80	80
	32				10		10		448	448	97	235	332	371		371		421	421				80	80	82	112	194	560	1,296	1,856
	32×2				150		150	95		95	207		207	317		317							1	1	308		308	1,077	1	1,078
	32×3													122		122												122		122
	32×6																													
	35																									5	5		5	5
	36																	85	85										85	85
	40										413	16	429	147		147	370	175	545									930	191	1,121
	42×2	490		490	759		759	72	73	145	576	921	1,497	656		656	254	30	284						314		314	3,121	1,024	4,145
	42×3				11		11																					11		11
	43×2								57	57																			57	57
	60											8	8	83		83	81.5	9	90.5						75		75	239.5	17	256.5
	60×2	120		120							159	6	165	259		259	275		275									813	6	819
	80																51		51									51		51
	80×2										159	4	163	102		102	86	34	120									347	38	385
	100×2										59	1	60				19		19									78	1	79
	120×2										11		11															11		11
	合計	1,292	982	2,274	930	1,338	2,268	500	4,142	4,642	2,563	3,234	5,797	3,579	911	4,490	1,907	2,988	4,895	1,675	1,675	592	799	1,391	1,850	2,720	4,570	14,888	17,114	32,002
	平均番手	32.1	22.6	28.0	40.3	20.0	28.3	25.4	24.6	24.6	38.1	29.3	33.2	33.1	21.9	30.8	38.3	24.3	29.8	19.7	19.7	20.0	23.5	22.0	28.1	22.4	23.8	32.1	24.4	28.0

別表IX-12　1940年上海「在華紡」番手別綿糸生産高（続）

（単位＝梱）

月	番手＼社名・種別	大康			同興			公大			内外			日華			上海			東華		豊田			裕豊			計		
		売糸	原糸	計	売糸	原糸	計	売糸	原糸	計	売糸	原糸	計	売糸	原糸	計	売糸	原糸	計	売糸	計	売糸	原糸	計	売糸	原糸	計	売糸	原糸	計
11月	8																128		128									128		128
	10		27	27																									27	27
	14																	91	91										91	91
	15																	85	85										85	85
	16																41	88	129	325	325							366	88	454
	17										76		76															76		76
	18																													
	20	770		770		1,420	1,420	335		335	784		784	1,766		1,766	806	1,106	1,912	1,078	1,078	515		515	1,089		1,089	7,143	2,526	9,669
	20×2											613	613				5		5									5	613	618
	20×3													63		63												63		63
	20×6																													
	21														262	262							430	430		1,095	1,095		1,787	1,787
	22																	289	289						170		170	170	289	459
	23		1,203	1,203				6	2,230	2,236		1,764	1,764		285	285		305	305	209	209		364	364		1,131	1,131	215	7,282	7,497
	24																													
	25																						74	74					74	74
	26																													
	29																													
	30											36	36										65	65					101	101
	32				71		71	1	731	732	162	251	413	377		377		427	427						126	68	194	737	1,477	2,214
	32×2				229		229	206		206	214		214	380		380									367		367	1,396		1,396
	32×3																													
	32×6																													
	35																													
	36																	77	77										77	77
	40				70		70				668	17	685	227		227	377	167	544						2		2	1,344	184	1,528
	42×2	573		573	570		570	1	109	110	556	1,032	1,588	553		553	202	45	247						330		330	2,785	1,186	3,971
	42×3																													
	43×6								33	33																			33	33
	60											1	1				5	11	16						42		42	47	12	59
	60×2	97		97							67	3	70	419		419	175		175									758	3	761
	80																													
	80×2										154	11	165	60		60	68	31	99									282	42	324
	100×2										55		55				18		18									73		73
	120×2										4		4															4		4
	合計	1,440	1,230	2,670	940	1,420	2,360	549	3,103	3,652	2,740	3,728	6,468	3,845	547	4,392	1,825	2,722	4,547	1,612	1,612	515	933	1,448	2,126	2,294	4,420	15,592	15,977	31,569
	平均番手	31.4	22.7	27.4	38.7	20.0	27.4	24.6	26.0	25.8	37.0	28.7	32.2	32.0	22.0	30.8	32.6	24.8	28.0	19.6	19.6	20.0	22.7	21.8	27.2	22.3	23.8	30.7	24.8	27.7

別表IX-13　1940年上海「在華紡」番手別綿糸生産高（続）

（単位＝梱）

月	社名・種別・番手	大康			同興			公大			内外			日華			上海			東華		豊田			裕豊			計		
		売糸	原糸	計	売糸	原糸	計	売糸	原糸	計	売糸	原糸	計	売糸	原糸	計	売糸	原糸	計	売糸	計	売糸	原糸	計	売糸	原糸	計	売糸	原糸	計
12月	8																144		144									144		144
	10		35	35																									35	35
	14																	109	109										109	109
	15																	81	81										81	81
	16																37	84	121	209	209							246	84	330
	17										78		78															78		78
	18																													
	20	785		785	71	1,288	1359	299		299	890		890	1,894		1,894	995	1,080	2,075	1,204	1,204	647.5		647.5	998		998	7,783.5	2,368	10,151.5
	20×2																	5	5										5	5
	20×3													69		69												69		69
	20×6																													
	21											543	543		392	392							413	413		1133	1133		2,481	2,481
	22																	346	346										346	346
	23		1,130	1,130				4	2,465	2,469		1,484	1,484		323	323		356	356	210	210		410	410		1,127	1,127	214	7,295	7,509
	24																													
	25																						63	63					63	63
	26																													
	29																													
	30								35	35		100	100										52	52		28	28		215	215
	32				178	120	298	1	668	669	176	254	430	410		410		390	390	45	45				367	70	437	1,177	1,502	2,679
	32×2				32		32	227		227	192		192	450		450									651		651	1,552		1,552
	32×3																													
	32×6																													
	35																						2	2		33	33		35	35
	36								4	4		20	20					145	145										169	169
	40	60		60	130		130				740	24	764	439		439	367	179	546									1,736	203	1,939
	42×2	610		610	570		570	27	116	143	348	839	1,187	570		570	223	79	302						487		487	2,835	1,034	3,869
	42×3																													
	43×2								40	40																			40	40
	60											3	3					8	8						124		124	124	11	135
	60×2	130		130							148	4	152	401		401	161		161									840	4	844
	80																1		1									1		1
	80×2										158	3	161	62		62	72	30	102									292	33	325
	100×2										49		49				18		18									67		67
	120×2										6		6															6		6
	合計	1,585	1,165	2,750	981	1,408	2,389	558	3,328	3,886	2,785	3,274	6,059	4,295	715	5,010	2,018	2,892	4,910	1,668	1,668	647.5	940	1,587.5	2,627	2,391	5,018	17,164.5	16,113	33,277.5
	平均番手	32.5	22.6	28.3	38.0	21.0	28.0	26.0	25.8	25.6	36.7	28.8	32.4	32.0	21.9	30.5	31.2	25.1	27.6	20.2	20.2	20.0	22.7	21.6	30.6	22.6	26.6	31.0	24.8	28.0

別表IX-14　1940年上海「在華紡」番手別綿糸生産高（続）

（単位＝梱）

月	番手＼種別＼社名	大康 売糸	大康 原糸	大康 計	同興 売糸	同興 原糸	同興 計	公大 売糸	公大 原糸	公大 計	内外 売糸	内外 原糸	内外 計	日華 売糸	日華 原糸	日華 計	上海 売糸	上海 原糸	上海 計	東華 売糸	東華 計	豊田 売糸	豊田 原糸	豊田 計	裕豊 売糸	裕豊 原糸	裕豊 計	計 売糸	計 原糸	計 計
	8																1,010		1,010									1,010		1,010
	10		262	262																					25		25	25	262	287
	14																	609	609										609	609
	15																	511	511										511	511
	16										273		273				426.25	1027	1,453.25	2,052	2,052							2,751.25	1,027	3,778.25
	17										488		488															488		488
	18								294	294																			294	294
	20	5,936		5,936	71	11,267	11,338	1,571		1,571	6,794		6,794	1,1139		11,139	6,333.75	7694	14,027.75	8,501	8,501	4,477		4,477	5,302		5,302	50,124.75	18,961	69,085.75
	20×2											613	613	111		111	5	5	10									116	618	734
7	20×3													625		625												625		625
	20×6																								93		93	93		93
	21											2,392	2,392		3,376	3,376							2,991	2,991		9,644	9,644		18,403	18,403
	22																	2,457	2,457						381		381	381	2,457	2,838
	23		8,172	8,172				10	21,543	21,553		12,371	12,371		3,041	3,341		2,525	2,525	1,890	1,890		2,740	2,740		10,017	10,017	1,900	60,409	62,309
	24																	569	569										569	569
〜	25																						869	869					869	869
	26																													
	29																													
	30								204	204		616	616										827	827		128	128		1,775	1,775
	32		203	203	321	454	775	2	3,636	3,638	832	2,307	3,139	2,268		2,268	480.5	3,679	4,159.5	125	125		80	80	887	495	1,382	4,915.5	10,854	15,769.5
	32×2				411		411	1,668		1,668	1,550		1,550	2,438		2,438							1	1	2,236		2,236	8,303	1	8,304
12	32×3													397		397												397		397
	32×6																								101		101	101		101
	35																						2	2		131	131		133	133
	36								131	131		20	20		3.5	3.5		753	753							49	49		956.5	956.5
	40	62		62	200		200				2,926	164	3,090	1,714		1,714	3,159	1,583	4,742						72		72	8,133	1,747	9,880
	42×2	5,317		5,317	5,674		5,674	793	427	1,220	4,634	4,922	9,556	8,826		8,826	1,501.25	573	2,074.25						3,583		3,583	30,328.25	5,922	36,250.25
月	42×3				804		804		390	390				306		306												1,110	390	1500
	43×2								671	671																			671	671
	60											61	61	106		106	432.5	91	523.5						429		429	967.5	152	1,119.5
	60×2	1,048		1,048							1,136	298	1,434	1,529		1,529	1,674		1,674						75		75	5,462	298	5,760
	80										7		7				140		140									147		147
	80×2										999	134	1,133	553		553	624	279	903									2,176	413	2,589
	100×2										342	14	356				131		131									473	14	487
	120×2										73		73															73		73
	合計	12,363	8,637	21,000	7,481	11,721	19,202	4,044	27,296	31,34	20,054	23,912	43,966	30,012	6,420.5	36,432.5	15,917.25	22,355	38,272.25	12,568	12,568	4,477	7,510	11,987	13,184	20,464	33,648	120,100.25	128,315.5	248,415.75
	平均番手	33.0	22.8	28.8	40.8	20.5	28.4	29.3	25.3	25.8	36.3	28.7	32.2	33.2	22.0	31.2	34.4	25.6	29.3	19.9	19.9	20.0	23.3	22.1	30.6	22.4	25.6	32.0	24.6	28.2

別表IX-15　1940年上海「在華紡」番手別綿糸生産高（続）

（単位＝梱）

月	番手	大康 売糸	大康 原糸	大康 計	同興 売糸	同興 原糸	同興 計	公大 売糸	公大 原糸	公大 計	内外 売糸	内外 原糸	内外 計	日華 売糸	日華 原糸	日華 計	上海 売糸	上海 原糸	上海 計	東華 売糸	東華 計	豊田 売糸	豊田 原糸	豊田 計	裕豊 売糸	裕豊 原糸	裕豊 計	計 売糸	計 原糸	計 計
総計	8																2,350		2,350									2,350		2,350
	10		384	384																					25		25	25	384	409
	14																	1,709	1,709										1,709	1,709
	15																	1,576	1,576										1,576	1,576
	16										273		273				961.25	1,887	2,848.25	3,417	3,417							4,651.25	1,887	6,538.25
	17										1,585		1,585															1,585		1,585
	18								512	512																			512	512
	20	12,968		12,968	614	21,682	22,296	1,721		1,721	13,008		13,008	19,080.5		19,080.5	11,752.75	15,077	26,829.75	14,881	14,881	8,824		8,824	9,608		9,608	92,457.25	36,759	129,216.25
	20×2											613	613	1,882		1,882	5	5	10						60		60	1,947	618	2,565
	20×3													2,107		2,107	170		170									2,277		2,277
	20×6																								190		190	190		190
	21											6,460	6,460		7,184	7,184							5,526	5,526		22,600	22,600		41,770	41,770
	22														800	800		5,032	5,032						381		381	381	5,832	6,213
	23		17,060	17,060				10	35,556	35,566		25,993	25,993		5,569	5,569		4,955	4,955	2,650	2,650		5,034	5,034		22,637	22,637	2,660	116,804	119,464
	24																	1,135	1,135										1,135	1,135
	25																						2,299	2,299					2,299	2,299
	26														745	745													745	745
	29														706	706													706	706
	30								2,832	2,832		3,278	3,278										2,463	2,463		360	360		8,933	8,933
	32	97	1,694	1,791	2,285	2,891	5,176	2	12,824	12,826	4,545	6,611	11,156	8,269.5	694	8,963.5	3,075.5	8,744	11,819.5	5,720	5,720		80	80	4,608	4,245	8,853	28,602	37,783	66,385
	32×2	955		955	507		507	3,303		3,303	3,473		3,473	5,017		5,017						556	1	557	3,224		3,224	17,035	1	17,036
	32×3													1,756.5		1,756.5												1,756.5		1,756.5
	32×6																								157		157	157		157
	35																						615	615		534	534		1,149	1,149
	36								1,620	1,620		279	279		292.5	292.5		3,106	3,106							368	368		5,665.5	5,665.5
	40	2,646		2,646	200	1,541	1,741		73	73	8,390	3,366	11,756	4,267		4,267	6,606	4,902	11,508						830		830	22,939	9,882	32,821
	42×2	11,524		11,524	13,368		13,368	2,321	2,345	4,666	13,128	10,975	24,103	23,067		23,067	3,923.25	732	4,655.25						10,668		10,668	77,999.25	14,052	92,051.25
	42×3				1,969		1,969		390	390				1,433		1,433												3,402	390	3,792
	43×2								877	877																			877	877
	60	86		86							371	225	596	1,116		1,116	1,287.5	218	1,505.5						1,424		1,424	4,284.5	443	4,727.5
	60×2	2,628		2,628							4,210	543	4,753	4,108		4,108	3,566		3,566						202		202	14,714	543	15,257
	80										118		118				241		241									359		359
	80×2										2,118	509	2,627	916		916	1,567	662	2,229									4,601	1,171	5,772
	100×2										732	53	785				305		305									1,037	53	1,090
	120×2										155		155															155		155
	合計	30,904	19,138	50,042	18,943	26,114	45,057	7,357	57,029	64,386	52,106	58,905	111,011	73,019.5	15,990.5	89,010	35,810.25	49,740	85,550.25	26,668	26,668	9,380	16,018	25,398	31,377	50,744	82,121	285,564.75	293,678.5	579,243.25
	平均番手	33.8	23.5	29.9	39.8	22.5	29.8	32.3	26.9	27.6	38.0	29.8	33.6	34.6	23.1	32.6	35.4	26.5	30.2	22.4	22.4	20.7	24.2	22.9	33.1	23.1	27.0	33.8	25.8	29.7

資料）東洋紡績株式会社資料室蔵『在華紡統計綴（生産）』昭和15年。

備考）（１）番手の欄の「42×２」「42×３」などは、それぞれ42番手の双子、三子であることを示している。平均番手の算出にあたっては、いずれも42番手として計算した。

（２）各社とも、日中戦争勃発以前の1934～36年と比較すると、平均番手が低下しているが、これは1939年に上海在華紡の委任経営に付された民族紡各工場の生産統計が、在華紡各社の生産統計に加えられるようになったことに由ると考えられる。例えば内外は、蘇州の蘇綸、太倉の利泰という低番手綿糸を生産する二つの地方工場の委任経営に当ることになったため、平均番手は1936年の45.2から1940年には32.2に急落した。

（３）1939年12月15日現在における委任経営工場の操業状態は以下のようであった。

会社名	委任工場名	所在地	運転錘数	操業率(%)	会社名	委任工場名	所在地	運転錘数	操業率(%)
大康	恒豊	楊樹浦	24,240	44	東華	鼎鑫	閘北	14,778	31
	振華	楊樹浦	13,928	100		仁徳	楊樹浦		
	慶豊	無錫	31,520	57	豊田	緯通	楊樹浦	31,488	95
	利用	江陰	17,392	100		嘉豊	嘉定	1,800	15
公大	大生	通州	141,960	95	裕豊	申新第五	楊樹浦	15,523	14
	大通	崇明	22,600	87		上海印染	楊樹浦	7,308	22
	富安	崇明	13,600	97		永安第四	呉淞	47,080	71
内外	蘇綸	蘇州	36,380	65		三友実業	杭州	7,018	32
	利泰	太倉	26,608	100		中一	蕪湖	7,230	20
上海	申新第六	楊樹浦	63,072	77	同興	大豊	閘北	29,000	89
	振新	無錫	19,648	92	合計			572,173	95

（４）「売糸」とは対外販売用の綿糸、「原糸」とは兼営織布用の原料綿糸のことである。全体的な傾向から言えば、売糸の方が高番手であるケースがほとんどを占める。

別表X－1　1940年青島「在華紡」番手別綿糸生産高

（単位＝梱）

月	番手＼社名	大康			内外			日清			豊田			上海			国光			公大			富士			同興			合計		
	種別	売糸	原糸	計	売糸	原糸	計	売糸	原糸	計	売糸	原糸	計	売糸	原糸	計	売糸	原糸	計	売糸	原糸	計	売糸	原糸	計	売糸	原糸	計	売糸	原糸	計
1月	8																	20.5	20.5											20.5	20.5
	10										38		38				42		42	0.5		0.5							80.5		80.5
	12	88		88											193	193				26.5		26.5							114.5	193	307.5
	16				277.5		277.5	252.5		252.5				154		154	245		245				206		206	279		279	1,414		1,414
	16×2																														
	20				237		237	255		255	226		226				56.5	36	92.5				426.5		426.5				1,201	36	1,237
	22								377	377					244	244								228.5	228.5		425	425		1,274.5	1,274.5
	23		987	987		576	576		354	354		515	515		222	222	2	564.5	566.5	12.5	2,638.5	2,651		191.5	191.5		400	400	14.5	6,448.5	6,463
	30																														
	32	218		218	170.5		170.5	176		176					95	95				179	319	498	111		111		108	108	854.5	522	1,376.5
	32×2				19		19																						19		19
	36																														
	40	216		216											60	60													216	60	276
	42							60.5		60.5				97		97										61		61	218.5		218.5
	42×2	219		219	116		116	122		122							11	19	30							145		145	613	19	632
	42×3	29		29																									29		29
	60													23		23													23		23
	60×2													17	71	88													17	71	88
	合計	770	987	1,757	820	576	1,396	866	731	1,597	264	515	779	291	885	1,176	356.5	640	996.5	218.5	2,957.5	3,176	743.5	420	1,163.5	485	933	1,418	4,814.5	8,644.5	13,459
	平均番手	35.2	23.0	28.3	24.5	23.0	23.9	25.9	22.5	24.3	18.6	23.0	21.5	30.7	25.4	26.7	16.8	22.9	20.7	29.0	24.0	24.3	20.7	22.5	21.3	27.0	23.6	24.8	25.8	23.6	24.4
2月	8																	3	3											3	3
	10	72		72													40		40										112		112
	12														52	52				127		127							127	52	179
	16				319		319	179		179							286		286				161		161	110		110	1,055		1,055
	16×2																														
	20				456	36.5	492.5	199		199	209		209				41	21	62				338		338				1,243	57.5	1,300.5
	22								211	211					176	176								201	201		324	324		912	912
	23		879	879		472	472		239	239		458	458		160	160		493	493	6.5	1,580.5	1,587		175	175		310	310	6.5	4,766.5	4,773
	30																														
	32	210		210				177		177	134		134		116	116		3	3	139.5	596.5	736	157		157	39	84	123	856.5	799.5	1,656
	32×2																														
	36																														
	40	205		205											80	80													205	80	285
	42							28.5		28.5				91		91													119.5		119.5
	42×2	207		207	90.5		90.5	117		117	25		25				23	27	50							126		126	588.5	27	615.5
	42×3																									35		35	35		35
	60																														
	60×2													64	110	174													64	110	174
	合計	694	879	1,573	865.5	508.5	1,374	700.5	450	1,150.5	368	458	826	155	694	849	390	547	937	273	2,177	2,450	656	376	1,032	310	718	1,028	4,412	6,807.5	11,219.5
	平均番手	35.1	23.0	28.3	20.8	22.8	21.6	26.6	22.5	25.0	25.9	23.0	24.3	49.4	31.3	34.6	17.3	23.8	21.1	22.5	25.5	25.1	21.9	22.5	22.1	31.5	23.6	26.0	26.1	24.7	25.2

別表X－2　1940年青島「在華紡」番手別綿糸生産高（続）

（単位＝梱）

月	社名 種別 番手	大康			内外			日清			豊田			上海			国光			公大			富士			同興			合計		
		売糸	原糸	計	売糸	原糸	計	売糸	原糸	計	売糸	原糸	計	売糸	原糸	計	売糸	原糸	計	売糸	原糸	計	売糸	原糸	計	売糸	原糸	計	売糸	原糸	計
3月	8																														
	10	89		89				21		21				70		70	53		53	47		47	25		25				305		305
	12																			62		62							62		62
	16				507		507	160.5		160.5				148		148	232		232				118		118	77		77	1,242.5		1,242.5
	16×2																61		61										61		61
	20				520.5	517	1,037.5	242.5		242.5	245		245					26	26				266		266				1,274	543	1,817
	22														210	210								265	265		419	419		894	894
	23		1,060	1,060		566	566		530	530		549	549		191	191		498	498	4	1,696	1,700		222	222		364	364	4	5,676	5,680
	30																														
	32	240		240	81		81	269		269	152		152		182	182		31	31	189.5	784	973.5	215		215	115	176	291	1,261.5	1,173	2,434.5
	32×2																														
	36																														
	40	213		213											106	106													213	106	319
	42													137		137													137		137
	42×2	280		280	175.5		175.5	163.5		163.5	104		104				63	30	93							188		188	974	30	1,004
	42×3																									17		17	17		17
	60													17		17													17		17
	60×2													28	112	140													28	112	140
	合計	822	1,060	1,882	1,284	1,083	2,367	856.5	530	1,386.5	501	549	1,050	400	801	1,201	409	585	994	302.5	2,480	2,782.5	624	487	1,111	397	959	1,356	5,596	8,534	14,130
	平均番手	35.1	23.0	28.3	22.2	21.6	21.9	27.0	23.0	25.5	28.2	23.0	25.5	28.8	32.2	31.1	19.2	24.3	22.2	24.4	25.8	25.7	23.0	22.5	22.7	34.1	24.2	27.1	26.7	24.7	25.5
4月	8																														
	10	87		87				19		19	52		52	57.5		57.5	64		64	111.5		111.5	39		39				430		430
	12																														
	16				56.5		56.5	137.5		137.5							256		256							1		1	451		451
	16×2																46		46										46		46
	20				138		138	130.5		130.5	243		243					40	40				216		216	65		65	792.5	40	832.5
	22								204.5	204.5					213	213								273	273		387	387		1,077.5	1,077.5
	23		1,135	1,135		832	832		147	147		504	504		194	194		526	526	3	1,328.75	1,331.75		229	229		330	330	3	5,225.75	5,228.75
	30																														
	32	211		211	317.5		317.5	212	114.5	326.5	141		141		116	116		30	30	268.5	1,412	1,680.5	318.5		318.5	147	194	341	1,615.5	1,866.5	3,482
	32×2																														
	36														53	53														53	53
	40	100		100					85	85					121	121													100	206	306
	42													144		144													144		144
	42×2	260		260	269		269	201		201	206		206	28.5		28.5	96	19	115							206		206	1,266.5	19	1,285.5
	42×3																														
	60													35		35													35		35
	60×2													1	121	122													1	121	122
	合計	658	1,135	1,793	781	832	1,613	700	551	1,251	642	504	1,146	266	818	1,084	462	615	1,077	383	2,740.75	3,123.75	573.5	502	1,075.5	419	911	1,330	4,884.5	8,608.75	13,493.25
	平均番手	34.3	23.0	27.1	32.2	23.0	27.4	28.9	27.1	28.1	28.9	23.0	26.3	37.5	32.8	34.0	20.6	23.8	22.4	25.5	27.6	27.4	26.0	22.5	24.3	35.0	24.5	27.8	29.7	25.9	27.3

別表X－3　1940年青島「在華紡」番手別綿糸生産高（続）

（単位＝梱）

月	番手＼種別＼社名	大康 売糸	大康 原糸	大康 計	内外 売糸	内外 原糸	内外 計	日清 売糸	日清 原糸	日清 計	豊田 売糸	豊田 原糸	豊田 計	上海 売糸	上海 原糸	上海 計	国光 売糸	国光 原糸	国光 計	公大 売糸	公大 原糸	公大 計	富士 売糸	富士 原糸	富士 計	同興 売糸	同興 原糸	同興 計	合計 売糸	合計 原糸	合計 計
5月	8																	31	31											31	31
	10	92		92				4		4							103		103	146.5		146.5	30		30				375.5		375.5
	12																														
	16							111		111							202		202										313		313
	16×2																38		38										38		38
	20				213		213	316		316	257		257					25	25				152		152	143		143	1,081	25	1,106
	22								384	384					229	229								279	279		340.5	340.5		1,232.5	1,232.5
	23		1,436	1,436		889	889		336.5	336.5		535	535		208	208		525	525	2.5	1,386	1,388.5		251	251		311	311	2.5	5,877.5	5,880
	30																														
	32	277		277	320.5		320.5	173	26	199	157		157		119	119		53	53	278.5	1,217.5	1,496	326		326	73	190.5	263.5	1,605	1,606	3,211
	32×2																														
	36														83	83														83	83
	40	1.5		1.5					20	20					166	166													1.5	186	187.5
	42													202.25		202.25													202.25		202.25
	42×2	268		268	317		317	183		183	234		234	33.5		33.5	149		149							160		160	1,344.5		1,344.5
	42×3																														
	60													16		16													16		16
	60×2													10	113	123													10	113	123
	合計	638.5	1,436	2,074.5	850.5	889	1,739.5	787	766.5	1,553.5	648	535	1,183	261.75	918	1,179.75	492	634	1,126	427.5	2,603.5	3,031	508	530	1,038	376	842	1,218	4,989.25	9,154	14,143.25
	平均番手	33.0	23.0	26.1	32.7	23.0	27.8	27.1	23.2	25.2	30.9	23.0	27.3	43.8	32.7	35.2	22.6	22.9	22.8	24.4	27.2	26.8	27.1	22.5	24.7	31.7	24.6	26.8	29.9	25.3	26.9
6月	8																	73	73											73	73
	10	111		111				12		12							42.5		42.5	124		124	15		15				304.5		304.5
	12																														
	16							118.5		118.5							324		324										442.5		442.5
	16×2																52		52										52		52
	20				259.5		259.5	295.5		295.5	245		245	266.5		266.5	4.5	18	22.5				378.5		378.5	177		177	1,626.5	18	1,644.5
	22								406	406					228	228								410	410		501	501		1,545	1,545
	23		1,669	1,669		817.75	817.75		359	359		505	505		205	205		590	590	7	1,998.5	2,005.5		330	330		402	402	7	6,876.25	6,883.25
	30																				275	275		55.5	55.5					330.5	330.5
	32	158		158	328.5		328.5	268.5		268.5	97		97		167	167	7.5	69	76.5	192.5	622.5	815	210	54.5	264.5	122	103.5	225.5	1,384	1,016.5	2,400.5
	32×2																														
	36														74	74														74	74
	40														111	111														111	111
	42													137.25		137.25													137.25		137.25
	42×2	267		267	345		345	194		194	231		231	42.5		42.5	200.5		200.5							228		228	1,508		1,508
	42×3																														
	60																														
	60×2													52	56	108													52	56	108
	合計	536	1,669	2,205	933	817.75	1,750.75	888.5	765	1,653.5	573	505	1,078	498.25	841	1,339.25	631	750	1,381	323.5	2,896	3,219.5	603.5	850	1,453.5	527	1,006.5	1,533.5	5,513.75	10,100.25	15,614
	平均番手	32.4	23.0	25.3	32.4	23.0	28.0	27.8	22.5	25.3	30.9	23.0	27.2	32.1	30.4	31.0	24.1	22.3	23.1	23.4	25.6	25.4	23.9	23.6	23.7	32.3	23.4	26.5	29.0	24.4	26.0

別表X－4　1940年青島「在華紡」番手別綿糸生産高（続）

（単位＝梱）

月	社名 / 種別 / 番手	大康			内外			日清			豊田			上海			国光			公大			富士			同興			合計		
		売糸	原糸	計	売糸	原糸	計	売糸	原糸	計	売糸	原糸	計	売糸	原糸	計	売糸	原糸	計	売糸	原糸	計	売糸	原糸	計	売糸	原糸	計	売糸	原糸	計
1〜6月	8																	127.5	127.5											127.5	127.5
	10	451		451				56		56	90		90	127.5		127.5	344.5		344.5	429.5		429.5	109		109				1,607.5		1,607.5
	12	88		88											245	245				215.5		215.5							303.5	245	548.5
	16				1,160		1,160	959		959				302		302	1,545		1,545				485		485	467		467	4,918		4,918
	16×2																197		197										197		197
	20				1,824	553.5	2,377.5	1,438.5		1,438.5	1,425		1,425	266.5		266.5	102	166	268				1,777		1,777	385		385	7,218	719.5	7,937.5
	22								1,582.5	1,582.5					1,300	1,300								1,656.5	1,656.5		2,396.5	2,396.5		6,935.5	6,935.5
	23		7,166	7,166		4,152.75	4,152.75		1,965.5	1,965.5		3,066	3,066		1,180	1,180	2	3,196.5	3,198.5	35.5	10,628.25	10,663.75		1,398.5	1,398.5		2,117	2,117	37.5	34,870.5	34,908
	30																				275	275		55.5	55.5					330.5	330.5
	32	1,314		1,314	1,218		1,218	1,275.5	140.5	1,416	681		681		795	795	7.5	186	193.5	1,247.5	4,951.5	6,199	1,337.5	54.5	1,392	496	856	1,352	7,577	6,983.5	14,560.5
	32×2				19		19																						19		19
	36														210	210														210	210
	40	735.5		735.5					105	105					644	644													735.5	749	1,484.5
	42							89		89				808.5		808.5										61		61	958.5		958.5
	42×2	1,501		1,501	1,313		1,313	980.5		980.5	800		800	104.5		104.5	542.5	95	637.5							1,053		1,053	6,294.5	95	6,389.5
	42×3	29		29																						52		52	81		81
	60													91		91													91		91
	60×2													172	583	755													172	583	755
	合計	4,118.5	7,166	11,284.5	5,534	4,706.25	10,240.25	4,798.5	3,793.5	8,592	2,996	3,066	6,062	1,872	4,957	6,829	2,740.5	3,771	6,511.5	1,928	15,854.75	17,782.75	3,708.5	3,165	6,873.5	2,514	5,369.5	7,883.5	30,210	51,849	82,059
	平均番手	34.3	23.0	27.1	27.1	22.6	25.0	27.2	23.4	25.5	28.3	23.0	25.6	35.0	30.7	31.9	20.6	23.3	22.1	24.7	25.9	25.8	23.5	22.8	23.2	31.8	24.0	26.5	27.9	24.7	25.9

資料）東洋紡績株式会社資料室蔵『在華紡統計綴（生産）』昭和15年。

備考）（１）番手の欄の「42×２」「42×３」などは，それぞれ42番手の双子，三子であることを示している。平均番手の算出にあたっては，いずれも42番手として計算した。

（２）３月分はマイクロフィルムからは判読できないので，1～６月分のデータから５カ月分の合計を引算することで算出した。

（３）「売糸」と「原糸」の区別は，別表Ⅸに同じ。ここ青島でも売糸の方が高番手である。

《中国近代棉纺织业的历史研究》提要

森　时彦

本书旨在通过对近代中国棉纺织业发展过程的个案分析，来对中国传统社会在接触西方近代文明以后，发生了怎样的变化这个大课题中一个侧面加以考察和阐释。众所周知，棉纺织工业曾经在英国产业革命中起到了火车头的牵引作用，扮演了基干产业的角色，而在东亚由传统农业社会向工业社会衍变的过程中它同样也起到了推进作用。可以说棉纺织业是传统社会与近代社会的接触点，分析它的发展变化过程是阐明和把握中国社会近代化过程的本质特征所不可或缺的一环。本书着眼于中国传统棉纺织业与来自西欧的近代棉纺织工业相碰撞而产生变化的过程，特别是以棉花及棉纱商品流通的变迁为焦点，采用彻底的定量分析方法来探究它的实态。本书分五章大致以时代顺序来追溯上述课题的内容。另加附章，是根据各章的论证对中国近代棉纺织业整体情形所作的素描。

第一章，19世纪中叶以后印度机纱开始流入经营传统家庭手工纺织的中国农村，形成了巨大的机纱消费市场，本章将中国传统棉纺织业向近代化转变的过程分为三个时期加以探讨。第一个时期是自印度机纱的流入到19世纪末机纱激增的时期。印度的以旧大陆棉为原料加工的10－20支的粗机纱，作为替代中国本土织布原料土纱的工业产品，从1870年代开始流入中国农村市场。进入1880年代至1890年代，当时“银贱钱贵”的倾向持续发展，印度机纱在进口上海等贸易港时是以银价来结算的，而在卖给最终消费者的织布农民时则是以钱价计算，这样机纱的钱价即消费者价格也就大幅度急速下降，印度粗机纱因此而席卷了整个中国农村市场。其结果是在19世纪末中国农村大约所消费棉纱总量的600万担之中，以印度纱为主的机纱将近占了３分之２，约为400万担，形成了当时世界最大规模的机纱消费市场。

但是这种情形在以成本计算优先的贩卖用土布方面表现得很明显，而在个人嗜好优先的自家用土布方面，土纱则继续存在，其向机纱使用的转换很为缓慢。更有给外国机纱带来竞争力的“银贱钱贵”状况在1904年一转而为“银贵钱贱”。这一变化所带来的结果是以上海为中心勃兴而起的民族资本纱厂生产的国产机纱，开始替代外国进口机纱在全国农村市场上扩大了流通，但是曾在19世纪末达到顶点的机纱消费量本身在20世纪最初的20年间一直停滞在400万担前后。作为中国农村土纱替代品的粗机纱碰到了消费的极限。因此我们将1900年至1920年这期间作为第二个时期，将其定位为机纱普及的停滞时期。

第三个时期是从1920年到1930年代发生农村经济恐慌为止的第二次机纱急速增长时期。以第一次世界大战为契机，迎来了“黄金时期”的中国棉纺织工业，在1920年代初期由于生产力迅速提高，基本上实现了机纱自给，虽然当时农村中的传统织布业对机纱的需求量仍然停滞在400万担前后，可是另一方面在沿海城市及其腹地由于第一次世界大战断绝了欧美机布的进口，生产其替代品的近代化织布业便勃然兴起。城市中纱厂兼营的织布业、专业织布厂以及农村中生产改良土布的家庭织布业等都属于代替进口机布的近代化生产的范畴。在1920年代得以发展的近代化范畴的织布业大致可消费300万担机纱，与传统范畴的农村织布业所消费的400万担粗机纱合计，中国机纱的总消费量在1930年前后达到了700万担。机纱在中国普及的过程就此完成了一个周期。

第二章，对于在机纱普及的同时中国传统棉纺织业的市场构造发生变化的过程，我们以中国经济的中枢区域长江流域的两个地方，即位于中游的沙市及下游的武进为对象作定点考察。

沙市曾作为传统棉货的集散地，将湖北西部地区的土布（荆州布）、棉花等通过三峡水路供往长江上游的四川，沙市甚至曾被称为“华西的曼彻斯特”。但是进入1890年代，随着印度机纱的流入，四川的农民开始自己生产新土布（以机纱作原纱的土布），沙市便失去了其作为上游传统棉货供给地

的地位。到了20世纪，随着日本棉纺织工业的发展，中国对日棉花的出口激增，湖北西部的棉花虽然也东下长江输往日本，但曾经主要是面向长江上游供货的沙市受其地理条件所限，对于向下游地区提供湖北棉花却难以有所作为，而由汉口获得了这个地位。沙市再次作为棉花出口港登上舞台，是在1920年代中期，对岸上游开始种植美种棉花，向上海纱厂供应优质棉花的时候。

另一方面，位于长江三角洲的武进其历来的流通渠道是从邻县江阴购入棉花的，从19世纪末到20世纪初，由于上海产和日本产机纱的流入，织布原纱的使用变得多样化起来，进而由于生产工具的近代化，织布效率大为提高，农村织布业开始逐渐转向放纱式家庭手工业的生产形态。更因为第一次世界大战爆发外国机布进口断绝，武进农村织布业变得更加活跃，同时被称为“窃换”的不法经营日见猖獗，由此又促进了放纱式家庭手工业向工场手工业发展，这样在武进也就开始出现了属于近代化范畴的织布业。

关于第三章，第一次世界大战后期以如前章所述在中国农村形成的机纱消费市场为基础，开始出现了棉纺织工业的整个东亚规模的大雁形发展情形，本章对此从原料棉花及成品机纱两方面来加以考察。第一次世界大战长期中断了欧美诸国的机织棉布进口东亚，这使东亚生产代替进口机布的棉纺织工业迅速发展。对机纱的需求因此而在东亚旺盛起来，与一战后期世界性通货膨胀的同时中国的机纱价格也追随日本大阪三品（棉花、棉纱、棉布）的行价，一直到1920年持续破记录上涨。另方面，中国棉花在以日本为中心的东亚市场上，确立了替代同样属于旧大陆棉印度棉花的地位，此后由于1919年的大丰收，印度棉花的市场价格在被人们说为是决定世界棉花价格的美国棉花高腾的时候却开始下降，由此中国棉花的价格也跟随下降，在低价位上安定下来。这样中国市场所出现的“纱贵花贱”情形，就给面向农村织布用以中国棉花为原料生产粗机纱而成长起来的中国棉纺织工业带来了空前绝后的超额利润。更加之在当时爆发的五四运动中掀起了抵制日货的高潮，宣传“提倡国货”，这个时期出现了过度投资棉纺织工业的倾向，形成了未曾

有过的棉纺织热潮。从第一次世界大战后期到1920年代的“黄金时期”，中国棉纺织工业的生产力迅速增长了大约4倍。

另方面，这期间在粗纱领域丧失了竞争力的日本棉纺织工业以第一次大战时期所获得的超额利润为后盾，开始大规模在中国设立专门生产粗纱的纱厂，即所谓“在华纺”（日商纱厂）的出现。日本棉纺织工业这种由商品输出向资本输出的战略转换，与在“黄金时期”雨后春笋般涌现的民族纺（华商纱厂）相呼应，使中国市场也随之一变。

第四章，通过分析由“黄金时期”的空前景气转向被称为“1923年恐慌”的过程，阐明中国农村的机纱市场构造的特点。关于“1923年恐慌”发生的原因，可用“花贵纱贱”一语道尽，但如果再进一步加以追究的话，我们可以看到出现“花贵纱贱”的情况是由于“黄金时期”民族纺（华商纱厂）激增以及“在华纺”（日商纱厂）如同雪崩般涌入中国，从而导致机纱过剩而原料棉花供不应求所造成的。不过，“1923年恐慌”时期陷入生产过剩的只是供农村织布用的20支以下的粗纱生产。近代化范畴的织布业所使用的超过20支的细纱，在1920年代前半期需求仍然旺盛，日本机纱在市场上继续独领风骚。也就是说“1923年恐慌”是由于面向农村的粗纱生产的特殊发展所带来的结果，它起因于中国棉纺织工业构造上存在的问题，是一种构造性不景气。以此不景气为契机，上海“在华纺”（日商纱厂）率先开始从粗纱转向细纱生产。

第五章，如上所说，面对“1923年恐慌”时期生产过剩的窘况，上海“在华纺”（日商纱厂）转为生产细纱，这一结果给中国的棉纺织工业带来了怎样的变化呢？在这一章里，我们以设在中国内地湖南的一家纱厂为考察对象，对于影响和决定其经营状况的市场环境作计量化的分析，由此来探讨“1923年恐慌”时期以后中国棉纺织工业的变化。1920年代后半期，选择在内地设厂的民族纺（“内地纺”，即内地华商纱厂）获得了几乎可与第一次世界大战后的“黄金时期”匹敌的高额利润。长沙湖南第一纱厂也不例外。其原因在于经过“1923年恐慌”以后，中国棉花及棉纱市场所发生的构造性的

变化。“黄金时期”后形成了以上海为中心的同心圆式的全国性机纱市场，机纱完全成为一物一价的商品。另一方面棉花市场的情形则是，供“在华纺”（日商纱厂）细纱生产用的原棉市场与上海直接挂钩，受上海棉花价格的影响很大，与此相反供“内地纺”（内地华商纱厂）粗纱生产用的地方原棉市场却与上海棉花价格保持了相对的独立。这种机纱市场的统一性与棉花市场的分散性相互作用，在1920年代后半期给内地带来了“纱贵花贱”的理想的市场环境，出现了“内地纺”（内地华商纱厂）的“黄金时期”。这正好与第一次世界大战后的“黄金时期”，在日本和中国都可看到的机纱价格的统一性与棉花价格的不统一性这种由东亚范围的市场环境所带来的景气情况相类似。1920年代的中国，以上海“在华纺”（日商纱厂）为顶点的沿海城市的纱厂与内地农村的“内地纺”（内地华商纱厂）之间的大雁式发展带动了中国工业化的发展。

最后在附章中，我们以上述诸章的分析为基础，俯瞰中国自鸦片战争失败被迫开国以后到中国近代棉纺织工业发展到一定程度的中日战争爆发前夜，在这将近跨越了100年的历史中中国传统棉纺织业向近代化发展的过程。

索　引

1．本索引は、事項・人名・地名・書誌名等を一括した総合索引であるが、必ずしも網羅的ではない。また字面の似た項目は、一つにまとめたものもある。
2．配列は原則として五十音順とした。欧文については末尾にアルファベット順で示した。
3．漢字の読みは原則として漢音とした。ただし、例外的に通例に従ったものもある。(例：上海＝しゃんはい、青島＝ちんたお)
4．頁数の後にfとあるのは次頁まで、ffとあるのは3～4頁にわたることを表す。それ以上のものは範囲を示した。

ア

イ

ウ

エ

コ

シ

ス

セ

ソ

タ

チ

ツ

テ

ト

ナ

ニ

ネ

ノ

ハ

ヒ

フ

へ

ホ

マ

ミ

ム

メ

モ

ヤ

ユ

ヨ

図表一覧

著者略歴

森　時彦（もり　ときひこ）

京都大学人文科学研究所教授

一九四七年　奈良市生まれ。

一九七四年　京都大学大学院博士課程（東洋史）中退。

同年　京都大学人文科学研究所助手。

愛知大学法経学部助教授、京都大学人文科学研究所助教授を経て、

一九九五年より現職。

専攻　中国近代史。

主要編著書・論文

「梁啓超の経済思想」（『共同研究梁啓超』みすず書房、一九九九年）、『中国近代の都市と農村』（編著、京都大学人文科学研究所、二〇〇一年）ほか。

東洋史研究叢刊之五十八

中国近代綿業史の研究

二〇〇一年四月三十日　第一刷発行

著者　森　時彦

発行者　佐藤　文隆

発行所　京都大学学術出版会

京都市左京区吉田河原町一五-九京大会館内

電話〇七五(七六一)六一八二　FAX〇七五(七六一)六一九〇

印刷所　亜細亜印刷株式会社

定価は函に表示してあります

ISBN4-87698-515-4　C3322

ORIENTAL RESEARCH SERIES No.58

A Study for The History of Cotton Industry in Modern China

By
Tokihiko Mori

Published by Kyoto University Press
2001